本书由南岭走廊族群文化研究基地立项资助出版

人类学世纪欢言

徐杰舜 龙晔生 李晓明 /主编

Renleixue
Shiji Huanyan

知识产权出版社
全国百佳图书出版单位

图书在版编目（CIP）数据

人类学世纪欢言/徐杰舜，龙晔生，李晓明主编. —北京：知识产权出版社，2017.6
ISBN 978-7-5130-4927-6

Ⅰ.①人… Ⅱ.①徐…②龙…③李… Ⅲ.①人类学—文集 Ⅳ.①Q98-53

中国版本图书馆 CIP 数据核字（2017）第 118745 号

内容提要

本书是《人类学世纪坦言》和《人类学世纪真言》的姊妹篇。书中收录了从 2012 年 6 月开始，陆续发表的 35 篇人类学家访谈，其中《民族论坛》发表 28 篇，《广西民族大学学报》发表 3 篇，《青海民族研究》《中南民族大学学报》《百色学院学报》《文汇报》各发表 1 篇。从 1998 年底启动人类学家访谈至今，前后已有 18 年。18 年来，访谈录伴随着中国人类学的成长，向国际人类学界展示了中国人类学的风采、风貌和风韵。

责任编辑： 石红华　　**责任校对：** 谷　洋
封面设计： 春天 · 书装工作室　　**责任出版：** 刘译文

人类学世纪欢言
徐杰舜　龙晔生　李晓明　主编

出版发行：知识产权出版社有限责任公司	网　　址：http：//www.ipph.cn
社　　址：北京市海淀区气象路 50 号院	邮　　编：100081
责编电话：010-82000860 转 8130	责编邮箱：shihonghua@sina.com
发行电话：010-82000860 转 8101/8102	发行传真：010-82000893/82005070/82000270
印　　刷：三河市国英印务有限公司	经　　销：各大网上书店、新华书店及相关专业书店
开　　本：787mm×1092mm　1/16	印　　张：35.25
版　　次：2017 年 6 月第 1 版	印　　次：2017 年 6 月第 1 次印刷
字　　数：600 千字	定　　价：99.00 元

ISBN 978-7-5130-4927-6

前 言

自20世纪80年代下半叶走进人类学之后，人类学逐渐成了我学术生命的主心骨和灵魂。

一

经过十余年的学习和田野，到了90年代，已担任《广西民族学院学报》（哲学社会科学版）❶ 执行主编的我，被两件事深深地触动了。

一件是1996年和1997年，我连续参加了两届费孝通先生在北京大学主持的“社会文化人类学高级研讨班”的学习，看到如我一样不少非人类学专业出身的学者走进人类学。2003年我记述说：这“不仅丰富了我的人类学知识，也使我结识了人类学界的许多前辈和朋友。在研讨班热烈、活跃的浓烈学术氛围中，我深深地感悟到人类学这一门学科仰俯天地、贯穿古今，融合中西的胸怀和气魄。在与中国人类学的精英和中坚交流、碰撞、沟通之中，又不断感悟到人类学在中国的命运和走向问题越来越受到学术界的关注”❷。

另一件是1998年7月，我到美国威廉斯堡出席了第15届国际人类学民族学大会，看到国际人类学界对《广西民族学院学报》的肯定和认同，联想到美国哈佛大学人类学系华琛（James L. Watson）教授认为《广西民族大学学报》是权威学术刊物，托人把自己的论文交我发表；德国巴伐利亚大学专程派人到编辑部购买《广西民族大学学报》的情景……

❶ 现因校名的变更，改名为《广西民族大学学报》（哲学社会科学版）。

❷ 徐杰舜：《世纪坦言：中国人类学的现状和未来》，载《西南民族大学学报》，2003年，第12期。

一些念头总是在脑中缠绕：如何为国际人类学添点砖，加点瓦？如何记录下中国人类学队伍的成长和壮大，为中国人类学留点鲜活的史料？于是，我萌发了要对中国人类学家进行访谈的想法。说干就干，1998 年底我向中国人类学家们发出了访谈约稿信。我在约稿信中说：

> 我们这样做的目的一是为了进一步推动人类学在中国的发展；二是为了向国际学术界介绍我国中青年人类学家；三是为了加强中国人类学家之间的沟通和相互之间的理解。我们深感正在崛起的中国人类学还十分年轻，要与国际人类学界接轨对话，要为国际人类学作出应有的贡献，她还有许多许多的路要走，还有许多的事要办，让我们团结起来，为中国人类学的发展努力、努力、再努力！[1]

得道多助。

我的这个约稿很快得到回应。《广西民族学院学报》从 1999 年第 2 期开始到 2003 年第 6 期为止，先后发表了 26 位人类学家的访谈录，此外，《广西右江民族师专学报》在 2000 年发表了 3 篇访谈录，5 年来共发表了 29 位人类学家的访谈录。

访谈录的发表，在中国人类学界获得良好的反映，举二例可见一斑：其一，四川大学文学院一个硕士研究生爱不释手，把访谈录全部下载保存。后来我去川大开会，她在会上服务见到我，兴奋地告诉我她下载了《广西民族学院学报》发表的访谈录。其二，有一次我到北京开会，报到时见到北京大学的王铭铭教授带着几个研究生，王教授向我介绍他的学生时说："这些学生都是看着你的访谈长大的！"影响如此之好，我心中更有底了。2003 年就将访谈录汇编成集，主编出版了《人类学世纪坦言》。在这里要告诉读者的是，《人类学世纪坦言》的书名源于庄孔韶教授的访谈，他作为中国第一个民族学博士，在访谈中畅谈了世纪之交中国人类学的方方面面，故称"坦言"。

《人类学世纪坦言》出版后，影响继续扩大。2010 年 4 月我在采访成都信息工程大学黄萍教授时，一开始，黄教授就开门见山地讲："我是 2005 年看到你的《人类学世纪坦言》的。我博士论文的选题曾受到你这本

---

[1] 徐杰舜：《世纪坦言：中国人类学的现状和未来》，载《西南民族大学学报》，2003 年，第 12 期。

书的影响。”有这样的学术影响，我深以为幸、以为荣！

我决定坚持把访谈做下去。2004 年到 2007 年，我先后又访谈了 25 位人类学家。在《广西民族大学学报》上发表了 19 篇后，由于我 2007 年从广西民族大学退休，其余几篇就分别发表在《中国民族》（1 篇）、《百色学院学报》（1 篇）、《怀化学院学报》（1 篇）、《民族论坛》（3 篇）上。2009 年，上述访谈录汇编成《人类学世纪真言》，由荣仕星和我主编出版了。此书在中央民族大学出版社刚出版时，读者争相购买的境况，让出版社着实高兴了！

退休后，没有了平台，我暂停了一段时间的访谈。但机缘巧合，2012 年 4 月，在贵州大学“古苗疆走廊”与“贵州文化建设”论坛上，碰到与会的《民族论坛》杂志社的龙晔生社长，相见很晚，谈到我的访谈录，龙社长表示了极大的兴趣。交流之后，他决定在《民族论坛》上开辟访谈录专栏，发表我的访谈录。于是，我的访谈录起死回生。从 2012 年 6 月开始，先后又发表了 35 篇访谈录，其中在《民族论坛》发表了 28 篇，在《广西民族大学学报》上发表了 3 篇，在《青海民族研究》《中南民族大学学报》《百色学院学报》《文汇报》上各发一篇。现在汇编成《人类学世纪欢言》，由我与龙晔生、李晓明联合主编出版。在这里要告诉读者的是，《人类学世纪欢言》的书名源于与田敏教授的访谈，他作为我的母校——中南民族大学的民社院院长，在访谈中畅谈了母校学科建设的方方面面。因刚启动我的第三次访谈计划，田教授问我为什么又要挑起这个重担？我告诉他：“我过去做的访谈，已出了《人类学世纪坦言》和《人类学世纪真言》两本集子，毛主席说过‘三军过后尽开颜’，这次完成访谈后，再出一本集子，就可取名《人类学世纪欢言》了！”

二

我所做的中国人类学家访谈录，它的学术效应究竟是什么呢？实打实的算来，从启动访谈录到今天，前前后后，已有 18 年了。18 年来，访谈录伴随着中国人类学的成长，向国际人类学界展示了中国人类学的风采、风貌和风韵。2003 年《人类学世纪坦言》出版之时，我曾在说过：中国人类学家访谈录从七个方面展示了中国人类学发展的脚步：

1. 展示了中国学者进入人类学领域的经历；

2. 展示了中国学者对人类学学科建设的思考；

3. 展示了中国学者对人类学理论的探索；
4. 展示了中国学者对人类学本土化或中国化所作的努力；
5. 展示了中国人类学与其他学科互动的态势；
6. 展示了中国人类学与国际人类学的交流；
7. 展示了中国人类学家对人类未来的关怀。[1]

此后，《人类学世纪真言》和《人类学世纪欢言》，只是以更多的样本，进一步充实了这七个方面的内容，对中国人类学近20年的发展作了比较忠实、全面的一些记录，这对中国人类学史史料的积累是极具学术价值的一件事。

说实在的，在中国人类学的学科地位至今未定之时，在中国人类学在学术界的声音还较小之时，21世纪老中青三代中国人类学者的访谈录汇集出版，读者们如果把《人类学世纪坦言》《人类学世纪真言》和《人类学世纪欢言》三本书，作为一个整体联系起来看，不就是一部形式独特，又具有人类学口述特色和韵味的当代人类学别史吗？

三

中国人类学访谈录真有当代人类学别史的学术意义吗？中国艺术研究院的方李莉教授在《人类学世纪坦言》出版之时，就说："这是中国人类学的族谱！"中国人类学泰斗——李亦园先生更是饱含关怀之情，写《序》云：

> 从1999年开始，在徐杰舜教授主持之下，《广西民族学院学报》（哲学社会科学版）展示了中国人类学与国际人类学的交流"人类学学者访谈录"的专栏。经过四年多时间的努力，徐先生和他的同事们访问了廿多位包括台湾和香港在内的人类学工作者，并以翔实长篇幅刊登于专栏中。由于我一直是学报的忠实读者，所以几乎所有的访谈录都浏览阅读过，觉得很有意思，增加了许多以前不知道的行内故事，因此也常常对这些访谈录有先睹为快的感觉。如今，徐教授将这三十多篇访谈录编汇出版为《人类学世纪坦言》一书，让更多的读者能阅读到学者们的"坦言"，

---

[1] 徐杰舜：《世纪坦言：中国人类学的现状和未来》，载《西南民族大学学报》，2003年，第12期。

实在是很值得庆贺的事。徐先生来信要我为本书写序，我也就义不容辞地答应了。

徐杰舜教授与他的同事们访问的学者们，在年龄上包括了老中青三代，所以在时间上代表了一段相当长的历史记忆；在区域空间分布上除去有台港的学者外，也包括北中南各地区的人类学工作者，所以代表了我国不同地区，受不同训练背景学者的经验。在单一访问时也许并没有真正很有计划的谈话原则，但是集结编辑成书后却似乎已构成了一部中国人类学发展的“口述历史”，虽说少了较早期学者的访谈，却也代表较近代的发展过程。

从我个人的观点看，这部非正式的口述史最少展示了下面几项意义：

一、记录了中国学者进入人类学领域的转折过程与经历；

二、显示了学者们对人类学学科建设的思考与努力；

三、说明了中国人类学理论与方法的探索与建构的情况；

四、展示出人类学本土化与中国化的努力；

五、阐述了人类学者与其他学科互动的态势；

六、显示了中国人类学在不同地区发展的趋向；

七、凸显中国人类学者与国际人类学交流的状况；

八、展现中国人类学者对全体人类未来的关怀。

由于有上述这几点很值得重视的意义，所以这本集三代中国人类学者的访谈口述史的出版确是十分重要的，尤其是在这世纪之交的时刻，取名为《人类学世纪坦言》，更是十分贴切。我们从这些坦率诚恳，翔实道出我国人类学发展的种种情境、意见、观点与评论中既可看到人类学在中国百年发展的成果，也可窥见新世纪人类学在国境内发展的前景，我个人作为中国人类学工作者的一分子，当然乐于为本书写序谨为推介。[1]

李亦园先生13年前说的话，至今份量仍重。

因为13年来，中国人类学的队伍已更新换代，大批70、80代的新生代已开始活跃在中国人类学，乃至国际人类学的舞台上。他们不少是海

[1] 李亦园：《中国人类学的口述史——〈人类学世纪坦言〉序》，载《西南民族大学学报》，2003年，第12期。

归，几乎全是博士，受过比较专业的人类学理论训练，且懂外语，有国际学术视野，有较扎实的田野功夫，对国际人类学的发展趋势有较清楚的了解和认识，对中国人类学的现状和发展走向有自己的看法。这批新生代与60年代的中生代一起，形成为今天中国人类学的中坚力量，他们有以北京的北京大学、清华大学、中央民族大学、中国人民大学、北京师范大学、中国农业大学、中国政法大学、中央财经大学、中国艺术研究院、中国社科院民族学人类学所等组成的“京城雅集”；有南京大学、复旦大学、华东师范大学、上海大学、上海交通大学、上海师范大学、华东理工大学、浙江大学、江南大学、河海大学、浙江师范大学等组成的“长三角人类学共同体”；有兰州大学、西北民族大学、青海民族大学、新疆大学、新疆师范大学、石河子大学、宁夏大学、北方民族大学组成的“西北少数民族研究中心”，加上中国人类学传统的厦门大学和中山大学两大基地，以及中国各地的民族大学，比起13年前中国人类学的状况，现在已是全面开花，给中国人类学的未来带来了巨大希望。

在这种新的态势下，再读中国人类学的访谈录，重温李亦园先生所说的访谈录展示的八点意义，是不是可以认为有指引中国人类学发展方向的启示呢？

徐杰舜

2016年10月24日

于武汉金银潭寓中

目　录

只要文化存在草原就能够得到保存

——访内蒙古大学齐木德道尔吉教授*

【被访谈者简介】齐木德道尔吉，蒙古族，内蒙古大学民社学院教授。

齐木德道尔吉教授

* 访谈人：徐杰舜；录音整理：乌日嘎。

徐杰舜：我首先代表广西民族大学学报编辑部向道院长表示衷心的感谢！因为我们去年的合作非常好，第八届人类学高级论坛开得很顺利，会议论文集在第九届人类学高级论坛年会上就可以跟大家见面了。

齐木德道尔吉：那工作量很大，辛苦你们了！不知现在贵州大旱会影响凯里学院的会议吗？

徐杰舜：好像他们那边还好。

齐木德道尔吉：是吧。

徐杰舜：（旱情）主要还是在和云南交界的西北部。

齐木德道尔吉：二百多天的旱，百年不遇。

徐杰舜：我们学报呢，有一个传统：每一次开完会我们学报发一组主题演讲文章，然后就是主持人做封面学者。我这次来除了向您，以及贵院全体老师表示感谢以外，还想跟道院长作一些学术上的采访。我想先听听您讲讲您的童年，您老家离这里有多远？您的出生地。

齐木德道尔吉：离这里有 400 公里吧。

徐杰舜：算是西部吗？

齐木德道尔吉：西部，包头过去叫乌拉特前旗。

徐杰舜：那您出生的那个草原还好吗？

齐木德道尔吉：我们那个草原（在我）小的时候是很好的，现在已经完全农业化了。

徐杰舜：农业化了？

齐木德道尔吉：我的出生地，我长到 13 岁的那个地方基本上没有草原了，全是种地了，不种地的那块地方有点草。

徐杰舜：种什么？种麦子？

齐木德道尔吉：那时候是生产队，主要是（种）麦子，还有糜子。

徐杰舜：那您出生是哪一年，新中国成立以后？

齐木德道尔吉：我 1954 年出生。

徐杰舜：1954 年出生，那时候农业基本上还可以。

齐木德道尔吉：那时候我们还算有一点农业，清末时候就已经有了。我的家乡就在河套地区，清末至民国年间，因为河套开发，河套整个地区渠系已经配套，农业有了相当的规模。尤其是清末民初时候有个叫王同春的人，有的人说他对河套开发做出了巨大贡献，有的人说他破坏了草原，反正是对当时的农业开发，对水渠的配套做出了贡献。但是这种贡献是建立在蒙旗的土地上。蒙旗的牧民全部被赶走了，有的甚至被杀害，包括各种形式剥夺。清末民初的时候这种开发是很残酷的，跟美国开发西部差不多，所以那个时候当地的牧民也已经适应了一些种地生活，但是再怎么说也不能跟汉族比。

徐杰舜：河套地区农业就慢慢地发展起来了。

齐木德道尔吉：不过，蒙古人很好说，他们不适应就迁走，往北迁到山里边，迁到牧区。

徐杰舜：你们家也迁了吗？

齐木德道尔吉：我们家没搬迁，后来主要是我们家的孩子们学习什么的都出去了。

徐杰舜：那您兄弟几个？

齐木德道尔吉：四个，我是老大，三个妹妹，都在外地工作。所以后来我父母亲年纪也大一点的时候，刚六十多点吧，（我们）把他们接到旗里。（因为）我大妹妹在旗里工作，所以在那边买了一个院子，（让父母）在那里住，把他们两个养起来了。实际上家在乡下没什么人了，有一些亲戚后代在老家。

徐杰舜：你们那里的牧民是定居还是游牧？

齐木德道尔吉：那边早已定居了，我小的时候到了夏天还倒场，一倒场就是三个月两个月走了，秋天又回来了，就倒一次场。

徐杰舜：您放过羊吧？

齐木德道尔吉：放过，我从小放到中学，我在家一直是放羊的。

徐杰舜：主要是放羊，有马吗？

齐木德道尔吉：我们那时候个体没有马，只有集体才有马。

徐杰舜：您会骑马吗？

齐木德道尔吉：会。

徐杰舜：骑马放羊吗？

齐木德道尔吉：我们那边骑马放羊比较少。

徐杰舜：那就是赶着羊走？

齐木德道尔吉：羊从早晨就赶走到草场了。它们很会知道怎么走，它们就自己走了。（人）不用跟在后面，从远处看一看在什么地方，然后偶尔去看一看，有的时候也骑马过去，有的时候我是骑着自行车过去。

徐杰舜：冬天不放羊，那草夏天就储备下来了？

齐木德道尔吉：储备下来了，夏天稍微晚一点，就是入秋的时候可以割草了，割了在地上晾干后打捆把它堆起来，到了一定规模，我们赶着车过去把草拉到自己家里专门存草的地方堆起来，把草垒起来，一层层地垒好了，特别高。

徐杰舜：一个冬天基本上没有问题了？

齐木德道尔吉：没有问题了。

徐杰舜：我在澳大利亚看到他们的草场非常好，打的草一捆一捆地躺在草场上。

齐木德道尔吉：我们那边现在基本上是私有化了吧，（把草场）全给分了，所以每家每户有几百亩地，然后还有公用的牧场。

徐杰舜：公用的牧场还有？

齐木德道尔吉：有。开垦的地方分了，没有开垦的地方就没有分。那些传统的地方羊来回走，而且是水道，因为那些地方一直是公有的。但是（现在）羊也少了。我有很多年没去家乡过年了。

徐杰舜：那您小的时候种过田没有？

齐木德道尔吉：也种过，我们那地方也有一定的农田。后来我在队里当过一年的拖拉机手。

徐杰舜：那时候初中毕业？

齐木德道尔吉：高中毕业在家待了一年，当拖拉机手，然后到内蒙古大学学习。

徐杰舜：是哪一年？

齐木德道尔吉：1973 年，张铁生考试那年，考试录取了后又是推荐，所有考试我都参加了。

徐杰舜：那您整个小学、初中、高中都是在家乡念的吗？

齐木德道尔吉：对！都是在家乡念的。

徐杰舜：那您是草原文化哺育出来的。您对现在这个草原还有什么感觉吗？

齐木德道尔吉：草原像我的母亲似的，看到草原很好，就像看到母亲身体非常健康一样，感到非常的舒服；看到草原不好，被破坏或者是环境不好，特别是旱的时候，就感觉到母亲身体不好，得了大病似的，感觉特别难受。再说我对农业也比较熟悉，因为我们那里也有农业，尤其是我们那地方种小麦。河套地区是种大量的小麦，还有糜子，就是大面积地种。

我们家不是养羊嘛？有很多羊粪，羊粪也是集体的，然后就驾上牛车送到田里，这些活都干过。也种一定的土豆、萝卜这类东西，那也是为冬天用的，挖土豆、萝卜都干过，还有一点自留地，地里还能种一点胡萝卜、土豆什么的。我挺喜欢那自留地，经常去看植物长出来什么样，有的地方还能种点瓜。生产队有很好的瓜地，一到夏天就有很好吃的瓜——甜瓜、香瓜、西瓜。

徐杰舜：那您不仅仅是草原文化哺育的，农业文化（对您）也有影响。

齐木德道尔吉：所以我对农业文化也是相当熟悉的。我开拖拉机的时候我们那台拖拉机到夏天拉庄稼，拉各式各样的建筑材料，拉石头。尤其是黄河，夏天的时候它就会来回游荡，有的时候突然就跑到这边的河滩开始掏岸，这边的土地就受到了危险。尤其是黄河大堤坝受到大的危险时，就动员附近所有的力量保护这个堤坝，从上往下拉石头，把石头装在网状的铁丝里面护堤。夏天麦子收割了以后拉到场子里，后边拉上碌碡压麦子。农业活什么都干过，而且我很能干，我什么活都干过，所以不怕累，体力活什么的都不怕。我上大学以后由于专业的关系，曾到真正的牧区阿巴嘎旗去，我们有三个月都和牧民在一起，住蒙古包，骑马放羊放牛，打马鬃，剪羊毛。我那时候会剪羊毛，就是不会抓羊绒。山羊到春天吃青草以后慢慢开始抓膘了，长膘的时候它身上的绒从它的皮肤那里脱离开了，里边又长出新的毛发来了，那个时候它就不需要了，人不要的话就慢慢掉了，这就是抓羊绒的时候了。（牧民）专门有那种梳子，把上面长的毛用剪子剪了后就剩下绒了，然后就用那个梳子抓，抓的时候就像头发长了以后梳那样很疼嘛，羊也很疼，山羊喊得哇哇的。我讨厌做这个活，倒是喜欢剪绵羊毛，很好剪，把剪子刃稍微斜着剪，很会剪。

徐杰舜：那剪不好就把肉剪了。那您在从小学到高中读书的时候是用蒙古语还是汉语？

齐木德道尔吉：小学一二年级当然是蒙古语，从三年级开始学汉语，到五年级的时候基本上能读点书了，我记得五年级第一次读了小说《苦菜花》。

徐杰舜：那您蒙古文什么时候学？

齐木德道尔吉：蒙古语平时每天都讲。课程里汉语也就算主课了，（当时）主要是蒙语、汉语、数学三门主课，副课里边有很多自然科学的东西。我是 1966 年小学毕业的，“文革”前就完完整整读完了小学，所以小学的基础打得很不错。我们的家乡有所很好的小学——民族小学。那时候内蒙古的民族教育非常好，从小学到大学都是蒙文系统。那时候整个蒙古族的人口在乡下比较多，所以就从小学一直到中学，建立了非常好的双语教育体系，我当时是个第一代得益者吧。到六年级毕业后，正要上初中时，“文革”就开始了，这期间断断续续地读完了中学，初中高中。我们旗里都有初中高中。然后从小学一直到初中、高中这样一个民族教育系统，所以上了初中以后汉语也跟上了，而且阅读量越来越增加，报纸什么的都可以读，我很早就读《参考消息》，别人不知道的事我都知道了。

徐杰舜：那时您怎么能看到《参考消息》？

齐木德道尔吉：学校的办公室有，学生里边好多人读不下来也不愿意读，老师看到我能读，他们支持我，鼓励我读，我就基本上没有受什么限制。“文革”期间自然科学的好多课，除了数学都没有好好上，没学好，所以就是缺一条腿，最后是有机会了只能是选择现在这个行当。

徐杰舜：那您初高中也是在旗里头上的吗？

齐木德道尔吉：对，都在旗里头。我 13 岁就离开家住在旗里，一两个月回家一趟，从家里背一堆干粮再过去，从家里背炒米、炸的那种饼、果子。

徐杰舜：您高中毕业后，回家当了一年的拖拉机手，您是怎么想到做这个，是你自己想当还是有人推荐？

齐木德道尔吉：有人推荐，自己也很想。我那时候在队里边各个方面表现很好，特别能干，影响也比较大。因为我学习也好，在队里帮助生产队的干部整理材料，给公社打报告，年终总结我都给他们写，他们对我特别好。开会的时候让我念文件，蒙文汉文我都会念，所以他们就特别喜欢用我。后来汉族队里也都知道了，队里开会时让我写批判文章，没办法我用汉文写了文章，在公社会议上念了，一下成名了。后来我就开拖拉机什么的，那时候我身体非常好，又有劲，我们公社的那达幕会上摔跤，蒙人汉人都有，主要以蒙古族为主，但很多很有劲的汉族小伙子也去参加，然后我正好开拖拉机从乌拉特后旗往那儿走，走到前旗那里车必须在那里保养，然后我就坐火车去我们家，到了火车站，他们在那边等着呢，来了以后好几个人接我，对我说快去那达幕会，正在摔跤呢！我们蒙古族的就剩下三个人了，你赶紧去吧，要不然今天我们完蛋了。去了后，果真剩下三个人了，我就直接进去，走了那么长时间，还没吃饭，然后随便到一朋友家吃了点东西就去摔跤，一下子连过四关，最后我成了冠军。从那以后公社里所有的汉人都认识我了。那时候我确实有劲，那个大碌碡一头细一头粗，两个我都能随便立起来。

徐杰舜：多少公斤重？有四五百斤重吧？

齐木德道尔吉：不止四五百，它是圆形的，总重肯定有三百公斤，我们队里有三个力士，就这三个人能立起来，我是其中一个，所以好多人不敢跟我打架。

徐杰舜：你身高有多少？

齐木德道尔吉：一米八，上高中时候就有，然后就不长了。

徐杰舜：考上大学是内蒙古大学，专业是你选的吧？

齐木德道尔吉：那时候突然就办大学了，尤其是下乡青年开始讨论这些事，我们那边真正的外地下乡青年很少，几乎没有，全都是返乡的那种。那时候每个生产队都有推荐名额，他们开始讨论让谁去。公社书记直接点名，道尔吉可以走。就这样定下来了，但是必须参加考试。那时我每天开拖拉机有点忙，就那样子考吧，正好考场设在我原来的中学，在那儿考完后又去开拖拉机。那时我们在乌拉特中旗白云鄂博那边拉矿石，给包钢拉铁矿石，回来以后突然就来了通知了。当时我填的志愿，第一个就是内蒙古大学的斯拉夫蒙古文班，因为这个班比较特殊，学制才两年，主要是培养外事工作者，将来与蒙古人民共和国打交道。所以，那个班比较特殊，要求的条件也高一些。

徐杰舜：就是俄罗斯文，斯拉夫语？

齐木德道尔吉：对。斯拉夫蒙古文，就是学习蒙古人民共和国的方言，还有他们的文字系统。该专业的课程设置不错，有语言学的，又有文字学的，还有文学，蒙古人民共和国的文学，还有关于蒙古人民共和国的政治、经济、社会、军事等方面的讲座和课程。同时还有汉语言文学，外语是俄语。尽管仅仅两年，我们学得还挺多的。

徐杰舜：您后来学到什么时候？

齐木德道尔吉：我一直持续到研究生毕业，当时俄语学得不错。

徐杰舜：那您不错啊，有蒙古语、俄语、德语、还有汉语。

齐木德道尔吉：我英语还不错。毕业以后我们那个班特别可惜，浪费了，外事上用得很少，有部分在二连边防口岸，还有的在铁路上工作，有一个是分到内蒙古外办，但是很快就把他调离了。

徐杰舜：那算是本科毕业还是专科？

齐木德道尔吉：那时算专科，把我留到内大了，当时我听从分配了，我去了真正发挥我专业的地方。突然把我留校了，当时我不理解为什么留校。这专业办一次就不办了，留校干啥？而且让我到学校办公室工作，做秘书。后来我才知道当时工宣队管人事的一个姓李的先生看中了我，说道尔吉留下来让他打篮球，校队的主力。他看我打篮球打得好，就把我给留下来了，我是内大教工队主力。

徐杰舜：您是歪打正着了。

齐木德道尔吉：之后我就留下来了，在这儿工作了3年。1975年的10月份我就留下来了，一直到1978年的10月份，正好是3年，在党委常委那头做秘书，参加党委会议，作会议记录，写纪要，给领导写报告，学校的大报告小报告好多东西都我写，最后1978年突然研究生制度恢复了！我兴奋得就参加了报考。当时我特别想学考古学，因为我们家乡有秦代的长城，有一次我在长城上走了很久很久，我就特别喜欢考古，我们内大的蒙古史研究所还有考古专业，我还想跟他们学，不过那专业不招生，只招古文字专业的研究生。所以开始读古文字那些东西，反正都差不多，就开始突击地学。我的办公室工作特别忙，没有更多的时间复习，我想找一个清闲的地方，正在这时候，给我们办公室来了个指标，要到“五七”干校工作劳动一年，我们办公室的副主任应该去，但他的孩子上学，他不愿意去，我说我去。我想，在这儿我没时间读书，“五七”干校肯定有时间，而且很远，在萨拉旗那里。我到了那里，自告奋勇地到了养猪班，谁都不愿意养猪，我愿意养猪，跟内大的一个科长一起，我们俩住一室，一起养猪。我们那个班就是养猪班，养猪与积肥。猪跟人一样每天三顿，早午晚各一顿，顺便把猪圈打扫干净，把粪便扔出去堆在一起就好了，再铲一些土把猪粪压上。压上一层层的土，让它发酵，就是优质肥了，所以一会儿就干完了，余下的时间就是我的了，我就看书。半年的复习，让我考上了内蒙古大学蒙古史研究所的民族古文字专业的研究生。我的导师很有名，叫金启孮，是清朝皇族。他是1959年内蒙古大学（以下简称“内大”）建立不久，北大宿白先生和翁独健先生推荐到内大的。他20世纪40年代在日本留学，家族就是一个文人世家，往上推是乾隆皇帝的一个儿子的后代了，是亲王系统，他们家族有好几个血统，有汉族，满族，主要是蒙古，蒙满血统，所以跟着先生读女真文，研究历史，同时学满文，以解读女真文，所以我开始学满文了。

徐杰舜： 跟金老师学满文吗？

齐木德道尔吉： 跟金老师学女真文，跟巴达仍嘎老师学满文。他是内蒙古社会科学院的研究员，是达斡尔人，他可是真正懂 8 种语言的人。我读完研究生以后继续留到所里工作。

徐杰舜： 3 年了，留下后做了什么？

齐木德道尔吉： 首先整理和修订毕业论文。论文叫作《金代女真语音初探》，研究方法当时国内还没有。这方面，当时亦邻真老师对我的启发很大。我在金老师那里读女真文，语文学的功夫则是从亦邻真老师那里学的，又学了些国外的语言学和文字学的理论，所以写了这么一篇文章，当时还是很好的，今天看起来也不错。我想哪天重新收拾一下，重新发表，正好是一本书。

徐杰舜： 您写了多少字？

齐木德道尔吉： 有二十多万吧！我用了大量的表格，那些东西占地方，根据当时的统计肯定有 20 万。

徐杰舜： 那不是一本很好的著作吗？

齐木德道尔吉： 对，后来在内大专刊上发表的。

徐杰舜： 内大学报的专刊出的？

齐木德道尔吉： 对，1983 年《女真译语研究》专辑。

徐杰舜： 不正式出版著作吗？

齐木德道尔吉： 这个就要等我休息以后再整理了。

徐杰舜： 您什么时候休息？

齐木德道尔吉： 也快了吧。研究生毕业以后到所里做北方民族的历史、语言文字的研究。为了提高自己的历史学知识，我申请去北大进修中国古代史。这时突然来了机会，让我去德国做蒙古语教师，在德国波恩大学。国家教委来了函，让内大推荐一个老师去波恩大学担任蒙古语讲师。

徐杰舜： 专门去德国做研究？

齐木德道尔吉： 教蒙古语，做讲师，当时我在内大已经是讲师了，我是读了研究生后最早评了讲师的一个。

徐杰舜： 那还挺年轻啊？

齐木德道尔吉： 年轻，不到 30 岁，走的那年 1984 年正好 30 岁，然后就匆匆忙忙准备，我也没学过德语，但有一定的俄语和英语的基础。他们说你走吧，人家语言老师不光教语言，口径比较宽，对语言、文化、历史都得知道一点才行。学校几个单位报上来三四个候选人，最后评来评去定不下来谁去。还是当时的校长特布信在报告上用大大的字批到：还是派道尔吉为好。就这样定下来了，让我去。

徐杰舜：那时是去教书，并不是读博的？

齐木德道尔吉：不是，4 月份给我通知，然后就开始办手续，7 月份就走了，这是 1984 年的 7 月份，正好是夏天，7 月 15 号到，正好是暑假期间。德方对我特别重视，待我非常好，看见我不会德语，就让我参加德语暑期班。那个班很有意思，全世界各地到德国度假或旅游的大学生，在德国旅游、玩的时候参加一个班，交点钱，边学语言，边旅游观光，班里组织大家在莱茵河地区旅游考察，旅游目的达到了，德语也学到了，非常好。

徐杰舜：知识也丰富了，对文化也了解了。

齐木德道尔吉：这是 3 个星期的德语班，一句别的语言，包括英语都不说。那个德语老师刚开始上的时候用英语说了开场白，然后说，从此我一句英语也不说，全用德语说，你们必须跟着我学德语，学德语的必须用德语说，别的语言一概不说。我一开始根本听不懂她在说什么，只好把黑板上写的都抄下来，晚上回去再对照字典加以理解和消化。同时在宿舍里拼命看电视，根据画面配合，以把握语感、语调和节奏。3 周的德语课程，打了个语法的底，以后就得靠自己了。10 月份就要开始上课了，我心里边很着急，语言不好怎么给人家上课呢？结果有一个老师特好，跟我做了一次交流，她说这样，你的课我去，我的课你要来，行不行，我们互相帮助点，你刚开始讲的时候用你的方式讲，我给你作一定的解释；然后我的课上你帮我。咱们两个人这样配合好吗？这事挺好，我就跟她一起上课，开始了在德国讲学的历程。

徐杰舜：她是德国人吗？

齐木德道尔吉：德国人，叫法伊特老师，那是我的恩师，一个女的，今年退休了，为她的纪念专集我还刚写了一篇文章，是用德文写的。这样，她帮助我度过了最难过的第一个学期，第二学期我就能够独立了，但是很多重要的课我邀请她来，我也尽量参加她的课，这样都有好处，互相学习。她的思维、语言表达、写文章的句式，真正的德国人的那种味，掌握这个太重要了。半年后，我稍微有点时间，就夹着本字典，到处跑，到奥地利、意大利北部玩。今天我还用这本字典，当时去德国的时候花五块钱从北京买的，到现在没有扔掉，那时候算是最小的字典。

徐杰舜：在意大利？

齐木德道尔吉：意大利，奥地利，我那时一下子把奥地利、意大利这几个国家的签证都办了，就这样去转，很快就上道了。两年以后我的劳动合同到期了，当时的所长 Sagaster 教授对我的工作非常满意，说两年合同完了，我们愿意继续聘你做讲师，但是必须获得中方的同意，中方的问题你去解决，主要是内大的问题。其实 Sagaster 老师在 1985 年第一次来访中提前给我们内大说了，当时内大蒙古史研究所的主任亦邻真老师表示同意。Sagaster 老师进一步建议让我在波恩大学继续做讲师，顺便攻读博士学位。亦邻真老师欣然答应，同意让我边工作边读博士学位。我这样满怀希望回来探亲，顺便办理续签劳动合同。当时德国方面的聘书寄到北京的德国使馆，让我在德国使馆的文化参赞面前亲自签字，这样，我就去那里签了字，续了合同，然后就把我爱人和孩子带到德国去了。

徐杰舜：我冒昧地问一下，您什么时候结婚的？

齐木德道尔吉：是 1979 年 12 月。

徐杰舜：研究生？

齐木德道尔吉：研究生期间。

徐杰舜：您夫人是学校老师吗？

齐木德道尔吉：不是，她是呼和浩特市职业病防治研究所的医生，我走的时候大儿子才两岁，然后 1986 年随我到德国的时候已经四岁了。

徐杰舜：那有奖学金吗？

齐木德道尔吉：没有，我是波恩大学聘的蒙古语讲师，一直在挣工资，所以我不需要打工，这个钱够用。但是那时候派遣到国外工作的教师必须将工资收入的一部分上交国家，所以前两年的钱基本上没有剩余了，后两年开始交一点，再到后来就不用交了，这下就比较宽松了，我爱人也没打工，就带着孩子，自己也学学德语，在学德语期间成了中国在波恩的学生会副主席。

徐杰舜：您这次是待在德国五年？

齐木德道尔吉：是。

徐杰舜：您博士论文是在德国出版的吗？

齐木德道尔吉：博士论文就在波恩大学出版。我又在那边住了一段时间，把博士论文做了修改以后，收入由著名蒙古学家海西希教授主编的

《亚洲研究》学术专著系列里出版，1991 年由威斯巴登市的奥托·哈拉索维茨出版社出版。

徐杰舜：德文博士论文做的是什么题目？

齐木德道尔吉：《1696—1697 年间康熙皇帝与皇太子胤礽之间谕奏往来———简评第一次准噶尔战争》。

徐杰舜：这个现在好像没有中文版吧？

齐木德道尔吉：没有。今天看来也有很多的不足，有点简单，资料上也有好多东西需要补充了，新发现的东西也不少，我想把它改成汉文的。

徐杰舜：你当初为什么选这个题目写博士论文？

齐木德道尔吉：因为我发现了大量的特别珍贵的满文资料，而且这是康熙皇帝亲手写的满文谕旨、朱批奏折等，是他在征噶尔丹的路上所写，大多是写给留守北京的皇太子的，几乎每天都在批改奏章，下达谕旨。

徐杰舜：那他真是非常勤快。

齐木德道尔吉：雍正皇帝更勤快，一直到乾隆皇帝都很勤快。康熙征战白天在马背上，然后到了晚上，给他安排了帐篷，他还亲自盯着把军队扎了营，然后才进自己的帐篷开始洗脸洗手，吃点东西，吃完东西就开始开会，跟大臣们讨论，讨论完了，睡觉前肯定要把（讨论的）那些东西写好了，第二天邮差把它拿出去送到北京去了。他儿子收到父亲的东西后，又给他写个东西，然后父亲就在写的那个奏折后面专门留批阅的空白折页上，用朱字加以批阅，这样来来回回，形成了大量珍贵的历史记录。

徐杰舜：全部都是用满文写的吗？

齐木德道尔吉：全部都是，所以我就发挥我的长处开始写。

徐杰舜：这个博士论文的学术价值在哪里？

齐木德道尔吉：我这个博士论文曾经被评为当年波恩大学哲学系优秀博士论文，当年只有两篇优秀论文，我荣幸地入选，受到了系里边的嘉奖，然后也有很好的学术评论，有学者在杂志上发表了评论，我想现在把它好好修订一下，以《康熙三十五年》的书名加以发表。康熙三十五年（1696 年）是非常重要的一年，是清朝奠定中国版图的关键的一年，有很多的非常有趣的东西可以写。作为前边的引子，作为历史背景，把整个清朝建立的历史做个清晰的交代，尤其是卫拉特蒙古的历史背景，这部分让我的博士生黑龙很好地加以解决了，原来我做得不够。他的论文写得非常漂亮，有了一系列研究成果，我把他的成果很好地利用起来，就可以克服以前的不足。

徐杰舜：他是接着您继续做？

齐木德道尔吉：是的，我自己搜集的资料都给他，当时的满文档案里的好多东西还没有很好地利用，还有康熙三十五年（1696 年）的《起居注》，大陆还没有。

徐杰舜：在哪里呢？

齐木德道尔吉：在台湾，而且是汉文满文两种版本，我都得到了。我是想利用这些资料，结合新发现的满蒙档案资料，在原有的基础上将康熙三十五年（1696 年）的重要事情一直写到噶尔丹死，正好是三十六年（1697 年）死的，然后噶尔丹的余音一直写到三十七年（1698 年），这样就跟青海、西藏问题联系起来了，然后把西藏问题作为一个问题留下来，下一步解决。西藏问题现在我的学生们正在做，西藏问题解决了，最后就是准噶尔的问题，准噶尔问题在乾隆年间就得到彻底解决，那个还是非常好的研究题目。

徐杰舜：您做博士论文的时候材料是在德国还是北京搜集？

齐木德道尔吉：基本上是在德国，所用资料基本上都是满文的。德国有很好的汉学图书馆，波恩大学也有很好的资料积累，有些东西不足，像四库全书波恩大学偏偏没有，有些地方比较远，查阅不大方便。后来内大把四库全书里边的一些书给我借出来了，我不敢乱翻原件，复印好了再用，内大的老师还是全力以赴地帮助我的。这次对旧作的修改，史料上肯定有很多的补充，写法上肯定有很多的改变。如果给我一年的时间，我会把它变成一个可读的、又有学术价值的著作。我现在非常想改变一下我们历史文章的那种不可读的情况，那个难读，那个一贯的套路，真让人望而生畏。再说，最近几年的中国古代历史研究有什么可读的？政治史基本上没多大的搞头了，都搞过了，现在往边角里走，经济社会，小区域的那些研究。经济史，其数据读起来真难读，但是你搞历史不得不读。所以我想在这个领域里，又有康熙皇帝的满文亲笔信，我要把它翻译成汉文，尽管这些满文朱批奏折的绝大部分已经译成了汉文，但是有不少还不很合意，关键是对满文的理解有一定的问题。把那些都修正过来，又有他的东西，又有自己的东西，又有研究的内容，从各种各样的角度去读那些文字，就会可读性强一点。把个案放到那个时代里，把那个时代的政治特点完全反映出来。

徐杰舜：您是准备用历史的方法还是……

齐木德道尔吉：也有人类学的方法吧。我现在想做这个事，像口承史料，原来历史学根本就不当回事，不怎么应用，现在我们开始重视这个问题了。我现在带着几个学生正在做这方面的尝试，其中有一个在做我们乌拉特前旗的历史，我也做过一段时间。对这段历史原来觉得好像没什么可做的了，结果并不是那样，有很多问题现在还有争议。要解决这些问题，光靠现有的资料不行，必须还得做一些田野调查，对那些当地的家族和与该旗札萨克有联系的家族做一些调查，而且对其他方面也做一些调查。当地的一些文人编写自己部落历史的时候，不会用严谨的学术规范去做，不注出处，不做考证，为了弄清他们所提出的论据，不得不去做田野调查。现在我的学生青松很快要交稿了，交稿后，根据需要再带他去一趟。去年我带他去做了一些调查，有大量的录音，有的是寓言似的，有时能从中看到历史的真实，有的完全是自己编造的，后来造的，但是对那些东西怎么分析，现在还不太有把握。

徐杰舜：您的学风也是非常严谨的。

齐木德道尔吉：我们跟老一代比起来还不行。老一代学者不写那种披头散发的文章，可能他们一辈子并没写过多少文章，很少，但每篇都是经典，亦邻真老师就是这样的。我给他编了一个文集，把他所有文章编进来，不止是历史学的，还有文学的，仅仅就那么一本。周清澍先生也是这样，他的成果相对来说比亦邻真老师的多一些，但他是蒙元史大家。今天我们五十多岁的人，如果要编文集，乱七八糟的肯定能弄两本，你看质量能跟他们比吗？

徐杰舜：您在中国的内大读了硕士，在德国的波恩大学读了博士，有了工作，您对两个地方的研究生的培养有什么比较？

齐木德道尔吉：完全不一样，整个体制不一样，德国是进入的时候比较松，比方说上大学的时候只要是把那个高中阶段的学习完成后你就可以任意选择大学，再没有考试了。读博士，主要是导师说了算。博士生首先要经过资格审核，看他是否完成了硕士学业，再看你要做的题目和方向，如果没有确定方向和论文题目，资料准备不够，就不可能被录取。再就是看你的基础，还要考拉丁文，中国学生则可以用古汉语等代替。但是要完成博士学业是非常难的，所修课程特别的多，有非常严格的考试，一步一步地完成，所以学习时间拉得特别长。再加上撰写博士学位论文，所需要的时间就更长了。

徐杰舜：一般读几年？

齐木德道尔吉：硕士也要在德国读五六年。博士就更难了，一步一步地完成各阶段的学习，最后拿下来一般都得4年，也就是8个学期到10个学期。我在德国创造了奇迹，6个学期就拿下来了，因为我在蒙古学方面基础好一点，同时也给我一定的面子吧，有些东西减免了，比方说拉丁语，他就不让我学了，你比较特殊，不用你学拉丁语了，但是必须考你古汉语。好吧，那就考古汉语，然后就把我派到波恩大学的汉语系，汉语系主任在那边考我，旁边有个秘书打字员记录。他让我念《中庸》篇，抽出其中几段，让我读，然后用德文翻译，再口头问了些东西，最后能够过，给了个“优”。系里边有个教授委员会，就相当于咱们的学位委员会的，他们讨论我的问题，突然觉得考一个来自中国的蒙古人的古汉语，对他太不公平，对他来说太容易了，应该考他现代汉语，然后又补考现代汉语。

我然后又到了汉语系，那位教授哈哈大笑，行了我就不考了，再给我打了一个“优”。因为我给他代了一门课，代《三国演义》的领读。我为了拿个分数，参加他的《三国演义》研习班。我在小学、初中就读过了，所以就给他们解释《三国演义》，后来还有《水浒传》。读了一段时间后，那老师干脆就让我变成他的助手，带了些学生，他们读，然后我给他们讲解和翻译。所以他就给了我好的成绩。没有这个，如果要我考拉丁语的话就要用很长的时间了。但是如果啃下来的话，我也就了不起了，我就做世界史的专家了。我就这样3年就拿下了博士论文，确实用了最科学的方法，最省时间的方法，也是不得已的方法。因为我还是老师呀，一个星期12节课，这个倒是容易完成，我都已经讲得烂熟了，把这些讲完，剩下的时间到处听课。我早晨从家里出来，晚上回去，吃完晚饭又在电脑上工作，特别的累，但是当时我年轻，32岁出头，精力充沛。论文的资料处理是最关键的，那么多档案资料，我把那些全部转写出来，要直接用满文也不容易真正读懂，首先把它用拉丁音标转写出来，然后译成蒙古文，最后再把它翻译成德文，在此基础上做出语文学的解释，这是第一步的工作，就是资料的整理、数据库的建立阶段，这个阶段最难。这个阶段就是法伊特老师帮我的忙，她每个星期给我抽出一天的时间，跟我坐在一起改我翻译的东西，改完后我把那部分资料数据一起输到电脑里，把相关的注释写好。第二阶段是魏弥贤（Weiers）教授，把写好的部分交给他，他在家里给我改出来，一个星期内肯定会给我改出来，然后我把他修改的稿子再次输入电脑并打印出来。资料处理完了就开始写论文，写论文的时间正好一个星期完成一节，第一稿就是法伊特老师给我修改，修改后就成为挺顺的德文了，然后将德文稿打出来，再交给魏弥贤老师，老师从头到尾地给我认真修改，打印出来后，就变成最后的稿子交给 Sagaster 老师，他是我的导师。实际上他们三个都是我的导师，他们三个组成一个指导小组，专门负责对我的指导。他们三人都对我特别好，对我爱护备至，无私地帮助我。两个月后，Sagaster 教授退回了我的论文，说明通过了，我就把注释，目录，征引文献，前言，后语都打出来，弄好后打印，共三百多页的稿子，整整用了一个通宵。那时候没有这么好的打印机，我买的是 NEC 的，24 针的，算相当不错的了，当时 windows 软件还没有普及，我用 T3 软件，在那上面写的，有好多符号没有，采用重叠方法处理时，行距出现不一致的问题，一张一张地对纸，打完一张再把另一张放上去，嘎嘎响到早晨天亮了，阳台上鸟开始叫了，什么都看得清清楚楚。这时打完了，我心情特爽，拿着那稿子专门到一个装订的店，复印成好多份，并装订成册，拿在手里沉甸甸的。那个感觉真是妙极了。把装订好的论文交给研究所，所里再拿到系里正式申请答辩，就这样过去了。整个过程现在想起来非常美，尽管很苦，但是非常美。

徐杰舜：有成就感。

齐木德道尔吉：这样折腾一次以后觉得在学术上心里有底气了，好像什么课题我都能做，只要给我一个课题，肯定能拿下来，有那种自信心，特别的自信。在德国学习的这段经历，对我自信心的塑造起到了关键作用。从此我走到哪儿都不怕了，不怀疑自己了，我相信自己肯定能行，一直走下来了。可惜的是这几年做大量的学术组织工作，我自己的学业有点受影响，但是也做了不少工作。

徐杰舜：您现在的学术视阈比较宽了。

齐木德道尔吉：现在的问题是咱们的历史学，或者文化研究如何为现实服务。实际上文化人类学就是为现实服务，解决现实问题的，这方面我关注的比较多一点。我努力开拓应用史学的领域，让历史研究与社会需求很好地结合起来。民族学研究怎么样跟社会需求很好地结合起来，为解决自治区的社会、经济、文化事业发展的一些问题出力做贡献，也是我们探索和努力的方向。我们学院建立的一个最重要的目标也是往这个方向发展，把国外学的，还有很多的理论应用到我们具体的社会实践中。一是培养人，同时让这些人知道我们学到的知识是有用的，可以为将来的事业发展起很好的作用。二是要研究，对现实问题开展研究，为解决各种发展中的问题提供学理支撑。现在我们承担了很多课题。有国家课题，也有自治区课题，也有教育部的课题，还有教育部基地重大课题，这些课题基本上针对社会上面临的问题，比方说草原荒漠化问题，草原所有制问题，草原文化的传承问题，等等。这些问题怎么形成的，现在发展是什么样的，我们应该采取什么样的措施，为政府提供些什么样的咨询服务，这是我们现在正在做的事情，我想会起很好作用的。这两年的实践证明，历史学和文化学研究可以为咱们的牧区建设，民族旅游事业做很多的东西，现在我们又开始为地区的城市建设提供研究成果。

徐杰舜：我看到你们做了很多这方面的课题。

齐木德道尔吉：城市规划现在到了关键的时刻，原有城市，现在新兴的小城镇，在继续发展和新建的过程中，亟须进行文化定位，让各自的城镇变得有特色。这方面我们也正在发挥作用，用大量的时间精力组织做课题。比方说，去年我们做了一个比较有意义的大事情，为正蓝旗元上都遗址申报世界文化遗产做了较为详尽和全面的基础研究。我带了一些人做出80万多字的研究成果，受到了他们非常高的评价。你们去年到锡林浩特，看到那里的蒙元文化苑了吧，准备石刻《蒙古秘史》回鹘文版我们也完成了，像这类事情做得挺多。一些地区的雕塑设计，我们为此提供历史、文化以及人文方面的研究成果。像呼和浩特成吉思汗大街的成吉思汗雕像，四子王旗的四子雕像，乌拉特三公碑，凉城的花木兰、金马驹雕塑，拓跋山体雕塑都是我们做的。

徐杰舜：最近几年您对草原文化的应用还是草原的开发关注的比较多?

齐木德道尔吉：呼和浩特近郊有个哈素海，是土默川上的最大的淡水湖，黄河改道期间形成的天然湖泊。这个湖的水一个是从山上，一个是黄河水来补充，黄河每年扬水把那片湿地保护起来，是个比较美的一个地方，一直就没有得到很好的开发。这次当地政府下决心开发，开发商也是我的一个朋友，他看见我在电视上谈城市文化和城市建设，他就给我打电话说，道老师能不能帮我一下。最近我去参加他们的会议，从北京以招标的形式有四五家公司竞争这个项目，他们要进行规划开发。我对他们的规划书做了评论，建议四个规划文本各取所长，最后形成一个较为理想的规划加以实施。这个规划能够实现，可以带动呼和浩特、包头、鄂尔多斯金三角地带的旅游休闲度假产业，其经济和社会效益不可估量。那里有地热温泉，现在已经打了 3000 多米，水温 70 多度，再往下打 30 米到 40 米会达到 90 来度，这样的话，冬天的淡季也可以解决了。

徐杰舜：现在看到矿业的发展使得内蒙古近几年的经济发展是全国最快的。

齐木德道尔吉：但是它破坏自然，破坏环境也是最厉害的，相应的带来对文化的破坏，对游牧生态的破坏，其负面影响也很大。它可以带来经济的快速发展，拉动 GDP，但是它的 GDP 对当地的贡献很少，原材料都给拿走了，实际上没有多大的益处，就是为了政绩。我们也是为了这个问题正在做内蒙古牧区工矿开发对社会、经济、文化、生态、环境的效应的评估研究，向政府提供咨询和建议。

徐杰舜：那这个现在做得怎么样？

齐木德道尔吉：现在第一阶段已经完成，材料正在整理中，各个调研组正在写各自的报告，写完后提交，然后今年六七月份又开始下去补充调查，完了后每个老师都要写一篇自己负责的调研报告，学术性比较强，数据非常翔实，在这个基础上写一个好的报告提供给政府。

徐杰舜：问一下比较具体的问题，您做到现在认为自己最重要的代表作是什么？

齐木德道尔吉：我的硕士论文算一个，是研究金代女真语言文字的，到现在为止大家认为还是有价值的，但由于当时的印刷水平和资料限制，有不少遗憾。再就是博士论文，确实是最新的研究，当时世界上没有那种研究方法，我是探索了新的研究方法的，后来我用那套方法写，方法上比较新，我比较满意。回来后写了不少文章，再就是我们集体成果，还有现在完成的《清史·民族志·蒙古族篇》项目。

徐杰舜：您的本能，包括您的学问，现在所做的全部的工作是属于您个人的还是属于蒙古民族的还是属于什么的？

齐木德道尔吉：有一些东西看来是属于个人的，但是我现在所作所为第一个想到的就是为我们民族，把我们民族的文化，历史研究得好一点，跟现实结合得更好一点，为我们民族的建设、发展做出一点贡献，这也是我们追求的最好的最关键的目标吧。一旦我们民族的问题解决得好一点，咱们国家不是更好了吗？我认为现在就是这样的一种关系，不过有的时候有人认为道老师有很强的民族情绪。我说这不是民族情绪，你们认为的民族情绪是那种极端的狭隘的民族意识，对任何一个民族或文化，只要是跟自己不一样，就要排斥。我并不是那种人，我对任何一个民族的文化都是用欣赏的态度，我欣赏任何一种文化，我觉得任何文化都有它存在的理由和意义，所以每一种文化都有它自己的长处，还有它的特点，我们应该认真地观察，从中学到更多的东西。我们的文化也不是一成不变的，也在变，每个历史阶段都有它的一种形态。现在我们面临的是文化应该适应现代社会发展的需要，我们的文化也必须做出一定的调整，把我们的文化怎么样引入到现代化里来。比方说我们原来的游牧，很简单，可以骑着马把羊群慢慢地赶走或是把我们的东西简单地放到车上拉着走，勒勒车，草原上可以慢慢行走。今天我们也可以用这种形式，但是我们用现代化的手段来完成，而且高效率地加以完成，但不要把草原文化模式或者形态用别的东西覆盖了，不要让它没有了，覆盖了这个不行，把它覆盖了以后，这个地方的后果是很可怕的，这地方不适合其他文化的存在和形成。工业文化是什么东西呢？它可以带来资金，带来科技的兴旺和发展，但是它付出的代价也是很大很大的，这是发达国家都走了的路，所以我们要避免那些现象重新出现，这就是我们研究机构存在的最大的必要性。我们应当及时地给方方面面的领导提出建议，要注意草原、环境和文化的保存。只要文化存在，草原就能够得到保存，生态屏障就可以存在。几千年来就这么些人把草原保护得这么好，今天把这些人迁出来，把那个地方变成无人区，这个也不对，甚至迁出来后用土地流转的方式把那个土地一下子让给别人干了，这个草原上永远没有那个文化了，这对草原就是灭顶之灾，不能这样做。我们意识到这个问题，好多领导谈话也开始不一样了，我想现在很好的机遇到了，我们应该很好地把握和工作。你刚才问的属于谁，是属于民族，属于国家，或者是属于整个人类吧。

徐杰舜：道院长您讲得真的很好，我从认识您就很敬佩您。

齐木德道尔吉：能说实话。

徐杰舜：您不光是说实话，您的知识也很渊博，您把中西打通了，您做的研究无论是从语言学的角度，还是从历史学的角度，都是和人类学有密切的关系的，谢谢您接受我的采访。

【来源】《广西民族大学学报（哲学社会科学版）》，2010 年第 4 期，第 38 ~46 页。收入本书时略有改动。

旅游其实嵌入到生活的许多方面

——访美国著名旅游人类学家纳尔逊·格拉本教授*

【被访谈者简介】格拉本（Neclson Graburn），美国伯克利加州大学人类学系教授，国际旅游研究院院士，旅游高峰论坛顾问。

格拉本（Neclson Graburn）教授（摄影：徐杰舜）

* 访谈人：徐杰舜；录音整理：乌日嘎。

徐杰舜：很高兴格拉本（Neclson Graburn）教授第二次访问金钟山。我们从你的书中已经对你的生平有所了解，但是我们的读者还想对你作进一步深入的了解。

格拉本：好的。

徐杰舜：我们从《人类学与旅游时代》这本书里对您富有浪漫色彩的经历有所了解，同时中国读者还感兴趣的有两个问题，一个问题是，您是英国人，1958 年到美国去读大学，除了要规避兵役以外，还有什么原因？

格拉本：我不是去美国，去的是加拿大麦吉尔大学（ McGill University），我可以详细地解释一下。在英国，人们在成年之后常常到海外去，这是很常见的，我家也如此。因为当时的加拿大是英联邦的成员，与美国相比，更像英国的感觉。所以当时我以为我会去加拿大读博士，这是我选择加拿大的一个原因。另外一个原因是，我家有一个传统，从我祖父开始每一代人的长子都会在成年之后去加拿大。所以，我在加拿大有许多亲戚，尽管我在去加拿大之前并不认识他们，但我知道我有许多亲戚在那里。还有就是，我从未想过我会去美国，我以为我会在加拿大读完博士学位。但是当我在加拿大念书时发现，麦吉尔大学并没有人类学的博士学位，我弄错了。所以，我只在加拿大获得了文学硕士学位。当我想读博的时候，整个加拿大只有多伦多大学一所学校授予人类学专业的博士学位，但是这所学校当时并不好。所有人都说，你要读博士的话当然是去美国了。其实去美国并非是我最初所设想的。

徐杰舜：是这样啊，您一去美国，就去了五十多年，而且又不回英国了，但是您又不入美国籍，为什么？

格拉本：因为美国是一个很大方的国家，尽管你不是美国公民，你几乎可以做任何事情。我可以从政府那里申请研究经费，我可以在公立大学里工作，只有两件事情是我不能做的，一是投票，二是向联邦政府申请富尔布赖特基金（Fulbright Scholarship），因为这类资助只给美国人，当他们在海外开展研究时，政府相当于是他们的大使了。但是我可以从美国国家科学基金会（National Science Foundation，NSF）、美国国家人文基金会（National Endowment for the Humanities，NEH）、全国艺术捐赠基金会（National Endowment for the Arts，NEA）申请研究资助。这个国家很大方，并不会强迫你成为它的公民。而且，英国公民的身份是很有用的，这体现在两个方面。首先，世界上接受英国公民的国家比接受美国公民的国家要多。其次，英国加入了欧盟，也就意味着你是欧盟全体成员国中的一分子了。我的两个孩子，既有美国公民的身份，也有英国公民的身份，因为当双重国籍被允许时我就给他们办了两个国籍的身份，所以他们现在可以在欧盟成员国的任何地方居住，其中一个孩子现在合法地居住在葡萄牙。对了，还有一件事情，可能在我死之前，我会加入美国国籍，如果手续相对容易的话。我可能会这样做，因为我和一个美国公民结婚已经超过 46 年了，据说如果你不是外国人的话，你提交的申请会更快速被审理。所以，如果我死前申请加入美国国籍的话可能会容易一些。

徐杰舜：那您现在在美国这么多年，您本身又是英国人，从您的人类学家的眼光来看的话，美国和英国最大的不同在哪里？

格拉本：是的，以前它们确实有相当大的不同。当我从剑桥毕业后去加拿大读书时，我是麦吉尔大学人类学系一门课的教学助理，但是教授们都是从美国过来的。他们所研究的是我们现在称谓的心理人类学，这个是美国人类学中很重要的一个学派，是由玛格丽特·米德（Margaret Mead）所创立。但我之前从来都没有听说过这个学派。我们在英国所学的人类学是亲属关系、社会结构和社会组织。我跟你说两个小趣闻。当我还在英国，还没有去加拿大的时候，我在伦敦的一家咖啡馆里和一个年轻人交谈，他说他是人类学家，我说，太好了，我也是人类学家！他是在西北大学读书，准备去非洲做博士学位的田野调查。当时我很高兴，遇到同行了。我们开始交流，但是 5 分钟之后我们发现没有什么可说的了，因为我们毫无共同语言。另外一个小趣事是我在麦吉尔大学当助教的时候，那门课有 150 名学生。有一天早晨，教授打电话来说他不能准时到校上课，问我可不可以去代课。我去了就说，你们全部被教错了，你们所学的根本不是人类学，这才是人类学。于是我开始讲完全不同的英国人类学。所以说，它们一开始是有很大不同的，等会儿我再说它们是怎样慢慢走向相似的。

徐杰舜：从您刚刚讲的两个小故事来年看，说明您不仅很浪漫，而且可以说您是受过人类学科班训练的，即我们中国人讲的，传统的、经典的训练。那么我们还有一个更感兴趣的问题，因为您的太太是一个日本血统的，我们也很想了解您怎么找上一个日本太太的呢？

格拉本：我先说一下当我还在芝加哥的时候是个什么情况。我从麦吉尔大学去了芝加哥，再从芝加哥去了加州，在那里我遇到了我的太太。我在芝加哥的时候遇上芝加哥大学很重要的一个时期，1931—1937年，拉德克利夫·布朗（A. R. Racliffe Brown）教授曾带着一帮英国人类学家在芝加哥教学，所以当我在芝加哥时，一些教授是他们的学生，例如 Fred Eggan，他相当熟悉英国人类学和美国人类学。但是他们仍然坚守英国人类学的方向。这是第一件事。第二件事是当我在芝加哥大学时，大家刚刚在芝大开始教学，例如 David Schneider，后来的 Clifford Geertz，再后来就是 MarShall Sahlins。他们虽然是美国人，但他们不是去过英国做博士后研究就是去了法国，所以他们也非常熟悉英国人类学和美国人类学。从这个角度来说，英国人类学和美国人类学开始慢慢接近了。我可以说，它们现在没有太大不同。人们可以很容易地在两者之间切换。再来说说我个人是怎样获得教职的。我去加州是因为我们一个研究生，当时我在 David Schneider 的一个关于亲属关系的项目组工作，是 David Schneider 和伦敦政治经济学院的 Raymond Firth 合作的，Raymond Firth 负责另外的事情。我们当时正在为一个很大的国家项目开小组会，我问 Raymond Firth，我说，我是一名即将毕业的人类学学生，即将从芝大获得博士学位，我想回英国，你觉得我有没有可能找到工作？他说，嗯，除非等某个人死了，不然的话我觉得五年内都不太可能在英国找到教职。我当然不想等五年，我父亲希望我回英国，如果我没找到工作，他也会给我提供经济资助。但是我还是想先找到工作，我很幸运地在美国获得了工作机会，所以我决定去加州。来自加州的 David Schneider，是我的研习小组顾问，他告诉了我许多关于加州的情况。所以当我获得工作机会的时候，我就接受了。这就是我怎样去了加州的。

到了加州之后，我觉得加州是一个比任何其他地方更有跨种族、跨国籍的现象，欧洲人与亚洲人结婚是很常见的。我们系有一个教授叫 Potter，他是研究中国的一位很有名的人类学家，也是20世纪最优秀的人类学家之一。他的太太就是来自粤语区，很可能是香港或者广东，他们去那里做的田野调查。所以说，跨种族婚姻不是什么特别的。我遇到 Katherine 的时候她还在医院上班，她所接受的培训是营养师。你知道什么是营养师吗？这是个新兴职业，当时她在医院工作的时候是发放表格，让病人们填写他们有什么疾病，没有什么疾病，等等。我们是在一次聚会上认识的，后来才结婚的，一直到现在。但是她当时跟我说她不可能嫁给我，因为她父母只允许她嫁给日本人。事实上，她父母也曾经安排她和一个来美国的日本商人约会，她当时28岁，她父母希望她很快能嫁出去。但是她不喜欢那个日本商人，不过她还是说，我父母不可能接受你的。后来，她父母与她哥哥、嫂子一起开车从洛杉矶来看我，我很难与她父母交流，因为她妈妈不会英语，她爸爸的日语口音很重。他们来考察我，我想大概是我的大学教授身份给他们留下很深的印象吧，尽管我不是日本人，是英国人。哦，我想，是英国人，而不是美国人的这个身份可能也是有帮助的。很长的故事，但我们最终还是在一起了。

徐杰舜：您之所以在人类学的这一块园地里做一个人类学者，是不是有两个传统促使您的，一个传统是您的父亲在东亚，在锡兰工作了那么多年；第二个传统就是您的太太是日裔。这样两个传统，使您做人类学有异文化的感受。第二个呢，就是使您能够对我们东亚，日本啦，包括中国在内，感兴趣，是不是这两个原因？

格拉本：两个原因，第一个，事实上我的确是在一个充满亚洲文化的环境中长大的，我父母经常带我去中国或印度参观，我们在家做印度菜，我父母也会谈到他们在马来西亚的生活，马来西亚有很多马来人和中国人。家里还有很多老照片之类的。我的大姑嫁给了一个来自锡兰，即斯里兰卡的亚洲人，他后来到英国读法律，在英国的法律部门工作，当他们第一次去厦门的时候，厦门叫 Amo。2001年我第一次和彭兆荣教授到厦门的时候，当地人还知道这个旧称，因为这个词不是普通话的发音，是当地人取的名字。不管怎么说，我大姑父在厦门生活了4年，我有很多他们当时在厦门的照片。他们后来搬去了马来西亚。在那里工作。我父亲，我的叔伯们后来也都从英格兰去了马来西亚，因为他们的姐姐和姐夫在那里啊。他们经常为了不让别人听懂而相互之间说马来话，我的一个叔叔来自印度，他也会说中国话，大概是广东话或者福建话。所以说，我确实和大部分的英国小男孩不同。但是当我上学之后发现，其他的英国男孩也有亲戚在非洲的某个地方或者世界的某个角落，因为当时很多英国家庭都去了海外。所以某种意义上说这也可以解释为什么我会成为人类学家。并不是因为在亚洲文化的氛围中长大，而是我们已经习惯了有很多外国朋友，听惯了各种外国语言，吃惯了各种食物，等等。当我成为人类学家后，1959年和1960年，我去了加拿大，与加拿大北部的因纽特人一起工作了两个夏天，那个时候的我非常接近于英国人类学的范儿。但我并不知道我会成为一个亚洲文化的专家，直到和 Katherine 结婚之后，我才更多地去了解日本，了解她的父母。我们于1974年去了日本，我让我的孩子每个周末都去读日语学校，一直坚持了12年。当我住在京都时，我开始对亚洲旅游感兴趣，因为日本的国内游现象很常见，所以我做了一些笔记，回到美国之后，我发现没有人研究日本的国内游，他们所关心的不是多婚制，就是国际旅游，总之就不是日本的国内游。但是日本和中国一样，旅游中最多的是国内游。所以我开始写这方面的研究，这也是我做旅游学研究的开端。在这之前，我研究过因纽特人的旅游艺术，这也是为什么《东道主与游客》的作者 Valene Smith 问我是否参加她所主持的第一个关于旅游学的会议。直到1974年，我和太太去了她在日本的老家，日本南端的一个名叫鹿儿岛郊外的村子，我才渐渐开始对亚洲旅游感兴趣。我们在1978年、1979年再次回到日本，我在日本国立民族博物馆工作，然后就投入到对亚洲旅游的研究中去了。所以看上去这是一个内容，但实际上涉及了两个方面，一个是我怎么成为人类学家，第二个是我实际上是做哪方面研究的人类学家。

徐杰舜：说明您从人类学转入到对旅游感兴趣，Valene Smith 起了很大的作用，是不是？

格拉本：不是，我们的研究是各自独立的。Valene Smith 之前是一个地理学家，她也是人类学家，但是在20世纪60年代的时候，她本来是想研究地理与旅游的，她比我们都要年长，现在有80岁了。她在阿拉斯加北部研究当地的爱斯基摩人时发现了阿拉斯加的游客帐篷营，后来她就开始研究旅游。另外一个人是 Dean MacCannell，他在1968年拿到博士学位之后去了法国，准备去研究法国的学潮，当时法国有很多抗议活动。他的太太是法国文学的博士，所以他在法国待了一年。他发现旅游对于形塑法国学潮的作用远大于学生运动。我对旅游的研究是从我在因纽特人那里起始的，当时因纽特人制作一种小的石刻卖到国外去，因为当时还没有真正的游客到那里去。他们把石刻卖给那些定期到访的货船，这就开始成为一种旅游艺术了。我在新西兰发现当地的毛利人也做类似的事情，创造出一种专门出售给游客的艺术时，我开始思考怎样研究这种现象，一直到后来都在做这个方向。我写了一些这方面的文章，Valene Smith 知道我在做这方面研究，所以她在筹备会议的时候就邀请了我。这就是我们三个人如何各自独立地投入到旅游研究中，然后逐渐熟悉起来。现在我们都住在加州。

徐杰舜：这个很重要，从您对旅游的关注，我们也可以说您是旅游人类学的创始人之一。

格拉本：嗯，也可以这么说。但是我们通常说 Valene Smith 是这个学科的创始人，因为是她把我们召集到一起开会的。开完会，她说，那我们接下来做什么呢？我说，你得先把这个会议论文集出版了再说。她当时住在加州北部的奇科（Chico），有时我从我家开车一个半小时到她家去讨论这本书怎样出版，看有没有什么要改动的，需不需要增加章节。我把会议论文编辑成册，还往里面增加了一些黑白照片，我打印出来以后作为教材给本科生上课。那是 20 世纪 70 年代，好像是 1976 年，我开了一门课叫旅游人类学。我是第一个给本科生开这门课的人，当时没有这方面的教材，所以我把这个论文集当作一个试验品来用，问学生们喜不喜欢，然后反馈给 Valene Smith，她再做修改。她把论文集的稿子寄给很多家出版商，但是没人愿意接收，他们说，这不过是一个会议主题，或者只不过是一种现象而已，你怎么可能写关于旅游的书嘛？旅游就是游玩而已啊，又没有什么重要意义。斯密斯说，她找过 86 个出版商，最后宾州大学出版社才勉强同意，说那我们就试试看吧。事实上，这本书非常成功。斯密斯是一个很执着的人，她要做什么事情，就一定要做成。所以我们常说，她是出版这方面书的第一人。但是同一年，MacCannell 也出版了他所撰写的关于旅游的书，不过都是各自独立撰写的。我差不多也是在同一时期写了关于族群旅游的书。在 1976—1977 的两年时间里，关于旅游的三本书各自问世。后来我们才一起工作，但是起初是各自独立地研究这些东西。另外就是，我们不应该把以色列的 Erik Cohen 排除在外，他虽然是社会学家，但是他在 1970 年或是 1971 年，在以色列的一个小镇做田野调查时发现当地的巴勒斯坦青年与女游客的不寻常关系，就写了这方面的文章。后来他研究以色列的背包客，也写了一些文章，还出版了《旅游社会学纵论》，总之，他在旅游方面的研究和我们差不多，但他出版了更多的书，所以我们常常把他也算在内。他曾经两次到过中国，他也是差不多同一时期在以色列开始的旅游学研究。

徐杰舜：您这样讲，我们就比较清楚地了解到旅游人类学发展最早的一些情况。根据您刚刚讲的，我还有一个问题就是在中国，旅游人类学正在兴起，您能不能够用最简练的语言概括说明一下旅游人类学的主要研究内容有哪些？

格拉本：呃，它是随着时代在不断变化的。在旅游人类学出现以前，中国的人类学家们主要是研究中国的民族，他们也看到了有旅游的现象，例如，那个谁，我不记得名字了，杨慧的亡夫叫什么来着？

徐杰舜：王筑生？

格拉本：对，王筑生。还有彭兆荣等许多民俗学家都看到了在村落里出现了旅游的现象。他们很担心这会改变他们所研究的少数民族的文化，而且作为人类学家，他们非常关注文化。所以他们把旅游看作是非常危险，非常坏的东西。这是一开始的情况。另一方面是那些研究地理学的学者们，也很关注中国少数民族地区的旅游。旅游可以把少数民族群体纳入到全国经济系统当中，提高生活水平，使他们比以前更重要了，而不是独自生活在与世隔绝的层面。这是另一个重要的主题。从1999年在昆明所召开的那次会议之后，尤其是通过像彭兆荣等教授以及从未学过人类学的张晓萍教授的努力，旅游人类学发展得相当迅速。张晓萍越来越具有人类学家的气质，而且她在云南大学也教授了许多学生。他们仍然是从民俗学的角度研究旅游的，他们并不是把旅游视为是需要谴责的，也不是仅仅把旅游当作一种经济现象，而是把两者相结合，认为旅游是一种具有创造力的积极现象，而且可以带来健康的经济成就。所以在我看来，研究旅游和研究少数民族这两个主题之间需要保持更多的平衡。但是现在的一个重要主题是关于文化遗产和旅游。这就有一点回到最初人类学家们所担忧的话题上，即文化会逐渐消失。人们现在所担忧的不仅仅是保存少数民族文化遗产，还有本土文化遗产，汉文化遗产，中华文化遗产，等等。这些都变得越来越重要，各省和中央政府都列出了国家级文化遗产的名单。这个问题显得如此重要，尤其是在人类学界就更重要了，以至于几乎每个人都在思索这个，也很关注这个。他们仍然担忧旅游会破坏文化遗产，或者让文化变得非常商业化了。所以这两个主题从一开始就在慢慢融合和发展。

徐杰舜：那您讲的这个就是说，我们中国的旅游研究，从对民族文化的关注，现在转向到文化遗产，那么我还是要回到刚刚提的问题，您作为国际上旅游人类学的一个重要的学者，您认为旅游人类学应该包括哪些内容？

格拉本：旅游其实嵌入到生活的许多方面，而不仅仅是一个独立的东西，它和许多东西都有联系。旅游所带来的经济影响是很明显的，这是一个需要关注的主题。它如何打破财富的垄断，让穷人能够富裕起来，和中产阶级一样，等等。比如说，少数民族成员流动的时候，旅游业也是有关联的，这体现在两个方面，一个方面是旅游与劳动力流动相结合。在很多地方，人们的生活很穷苦，村子里的年轻人在家种田是没法挣钱的，他们到大城市打工谋生。他们大部分是男人，也有一些是女性，当这些女孩子们挣到钱之后就回去结婚，置办嫁妆。另外一个方面是当旅游潮出现后，人们投资到旅游业中，修建宾馆、餐馆或其他设施，这也带动了劳动力的流动。因此经济对人群流动是有影响的，人群流动又影响到文化。如果村民在大城市里待上三四年，他们会比在家务农学到更多的东西，他们会被涵化，或者变得视野更开阔，对教育的重要性有更深的体会，他们会把这些体会带回村寨，改变他们的家乡，或者待在村子里搞旅游。所以就旅游人类学而言，太多东西在变化。中国的人类学家们指出，其中一个方面是少数民族地区的旅游给少数民族认同带来了压力，少数民族成员从他们的文化中选择一些元素来展示给游客看，而这些文化元素更能形塑族群认同。就像贵州西江的苗族小姑娘一样，她们知道她们得穿上苗装跳舞，因为这就是她们的文化，尽管这些都是由旅游业所带来的影响。所以，如果旅游搞得很成功，在旅游中所呈现出来的民族元素，不管是服饰、舞蹈、唱歌、音乐、吹芦笙，等等，这些方面会把民族文化中没有被呈现的东西所掩盖，因为那些没有被呈现的东西，也就是不需要每天表演出来的，慢慢地就会被遗忘。例如民族语言、约会方式或婚嫁习俗，等等。旅游只强调了文化中的某些部分，所以我认为人类学家应该为此而担忧才是。

有时候少数民族成员也会为他们的文化变迁而有所警觉，可能是因为他们遇到了许多游客，也可能是因为他们外出打过工。他们现在常说，我们必须保存我们的文化，并不仅仅是为了发展旅游经济，而是因为每个民族都有自己的文化必须传承下去，尽管他们保存的文化可能和父辈的文化并不完全相同。这也是我认为旅游业的另外一个特征，搞旅游获得成功时，促使少数民族对他们生活更满意，他们会觉得自己和那些生活相对不错的汉族一样，他们可以为自己做点什么了。最后一个比较有意思的研究主题是，现在出现了很多关键的个人企业家，你知道这个词吗？这个词指的是那些自己创业和经营的人。由于旅游业，一些少数民族成员，通常是男性，有时也有女性，他们慢慢地开始展现出他们的天赋来，并不是靠政府的帮助，也不是因为接受了更高的教育，而是因为他们自身很聪明。他们中有些人是艺术家，有些是经营有方的商人，有些是很好的组织者，他们促使了一些事物的出现。在整个中国，你都可以看到这个现象，也就是在一些村子里，常常是因为一些个人发明了一些新的东西，然后就把其他人远远地甩在身后了，就像我们昨天晚上所讨论的关于平安壮寨的公开演出。我昨晚读过一个住在平安壮寨的人类学家所写的一本书，其中一个章节就是关于这个，我可以告知他平安壮寨的演出是怎么回事。在平安寨，以前是有壮族舞蹈的公开表演，这是由一个名叫 Yao Yangli 和她妹妹 Yang chang 所组织的，当时他们的表演很成功，他们的演出成为当地民俗旅游的一部分了。在另外一个侗寨，有一个村民，叫吴金敏，他在没有政府协助的情况下，在这个侗寨开发民族文化旅游，这是广西境内第一个从事旅游的少数民族村寨。他当时很成功，组织了一个侗族舞蹈表演队，他自己还写了许多侗歌，创作了侗族表演的音乐，总之就是发展得很不错。但是当平安寨和邻近的几个寨子成为旅游点之后，他自己村寨的旅游业就慢慢地萧条起来。于是他就带领表演队的侗族成员到平安去表演，他搭建了一个很大的表演场地和一个客栈，这个侗族表演队就开始在平安表演起来。他还重新编曲，吸收了一些壮族演员到他的表演队里，所以他不再把他的表演队称之为侗族表演队，而是改名为龙脊表演队。吴金敏从一个很低的起点开始，慢慢成为平安的主力表演队。而 Yao Yangli，她的表演队开始走私人路线，如果你在你下榻的旅馆里想要看表演，可以给 Yao Yangli 打电话。我们昨天问过她了，她说有人打电话来的话，她就会把她的表演队带到旅馆里给客人表演。她强调说，她的表演队才是这里的第一个表演队。但是没有人会注意到这一点，因为其他表演队太成功了。去年，甚至包括今年，吴金敏去了阳朔，组织了另外一个表演队在阳朔演出。所以我们可以看出，吴金敏一开始是在平安演出，但是现在平安已经没有公开演出了，但是你仍然可以叫 Yao Yangli 的表演队在旅馆给你表演，但是他们没有什么固定的演出。这是一个很复杂的过程，我们可以说，旅游人类学的最新变化应当是关注这些个体，他们的个体特征如此明显，他们是如此具有创造性，超越了族群认同，创造出巨大的不同来。很不好意思，说了太多的内容。

徐杰舜：好像这个表演队就是金钟山这里的这个，就是从龙脊来的。

格拉本：可能是，我不确定，他叫吴金敏。

徐杰舜：应该是（后来查明金钟山旅游开发有限公司天籁民俗演艺队的主管是梁永明，是吴金敏的学生，也是从龙脊过来的）。

格拉本：嗯，他们说他是企业家，他一直在前进，并没有仅仅停留在他的族群身份上，而我想说的是，这个现象在整个中国都越来越重要。你可以发现这些个体创造出的巨大不同来，就像丽江东巴洞经乐团的团长，这个乐团去过巴黎，上过 BBC 表演，他就像个超级明星一样，给大理带来了巨大的不同，他表演一些高雅艺术，花了很多钱。他成为一个走向高层次的民间艺术表演人士的例子。所以我认为，在人类学最初发展的时候，我们并没有关注个体，我们关注的是今天被认为是文化的东西，但是当我们深究细节的东西时，我们可以看到往往是个体创造出巨大的不同来。所以我认为，这也是现在旅游人类学应该关注的重要主题之一。

徐杰舜：那么根据格拉本先生所讲的，能不能把旅游人类学概括为旅游人类学研究旅游与人，其中包括在旅游中人与人的关系，人与自然的关系，可不可以这样概括？特向您请教。

格拉本：当然了，这是一个整体的视角，它们相互之间都是有联系的，而且我认为人类学是研究他们的最佳学科，因为人类学总是关注普通人。所有事物都是有联系的，而不应当只关注某个方面。

徐杰舜：这样来说的话，格拉本教授对旅游人类学的贡献是非常大的，您创办了一个国际旅游研究院，当时您为什么要创办这个？

格拉本：我不太明白，是说国际化的？我参与了好几个组织，一个是叫国际旅游研究院（the International Academy for the Study of Tourism），事实上它应该是由《旅游研究纪事》的编辑 Jafar Jafari 所创办。他想创办这样一个研究院时，邀请了一些在这个领域有所建树的人成为这个研究院的创办者，我也是其中之一。我还参与了一个机构，是国际社会学协会下的一个小组，原本是研究休闲的，后来转向旅游研究，也是邀请了一些像我这样对旅游有所研究的学者加入，组成了一个叫 RC50（50 位研究委员组成，Research Committee on International Tourism RC50）的小组，这个夏天还在瑞典开会来着，我们在印度还开过会的，简直就是人类学家的会了。第三个机构就在我们学校，是一个旅游研究工作坊，像你的同事金露和葛荣玲这些人，都参加了这个工作坊，它也逐渐发展得很国际化。尽管参与者主要是学生，但是也是很国际化的。这些是我主要参与的几个机构。

石甜：徐教授说的应该是国际旅游研究院。

格拉本：国际旅游研究院是每两年开一次会，总部现在设在香港。明年夏天我们将在台湾开会，这是下一次会议。我们想办一个国际性的研究院，让更多亚洲的学者加入，因为现在几乎没有亚洲学者。所以我希望能对亚洲学者们有一种鼓励作用，我认识许多中国和日本的学者，他们都有参与到这个研究院中。但还是不够，仍然是西方人主导了。我总是想让更多的来自不同国家，不同教育方式的人们聚在一起。在法国召开的RC50会议主要是由法国人和说英语的西方人参加，而在瑞典的那次会议，破天荒地有两个中国学者出现，我打赌你肯定认识其中一个，他叫吴必虎，来自北京，你知道他不？另外一个是Xiao Hongyan，稍微年轻一些，你知道他不？他们来了之后，吴必虎被选为会议共同主席，这也是头一次。他们好像是让RC50在北京开一次会。总之，我们有来自世界各个国家的人，相当地国际化了，而不是仅仅由那些说英语或法语的人主宰。这也是为什么我加入这些组织和机构的原因，准确地说，人类学不应当是一门西方科学。如果说人类学是关于全人类的，那么所有国家的人都应当参与到人类学当中来。

徐杰舜：肖红艳是日本的，在日本的。

格拉本：不，都是中国人。

徐杰舜：中国人，在日本。

格拉本：不是，他是在加拿大读书，他的导师是Jeff Wolf，Jeff Wolf到过中国很多次。

徐杰舜：那不对了，是另外一个人了。

格拉本：他和另外一个之前在中国研究就业与发展的人一起学习的，他现在在加拿大，在Jeff Wolf门下。但是Xiao Hongyan现在要不在香港，要不在内地，他很活跃，我在很多会议上都遇到过他，还和吴必虎在一起的。好像Xiao Hongyan也被选为RC50的大会共同主席，吴必虎是共同主席，另外一个共同主席是Margaret Swain，一位花了半生精力在云南石林研究撒尼妇女的人类学家，她在中国人类学界也很出名的，我们下一次会议她也会出席的。

徐杰舜：那可能是同音了。这个组织叫什么名称啊？愿意把会议拉到中国来开？

格拉本：这是一个研究旅游的小组，叫RC50，属于国际社会学协会，包括了许多内容，加入这个小组的最低要求是，你是一个研究人员。这个小组主要研究旅游，虽然国际社会学协会是社会学的，但是有很多人类学家加入，所以它和单纯的人类学或社会学研究有点不同。但是我认为吴必虎不是人类学家，也不是社会学家，他是一个搞规划的，但是出版了很多关于中国旅游发展的书。

徐杰舜：格拉本先生您在国际旅游研究院担任什么职务，有没有决策权？

格拉本：我现在已经不是秘书长，它刚成立的时候我是委员会的成员之一，但是我现在已经快退休了，不再负责和管理相关的事情了。我现在主要负责的是伯克利大学的那个旅游工作坊，我们在春季有一个很大的会议，葛荣玲和彭兆荣也被邀请，但彭兆荣可能不去，金露也会去，这是明年二月将要举行的一个大型国际会议，我主要的工作是促使它召开，现在我把剩下的活儿交给其他人了。

徐杰舜：后年我们不是要开第二届旅游高峰论坛嘛，那我们有没有可能在浙江开这个高峰论坛的时候，跟国际旅游研究院合作开呢？

格拉本：很久以前我们在中国北京开过一次会，所以会选择在其他国家召开，因为一般不会常常只在一个国家召开。我们是 2005 年在北京开会的，有很多人参加，其中有一个大概是来自北京国际大学什么的一位负责人想要举办下一次会议，当时我就说了，下一次会议是明年在中国台湾举行的，两年之后在葡萄牙举行。这些会议都是提前六年就开始着手安排的。它的程序是这样的，如果哪个地方想要承办这个会议，那么得有人去参加这个会议，比如说在葡萄牙，想要承办的人需要提交一个整体方案给研究院，为什么选择这个地方，他们将会怎样办好这个会议，一般会有两至三个不同的地方提交一个整体方案。台湾提供住宿以及其他东西给游客，这个会议一般召开五天。上一次是在西班牙，去年夏天，我和我太太也去了，在那次会议上，来自葡萄牙的承办方就是提交了申请说我们想要承办这个会议，我们说，下一次会议不行，因为已经让台湾来承办了，但是可以承办这之后的会议。所以如你所看到的，这些事情都是提前 4 到 6 年都在准备了。而且通常是一个研究机构，比如说一所大学，或者像台湾那样，由 5 所大学共同承办。国际旅游研究院也不是很大的机构，人数最多时有 75 人，我们尽量保持成为一个小型机构，现在大概有 70 人，但他们不是全部参加会议的，一般有 50 人左右来开会，所以这也不是什么大型会议，但是相互之间互动很多。在会议期间，研究院的学者们还会与当地研究人员们一起讨论某些问题，或者是给出一些建议，所以是和承办方有所交流的。

徐杰舜：比奥运会的时间还长啊，4 ~6 年。

格拉本：在北京举行的那次会议是研究院第一次在亚洲举行的会议。

徐杰舜：这么不容易申请，那我们就不去提这个要求了。

格拉本：噢，我们之前在澳门有一次会议，大概是10年前，那次好像是第一次在亚洲开会。

徐杰舜：好，那我们换一个话题，请格拉本先生发表一下对中国旅游的发展的一些看法和评价。

格拉本：旅游发展？不是旅游人类学？是关于旅游发展？我不是中国问题专家，实际上我对中国的了解来自于其他人，像你这样的中国人以及其他外国研究者们。就我看来，中国的旅游业已经很大了，因为它已经在世界其他地区开始有影响了，越来越多的国家与中国签订了旅游签证协议，他们越来越了解中国，中国也变得越来越可见化，越来越新，记录着每一件事物，但是现在最大的变化是，越来越多的中国游客到国外旅游，所以这对双方来说都是最大的流动。中国每年都有成百上千万的游客到国外去，将会给中国带来巨大的不同，因为他们在国外看到了许多事物，中国会变得越来越国际化，因为那些游客在国外旅游之后，会把中国变得越来越世界化，越来越不怎么排外，因为它已经和欧洲以及世界其他地方差不多了。不过，我认为目前为止，中国的旅游发展是成功的。我们总是担心会过度拥挤，交通问题，有时候如果游客太多，价格会随之上涨，我对这些了解得不多，只是有所耳闻，但是足以让我们担心这一切。有些人会说，到处都很拥挤，没有什么是好的。但是目前来说，交通还可以，新开的高铁线路，以及在各个地方所发展的各种旅游类型，也在慢慢向其他地方发展。目前来说，我觉得管理得不错，但是人类学家可能还担心一个问题，那就是旅游对少数民族文化的影响，他们可能会变得很现代化，我们已经听说了这方面的很多问题，但我们仍在观察当中，这些现象曾经在其他国家发生过。对于中国的情况，我了解得不多，徐教授可能比我更了解中国所发生的一切。

徐杰舜：谢谢格拉本先生对中国旅游的评价，特别是您提到的问题，也是非常中肯的，那么，接下来我想问的就是，中国的旅游人类学的研究刚刚在发展，这跟格拉本先生培养的学生，好比讲，杨慧啦，张晓萍啦，包括彭兆荣教授这些，都很有关系。那么，您对现在中国旅游人类学的研究情况有什么评价，以及有什么希望？

格拉本：中国旅游人类学已经很不错了。在中国，对旅游人类学存在着许多偏见，人们认为人类学很重要，他们所读到的，所认为的，都是人类学很重要。回顾中国旅游人类学的发展，很多人在不同场合跟我说过，有很多人不是搞人类学的，但是他们也宣称自己是做人类学的，因为这样可以让他们的研究听上去很重要。这些号称自己是搞人类学的，其实根本就没有受过人类学的训练。而且，就算是听上去它很重要，但是我认为，需要更多的院校支持这个学科。在中国，很少有学校支持旅游人类学的研究，这也就是为什么那些搞旅游的会说自己是旅游人类学家，他们并没有受过人类学的训练。我认为教育系统应该承担起发展旅游人类学的责任，以确保可以有越来越多的、类似于彭兆荣教授所开展的旅游人类学课题那样的机构。我有一些北大和清华的朋友，他们说这两所学校都没有旅游人类学，因而也较少开展旅游人类学的研究，因为旅游人类学不是特别重要，尽管这两所学校是中国顶尖的大学了。在我看来，应该在更多的院校中开展旅游人类学研究，我们就会有越来越多的人类学家来做人类学的研究，而不是让那些搞规划的，或者是搞民俗的人来做人类学的研究，而人类学研究也会发展得更好。

徐杰舜：对，现在中国的情况正如格拉本先生您所讲的，人类学家来做旅游的人比较少，而搞规划的，所谓旅游管理的，搞民俗的，来做旅游人类学的，比较多，这是我们以后发展旅游人类学可能要非常努力的一个方面。

格拉本：是的，有一些人在做跨学科研究方面也很成功，比如说像张晓萍老师，她是商学院的，到伯克利大学访学，选修过我的课。事实上她到过伯克利大学两次，学了许多人类学的东西，所提的问题也越来越像真正的人类学家那样。所以说，有些人确实在跨学科方面还是做得可以的，但是，中央民族大学的张颖告诉我，有些人吹嘘说自己是人类学家，因为这样会显得很时髦。但这样并不好，所以即使有跨学科的人做得不错，但是还有其他一些人伪装自己是人类学家而已。

徐杰舜：因为人类学目前在中国的状态还处在一种边缘状态，它还是属于所谓的二级学科，它所占有的资源就有限。但是实际上人类学在中国各个方面的应用，越来越重要，越来越多，所以很多人不是搞人类学的，也自称是人类学家。这种现象大量地存在。

格拉本：事实上我最近读过两本指责中国旅游人类学的书，说他们的研究与实际生活毫无关系，也不够应用，其中一个是云南大学的教授，好像叫 Wei 什么，写了很多关于这方面的东西，其中有三本批评中国旅游的书。另外一个我不记得名字了。但是一些人在解决实际问题和提供建议方面做得很不错，所以我认为应该在教学中加入这些部分，让学生知道，这是人类学家的责任的一部分。

徐杰舜：我不知道我们云南大学还有这样的人啊，写三本书来批评中国旅游人类学，但是我觉得恰恰是人类学对旅游的开发，有非常重要的作用。我们这个金钟山的开发商，吕志辉董事长，他就在和彭兆荣教授及和我的交流当中，深深感到人类学很有力量，很有作用，也很有魅力。所以他就要成立一个旅游研究院，宗旨就是要运用旅游人类学的理论和方法来研究旅游，研究旅游当中旅游和人、人和人的关系，因为这样一来，碰到很大的问题就是，这个地方的开发商和村民及政府和村民的关系，矛盾都非常尖锐敏感，但是现在经过我们人类学家在这里的工作，这个问题基本上已经解决了。这个村子的农民开始走上发展乡村旅游的道路。所以这个董事长吕志辉先生，他就要投资成立一个旅游研究院，要投资开旅游高峰论坛。所以如果说人类学对旅游没有什么作用，那我觉得是完全不了解实际，不了解中国发展的情况。中国实际上更需要人类学来关注旅游。

格拉本：我几乎是逢人便讲这是人类学应用的一个伟大的例子。我认为这是一个不同寻常的例子，而且是在徐教授和吕总带领下所创造的，可以这么说，这是人类学的一个辉煌例子。所以我要感谢徐教授，给我机会让我了解到这些，然后把这些告诉其他人。

徐杰舜：那您对我们金钟山旅游度假区成立了一个旅游研究院，要举办旅游高峰论坛的意义有什么评价？

格拉本：我还在了解当中，我刚到这里，知道的还不多，这次会议将会让我知道主题是什么，包括了哪些人，包括了哪些研究，等我了解了这些之后才能总结它的意义所在。开会的时候，我会了解其他人所关注的是什么，他们有些人关注的是发展。你说过，下一次会议的主题可能是关于国家公园的，所以我想继续多了解一下再说，但是有任何问题或建议，你们都可以给我发邮件。

徐杰舜：我们这次会议的主题就是您提出来的，旅游与景观。

格拉本：嗯，这个主题对于此地来说确实很重要。

徐杰舜：就是。正是从这个主题出发，这个金钟山未来的发展，除了现在已有的以外，如果我们能够把溶洞宾馆做好的话，那也是非常好的一个创意。再进一步来讲，就是原来格拉本先生去看过的那个麻冲村，那个在后面，世外桃源的地方，我们有可能把它打造出来。这样子其实是在按照格拉本先生的建议向前发展。

格拉本：我很高兴看到你们是深思熟虑每一步，然后才开始着手开发的，而且是在不断地修正它，而不是“砰！”的一下，三下五除二地把它盖完。

徐杰舜：我们很感谢格拉本先生对金钟山旅游开发区以及金钟山旅游研究院的关心和支持，也非常高兴您接受担任我们旅游研究院的顾问，希望格拉本先生今后能继续多多的关照，多多的关心，多多的指导。

【来源】《广西民族大学学报（哲学社会科学版）》2011 年第 3 期，第 27 ~ 34 页。收入本书时略有改动。

从“学术浪子”到学术带头人

——访厦门大学彭兆荣教授*

【被访谈者简介】 彭兆荣，江西泰和人，博士，厦门大学人类学研究所所长、教授、博士生导师，厦门大学旅游人类学研究中心主任；国家社科基金重大项目“中国非物质文化遗产体系探索研究”首席专家；旅游高峰论坛学术委员会副主席。

彭兆荣教授（摄影：佛子）

* 访谈人：徐杰舜。

徐杰舜： 彭教授！很高兴再一次和你在桂林金钟山会面。首先要感谢你对我们桂林金钟山旅游研究院、对旅游高峰论坛的大力支持。

彭兆荣： 分内的事，不客气。这是我们第二次和我的老师格拉本（Nelson H. Graburn）教授，在金钟山会面了吧。

徐杰舜： 对！第一次在金钟山见面是在昆明世界人类学大会之后。当时行程比较紧凑，所以没能对 Graburn 做一个专访。这一次，趁大家都在这里出席首届旅游高峰论坛，机会难得，时间又充裕，所以就准备了一个专访。

彭兆荣： 做 Nelson H. Graburn 教授的访谈是应该的。他给中国所带来的其实不仅仅是旅游人类学的影响，他已经涉及民族地区的一些村落社会以及有关乡村旅游的问题。比如说，在贵州举行的中国首届乡村旅游论坛，我跟他一起去参加了，期间他考察的都是一些贵州的少数民族地区，并给当地政府提了不少建议。从某种意义上来说，他已经触及了中国少数民族一些很具体的东西，很基本的层面了。所以，他对中国西部的了解是很深的。他也鼓励他的美国弟子到中国来做田野，比如这次去平安，有两个美国人类学博士生在那里做田野。所以，他的学生知道他要来，就跟他说“你应该去看看平安”，包括见什么人，看什么东西等，他都一一到现场体验。一个 73 岁高龄、伯克利（UC Berkeley）人类学的终身教授在中国西部翻山越岭，身体力行真令人感动。外国学者现在像他这样对中国进行深度了解是很少的。近十几年来，他几乎每年都来中国，有的时候一年来两次。他之所以如此，我认为他是非常有眼光的学者。他早年做欧洲和北美的人类学研究，后参与国际旅游研究院的创立，使旅游这个新的社会事件、社会活动、社会现象，进入人类学视野，他是起到很重要的作用的。随着东亚经济的崛起，包括日本、韩国的经济崛起，他开始关注东亚经济发展所带动的大众旅游对东亚社会结构，乃至对全球社会经济结构所产生的影响，对此他很早就有预见。当然也有他个人的原因，他太太是日本人。所以他早期就开始对日本的旅游经济进行研究，接着是对韩国的研究。十几年前，他就非常敏感地看到中国的经济将对全球在未来的历史发展过程中将会产生重要的影响，于是他开始关注中国、研究中国，而且他还爱中国。所以单这三个因素：一个是他在学术上敏锐的前瞻性，一个是亲身到中国进行实地了解，外加他热爱中国。基于此，我认为很有必要介绍他。一个学者不是一个简单单纯感性的人，他对这个社会的了解是基于他对这个社会的特殊性、复杂性所作的判断。对西方社会来说，中国以前是相对封闭的一个社会，中国又是一个文明古国，随着经济的发展、大众旅游的出现，这不仅对中国社会起着一个非常重要的作用，而且可能对全球产生很重要的影响。所以，他进入中国，对中国的大众旅游以及大众旅游对中国社会经济的这种“发动机”作用的预见，从今天来看，是非常有眼光的。很多人仅仅把他放在旅游人类学的角度来看他，当然作为一个专家，他在这个方面的卓有成效的研究毫无疑问是世界级的。但我们经常忽略了他为什么在那个时候、在那个历史阶段进入到中国，选择对中国的旅游，对民族地区社会结构进行研究的依据和能动问题。近十年来我一直跟着他，有些问题我是很清楚的，世界上很多人类学家也意识到中国这样一个社会将对世界整个未来的格局，特别是政治经济的格局，会扮演一个重要角色，可是很少人能够先期预见进入中国，而且通过某一种研究来反映这样一个未来的发展趋势。从这个意义上来看，他是一个很特别的人类学家。他的影响力、判断力，他的前瞻性、敏感性，他的学术态度、学术高度，都表明他是一位世界级、大师级的学者。对他进行专访也好、做专题也好，都是非常必要的，而且他本身是一个特殊的、很有个性的案例。

徐杰舜：谢谢你一开始就问我，对这个会议的访谈啊，这些文章如何进行发表。但我今天要采访你的就是你刚刚讲的，你这十几年跟着 Graburn 教授主要是学习旅游人类学吧，同时也学习到他对中国研究的权威的方法和他的这种远见及他洞察的眼光。我在十年前（1999 年）对你的采访，发表在《广西民族大学学报》，那时候我们叫《广西民族学院学报》，发表的题目是《我非我与学术浪子》。

彭兆荣：对。

徐杰舜：我觉得这十年来的变化，正像你刚刚所讲的，你是从在法国学习人类学，跟着雅克·勒穆瓦纳博士（Jacques Lemoine）转到美国，向美国的 Graburn 先生进行学习。这可以说是你学习人类学两个非常重要的时期。前一个时期，就是我第一次对你采访时所讲的：“我非我”“学术浪子”。在那个时候，你在人类学的天地里面四处流浪，你自己的学术地位并没有能够确定。这十年来，已经不止是十年了，从 1999 年到 2009 年是十年，到现在是十一个年头了，这十年你的学术成就非常大，因为我们是老朋友了嘛，我始终在关注你，关注你就是向你学习，因为你有很多东西值得我学习；关注你就是我们共同推进中国人类学的发展。而我关注你的是对中国人类学的重要贡献：一个贡献就是旅游人类学，第二个贡献是对非物质文化的保护。如果十年以前你在中国人类学或者在人类学领域里，按你的说法是“学术浪子”的话，那十年以后的今天，彭教授你已经不是“学术浪子”了，用我的话讲，你应该是我们中国目前人类学学科上一个大师级的人物。很多人不愿意我评价我们中国中年以上的像你们这一代的人类学家，这就大大影响了我们中国人类学学派的建构。旅游人类学这一块的领军人物非你莫属。这次首届旅游高峰论坛，参加论坛的学术代表、专家学者、教授博士们很清楚地看到你这条线人员的结构！你的老师格拉本，世界一流的或者是旅游人类学的创始人之一，再就是你本人和你同代人，如杨慧、张晓萍，她们也是 Graburn 的学生，再就是你的学生，你的博士生，或者是你的学生的学生。这就形成了中国旅游人类学研究的一个群体。我很有幸能够和你合作，把这个以旅游人类学为理念和方法的高峰论坛办起来，创办起来。就像你在开幕式上讲的，这是中国人类学或者是旅游人类学在中国的大事情。而我们这个以旅游人类学为核心，为理论基础的高峰论坛之所以能够创立，跟你彭教授的研究、对金钟山的关注，有非常大的关系。在昨天会议的闭幕式上我没有能够展开讲，正因为有了你的研究，有了你对金钟山的品牌策划，并把 Graburn 先生请到我们金钟山来考察，所以才会有今天。你这个十年的成就应该很好地总结一下。那么，我首先想问你的就是：你是怎么转入到旅游人类学的？

彭兆荣：我想确认一下，我是不是《广西民族大学学报》第一个以前做过专访，再次做专访的学者？

徐杰舜：第一个。

彭兆荣：好，那我知道了。

徐杰舜：绝对是第一个，而且也是我想根据您的建议，对旅游人类学这一块的学者进行系列访谈的开始。

彭兆荣：好，我知道了。十年前我接受你的专访，其实我是很忐忑的。因为当时我们属于人类学的新生代，一个四十多岁人类学学者的照片放在封面上，以我的经历和学历，以我的学术研究为依据做专题，以及配有几十幅的照片，我很不安。据我所知，在中国的学术界也没有先例。这个是你开创的一个东西吧。我也相信那个时候可能有一些学者会觉得我们没有资格被这样宣传。

徐杰舜：对，我打断你一下。当时有很多人很犹豫，不愿意或者不敢接受我的专访，这是很重要的原因。

彭兆荣：对呀，所以啊，一般会专访费孝通这样的大家。其实，我并不是大胆的人，但是，我之所以最后接受这样一个访谈，我记得我大概属于第一个还是第二个？反正是前三甲之中。

徐杰舜：对，前三甲。

彭兆荣：前三甲之中。

徐杰舜：第二个。

彭兆荣：然后还有一个黄泽。

徐杰舜：对。

彭兆荣：我是有顾虑的，但我最后还是接受了，是基于两点考虑：一是我看出你的用心。我觉得中国人类学记录它的发展，其实不仅仅是记录研究，记录中国在学科上的某一些变化，还包括记录某一个学者的学术经历，其根据是符合人类学学理精神的，是一个非常重要的依据。我看出你的这个栏目的用心。在那段时期，我们这个年龄段的中青年人类学学者，他们的变化情况无妨成为“被解剖的麻雀”。二是因为你。我们是有二十多年交情的朋友，朋友的事情，只要是正当的，我一定会支持，哪怕我个人在名分上可能会有一些风险。我觉得我们不妨这样去理解：即通过这个栏目记录一下我们中国人类学学者在改革开放以后，不管是通过西方的学习，还是中国学科恢复以后自己的培养，以及用西方的理论和中国社会实践结合的程度、方向以及范围，都通过你的这样一个栏目的创立，有一个历史性的记录和反映。这个记录和反映将成为重要的、未来回看中国人类学发展经历的一个非常重要的依据。所以我支持你，支持你的想法，认可你这项工作的价值和意义。

徐杰舜：我插一句话。正像李亦园先生讲的，我们的访谈录就是中国人类学的口述史。

彭兆荣：我之所以在那个时候用自我戏谑的表述“我是我，我非我”“学术浪子”等，就是希望不被或少被误解为“纯粹的”“标准的”“真正的”人类学者。

徐杰舜：对，对，对。

彭兆荣：在中国改革开放以来，我进入人类学是很早的。20 世纪 80 年代初我在读研究生的时候，那个时候中国还没有什么人类学学科。我 20

世纪80年代末去法国留学的时候，国家教委在派出的文件上把人类学当作“新学科”。我是作为公派去法国最早的“新学科”代表之一，虽然那个时候中国已经出现了人类学的复苏，但所知者甚少。在专访中我为了避免自己以后会被人家质疑，我用非常戏谑的方式把自己作为一个case来剖析中国人类学那个时候的状况。虽然那个时候已有少数在西方学习的人类学博士，但一定不是中国学术界的主流。所以，“我是我、我非我”“学术浪子”这样的用语，一方面是自己对自己的戏谑，另一方面也折射出那个时期中国人类学学科在中国学术界的实际情状。我们以现在来看，我这个年龄段的，其实许多人类学者都是外学科来的。我的这些用语给了我一种“安全感”，也把当时的实情讲出来了。同时，我也想表达其实人类学这个专业本身就是多学科交叉的产物。经典的人类学家多数属于“我非我”，这是常识。人类学是多学科的一个综合，最后才成型、定型，在西方人类学史中也可以看到这一变化轨迹。

徐杰舜：对，对。

彭兆荣：后来有些人问，你这个“浪子”是什么意思啊，我曾说我希望以后会有机会再来回答你的问题，你们才能体谅，才能明白当时为什么用“我是我、我非我”以及“学术浪子”。总之，这既是当初我支持你做这个栏目的一种心态，也是为自己、为当时中国人类学的一种定位。从某种层面上，也透露出我对人类学学科性质的某种理解。

徐杰舜：实际上呢，当时对“学术浪子”，我理解就是两点：一是反映了中国的人类学实际情况，进入人类学的人大都不是所谓的科班出身，只有极少数人是科班出身，大多数是从不同的学科进入人类学的。你说得非常形象。我之所以非常认同，我也是这样，我从来就不是科班出身，我是从历史学进入到人类学的。第二个呢，我认识到，你当时也是在人类学的学科里面正在游荡，或者说叫作流浪，不知道自己在人类学定位到哪一个方面去，这是我的理解。所以今天我还想借此机会非常感谢你那个时候对我做专访的支持。因为那个时候谁也不敢，周大鸣教授建议我做专访，但他自己却不敢呀。他就讲，徐老师我们怎么能够做专访，你去找费老吧，你去找这些大师吧。当时我坚持认为，人类学是要发展的，这一点可能是我的眼光吧，所以我坚持要做。那么你们不肯做，我就找一个外面的人来做。那黄泽都可以做了，你们不能做吗？你是最早开始的一个。所以我今天还是借此机会向你表示感谢。从此以后就比较顺利。再做到后来，有些人主动地邀请我做专访，这就是已经大不同了。所以到现在做了十年，我出了两本专访的书，《人类学世纪坦言》和《人类学世纪真言》。包括这一次来开会的黄萍（成都信息工程大学管理学院）院长、教授，她说她是一口气把那本《人类学世纪坦言》看完的。

彭兆荣：所以，这就是我现在可以通过这次专访、通过栏目，把当时那种情况、那种心情，以及我当时那种对中国人类学发展状况的理解作一个完整的回答。因为“浪子”这个词很多人会觉得带有“非正统”“非正道”的意思，虽然谁都知道是一个借用，又不是说我什么。但是事实上这个词在生活中有一种幡然醒悟以后的“得道”的含义。我甚至也无法用几句话跟我弟子们说清楚。

徐杰舜：也是一个烙印。

彭兆荣：对！今天，我当然高兴地看到中国人类学虽然不再举步维艰，却仍然处在发展中，仍然碰到各种困难，但是现在在中国谈人类学，以及看到这么多年轻的人类学学者、人类学家的出现，真的是特别令人高兴的事情。我也不要再用“学术浪子”了。至于说我自己在这十年的变化，有几个依据，或者是几个条件吧。如果说这几年我曾经致力于对旅游人类学研究的话，我先要说一说我与旅游人类学研究的契机。首先，我从来不把某一个学科当成自己坚守的、唯一的、画地为牢的“地盘”。我是一个从来不会以某种学科身份约束自己学术兴趣的人，在这一点上，我跟叶舒宪教授是很相似的。我认为知识学问既要在学科专业上作深度的研究，又要有凌空于、超越于某一个具体学科藩篱的那种知识整合和学术眼光。我不知道能不能做得那么自如，但我立志这样去实践。

徐杰舜：可不可以说不在一棵树上吊死？

彭兆荣：比如对旅游的研究，中国的情况跟西方人类学的情况是一样的。其实，我从人类学的角度关注中国旅游，可以说从某种层面反映的是世界人类学家关注旅游情况的翻版。在国际人类学界，旅游人类学也是很新的。为什么人类学家早期不太关注旅游，或者不屑关注旅游？因为旅游在欧洲是自己的传统，并不像中国的旅游是在近二十年内突然间冒起来的。欧洲不是。就旅游而言，如果从旅行的原生形态着眼，只要有人类就有了旅行文化；如果从旅游的发生形态来看，古希腊就有了成形的旅游文化；如果从消费旅游形态来看，18 世纪中叶的欧洲就出现了消费旅游；如果就大众旅游的形态而论，它是现代移动性的衍生物，即 20 世纪 50 年代以来所谓“现代性”的产物：一方面表明个人化大规模“大众旅游”时代的到来，另一方面是经济全球化的产物。20 世纪 80 年代以后，旅游以其独有的方式成为世界上最大的一种产业，形成了世界范围内的一种时尚。我最近在《读书》（2010 年第 7 期）上发表一篇文章——《走出来的文化之道》，讲到早在公元 2 世纪下半叶，希腊有一个叫保萨尼阿斯的学者就写成了一部洋洋十卷本的《希腊指南》（被认为是文字记录中最早的旅行、旅游指南），即使在今天这个资讯高度发达的大众旅游时代，它仍可算是最全面、最完整、最深入的“旅游指南”。可惜，迄今为止，绝大多数现代旅游研究者和旅游教学工作者对此人、此事、此书闻所未闻。保萨尼阿斯在《希腊指南》中充当一位真正意义上历史大事件的“导游”，他带领游客和读者从雅典出发，结束于特尔斐（Delphi）。游客和读者跟随他游历古希腊各种重要的历史文化遗址和景观。在古希腊就已经有旅游这个东西了。当然，那个时候很多是旅行。旅游和旅行是两个概念，但已经有带有旅游性质的旅行了。其实，我们现在所说的“旅游”带有强烈的西方模式。可是为什么西方的人类学界，时至 20 世纪 70 年代才进入旅游研究呢？其中一个最重要的原因是因为早期欧洲，特别是从 17 世纪到 19 世纪中期那一段时间，欧洲的旅游基本上是贵族旅游。贵族旅游有非常重的奢侈之风。就是摆阔啊，奢侈啊，贵族生活方式的一种特殊的表现形式。而人类学一直以致力于“异文化”“原始社会”和“前现代社会”的研究，欧洲的那种“贵族气十足”的旅游自然很难成为人类学家研究的对象。换句话说，人类学家会觉得人类学这个学科具有特定的素质，而贵族化的生活方式跟人类学家所追求的品质相距甚远。所以，在很长一段时间，人类学家是不屑去研究旅游的。

直到 20 世纪 70 年代，随着大众旅游的出现，人类学家发现大众旅游已经不再是一个少部分人奢侈的表现方式和小集团那种显摆、炫耀的东西了。人类学家开始认识到，大众旅游的出现，将成为社会表达的一种主要的方式。同时，它也将是改变社会发展、政治经济尤其是经济，改变它的结构——无论是它的速度，还是它所起到的作用。这也是为什么今天人们称旅游是“世界上最大的产业”的原因。其实大众旅游是资本主义高度发展的产物，也可以称之为全球化背景下的一种自然而然的社会形式和社会形态。人类学家们觉得，这个时候人类学如果再不进入旅游领域研究的话，人类学就将失去人类学学科的应有责任。在这种情况下，人类学家开始进入旅游研究，而且一进入就展现出这个学科的独特品质和品性，就立刻展现出旅游人类学特殊的表述风格和表达范式。

当然，另外一条线，从人类学的发展来说，它是应用人类学的一个分支。人类学早期并不主张人类学的“应用”，认为是人为“介入”他文化的作为。然而，后来应用人类学就开始成为一个共识性研究，现在在西方有些大学的人类学课本中，人类学传统的四个分支成了五个，加入了应用人类学。总之，这也跟人类学学科发展有关。这个我就不讲了。所以，西方的旅游人类学的出现也是很新的，学科性的旅游人类学一般认为出现在20世纪70年代。在这个领域中，Nelson H. Graburn 教授是最具代表性的一位。我在美国的时候，读了一本书《旅游与人类学》，其中专门介绍了Graburn 教授，讲到了他在国际旅游人类学研究中的开拓性作用以及他在国际上为培养旅游人类学新生力量不遗余力。

对我而言，我是一个从来就不甘于在某一个地方做画地为牢研究的学者。近三十年，我一直在做西南民族研究，关注西南民族地区的变化。我通过一个瑶族研究的案例，发现在开始的十年间（20世纪80年代末到90年代末）相对稳定，我们可以说属于“不变的社区”，之后突然间发生了急骤的变化。这种变化，不仅彻底地改变了原来看过去基本不变的社会，可能是几百年所形成的那种稳定感，在近二十年间突然消失。这自然会引起我的关注，我要问为什么？原因可能很多，或许是交通的改善，或许是电视的、信息的进入，或许是民族地区的年轻人被送到汉族地区去接受教育后带回了其他文化尤其是汉文化的影响，或许是国家力量的渗透，等等。我会考虑各种可能性———究竟是什么因素导致人类学所谓的相对稳定“异文化”社会突然就发生变化。我也会考虑会不会是时代的因素，即移动性的一种结果——大众旅游的出现。毫无疑问，不管是交通的变化也好，信息的变化也好，学生受到其他教育也好，还是行政力量的渗透也好，其中有两个因素最为重要：一个是西南的多数小民族文化之所以得以遗存，重要原因是自然屏障的保护；这些自然屏障在今天已经开始消失，导致传统的较为封闭的民族村落骤然“裸露”。一个就是移动性，就是我们今天讲到的新的社会属性“移动性”（mobility）的出现，移动性不仅指人群的移动，还包括文化的移动、信息的移动、资本的移动、观念的移动等。而大众旅游是集合了所有移动因素的社会行为。于是，旅游就很自然地进入到了我的研究视野，我想了解现代社会“移动性”给传统社会“稳定性”所带来的后果。毫无疑问，大众旅游对传统的民族社会冲击是非常大的。这其实是我一种非常自然的思考，也是我去关注旅游现象的一个重要原因。算是我自己学术研究发展的一个自我逻辑吧。具体地说，就是要看现代社会移动性，包括大众旅游对西南小民族、小族群所带来的重大的，至少是对传统社会结构产生重大影响的外力。

恰好在这个时候，1999 年云南大学人类学系、香港中文大学人类学系等联合主办了首届“旅游、人类学与中国社会”的国际会议。这是在中国第一次以旅游与人类学为主题的会议。大会邀请我去，我就根据我自己的观察和体会，写了一篇文章参会。会议期间，我非常幸运地认识了 Nelson H. Graburn 教授。其实，他跟我之前没有任何的联系，我认识了他，我们做了一个简单的交流，他就认我为弟子，希望我去伯克利。这个经历，我在《旅游人类学》的后记中讲得很清楚。当时，他大概每年有三名在世界各地招收访问学者的指标吧。他第一年给我，因为我要去巴黎大学，就放弃了。第二年，Graburn 教授到厦门参加中国人类学大会，他又给我带来了赴伯克利访学的表格，因为女儿出国在即，我又放弃了。第三次再邀请，我才成行。

徐杰舜：第三次是哪一年啊？

彭兆荣：2003 年。所以，我非常感谢 Graburn 教授，是他真正地把我引入到比较谱系化的旅游人类学学习和研究阶段，我到伯克利就是跟他学的。这个过程和经历我在《旅游人类学》后记以及 Graburn 教授为我《旅游人类学》写的前言中有很清楚的表达。总之，我就这样被自己个人的经历和 Graburn 教授带到了旅游人类学领域中去的。

徐杰舜：你现在还记得你参加昆明会议的那个论文的题目吗？

彭兆荣：具体的题目真记不清了，得去查一下，应该是《体验差异：民族志旅游与人类学知识》。

徐杰舜：发表了没有？

彭兆荣：发表了。那个论文集是中国最早的旅游人类学论文集，由杨慧、陈志明、张展鸿主编。后来这个主题会议还继续办了几次。我很荣幸，一进入这个领域就跟世界级的大师学习。我也很感谢他，因为他的厚爱。近十年来，我与他有过不少合作，我也带他去过中国西部的一些省区。在我的印象中，只要是中国的事情，包括主持、参加国际（比如世界人类学民族学大会，Graburn 教授和我为旅游人类学分会的双主席，应邀出席国际旅游研究院院士会议）、国家、省级政府论坛，组织编撰丛书（Graburn 教授和我共同主编《社会文化与旅游人类学译丛》，广西师范大学出版社出版），主持和指导旅游项目，金钟山的旅游项目就是一个例子，对民族地区的旅游进行实地调查和指导（比如对贵州的民族旅游进行两次实地考察，对四川鸡冠山的生态旅游进行实地考察，对广西恭城的瑶族旅游示范区进行实地考察等）。Graburn 教授成为我在旅游人类学前面的影子，我觉得只要跟着这个影子走就可以了。他并不是教你这个要怎么做，那个要怎么做。值得一提的是，这几年我也把自己的博士研究生送到伯克利去，包括葛荣玲、金露，这些都是他帮的。他帮了我很多。当然，我是这样理解的：一方面，他对我本人的这种关照、厚爱是出于旅游人类学的学科考虑；另一方面，他希望通过培养中国的学生，与中国的学者进行交流以达到对中国的深度了解。我们相信像他这样一位大师级的人类学家不会轻易地、随意地做任何事情。我希望我能够多多少少承担一些中国旅游人类学过去、现在和未来的中介作用。

徐杰舜：从你讲的进入旅游人类学的过程，我觉得你对旅游的认识是用了人类学的眼光，感受旅游对一个族群、对一个社会巨大的冲击，在这之下，你一定要寻找一个理论来进一步观察、进一步思考。为什么？因为旅游有这么大的力量。过去人们为什么不能从旅游方面进行人类学的研究呢？就是好像它还不是什么了不起的事情，不值得人类学家关注。而在西方人类学转型的过程当中，我们中国的学者很快地跟上了这个步伐，可能是跟上的一个最快的人类学学科。在这个当中，你很自然的、以你很扎实的人类学的理念和方法进行了研究。你不是最早的，因为最早的是陈志明、杨慧等，他们举行了这个会议，好像是在 1999 年或者 2000 年。以后，你能够成为中国旅游人类学界的领军人物，这跟你原来的基础有很大的关系，同时还有你对中国人类学学科的发展，或者说对旅游人类学的建构起了作用。所以你刚才讲的我很感动。你肩上担负着旅游人类学在中国发展的责任，这个责任可以通过这次旅游人类学高峰论坛看到。就算那个 2000 年开的会吧，整整十年，你对中国旅游人类学的贡献是多方面的。教材的建设、学生的培养，这是两大块。

彭兆荣：你是指我自己的研究和带研究生等方面的事吗？

徐杰舜：对啊。所以，我觉得你是不是下面介绍一下你在中国推广和发展旅游人类学做了哪些实践。首先我觉得是教材的建设，著作的出版，学生的培养，再就是到中国各地的实践，我想你把这几个方面给我们介绍一下。

彭兆荣：其实我个人一直希望能够做到无为而为。我不是一个刻意做事的人。当然我也不是一个很随意的人。我明白，在中国从事旅游人类学我算比较早。而且，我也愿意为中国的旅游人类学在未来的推进过程中做更多的事情。我刚才讲了我不是很刻意去做事情，但是我会想好了、有目标地去进行。我通常不会有什么热闹的地方去凑热闹。我可能会在很安静的地方去寻找一个领域去学习、去开拓，并因此享受劳动的快乐。我刚才也讲了我进入旅游人类学，除了我个人因素，除了老师的带领之外，其实还有一个很大的原因是我对人口较少民族的关心，因为我一直是做人口较少民族研究的。不管她是中国56个民族中的一个也好，还是作为文化多样性的一种也好，都需要格外地呵护和关照。我一直都是这样一个观点，如果我们把民族和族群视为“文化物种”，那么，我对中国大的少数民族的生存和发展不担心。比如藏族、蒙古族、回族、维吾尔族，我不担心外界有什么变化能够根基性地摧毁这些民族的文化，因为大的民族有自己的文字系统，有非常坚强的、强大的社会机制、强大的传统力量、优秀的精英团体，有足够的能力来抵御外来力量，应对各种变化。而那些人口较少的民族，他们的文化之所以得以留存，主要靠自然屏障，特别是西南的那些人口较少民族。他们本身是很脆弱的，民族和文化自信心不强，当自然屏障消失的时候，他们立刻就面临着像一些生物物种那样，突然间换一个大的环境，会有危险，有可能消亡。比如瑶族有很多小支系，这些小支系在短时间内，突然之间受到巨大的外来影响，他们可能手足无措，大的社会变化可能使这些小族群失去文化之根。在一些发展中国家，由于全球化，包括大规模的旅游致使它们的族群认同很快消失。其实我的旅游人类学研究的一个重要实践目标就是观察西南的一些少数民族在现代移动的作用下的情况，具体地说就是看他们具有什么样的应对，或者抗拒能力。这是我的初衷。我的旅游人类学研究一直是实践性，一直是跟某种社会关怀结合在一起的。

在学科建设方面，现在中国各个综合性院校大都有旅游系，主要进行我称之“短线研究和教学”，包括旅游管理、导游培养和培训、酒店管理、景区规划、景点设计等，这些专业采用的是相对容易引进的西方的模式，包括设计模块、操作模式、数据分析等。而旅游人类学做的是中长线研究，这在我国还相对缺乏，比如说大众旅游对东道主社会，尤其是民族地区的影响，包括其社会结构的变化、生产生活方式的适应、价值系统的变化、认同的变化、社会性别的分工情况、安全和预警问题，等等。我认为对这些问题的关注和研究更为重要，应该大力提倡。在学科上，我认为现在更需要发展旅游人类学。至于我个人，我会通过我自己的讲学和教学，通过我对学生的培养尽自己所能做些事情。我相信静静的努力会带来小小的结果。学科上，基本上我是三线并行：一是将自己所关心的问题和旅游人类学的理念结合到具体的项目课题中去；一是致力于培养一批博士研究生；一是进行学科上的学理研究和学科的“中国化”问题，著书立说，同时与旅游人类学的同仁，包括张晓萍、杨慧、宗晓莲、孙九霞等，包括一批国外学者的合作。

徐杰舜：宗晓莲后来到哪里去了？

彭兆荣：她在日本吧。她嫁到日本去了。不过她一直没有中断研究。我当然也清楚，现在在学科上大力推动的时机还没有成熟，提出任何“口号”也没用。有些学科动不动就喜欢提出口号，创立学派，我认为在时机没有成熟的时候，“说”不是最好的方式，“做”是第一位的。当你静悄悄地去做一些事情，当这些事情慢慢成型，铺垫到一定的时候它自然就出来了。这几年我除了自己研究外，还在做些教材编撰工作。这是第二部分。第三部分就是我用力、用心去培养我的弟子。学科无论如何发展，终究还是要有人才。中国旅游人类学未来要发展，没有这方面的专才是空话。我们可以在某个学科发展前期，做些“敲锣打鼓”宣传，可是，真正树立起来，还需要一大批学科方面的专门人才；如果没有专门人才，仅仅靠“鼓吹”力量是很弱的。这些年来，我的博士研究生、博士后中就有相当一部分是被我鼓励的、引导的，有些被我送出国，其中有在澳大利亚的、在美国的、在法国的、在英国的，他们中有一部分开始进入旅游人类学领域。我非常欣喜地看到，今天他们已经初步成材。在这次会议上，我相信各位代表都看得很清楚。这批年轻的博士已经体现出专业研究上的素质。

徐杰舜：是，起点都很高。

彭兆荣：可以说他们是我用心培养和他们自己努力的结果。这大概是我十年来所做的三件事情：一是自己著书立说，包括教材建设；二是在参与社会实践；三是用心于学生的培养。

徐杰舜：你这个非常重要，你这是一个长远的、具有战略性的措施。

不像我们中国人类学目前的状态，在人才培养上还没形成一个强大的力量，一个传统，还有点分散，包括我们所涉及的学科。但是你在旅游人类学这一块，确实在将近十年的时间里面稳扎稳打，用心地培养了一批年轻的人才，为旅游人类学在中国的发展打了一个非常好的基础，所以我觉得你这三方面做得好。这其中一个问题能不能讲得更具体一点，就是你对旅游人类学研究的成果，能不能介绍一下？

彭兆荣：好。就个人的研究，自从我在伯克利写完《旅游人类学》，并很快由民族出版社出版以后，这本书在学术界产生了大的影响，有些大学把它作为研究生必读的教材。其实我自己对这本书并不是特别满意，因为这本书我知道是中国境内最早建立旅游人类学学科的专著，但是它毕竟是我在美国学习、消化、思考以及意见相结合的一个产物。其中在专题和中国化方面有缺失，我希望此书在再版时能进行弥补。具体地说，就是如何在旅游人类学与中国结合的这一方面要有独特的见解。当然，中国的实践是一个很宽的东西，至少对我来说，必须把中国相对典型的人类学案例与旅游人类学相结合，进行拓展性的研究。也就是说，我们不仅是介绍西方人类学的内容，而且需要西方旅游人类学与中国现实、中国经验作一个检验，要产生具有中国式表达的旅游人类学。我在我的《旅游人类学》中没有达到这个目标，甚至没有很明确的预期。最近这几年我感觉到这个问题。比如说广西的秀水村，我是追踪到这个村庄的，我也在多次的会议上甚至在文化部召集的专家组上我也讲过，在秀水村这个案例中我提出跟旅游有关的“家园遗产”概念和模式。希望通过一个中国的案例，用旅游人类学的知识去作一些阐释，这个是这本书上没有的，我现在正在做弥补工作。第二个，我觉得在当时我这本书里头，我并没有把文化遗产、非物质文化遗产、无形遗产与现代旅游的关系写进去，对所带进的各种各样的理论范式的讨论，我并没有特别的论述。其实，遗产与旅游是一对孪生子，特别在今天的社会实践中，我们中国今天所面临的大众旅游、遗产旅游并行的时候，我们很清楚地看到两者之间的脉络关系。而我在这个问题上，我的《旅游人类学》没有一个专门章节的介绍。我现在做的第二件事情，是从遗产的角度来研究旅游，遗产旅游是世界旅游中一个主要的东西，在这个基础上我提出“家园遗产”。试图对中国传统的乡土社会在面临大众旅游的时候，他们应该如何去选择一个策略性的东西，以及相关理论思考，包括我最近连续提出“家园遗产”“博物体”等。我不太主张用“博物馆”，因为那是西方的东西，西方的理念和模式，现代博物馆甚至带有殖民主义的色彩。我主张用“博物体”，虽然这种概念也好，这种表达也好都是试验性的，但我希望将中国的和西方的东西相结合，最终找出中国自我表达的概念、工具、范式和体系。

最近这几年，我更多的是把遗产和旅游结合在一起做，大概就是这样。至于说理论上的一些探索，几年来从我在相关的话题讨论上和发表的文章来看，有相当部分是与旅游有关的。除了我在《旅游学刊》上发了几篇文章以外，其实非旅游刊物上，也有很多跟这个有关的东西，其中包括我对中国旅游规划过程中的资源评估体系的关注、考察和批评。我曾经在《中国可持续性发展》上发表文章，就是批评我们现在旅游所实行的资源评估体系，我认为这个评估体系是有问题的。其他方面，包括从战略性、策略性、基础性的角度，全方位关注中国现代旅游，尤其是民族旅游的发展，包括丽江的“空巢”问题，像秀水村家园的遗产问题，民族的无形遗产问题等。我这次去日本开会，提交的论文主要就是讨论我国西南民族地区存在的民族文化遗产“被旅游消费”的问题。遗产作为旅游消费的问题，或者说是一种客观的现象，它可能潜伏着某种危机。这种迹象我们是可以进行深度分析的。

徐杰舜： 刚刚你提到期待金钟山旅游研究院发展，不要局限于金钟山。成为一个品牌以后，有了一定的知名度以后，我们可以以金钟山研究院这个名称、这个实体和别人合作。我们金钟山旅游研究院一定会在实践当中，在大家的支持下把这个家园搞好，所以今天我觉得很荣幸，有机会面对这美丽的金钟山。

彭兆荣： 我也希望这次访谈能成为一个新的形式，即不是单纯介绍我，而是与具体的事情、事例、事件相结合。今天的金钟山旅游研究院成立和旅游高峰论坛开坛，我们俩是始作俑者。兰林友说我们俩是“推手”。我们就学科问题、旅游人类学在中国的发展问题、金钟山的品牌问题，以及理论的地方性实践的问题、学科与学科交叉问题进行了深入探讨并取得了积极成果。比如这次论坛的主题“现代旅游与景观”就是一个很好的尝试，有一批很好的论文。我希望我们这一次研究成果和建议能够在未来实现，至少能够部分实现，那我们今天的交流就是非常有意义的。

徐杰舜： 所以我觉得我们会为旅游人类学在中国的发展不留余力，Ok！我们在这里谱写历史。

彭兆荣：希望我们共同努力做好事情。

徐杰舜：对。

【来源】《青海民族研究》，2011 年第 2 期，第 12 ~17 页。收入本书时略有改动。

人类学一定会在中国扎根

——访中山大学周大鸣教授*

【被访谈者简介】 周大鸣，中山大学人类学系教授、博士生导师、移民与族群研究中心主任。

周大鸣教授（摄影：张志东）

* 访谈人：徐杰舜；访谈时间：2011年3月6日；访谈地点：中山大学马丁堂；录音整理：黄锦。

徐杰舜：周教授，非常荣幸能够对你进行第二次专访。我们的第一次专访是20世纪90年代末，在南宁的西园饭店里，我们谈到中国人类学的一些情况和未来发展的一些可能的走向。就当时来讲，中国的人类学开始进入一个比较好的态势，很多的学者从国外回来，你当时也是第二次访问美国归来。那么，十多年过去了，我觉得周教授在中国人类学方面做了很多工作，有很大的贡献。我想，读者们也很想了解，中国的人类学家们，经过十多年的发展有些什么新的变化。因此，我现在开始了一个新的计划，就是重访，从人类学的回访中学到的，10年或者12年后重访为中国人类学作出巨大贡献的学者。今天就趁这个机会，对你进行第二次的专访。首先，我比较感兴趣的问题，也是读者们非常想了解的，就是周教授这十几年来的学术成果，能不能够给我们概述一下？

周大鸣：这十几年来，无论是个人，还是整个单位以及国家，都是变化很快的一个时期。那么，这10年我个人跟以前相比，我觉得最大的变化是做了一些组织工作，主要是组织了研究团队，做了一些事情。2000年，我开始接管人类学系，刚好赶上国家评选重点学科，我们拿到了国家重点学科，也就赶上了国家重点资助的潮流。像“211工程”“985工程”我们都在做，所以，也就有比较多的钱来组织学术研究、学术交流以及各种各样的活动。中山大学人类学系作为发起单位，已经组织召开过多次国际大型会议，最多一次有六百多人参加。第二就是进行了系列的研究，10年来我们大概出版了几十本著作。

徐杰舜：有哪几个系列？

周大鸣：一个是中山大学人类学文库，还有中山大学人类学民族学文丛、中国田野调查丛书和中山大学人类学考古学译丛4个系列。当然，最重要的就是我们教学、科研进一步系统化、规范化。从本科到博士后的教学方案、课程设置以及学术定位，我们都做过充分地讨论。这十几年，系里一直坚持以社会调查为基础的学术研究，从本科、硕士到博士，要求所有的学生都将田野调查作为最基本的训练，如果没有做过田野调查就不能拿到学位。另外，我们也动员社会力量，建立了中国田野调查基金、马丁堂田野调查基金，鼓励、引导学生来做田野调查。从我个人来讲，在应用方面也做了很多的研究，参与了世界银行、亚洲发展银行，还有国务院部委和政府部门的一些项目，这对整个应用人类学的发展也是很有影响的，把一个纯粹的书斋性的研究推向应用研究。

徐杰舜：根据你的概述，我觉得有三个问题值得你进行比较具体的介绍。第一个问题就是你刚才所说的，人类学走出书斋、走向社会成为一种应用学科；同时，在应用当中人类学得到了普及，获得公众的认同。我记得你在光明日报发表过一篇《中国人类学的应用性格》，能不能结合世界银行贷款项目评估，对这个问题稍加介绍？

周大鸣：世界银行贷款项目的社会评估，实际上是世界银行在多年发展过程中总结经验教训，结合人类学、社会学方法形成的一套评价体系。过去，世界银行做项目，只做经济效益和财务状况的评估，着重在经济和技术方面。但这在很多发展中国家就会遇到很多问题，项目往往达不到原有的目的。因此，世界银行就增加了两项评估：一个是环境评估，一个是社会评估，对每一个投资项目可能引起的社会影响作出一个评价。比如说，投资可能引起当地社会结构的变化和贫富分化，有的既得利益者可能获得比较快的发展，也有可能导致项目区与周边区的结构性差别，另外所选择的项目不是当地人需要的，或者实施的方法不是当地人可以接受的。又如，涉及大规模的移民，也要作出相应的社会评价，而且这在世行评估中都是非常严格的，称作“零忍耐”政策，就是说只要社会评价不能通过，项目就不能上。所以，社会评估对一个项目有着决定权。我们所做的评估报告都要在网上公开，要经得起社会各界的检验和咨询。

徐杰舜：能不能举一个例子？就是在你们的评估当中没有上的，或是经过你们的评估，最终没有得以实施的项目。

周大鸣：评估完了之后没有上的项目也不少，项目资金有可能会转投到别的地方去。因为每年国家发改委与世界银行有一个计划，要完成多少在中国的贷款。中国有一个最大的问题是东部沿海地区吸收资金的能力强，不管有什么项目都有办法拿下来；反而是西部，一些贫困的地方形成项目的能力差，而往往这些地方的社会评估问题就比较多。后来我发现这个问题，就不再是仅仅否决项目，因为否决以后资金又会流到沿海，那还不如提一些建议，建议怎么改进。有时候一个项目要改进，需要作很多次的反复。比如说，本来计划在西部 4 个省区做一个“绵羊与西部发展计划”，开始是想用澳大利亚的绵羊来替代国产羊毛品质不好的羊。但在实际调查过程中发现，绵羊所适应的生态环境是有条件的。对于西部高寒地带，我们一开始以为澳洲绵羊毛那么厚应该是不怕冷的，后来发现在高寒地带绵羊没有山羊的生命力强，一个是不耐寒，再一个就是吃草的能力、自我取食的能力没有本地羊那么强。此外，有的地方本身就不愿意养羊，更愿意养牛，比如说陕西有秦川牛的传统项目，卖得很好，养牛又有经验，而养羊本身有一个问题就是对生态、植被破坏太大。而在新疆，他们不养牛不养羊，养马。最后，经过反复调研，我们就将项目重点改成多样化，让项目区自己来选择养殖品种，设计的项目改题为“畜牧业与西部的发展”。

徐杰舜：我去过澳大利亚，澳羊的生长环境与国内羊的环境完全不一样，真的不能在高寒地带养殖。

周大鸣：澳羊主要以圈养为主，很少像我国这样放养，所以很多问题还是要去当地调查研究的。

徐杰舜：在做世行项目评估当中，你可以说很充分地运用到了人类学的基本理论和方法。刚刚所讲到的例子，体现出了对弱势群体的关怀，另一个还体现出文化的多样性。这样最终改变了项目的方向，发展畜牧业。你和你的团队应该说是对人类学在中国的应用做了开拓性的工作，希望你在这一方面多做一些总结，现在已经有这方面的总结了吗？

周大鸣：出了两本书，一本是《参与式社会评估：在倾听中求得决策》，还有一本是《寻求内源发展——中国西部的民族文化》，把这些年做的应用性项目做了一个总结。另外，我现在还参与一些政府组织的工作，近两年一直在做广东省社会发展指标的评估。过去的社会发展指标的评估只做定量，没有定性。单纯的定量分析就是总结统计数据，得出的结论与一般的常识不太一样，所以，政府部门决定还是要做定性的研究。

徐杰舜：从你刚刚讲的社会评估的例子中可以看出有很多人类学的理念在里面。但是怎样把这些提炼出来，这个我们留着以后做再进一步的探讨，可以写出一篇非常重要的文章出来。我想问的第二个问题是关于人力资源方面的。在你领导人类学系的过程中，引进了一批优秀的国内外的人类学博士，你的这个想法和做法能不能向大家介绍一下？

周大鸣：我觉得一支教师队伍，特别是在一个好的学校，教师队伍一定是多元的。如果你到哪个学校，那里的老师在一起说方言，那一定不是一个一流的大学，这是我的一个基本的看法。像哈佛那些一流的大学，都是各种族群的人在一起，比较讲究多元化，这个多元化我觉得就是民族的多元化，还有一个就是来源的多元化。这对学生是有好处的，学生会听到一些不同教育背景的人传授知识。有时候完全是一个师傅培养出来的人，对学生不太好。另外，我们在选择的时候会考虑对中国比较了解的人，有的人在海外留学后会对中国很陌生，回国内很难适应。所以，我们还要看他研究的课题。我们一般会请他先来做一个讲座，这其实就是对他进行一个考试，感兴趣的老师都会来听。第二方面，就是要满足我们的制度要求，现在的制度对学历的要求很高。像我当系主任的时候，整个系也就我和刘昭瑞两个博士。后面引进的人都有博士学位。凡是留在校内的、准备在学校里干下去的，全部去读在职博士。对这部分教师，我就从经费里给每个人 10000 元做论文，这个在当时是很不错的。经过几年努力，我们系 90% 的人都有博士学位，整个教师的学历结构改变了。说实话，去拿博士学位，有一个写博士论文的过程，这对以后训练学生是有帮助的，我认为这不是一个形式。

徐杰舜：就人力资源这一块来讲，你的教师队伍的结构得到了很大的改变。在你当系主任期间，你从哪些国家和地区引进了教师？

周大鸣：主要是日本、美国、英国和香港，还有一个德国教授。

徐杰舜：所以你这里的师资队伍，从你开始当系主任到现在，就给中大的人类学系建造了一个非常好的人力资源结构。与别的学校相比，它反映出来的就是你这里的成果确实是比较多的。我想知道现在你们的书都出了多少了？

周大鸣：我也没有好好统计过，现在我正要学生在做这方面的统计。

徐杰舜：还有重要的一个方面是你培养了一大批博士，现在已经有 30 多人毕业。这批博士在全国各地发挥着很大的作用。能不能谈谈对培养博士有些什么样的经验？

周大鸣：其实培养博士，我当时也是想多样化，不同民族的学生都招，有藏族、撒拉族、蒙古族、回族、壮族、侗族、白族，等等。还有就是招来自不同地方的人，有不同的学术背景，我也不太愿意全部只招来源于同一个地方的学生。所以我招的学生，本身中山大学毕业的并不算太多。

徐杰舜：你对博士的培养，为人类学今后的发展奠定了很好的人力基础。我到新疆、青海、四川、云南去，都有你的学生，都在当地成为教学、科研上的骨干和行政上的骨干，这也应该是你几年来的一个很重要的成绩。你培养博士生的经验呢，我希望你能够进一步地总结，以后这些培养的经验还可以适当地作一些交流。

周大鸣： 博士培养我们整个系一直在向制度化发展，比如在招生中，我们是集体出题，不是个人出题，谁出题是要保密的。面试也都是先集体出好题，一半要抽签，一半问问题。从预答辩到答辩，我们也要允许答辩的委员有不同的声音，像马戎、陈庆德是比较严厉的，我们每次都请这些要求严格的老师参加。提意见会对我们的学生有冲击力，低年级的学生也会听到，对他们的论文写作会有帮助。中山大学对博士论文每年都要抽查，请校外专家匿名评审。校长还会与抽查不合格的导师进行“问责谈话”，一般都要停止招生。而我们系的论文抽查还没有出过问题，基本上是全优，这个非常不容易，这说明我们博士培养的质量还是可以的。所以，在制度化方面还是积累了一些东西，我们希望通过制度来培养，而不完全是导师个人化的东西。

徐杰舜： 第三个方面的问题，就是你很有创意地在国外办英文版的刊物，这在国内也很少有人能做得到。据了解，你现在有两个刊物，第三个刊物也在筹办中。能不能把你在国外办相关刊物的情况向大家介绍一下？

周大鸣： 首先，一个原因就是在国内办刊物拿不到刊号，迫使我们到国外去办刊物。第二刺激我的是，现在英语语言的霸权太厉害了。在国外做中国研究的人几乎不阅读中文文献。当然也有例外，做中国历史的学者要阅读中文文献。也就是说，如果你不是用英文发表的文章，人家根本就不看、不引用你的东西。所以，我强调首先要做出东西来再去跟人家对话，而要对话关键就是语言问题。我希望把国内同行的研究介绍到国外，我都是一组一组地组织文章，每一组文章就是在中国的某一项研究。比如说，像做藏区的、城市化的、城市性别的、艾滋病的、回访的，每一组都有一个主题，把中国在人类学、社会学这些方面的一些重要的研究介绍出去，增加国外的同行对我们的了解，这就是我想要做的事情。从人数上来讲，中国是世界上做社会科学研究人数最多的，但是因为语言的限制，阻碍了国外对我们中国研究的了解。所以很多东西都有误区，他们认为我们是共产国家、专制国家，没有什么民主，这都是被那些在海外懂一些英文、反政府的人的少量文章给掩盖了，包括藏学研究和新疆研究，都是这样的。有一些搞“藏独”的、“疆独”的，他们在国外拿的学位，文章都是英文发表的，影响比国内的要大。无论从政治的影响，还是学术的影响，在国外办刊物都是很重要的。要让国外的学者了解中国学者的研究动态。其次，也是一个制度性的原因。现在我们国内的考核都要什么 SSCI、

SCI，如果不用英文发表，很难进入这个系统，在中国只有少量刊物进入了这个系统。而就算你进入了这个系统，还要看引用率。现在作为大学的一个指标排名，要看 SSCI、SCI 文章的多少，要看影响因子多少。现在各个学校都意识到了用英文在海外刊物上发表文章的重要性，因为现在这个被引用率变成论文的排名，决定了学校的排名，这也是一个制度的导向所造成的。到国外办刊物变成了赶热潮，迎合了这个时代的发展。

徐杰舜：第一次办刊物是 Chinese Sociology and Anthropology（《中国社会学与人类学》）。

周大鸣：对，第一次接触刊物是很偶然的，Chinese Sociology and Anthropology 已经办了有 50 年了，我最初是做客座主编。后来做主编，我担任主编的第一期，他们还专门发了一个消息，说这是第一次请大陆的一个学者来做主编，这些年就一直做下来了。然后是 International Journal of Business Anthropology（《国际工商人类学杂志》），是我和朋友田广一起主办的。田广在国外做工商人类学，在美国出版了一本《工商人类学》的书。工商人类学在人类学应用方面可能是未来的一个发展方向，田博士想看看能不能与我们中山大学合作培养这方面的研究生。我想，人类学和工商如果能够结合的话可能也会是一个新的方向。我们现在都是按照国际刊物的那套制度，评审按照 SSCI 刊物所要求的那些表格，包括匿名评审，我们也都是这样做的。现在我们已经出了第三期，我们想出到第四期就开始申请 SSCI。等第二个刊物进入 SSCI 之后，我准备再办第三个刊物。

徐杰舜：第三个想办什么？

周大鸣：第三个名字已经想好了，叫 Contemporary Anthropology and Ethnology of China（《当代中国人类学与民族学》），我还是想等第二个刊物办得成熟一点再办第三个，这个学校已经答应经费支持。

徐杰舜：这真的是很有远见。因为中文的东西人家读起来很难，现在虽然世界上掀起了汉语热，但是为了做生意，它还没有发展到学者们都要来读中文的东西。

周大鸣：前一阵子，我们还和台湾、香港的大学合作，准备办一个应用人类学的刊物，也是想要用中英文双语。这是不约而同的，大陆、香港、台湾都有这样共同的愿望来办这样的刊物。

徐杰舜：所以我们中国的声音，真的要通过英文这一工具来表达。

周大鸣：这个没办法，不得已而为之。很多人会说，为什么要去迎合西方？在一个国家的发展过程里，我刚刚讲的，在政治上，几篇“藏独”“疆独”倾向的文章，国外的学者就会引用。要妥善处理民族矛盾和民族问题，需要人类学家的大力参与，我们有责任把国内主流的研究介绍出去。

徐杰舜：这个工作很具有战略性，有战略的眼光。

周大鸣：在未来的几年，我可能会把主要的精力花在做这个事情上面。以前是“西学东进”，我们现在要“东学西进”。

徐杰舜：非常有远见。所以从这三个方面来看，说实在的，中大人类学在你的领导之下，有了很大的成效。从中国人类学学科建设上来讲，你们大踏步地前进了。回到我们前面要讲的那个问题，人类学要有地位，必须要有作为。最近国务院学位办公布了一个新的学位目录，我想听听你对这个问题的看法。

周大鸣：在国际上，人类学早已成为独立的学科体系，具备了一大批具有共同研究规范和价值取向的学术团体、培养人才的学科建制。在英国牛津大学、剑桥大学以及美国哈佛大学、耶鲁大学等常春藤名校，人类学都是排名靠前的传统优势学科。从 20 世纪初人类学传入中国算起，人类学在我国已经有一百多年的历史，形成了独特的学术传统和深厚的学术积淀。改革开放以来，人类学学科分支学科迅速发展，为全国培养了大量各类人才，出版了一批有影响的科研成果，社会影响力日益增加。人类学在我国的发展已经相对成熟，可以说，达到了成为一级学科的条件。现在，社会学、民族学都已成为一级学科，唯独人类学学科的合理地位一直没有实现，这是很遗憾的事情。对这个事情我们原来就有两手准备：一个是人类学成为一级学科的准备，一个是不成为一级学科的准备。在学科建设方面，我们原来就有准备，过去我们在人类学以外又申请了一个民族学的博士点，大家不理解为什么。但是因为有了这个民族学的博士点，我们才有资格申请一级学科授予权，这样从学科建设上来讲，我们已经有了一级学科授予权。当然，人类学有一级学科是最好的，没有的话，我们就在民族学学科下面还是可以做人类学的研究，在南方办一个有人类学特色的民族学也没有什么不好。在美国，民族学就是文化人类学，这个没有什么大的问题，我们在翻译的时候翻成“文化人类学”，没有什么关系。所以，我觉得还要继续奋斗，让人类学成为一级学科，而在此之前，我们还是要在制度范围内继续做。不能因为国家学位目录的变化，我们就不继续研究。

徐杰舜：这一点非常重要。人类学在 20 世纪 50 年代和社会学、心理学一起，被当作彻头彻尾的“资产阶级学科”取消了，好不容易在改革开放以后才恢复。我觉得这一点费老先生的看法是非常有启发性的。

周大鸣：其实当时费老提出这个建议大家没有接受，就是社会学、民族学与人类学三科并立，共同发展。三门学科一起发展，多好啊！费老是有眼光的人，知道一个学科地位与资源配置的重要性。

徐杰舜：新的这种目录实际上是把人类学进一步地边缘化了。这对人类学的发展是会有一定不利，但是我觉得像你刚刚讲的，不灰心，不气馁，在民族学框架下面我们照样做人类学。在这个问题上，你有什么新的想法没有，能不能说一下？

周大鸣：学科目录的调整对学科建设肯定会有比较大的影响，主要影响到各个学校在人力资源方面的配置。因为人类学要是成为一级学科，各个学校的师资需求会大很多；民族学成为一级学科，就可能是反过来。所以，我们现在准备把体量做大。考古学方面，我们准备建实验室，建立考古长期的发掘基地；人类学方面，我们也想要建实验室。这是我们第一个想要做的。第二个就是要为下一步争取国家重点学科做准备，寻求制度下的进一步发展。你的学科发展得越强，你的资金来源，你的各方资源就都能跟上。另外，从学科的研究上来讲，我们可能会把视野扩大，过去做珠江流域，现在要把视野扩大到环南中国海的研究。下一步从研究上来讲，我们可能会有比较大的战略转移，除了继续做的研究以外，这是一个研究的重点区域。然后每一个学科会在原有的基础上发展有特色的学科，比如说，我们会集中在都市研究上，因为未来 70% 的人口会聚集在都市。所以，都市民族的研究、城市考古的研究，还有城市族群的研究、境外族群的研究都在开展。这将是我们一个很重要的研究转向，就是要把研究向城市集中，包括像人类学传统的亲属制度、城市的家庭、社会的组织、邻里关系、社区的建设，这些都会结合起来。把多个学科结合来做城市的研究，也是我们未来 10 年的一个想法。我们现在在做未来 10 年发展规划，这也是和整个国家的发展战略，包括城市的移民联系在一起，未来的研究区域大概就在这几个方面。

徐杰舜：这个规划很宏大，而且也很有时代性，这是转型。人类学也好，民族学也好，向都市集中，向南中国海延伸则对你们所处的位置来讲非常的适合。

周大鸣：包括少数民族也在进入城市，现在有56个民族的城市越来越多了，如果还把传统的民族学放在西部，不进入到城市的话，我们的研究也将滞后于时代。像法律法规、政策，怎么样来适应这种新的变化，城市里面的少数民族怎么样来管理，他们怎么享受他们的权利？这些都是需要有基础研究的。未来的话，我想也是我们的传统优势，在都市人类学传统的基础上我们的学科优势再继续往下走。

徐杰舜：可以说这10年是你的一个发展期，一个很重要的发展期。无论是在教学方面、科研方面、应用方面、行政方面，都做得很好。我觉得今后的10年可能是你的成熟期，你有这么丰富的经验，有积累的多方面的资料，后续的工作需要进一步去提升，变成经验性和理论性兼具的成果。所以，我觉得今后的10年对于你来讲，会有更多的收获，更多的成果，更多的学生被培养出来。今后的成果就不只是一般意义上的个案、田野调查，这一块我觉得你可以做一些理论升华的思考，像研究生的培养、博士生的培养，都可以进行交流和总结，让大家能够分享你的收获，分享你的成果。

周大鸣：现在一个最大的问题就是，好多时候没有时间来好好总结消化。我们这个时代大家都有“肠胃病”，消化不良。拿了很多资料，做了很多调查，当你还没能好好思考的时候又得往前走了，这真的是一个问题。刚刚讲到，现在面对未来又要转型，我们未来要向城市里发展，从招学生、编教材、上课，都要往这方面转型，很多东西要读，很多东西要看，很多东西要消化。我觉得我们大家还是在做事情的，我一直就是这样一个态度，我们尽量少讲空话，多做事情。

徐杰舜：总之，衷心地希望周教授继续带领我们南方的学者们前进。谢谢你接受我的采访。

【来源】《中南民族大学学报（人文社会科学版）》，2011年第5期，第15~19页。收入本书时略有改动。

《人类学世纪坦言》一下子吸引了我

——访旅游人类学博士黄萍教授*

【被访谈者简介】 黄萍，博士，成都信息工程大学管理学院教授。

黄萍教授

* 访谈人：徐杰舜；录音整理：乌日嘎。

徐杰舜：黄萍你好。

黄萍：徐老师好。我是2005年看到你的《人类学世纪坦言》的。我博士论文的选题曾受到你这本书的影响。我个人认为人生当中，路怎么走，实际不是偶然的。很多东西，似乎冥冥之中已经安排好了，你做什么是有机缘的。可能你都不知道我曾用这样的方式和你进行过交流。

徐杰舜：嗯！

黄萍：你在书中写了方李莉老师。她现在北京工作、生活，当时她从工艺史角度研究景德镇瓷器的历史文化。她谈到一个细节，就是她出生在景德镇，因为对家乡特有的情结，所以就想走入故乡进行人类学研究。我也是一个对家乡有浓厚情结的人，尽管已经离开故乡17年了，但对家乡有着深深的眷念和不舍。至今，每一年总要抽出一点时间回去走走，一踏入故乡的土地，仿佛心就踏实安静了。所以，很羡慕方老师能在自己的家乡从事喜爱的学术研究，而这一渴望最终影响了我的历史学博士论文的选题旨趣，把贵州茅台酒发展历史纳入我的研究视野。至今一回想起来，我都始终认为我的博士论文选题不全是偶然，是偶然之中的必然。十几年前我就和茅台、茅台酒有很深的缘分，所以一路走来始终感觉好像有一种无形的力量指引自己朝前去接受和承担一种使命，应该说这就是所谓的机缘吧。

徐杰舜：嗯！

黄萍：我一直有一种体会，对你来讲看似机会的事，对别人不一定；而对别人是机会的事摆在你眼前，你可能也不会视作机会。为什么呢？这就是机缘。你过去走的路，都会为你未来怎么走指定了方向。你的一个机缘在那个地方。原来你自己也不清楚做这个究竟是为什么，但是到了后来，再有机会去做类似事情的时候，你就会发现，过去已经有很多东西做了积淀，然后你才真正地有机会做今天这个事情。所以，我凭直觉判断：人的使命是超越人自身力量控制的，看起来好似宿命论，其实不然。

徐杰舜：嗯。

黄萍：我们今天讲“使命”，就是说每个人来到人世间，不是从出生到死亡走一遭，看个热闹，参与一下就结束了。我觉得每个人都有使命。像徐老师你的使命就是把我们这些人带到人类学研究领域当中，让我们有机会感受到人类学的魅力，同时，又要为人类学研究发展尽一份力量。自从有机会看到你的《人类学世纪坦言》，我就一鼓作气把你每一篇采访都看了，后来觉得还不过瘾，就在网上继续寻找新作，几乎把你这几年在

《广西民族大学学报》发表的采访每一个学者的文章都细读了一遍。其中，每一位学者如何走进人类学的机缘，以及他们自学的经历、感悟，都对我产生很大的启迪，使我从此与人类学结下了深厚的缘分。这本书对我的影响远不止博士论文的选题，你由此成为了我学术道路上未曾谋面的尊者。故当你以邮件的形式第一次给我发了一个邀请函……

徐杰舜：对、对、对。

黄萍：就是桂林金钟山旅游研究院的那个填表。

徐杰舜：嗯！

黄萍：我当时就猜，徐老师怎么会找到我？我很兴奋，这种兴奋就是因为你在我心目当中一直是我需要仰望的那种人，是一个思想引领者。在人类学界，你就相当于一个有凝聚能力的磁铁，能够发现一些人，并把这些人凝聚起来，然后把他们思考关注的东西记录下来。这实际上对许多刚进入人类学的年轻学者来说，或者对在人类学边缘，是其他学科身份却又进行着和人类学相关联问题研究的学者们来说，都是一个非常好的财富。这种财富能够帮助我们去做更广阔的学术研究，而且我认为你在学术领域当中，有一种精神，一种像领袖一样的精神。

徐杰舜：那不能这样说……不能这样说……

黄萍：前不久，我去了英国，对那里有一个很好、很难忘的印象，就是英国有一个贵族群体存在，这个贵族群体对提升整个国民素养、促进文化传承是有榜样作用的。这群贵族，主要是以王室为代表的权贵，他们的公众形象，对这个民族起着一种精神引领的作用。比如威廉王子本月 29 号即将大婚。从去年开始，他和他的未婚妻的大幅照片都出现在很多公共场所，包括他们结婚做什么蛋糕、穿什么礼服都向市民展示。有一天我在一家商场，看到两人的巨幅照片，我驻足观望，真觉得这张照片是那么完美无缺。虽然照片定格在那一瞬间，但他们两个人的气质、风度、形象、姿态……由里至外透射出受过良好教养的特质。我想他们的民众会为这样优秀的，将会成为未来引领他们国家发展的人感到骄傲和自豪的。

徐杰舜：对呀，不然的话他不会这样子去大力宣传。

黄萍：对呀，他们不仅骄傲，而且在模仿学习。我在英国看到一则新闻，报道英国现在很多家庭将自己家里的小女孩送到专门的公主培训机构接受培训。

徐杰舜：嗯。

黄萍：很有意思，她们顶一本书在头上练习站姿、行姿。我想即使她们长大不成为王子们的妻子，但她们已经拥有了高贵的气质，对构建自我强大的精神力量是肯定有帮助的。

徐杰舜：哦，嗯。

黄萍：国内小孩子学舞蹈，大人一般不告诉他们练舞蹈干什么。只是想让孩子练舞蹈而具有一种特长，或者能够弥补今后考大学成绩不理想的问题。当然有些是为了培养孩子的兴趣爱好。可是我认为，我们社会缺乏一种精神引领的东西，就是人心里面有目标，但它不够长远、高远。英国人为什么要培养公主？因为他希望自己的孩子有一种……

徐杰舜：有那种气质。

黄萍：气质，对，像他们（威廉王子和王妃）一样的。而且，说不准在这个培养过程中，无论他们现在是工人阶级，或者是中产阶级，今后都有可能会挤入贵族阶层，所以说……

徐杰舜：所以说他可以不断地宣传。

黄萍：对。我这一次去了以后就在想，我们经常在谈中国要提升国民的素质，但我们缺乏一种引领的东西。

徐杰舜：你讲的这个是非常重要的。那么，回到我们采访的主题上来讲，你刚刚从我的那本书，实际上我的那本书《人类学世纪坦言》对很多的学者、学子都有一些影响。

黄萍：嗯，对。

徐杰舜：因为他们从很多人类学者的成长过程中，看到自己将来有可能走这么一条路。对人类学的兴趣，可以说油然而生了。

黄萍：对，是的。

徐杰舜：所以我觉得《人类学世纪坦言》和后来出版的《人类学世纪真言》都非常重要，很有价值，很有意义。

黄萍：后来这本我还没看到。在桂林开会时我曾向你提到看了“世纪坦

徐杰舜主编：《人类学的世纪坦言》哈尔滨：黑龙江人民出版社，2004。

言”，你说还有“世纪真言”，原本准备订一本的，但后来一忙又忘了。我准备最近去订，应该网上有吧？

徐杰舜：网上应该有卖的。“真言”应该有的，“坦言”可能买不到了。

黄萍：“坦言”买不到呐……

徐杰舜：我可以给你发电子版的。以后想办法找一本送你。

黄萍：嗯，谢谢！有徐老师签名书更是让我感到高兴。回到刚才讲的那个地方。你给我发邀请通知的时候，我真是高兴了一晚上，而且我还给我的好朋友转发了你发给我的邮件。我告诉他，虽然没见过面，但是早在几年前，你的书，你的思想，你收集、采访到的，凝聚起来的一些人的思想，一直在影响我个人的学术成长。所以，我很欣然地、受宠若惊地、喜悦般地认真填写你发给我的那张个人简历表。

徐杰舜：呵呵。

黄萍：我很高兴。我在想，虽然我们学校既不是 211 大学，也不是 985 大学，目前还没有人类学学科，但是我能够被徐老师邀请，实际上是进入到了徐老师的视野。这真是一种荣幸。面对这种荣幸，我想和更多的人一起分享。上次很荣幸地参加首届旅游高峰论坛。现在更加高兴的是要和徐老师合作，在我们学校共同举办明年的第二次旅游高峰论坛。这是我们能够为旅游人类学发展做点事的重要平台，尤其是能够在徐老师的指导下做事，一定会有很大进步。这不仅是我一个人进步，更主要的是我们这个团队——我们的老师、学生的进步，对我们学校来说也是一次很好的对外交流机会。所以我欣然接受。

徐杰舜：非常感谢。在上次旅游高峰论坛学术委员会和金钟山旅游研究院学术研究会上与你相识，我就觉得你是一个脱颖而出的人，加上后来和你的联系，这种感觉就更明显了。

黄萍：呵呵，谢谢。

徐杰舜：非常不错，所以我想今后你可能要做更多的事情。第一，我们想聘你做旅游高峰论坛的副秘书长。

黄萍：呵呵。

徐杰舜：这是我的一个想法，那样我们可以更好的合作、做好事情。还有，我想提名你进入人类学高级论坛的学术委员会。我们 6 月份将在杭州开会，我希望你去，并且作为正式委员参加投票。这次会议的主题是

“文化中国与文化认同”。怎么样？

黄萍：好。

徐杰舜：你可以写“文化中国与文化英国”。

黄萍：行吗？

徐杰舜：各自对自己文化的认同。因为你刚去过（英国），这个题目很好。

黄萍：那我试试。

徐杰舜：我觉得做人类学是蛮有意思的。因为做人类学，它不是别人强迫你做的东西，它是你对它的一种信仰，一种热爱，或者说是一种兴趣。我们人类学有一个非常重要的想法，就是说我们做学问不是被迫的，不是混饭吃的，而是对它有非常浓厚的兴趣，或者用我们的口头俗话讲它是一个很好玩的学科。

黄萍：有同感。

徐杰舜：为什么它好玩呢？它是一种研究人与人行为方式的学科。这种状态下，它和别的学科不同——它不教条——第一，人类学的理论不教条；第二，它的方法很好玩，到处做田野。

黄萍：行万里路。

徐杰舜：所以，今天下午我就会给你们学校的同学们讲“读万卷书，行万里路”。你是我看到的旅游人类学的一匹黑马。

黄萍：呵呵，我怎么不知道啊。

徐杰舜：所以我很希望把你介绍进人类学的学术界。

黄萍：嗯，这点可能让我更受宠若惊，为什么呢？其实我本科和研究生学的都是地理学，博士是历史学——当代史（中国文化史方向）。

徐杰舜：你是哪个大学的博士？

黄萍：四川大学。

徐杰舜：哦，四川大学，那你硕士是在哪读的？

黄萍：河北师大。

徐杰舜：河北师大，在石家庄，本科呢？

黄萍：本科是在贵州，贵州师大地理系。然后到河北师大读区域地理（中国地理方向）。实际地理学、历史学与人类学之间有很多共通处，它们都非常注重田野考察。

徐杰舜：对。

黄萍：我是一个喜欢往乡里跑的人。大学期间每个学期都有半个月到一个月的时间在乡里跑。贵州是一个多民族的省份，而且这些少数民族，都非常有特色的，比如瑶族、侗族、布依族。从小时候起，他们就在我视野里出现。我小的时候，不像现在，很多民族活动已经淡化，那时候整个贵阳，在我们居住的地方，全是少数民族。他们穿的服装很有特色，包括我们小的时候吃的刺梨……

徐杰舜：刺梨，对。

黄萍：刺梨是贵州的一种土特产，面上有刺，可以做水果吃，也可以做药用。那些少数民族挑着来卖，特别好吃。他们特别友好。我小的时候一分钱就可以买一大串，但有时身上没带钱，就站在旁边看。那些少数民族群众看到我渴望的眼神，也会递一串给我。大学期间，不管学水文、地貌、土壤、植被什么的，我们每年都要去跑田野。后来又到梵净山、雷公山去考察。

徐杰舜：梵净山很有名的。

黄萍：梵净山是一个佛教圣地，我是 1982 年大学实习期间去过，那时没有被开发，不像今天已经成为旅游地了。不过，我还记得山脚下全都居住着苗族、侗族等少数民族，建筑风貌和人文气息很别样。1985 年大学毕业后，我参加贵州省科委组织的雷公山科学考察活动。在那里活动了一个多月，我们吃住在少数民族家庭里，参加他们劳作。在交往过程中，我发现少数民族有很多习俗和汉族不一样，对我来讲充满了好奇和新鲜，当然印象最深的是他们的友善和质朴。

徐杰舜：很朴实。

黄萍：很淳朴、真实。我还记得在雷公山第一次酣畅饮酒的场景。我们进入雷公山的第一个基地——一个有 20 多户人家的苗族小寨子里，那是我们在雷公山停留时间最长的一个村寨，一共待了 5 天。每天我们一早出去考察，下午回来之后，村寨里专门派人帮我们准备饭菜和热水，在这 5 天当中，我们和村民们同吃同住，建立了很友好的感情。当我们准备离开前往下一个基地工作时，村寨里的村干部和族长为我们饯行。记得临行头一天，村主任一大早就带着一个村民到河里去拉网。我好奇地问他们干什么？他们说“给你们打鱼吃”。到了傍晚，我们收工回来，就被领入到一间位于村寨半山腰的房子里。走进一看，族长和村主任的妻子把家里自酿的米酒抱了几坛子来，大家围坐在一起，面前放满了各种苗家的特色菜肴，全部是绿色、野味的，顿时让人眼馋。晚饭开始，村主任举杯敬酒，我们这个团队 4 个人，都不会喝酒，也不懂规矩。看见村主任举杯，我们也就纷纷和村主任以及在场的村民们碰杯致谢。可是，按照当地苗族的习俗，你一旦接受了主人的敬酒，就必须喝尽碗中酒，同时你还得回敬，如果不回敬就是不礼貌。为了表示我们的谢意，我们在一会喝“团团酒”、一会喝“交杯酒”的氛围中，不知不觉将感觉很淡的米酒喝下了几大碗。殊不知，贵州人对当地的米酒有个称呼，叫“biangdang”酒，就是“一出门就倒地”的意思。果真，当我们畅饮之后就出现了“出门倒地”的笑人场景。至今我都不记得那一晚我是怎么从半山腰回到住宿地的。

徐杰舜：雷公山我去过，当时上去的时候下大雨。

黄萍：十里不同天，五里不同俗，山里的天气是娃娃的脸。

徐杰舜：我是 20 年以前去过。

黄萍：那我们差不多。1985 年时还是完全没有开发的一块土地。梵净山和雷公山是贵州的两个省级自然保护区。

徐杰舜：很可惜，我那时没上去，下很大的雨。

黄萍：还有一个最难忘的事，就是我一顿饭吃得最多的记录是在雷公山创下的。记得是我们离开第一个考察基地后就要直接上雷公山顶。因为头一天喝了太多的米酒，早上起来没吃东西就出发了。一路上没有供给处，中午没有吃饭，只有山顶上才有一个接待点。等我们下午 6 点钟登上山顶时，我早已饿得筋疲力尽了。由于山顶上没有路，供给困难，这一顿仅有用干辣椒炝炒的一大盆野生山蕨菜。这个菜我很喜欢，至今只要看见市场上有蕨菜卖，我一定会买，而且就按照这样的方法炝炒。记得那一天我足足地吃了七大碗米饭，有生以来第一次，真是难以忘怀啊！

徐杰舜：天呀！

黄萍：我们有一个年轻男老师吃了十碗饭。我这一生中，这个场景记忆太深刻了。

徐杰舜：创纪录了。

黄萍：是啊！从来没这么吃过。但那时候累极了，我还不到 21 岁，年轻能吃，也不讲究身材。我人生中和少数民族有过不少的接触，以至于后来在学术研究中比较关注民族地区问题。我现在正在主持的国家社科基金项目名称就是“西南民族村寨旅游扶贫与文化失忆实证研究”，大概是有机缘的。

徐杰舜：你这个就是人类学的记忆，你亲身的体验。

黄萍：我在研究生毕业后进入贵州省政府发展研究中心工作。在政府工作期间，经常下乡调研，基本上都是和少数民族打交道。他们给我的印象就是友善、淳朴、真诚、好客。贵州少数民族的好客，基本上都是用酒来表达的，苗族、侗族和许多民族一样，都有这个习俗。

徐杰舜：都是。

黄萍：布依族也有类似的习俗。你到他家，他们一定是把家里面最好的东西拿出来接待贵宾。我曾经在苗族村寨躲避过一顿饭。

徐杰舜：为什么呀？

黄萍：他们从刚杀的牛身体中，把牛胃里面没消化的东西，取出来，吃生的，而且是要招待他们最珍贵的客人。一个是要吃这个东西，另一个是要吃蝌蚪。我无法接受，无论如何我都没有勇气吃下这个东西，于是我就藏了起来。不过，他们内心真善美的东西却一直给我留下深刻的印象。后来我下海了，是单位派出去帮助企业工作的。

徐杰舜：你在哪下海？

黄萍：广西北海呀。

徐杰舜：你在北海下海，哪一年？

黄萍：1992 年。

徐杰舜：我也在那里。

黄萍：真的呀，我在北海屋仔村。

徐杰舜：你在屋仔村？

黄萍：是的，你在哪？

徐杰舜：我在银滩。

黄萍：银滩？我们经常去。我最初去的地方是四川路口像侗族楼的那个宾馆，叫什么我记不起了。

徐杰舜：我也记不得了。

黄萍：当时政府把我派到贵州习酒集团，现属于茅台酒集团。在此之前发展研究中心和习酒集团合作，成立了一个信息研究所。但当时不叫信息，当时还没有“信息”这个词，叫情报研究所，就是类似今天的咨询机构性质。也就是这个机会，我在习酒厂曾经一次待过40 多天，对企业的生产流程进行过全面深入了解，基本上把整个酒业的工艺流程、供销环节全部搞清楚了。这个机会为我后来选择研究茅台酒史创造了机缘。

徐杰舜：很有意思。

黄萍：我是情报所常务副所长。情报所刚成立不久，一次，习酒集团老总让我参加企业的宣传万里行，起点是新疆，终点是河南，一共一个多月的时间。在这个万里行中，我扮演了很多角色。因为企业并没有给我明确的任务，只是让我更多地熟悉企业情况。可是我是一个闲不住的人，发现哪个地方缺位了，就会主动补上。比如说一次重要大型活动，但抽不出专人写新闻稿，我就会主动写出新闻稿。最有意思的补位是在兰州，当时企业要举行一场规模很大的新闻发布会，邀请了甘肃省各界要人到场。可是，出席会议的主要领导都到了，两个主持人却堵在路上，到不了场。全部人员都着急起来，这时，我往老总面前一站，自告奋勇说我可以主持。老总一看，说了一声“开始”，我马上就和总经理助理走上主席台，同台成功主持了这场新闻发布会。尽管我们俩从未配合过，但配合得非常默契。这可能是我们肩负责任和使命，知道只能成功，不能失败的缘故。我记得当时好像有“天生牛犊不怕虎”的勇气，在数百人的会议厅中，表现出了沉稳、干练、智慧的主持风格，给大家留下了深刻而美好的印象。也就是在万里行中，一同面对诸多的不确定性，我参与了企业领导的决策活动，让企业领导对我有了全面的认识和了解，建立起了信任感。

徐杰舜：那么你怎么会到北海呢？

黄萍：当时，国家提出建设西南出海通道，北海一下子就成为了开发的热土。贵州省政府专门组织企业去共同投资开发，当时习酒集团是贵州很有影响力的企业，就在北海拿下了几十亩土地。老总找到我，希望我能到北海担纲北海项目的经营负责人，并与我的单位领导商量，借调给企业，我就这样下海了，到了北海。

徐杰舜：实际上你天生就有人类学的气质——善于沟通。

黄萍：到北海不久，1993 年下半年，朱镕基总理实施银根紧缩政策，整个北海炒地热就很快“凉下来了”。我在 1994 年初把我们手中的 23.7 亩土地使用权转让给了北海市防疫站，把习酒集团在北海所有的投资全部收回。现在习酒集团并入了茅台酒集团，在茅台酒集团财务账上北海公司应该是盈利的。

徐杰舜：1992 年、1993 年是最热闹的。我们在北海有一个银滩大酒店、东方夏威夷大酒店。

黄萍：你也去做了？

徐杰舜：我去了两到三年，知道贵州人、四川人都很厉害。

黄萍：专门还有贵州路、四川路。1992 年，北海炒地最旺时期，炒蓝线图。我看不懂，只见今天这个盖个章、明天那个盖个章，这块土地就一次次在上涨转让价格。我当时就在想，谁是最后买家肯定谁倒霉，事实也是如此。

徐杰舜：实际上就是这样的，泡沫。

黄萍：在北海处于低迷时期后，我就在想怎么去发展，一方面是个人的发展，另一方面是企业的发展。企业的发展，我觉得受大环境的影响不可能有大的作为，所以我给总公司建议做收缩策略。那么从我个人来讲，我希望能够得到进一步施展能力的机会。

徐杰舜：不想回机关?

黄萍：那时并不想回去，还想挑战自我。1994 年的时候有很多大公司想聘我，我没有动心，但后来选择了成都的西南日月城。

徐杰舜：西南日月城?

黄萍：西南日月城是西南民族研究中心的一批学者策划的，主要投资方是在美国上市的新加坡维信集团，其派出的执行总裁是原民生公司总经理、爱国实业家卢作孚先生的孙子卢铿。在此之前，这家企业参与投资了成都锦绣花园、沈阳夏宫和沈阳的河畔花园，都是当时十分成功的房地产和旅游项目。投资西南日月城主题公园，立意有弘扬西南民族文化的很好理念。在我被邀请来参加这个项目前瞻会之前，我刚在贵州参加了日本将来时代财团主办的“阳明心学与良知工程”学术研讨会。在会上，学者们讨论关注的最大的议题是：“人类选择做什么事情，首先应该是利他、利子孙，然后才是利己”。受这个会议的影响，我去参加西南日月城项目前瞻会期间，被这个项目关注弘扬西南民族文化的愿景所吸引。我在内心很接受它，认定这件事是利他利己的，而且对子孙后代都是有益处的。所以后来当卢铿邀请我加盟这个项目，参与经营管理时，我欣然接受了。就这样我辗转来到了四川，从此安营扎寨于此。但这个项目是一个主题公园，当时国内旅游市场还没发展起来，没有市场支撑注定这个项目从一开始就很艰难，也注定它的生命周期很短。我在这个项目当中做了 4 年，付出非常多，有时每天工作 15 个小时以上，人都累得变了形，但还是无法延长它的生命周期。

徐杰舜：那时你硕士还没读?

黄萍：我硕士是1989年毕业的，毕业后才到政府。

徐杰舜：哦。

黄萍：1989年到政府，1992年就被推到“海”里去了。到1998年，单位通知我回去转公务员。那个时候我就犹豫了，因为从内心来讲，这么多年，从北海到四川，在企业打拼过程中积累了很多宝贵的职场经验，不管是管理经验还是丰富的人生阅历，我都有许多可以传播给年轻人的经验价值。我的理想是做一名教师。这时我意识到应该重新进行职业选择。

徐杰舜：对呀。

黄萍：所以我选择回到了高校。其实一开始怎样定位我的学术研究领域并没有明确的目标。但是，2004年我考上了四川大学历史文化学院的专门史专业博士研究生之后，就被带进了中国文化史的研究领域。

徐杰舜：你的博士论文做的是什么题目？

黄萍：“贵州茅台酒史研究”。

徐杰舜：你的国家社科基金项目是什么？

黄萍：“西南民族村寨旅游扶贫与文化失忆实证研究”。我的科研成果中，主线都是和民族文化相关的。文化与民族文化旅游结合起来，应该是人类学的一个分支。

徐杰舜：旅游人类学。

黄萍：对，旅游人类学。所以刚才谈这一切，我在想人的一生当中做什么事情，绝不是偶然的。在我的博士论文的后记里面就有这么一句话，就是我觉得做什么，选择什么其实都是有机缘的。

徐杰舜：你的论文还没出版？

黄萍：还没有。想放一下，当时我的毕业论文评阅老师中有美国哈佛大学的吴秀良教授，他希望这篇论文完善之后能够在国内一个有良好声誉的出版社出版，或者说先在国内出版，再到国外出版。

徐杰舜：那应该是做得很不错了。

黄萍：用心做的，比较扎实。因为史料很零散，花了几年时间在全国各地搜集资料。只要能有一点线索，都会跑去找，决不放弃每一个线索。除频繁往返于贵州、四川之外，北京中国国家图书馆、温州图书馆、上海图书馆和档案馆、苏州档案馆、浙江大学图书馆等都去了。

徐杰舜：你读博士时到成都信息工程学院了吗？

黄萍：到了，我2002年到的学校。2004年考上博士，所以我读书读得很晚。

徐杰舜：大器晚成。把你的人生经历梳理一下，你在贵州这个异文化环境当中，对那里的少数民族有了很多的感慨，包括你小的时候吃刺梨，这个你可能终生不会忘记。大学读的是地理学，地理学本身和人类学是相通的，这包括它们的理论和方法，田野旅游这么大个圈，难得你到北海这 4 年的历练，这个历练也是人类学的一种体验。我也跟你一样，正好那个时候在北海。

黄萍：可能是那时都到了北海，所以现在走到了一起，是吗？

徐杰舜：那个时候你肯定风华正茂。

黄萍：我正好 28 岁。

徐杰舜：我 50 多了。

黄萍：在北海的时候，我应该是小有名气的。

徐杰舜：嗯。

黄萍：对了，我们刚才讲的那栋楼叫皇都大酒店。为什么我突然想起来呢？因为那时候我年轻，跳舞跳得很好。我是在读研究生期间扫的舞盲，每个星期六晚上我们就在简陋的食堂里欢快地跳舞，也锻炼了我们的社交礼仪和沟通能力。皇都大酒店的歌舞厅，算得上是北海的标志性社交场所了。我在这里是能够将“快三”舞曲演绎得令人赞叹的少数人之一。只要我与舞伴在“快三”舞曲下滑入舞池，一会儿整个舞池只剩下我们俩舞步，所有的人都停下来欣赏我们行云流水般的优美舞姿，结束时会报以热烈友善的掌声。这种阅历也是值得追忆，总是令我对人生充满激情。

徐杰舜：实际上每个人本身就是一个人类学，只是他或自觉或不自觉。你从认知逐渐走到大学，因为你反思了你人生的经历，你觉得你最想做的就是老师，当老师实际上是要把人生的体验传授给学生，在这个时候，你选定的你人生的方向就是旅游人类学。你学历史，做博士论文的时候也是历史人类学。我也是学历史出身的，跟你一样，也是逐渐走进人类学，从此就对它没什么改变了。人类学有一个很重要思想，就是教你怎么做人、怎么做事、怎么做学问。

黄萍：对。在做博士论文期间，我发表了一篇文章，有意识地利用了人类学的一些方法、理论和术语。比如说“族群认同”。在查询资料的过程中，我当时查到贵州的“屯堡”，因为明朝时期在贵州大量屯兵，保留下来不少屯堡。这些屯堡至今有很深厚的自我认同的文化，虽然这些文化在与外界的交流过程当中，有一些改变，但是总体是保留很好的。“5·12”地震后，国家把羌族后代迁到原住地之外去，甚至出国，我个人不主张这种策略。我认为民族迁徙以后，实际上文化就可能断根。我从历史的角度分析了贵州为什么会有那么多保存较好的民族村寨，主张用“新屯政”的策略，在原住地寻找相对安全的区域实施相对的隔离，让羌民族在相对独立的环境下得到修身养性。这篇文章的题目是《隔离下的保护》。

徐杰舜：人本身就是一种特征，本身就有天生人类学的素质，就看你的潜质，就看你发觉他没有。

黄萍：受你的《世纪人类学坦言》的影响很大。

徐杰舜：我那本书可能有激发作用，我走进人类学也是被人激发的。1984 年，我们研究所所长张教授到香港开会，回来他就说，我们跟国外没有共同语言了，学术上没有发展的可能了，因为我们太教条了。“文化大革命”刚过去不久，西方在人类学的研究主要是人类学的方法，我们还是前苏联的那一套。他回来就跟我们讲，今后要改革，不能再走那条路了，一定要学文学，用人类学的理论和方法来研究人类，研究中国人。这个对他是一个很大的文化震撼，对我们来说就是要把最熟悉的东西一下子放弃，重新建构学术研究体系，研究框架。我最早是用文化变迁这个理论去做的调研。

黄萍：文化变迁应该说在整个历史学界差不多做了 8 年了。

徐杰舜：我的拐点是《南乡春色——一个壮乡的社会文化变迁》。我觉得你对人类学的关注是被《人类学世纪坦言》激发出来的。你刚讲到对这本书的感悟时，其实我也非常感动，因为最先那些采访都是在我们学报上发表的，很多研究生都是千方百计想要把它收集起来。不过后来成了书。我采访了大概 60 多位学者，包括对李亦园先生/ 乔健先生的采访，我觉得他们的人生经验，学术史，在人类学的学习和经验都是非常有用的。所以我觉得你整个的思路走下来的话，也会是这样的。我想请你介绍一下你博士论文当中体现的人类学倾向，你刚刚讲到了认同问题。

黄萍：我的博士论文框架体系当中也有文化变迁，只不过我在论文中没有直接采用“文化变迁”这个词。我研究的区域范围是现贵州省仁怀市的茅台镇，但茅台一开始并不属贵州辖地，原长期为蜀之旧地。在清代雍正年间，清政府对西南各省域边界划清调整时，才随遵义府由四川划入黔省。可不能小看这个变更，它不仅使出产于茅台的茅台酒由四川酒变成了贵州酒，同时还给贵州带来一条流经茅台且直接连通长江的赤水河。若将此河开凿通舟，即可顺流直达四川、重庆，往外运出滇黔铅、铜、木材，向内运入川盐、粮食，对贵州是有无穷之利的。所以，1745 年（乾隆十年）清政府准予开凿赤水河，并在合江设有一个盐岸——仁岸后，亦把茅台和茅台酒推向了新的历史舞台。在清朝乾隆年间，茅台成了赤水河上水路转运的一个重要码头。不难想象当时它作为一个港口，承载过多少南来北往的商人、过客等各种人员，其繁华与嘈杂必定会让这个小镇的文化生态非同以往，非同一般。

荣仕星、徐杰舜主编：《人类学世纪真言》，北京：中央民族大学，2009。

“从我个人的观点看，这部非正式的口述史最少展示了下面几项意义：

一、记录了中国学者进入人类学领域的转折过程与经历。

二、显示了学者们对人类学学科建设的思考与努力。

三、说明了中国人类学理论与方法的探索与建构的情况。

四、展示出人类学本土化与中国化的努力。

五、阐述了人类学与其他学科互动的态势。

六、显示了中国人类学在不同地区发展的趋向。

七、凸显中国人类学者与国际人类学交流的状况。

八、展现中国人类学学者对全体人类未来的关怀。”

——李亦园，著名人类学家，“中研院”院士。

徐杰舜：你的博士论文可能搜集并采用了大量的地方文史资料。

黄萍：对。

徐杰舜：这些地方文史资料实际上属于历史人类学范畴，有口述史吗？

黄萍：有。在我的博士论文研究综述中专门谈到用了人类学的田野方法。

徐杰舜：所以我觉得你的博士论文实际上很大部分用到了人类学。

黄萍：我走进茅台酒之前就有经历，包括我在习酒集团工作期间，就多次到过茅台，对那里很早就有感性认识，知道如今在赤水河流域的酿酒方法基本相同。

徐杰舜：那么在你的博士论文里面肯定对茅台酒的制作过程有详细的描述。

黄萍：对。

徐杰舜：所以我觉得你的博士论文人类学的倾向是很明显的。现在你做的国家课题是民族村寨？

黄萍：对。

徐杰舜：你现在做得怎么样？

黄萍：访谈调研基本上做完了，在这之前也发表过相关论文。很快要全面推进，争取在明年上半年提交结题审核，我是做报告结题，但是我已经做了两年的实证调查了。

徐杰舜：你调研了哪些地方？

黄萍：主要是四川、贵州、云南。

徐杰舜：你做调查的点不少哟！

黄萍：这几年假期我都在做田野调查，走进去和他们进行交流、考察。

徐杰舜：你这个国家课题很明显也是旅游人类学的典型课题。

黄萍：我申报国家社科基金课题的时候，要填一个学科归属，我填的就是民族学其他问题研究，实际上就是人类学。

徐杰舜：你这个国家课题是民族学，那不是很好吗？

黄萍：民族学其他问题，而且是第一次申报，就成功了，我很高兴。

徐杰舜：哪一年？

黄萍：2007 年，旅游方面的课题是很少的，在四川省是第一个旅游方面的国家课题。

徐杰舜：2007 年的时候好像是 10 万经费。

黄萍：9 万。

徐杰舜：这个费用年年涨，我那年是 8 万。

黄萍：你有两个优秀课题。

徐杰舜：两个，第一个课题是优秀。

黄萍：很不容易呀，所以你要给我多指点。

徐杰舜：去年在桂林金钟山召开的首届旅游高峰论坛上，我们得以正式相识。现在回过头来，你对旅游高峰论坛会议有什么看法？

黄萍：我是抱着学习的心态去参加旅游高峰论坛的。因为我一直觉得自己是一个门外汉，想走进去，又走不进去，突然有这么一个机会可以走近，我真是抱着学习的心态去的。我走近以后发现国内人类学者们比较理想、纯粹的学者比较多，这种纯粹就是不带功利的，执着于学理的研究和探讨。学术的研究上的确需要这样一种执着的精神，这一点可能和你的《人类学世纪坦言》中所刻画的人物的影响有关。因为你书中的那些人，应该是改革开放以来国内人类学术界中的精英，实际上对年轻学者来说是一种引领。似乎这可以说是形成了人类学的一种文化，一种学术文化。我这样说，不知道徐老师能不能认同？

徐杰舜：认同，学术文化。

黄萍：这种学术文化就是大家乐于在这个领域中去孜孜不倦地追求，相互之间没什么功利性。其实我也在反思我自己，因为我从政府出来，在企业做过，最近几年做过政府委托的一些研究项目，在研究过程中会兼顾政府利益和各方利益。其实人类学也要研究利益关系。

徐杰舜：对。

黄萍：但是在研究利益关系的时候，我们更多的是文化的保护，我个人不完全认同。因为我做旅游，做旅游就是要开发。有些东西具备开发的条件，有些东西不具备，但是各个地方在发展旅游的时候，不管它具不具备，都要上项目。这是目前体制下，我们的旅游开发由政府主导造成的。学者要去呼吁不开发，保护起来，实际上是非常难的。从我个人的体验和经历来说，学者更多的是要去影响政府，并提出在开发当中促进保护的方法，我觉得这样做的话可能更有效。所以，我这次参加高峰论坛，虽然他们给了我很多学术上的启发与帮助，但是我觉得学术的研究不能过于自娱自乐，应该把我们的学术研究和国家战略、社会发展需要同步起来。这种同步就是说，在做研究过程中用我们的声音去影响政府。我是这样一个感想，但我很乐意走进徐老师这个高峰论坛，走进旅游人类学。

徐杰舜：很高兴和黄院长做了一个深入的交流沟通。明年第二届旅游高峰论坛在你们学校举行，我们刚讨论过它的主题，“好客中国，旅游与游客”，对这个主题你有什么看法？

黄萍：我觉得这个题目非常好。“好客”本来就属于中国的传统。副标题为“旅游与游客”，就是怎么把好客文化融入旅游发展中，创造出“好客”旅游生活方式，彰显一种独特的旅游文化，呈现良好的旅游氛围和旅游发展环境，这在学术界、业界、整个社会各界都是一种重要的文化建设。我相信，“好客中国”如果得到彰显，一定会成为经久不衰的旅游吸引物。而且这个主题，也非常符合我们国家当前要把旅游业发展成人民群众更加满意的现代服务业战略目标。我相信当好客文化渗透在游客的旅游体验之中时，可能对中国旅游业的发展将是一个极大的推动，所以，选择这个主题是有深远意义和重要影响的。

徐杰舜：刚才你也谈到中国传统文化当中的好客。孔子《论语》讲，“有朋自远方来，不亦乐乎”。那就说定了，希望我们明年第二届旅游高峰论坛取得圆满成功。

【来源】《民族论坛》，2012 年第 4 期，第 5 ~ 13 页。收入本书时略有改动。

人类学释放我对客家的真爱

——访客家学者周建新教授*

【被访谈者简介】 周建新，人类学博士，赣南师范学院教授。

周建新教授

* 访谈人：徐杰舜。

徐杰舜：周建新教授你好，很荣幸能有这样一个机会采访你，并了解客家研究的情况，你也是人类学研究领域的新秀。周教授，我们认识也有十几年了吧。

周建新：是的。印象上应该是1999年在香港与你第一次见面，那次是参加香港中文大学人类学系主任陈志明教授组织的“传统与变迁”学术研讨会。

徐杰舜：一晃过去12年了。

周建新：对，时间如流水，过得真的很快。

徐杰舜：那时你刚硕士毕业不久。这十多年来，你成长得很快。后来我又到嘉应大学参加一次客家方面的学术研讨会，那时你也正好考上了博士。那是哪一年？

周建新：我是2002年考上博士的，我记得你参加的那个会议是在2003年，主题是“全球化与客家文化”。

徐杰舜：那时我还很荣幸地被嘉应大学聘为“兼职教授”。

周建新：当然，确实是名至实归啊。

徐杰舜：反正我觉得，你的进步非常大。我一直在关注你。你博士毕业以后，先是在北京工作，后来才到赣南师范学院，对吧？我们想把你这个人类学新秀推出来，是不是先介绍一下你的简历，你的生命史？

周建新：非常感谢徐老师。应该说，我的每一点进步，都跟徐老师等前辈学者的支持和帮助是分不开的。我的情况比较简单，1973年出生，是地地道道的江西人，出生在有着“江南煤都”之称的萍乡市。

徐杰舜：江西人很会读书嘛。你是哪个大学毕业的？学的是什么专业？

周建新：1991年我以当地高考文科第一名的成绩进入江西师范大学，读的是历史系。江西师范大学前身是1940年创办的国立中正大学，后来在1953年全国院校调整中，很多学科和专业被分出去，被保留下来的师范部就成为现在江西师范大学的前身。历史系创办于1941年，师资力量是很强的，像姚名达、吴士栋、谷霁光、周奎书、姚公骞、左行培、黄长椿等一批著名学者曾在此任教，不少人还留学欧美，学术精深且非常具有人格魅力。大学第一学期，我由于受到高考志愿填报的影响，开始在学习上不太积极。这种情况在第二学期就有了改变，此后成绩一直都还不错，年年都拿一等奖学金，后来也被免试推荐读研究生。

徐杰舜：你是免试研究生？

周建新：是的，就是免考试直接攻读硕士研究生。从 1995 年开始，1998 年毕业。正是三年的研究生生活对我产生了很重要的影响，包括对我现在所从事的专业。

徐杰舜：我记得你不是客家人，你怎么会对客家感兴趣呢？

周建新：这个说起来还真是有缘。当时我们开设一门叫“江西地方史”的课程，任课老师是当时中国地方史硕士点领衔导师许怀林教授，他是邓广铭先生的弟子，在宋史特别是江西历史文化方面很有研究，十分精通。他用了一个星期的时间给我们讲客家，当时我和宋德剑（现在嘉应学院工作，我们俩是大学同学，也是研究生同学）都对客家很感兴趣。当时就在想，怎么会有这样的一类人群（当时还不知道那叫族群），他们是如何的吃苦耐劳，如何的文教发达、名人辈出，如何的忍辱负重，觉得这个人群特别不同。后来我发现我的导师王东林教授也是客家研究方面的专家，他和许怀林教授、汪祖德教授共同主编过《中华客家研究论丛》，王老师把这本书赠送给我，从此就对客家留下了很深的印象。当时没有教材，于是我就把罗香林先生的《客家研究导论》一书借来，把全书抄了一遍。

徐杰舜：现在这本书还在吗？

周建新：还在。

徐杰舜：你是什么时候开始从事客家研究的？

周建新：那是 1998 年我即将硕士毕业，嘉应学院房学嘉教授很热情，不断地来电话希望我们能够到他那里工作。从此我就跟客家结下了不解之缘。

徐杰舜：就是从此走进了客家研究。那你是哪一年考上博士的？

周建新：2002 年我考上了中山大学人类学系的博士研究生。当时之所以选择了中山大学，还特别选择了人类学系，也是基于当时我的一段客家研究的经历，加上我自己是历史学出身的，所以考虑从另外一个学科的角度来对客家进行研究。我觉得人类学对客家研究有很大的指导意义。

徐杰舜：你读了人类学的博士，然后去了北京传媒大学一段时间。

周建新：是在北京服装学院。

徐杰舜：挺不错的一所大学嘛，而且又是大家梦寐以求的北京。后来，你为何舍得放弃而跑到地处江西赣州的赣南师范学院？简单地说下这个故事，为什么会过来？

周建新：没错，北服有着全国最好的民族服饰博物馆，条件很不错。馆长杨源教授是知名的服饰专家，她很有眼光，认识到人类学对于民族艺术研究的重要性。当年她专程到中山大学找到我，希望我到她那里工作。她对我很关照并委以重任。我协助她先后创办中国民族服饰研究会和中国博物馆学会民族服饰专业委员会，应该说工作学习还挺顺心的。至于后来放弃北京到赣州工作，这个问题三五句话说不清楚。大致的过程是这样的，赣南师范学院是客家研究的一个重镇，虽然比嘉应学院起步晚，但发展迅速，特别是2003年罗勇教授负责的客家研究中心被批准为江西省第一批省高校人文社科的重点研究基地以后。罗勇教授是我很尊敬的师长，也是一个事业心很强的学者。客家研究中心获批后，他就一直给我写信，也不停地打电话问我的情况，问我何时毕业，希望我能去赣南师范学院，一起做客家文化研究。2005年，我跟随周大鸣教授在赣州开展江西三号高速公路（赣州—瑞金）世界银行资助项目的社会评估工作。罗勇教授知道以后就请周老师去讲学，又谈到这个事情，学校领导也多次出面盛情邀请，希望周老师能够给予支持，其实那时我已经在北京工作了。

徐杰舜：还有什么更关键的原因让你放弃北京来到这里呢？要知道放弃北京是很不容易的。

周建新：最关键的可能还是出于对客家文化的热爱，对家乡教育的热爱，对事业的追求和一种真实赤诚的爱。而且我认为，从学术上要从一个大客家的角度来考虑，无论是地域还是学科。赣南号称“客家摇篮”“客家先民南迁的第一站”，应该说，其地位也比较重要，研究基础也不错，应该进一步提升学术水准，扩大影响。

徐杰舜：所以我觉得你对客家的研究是一种缘分吧。进入阶段是从你硕士研究生毕业到嘉应学院工作的四年时间；你读了博士以后，感觉需要从一个新的理论视角回头反观客家研究。这是一个非常重要的问题，也是非常重要的一个想法。因为你是人类学博士，是周大鸣教授指导的人类学博士，所以学术研究基本上用的还是人类学的理论与方法。那么你现在可不可以回答我这样一个问题：人类学的理论和方法对客家研究究竟有什么影响？

周建新：我到中大以后，在人类学系这个国家重点学科单位中，越来越认识到人类学的魅力和价值。我的导师周大鸣教授的学术成就，尤其是他对整个中国人类学学科建设所做的努力，深深地影响了我。我背景是学历史的，尽管在客家地区有一点点田野调查的经验，但是相对人类学的学科来说还是一个门外汉。所以人类学对我自身来说，第一是觉得很重要，第二是觉得很陌生。因此，我在中山大学学习的那几年，还是非常用功的，和我的同学经常跑去复印人类学的著作。也是通过那几年的学习，才对人类学有了一定的了解，尤其感觉到，人类学的一些理论和方法，特别适用于客家研究。为什么这样说呢？首先，人类学的田野调查方法，在客家研究上是非常适用的。我认为客家这一群体相比较来讲，既是一种地域文化，同时也是一种族群文化。但是如果立足于地域文化这个角度来讲客家，其文献、史料相比来讲，远不如徽州学和敦煌学。那么文献不足的话，纯粹从历史的角度来研究就有一种缺陷，而它宽广的范围则是一种鲜活的文化。这就为我们的田野调查提供了一种广阔的天地，所以人类学的田野调查方法非常适合于客家研究。其次，在理论上，很多理论包括文化相对论或者我们说的主位和客位的视角也好，特别是族群理论，对于客家研究都有很好的指导意义。而这些方法和理论在我自己对客家文化的研究当中，都有比较好的运用。

徐杰舜：那你能不能举个例子呢？在运用人类学的理论和方法研究客家的过程中，你的体验有哪些？

周建新：比如说，我自己对客家文化研究，有一种可能算是不太成熟的判断和理解。我认为对客家研究至少在初期来讲，是出于一个比较特殊的背景。早期客家研究，除了学术性还带有比较明显的情绪性、功利性的色彩。我觉得包括罗香林先生等在某种程度上都不例外，包括在改革开放以后客家学再度复兴，其初期投入的研究者还是以客家人为主体。这些学者，第一，热情很高，因为都是客家人。但是我觉得在这种景象的背后，也多少埋下了些非理性的隐患，就是他们只注重到客家人好的一面，对客家文化多是歌功颂德，说客家人如何如何的伟大，客家文化又是多么的悠久和辉煌，而没有非常理性地对客家族群，对客家文化，包括对客家历史，进行一种批判性的反省。至少从这一点上来看，要多一些像我这样的非客家人身份的，或者是非客籍学者的投入；第二，就是说我们在这种立场与角度上应该要有所改变。这样的话，人类学的主位和客位其实是非常好的一种方法。一方面，我们坚持客家历史文化的一种本真性；另一方面，我们又充分地考虑到客家族群或者客家人本身的一种认识或认知；此外，一定要充分考虑到我们从一个学科的角度或者一个学者的理性观点进行的反思。我觉得这是人类学对我在客家研究方面的一个很重要的启发。

徐杰舜：你讲的这个，当然是非常有价值的。过去特别是以罗香林先生为首的带头做起了客家研究，他多是用历史学的方法做的研究。在这种背景下，客家研究在学理上的一些问题就有一个很大的反思空间。那么我想问，你用人类学的理论与方法去思考与观察客家，又以非客家人身份进入这样一种研究，你自己有什么看法？

周建新：我认为，至少有两面性，可以保持一种相对的客观。也就是作为他者的话，我们在看客家的一些问题上可能会更冷静。尤其是在客家存在的一些问题中，会看得更清楚一点，也就是反思性更强。这也就是所谓的“当局者迷，旁观者清”。我们会更有勇气地把客家存在的问题提出来，摆出来。客家人对自己的一些缺陷或许看到了，但往往会视而不见，避而不谈。这样的话，其实不利于客家研究的深入，也不利于客家族群的大发展。

徐杰舜：是啊，确实需要用他者的一些视角去思考这些问题。那么，我想跟你进一步探讨关于客家研究的一些问题。在对客家的研究当中，纠结最多的就是对客家起源的讨论。刚刚你已经对罗香林先生的研究有所反思了。实际上，罗香林先生对客家起源的说法，多是从谱牒学的角度来讲，说客家人是从北方迁来的，从中原迁徙来的，形成一个历史脉络。后来的研究也都以罗香林先生的论述为主。这里面就有很大的问题，即谱牒的可靠性问题。所以后来就出现了谢重光先生的《客家研究新探》。谢重光先生对客家的研究，可以说有所发展。如果你用人类学的方法去反思，你有什么评价？

周建新：关于客家研究，其实徐老师也是这方面的专家。当年吴泽先生向徐老师约过稿，也是关于客家人的起源的，文章好像发表在《客家学研究》第一辑上。客家人的起源应该说是客家研究里面最大的一个问题，也是最困难的一个问题，在某种情况下又是不可回避的问题。总的来讲，目前有两派意见，或者说三种主要观点。第一种就是以罗香林先生为代表的，认为客家人起源于中原，其身份是衣冠贵族，也称中原士族，是从中原南迁的一种汉人；另一派与之针锋相对的观点来自嘉应学院的房学嘉教授，他认为基本上不存在客家人南迁的历史，认为客家人的主体应该是江西、福建、广东这三省的交界地的原住民，但也可能部分融合了一些北方来的汉人。而我说的第三种观点，就是在这两派意见的基础上还加上一种观点，即以谢重光先生为代表的一种融合说。他既不完全赞同罗香林先生的观点，也不完全否定房学嘉教授的观点。他认为，确实存在一个客家人南迁的历史，但是又不能否认存在赣闽粤三省交界地的原住民，或者说是土住居民融合的一个存在。所以谢重光教授提出了一个很重要的观点，他认为客家主要不是一个种族的概念，而是一个文化的概念。纯粹从种族的概念来讲是不能讲清客家的渊源的，用自然科学的方法进行的研究，其结果也往往自相矛盾。由此可知，从血统上也讲不清楚客家的来源。所以用文化概念来解释客家文化，我还是比较认同的。

徐杰舜：你的意思是对谢重光教授的观点比较认同。但你刚刚也提到了房学嘉教授的观点，他实际上是对罗香林教授的一种颠覆，这个颠覆就奠定了房学嘉客家研究的一派之说了。那么针对刚刚讲到的问题，你可不可以对房学嘉的观点说说你的看法？

周建新：我觉得房学嘉教授对客家起源研究的一个很大的贡献就是，他让我们走出了一律迷信罗香林先生这个中原士族南迁的观点的圈子。我认为这在当时来说应该是一石激起千层浪，或许这种观点不是非常正确，但他却引起了许多人开始反思罗香林先生的观点。我当时还就此写过一篇小文章，意思是说房学嘉的观点给那些沉迷于罗香林教授观点的学者当头一棒，起了不小的警醒作用。事实上说明，房学嘉教授的这种观点确实是有很大的可取之处，只不过房学嘉先生可能急于为了证明他的观点，有点儿偏激。

徐杰舜：是有点儿矫枉过正。他用了大量的考古材料，但这些材料又不一定能够支持他的观点。

周建新：对，他的材料和结论很难连接起来。而且在某种程度上，我觉得他的材料不是特别的丰富，尽管他用了多种的材料，比如考古材料还有文献材料。他的可贵之处在于他的新观点、新思路。

徐杰舜：那他现在的看法怎么样？

周建新：他现在的看法基本上还是坚持他原先的观点，没有很大的改变。我想这也是我们应该允许的，而且我觉得他的问题意识和思维逻辑也是值得肯定的。他认为，如果客家人都是中原来的，那么客家地区的原有居民去哪里了？难道都被消灭了？这有两种可能，或者作为主体的大多数人肯定不是从北方来的，或者是这批人可能被当地人同化了、融合了。基于这种前提与假设，房学嘉先生便从中寻找证据。

徐杰舜：这也说明，你对客家的研究确实非常深。既然这个问题讨论到这里的话，有两个人我们就不能回避了，其中一个就是陈支平先生，他有一本叫《客家研究新论》的书。

周建新：对，谢重光教授的是《客家研究新探》，与他的书只相差一个字。

徐杰舜：对，弄来弄去都有一个新，那你对陈支平的“新论”有什么评价？

周建新：我觉得陈支平先生的新，主要有两个方面，一方面是观点的新。他的“新”就是他发现不光只是客家人，包括闽南人，广府人，潮汕人，都是从中原来的，这是第一个。所以从这个角度上说，中原汉人不是客家人唯一的主体；此外，他发现这些中原来的汉民来到南方后，进入客家地域，他就成了客家人，再进入闽南就成了闽南人。我觉得这也是一种新的认识。

徐杰舜：进入广西就是平话人。

周建新：对，就是这样的。而且说这个进入客家地区成为客家人后，他又移到闽南，变为闽南人。所以不能单纯从一种迁出地或者一种族群的属性，来界定后来的人的成分。

徐杰舜：所以光看客家这一块，有人就觉得他的评论只是对罗香林先生的重复。

周建新：不，实际上，他是有创新的。

徐杰舜：他的创新就是你刚才讲的。

周建新：对，还有一个我刚才没提到的。就是第二个方面，他对于材料的处理也是有所创新的。他跟罗香林先生在用材料上有点不一样，就是罗香林先生基本上是符合他的观点他就用，不符合的就不用。所以往往同一种材料，会得出不同的结论。而陈支平先生所使用的很多族谱材料是新的，而且是多种角度的，所以也不能说陈支平先生简单地重复罗先生的观点。

徐杰舜：你对陈支平先生的这种评论，我比较赞同。他从谱牒学的角度把北方的移民问题说得比较清楚。这也说明陈支平先生的历史功底非常了得。

周建新：对，这是一个方面。另外他还在台湾的一个会议上提到对客家研究要有理性化视角。他特别呼吁非客家人来研究客家，因为他自己也是非客家人，从这里面我也受到了启发。

徐杰舜：看来他对你还是有影响的。我们谈到客家形成的问题，还有一个不可回避的教授就是王东。王东其实是从方言群的角度来研究的。你对此有什么看法？

周建新：这方面王东教授也跟我有过多次的讨论，他比较反对用族群概念来指代和分析客家。我认为王东教授是当前客家学者中深具理论功底的学者，因为他的背景是史学理论，吴泽先生的弟子，又吸收了人类学的理论，所以他的思辨性是非常强的。王东教授是改革开放以后率先开展客家研究的大陆学者，他的《客家学导论》是一部必读之作。他之所以反对族群的观念，是认为族群是建构的产物。我认为，建构并不是凭空捏造的，相反，恰恰是在一个客观存在的基础上经过了多层解析和构造的结果。

徐杰舜：王东教授对族群的解读是有一点儿偏颇了，其实方言群也太不规范，也没有国际学术语言跟它对应，方言本身就是族群的一个边界。但是我也很佩服王东的这个思辨性，他把客家学术史梳理得非常好，我觉得他是这几个学者当中梳理得最清楚的一个。

周建新：还有几位重量级的学者对客家研究也有很重要的影响。这里不得不提到中山大学陈春声教授和法国远东学院的劳格文教授。劳格文教授当年还拨冗为我的博士论文作序，甚至不吝溢美之辞。

徐杰舜：劳格文的客家研究实质上属于另一种类型。他不涉及对客家形成的研究，他的贡献是：不跟你们讨论那么多，他做田野调查，然后把这个调查的资料保存下来。我跟劳格文认识，我看的关于客家方面的书，好多都是他送给我的。好像那时候你也在吧。

周建新：是的。

徐杰舜：劳格文的田野贡献促进了客家研究的发展。现在我想继续接上前面的问题，就是关于你自己对客家研究的看法，你自己也写了一本《江西客家》的书。请你能归纳一下自己对客家形成问题究竟是什么样的基本观点？

周建新：其实我倒不敢说我对客家形成有什么观点。

徐杰舜：或者说你比较赞成、认同哪种观点？

周建新：我比较认同第三个观点。如果说到有两派意见三种观点的话，我比较认同所谓的融合说，就是客家人应该是北方南迁的汉人与客家大本营里原住民的融合。同时我认为这里面的主体，应当是当地人。

徐杰舜： 这里也涉及一个非常重要的问题，就是在前面这些学者争论得不亦乐乎的时候，出现了大量的认祖宗现象。在岭南这边，无论是客家，还是广府人，认老祖宗的活动一下子就被推到了高潮，你对这个问题怎么理解？

周建新： 我觉得这个现象在一定意义上似乎是可以理解的，但在学术层面上这又是非常危险的。这也是意识形态在形塑客家的一种表现。这里面包含情感的成分，但也不能否定其中的炒作成分。现在各个地方都在打客家牌，都在建构自己在客家领域的一种地位。比如说梅州是“世界客都”，赣州是“客家摇篮”，闽西是“客家祖地”。现在河源也在打客家牌，他们把河源定位为“客家古邑”，就是用龙川的历史渊源，来给河源的客家增添些特色。龙川与赵佗是密不可分的，既然龙川是客家的一个古邑，作为南越国的开创者赵佗，也就当之无愧地成为客家的伟大的先民，于是赵佗就跟客家人扯上了关系。可以看出，很多地方都有意或者无意地在进行文化的建构。

徐杰舜： 河源不是出了一本书吗？说客家始祖就是赵佗，而且书也写得满腔热情的。所以我觉得这个很有意思。我们是不是可以跳出客家来看这个现象，不光是客家讲赵佗，广府人也讲赵佗。赵佗就变成既是客家人的始祖，也是广府人的始祖。这个现象说明了什么呢？这段时间我也一直在想这个问题，想这个问题是怎么引起的。今年我参加了厦门大学一个博士的论文答辩，这个博士的论文主要研究敢壮山的布洛陀现象。他认为敢壮山布洛陀完全是现在的学者建构起来的壮族始祖，但在这层关系上，他想说又不敢说得很透，所以整个文章写得很别扭。对于学者建构的这个现象，我一直在思考。实际上我对这些学者在广西的这些做法，一开始就非常不认同。我认为他们这样就是瞎胡闹。以前他们把盘王扯到壮族，后来搞不下去了。接着又搞出一个敢壮山，这完全就是建构。当时我们就有一个学生，写了一篇文章批评了这种现象。这个学生胆子很大，说这是一派胡言，使敢壮山成了谎言山。这个事情七闹八闹的，闹得还蛮大的。那个博士到那里做调查的时候发现，农民自己都搞不懂什么是布洛陀。对于这样的现象，包括客家始祖是赵佗，或者赵佗是广府人的始祖，我们应该怎么去解读它？今天在这里，我也想借这个机会来与你讨论一下。

周建新：其实我也是在向徐老师请教和学习。我觉得这是在现代的文化研究当中，甚至是在社会中的一种常见的现象。其实不仅是客家，其他地域，其他族群，都会存在对本地或对本族群的历史或者文化的一种扩大化或者泛化。你比如说讲到客家，从起源上讲，有南宋说，有北宋说，有五代说，有三国说，有西晋说，甚至有先秦说，这种思想蕴含着一种潜意识或一种逻辑：认为哪一种文化历史越长，就会觉得自己的文化越悠久，越悠久就会觉得这种文化越有价值。其实，这也是这个地方的利益所在。我觉得，如果说作为政府或一般的社会人士，出于一种特殊的目的，比如说为了发展经济，为了打造文化，还情有可原的话，但是如果作为学者的话，坚持这种思维就不可饶恕了。他们其实将文化无限地扩大化了，无限地泛化了，在某种程度上也就是抹杀了一种文化，使文化成为了一种虚构，成了一种虚无。这一点是我们作为学者应该非常注意或者特别警醒的。

徐杰舜：但是最近，就是参加了那个博士生的论文答辩后，我反而产生了另一种想法。什么想法呢？就是文化都是建构的。既然文化都是建构的，所以客家人要把赵佗建构成客家的始祖，广府人要把赵佗建成广府人的始祖。这样看来，你刚刚讲的陈支平先生的研究就有非常大的价值。即整个中国的移民史上，从北方迁来的士族，会和当地人结合。这样就使两个人群有些共通的文化意识，比如认祖赵佗，但到底哪个是真的？如果说是客家人的话，我还会联想到广西的平话人。我觉得广西平话人的历史比客家人的历史还要悠久，因为广西平话人的历史还可以追溯到秦，而客家人传统的说法是宋时才形成客家。如果是这样，那客家的历史就要往前拉到这么早，广府人的历史也拉早了，都是从赵佗那边搞起来的。我们再往前走，建新你想想看，黄帝、炎帝是怎么建构的？黄帝被建构成四张脸，从某种程度上可以反映出，当时他是四分五裂的。后来把他合到一起，形成多元一体，一个老大四张脸，黄帝就这样被建构出来了。这样建构下去，黄帝也是赵佗的始祖，黄帝也可以成为客家的始祖了。再这样下去，牛头人身的炎帝，也可以成为广府人的老祖，再偏一点，偏到广西去了，就成了平话人的始祖了，而平话人的历史确实是可以讲到很久。所以我觉得文化既然是建构的，那么现代社会就会出现客家形成的建构推到赵佗，广府的也推到赵佗，那么在历史上出现的黄帝、炎帝也是建构的，他们也是被建构出来的祖宗了。

周建新：而且这种建构现象一直在进行，还在继续。

徐杰舜：现代确实也一直在建构。有些学者参与到这种建构，我觉得也是没办法的。好比说在我们那边的一个县，有些学者到你这个县，说你这个是盘古开的，你那县里就会给他多少多少万，来做这个研究调查。后来这个实在搞不下去了，难以自圆其说了。盘王真的不会是少数民族的，他汉族的成分还是比较重要的，因为盘古开天辟地嘛。但是敢壮山、密罗陀就比较容易建构了，所以美国学者 K. Palmer Kaup 写了一本书，叫《创造壮族：中国的族群政治》，专门批评这些喜欢建构的学者，我们有些人看了神经就很紧张。这书说壮族是创造出来的，我觉得这样的翻译有点问题，我们不应该将他翻译成创造，而应翻译成建构，那就能更好说明这一点了。所以我觉得这一种现象，很值得我们研究，无论从历史上建构炎黄这个神话故事，还是到现代的建构赵佗是某某始祖的现代神话，都会有一定的合理性诉求在里面。但是对学者来讲，这样做是不可饶恕的，可有时候也是不可避免的。我觉得作为一个人类学家，对自己要有一种“众人皆醉我独醒”的感觉去判断文化现象。所以我一下子对这个问题有了新的看法，就是学者在那里建构了某某文化的时候，其实背后还有一个无形的手，就是政府。政府之手是无所不为的，他要建构什么，就找一些学者去建构，因为他自己不会，赵佗是谁，他可能都不懂，什么是客家，什么是古邑，他也不一定懂。而那些教授、那些学者们就可以帮他理出来：这是什么，那是什么。

周建新：确实，这种文化建构在客家真的还在进行。比如说我们今天的会议从赣州拉到河源，其实是因为河源政府给我们提供了相对较好的硬件。这样政府还是在建构客家文化，只不过我们会相对理性一点，我们不会说完全地迎合它，而是相互配合、支持，各取所需，这倒是可以的。

徐杰舜：所以我觉得，包括客家研究在内，应该有一种比较独立的学术品德、学术品味，这样就更容易接触本真。

周建新：你这个意见非常重要，尤其在客家研究。为什么这样说呢？一方面，客家研究现在应该说是热热闹闹、红红火火的，但在这背后又隐藏着很大的隐患，或者说是忧虑。这种日益繁荣的客家热潮，也反映深化学术水平与提升的这么一种迫切要求。另一方面，我们也应该更清晰地看到，就是客家研究已经到了一个关键时期，一个什么样的关键时期呢？应该说它面临着一个如何持续发展和全面提升的阶段。这就要求我们对客家研究这份学术遗产进行全面的审视，对未来的走向开始展开一种严肃的追问。这样的话，客家研究就更需要人类学者应该有的理性、冷静和客观。这是非常重要的。

徐杰舜：这就是你的启示，也是为什么我要跟你面对面讨论的原因，这样的话就能把你的观点激出来。

周建新：对，因为人类学也确实是如此，它一方面，让我释放我的激情；另一方面让我懂得理性，让我更懂得尊重，更懂得平等。

徐杰舜：我很赞成你的观点。实际上，人类学不仅在教我们怎么做学问，还在教我们做人。一个人的人格魅力不是你自己说有就有的，而是通过你自己的言行所散发出来的，自然而然也会感染别人的。就你今天所讲的，你学人类学的最大的收获就是善待，善待别人。我也觉得人类学对我最大的启发就是善待自己，善待他人。所以也要用善待这个词来看待建构。实际上整个人类社会，就是一个不断建构的过程。你建构得好，社会前进就快，你建构得不好，它就背道而行。“文化大革命”也是一种文化建构，但它把整个国家推向深渊，引向了黑暗。而至于改革开放，都说没有改革开放就没有今天，而它本身也是一种文化的建构，这一建构促进了社会的发展。现在我们看看整个社会，如果从客家研究来看人类学的理论，再看文化，又强调文化，说明文化的确是起了作用。所以我觉得你刚才讲人类学释放你的激情，实际上最重要的是你在学了人类学理论以后，这一正确的理论知识就开始引导你的思路，而这知识，也在建构着你的人生，影响着你这一生的文化。这是我对这个问题的看法。

周建新：正如人类学家威廉·亚当斯所说：“人类学最令人欣慰的悖论，也是她最激动人心的特征，就在于研究他者的同时也是一个自我发现的生命旅程。”从这个意义上说，人类学释放了我的激情，而客家则凝聚了我的真爱。作为一个非客家人投身客家研究，我有很深的感触，觉得研究的时间越久，对客家人、客家文化感情就越深。最后，我想借此机会感谢在我的学术成长道路上，给予过支持、帮助、关心和鼓励的前辈、师长和朋友。除了前面提到的这些学者以外，特别是陈春声老师，对我关爱有加，亦师亦友，他的渊博学识和高尚人品一直引领和激励着我，是我学习的楷模。还有台湾交通大学的庄英章教授，他曾热诚邀请我到台湾去讲学，并把我的一些成果作为他的博硕士必读文献。当然还有徐老师你，我一直心存感激。我会继续努力，执着向前。

徐杰舜：不错，我希望人类学继续释放你的激情，释放你对客家研究的真爱。

【来源】《民族论坛》，2012 年第 5 期，第 5～11 页。收入本书时略有改动。

把人类学与统战理论结合在一起的人

——访广西社会主义学院许立坤教授*

【被访谈者简介】许立坤，广西社会主义学院教授。

许立坤教授

* 访谈人：徐杰舜、孙亚楠、何月华；访谈时间：2012年7月26日晚上；访谈地点：南宁市科艺宾馆309房。

徐杰舜：今天约你在这访谈，想不到今天是你的生日，在此祝你生日快乐！

许立坤：谢谢！

徐杰舜：哪一年出生的啊？

许立坤：1965年。我们家里人都按照农历过生日，我是六月初八出生，今年47岁了，人快过半百了。

徐杰舜：正当年啊。我像你这个年纪的时候刚来到广西两年，属于刚刚开始干出点感觉的时候。我们今天请你来，是想把你隆重地推介给学术界同仁和广大读者。首先请你谈谈你的简历吧。

许立坤：我是1965年出生在广西恭城瑶族自治县，我也是瑶族。在村里读了5年小学、2年初中，后来去了县里恭城中学读了3年高中，再后来1983年在广西民族大学读了1年预科。1984年到1988年就在广西民大历史系读了四年本科。在民大的时候，您给我们上了《中国民族史》这门课，那个时候就看您的文章了。

徐杰舜：我记得在1987年全国首届汉民族研讨会上，你提交了《汉民族自我意识在元灭明兴中的作用》这篇论文。

许立坤：是的，那是一篇写朱元璋怎样适应当时的民族意识的潮流、怎样利用汉民族自我意识推动其改朝换代步伐的，收录在论文集里面，正式发表的，应该算是我的处女作了。

徐杰舜：在全国来看，广西民族大学是率先做汉民族研究的，建有汉民族研究中心。你是瑶族学生，做汉民族意识的研究。这也体现了民大的汉民族研究学术氛围。下面，请你谈谈1988年毕业以后参加工作的经历吧。

许立坤：1988年毕业以后我就分到了广西社会主义学院，一是因为我文化课的成绩比较好，二是发表了几篇文章，学校就推荐去那里工作。因为广西社会主义学院是统战性质的干部学院，主要培养统战干部和党外代表人士，所以我上课主要也是统战理论、民族政策及宗教政策领域的。我是从助教做起，讲师、副教授，一直到2008年评为教授，我是广西社会主义学院自己培养的第一个教授。

徐杰舜：从1988年到2008年这20年的艰苦奋斗中，能在社会主义学院这样比较特殊的学校里被评为教授，这是很值得祝贺的。听说你在这20年中对人类学也比较感兴趣，所以想了解一下你是如何对人类学感兴趣，进入人类学的？

许立坤：对于人类学，我有一个从不了解到逐步了解的过程。对于人类学的了解主要是受到母校民族大学的老师尤其是您和张有隽老师对于人类学关注的影响，你们的转型以及所在机构从民族学研究所改为民族学人类学研究所。我就很好奇你们以前只是讲民族学，为什么之后讲人类学，并且很重视人类学的研究方法。后来我就拿来你们的文章和书来看，自己再找一些人类学的书来阅读，了解了一些人类学特别是文化人类学的方法。我觉得这些方法很有意义，特别是对我们的民族政策、宗教政策及统战政策的教学和研究很有意义。因为现在越来越重视文化在统一战线中的作用。

徐杰舜：我在这插一句，因为你是广西民族大学毕业的，学的是历史，我们又是师生关系。我们的转型，从传统的民族理论、民族学转为人类学，这个对你们的影响其实张有隽教授的作用十分重大。因为他是瑶族，一辈子都在研究瑶族，长期担任民大民族研究所的所长，又长期担任你们瑶学会的会长。他就是在 80 年代中期，1986 年到香港参加了首届瑶族研究国际会议，从那个时候才了解了国际人类学的发展现状，深感我们的学术落后，所以回来之后，就在民大不遗余力地推进人类学的学科建设。在这个转型过程中，张有隽教授本人在不停地运用人类学的方法研究瑶族的历史及宗教。这对于我们广西民族大学人类学学科的兴起、发展起了关键性的作用，可以说他是转型的带头人。

许立坤：我也在瑶学会里面，张教授很多著作都送给我，我也看了很多，受到很多的影响。

徐杰舜：所以，你说你受到广西民族大学民族学人类学转型的影响，首先不要忘记张有隽教授。在这里能不能介绍一下，张教授的哪些文章或是著作对你影响最大？

许立坤：他有本书叫作《人类学与瑶族》，是一本论文集，全是他在这方面的成果。我经常琢磨，你们为什么会转型，肯定有原因。出于好奇再加上我有历史学、民族学的底子，就很容易看得懂人类学的东西。所以，在瑶学研究方面，前几年我写了篇文章叫作《盘王祭祀与瑶族文化认同》，从瑶族对盘王的集体记忆的重构，谈到当今瑶族的文化认同的建构问题。那么我们作为学者应该怎样引导这种建构的方向，这是非常重要的。我在瑶学会的学术研讨会上介绍这篇文章时就提出，瑶族文化认同的建构要顺应中华民族文化认同的建构，方向上要相同而不是相悖。所以我提出瑶族既是盘王子孙也是炎黄子孙。

徐杰舜：你是认为，瑶族既是盘王子孙也是炎黄子孙。这个观点就比较特别了。

许立坤：当时我们瑶族的老领导、广西壮族自治区政府原副主席奉恒高同志很赞赏，希望能进一步展开一下。那篇文章主要是从盘王祭祀写到文化认同，我们作为学者、作为瑶族精英，应该怎么引导。这些都与人类学的研究方法、视角影响有关。

徐杰舜：这就是你跟着我们大家一起转型，对瑶族研究的贡献吧。过去我不知道你有这样的观点提出来，现在知道了觉得你这个观点很值得进一步拓展其学术内涵，因为在民族认同、文化认同甚至在祖先意识当中，都有一个建构的问题。历史往往是建构起来的，建构的核心就是你走哪个方向。你提出来的这个其实跟我提出来的中华民族认同的观点是一致的。

许立坤：一般我们认为瑶族和苗族是同源的，在全国的少数民族中，苗族的一部分学者是最反感炎黄子孙的提法的，认为他们是蚩尤的子孙。台湾的李敖自认为有苗族血统，他就把“我以我血荐轩辕”改成“我以我血荐蚩尤”。那么这就涉及瑶族怎么看这个问题了。我在瑶学会上，因为是副会长了，所以就提出我们不能跟着别人走，要有我们的看法。我们认为我们既是盘王的子孙也是炎黄子孙。理由有二：一是因为瑶族与汉族有血亲，传说中瑶族始祖盘王娶汉人皇帝三公主为妻；二是部分瑶族民间也有蚩尤的传说，哪怕你讲是蚩尤的子孙，蚩尤也是炎帝部落分出来的。我查过资料，到第八代的炎帝时期才分离出来的。可以说，蚩尤也是炎帝子孙。

徐杰舜：那个谱系本身也是一种建构。

许立坤：远古时期的历史记忆，很多都成了碎片，就看我们怎么去拼凑。瑶族的文化认同建构，要有利于当下瑶族的发展，有利于处理好瑶族与兄弟民族以及中华民族整体的关系。还有，海外有60多万的瑶人，现在他们的团体与我们瑶学会联系很密切。海外的华人都认同炎黄子孙，如果我们为海外瑶人建构一个我们不是炎黄子孙的概念，那么海外瑶人与海外华人主体就会是逐步认异而不是认同了。相反，我们告诉他们，瑶族既是盘王的子孙也是炎黄子孙，那么，他们与海外几千万的华人就会进一步认同了。历史、文化建构的方向要有利于海内外瑶人的发展。作为瑶族的学者，我们要用好话语权。文化是可以建构的，这种建构要有利于我们民族的发展，包括当下的及以后发展。所以这种观点的提出还是受到文化人类学一些基本理论的影响。

徐杰舜：你讲到历史的建构问题是非常重要的。实际上，黄帝也好、炎帝也好，都是那个时代的人或族群对他们祖先意识的一种建构。你说黄帝他的形象，四面人不是一个怪物吗？为什么是四面人呢，用人类学比较科学的解释就是代表了各民族各族群互动以后融合形成的一个想象的共同体。这种四方脸本身就是一种建构，就看你建构的目的是走向和谐还是另外一面。这就是历史建构的微妙之处或是政治分野之处。所以这个问题你讲得非常好，而且你作为一个瑶族的学者又是瑶学会的副会长，你的观点是有一定的影响的。这个问题很值得进一步做大，下次有机会我们可以讨论这个问题。

现在我们转入另外一个话题，我知道你在转型的过程中比较用心，尤其是对文化认同看法也比较有心得。最近你主编的《文化统战概论》这本书就可以说是对统战理论的一个完全的创新，过去我们说统战理论是政治型的，可以说是政治统战。你能不能简单介绍一下这本书主要观点，再讲讲你如何运用文化人类学的观点研究统战理论的。

许立坤：这本书本身还是一个命题作文，是时任中共广西壮族自治区党委常委、统战部长黄道伟同志提出来。接受任务后，我广泛地涉猎与文化有关的各类书籍，竭力寻找文化与统战的交汇点。在冥思苦想中，“文化认同”——文化人类学的一个关键词，给我带来了灵感。想到您在这方面研究很深了，我就去找您，正好当时您正在编《人类学与中国传统》那本书，您希望我协助您编。在编的过程中我也学到了很多东西，反过来我就思考那本书的架子怎么搭起来。后来我看到李瑞环的一段话，大受启发。他讲，新时期统一战线有三个圈，或者说三个层次。第一个圈指大陆范围，以社会主义为基础和目标；第二个圈更大一点，包括大陆和台港澳地区，以爱国主义为旗帜；第三个圈范围最大，包括大陆和台港澳地区，也包括海外华侨、华人，以中华民族的复兴为目标。后来我想，三个圈不就是社会学、人类学讲的三个认同吗？社会主义这个圈是政治认同，爱国主义这个圈是国家认同，更大的那个圈就是中华民族认同了。我们讲文化统战就是用文化认同去推动这三个认同。有了这个架子，这本书才立得起来。当时正好厦门大学彭兆荣教授来，我说了这个观点，他表示很赞赏。

他谦虚地说："我们是搞纯理论的，写的书主要是给学者看，你们的书可能受众面更广，基层干部也能看，很有实际意义。"第二天又在民大参加他的讲座，他进一步讲述了文化人类学关于文化认同的理论观点，又让我受益匪浅。在这本书还没有成型的时候，我在巴马参加了一次研讨会，就把这个思路向在场的黄道伟部长汇报了一下，他非常赞成。后来在很多场合，他都讲以文化认同推进三个认同这个观点。

徐杰舜："文化"是一个比较平和的词，而"统战"是一个比较强势的词，这两个词连在一起组成的新词，你在书中是怎么界定的？

许立坤：首先我要说明，统战这个词是统一战线这个词的简称，统一战线这个词很平和，即使翻译成英文"united front"也很平和。但是，统一战线一词一简称后，就变成了又统又战了，名词变动词了，平和变强势了。实际上今天我们讲统战，就是大团结、大联合，就是凝心聚力。

对于文化统战一词，我们是这样定义的，就是依托文化平台、利用文化资源、借助文化力量开展的统一战线工作。我们认为，文化统战这一概念在今天之所以为人们所广泛认同，这是因为在当代，人们越来越感受到文化作为一种软实力，对人类社会各方面的影响日益广泛而深刻。"软实力"（Soft Power）的概念是由美国哈佛大学教授约瑟夫·奈提出来的。根据约瑟夫·奈的说法，硬实力是一国利用其军事力量和经济实力强迫或收买其他国家的能力，软实力则是"一国通过吸引和说服别国服从你的目标从而使你得到自己想要的东西的能力"。约瑟夫·奈教授认为一个国家的软实力主要存在于三种资源中："文化（在能对他国产生吸引力的地方起作用）、政治价值观（当这个国家在国内外努力实践这些价值观时）及外交政策（当政策被认为合法且具有道德威信时）。"软实力的概念最初是就国家层面而言，后人们又将其延伸至地区、企业等层面。

无论在国家层面、地区层面还是企业层面的软实力，文化无疑是其中最具基础性、最具影响力的资源。人们往往将文化与软实力直接连在一起，形成了文化软实力的概念。同时，文化软实力的概念也经"学术溢出"，进入政界与社会，为政治领导人和公众所接受。胡锦涛同志在十七大报告中就提到"文化软实力"这一概念，强调"当今时代，文化越来越成为民族凝聚力和创造力的重要源泉、越来越成为综合国力竞争的重要因素"，"要坚持社会主义先进文化前进方向，兴起社会主义文化建设新高潮，激发全民族文化创造活力，提高国家文化软实力"。这说明"提高文化软实力”被提升到了国家战略的高度，成为中国共产党治国理政的重要方面。文化统战中的文化，可以表现为一个理念、一种资源、一个平台、一项活动，但终归是要发挥它的吸引力、凝聚力、感召力，总而言之，就是要以文化的力量推动统一战线的发展。

徐杰舜：在学术界，文化的概念千差万别，文化统战的文化着眼于哪一个层面？

许立坤：文化的概念有广义和狭义之分。狭义来说，文化是指反映在观念形态上的一切意识的、精神的、心理的东西的总和。人类学的鼻祖泰勒关于文化的著名概念即“文化或文明是一个复杂的整体，它包括知识、信仰、艺术、伦理道德、法律、风俗和作为一个社会成员的人通过学习而获得的任何其他能力和习惯”[1]，指的是精神层面的文化。而广义的文化是指人类在认识世界、改造世界和了解自身、完善自身的过程中所创造、积累的物质成果和精神成果的总和，包括认识的（语言、哲学、科学思想、教育）、规范的（道德、信仰、法律）、艺术的（文学、美术、音乐、戏剧、建筑的美学部分）、器用的（生产工具、衣食住行的器具，以及制造这些工具和器具的技术）、社会的（制度、机构、风俗习惯）等方面。[2]文化统战应采用广义的文化概念。此外，依据不同的视角、采用不同的标准，人们还将文化作了不同的分类，如物质文化与精神文化、科技文化与人文文化、民族文化与外来文化、大众文化与精英文化、乡土文化与都市文化、传统文化与现代文化，等等。我们认为，在开展文化统战工作中，必须视野开阔，只要有利于统一战线工作，不管是物质的还是精神的、科技的还是人文的、民族的还是外来的、大众的还是精英的、乡土的还是都市的、传统的还是现代的，都要加以利用。这就是大文化理念。

当然，根据对社会历史的作用方式，文化经常被区分为先进的文化、一般的文化和落后的文化。所谓先进文化，是指那些能够引领社会进步的文化。文化统战工作毫无疑问必须要大力弘扬中国特色社会主义先进文化，以中国特色社会主义先进文化引领统一战线广大成员。同时，对于那些严重危害社会稳定和社会发展、危害人的身心健康的落后文化给予批判。但是，我们也知道，文化除了能引领社会进步的先进文化和严重危害社会稳定和社会发展、危害人的身心健康的落后文化外，更多的是中性的，既谈不上怎么先进，也谈不上怎么落后。还有的形式上显得落后，但内涵中有可为当代借鉴的价值；有的内涵落后了，但形式上却能吸引人，可旧瓶子装新酒。因此，在文化统战工作中，我们在强调以先进文化引导人的基础上，还要强调以民族文化凝聚人，以大众文化吸引人，以乡土文化联络人。

徐杰舜：刚才你讲了，以文化认同推动政治认同、国家认同和民族认同，是你对文化统战的核心观点，我认为这也是你将人类学知识运用到统战理论中去的一个理论成果。你对“认同”一词怎么理解？

许立坤：“认同”是当今社会科学中非常流行、运用非常广泛的一个概念。认同研究的兴起主要与20世纪60年代以来西方发达国家出现的一系列社会运动有关，如女性主义、黑人民权、同性恋运动等。“认同”最初是一个心理学概念。西方学者中较早使用“认同”一词的是奥地利著名心理学家弗洛伊德，他把认同看作一个心理过程，是个人向另一个人或团体的价值、规范与面貌去模仿、内化并形成自己的行为模式的过程，认同是个体与他人有情感联系的原始形式。[3]人类学也经常研究认同问题。我个人对“认同”一词的理解，它是一种正向支持态度，包括认知基础上的认可、情感意义上的归属、行为倾向上的支持意向。认知基础上的认可，就是我们平常讲的理性认同。情感意义上的归属，就是我们平常讲的情感认同。行为倾向上的支持意向则是大脑发出的行动指令了。

徐杰舜：如何以文化认同推进国家认同？

许立坤：国家认同是一种重要的国民意识，具有维系国家存在、凝聚国民意识、推动国家发展、维护国家安全的功能，是维系一国存在和发展的重要纽带。文化认同对国家认同具有推动作用。历史的发展证明，以文化认同为主的国家认同模式其基础最为牢固。中国是一个地域辽阔、人口众多、民族成分复杂的国家，人们的家族认同、地域认同、族群认同较强。尤其是，对当前的中国来说，香港、澳门历经英国、葡萄牙长期殖民统治后回归祖国不久，台湾历经日本50年殖民统治后继而因众所周知的原因至今仍与祖国大陆处于分离状态，港澳台三地同胞经历过特殊的历史际遇和经历了特殊的现实生活后，原本归属于中国的强烈感情需要激活、突显。“国家认同”的整合问题决定着中国能否完成在21世纪实现中华民族伟大复兴的历史任务。文化统战工作于此责无旁贷。文化统战工作可发扬自身优势，通过推进大陆同胞及台港澳同胞对国家历史文化、国家疆域及地理文化、国家通用语言文字、国家礼仪庆典、国旗、国徽、国歌等国家象征物的认同，进而强化整体的国家认同。

徐杰舜：如何以文化认同推进民族认同？

许立坤：首先要指出的是，我们在书中讨论的民族认同，特指中华民族认同。所谓民族认同，是民族成员（个体或群体）对民族群体的一种正向支持态度，同样包括认知基础上的认可、情感意义上的归属、行为倾向上的支持意向。民族认同具有维系民族国家存在、增强民族凝聚、推动民族发展的功能。中华民族，既是中国古今各民族的总称，又是由众多民族在形成统一国家的长期历史发展中逐渐形成的一个民族共同体。众多民族各有其发展的历史与文化，是中华民族的多元性；有着长期在统一国家中共处并发展其统一不可分割的联系，最终自觉地联合成不可分割的整体，是中华民族的一体性。所以，中华民族的多元性与一体性的辩证统一，已有两千多年的发展历程，只是在近代反帝、反封建斗争中，这种极深刻的内在联系才被认识，从而上升为中华民族的自觉意识和民族觉悟。费孝通指出，中华民族作为一个自在的民族实体是几千年的历史过程所形成的。作为一个自觉的民族实体，则是近百年来中国和西方列强对抗中出现的。[4]较之西方现代民族，中华民族自觉建构的时间尚短，从多元走向一体尚需时日。

要实现中华民族从多元走向完全的一体，必须增强全体中华儿女对自己族属的认同，包括民族起源认同、民族传统文化认同、民族精神认同、民族故土认同。统一战线可以发挥自身的优势，通过以文化认同推进海内外中华儿女的中华民族认同。

徐杰舜：以上这些，都运用了文化人类学的许多原理。

许立坤：是啊。书中我们还运用了一些具体的人类学知识。比如在文化建构中，我们提到怎么运用文化符号来打造认同，有的时候文化认同不一定要对整个文化体系认知，可能只是对某些文化符号认同也就认同了。所以我们要注重文化符号的作用，尤其是跟这个时代联系比较紧密的文化符号。

徐杰舜：这部书是一个非常好的案例，说明人类学对于统战工作的作用通过你这本书起到了一个很好的示范。下面，我们谈论下一个话题。今年你在广西社会主义学院组织了同心学术茶座，你把这个茶座的缘起和发展情况给大家介绍一下。

许立坤：广西社会主义学院是一所政治学院，学术氛围太薄。近年来学院引进了一批博士、硕士，他们突然从一个学术氛围很浓的高校来到这里，有些无所适从。我作为教研室主任，想搭建一个与校外学者交流的平台，为学院营造一点学术氛围，这是最初的想法。我们学院的领导也都非常支持。这个平台叫什么呢？叫沙龙？学院领导说太洋气了。后来我就此请教您，您就说用茶座，这个也蛮有中国韵味的。

徐杰舜：因为有两个杂志：社会学家茶座和经济学家茶座，都办得很好。

许立坤：所以我们叫作“同心学术茶座”。“同心”是中央统战部提出来的一个工作品牌，最初是联系各民主党派、全国工商联一起到贵州的毕节地区帮助他们脱贫致富。所以“同心”就是把所有的力量集中在一起。胡锦涛就提出同心同德、同心同向、同心同行。我们茶座的“同心”二字，取的是共识的意思。这也就是把学术和统战结合在一起了。

徐杰舜：这个茶座在社会主义学院还算是首创的，其他社会主义学院都没有做，本来计划可以每一期都刊登在学报上的，但是因为第一期讨论“中国意识中的民族与民族主义”，一些观点比较敏感，没有交付发表。你能不能介绍一下几次茶座的情况。

许立坤：第一期茶座的主题是“中国意识中的民族与民族主义”。去年12月中旬的一天，我和您还有罗树杰教授参加了广西壮族自治区民委的一个会议，主题是创建民族团结模范区。会议之余，我们三个人讨论了关于茶座的问题，徐老师就说趁着这个会议的余热马上开。我们就想，新中国成立以后很长一段时间，中国的民族团结很不错，但近年来有了变化，为什么？这里面有没有什么内在的原因，是不是支撑它的文化体系也有了变化？当时您提出来一个学术界很热的一个词叫作“中国意识”。一周后我们就开了第一期茶座，就叫作“中国意识中的民族与民族主义”。我们两位，还有罗树杰教授、李富强教授、罗彩娟博士以及我们学院的部分教师参加了。茶座上有一个案例争论还比较激烈。南宁市人民公园内过去建有一个祭祀狄青、孙沔、余靖、苏缄、王阳明、莽依图等与南宁有联系的历史名人的“六公祠”，后被旧桂系军阀陆荣廷于1917年拆去，修建了炮台。2006年，公园管理处提出重建“六公祠”的计划，引起了很大的争论，后来不了了之。主要是供奉的这些人，好几个都曾经镇压过广西的少数民族起义。茶座上，有学者提出，为什么过去人们可以长期容忍“六公祠”而到现在反而不行了呢，是不是中国意识中的民族意识或是民族观发生变化了？当场就有学者提出异议，不是“中国意识”发生变化，而是谁来代表“中国意识”的问题。过去可能是汉族代表的，所以过去对“六公祠”的宽容是汉族人的宽容。在这里学者们的想法就有交集了。另外，茶座中有学者提出来，现在我们讲民族关系的内容说是平等、团结、互助，民族融合能不能提出来？中国历史上绝大多数的中央政府是没有反对民族融合而是促进民族融合的，为什么现在民族融合成了一个敏感的词？讨论中对有学者提出的所谓第二代民族政策问题，争论也较激烈。

第二期茶座的主题是“中华民族：边界与认同”。从历史的角度讨论中华民族的概念的形成、中华民族的边界问题，讨论也很热烈。比如今天讲中华民族，到底包不包括海外华人。在外交场合，关于华侨和华人是有严格的区分的。华侨是保留中国国籍的，华人是加入所在国国籍的。从国族的角度来讲，美国的华人加入了美国的国籍肯定是美国人，到底还是不是中华民族？

第三期茶座的主题是“泰国华人的文化认同及身份认同”。我们邀请到了范宏贵教授。范宏贵教授是东南亚问题的研究专家，与东南亚好几个国家的学术界及华人机构有密切联系。当时他刚刚从老挝、泰国回来，并带了一位泰籍教师一起来，这位泰籍教师是第三代泰国华人。茶座上，他们介绍了泰国华人的文化传统，既有中国的，也有泰国的，泰国华人首先认同他们是泰国人。

徐杰舜：这本身就带有国际性的讨论。

何月华：他们认同炎黄子孙吗？

许立坤：他们多数不一定懂炎黄子孙是什么意思，但是他们认同华人这个概念。

第四期茶座的主题是“文化形象、文化自信与民族文化强区建设”。我们请到了陈雄章教授、玉时阶教授两位文化学者。两位嘉宾及与会教师围绕当前我国文化建设面临的文化危机、与西方的文化差距、中国在国际上的文化形象、当代中国人的文化不自信的原因、新形势下广西如何提炼文化符号、提升文化形象等热点问题展开了热烈的讨论。在别的地方还在民族冲突不断情况下，我们广西讨论的是怎么利用民族文化发展自己，这个很具有对比性，也是很有意义的事情。

第五期茶座的主题是“多民族国家的符号认同比较”。我们有幸请到了四川大学的徐新建教授。他是我国文化人类学“三驾马车”之一。他讲国族符号的建构，讲世界视角，介绍了美国的、英国的、前苏联的国族符号建构，认为对我们中华民族的国族符号建构有借鉴意义。

徐杰舜：新的视野，对我们有很多的启发。

许立坤：对我们当前的国族建构提出了一些反思，怎么加快、增强国族的认同，他首次讲了一些自己的看法，但是他自认为很不成熟，不允许公布。但他给大家一个启发，国族符号的建构，从名称的确定、内涵、建构的方向都要考虑长远一点，不要太狭隘了，要有包容性。

徐杰舜：很长远，很包容，很明确，不要有歧义产生。

许立坤：我们国家的国族符号建构有些地方还值得反思。

徐杰舜：希望你以茶座茶主的身份继续组织下去，希望到一定的阶段可以有成果出来，我定当支持你。你从民大历史学专业毕业，逐渐受到我们的影响，跟着我们转型进入人类学，这个过程说明人类学并不神秘，是很通俗的，谁愿意学都能学习的，谁愿意用都能用的。因为人类学的理论与方法没有什么神秘的东西，就看你是不是真的从人的角度出发，关心人。你说统战工作是团结人的工作，但是运用什么理论团结人。现在经过了60年的变迁，不能仅仅靠政治的力量去做，还要借助文化的力量。文化的力量某种程度上来说就是人类学的力量，人类学最核心的就是运用文化关心人。我之所以不遗余力地在推广人类学，就觉得人类学对我们每个人、对国家或是民族都是有用的。这种用处不是实用主义的，不是眼前利益的，而是长远的、战略的。只有把人类学的理论方法普及开来，大家都来学习和运用，中国的许多问题都可以解决。

许立坤：我上了一门《统一战线与国家认同》，大家反映不错。我自认为也借鉴了一些人类学的方法。国家认同建构的基础有三，政治认同、文化认同及民族认同，这三个认同又反过来推动国家认同。从这三个角度讲加上一些案例，学员非常欢迎。如：北京大学某教授评论一起内地游客在香港与香港人的争吵事件时，我就让学员讨论，发表看法。随着市场经济的发展，地区之间的冲突就开始出现了。怎样积极地引导推动社会的整合、国家的整合是个很重要的问题。还有一个案例：2010年8月，广州、香港相继发生了游行示威活动。当时广州准备举办亚运会。之前，有政协委员提出提案，亚运会期间，为方便外地游客，建议广州市的电视台增加普通话的播出时间。有些人就反对并煽动这是对于本土文化的挤压，要起来抗争，起来保护本土文化。结果发生了一次大的示威游行活动，蔓延到香港。我放视频给大家看，然后讨论多元文化保护与国家整合的关系。大家讨论也很激烈。课后反映不错，有学员说，想不到统一战线理论还可以这么讲。这个反过来也说明人类学尤其是文化人类学的东西可以运用到课堂里面去，可以为党政干部所接受。

徐杰舜：这个有没有写成文章？

许立坤：这个是最近才开始上的课，还没有写成文章。

徐杰舜：这个要写成文章是一篇很好的文章，所以，你讲的这个教学的例子再次说明，人类学是无处不在的，看你有没有这个眼光，有没有这个心。你有这个眼光就看问题看得透一点，有这个心就用的更好一点，既能善待自己又能善待别人，既能做好工作又能发展自己。今天时间差不多了，感谢你接受我的采访。

许立坤：谢谢徐老师。

参考文献

[1] 泰勒．原始文化［M］．连树声，译．上海：上海文艺出版社，2005：1.

[2] 冯天瑜．文化守望［M］．武汉：武汉大学出版社，2006：29.

[3] 梁丽萍．中国人的宗教心理——宗教认同的理论分析与实证研究［M］．北京：社会科学文献出版社，2004：12.

[4] 费孝通等．中华民族多元一体格局［M］．北京：中央民族学院出版社，1989：1.

【来源】《民族论坛》，2012 年第 9 期，第 50 ~ 56 页。收入本书时略有改动。

她是一个天生的人类学者

——访广西艺术学院陈晓玲教授*

【被访谈者简介】 陈晓玲，广西艺术学院客座教授，国家一级导演，现任广西中华文化促进会副主席，曾任南宁市文化局局长、南宁市文化新闻出版局局长，连续13届南宁国际民歌艺术节艺术总监等职。曾获国家文化部先进工作者、国际节庆协会颁发的“中国杰出人物”等称号；曾任舞剧《妈勒访天边》艺术总监、中越青年大联欢文艺晚会《青春友谊之歌》总导演、广西大型歌舞秀《绣球飞》总导演、大型粤剧《海棠亭》编剧。其中《妈勒访天边》获得全国舞剧金奖、中宣部五个一奖、国家舞台艺术精品剧目十佳剧目奖等全国大奖，《海棠亭》获得全国戏剧节优秀剧目奖。

陈晓玲教授

---

* 访谈人：徐杰舜、何月华（何月华，广西科技大学副教授）；访谈时间：2012年7月11日；访谈地点：陈晓玲家客厅；录音整理：罗娟。

徐杰舜：陈局长，你好！对于民歌节，从一开始我就是非常的赞同与支持的。当时我还没有去北京，郑军健副市长管这个事情，我参加了几次研讨会，其中最为重要的一次是在郑军健副市长的办公室。以前两次主要是民歌翻唱，我当时就提出来是不是要把我们广西的民歌，尤其是我们广西少数民族的民歌怎么样的推出去，如果总是把民歌翻唱，会不会变味啊，会怎么样啊。当时副市长非常尊重这个意见，后来就推出了那坡的黑衣壮。刚好他们推出这个的时候，我不在大陆，当时在台湾。我太太打来电话说，他们需要借阅我之前主编的《黑衣壮的人类学考察》，当时我和太太说，家里有多少书都给他们拿去！民歌节之后，他们县里的宣传部就和我签订了个协议，重印了这本书，大概又印了三千本。从此黑衣壮一炮打响，走向世界。这个就对我们广西少数民族文化的传承也好，发展也好，都有很大的作用。我曾经连续好几年都搜集民歌节的材料，我们学校文学院有位老师叫范秀娟，在读博士，想研究民歌节，我就把我的材料都送给了她，她对民歌节有个关于美学上的研究。

广西民歌节，天下民歌眷恋的地方，它对民族团结的影响，推动作用，是许多别的事情不可替代的。所以我们到了文化局，受到了王学青副局长的接待。她说你想要了解这方面的材料一定要去采访陈局长。

何月华：王副局长说，您对民歌节的感情是最深的，像爱护自己的孩子一样爱护和养育着民歌节。

徐杰舜：陈局长，能不能向我们介绍下你自己呢?

陈晓玲：我是广西民族学院毕业的，现在叫广西民族大学。我是1977级的学生，是恢复高考之后的第一届。父亲的祖籍是湖南永州。

徐杰舜：这可巧了，我是永州出身的。

陈晓玲：那我们还是老乡啊！我的父亲是军人，是解放前武汉大学的大学生，学的是法律，现在已经离休。我是在广州出生的。“文化大革命”的时候，因为父亲受到了冲击，被下放到了广西，全家也就陆续跟着到广西来了。我大学毕业以后先是在南宁地区工作，1985年调到了南宁市委宣传部，就是在那里从科员到科长再到副部长。我在任市委宣传部副部长的时候，开始管的面很宽，负责新闻、文化、社会宣传、对外宣传、新闻出版、扫黄打非等工作。到了1999年，因为要办民歌节，我就基本上专门管文化，管民歌节了。可以说，从南宁国际民歌艺术节一开始，我就是主要的干将。

在南宁国际民歌艺术节之前有六年是广西国际民歌节。这六年的广西国际民歌节是自治区政府主办，文化厅承办的，广西跟国家民委与文化部还共同举办了“孔雀杯”少数民族声乐比赛。当时广西民歌节和这个赛事在全国还是有一定的影响的，很多著名歌手都曾参加过这个比赛。

广西国际民歌节举办了六年，当时自治区的想法就是由广西的五个城市南宁、柳州、桂林、北海、梧州轮流来搞，一个城市举办一年。但是当时全中国对节庆的认识还比较缺乏，各个城市都觉得办节是个累赘，因为要花钱，所以都不愿意办。南宁市是广西的首府，别的城市不办，南宁必须接下这个任务来举办。所以六年的广西国际民歌节除了柳州办了一年以外，其他五年都是在南宁举办的。

1997 年和 1998 年这两年我都参加了，是南宁市与文化厅共同承办。1997 年那次，不碰巧的是刚好下大雨，我们所有的室外活动都被大雨淋得一塌糊涂。当时主要场地是在人民公园内，会场布置的非常有节日气氛，很漂亮。南宁市大约花了两百万来搞这个活动，当时的市长是宋福明，他痛惜地说“一场大雨浇掉我两百万！”很惨的一次。

1998 年之后，曹伯纯书记来了，他觉得我们办这个国际民歌节是个非常了不起的事情，但是它的规模和影响力还不够，特别是对南宁这个城市的知名度的提升不够。曹书记来了之后，自治区党委考虑的一点是如何推动南宁市的对外开放，如何提升首府南宁市的城市知名度，加快南宁的发展。因为当时南宁市没有桂林名气大，没有柳州有名，甚至没有北海有名。出于这样的一个考虑，自治区党委就决定将广西国际民歌节交给南宁市来办。刚好那年昆明在办世博会，我们就发现这样一个现象，所有节庆活动都没有以省为单位的，都是依托城市来办的。比如说奥运会、亚运会等都是以城市冠名，就像昆明的世博会，它没有说是云南世博会，说的是昆明世博会。还有上海艺术节、大连服装节、青岛啤酒节等，都是以城市来冠名，以城市来办的。把广西国际民歌节交给南宁市来举办的时候，市委专门开了会。当时是李克当书记，李克对文化是非常重视的，在这方面也是很有造诣，很有思想的。他觉得这是我们南宁市发展的一次机遇，这个认识相当高，他提出一定要集全市之力来办好民歌节。因此专门抽了一批干部来做这个民歌节。市里分管的领导是市委副书记李康，部门的话呢，我是其中一个主要的干将，文化上的事情很多都是我具体操办的。我们在办民歌节之初，不知道要怎么搞，我们开了很多的专家座谈会，方方面面的，包括文化界的、壮学研究的、民族学的、民俗学的等很多的专家会议，还跑到北京去开了文化界的专家会议，包括对外联络的、导演的、文化公司的、演员的、歌手的、等等，很多很多，请专家们给民歌节出谋划策。我们还考察了上海，考察了大连，考察了昆明。

通过这样的一些努力，我们基本上对民歌节要怎么改造有了一个方案。首先就是把名称改了，如果要依托城市办节，就要将南宁突显出来，因此把名称中的广西改为南宁，同时在民歌后面加了“艺术”两个字，就是要把民歌以及民族文化的外延放大，让这个节能够容纳更多的东西，使它的含量更大。这样“广西国际民歌节”就改名为“南宁国际民歌艺术节”。同时我们又请文化部外联局国际处的同志帮我们对节名做了英文的翻译。我们做的非常非常正规，不是我们想怎么做就随意去做，而是通过专家认证，通过国家最高机构的认可。其次就是把时间改了。因为之前的民歌节都是在农历的三月三，这是传统的节庆时间，但这个时间总是碰到南宁的雨季，我们要把它改到十月份，十月份是南宁最好的季节，我们查了新中国成立以来所有的天气资料，十月份的雨量最少。我们要将这个时间从春天改到秋天，这关系到少数民族的传统习俗问题，到底能不能改，我们也特意开了专家会。当时有专家把广西所有的少数民族节庆全部列出来，最后专家们都说，在广西赶歌圩任何一个季节都可以，特别是刘三姐的唱词中就有“八月十五来对歌”的句子，所以秋季办民歌节没有问题。当时我们真的是方方面面都做得很严谨，通过了专家论证，经得起考验。

接下来的就是南宁国际民歌艺术节怎么办才能办好？我们要在这个节里设定什么内容？过去在广西国际民歌节的时候，六年基本上是一台开幕式文艺表演，请一些歌手来，再把广西各地的少数民族歌手汇集到南宁来，搭一些歌台进行山歌比赛。但是在山歌比赛时，很多城里的人听不懂少数民族的语言，必须要有翻译，一边唱一边翻译，再加上农民歌手所唱的内容大都是农村的生活，对城市市民来说吸引力不大。第一届在南宁办的时候大家还看看热闹，以后观看的人特别是听山歌比赛的人就寥寥无几了。

南宁国际民歌艺术节怎么办？当时李克给我们提了几个要求，第一是要国际化，第二要体现民族性，第三要具有现代性。因为要促进城市的对外开放，国际性是不能不体现的；我们是少数民族地区，民族性是我们这个节的一个特色；同时我们是政府办节，不是民间传统的节庆，应该要有当代的特点，要反映出时代的精神，所以现代性很重要。当时李克提出，首先是开幕式晚会，开幕式晚会一定要成功。你们能把它搞得多好就搞多好，影响越大越好。李克还说了，开幕式晚会成功了，民歌节就成功一半了。所以我们觉得压力蛮大的。

当时我们对这个民歌节的整体思想就是抓好“顶天”“立地”两件事。“顶天”的意思就是民歌节的开幕式晚会一定是全中国最好的水平，全国一流的，要请明星大腕来唱民歌，要顶天。“立地”呢，就是立足于老百姓以及民间歌手参与的活动，因为民歌节是要唱民歌的，民歌是生根在最广大的民众当中的，所以要立地。第一年我们请来了很多全国各地的民间歌手，举办了“中华民间歌手邀请赛”和“广西山歌擂台赛”，这两个赛事我们一共举办了三年。第三年我们总共请到了五十三个民族的歌手，我到国家民委汇报的时候，国家民委的同志说你们太厉害了，全中国五十六个民族你们就请了五十三个。当时我们真的是查户口的，这五十三个民族的歌手都是来自农村的，有牧民啊，农民啊，等等，都是这样的身份，真的是地地道道的原生态的。国际性方面，我们特别注意邀请国际友人，去北京千寻万寻地找，找了中演公司与中艺公司，那一年我们邀请了很多的外国艺术家。从八月份就请了哥伦比亚的艺术家来演出，地点在青秀山，算是给南宁民歌节热身，造势。

民族性方面，我们第一年就搞最有民族特色的民族服饰，举办了首届中国（南宁）少数民族服装服饰博览会，在这个博览会里面设计了很多的内容，包括服装秀，民族服装服饰设计大赛，模特大赛，还有一个少数民族服装展览等四个方面的活动。所以我们 1999 年民歌节的整个框架不只是有一台开幕式晚会，还包括了中华民间歌手邀请赛，广西山歌擂台赛，少数民族服装服饰博览会，这样国际性体现出来了，民族性体现出来了，然后在时尚性方面，虽然是个民歌节，但是我们一定让它体现出它的时尚性。

民歌节的开幕式晚会可以说是我们的重点，重中之重。所以第一年开了很多策划会，在广西开了，又去北京开，找导演也是费尽了千辛万苦，因为当时正好碰上中华人民共和国成立五十周年，同时又是澳门回归，中央电视台的导演都去办这些大事件了。我们去央视之前特意列了一个表，把中央电视台所有的著名导演都列出来，一个个地去找，找了文艺部和戏曲音乐部的两个主任赵安和孟欣。他们俩最初都不把我们当回事，说没有听说过，也不愿意派导演，因为他们自己的任务也很重。我们没有办法，又找到文艺中心的高主任，后来高主任非常支持我们，把这个活儿派给了孟欣。为了找孟欣落实导演，我们约了她三次，见到她的那次是晚上十一点多，她说："你们现在过来吧！"我们赶紧赶到中央电视台的西门，终于在一号演播大厅见到了正在排练现场忙碌的孟欣，我们把情况向她说明了。之后，她就给我们派了一个叫刘真的导演，当时刘真还是不出名的导演，别人都不知道他。可李克书记给我们的要求是要请著名导演，我们就在想怎么做才能让市委领导放心，我们就请了四个方面的艺术顾问，都是一流的，文学方面请的是阎肃，音乐方面请的是徐沛东和金铁霖，电视方面请的是邓在军。邓在军也是老导演，导过很多年的春晚，她是周恩来总理的侄媳妇。舞蹈呢，请的是门文元。这些艺术家都是中国一流的，有他们做顾问，市委很放心了。

要办好开幕式晚会，定位非常重要。民歌节的国际性、民族性、现代性如何在开幕式晚会上体现出来？民族性和国际性好体现，如何来体现这个现代性，当时我们就提出来要大腕歌星来唱民歌，而且民歌要翻唱，要用新的方法唱，特别要让年轻人喜欢。我们做了一个定位就是一定要打破传统的唱法，要用现代的音乐方式来对传统民歌进行重新演绎。当时参加策划的人都很兴奋，策划了许多晚会的亮点，包括600个刘三姐，原生态的，就是一点都不要训练的，直嗓子的，与臧天朔的流行唱法来进行对唱，还有一些编曲用不同的方法编。这台晚会做完之后，我们才知道1999年的民歌节开幕式晚会引起了这么大的反响，可以说是颠覆性的。首先给人震撼的是我们的舞台，舞台上所有都是广西元素，包括来回移动的大铜鼓，虽然是在很破旧的区体育场来做这个事情。这个体育场是20世纪50年代修建的，第一年民歌节使用它，想找一张图纸都找不到，为此我们还专门请测绘局给重新画了一个平面图。在这样一个体育场做这台晚会，舞台的时尚性和现代感特别出彩，效果出奇的好，很震撼。其次反响最大的就是民歌新的唱法，用一种全新的现代方式翻唱传统的民歌。当时我们就听了两种声音，一种就是包括我有些同学，还有些上了年纪的，很反对，说："你们怎么把这么好听的民歌糟蹋成这样子了！"但是年轻人却非常喜欢。我们专门请团市委到大学里面去做了一次调查，主要是参加了民歌节的学校，学生们百分之九十都说好听，包括我的儿子。1999年的时候，年轻人都在"哈韩""哈日"，我儿子的音乐碟子都是日本的、韩国的、英国的、美国的、香港的，中国民歌一张没有。通过民歌节，他们认识到了我们中国的民歌这么好听。团市委去调查的人说，校园里学生们都在唱民歌节的“山歌好比春江水”那首歌，最火。当时学生反应很强烈，很喜欢，可有一批老艺术家不喜欢。甚至在现场，主持人问大家：何炅和李湘唱《藤缠树》唱得好不好啊？前面一大帮年轻人说“好！”后面一帮老艺术家说：“不好！”中央电视台在这之后，专门有一个评论节目，有专家不点名地批评我们这种做法，当时我们的压力也是很大的。李克书记就说，引起争议也是好事，说明大家都注意你了。

民歌翻唱引起的争论引发了我们的思考，也改变了人们对民歌唱法的态度。当我们第二年再去做这个事情的时候，金铁霖老师对民歌节用流行的方法来唱民歌就给予了充分的肯定，认为广西歌曲《赶圩归来啊哩哩》翻唱得非常好。我们每年请全国著名的大艺术家来参加民歌节，他们的观念其实也在逐渐地转变。我认为民歌应该与时俱进，应该随着时代的发展而发展，民歌如果不被当代人特别是年轻人喜欢并传唱，就不能代代相传。所以它一定要符合当代的审美要求，一定要有时代痕迹才可能传下去。经过三年民歌节坚持“翻唱民歌”，人们对民歌唱法的认识也在变。我们在举办了三年中华民间歌手大赛之后，就与中国音乐家协会等单位一起举办了中华民歌大赛。第一次中华民歌大赛的新闻发布会是在北京开的，吴雁泽老师当时是以中国音协领导的身份来参加新闻发布会。那些记者提问，很尖锐地说，中华民歌大赛，流行歌曲通俗唱法算不算？我觉得吴雁泽老师当时的回答相当巧妙，相当好，他不讲什么是民歌，什么是流行曲，他不讲这个，他说：只要是大家喜欢的，我觉得都可以！所以我们在中华民歌大赛中规定可以有很多的唱法，有美声唱法，有民族唱法，有通俗唱法，各种唱法都可以。我们在定这个章程的时候，很仔细地去推敲它。当时我就提出来，这个民歌大赛的参赛歌曲，它应该有两个概念，第一个概念是传统意义上的民歌，必须是过去流传下来的，还有一个概念就是具有浓郁的地方特色和民族特色的歌曲，也算是民歌。你想想看，过去由于没有文字记载，没有音乐家这个社会职业，没有人说你是这个歌曲的作曲家，给你留个名字，因此过去的歌曲是以口口相传的方式来传唱的，流传下来了就成了我们认定的民歌。

徐杰舜：实际上，王洛宾也是翻唱民歌的。

陈晓玲：对！现在人们有文字了，有记录了，社会分工很细了，认定你的身份了，你是曲作家，他是词作家，她是编曲者，按照社会分工不同给你记录下来，其实很多创作出来的东西都是具有明显的地方特色的，比如我们现在所熟悉的藏族歌曲基本上都是创作的。因为民歌是与语言相关的，每个地方的语言不一样，从这里出来的歌曲、音乐就不一样，陕西、湖南、湖北、四川、云南等，它们每一个地方的语音不一样，出来的民歌的旋律就是不一样的了。

徐杰舜：旋律、调子、韵味等就都不一样了。

陈晓玲：是的，民歌都是与地方方言有关系，所以只要它是带有鲜明的地方特色的歌曲我们都可以列入民歌。反正我就是这样的认定，并且写在了中华民歌大赛的章程里，你来参赛，无论你是美声唱法，你是通俗唱法，你是原生态都可以，但是我的要求就是你选歌第一必须是流传下来的民歌，第二就是有鲜明的地方特色或者是鲜明的民族特色的歌曲。我们还设了很多的奖项，包括最佳土风奖，就是鼓励原生态的唱法。2002 年的中华民歌大赛颁奖晚会，我专门从三江请了一支队伍来唱侗族大歌，完全是农民，无伴奏的，原生态的，一开唱几个声部就出来了，那次的侗族大歌是我这辈子听过的最好听的。

徐杰舜：我插一句，一般人们认为侗族大歌出在贵州的黔东南，实际上不少民族都有大歌，如壮族也有大歌。看来三江的侗族大歌比贵州的还要早。

陈晓玲：是这样的，但我们宣传不好。在那个时候，我们就做了这个原生态的概念。中华民歌大赛做了两年，到了 2004 年的时候，没有再做下去了，因为 2004 年南宁开始举办中国－东盟博览会，当时我们的城市接待能力有限，一些活动就要去掉，所以去掉之后就没有再办了，特别的可惜。民歌节的开幕式晚会，我们是和中央电视台合作的。中华民歌大赛，我们是和北京音乐台牵头的城市音乐广播卫星网合作的，这个网有二十多个城市的音乐台。只要这里一出来，二十多个城市都会铺开，覆盖的范围是四亿多听众，直到现在，北京音乐台每年都来直播民歌节的开幕式晚会，延续了我们当年定下来的合作。

徐杰舜：后来是不是覆盖到了东南亚了？

陈晓玲：从办节的角度讲，节庆的内容每年都在不断地变化。其实从 2003 年开始，我们就做“风情东南亚”这个晚会了，2004 年中国－东盟博览会举办，刚好顺应了这个形势，后来几年“风情东南亚”晚会都是民歌节的一个亮点。

整个民歌节的构成，每年都不大一样，但是核心的几个活动从来都没有变过的。第一是开幕式晚会，第二是绿城歌台，就是每到民歌节的时候，我们就在学校、社区、广场设立大歌台，让我们请来的外国艺术家到各个歌台去演出，让老百姓参与表演，让老百姓们最近距离地去享受民歌节的快乐。这里反映出来的是民歌节是人民的节庆，不是市政府自己办，自娱自乐就完了，而是要让老百姓高兴。民歌节需要有一个最为广泛的参与度，曾经有人提出砍掉它，我坚决反对，我说这个是绝对不能动的！因为如果失去了民众，还要这个节干什么呢？这个钱必须要用，而且花钱又少，效益又大，老百姓又高兴，老百姓不花钱能够感受到节日的快乐，能看到外国人的表演，而且你说你这个城市是国际化，但是平时连个外国人都看不到，那么民歌节的时候，我让你看外国人给你演出。

徐杰舜：很多外国人，比如来自非洲的啊，欧洲的啊。

陈晓玲：是啊！这使老百姓能感觉到我们这个城市在走向国际。

徐杰舜：这个歌台我参加过三次，民大头几年年年都有！

何月华：陈局长，我插一句，我不知道您是否考虑过这个问题，我们民歌的转型、对民歌的认识，包括民歌这样新的形式产生在我们广西这个土地上，有没有偶然性，还是有必然性呢？与我们的民族文化、民族团结有没有联系？

陈晓玲：我觉得举办民歌节首先是基于广西传统的歌圩文化，从这里产生出现代的节庆民歌节，这是非常有意义的。其次举办民歌节也给我们广西带来了一些文化上的变化。第一年民歌节请了大腕来唱民歌，随之而来的是我们想怎么样通过这个舞台，把我们本地文化挖掘出来、弘扬出去，其实这一直都是我们很重要的工作，我也是竭力地去推动这个工作的。

徐杰舜：你可以给我们讲讲那坡的黑衣壮，龙州的天琴吗？

陈晓玲：挖掘广西民族文化资源，打造广西文化特色，我们第一是依靠专家，包括像范西姆这样的专家。我们几乎年年都要开专家会，甚至还专门组织广西的音乐家去采风，做专门的创作。那坡那一年呢，当时那坡县的书记是农敏坚，农书记特别喜欢民歌，他当书记抓这个事情非常有成效，他们请广西的音乐家们帮助整理创作出来一批那坡山歌，并在南宁的朝阳广场组织了宣传演出，我们就知道有这么回事了。2002 年筹备大地飞歌晚会时，我跟中央电视台的导演说，不行，必须要去采风！我就拉着她去那坡，刚好碰到修路，坐了几个小时的车，她说怎么还没有到啊，我说在那边那个坡，又拐了个弯，说还没到啊，我说还在那边那个坡，所以就叫那坡（笑）。我们到了县里，刚好停电，我们就点了个煤油灯，农书记亲自召集她们给我们唱歌，她们一开口唱，我们就被震住了！大家都认为的确是不错。我们就决定民歌节要用这个来开场。

徐杰舜：高见，高见！

陈晓玲：徐老师您不知道幕后的故事。当时在排练的时候黑衣壮的演唱有三分多钟，我和导演听着听着，两个人对视一下，同时说："长了！砍！"我们将三分钟多的音乐时间砍到了两分钟多点，这个音乐效果马上就好了。因为原生态的东西，毕竟和有音乐伴奏的是不一样的，而且很多人的耳朵不是专家的耳朵，不是艺术家的耳朵，不是比较有欣赏能力的耳朵，所以他们听起来会觉得有些闷。你就把这个时间压下来，压的时间刚好的话，那么所有的人都会觉得很新鲜。如果我们当时不减那一分钟，可能没有那么好的效果。

徐杰舜：就一炮打响！

陈晓玲：是的，一炮打响！当时一出来，所有的人都说好。我们也很高兴，为广西的民族艺术还是做了些事情。2002 年我们还邀请广西的音乐家来创作，十来个人。搞了两三年的民歌节以后，我自己呢，也有些感受，我们广西的音乐创作与北京的音乐创作之间有个差距，你必须很迅速地把这个差距消除掉，那必须要请北京的人来帮助，把一些新的理念告诉广西人。举个例子说，我们同时邀请北京的作曲家和我们广西的作曲家创作，北京的作曲家给我们的是一张纸，我们广西的作曲家会给我们三张纸，甚至四张纸，五张纸，写的谱子很多，附加的东西会很多。北京的作曲家就一张纸，根据这个旋律再去配。

当时我们请了导演和北京的一位作曲家和我们一起来讨论，他们把一些观点，一些新的理念，告诉给广西的音乐家。创作出来先哼唱，这个小节太长了，砍掉，那个小节太复杂了，改。就是这样一段一段的修改，我们那一次真的是创作了很多好东西。

徐杰舜：大地飞歌也是那一年？

陈晓玲：大地飞歌是第一年，是节歌，因为民歌节要创作一个主题歌。2002 年创作的有《山歌牵出月亮来》《壮族敬酒歌》《踩踩脚》《夜了天》等。

徐杰舜：壮族大歌呢，后来没有流行起来？

陈晓玲：壮族大歌是 2001 年创作的。一首歌要真正的流行起来，要做的工作，可能是创作的十倍的工作。如果后面的工作没有做的话，就推不出去。我们要花经费，要花精力。当时推大地飞歌，请徐沛东作曲，请宋祖英来唱，广西我是第一个听到的。我到徐老师家，他刚好作完曲，他太太崔老师说：陈部长，你来听听。这首歌是老徐近来创作的最好的一首歌，他创作完之后，激动地掉眼泪呀。我听完以后感觉确实好。包括词作家郑楠，我们请来了全国一批词曲作家来广西采风，郑老师一口气做了十几首词，大地飞歌就是其中一首，当时徐沛东老师就拿了这首，说这首好。后来好多艺术家都说，民歌节用大地飞歌这四个字真是太绝了！第一年的民歌节晚会叫“大地飞歌 · 1999”，第二年的民歌节晚会叫什么名字，我和导演想，叫什么名字好呢？后来实在是想不出来了，就说：算了，就叫“大地飞歌 · 2000”吧。我说好啊，就成个系列，成个品牌了，以后就叫“大地飞歌 · 2000”,“大地飞歌 · 2001”。

徐杰舜：就像是奥运会，搞了半天还是“你和我”！越简单越好！

陈晓玲：当时“同一首歌”不是成了一品牌了吗，我说那么“大地飞歌”也成一品牌，以后就不再用其他的名字了，就都叫大地飞歌了，所以大地飞歌就成了民歌节的一个代名词。大地飞歌，年年唱年年都在推，我们又拍了 MTV，到处播，通过这样的一系列的工作，它才推出去的。其他的歌就只唱了那一届，有些也就唱了两三届，很可惜，很多都是很好听的歌。所以有时候政府办节呢，打一枪换个地方，再打一枪再换个地方，如果是公司来经营的话，为了节省成本，为了保持资源，可能会保存它并且还会不断地挖掘。其他的都不去说它了，做了这么多届的民歌节，觉得还有很多地方是需要改进的，还有很多地方是需要推动前进的，还有很多地方是有待开发的。这些都留给后面的人来做吧，我觉得我完成历史使命了，完成了开篇，把这个篇开得还算比较宏伟。我觉得我是挺幸福的，刚好碰到这样一个平台，全中国的文化局长可能就只有南宁市的文化局长在这么个时候碰到了这样个平台，所以我觉得我是很幸运的。

徐杰舜：你也为民歌节做出了很大贡献的，要是像西方国家那样，你应该得到一个勋章的。

陈晓玲：我的外国朋友说如果按照西方的情况，我的年收入应该要有两百万美金。但是我们中国就是讲贡献了，不讲那么多。民歌节带来了什么呢？那就是让广西的歌手，广西的艺术家看到了与全国的距离。现在广西一些年轻的音乐人创作出来的东西与北京创作出来的，差距就不大了。打开了广西人的眼界，这个是第一。第二个是推动了广西更加重视本土文化。因为每年我们都要去寻找，比如说我看了那坡的，就要去找龙州的，找完龙州的，找平果的，再去找马山的，等等，就是要不断地找。以前很多小孩子都不愿意唱民歌，现在很多小孩子愿意唱了，她有了期盼，要上民歌节。像平果，农敏坚又回到平果当人大主任，他回去就搞壮族嘹歌，而且挖掘得非常好。范西姆、农敏坚都是广西民歌挖掘工作的功臣，他们是做最具体的民歌挖掘工作的，我们只是把他们的成果拿到民歌节这里来做个展示。

2003 年的时候，我专门找三十岁以下的音乐家，找了一拨人，我跟他们说，如果你们总是单纯去模仿别人，你们永远无声无息，你们一定要走民族路线，一定要下去采风，要把广西的东西变为你们自己的东西。那时候，我特意做了这个事，希望广西音乐创作有更年轻的一批人。我们很多老一点的作曲家，现在还是在用手写谱，北京音乐人的创作都是在电脑上完成的。像格莱美是音乐的技术和音乐的艺术的奖，它包含两个方面的，设了一百多项奖。你光是会写一个谱，不会使用现代技术，你就落后了，而年轻人会这些技术，可以补上现代音乐制作这个差距，这也使我们广西的音乐家能够打开更大的一个视野，这也推动了大家对于本土文化的一个认识。现在哈嘹乐队创作的歌曲很有自己的味道了，他们创作的歌曲《月亮》就是一首很不错的带有浓厚壮族色彩的流行歌曲。这些都拿进民歌节的晚会了，你们有成果了，我来展示，但是要叫我去做第一线的工作，我们既没有时间，也没有精力，也不完全是我们的责任。其实我作为南宁市的文化局长，只能管南宁市，但是作为南宁国际民歌艺术节，我们已经放大了很多。我去做这个民歌节，没有任何的私心，没有自己的这个团那个派，只要是广西的好东西，都可以往上走，但是如果你不好，那么对不起了，肯定你上不去。

徐杰舜：所以，你对广西民族文化传承，乃至对世界民族文化的传承都有一份功劳。

陈晓玲：这是我们职责应该做的事情。

徐杰舜：是的，从职责上来说，是应该做的。但是从客观的效果来说，他又推动了文化的交流与民族的团结。

陈晓玲：现在我们各个县区都有自己的节。当时我当文化局长的时候，提了个口号：推动我们南宁市一地一节的发展。我们换个角度，我说这个节庆呢，不仅是文化，而且是经济，只不过它是通过文化这种形态来转化的。比如说一个文化点子实现的时候，人家来了，吃住行，带来的经济拉动效应是很大的。第一年搞民歌节的时候，北京的经济学家就说：你一个民歌节，给南宁市提升的无形资产起码四个亿。1999 年的四个亿呀。

徐杰舜：很多人当时都在疑惑，花了这么多钱搞这个民歌节划不划得来。其实从经济学的角度来说，南宁，没有亏。

陈晓玲：在民歌节的前五年，就是 1999 年到 2003 年，这五年，可以说反对民歌节的声音不绝于耳。我去参加人大会，与他们舌战，只有两个人帮我，一个是民航的，一个是的士汽车司机，因为他们是受益者。民航的说“好，坐飞机的人多了！”的士司机说“好，坐车的人，多了！”但是也有很多人说“我们这里很多人下岗，你还在搞这些事！”但是到了 2004 年之后，后面这种声音就没有了，只有一种声音“怎么样才能把民歌节办得更好？”最有意思的是关于中国－东盟博览会的举办地点，当时东盟十国对于举办地点是不是永久放在中国，放在南宁还是有异议的，为什么不在我们泰国，不在我们菲律宾？等等。但是当时的博览会的开幕式，很震撼！到了晚上的大地飞歌晚会，又让他们很震撼！东盟十国的人说：中国一个省就能办得这么好了，我举全国之力还办不了这么好，算了，别争了，别跟中国争了。就这样，永久性地在南宁了。所以呢，民歌节真的给这个城市带来了很大的效应。2004 年以后，基本上不再有那些消极的讨论说“民歌节要不要搞了？”任何一届领导来，都是说“今年的民歌节一定要比去年搞得更好！”都是这句话。所以在一般的老百姓，在一般的干部中，民歌节的举办不再被质疑了。

徐杰舜：我觉得民歌节已经在市民中扎了根。

陈晓玲：对，如果今年不搞民歌节，那么大家肯定觉得少了什么东西。

徐杰舜：所以，这也是你的伟大之处。

陈晓玲：没有，首先肯定是市委市政府，只是我作为干活的人，确实做了不少事情。

徐杰舜：如果没有你的具体操作，这个民歌节的“衣服”可能不会穿得那么漂亮，可能是另外一件衣服穿出来。你的文化，你的气质，你的领导作风，你对文化的认识使得这个民歌节得到了比较好的培育、体现。

陈晓玲： 我们这前十三年的目标，就是把这个品牌打响。我们现在打响了！

徐杰舜： 可能你不觉得你是在用人类学的方法在做民歌节，但是我作为旁观者来看呢，你自觉不自觉地用了人类学的理论与方法做民歌节。

陈晓玲： 我不是这方面专业的啊！我只是觉得我们要基于我们的地方文化，要体现我们地方特征。我和导演说，我是有几个坚持的，第一，舞美设计，一定要是广西元素，不能用其他的。我们广西元素多了去了，铜鼓啊，绣球啊，壮锦啊，大榕树啊，海浪啊，山啊，水啊，这些都是我们广西的元素。如果不是我们广西的元素，不要，我就是要让大家一看到这个舞台就知道这是南宁民歌节的舞台。第二个呢，就是一定要有广西的内容，还一定要高品质。后来，我们又在之前的国际性、民族性、现代性后面增加了艺术性、群众性、还有一个可持续发展性。

徐杰舜： 这个艺术性加进去是有眼光的，因为这个需要提炼，要升华到一个高度。

陈晓玲： 所以放到民歌节里面的东西，品质一定要高。要体现出这个民族本身的气质。你是个现代之都，你不是一个小城市。所以很多人看了民歌节，不仅看了节目，也感受到了“南宁人很大气!”市委市政府干这样的事情很有气派，那么干其他的事情肯定也是很有能力的，人们会从另外一个方面来考虑这个问题。

徐杰舜： 我为什么说，你做了这些事情，是自觉或者不自觉地用了人类学的理论和方法，因为你做到了以人为本，你强调了民族性也好，我们的南宁人也好。再一个就是你用了“他者”的眼光，因为你本身不是壮族，也不是广西人，就是人类学里的“他者”。再一个呢，你用了比较的方法，你刚刚说广西和北京的作曲家怎么样，相比起来有差距等，还有三十岁以下的，也是比较，东南亚的也是比较，五十三个民族的人来这里比赛也是一个比较。所以我说，尽管你不是人类学家，但是你却是天生的人类学学者。因为你做的一切非常符合人类学的理论和方法。

陈晓玲： 我就是出于对文化的无比热爱。以前我们南宁市不是一地一节的，以前很多地方都是不会举办这样的大型节庆的。搞完民歌节之后，我们就下去做调查。原来南宁地区的五个县归到南宁市时，我去五个县跑了一圈，去到宾阳的时候，不是有炮龙节吗？当时县里有人提出把它取消了，我去找县委施汉飞书记，说：施书记，你有个两个宝，一个是炮龙节，一个是你们的南街，并且连着施恩府，民国时期的房子、上世纪五六十年代的房子，那都是历史，真是太好的东西了，这些东西你们坚决要保存下来。两年以后，宾阳县就以县委县政府的名义来办炮龙节，施书记给我打电话说："陈局，今年你一定要来。"那天晚上我给他发短信，我说：施书记恭喜发财了。那年号称是有 20 万人去，一个人买一百元鞭炮，那你说一晚上挣多少钱，宾阳的鞭炮产业马上就发了，我说这是文化促进经济发展的一个表现。

徐杰舜：炮龙节就这样被你扶持起来了。我还想知道横县的茉莉花节、马山的美食节。

陈晓玲：是的，马山是美食节，我说到处都是美食节，你还搞这个，这个节庆的名称没有特色，是不是有点俗气了。

徐杰舜：其实他们有个很好的东西没有用，叫作壮族会鼓节多好！

陈晓玲：是啊！我当时也和他们说了，你们叫作会鼓节多好，里面很多很多的内容都可以放进去。马山壮族会鼓节嘛，我当时提了这个建议，但是他们没有接受，他们想推黑山羊这个品牌。

徐杰舜：我到马山去考察，我觉得他们最为精彩的就是这个。前几天我就建议王学青副局长，希望他们在民歌节的时候用几百面的壮鼓。

陈晓玲：我们在 2008 年的时候用了啊！在奥运会接火炬的仪式里，我们是负责后面点燃火炬这个仪式的。当时我就调了马山的会鼓。

徐杰舜：我觉得壮族的会鼓应该成为民歌节的一个标志性的东西。

陈晓玲：2003 年我们也打过，但是没有给特别的镜头。

徐杰舜：壮族那么大的一个民族，学学张艺谋把这个鼓的气势打出来。

陈晓玲：很多东西就看怎么推，包括马山的三声部。我们结合非物质文化遗产的普查和保护工作，专门成立了一个马山三声部的传承基地。国家还给了专门的经费，我们去申请的。这个做得很好，包括还有邕宁的八音。其实还有很多的，比如在陈东村的原始舞蹈《大筹播》，原始形态、稻作文化的舞蹈。2004 年的时候，我们在民歌节期间举办了一个中国－东盟当代舞蹈论坛，我们和中国舞蹈家协会一起主办的，请了东南亚各国的舞蹈专家们，当时给他们看了两个东西，一个是《大筹播》，这个舞蹈呢，是五个人跳，刚开始的时候有雷公雷母啊，舞者用颜料涂抹身体，主要是五个颜色，现在又作了一些改造。那些专家评论说，这个五色就反映了壮族人们的信仰和审美，还有就是反映了稻作文化的最原始的形态，从播种开始，播种、育秧、插秧、第一季的收割、第二季的耕作，最后是煮成大米饭，锅盖一掀，捧出米饭来。他的道具很简单，就是一根绳子和几把香，那个香除了祭拜以外，还有一个用途就是用来当插秧，就这样丢下去，收割的时候再把它捡起来。

徐杰舜：符号化了。

陈晓玲：舞蹈里面还有很多师公舞的动作。

徐杰舜：城中村不是壮族，是讲平话汉族的。

陈晓玲：是的，这个舞蹈里还保留着很多的原始的东西。这个也是我们很重要的一个非物质文化遗产的项目。我当时去看的时候非常的惊讶，就在离现代化大城市大马路旁边五百米的地方，竟然有这么原始形态的舞蹈。当时跳了四十五分钟，很长啊，坐都坐不住了，不过你看下来，很有意思。当时我们给那些舞蹈家看了以后，他们也很兴奋："哎呀，没有看到过这样的一种舞蹈形态。"第二给他们看什么呢？就是南宁市艺术剧院的壮族舞剧《妈勒访天边》。

徐杰舜：现在改了个名字。

陈晓玲：是因为我们今年到美国去演出，为了让美国观众能更好地理解，才改了个名《逐梦天涯》，英文名"The legend of sun"。《妈勒访天边》是获得全国舞剧金奖的作品，当时他们看了以后，一位越南的舞蹈家协会主席激动地说："这是我看过的最好的舞剧。"我们这个剧去美国演出，美国观众特别赞叹我们这个舞剧，很受主流社会的喜爱，说你们这个太棒了！他们在观看中都掉眼泪！

徐杰舜：这个就是你挖掘的？

陈晓玲：是的，这个就是我抓的，从抓剧本开始。也是李克书记交给的任务。李克书记很重视文化工作。在民歌节之初还有一位领导就是林国强市长，他是当厂长出身的，当时他就说了一句话："我们一个企业为了做广告，可以花千万甚至上亿元的投入，我一个城市，有什么不可以拿出两三千万来做广告？民歌节就是南宁的广告！"特别的大气！

徐杰舜：现在广西旅游的广告还是做不过别人。

陈晓玲：我觉得呢，我们在一个经济不太发达的地方干了件文化比较发达的事。在全国来说还是有一定的影响的，而且在国外影响也是很好的。

徐杰舜：太精彩了！

陈晓玲：我们在美国的演出，受到了大家的喜欢。我把民歌节的碟子给美国人看，他们看了以后很高兴，说："希望民歌节大地飞歌能够到美国去演。"我们 2002 年开了一个节庆文化与城市经济发展的国际研讨会，邀请了很多的国际节庆专家来，包括格莱美的前主席，南非的艺术节，荷兰的海牙爵士音乐节，布拉格之春艺术节，香港艺术节等，国际的，国内的都有，他们来看民歌节，对民歌节的评价也是很高的。很可惜的是后来没有延续，很多东西只能是忍痛割爱，过了就过了。我们中国的节庆与国外的节庆不大一样，他们很多是有专门的委员会，这拨人一辈子就干这事，所以知道这个东西的延续性，把很多东西都保存在那里。

徐杰舜：变成它的传统，变成它的标志！

陈晓玲：比如说，萨尔斯堡音乐节，它开始于 1920 年，有个传统剧目叫作"Jedermann"，是他们节庆的保留剧目，每到这个节庆的时候，肯定要演这个。从 1920 年到现在不知道换了多少演员，不知道换了多少导演，因为导演不一样，这个舞台调度也是不一样的，这个也不知道换了多少，但是这个剧永远在演，成为了萨尔斯堡的一个标志性的剧目。来自全世界各地的人都坐着飞机到萨尔斯堡去看这个剧。我觉得像这样的东西，就是品牌。我也对我们的很多东西很可惜，像《妈勒访天边》，我想为什么不在每年的民歌节都演呢，让所有的人来我们这里看呢。但是这很难实现。

徐杰舜：你作为这方面的领导，还不能实现吗？

陈晓玲：这就是我们的体制，我也不能说了算，即使是好的东西，有时就像是熊瞎子掰玉米，把一些好的东西舍去了。

徐杰舜：其实这个剧真的可以成为我们民歌节的保留节目，年年都演。

陈晓玲：很多人都想看这个剧，而且这个剧真的是很好，非常有艺术水平，很经典。

徐杰舜：我也没有看过。现在还演吗？

陈晓玲：现在没有演了！我们本来从美国回来说想要再演一次，但是现在道具还在海上。

何月华：原来好像是在南宁剧院演过很多次。

陈晓玲：对，我们最多时候连续演了十几场。有个在南宁生活的老外，连看了六场，我们每次都看到他。

徐杰舜：我这次的报告可以把这个写进去。在关于民族团结的规划里，把这个放进去。

陈晓玲：我当南宁市文化局局长，自己总结南宁的文化是中原文化与壮族文化的融合，两种文化在南宁这个地方有非常鲜明的地域特色。你站在宾阳往西边看大明山的山脉就是天然的屏障，中原文化流传过来时就像是水流到了这个地方，它停下来了。你看我们的宾阳和横县，这两个县壮族文化与汉族文化的融合比例大概是三比七，三分是壮族，七分是汉族，包括炮龙，包括游彩驾和油纸伞都是汉族的，包括他们讲的话是客家话。翻过这个大明山，壮族文化就是百分之八十以上了，讲壮语的人也是百分之八十以上。武鸣、上林、隆安、马山、邕宁等地的人都讲壮话，壮族占到了人口的百分之八十以上。而且广西还有一个非常有意思的现象就是西江流域，沿江的人们几乎都讲白话。过去水路是主要的交通方式，西江把两广联系在一起，沿江两岸多讲白话。

徐杰舜：还有讲平话的。

陈晓玲：平话人主要是在城市的边沿，沿江的也有讲平话的。上个星期，我参加南宁博物馆陈列大纲的专家会，给他们提意见，说你们在语言这方面不能只讲一个壮语，南宁这个地方五种语言，你都要讲到，整个文化形态你都要讲到。

徐杰舜：你这个就是人类学家的理论，要把不同的族群都讲清楚，族群的变迁、族群的迁徙、族群所造成的文化的边界。

陈晓玲：文化的边界与融合啊，就是以大明山为边界。以西的这几个县，他们的语言、他们的民歌从大体上来说都差不多，虽然每个县都有不样，但是大同小异，他们是可以互相对歌、互相比赛的。也是蛮有意思的。

徐杰舜：今天听到你这一席话，我们也受到了很多的启发。你真的是天生的人类学家，你为南宁市做出了重大的贡献，对南宁文化的建设也是做了巨大贡献，谢谢陈局长！

【来源】《民族论坛》，2012 年第 10 期，第 51 ~ 60 页。收入本书时略有改动。

一个为壮族文化鸣锣开道的人

——访中央民族大学梁庭望教授*

【被访谈者简介】梁庭望，中央民族大学教授、博士生导师。

梁庭望教授

* 访谈人：徐杰舜，滕兰花（滕兰花，广西民族大学民族学与社会学学院副教授）；访谈时间：2012年7月30日晚上；访谈地点：广西田东县东园宾馆1401号房；录音整理：滕兰花。

徐杰舜：梁教授，你为壮族文化鸣锣开道了一辈子，请介绍一下你的生平。

梁庭望：从哪里说起呢？

徐杰舜：就从你是哪年出生说起吧。

梁庭望：我是 1937 年 3 月出生，出生于一个农民家庭。我家在广西马山县古寨镇古今村岽竹屯。

徐杰舜：古寨镇啊，太有名了，三声部民歌发源之地。那时是叫隆山县吧。

梁庭望：是的，隆山县。

徐杰舜：你有几个兄弟姐妹呢？什么时候上学的呢？

梁庭望：我有三个姐姐，我是最小的，是独子。出生接近 1 岁，我母亲就去世了，是姐姐带大的。我之所以能上学，这与家里遇到一件事有关。日本侵略中国，1939 年为了打通南洋交通线而入侵广西。国民党残兵败退到马山，把我们村子洗劫一空。没办法，人活不下去了。我家有一块比较好的地，我父亲把它当给邻村的一个大户，也就是地主了。地主欺负我父亲不识字，把契约上的“当卖”写为“绝卖”。几年后，我父亲想把地赎回来，地主拿出契约，已经是“绝卖”。父亲认为被人欺负是因为没有文化，没办法，下决心怎么穷也要送我上学。1943 年，我就进入了古今村小学学习。

小学的老师是旧社会过来的，他要求非常严，每天教一句四书五经里的句子，如今天教“人之初”，明天教“性本善”。一天只教一句。每天放学时，老师拿一张桌子放在教室的唯一的大门处，每个学生要到桌子前背诵今天学习的内容，背得出的，就可以从桌子底下钻出去回家。背不出的，就要继续背，直到背得出为止。这个老师很严啊，我们都很怕的啊。做学生不懂老师的苦心，那时还给他编了顺口溜：“人之初，老师哭。性本善，老师吃冷饭。”（笑）可是现在想一想，这么多年来，他教的国学知识是非常有用的，我自己的国学底子也就是这时打下的。

徐杰舜：你是哪一年上初中的呢？

梁庭望：我是 1950 年春上的初中。刚上了三个月，我父亲就去世了，我没办法啊，只能休学回家。我的三个姐姐已经出嫁了，家里只剩下一个八十岁的老奶奶，我一个十几岁的少年在家里什么活都干，做了一年，八十多岁的老奶奶与十几岁的小孩子，过不下去啊。我觉得不能再这样下去了，于是，与姐姐商量，把奶奶送到姐姐家里，按壮族的风俗，这样做是不行的，但是我想读书啊，所以只能这样。我又回到学校读初中。我拼了命地读书。因为那时政府已经有了奖学金，奖学金分为三等：甲等九元，乙等七元，丙等五元。我必须拼命读书，争取甲等，才能够读下去。

徐杰舜：这个钱相当多了哦！

梁庭望：是啊，这个钱已经足够生活了，七元交伙食费，两元买学习用品。那时新中国刚刚成立，政府经济十分困难，对发放助学金的掌握比较严格。每周日晚上全校学生会集中起来，教导主任会宣布这一周内各班学生考试的成绩排名，前五名的就可以获得甲等奖学金。因为每周的成绩都会有变化，所以必须每周都要保证成绩在全班前五名。只要有两次不能进入前五名，助学金就降为乙等；两次掉到 5 名以下，就降为丙等。所以那时我是拼了命地学习啊。没办法。

徐杰舜：梁老师，你是非常上进的啊。你是在哪里上的高中呢？

梁庭望：我是到武鸣上的高中，是 1954 年。那时马山县没有高中，都安、上林也没有，都考武鸣高中，所以考高中非常难的。我们年级有一百人，才有十几个人考上高中。1957 年高考前，中央民院学院少数民族语言文学系壮语言文学专业来我们学校招生，但大家都不愿意考。那时不是有句俗话嘛——学好数理化，走遍天下都不怕。我是想报考数理化的。我的班主任郭老师非常有眼光，动员我报考。他说这是个新专业，你去考肯定能考上，以后你就可能成专家了。（笑）我听了吓了一跳，那时把专家看得很高，很神秘，哪里敢想？不过呢，我自己是很想去北京，加上班主任的话是很有分量的，所以最后我还是报考了。现在回想起来，班主任非常有远见，我很感谢他。

徐杰舜：（笑）你现在就是专家了。

梁庭望：上高中时，学校想把我发展为党员，1956 年底学校党支部已经讨论通过了，并报武鸣县委组织部，但是县委委员轮流下乡，老开不成会。1957 年初开展整风运动，停止发展党员，所以入党的事就搁下了。

徐杰舜：那你是什么时候入的党呢？

梁庭望：入党是在 1960 年，在大学入的。

徐杰舜：你是哪年上的大学呢？

梁庭望：1957 年我到了北京。那时的民族语言系实际上开设的课程与其他高校的中文系是一样的，只有《壮语文》《壮族民间文学》《壮汉翻译理论与实践》三门课程是特别设的而已。这三门课程主要是由两个老师上，一个是张元生老师，另一个是韦星朗老师。1961 年我大学毕业后，留了校。留校后觉得压力好大啊，因为那时学校的老师多是有家学渊源的，而且那时中央民族学院的老师都是赫赫有名的，费孝通啊，林耀华啊，马学良啊，张公谨啊，都是名家啊。我的底子薄啊。虽然学过一些国学，当学生够用，但做老师教书，就不够了。没办法，我就自学。读先秦诸子百家名作，二十四史也翻了一遍。现在回想起来，觉得这些传统的国学经典非常有用，不仅教会做学问，还教会做人。同时又全力补学壮族历史文化，到 20 世纪 70 年代末形成了《壮族文化概论》，这是壮族文化的第一本大学教材。

徐杰舜：是的，四书五经是非常有用的。请问你是什么时候发表自己的文章的呢？

梁庭望：发表的第一篇文章是在 1956 年上高中时，那时是写一封信批判胡风，刊登在《文艺报》上。后来胡风平反，知道批错对象了，但那时本意是捍卫党，激情燃烧。上大学时，经常在中央民族学院校报上发表短文。那时不敢给外面杂志写文章，怕被批判“走白专道路”。

徐杰舜：专业性的论文是什么时候发表的呢？

梁庭望：1979 年发表第一篇论文《第一、二次国内革命战争时期壮族文学初探》。其实在 1963 年时，我曾就郭沫若把铜鼓说成地窖的盖子，写过一篇不同看法的文章。我投稿后，竟然被编辑退回，还写了一封回信说我怎么这样不知天高地厚，挑战名家。（笑）

“文革”结束后，1982 年，我对这篇文章作了修改，刊登在广西社科院的《学术论坛》上，名为《壮族图腾初探》。这是壮族图腾研究的第一篇论文，影响比较大。

1980 年我和张元生老师等出版了一本书《奇山秀水话壮家》，这是我参与的第一本书。1983 年我与覃国生等人一起写了《壮族》一书。从此之后，著作就不断出版了。

徐杰舜：你是如何做到校长职位的呢？

梁庭望：我没想过当官，只是想教书，搞研究。1976 年底，我被调去政治系做副主任。当时做副主任也是很巧的事，主任是军宣队的领导，因为政治系是内斗最厉害的，分为两派，选择哪一派的人来做副主任都不合适，我的“派性”比较少，所以他们把我派去当副主任。我是不愿意去的，但是当时没办法，我是党员，不能不去。当时政治系学生有近千人，比较混乱，我就找了 1978 级的学生马飚来当学生会主席，协助管理学生事务。

徐杰舜：哦，难怪马飚对你非常尊敬！

梁庭望：他是我的学生嘛！我在政治系一待，就是八年。我刚去做副主任时，压力很大，我是学民族语言文学的啊，不懂政治学。那时，有人往我桌面扔下一本书的稿子，要我审。政治学的理论我不懂，但是我是学文学的，有文字功底啊！我一看稿子里语病比较多，所以就一句句、一段段地改，改得满本是红笔了。然后扔回对方的桌面，这下没人敢小看了。（笑）在政治系，要做管理，至少得懂政治学理论吧。所以我就一本本书地去学，读原典。《资本论》我也读了一些的，《反杜林论》等其他的马克思主义理论书籍读了不少。至今我仍很感激那个时期，因为这些理论知识为我后面的研究打下了坚实的基础，教我如何用唯物辩证法来分析问题，我后来的研究成果多得益于此，比较少片面性。

政治系不让我走。1984 年，我便辞去政治系副主任的职务，回到少数民族语言文学系教书，在当时还引起不小的风波。有人说风凉话。我是真的对当官不感兴趣，只想教书和写书。没想到，回到民语系后，我又被派到三系做党总支书记。当时我们民语系分为三个系，一系，二系，三系。我做了三系党总支书记。没办法，还是得做啊。

知识分子啊，钩心斗角是很厉害的。你是知道的。当时天天都有人来向我告状。这个人来告那个人，那个人来说另一个人的坏话，烦得不得了。后来我就开会，对他们说，大家都是教书的，搞这些没意思，以后我统统不受理这些。说归说，问题总还得解决啊。当时，我们在武鸣办有大专班，我手中有一些钱可以支配。我就想出一招，鼓励发表文章，谁发表文章，我就奖励他，奖金等于稿费。没发表文章的到年底我就给他“开天窗”——就是把发表文章的情况列成表格，没发文章的就是空格，这就是“开天窗”。第一年时还有人有意见，当时有人来抗议。我说你有空不如去发表文章。我管事，一天八小时都上班，没什么时间写文章，但是一年内还是发表了五篇论文。（笑）第二年，第三年，就没了反对的声音了。学风一下子就上来了。没想到，这样一来，我们三系成为民语系的标杆，学校的模范。1990 年先后获得了全国民族团结模范和全国民族教育先进单位两个称号。后来，我被调到学校做教务处长。

徐杰舜：你是哪一年做的副校长呢？

梁庭望：在我五十五岁时。1992 年，刚好遇到国家民委人事司来我们学校选拔一位副校长和一位副书记。当时开了一个会，副高和副处以上的教职工都集中到阶梯教室。每人一张选票，可以推荐两个人。全校 2000 多教工里想推荐谁都可以，没有候选人。投完就走，不交头接耳。当时我根本没有想到会被选上，结果票数最高，唯一过半。就这样，我在 1993 年做了副校长，主管教学和科研。

在当副校长期间，我做了三件事。第一，整顿专业。我一上任就遇到形势变化，党中央下达文件，实行市场经济体制，学生不再统一分配。当时我们有很多专业，但是有些专业已经不适应社会的需求了。为了对学生负责，我用了一年时间大力调整专业，用的是新增、暂停、扩大、缩小、保持、合并、转向七种模式，根据不同的专业情况来选择，增加了十多个新专业。当时的阻力太大了。特别是有些专业要撤销了，一些人的饭碗就这样没了，我的压力特别大。没办法，总得做啊，我对不起一些人，但我不能对不起学生啊。

第二，编教材。专业调整了，教材必须马上跟上。我们那时有的教材已经明显不适合改革开放以来的社会需要了，它的内容几十年都没变过。所以我要求把全校的教材全部收集起来重新审核，不合格的就要重编。例如《价格学》，原来是计划经济的价格学，现在必须重新编写市场经济的价格学。我们废掉了 33% 的旧教材，重新编写。

第三，工资福利改革。我们当时的工资由两个部分组成，一个是国家固定发的国拨工资，一个是浮动工资，几乎是对半。当时学校是实行平均，吃大锅饭，上课的和不上课的，都是领同样的钱。这样上课和从事研究的老师意见很大，有的甚至不愿意上课。我当时经过研究后，决定实行课时费。上多少节课就拿多少节课的钱，多上课就多拿钱，不上课就没有浮动工资。发表文章和出版著作折成课时计算。这样的话，大家的工作积极性就很快调动起来了。不过，当时也是惹恼了一些人。有一个人扬言要拿着刀子在西校门等我。我知道这个人，我让秘书把他请到我的办公室。我对他说，有什么话可以直说，你杀了我，我死了无所谓，我已经快六十岁了，我死了，接替的人也得这么做。我知道这个人是学政治的，就对他说，不上课就没有收入，你是学政治的，马克思有一句话，大意是：社会主义时期劳动仍是谋生的手段。你是学马列的，应该懂的吧？他愣了一下，说我懂，但我的课不开了，没有课上呀！我就说，那好，我给你一年时间，你去准备另一门课，一年内我给你照样发浮动工资，一年后再不上课，我就没有办法原谅了。他点点头，这件事就这样解决了。（笑）

徐杰舜：不容易啊！你所做的是高校当中的三件大事，专业设置、教材编写、工资福利。压力大吧？你是哪一年退休的呢？

梁庭望：当时的压力实在是大，因为校内党政等其他系统还没有改革嘛！教学科研系统是逆风独进。到 1997 年初，我就写信给国家民委，表态要按时下班，六十岁按时下岗退休。我们当时许多校领导是不按时下岗的啊，有些拖着不下岗。我表了态，坚决执行国务院文件。1997 年 4 月，民委同意我辞去校领导职务，比我的生日还晚了一个月。（笑）按当时学校的规定，教授可以延期一年退休。于是，1998 年我才退休。

徐杰舜：那你是什么时候开始招博士生的呢？

梁庭望：这就很晚喽。我退休之前还不是博导，那时我掌管评聘博导的工作，不能占先，做博导也是要先照顾老教师嘛，我也不好去争这些。退休前，我在学校开设了《中国少数民族文学概论》《中国少数民族文学史》《中国少数民族文学理论与方法》等课程，对中国 55 个少数民族的文学进行整体综合研究，这是开创性的，全校只有我一个人上这些课。所以 2003 年荣仕星当校长时，从校内外特聘七位教授回去做博导，我是其中之一，负责培养中国少数民族文学整体综合研究方向博士生。

徐杰舜：你培养了多少个学生呢？

梁庭望：2003 年以后，我特聘回去做博导，做少数民族文学整体综合研究方向，一共培养了十几名博士生。前年关门喽，但现在还上课，因为有两门课没人接班，即《中国少数民族文学理论与方法》和《壮侗语族民族历史文化》。

徐杰舜：你没培养接班人吗？

梁庭望：原来是培养了一位年轻的女老师，广西人，但后来她结婚后就去了新加坡。所以现在还没找到合适的人。

徐杰舜：那你打算怎么办？

梁庭望：我有四五个学生是留在北京的，我打算从中调入一个过来接班。

徐杰舜：梁教授，你这么多年来研究哪些领域呢？你写的壮学的著作有哪些呢？

梁庭望：我主要研究两块，一个是壮族的文学、文化，写有《壮族》《壮族文化概论》《壮族文学概要》《壮族原生型民间宗教调查研究》《中国56个民族文化丛书·中国壮族》《中国少数民族百科全书》（壮族、黎族、仫佬族、毛南族、京族卷）、《汉族题材少数民族民间长诗译注》（壮族卷）、《壮文论集》，等等，后来扩大到壮侗语族民族历史文化。一个是少数民族文学整体综合研究，从整体上全方位地对中国少数民族文学进行研究。主要主编《中国少数民族文学概论》，四十万字；《中国少数民族文学史》主编有三人，马学良，张公瑾和我，前两位是前辈，年纪较大。

徐杰舜：他们都是你的老师辈。

梁庭望：对，他们是我的老师，实际工作主要由我来完成。另外，还有《中国少数民族文学比较研究》，第一主编；《20世纪中国少数民族文学编年史》，新中国成立前的部分是由我来写的；《中国少数民族诗歌通史》，个人专著，100万字；《中国少数民族诗歌史》，40万字，高校教材；《中华文化板块结构与中国文学关系研究》是新的理论专著，去年我从事高等教育50周年时出版。这些著作中最主要的是四本，《中国少数民族文学概论》从少数民族文学的定义、范围、特征、功能、价值、研究方法等方面构建了少数民族文学的理论框架；《中国少数民族文学史》《中国少数民族诗歌通史》都是填补空白的著作；《中华文化板块结构与中国文学关系研究》中我把中华文化划分为中原旱地农业文化圈、北方森林草原狩猎游牧文化圈、江南稻作文化圈、西南高原农牧文化卷四大板块，从理论上阐明少数民族文学在中华文学中的地位，被认为是近年中华文化研究的三大亮点之一，影响比较大。

徐杰舜：那么，你的研究主要集中在壮学和少数民族文学了？一共有多少成果呢？

梁庭望：我主要研究壮学和少数民族文学。我独著、合著、主编、参编的著作共有57种，发表260篇论文，加上200多篇诗文，总计有1000多万字。现在我非常感谢读书时看的那些汉族古籍，它们言简意赅，非常流畅。我一天上班八小时，很忙，经常是把腹稿打好了，晚上动笔时往往一气呵成，不用再修改了，这多得益于汉文古籍。

徐杰舜：你的勤勉让我非常感动，是我们学习的榜样。除了研究外，你在壮族文化开发上做了哪些工作呢？

梁庭望：我在壮族文化开发上做了一些事，总结起来，主要有三件。

第一件是关于三月三的事。1979 年，中央民族学院师生提出，每个民族都应该可以选择一个节日作为民族节日。当时征求我们的意见。党委怕乱，不主张。我说这事要做，不做，反而会出事，书记负不起责任。我建议开一个座谈会，听听大家的想法。后来校党委真的召开座谈会，大家都同意过节。我们壮族的节日，也是通过座谈会决定下来的。我马上组织了一个研究小组，研究壮族的节日选择问题，当时马飚作为学生代表也来参加了。我们广西的同志当时考虑过中元节，不过，这是鬼节，在一般人心中总有些忌讳，所以选择了三月三作为壮族节日。我们在学校过了几年，到 1983 年时，广西仍不把三月三当成壮族节日。我看这不对啊。于是，1984 年，我就想了一招，我们把过节日的地点迁到了民族文化宫，并邀请韦国清副委员长、杨静仁副总理前来参加。中央电视台播了他们与会的新闻。当时传回广西，广西这边才有反应。也开始过三月三了。（笑）但是直到 1988 年，广西壮族自治区政府才正式把三月三确定为壮族的节日。

第二件事是壮族人文始祖布洛陀大典的事。2001 年，有人发现了田阳敢壮山古迹，谢寿球写了报道，发表后引起了效应。当时田阳县把握不准这事，派人到北京来找我。我一看，这是家乡的事啊，于是组织了四人专家小组到田阳考察。考察后，我们认同了这是壮族人文始祖布洛陀遗址，并同意上报政府。当时是马飚做百色市长，高雄副主席当时是书记，听汇报后采纳了我们的建议，开始组织祭祀。最多时有十几万人参加，规模很大，影响也很大。田阳的祭祀历史很久了，“文革”时还是有人去祭。

徐杰舜：“文革”时期也有祭祀吗？

梁庭望：有啊。当时有民兵去阻止，群众说这只是祭祀自己的祖宗，坚持要去。不过那时规模也就几百人。我们确定了敢壮山布洛陀是壮族人文始祖纪念圣地后，对于这事，广西区内有不同的看法，有人到北京国务院新闻办告状。很巧的是，在此人告状之前，我早已经向新闻办的一个姓陆的副主任汇报了田阳布洛陀祭祀的事。我对他说壮族不会因为这而出事，祭祀不会影响到民族团结，这只会激发壮民族在改革开放中的动力。所以当广西的人来告状时，新闻办陆主任就已经明白了是怎么一回事，把来人批评了一通，说广西有的人思想还太“左”了，都改革开放了，还这么“左”。于是，2006 年，中央电视台去了一百人的现场直播队伍，三个频道同步直播两小时，影响非常好。（笑）从此之后，再也没人说什么了。

第三件是大明山骆越古国遗址考察。这仍与马飚有关。他做南宁市委书记时，想开发大明山。大明山国家森林管理局向国家林业部提出了开发申请，得到了批复，同意开发大明山的三十分之一。大明山的开发除了自然资源开发外，还应该包括文化资源的开发。所以，他们请我来做开发顾问，挖掘文化内涵。

大明山的历史文化是很深厚的。陆斡（loegvet）和夏王（yahvuengz）这两个地名就非常重要。陆斡，用壮语来读就是骆越。夏，就是壮语的婆婆、祖母，夏王就是祖母王、骆越女王。再加上马头镇元龙坡上千个商周古墓，有城有池，这些都是古骆越国的文化遗存。

而且我们还找到了骆越国管辖范围的史料，里面说周宣王时已经管到南海了。这些都是古书上说的，不是乱说的。有人把这事反映给贾庆林同志，贾庆林同志又把这材料转给李长春同志，李长春非常高兴，在上面作了批示，希望我们能占领骆越文化的制高点。这可以对付东南亚一些国家提出骆越古国中心在他们那里的主张。

现在南海问题比较敏感，广西南部境外有的人到处说他们是骆越王的后代，说他们在先秦时期有雄王统治，管到广西、广东、海南的。他们认为秦始皇统一岭南是“侵略”。这是乱说嘛。我们找到的大明山骆越国都的证据，就把上述说法推翻了。这关系到国家领土安全、领海安全、文化安全。我受大明山国家森林管理局和广西骆越文化研究会的委托，出来组织《古骆越国考》项目。我找了罗世敏、谢寿球、蒋廷瑜、李富强、赵明龙等十多位学者来做。做这件事，没有启动费，没有经费资助，但是我觉得一定要做。我对他们说这是没有钱的事，如果你们爱国，你们就做。我是出于对国家安全的责任感而做这件事。他们都热情参与，不讲价钱。

徐杰舜：国家安全，匹夫有责。为此，我最近建议广西民族大学建立一个三沙研究中心，全面展开对三沙的研究。

梁庭望：成立一个三沙研究所很好。

徐杰舜：梁教授，这样看来，你为壮族文化鸣锣开道了一辈子，主要做了壮族研究、中国少数民族文学研究和壮族文化开发三件大事。你的刻苦学习，善于吸收汉文化，在融合汉文化的同时，弘扬壮文化，很值得年青的学者们学习。

梁庭望：我还参加了马山、武鸣、上林、田东、平果、隆安、田林、西林、北流、贺州、宜州、罗城、东兰、龙州、宁明、忻城、龙胜等县的文化活动，目前正在隆安建立壮族稻作文化展示基地。最有意义的是参加了一些国际文化之争。

徐杰舜：呵！这很有意思，你举两个例子说说。

梁庭望：第一个是水稻是哪个国家、哪个民族培育的。这个问题在学术界争论了两百多年。我写过系列文章，找了大量的考古材料，证明水稻人工栽培是中国南方越人首先发明的。也就是江南汉族的祖先和壮侗语族民族的祖先首先发明的。具体到哪个民族，1998 年我发表了《栽培稻起源研究新证》，根据古苍梧部分布中心道县出土 18000～22000 年前炭化稻粒的考古材料，得出壮族苍梧部最早栽培水稻的结论。我的文章发表后，影响很大，新华社将其缩为专稿，发往该社在国外的 63 个点，我就等着国外的看法，结果没听到反驳的声音。2004 年，联合国粮农组织在中国湖南怀化举办了世界粮食安全研讨会，袁隆平请我去讲讲我的研究，我在会上讲了我的观点。当时会议主持是印度人，他还带有两个印度农业史专家。当时与会专家 200 多人，其中有 62 位外国农业史专家，我不是专门研究农业史的，但是我写的文章主要都是运用了考古材料，外国人没有办法反驳我。我用中文作的报告，有同声传译，当我讲完下来时，主持人还是很有礼貌地起立前行几步，和我握手。实际表示认可。（笑）所以现在学术界多认同是越人首先培育了水稻，壮族祖先苍梧部暂时领先。

第二个是谁先发现美洲。1978 年，美国海员梅尔斯特里在美国西部加利福尼亚浅海捞到几十块或方或圆的怪石，经鉴定是中国古代的船锚，取材地点是华南沿海。经美国科学家测定，其表面附有 3 毫米的锰，而锰是每 1000 年才附一毫米的，故已经有 3000 年历史。中国学者经过考察，发现 3000 年前华南越人有到东方寻找太阳升起的地方的信仰，这和《母子访天边》正好吻合。越人出海的路线，是首先开发南海，在岛屿上做好准备，然后坐双体舺舟出发，横过婆罗洲、斐济、汤加等太平洋中部的链形岛屿，一个岛接着一个岛，到达了美洲，沿途留下了岩葬、金坛二次葬等许多壮族的文物。证明早在 3000 多年前，壮族等壮侗语族民族祖先就到达美洲。日本学者还通过链形地带 DNA 的检测，证明岭南越人祖先确实在 3000 年前到过美洲，印第安人的 DNA 与华南越人接近。这是一个重大发现。

上世纪 80 年代，欧洲有的人打算在 1992 年在联合国举办一个大型纪念会，纪念所谓哥伦布发现美洲 500 周年。中国人就不干了，我和许多学者都写了文章，说明既然 3000 年前中国人就已经到达美洲，哥伦布才 500 年，你纪念什么？不是什么哥伦布发现美洲，而是哥伦布见到美洲。我们的文章把欧洲人的大会冲垮了，美国华盛顿州原来有个节日叫作“哥伦布日”，也不过了。这件事为中国赢得了荣誉！所以现在考证南海就有两条丝绸之路，一条往西到达非洲东岸，一条往东到达美洲。

徐杰舜：梁老师，你讲的这两个例子都是国际文化史上的大事。你虽身为壮族，但学术视野开阔，似有民族边界又没有民族边界；学术眼光独到而犀利，既有国学基础又有理论功底，所以才能有今天的学术成就，成为当代壮学大师。谢谢你接受我们的采访。晚安！

【来源】《民族论坛》，2012 年第 12 期，第 5 ~ 10 页。收入本书时略有改动。

旅游人类学是人类学的一块新天地

——访中南民族大学田敏教授*

【被访谈者简介】 田敏，中南民族大学民族学与社会学学院院长、教授、博士生导师。

田敏教授

* 访谈人：徐杰舜；访谈时间：2012 年 5 月 4 日；访谈地点：中南民族大学民社学院院长办公室；录音整理：邓小艳。

徐杰舜：很高兴，田院长能接受我的采访。我们虽然认识好多年了，是老朋友，也是师兄弟，都是吴永章先生的学生。但是有很多人对你还不是很了解，有些人了解多一点，有些人了解少一些，今天趁这个机会，把你隆重推出去。

田敏：我也很高兴接受您的参访。说是师兄弟不敢当，您一直是我的老师。感谢徐教授对中南民族大学人类学与民族学学科多年的关怀与扶持。

徐杰舜：我们先从你的生平开始吧。你是哪一年出生？

田敏：我是1964年11月19日出生，还是个冬至日。

徐杰舜：冬至大如年嘛，好像你是湖南的吧？

田敏：对，我是湖南湘西龙山县人，土家族。

徐杰舜：那你现在还会说土家语吗？

田敏：土家语基本不能讲了，但是能听懂，小时候爷爷奶奶都会讲土家语。土家族870万人，能讲土家语的很少了。会讲土家语的号称不足10万人，其实真正会讲的人比这还少。我们老家龙山是保存土家语的主要地区，但是现在也逐渐消失，所以会讲土家语的人不多了。

徐杰舜：那能听懂土家语就很不错了。

田敏：是的，能听得懂，因为小时候就是在那样的语言环境中长大的。

徐杰舜：小学在哪里读的？

田敏：小学就在老家读的，就在龙山县。

徐杰舜：中学呢？

田敏：在另外一个县，就是湘西永顺县读的，因为父亲当时在永顺县工作，高中读的永顺一中。

徐杰舜：你是哪一年考上中南民大的？

田敏：1981年考上中南民族大学的，是81级历史系的。

徐杰舜：那时吴永章老师还在这里吧？

田敏：吴永章老师当时在，吴泽霖先生也在，吴泽霖先生是1980年到这里的。

徐杰舜：那你进中南民大还是很早呢！

田敏：是的，当时是中南民大复办后历史系第一届。1983年有个民族学讲习班，当时我们作为学生全程听了这个课，那算是一个启蒙教育了。

徐杰舜：毕业后你就直接考研究生啦？

田敏：是这样的。我是1981年进校，1985年毕业，毕业后直接留校。当时学校有规定，毕业后三年才能考研究生。我是1988年考研究生的，当时考的是吴永章先生的研究生。

徐杰舜：那你一直在中南民大工作？

田敏：基本上应该这么说。但是中间有一点点小插曲，出去了一段时间。1988考上研究生，1991年毕业，毕业后我去江西省委统战部和江西省民族宗教局工作了将近两年。

徐杰舜：然后你是考博士回来的吗？

田敏：是调回来的。1992年调回来，然后1995年考云南大学的专门史博士，导师是吴永章先生和云南大学的林超民先生。

徐杰舜：1995年，我们第一次幸会。

田敏：久仰徐老师的大名。

徐杰舜：你算是我们中南民大第一个博士，是很光荣的事情，也是创了中南民大一个记录吧。

田敏：我算是我们学校读博士比较早的吧。

徐杰舜：吴老师好像就带了你一个博士？

田敏：对。吴老师在云南大学做博导，是经国务院学位办批的，当时挂在民大招，就招了我一个。

徐杰舜：哦。那你的博士论文是做哪方面的？

田敏：因为是专门史专业，我的研究重点是民族历史和民族文化这方面。我从个人学习、兴趣和便利条件考虑，博士论文选题是做土家族土司兴亡史的研究。因为土司制度是封建王朝统治少数民族的非常重要的制度，所有的土司中，土家族土司是比较完整、级别较高、影响也比较大的，正好自己是土家族，又有些感性认识，所以就选取了土家族土司做博士论文。

徐杰舜：博士论文是在云南答辩的吗？

田敏：是在云南大学答辩的。当时何耀华先生做了答辩主席，然后林超民先生、方铁先生，还有云南社科院郭大烈先生等几位都是我的答辩老师。

徐杰舜：那你博士论文后来出版了吗？

田敏：出版了，2001年在民族出版社出版的。

徐杰舜：既然你研究土司，我想跟你讨论一个问题，湘西土司对整个湘西社会有哪些影响？

田敏：土司制度对整个土家族地区，包括湘西土家族地区影响都是非常大的。土家族土司在整个中国土司制度史上占有非常重要的位置。土家族土司规模很大，级别很高，影响力也很大。就湘西地区而言，当时就有两个宣慰司级的土司，一个是永顺宣慰司，一个是保靖宣慰司。湘西土司制度很齐全，包括从宣慰司、宣抚司到安抚司、长官司及蛮夷长官司的所有土司，均有设置。湘西地区的土司数量很多，级别很高，而且跟中央王朝关系很好。据《明实录》记载，明初修建故宫时，有很多金丝大楠木是土家族土司从湘西土家族地区运过去的。明史中有很多这样的记载。中央王朝对土家族也给予了很高的待遇，永顺和保靖其实相隔很近，按现在来算就三四十公里。在西南地区，在这么短的距离里面，同时设两个宣慰司是很少见的。土家族土司的设置，从明朝到清朝一直保存下来。据明史记载，永顺土司和保靖土司在明朝抗倭战斗中发挥了很大作用，号称“东南战功第一”。所以说，明清以来，土家族土司在历史上是一支非常重要的力量。从我们现在这个角度来说，土家族土司实际上也是封建王朝统治整个地区的地方力量。因为土司制度的存在，湘西地区一直保持了稳定和发展的态势。

徐杰舜：永顺和保靖土司都是土家族吗？

田敏：是。整个湘西从民族分布来看，北部地区是土家族为主，南部是苗族为主，相互之间又交错杂居。

徐杰舜：永顺和保靖土司是什么时候改土归流的？

田敏：土家族土司的改土归流是在清朝雍正年间改土归流的大潮中完成的，而且很彻底。永顺彭姓土司迁回了江西，以后就销声匿迹了。保靖土司也迁了，有些长官司就地消化掉了。同期改流的还有同属湘西的桑植土司、湖北鹤峰的荣美土司及其所属中小土司，等等。整个土家族土司改土都很彻底，也很成功，基本上没有引发社会的动荡。同时，改土归流的实现带来了湘西土家族迅速的汉化。

徐杰舜：湘西土司是元代封赐的？

田敏：从历史的追溯来看，从元代起，封建王朝开始在土家族地区建立土司制度。到明代，土司制度进一步发展，日臻完备。清代因循了明代旧制而进一步发展。元代土家族土司设立的基本格局，为后世明清两代设立土司奠定了基础。元代以前，采取的是自秦汉以来的羁縻州县制度。

徐杰舜：那你选土家族土司作为博士论文很典型啦。不管是羁縻州县还是土司制度，都是中央王朝因俗而治，用到极致的制度。这个选题非常好，一共多少万字？

田敏：确实很典型，博士论文将近20万字。这个课题还是很值得继续研究的，以后我们还可以多作些交流。

徐杰舜：好的。你在中南民大职务变化比较多吧。是毕业后直接回到民族研究所的吗？

田敏：还好，职务变化不算多。博士毕业后，是在中南民大的民族学系，当时民族研究所和民族学系在一起，从事教学和科研工作。2003年调到学报编辑部工作，任执行主编、编辑部主任，2008年调到研究生处（部）工作，任处长兼任工作部部长，2012年5月调任民族学与社会学学院院长、湖北省人文社会科学重点研究基地南方少数民族研究中心主任。现在的民族学与社会学学院就是当年的历史系、民族学系和民族研究所发展过来的，所以我现在算是回老家了。

徐杰舜：你担任学报编辑最大的体会在哪里？

田敏：徐老师是大专家，是前辈，在您面前谈学报是班门弄斧了。就我个人体会来讲，作为民族大学的学报，有自己的优势，也有不足。优势就在于以民族学作为主打特色，民族院校有一批专家教授从事这一方面的研究，也有一些不同学科的学者从事民族学研究，因此不缺稿源，可以保证较高的质量，是国内民族学、人类学，乃至社会学研究的重要平台和园地。但是也有不足，就是其他学科相对欠缺一些，尤其是稿源。在担任民大学报编辑部主任期间，以民族学和人类学为主打特色，这一学科的稿件每期发稿至少占40%以上，同时兼顾其他学科。同时，对原来民族学繁杂交叉、不对等的栏目进行了归类和整理，把整个民族学和人类学学科的内容作为民族学人类学论坛，跟其他一级学科并列为几个主要栏目，然后在民族学人类学论坛中进行二级分类，既体现出特色和专业性，也体现出综合性，兼顾其他，这个栏目分类至今还在沿用。

徐杰舜：你对民大学报贡献还是很大的。你在做学报期间体现出你的亲和力，在学术界口碑也很好。

田敏：其实贡献谈不上，在这里，还要感谢徐老师的支持，也很感谢其他学者们的大力支持。做这个工作是一个很好的学习机会，可以认识和团结很多民族学界的专家学者，可以有很多的交流，一方面可以提高学报水平和学校的影响力，同时也是自己学术向纵深方向发展的一个平台，在这段时间个人的学习水平也得到了很大的提高。

徐杰舜：我在担任广西民族大学学报主编期间，也是深有同感。你除了做土司研究外，还涉及哪些方面？

田敏：徐老师做学报做得非常好，我也是受益良多。就我个人的研究领域而言，我在2000年以前，主要是历史文化研究，重点是土家族历史文化和巴楚文化的研究。在巴楚文化这方面发表的文章大概有20多篇，现在如果有时间，还是很想把相关成果集合到一起出一本论文集。尤其是对巴文化的研究，有多篇文章发表在《民族研究》《东南文化》等几个重要刊物上，总计在十多种学术期刊上发表了一系列的研究成果。这些成果应该在整个巴楚文化研究中还是有一定关注度的，产生了积极影响。

徐杰舜：“巴”的问题非常有意思，直接涉及后来土家族的认同。我想请教一下，“巴”究竟从什么时候开始出现在史籍中？

田敏：巴国见于历史应该是从夏代就有了，见于记载是在甲骨文中。因为在《左传》《尚书》《论语》中都有记载。我曾经写过一篇文章《夏代巴人地域考》，考证的是夏代时期巴人的地域在哪里。所以“巴”的历史应该是很早的。

徐杰舜：我们在研究汉民族起源问题上，比较清楚其主源是炎黄集团、东夷集团，支源是苗蛮集团、戎狄集团、北越集团，但巴蜀不知放在哪里好。夏商周时期东夷南蛮，北狄西戎，我曾经想过把巴蜀放在汉民族起源里面思考，但是找不准。

田敏：这里也可以跟徐老师探讨一下。就我个人意见而言，当时按照五方格局东南西北中，东夷南蛮，西戎北狄，每个区域内部的民族集团其实是很多的。巴人最早活动在长江流域，从这个意义上来说，属于南方系，巴和早期的楚应该都属于南蛮系统。

徐杰舜：那四川的蜀呢？巴蜀又是连在一起的。

田敏：蜀在学界有两种观点，有人认为是汉族的先民，有人认为是少数民族的先民，这是有争议的。巴蜀连在一起其实跟地域有关系，因为蜀国和巴国的主要地域是在今天的四川和重庆，地域上是相连的，当然在历史上也有各种交往，文化上又很相近，特别是后来的历史发展和文化发展。因而，就有了巴蜀连称了。

徐杰舜：这一块我一直有个困惑，希望你对巴楚的研究能继续下去。今天的请教让我有些受到启发，了解到楚也属于南方系。

田敏：对，楚王自己都说是南蛮人。

徐杰舜：2000 年以后呢？你的研究方向在哪些方面？

田敏：2000 年以后，研究内容作了一个转向，主要以现实研究为主，重点是民族社会学和旅游人类学的研究，也做了一些国家级和省部级课题，研究内容包括民族传统文化保护、少数民族非物质文化、少数民族特色村寨建设、民族地区新农村建设问题、旅游人类学问题等。民族地区新农村建设研究申报了一个国家级课题，已经结题通过了，成果是 80 万字，两本书，还没有出版，一个是实证研究，一个是专题研究，也发表了 10 多篇文章。另外，近几年对民族传统文化的保护问题一直非常感兴趣，也给研究生开设了选修课程，去年有关这一方面申报了一个国家民委课题，其成果获得了全国民委系统调研报告三等奖。同时，今年跟我校的段超副校长一起申报了一个国家社科重大招标课题，就是中国传统文化传承体系研究，已经获得了批准，我负责其中关于传统文化开发利用的一个子课题。另外，就是国家社科规划办委托文化部做的中国节日制的课题，我负责盘王节的节日志。

徐杰舜：我想跟你讨论一下你的国家级课题，2006 年申报下来的，当时国家正好提出新农村建设问题，这个研究选题非常好，可以谈谈你的研究框架吗？实证研究从哪些方面来研究的？

田敏：研究领域基本上按照新农村建设那五句话开展的，就是生产发展、生活富裕、乡风文明、村容整洁、管理民主。生产发展是经济方面，生活富裕主要是民生方面，乡风文明主要是精神文明方面，村容整洁主要是生态环境方面，管理民主主要是民主建设方面。具体来说，我们主要做了民族地区社区建设研究、村民自治研究、文化建设研究、医疗卫生保障研究、养老保障研究、少数民族农民工参与新农村建设研究等多个领域，选取的个案点主要是以湖北、湖南和贵州的土家族和苗族来做的，土家族选取了恩施和湘西的土家族，贵州主要是做的苗族研究。

徐杰舜：那你研究的面还是很宽的。最后的专题报告是从哪些方面来做的？

田敏：专题报告是分专题来做的，每个专题是以论文和调研报告来做的，选点差不多，但问题专门化一点，讨论更为深入一点，针对性强一点。比如民族地区的歌舞文化变迁研究，农民工参与新农村建设问题研究。

徐杰舜：那还是很有应用性的研究。关于旅游人类学我最近这两年也在做一个交流工作，成立了一个旅游高峰论坛，两年举行一次，2010 年开始的。第一年在桂林开的，2012 年五月份在成都开的，2014 年准备在乐山开。我希望你参加，一起学习、一起交流。

田敏：非常感谢。我个人很有兴趣参加。

徐杰舜：我们是作为民间论坛组织，第一届主题是旅游与景观，论文集已经出版了；第二届主题是好客中国，主要讲旅游与好客性问题。我们讨论得比较专业，主要从旅游人类学角度来谈，只要是其关注的问题，我们都希望能逐渐来讨论，第三届讨论非遗，到时希望田教授能参加一下。

田敏：民族旅游的研究近年来一直是我非常感兴趣的领域，我自己做过一些研究，也发表过一些成果。目前，我有一个博士的毕业论文是做的民族旅游的跨文化研究，主要是中外跨文化研究，我觉得这一内容可以作为一个您的会议主题来深入讨论。

徐杰舜：旅游人类学所关注的问题与旅游不同，我想跟你讨论一下旅游人类学与旅游，其实这是两个问题，理论体系完全不同。旅游人类学主要关注的是旅游中的人、文化，比如旅游与景观，好客性问题，以后有可能我们还会讨论旅游中的导游问题、旅行社问题等。我觉得你刚刚说的旅游当中的跨文化研究就是一个很好的问题。接下来，我想问一下，你一直很关注人类学，那你认为人类学对旅游的研究有些什么作用?

田敏：我是一个很酷爱旅游的人，一直对旅游人类学和民族旅游也非常关注。这几年我申报的一些课题，以及指导的博士生和硕士生很多都是从旅游人类学角度来研究民族旅游的，比如跨文化传播研究、民族文化开发与保护问题、非物质文化遗产保护问题等。就我们国内学界而言，对旅游人类学关注越来越多了，从最早的彭兆荣教授，到张晓萍老师、宗晓莲老师等，但是总体上来看，真正从旅游人类学视角来研究民族旅游开发与保护还是有些不够的。我个人认为，民族旅游跟旅游人类学的话题紧密相关，比如文化的保护问题、文化的开发问题、文化的变迁问题、民族地区的社会发展问题、社区建设问题等、我觉得旅游人类学是研究民族地区经济社会发展的非常好的视角和窗口，在今天民族旅游发展势头迅猛的时代，也是一个难得的契机。

徐杰舜：我也是感同身受，从人类学视角研究确实很重要。最近我也有一篇文章《旅游与民生》。旅游是一个综合体，可以牵动社会的各个方面。开发商开发村寨旅游，必须关注当地的民生问题，村民才会把村寨当成自己的景点，矛盾才会协调好。最近也出了两本著作，《福村的转身》和《福村的艰难迈步》都是在田野点做的。这个田野点在永福，是个自然村，很值得考察和研究，我们在那儿设立了一个旅游研究院，可以为田老师的学生做田野工作提供一些便利。

田敏：那非常感谢徐老师。现在很多地方都是村寨和开发公司的矛盾很大，难以协调，甚或是村民利益没有得到很好的保障。所以我一直非常推崇黔东南郎德上寨的开发模式，都是村民完全自主来开发旅游，他们用一种公分制来实现了真正的全民参与旅游。不过这个村也有自己的问题，完全排斥外界的介入，甚至跟当地政府都有矛盾，这种做法会为后来的可持续发展带来问题。所以以后怎么借助外力来更好地发展旅游，协调好与村民的矛盾也是值得探究的。

徐杰舜：我觉得旅游人类学是人类学的一块新天地，应用性很强，涉及面很广，直接跟农民的利益挂钩。有人开玩笑讲，我们人类学家本来到乡村做完民族志研究就可以走人的，但是旅游人类学家不行，要跟村民发生很密切的关系，需要关注他们在旅游发展中的一系列问题。所以人类学一旦走出了书斋，走出了象牙塔，都会对旅游发展中涉及的人的研究产生很大的作用。以后希望田老师，乃至中南民大可以将更多的田野点扩展到广西。比如说阳朔就是从事民族地区乡村旅游研究的很好素材。我最近有一本书《中国名片 黄金漓江》，是对近几年桂林旅游发展的一个思考。你既然在做乡村旅游人类学，我们可以在这一块多作些探讨，扩大交流。另外，我想告诉你的是，我们中南民大是人类学高级论坛的发起单位，今年在新疆开，明年在重庆开，由重庆文理学院承办，到时邀请田老师来参加。

田敏：那非常感谢徐老师，在合适的时候我们学校争取再承办一次人类学高级论坛。

徐杰舜：谢谢！你到民社院担任院长，对人类学与民族学学科建设有什么打算？

田敏：我以前在研究生处，学科办和研究生处是在一起的，因此从全校的角度对人类学和民族学学科建设考虑比较多，也做了一些事情。现在到民社院，对这些问题的思考就更为具体了。我来之后也做了一些调研，征求了一些意见，自己也做了一些思考和研究，有些工作已经开展了。我校的民族学一级学科博士后流动站的申请在2012年7月份获得成功，这是我校民族学人类学学科发展的一个重要事件，也是一个难得的契机。对整个人类学和民族学学科建设来说，我考虑主要是这样四个方面，首先是师资队伍建设。我们学院目前基础比较厚，有民族学一级学科博士点，下设6个二级学科博士点，9个硕士点也有大部分跟人类学和民族学相关。今后还需要进一步引进学科带头性质的领军人物，同时多加强学术交流，加强与重点高校和知名专家的交流与联系，构筑国外学术交流平台，加强学术梯队建设，提高学术影响力。二是学位点的建设。一方面是加强现有博士学位点和硕士点建设，另一方面就是增开目录外的学位点。学科点建设主要是从硬件和软件两方面来加强建设。三是多出研究成果。我们学院现在学术底蕴很厚，学术人才很多，下一步就是要充分建设一些支持平台，加强研究团队组织和建设，让大家充分发挥自己的才干，多主持和参与一些高级别课题，多出一些成果。除了每个人自己的研究成果以外，当务之急就是想出一些标志性的集体成果。目前我们正在组织10本书，包括论文集，主要包括《中国南方民族史》《中国民族志》《民族理论与民族政策研究》（教程或专题）《中国南方民族社会生活史》《散杂居民族问题概论》《武陵民族历史文化研究》《民族社会工作概论》。另外就是几个将会定期出版的论文集，包括南方少数民族研究中心的《南方民族论丛》，依托老师和博士、硕士的田野调查出版《民族学人类学田野调查》，依托民族社会发展研究中心出版《民族社会学研究专题》等。这些集体成果现在已经启动，计划明年能够出版。四是要进一步加强人才培养。一方面是多做些调研，学习其他高校人类学和民族学人才培养的经验；另一方面就是与学校、学院和老师们一起去多方面拓展人才培养思路，优化人才培养模式，提高人才培养质量。

徐杰舜：田老师讲得我很感动。我作为校友，以后也会竭尽自己所能为母校和人类学和民族学学科建设做点事情。我建议田老师将《中国民族志》改成《中国南方民族志》，另外建议写一本《中国南方民族关系史》。还可以在你博士论文的基础上写一本《中国南方土司制度史》。人类学强调整体性，所以建议你们以后多从整体上进行思考和研究。

田敏：徐老师的建议非常好，我会认真考虑。

徐杰舜：今天非常感谢您接受我的采访，衷心地祝你成功，也祝愿中南民大和民社院发展越来越好！

田敏：感谢徐教授对我的支持，也由衷感谢人类学和民族学界这么多年来对我的关怀。

【来源】《民族论坛》，2013 年第 2 期，第 5 ~ 9 页。收入本书时略有改动。

视野决定境界

——访中南民族大学许宪隆教授*

【被访谈者简介】许宪隆，中南民族大学教授，博士生导师。

许宪隆教授

* 访谈人：徐志舜、沈再新（湖北来凤人，民族学博士，中南民族大学副教授，硕士生导师）；访谈时间：2012 年 8 月 22 日；访谈地点：中南民族大学。

徐杰舜：许院长，听说你去西藏调研啦？

许宪隆：对对，刚从西藏回来。

徐杰舜：去了西藏，感受还可以吧？

许宪隆：呵呵，反正是缺氧也困，富氧也困。

徐杰舜：不管怎么说，从事民族学、人类学研究的人，去一次西藏还是值得。

许宪隆：过去都在西藏的外围做考察，这次去西藏是填补了一个缺憾。到目前为止，所有的省会城市我都去过了，包括台北。

徐杰舜：那就没有遗憾了，这也是作为人类学、民族学工作者值得纪念的一件事情。古话说“不到长城非好汉”，对我们来说，不到西藏就不是人类学工作者。我这次来还想请你到新疆去呢！今年10月12日至17日在塔里木大学召开人类学高级论坛，现在是第十一届了，我觉得你应该去指导一下，所以我今天来拜访你，邀请你参加第十一届人类学高级论坛。

许宪隆：指导谈不上，我应该去。因为人类学高级论坛就是跟着您一起来到中南民族大学的，中南民族大学也是人类学高级论坛的发起单位，对我们学校民族学的学科发展起了非常正面的促进作用。在那个特殊的阶段，对我们民族学的学科建设，尤其对我们学科在国内的社会影响，以及两岸三地的一些资深学者在人类学高级论坛上探讨一些问题，然后建立起一些基本的联系，到最后很多人成为朋友，应该说都起到非常好的作用。

徐杰舜：那你这次去的话，你可以跟台湾新的中生代学者建立联系，比如台湾暨南大学人类学所长潘英海。台湾方面的学者这次有3个人去，都是中生代。

许宪隆：可以啊，正好我已去台湾做过两次学术交流。

徐杰舜：对。这次人类学高级论坛中，海峡两岸圆桌论坛的主题是“从社会转型到文化转型”，这方面你有很多话可以说，包括你的田野经历、散杂居民族研究、西北穆斯林家族社会研究，你都可以从这个角度说。因为当今中国正经历着剧烈的社会转型，但是文化转型的问题始终没有跟上去，从文化转型的视角，你可以即兴发言。

许宪隆：可以。我把今年5月份去台湾进行学术交流时得到的一些田野调查资料，以及内地相关研究的东西整理一下，确实有些想法。5月份在台湾除了参加“海峡两岸族际关系学术研讨会”之外，台湾一些学界的朋友在宜兰找了10多个原住民跟我们座谈，这些原住民目前就在城市里工作，已经进入到城市里的各个行业，比如说电视台、报社，或者经商什么的，一批人已经小有成就。座谈地点是在一家茶社。他们每个人谈他们的成功经历，谈他们怎么样从山上来到城市，然后在城市里怎么创业、怎么发展，以及他们和原居地的家人、族人保持着什么样的联系以及如何联系，气氛非常好。

徐杰舜：台湾的原住民特别的会唱、会跳！

许宪隆：对，也很大方，不论男女都很大方。你要他唱他就唱，唱他们自己原住民的民谣，就是他们自己原生态的，不是那种经过艺术加工的，我觉得非常动听。后来我专门买了一个光盘，很贵的。就是台北的一些艺术家，他们总共花了 6 至 8 年的时间到原住民的各个部落里边去录音、收集的。

“海峡两岸族际关系学术研讨会”上，我听了一些台湾学者的发言，也有一些感觉。例如在我主持会议的那一个时段，有一个台湾的教授的发言就特别激动。他讲的很多就是对大陆的“文化大革命”的批评，以及历次政治运动如何如何，等等。这些东西在大陆早都成为过去了，大家甚至提都懒得提了，老是翻那个旧账也没啥意思。所以我想民族学人类学界的学者之间需要经常的沟通，例如两岸三地之间很多东西，大家都停留在过去的认识层面。

徐杰舜：有人作这样的发言，那就有点古董了。

许宪隆：是的。你看这些年两岸三地之间交流多了以后，这种误解就少了一些。可是我们现在有一些学者呢，我就是说，你没有去台湾走过，或者台湾的学者没有到大陆的有些地方走过，那你去针对台湾的某一个原住民去做研究或者发表文章，都是纸上谈兵嘛，所以你写的很多东西可能都是停留在很遥远的过去。

徐杰舜：你这次在“海峡两岸族际关系学术研讨会”进行交流的学术论文是什么？

许宪隆：就是《中华民族的多元一体和各民族的共生互补》这篇文章。

徐杰舜：共生互补？这个理念是蛮不错的，请你稍微详细地介绍一下。

许宪隆：“共生互补”这个理念是前几年我提出来的，在我和我的弟子们所发表的一些文章里对它的定义、内涵，以及针对散杂居民族关系和民族问题进行分析的指标体系，都做了相应的探讨。实际上我觉得在探讨中国民族学、人类学这样一个话语体系的时候，就是大家都讲得多，自己去认真思考的，并且动手去做的比较少。比如说，大家翻译了很多东西，国外的很多东西，但是很多还没有经过消化形成我们自己的东西。

徐杰舜：对。

许宪隆：费老提出的“多元一体”格局这个理论我是非常赞同的。我想徐老师也是赞同的。我觉得费老这个“多元一体”，它确实是把中国历史上几千年民族关系的演变、发展这样一个大的趋势，提出了一个分析框架、体系，因此我们在这个体系下去考察中国几千年的民族关系似乎都能找到答案。但是后来我又发现这里面有一些误区。其中最大的一个误区就是我们认为中国自古以来民族关系发展演变就是多元一体这样一个格局，这个认识是存在偏差的。其实费老讲的多元一体格局是一种理想状态，是一种目标，是一种结果，而不是过程。现在我们忽略了过程，只讲结果就会导致一个很严重的后果，就是我们中国的各个民族从古至今都是多元一体的，因此我们不需要去注重在过程中怎么样去调适民族关系、引导民族关系向良性方向发展，它自然就会走向多元一体。这不仅包括一些学者，还有一些从事民族工作的，甚至政府的个别文件里面，都是开口闭口说我们国家是多元一体的。这样讲就意味着我们在调适民族关系方面可以不作努力，因为这种目标已经实现了。实际上费老提出来的是一种终极的、理想的状态，就是说历朝历代政权通过政治的介入，或者是通过其他的途径，使各个民族之间发生的一种友好往来关系得到调适之后，民族关系才会从多元走向一体。

徐杰舜：需要的就是和谐、和合嘛。

许宪隆：对。所以历朝历代统治者会针对当时的民族关系现状出台一些政策，这些政策就是用来调适民族关系的。因为每个朝代民族关系的状态不一样，所以政策也就不一样，历史给我们的教训也是如此。新中国成立至今，我们所处的状态也是不一样的，那么就需要有我们自己的民族政策。现在学界对所谓的“第二代民族政策”也在争论，那么“第二代民族政策”是不是有它的合理性，这种理论、提法的对与否我们姑且不去定性，但是这种总体思路有没有它存在的合理性？我看是值得讨论的。因为政策不可能永远是一成不变的，因为民族关系的现实状态发生变化之后，你的政策也要相应地往前走。

徐杰舜：许教授，你讲的这段话包括了两个非常重要的问题，第一个问题就是费老提出的著名的“多元一体格局”论在某些状况下被庸俗了，而且把它变成一个固定的标签到处去贴，那反而忽略了中国民族关系发展的这个过程，忽略了历代王朝为了调适这个民族关系所执行的一系列的民族政策，以及它能达到一个什么目的。例如元明清时期朝廷在广西施行过土司制度，当时广西在土司制度下过的日子很正常、很平静。但是云南的情况就有所不同。在云南你用土司制度可能不行，因为云南一直到元朝都长期处于一个独立的状态，朝廷就对云南所实行了卫所制。所以用“多元一体格局”当这个标签呢，就有可能忽视民族政策的差异，以及执行不同政策的背景。第二个问题就是所谓的“第二代民族政策”，这个说法之所以被别人批评，是因为传统的主流观点认为我们的民族政策是绝对正确的，我们实行民族区域自治制度也是绝对正确。这两个正确之下，恰恰会造成一个非常大的误区，就是什么都不会变了。我们是马克思主义者，马克思主义哲学是辩证的，难道对民族政策都不能讨论吗？

许宪隆：是的，是的。

徐杰舜：世界上没有不变的东西，变化是绝对的，静止是相对的。如果拿人类学来讲变迁，中国社会变化多大呀！谁能够否认中国社会的变化？所以，你讲了两个非常重要的问题。我觉得“共生互补”这一个新的理念，刚才你没有讲完，请你继续讲。

许宪隆：“共生互补”是指人类的活动及其结果要确保社会系统和自然系统的和谐共生、优势互补、协同进步和发展。它既包括人与自然的共生互补，又包括人类世界中的共生互补（个人与个人、个人与社会、集团与集团、民族与民族的关系等）。从共生论的视角来看，它强调的是共生单元间优势互补，互相借鉴，以收扬长避短之效；共生单元间互为依存，互补共赢；共生单元间有竞争和冲突，要在竞争中产生新的、创造性的互补性合作关系，这种关系是共生系统中的任何一个单元都不可能达到的一种高水平关系；共生单元只有在尊重其他参与方，包括文化习俗、宗教信仰等的基础上，才能扩大共享领域。在构建散杂居地区多民族和谐社会进程中，倡导“共生互补”理念，原因在于它既是对人类物质文明和精神文明是各民族共同创造、每个民族都有优于其他民族的独特文化元素这一历史唯物主义观的诠释，也是从社会共生理论的新视角对费孝通先生所提出的关于“中华民族多元一体格局”理论，以及中国共产党提出的“三个离不开”思想的科学性所作的逻辑证明和必要补充。

如果我们把费老的多元一体作为一种终极理想状态的话，那么实现这种理想状态一定需要一个过程，这个过程在各个朝代也是不一样的。今天要建设多民族和谐社会，肯定要有一个指导性的调适民族关系的实践理念。我看了一些学者的书，后来经过一些思考，认为“共生互补”作为我们这个时代调适民族关系的一种实践理念是比较合适的。作为一种实践理念，它的理论基础至少有三个：一是刚才徐老师已经提到的，就是历史唯物主义和辩证唯物主义；二是文化生态学，就是文化与生态学视野下的共生互补观；三是生物共生论。借助上述理论，我们还总结了“共生互补”的三个层面，即共生度、共生界面、共生模式，每个层面都包含了考量民族关系的诸多指标体系。

徐杰舜：这是非常好的一个观点呐。费老的地位太高了，所以他的一些观点被神圣化了，被当作一个标签符号到处去用的时候，会容易出现一些不和谐的东西，反而阻碍了人们对这个问题的学术探讨。

许宪隆：对呀。我给学生上课的时候，我经常提醒他们，我说我最反对你们背得最熟的话就是“中国自古以来就是统一的多民族国家”，我说你们可以细细推敲这句话对不对，中国自古以来就是统一的多民族国家？只要稍稍懂一点历史，你去看看是不是自古以来就是统一的？

徐杰舜：“自古”这个词是绝对不能够用的。

许宪隆：是的。那么现在讲费老的这个“多元一体格局”理论被滥用，被误导，实际上是相同的道理，就是大家认为我们中华民族从来都是多元一体的，讲多了大家就会忽视这个过程，就会忽视这个过程的艰难。

徐杰舜：我很赞成你这个观点。我自己后来写了一本《从多元走向一体》，就是，费老的“多元一体格局”是一个比较定格的东西，它是个结构性的，但是实际上这个过程太长了，至今没有结束，还在进行当中，要真正达到那种理想境界，可能还不是几百年的事情，我估计还得有上千年，整个中华民族发展的历史趋势可以看得出来。所以有些东西不要把它格式化以后到处去用，结果会什么都解释不了。

许宪隆：对呀，你说你已经是统一的多民族国家，已经是多元一体了，那你还要民族宗教部门干什么？他们不需要做什么工作了，政府就可以按照全国一盘棋，该怎么做就怎么做。

徐杰舜：所以一旦有实际问题爆发出来就束手无策。许教授，你这一席话，我觉得体现出你作为一个学者的责任和良心，你是真学者，你思考问题不是人云亦云，你有一种社会责任和民族的良心在这里，所以才能提出“共生互补”的问题。我想转入另外一个问题的讨论，就是你近几年做得比较多的散杂居民族研究，我想请你介绍一下。

许宪隆：实际上做散杂居民族研究对我个人来说是一个学术转型，我以前主要是做西北穆斯林社会，人在40来岁开始学术转型事实上是比较痛苦的，但是必须做。在武汉这样的环境下，我认为老做西北方面的东西不太合适，应该有一种地域文化研究上的转型，否则有去抢人家学术地盘之嫌。我经常讲学术也是江湖，学术江湖就是各门各派必须有自己的一块学术地盘，你自己不开垦一块地盘，然后你老抢别人的，今天在这块地盘抢一把，明天到那块地盘抢一把，到最后甚至把自己的码头都会搞丢，自己永远在江湖上没有立足之地。

徐杰舜：这比喻很恰当，我很赞同。

许宪隆：散杂居少数民族是我国少数民族的重要组成部分。长期以来，无论是政府还是学术界，对散杂居少数民族重视和研究的程度都相对薄弱。政府的散杂居少数民族工作报告内容多为民族政策宣传、工作汇报、民族团结经验交流等，带有较强的政治意义。近年来，中南民族大学一批学者开始致力于散杂居民族关系和民族问题研究。2009年6月，我牵头组建了中南民族大学“散杂居民族研究”校级学术研究团队。研究范围涉及散杂居少数民族的政治、经济、文化、教育、社会发展、宗教、哲学、风俗习惯等方面，形成了理论和实务研究相结合、宏观研究与微观研究并进的四个研究方向：第一，散杂居理论研究（散杂居传统理论的梳理和回顾、新型散杂居理论的构建二个子方向）；第二，都市散杂居民族关系研究（都市移民与融入、都市民族关系二个子方向）；第三，民族乡研究（回族乡、白族乡、畲族乡、土家族乡四个子方向），首先研究民族乡的历史与文化、风俗习惯等内容，理清民族乡发展的来龙去脉，重点探究民族乡发展中面临的热点、难点问题，民族乡的命运以及可持续发展研究；第四，散杂居应用研究（散杂居政策研究、散杂居地区社会经济发展研究、决策咨询研究三个子方向）。目前，散杂居民族研究已经成为中南民族大学最具特色、实力雄厚的研究品牌之一。

当然散杂居民族研究需要很长的时间，我这辈子即便把我们这个散杂居团队全部动员起来也做不完。从事散杂居民族研究，从开始有这个想法到现在也有10年的时间了，自己也做了一些思考，一个重要问题就是你的研究理论框架能不能够自圆其说，能不能够自成一体，因为过去我们所讲散杂居都是讲民族工作，民族工作是按照党的政策来的，它不需要什么特别的学术理论指导，但是我们从学术上讲它需要一个学理的支撑。

徐杰舜：学理的分析？

许宪隆：对。在《散杂居民族研究概论》的书稿里我们也初步提出了散杂居民族研究的理论框架和体系。

徐杰舜：那你这个是国家课题的最终成果了？

许宪隆：《散杂居民族研究概论》？是的。

徐杰舜：作为最终成果，有多少万字？

许宪隆：目前我们写了有35万字，我的终极目标是定在25万字左右，这样比较适中。像这种概论性的著作，太厚了太长了，别人看了说你不简练，我认为只要把意思表达清楚就行了。其实我很欣赏过去那些前辈学者们，他们写的那些概论性的东西，很多就是20万字左右一本，你一翻什么都有了，提纲挈领，看了很清楚。

徐杰舜：我觉得你做这个散杂居民族研究，实际上是第一次有学者对散杂居民族关系和民族问题作一个学理的分析和研究，也体现了你作为学者的学术品位，因为你关注的问题恰恰是当前民族工作和民族理论非常需要的东西，否则我们的工作往往会形成“头疼医头，脚疼医脚”这样一个状态。

许宪隆：是啊，我觉得是这样。其实徐老师您已经是一个很有成就的学者了。

徐杰舜：那不敢说，真的不敢说。

许宪隆：我的体会就是这样。实际上一个学者的水平的高低，取决于他的学术视野。他的成果的认同度取决于他的学术境界，就如广告上说的“高度决定视野，视野决定境界”。

徐杰舜：真的是，我也觉得是这样的。但是我觉得你在散杂居民族研究方面做了很多非常有突破性、有创新的工作。

许宪隆：我只是喜欢想一些问题，不喜欢跟着别人后面，拾人牙慧。

徐杰舜：我很欣赏你的这点，你的学术成就已经不错了。能不能谈一下你个人的情况？你是哪一年出生的？

许宪隆：1964年。

徐杰舜：你是安徽寿县人？

许宪隆：对。

徐杰舜：是回族，对不对？

许宪隆：对。

徐杰舜：你小学、中学都在那里读的？

许宪隆：对对。

徐杰舜：然后读中南民族大学历史系？

许宪隆：对。

徐杰舜：在中南民族大学毕业是哪一年？

许宪隆：1986 年。

徐杰舜：然后你去读了中央民族大学的硕士？

许宪隆：对。

徐杰舜：那毕业是哪一年？

许宪隆：1989 年。后来就一直在中南民大工作。

徐杰舜：去读博士是哪一年，2000 年？

许宪隆：1997 年在华中师范大学读博士。2001 年就进了武汉大学博士后流动站。

徐杰舜：那你这个学术背景非常的不错，对于你现在做学术研究，从理论上、学理上，分析问题的学术的视野和思考问题的眼光，都比别人独到一些。你在民族学与社会学学院做了十几年的院长吧？

许宪隆：刚好 10 年。

徐杰舜：10 年？这是值得纪念的。应该说是民族大学民族学学科建设最关键的 10 年，对中南民族大学的民族学学科建设你是立了汗马功劳啊！

许宪隆：个人的学术成长，我觉得刚才徐老师给我概括的，我是基本赞同，只是说走过不同的学校，接触过很多学有专长的名师，跟着他们学到了他们的研究特长。同时，我认为社会实践也很重要，比如说我曾经在湖北省来凤县百福司镇搞了一年社教工作。那一年应该说对我自己形成很多的思考，对民族地区的很多看法都有很重要的作用。中南民族大学民族学科的发展，以及这 10 年当院长，其实还是怀着对母校的感恩。这一点跟徐老师您是一样的。中南民族大学民族学、人类学学科的发展，在我当院长的这 10 年，实际上徐老师也做出了很多的贡献。

徐杰舜：不敢这么说，只是做了一点点。

许宪隆：徐老师所做的许多贡献我心里很清楚，确实对我们的学科发展起到了助推器的作用。比如人类学高级论坛，虽然只在我们这里开了一届，但后来的每一届都由徐老师出面，在不同的地方去开，还是以中南民族大学为发起单位，而且我们这边的老师都会参加。

徐杰舜：过奖过奖。

许宪隆：所以说，这10年中南民族大学民族学科确实是一个让人羡慕嫉妒的发展。从一个二级学科的硕士点，变成一级学科硕士点，然后变成二级学科的博士点，现在又变成了1个一级学科的博士点、7个二级学科博士点。今年我们的博士后流动站又全票获批。你看这五步在10年中间实现，其实是很不容易的。付出的劳动当然不是个人力量所能够完成的，我总觉得举全校之力都不能够概括这样一种结果，应该是学界同仁方方面面给予支持和关心的结果。经常有朋友跟我开玩笑说是宪隆成就了中南民族大学的民族学科，这算是开玩笑鼓励我。我说这样说是不对的，严格说起来是中南民族大学的民族学科成就了许宪隆，没有中南民族大学的民族学科，我也不可能像今天这个样子。

徐杰舜：这是相互的！没有你在那里做，如果换了一个人，它的发展速度和规模可能就是另外一种状态，很难说。你为人为学在学界都是有口皆碑的。

许宪隆：现在反思起来，10年的院长经历也占了我不少的时间和精力，但是如果你不做这样一件事情，可能这10年过得也没有太大的意义。

徐杰舜：实际上你这10年也是双肩挑，一是在学科建设上做出了你最大的贡献；一个是你在学术上的建设，你的学术，一块就是西北回族研究，你也是做得非常好，现在又转型做散杂居民族研究。

许宪隆：散杂居民族研究这一块是从我当院长开始的。当时要号召大家作学术转型，我当院长就得自己带头，所以我自己先搞这个散杂居民族研究。

徐杰舜：你的转型、转向都说明你很有自知之明，很清楚自己应该往哪边走。这一点你是占了先机了。如果你到50岁了再去转，那就非常困难，或者是要付出更大的挑战。

许宪隆：所以昨天您给我打电话的时候，我说最好等《散杂居民族研究概论》这本书出来之后再跟您聊，因为散杂居民族研究在国内成系统、成团队、成果成系列，我们经过这么多年，应该算是第一家，但是我们的研究成果还不是很多。

徐杰舜：你太谦虚了，你们团队在散杂居民族研究方面的成果已经不错了。前几天我认真查阅了近6年来你们“散杂居民族研究”团队成员合作完成的国家、省部级项目，国家社科基金项目就有13个，省部级项目有29项，这是很了不起的成就啊。特别是2011年12月在广西南宁召开的中国人类学民族学研究会年会上，你们团队举办了“散杂居民族研究”专题会议，你们的表现和成就当时简直令学界刮目相看。你看你指导的几个博士的著作都出来了，都很有分量啊。

许宪隆：徐老师过奖了。目前出版的几部专著是我们团队的研究计划之一，也是散杂居少数民族研究丛书的一部分。以前我和李吉和教授带的散杂居研究方向的博士生，这些学生的博士论文基本上都纳入这个丛书的范畴。我们曾经还计划搞一个散杂居民族研究的刊物，想过很多办法，现在都比较难办到。我们现在有两个方式，一是与校外一些对散杂居民族研究感兴趣的学者编一个《散杂居民族研究通讯》，内部传阅，现在已经编了6期；二是与《民族论坛》杂志合作，在该刊物上定期推出“散杂居民族研究”采用栏目。

徐杰舜：哦，不简单。

许宪隆：这些都是形式的东西。后来一想，如果散杂居民族研究团队的成果都分量很重，很受关注的话，我想这些形式总是可以多种多样的，并不会影响整个研究团队，或者是这个研究领域的整体进步。

徐杰舜：从整个学术发展史来看，无论民族学也好，民族理论也好，或者说人类学也好，散杂居民族研究有着广阔的研究空间。你这10年能够做这么多的工作，带出一个团队，带出了一个方向，证明自己学术建树的东西也基本形成，真的是很了不起的事情。

许宪隆：你看国家民委过去政法司下面还有一个散杂居处，现在把散杂居处也给撤了，改成了少数民族权益保障处，也就是说过去唯一一个带散杂居这样一个国字号的机构也没有了。

徐杰舜：对呀。

许宪隆：所以我们更有必要把散杂居这块牌子举起来，直接在我国中东部这样一个地理方位，各个方面都比较吻合，也便于在学术江湖上立足。

徐杰舜：你在学术上已经建构了一个非常好的平台，现在初具规模了。我倒是有个建议，可能是废话了，就国外都市人类学的理论你们要多关注一下。

许宪隆： 一定多关注。

徐杰舜： 好，感谢许院长今天接受我的采访。

许宪隆： 谢谢徐老师。

【来源】《民族论坛》，2013 年第 4 期，第 5 ~ 10 页。收入本书时略有改动。

胆大包天　硕果累累

——访云南大学瞿明安教授*

【被访谈者简介】 瞿明安，云南大学教授、博士生导师。

瞿明安教授

* 访谈人：徐杰舜；访谈时间：2012 年 11 月 14 日；访谈地点：昆明桂花大厦 1505 室；录音整理：陈树峰、张桔。

徐杰舜：瞿教授，很荣幸能在昆明采访你。我们还是按照采访程序，首先问问瞿教授，你是哪里人？

瞿明安：昆明人。

徐杰舜：哪一年出生？

瞿明安：1960 年出生，现在 52 岁。

徐杰舜：你是昆明人，肯定从小到大都是在昆明读书了？

瞿明安：是不是要讲一下我的学术经历？

徐杰舜：对。

瞿明安：我是云南大学历史系 79 级的，当时刚好是高考恢复的第三年。1983 年毕业后分配到云南省社科院历史研究所民族学研究室。我这一生碰到了很多重要的机遇。那时刚刚毕业就碰到了一次，当时由云南省社科院副院长杜玉亭先生主持了中国民族学的第一个国家重点项目"云南少数民族前资本主义社会诸形态与社会主义现代化"。现在看来这个课题的名称前半段有点古典进化论的色彩，后面讲现代化，但这个选题在当时是处于全国领先的。为什么要把我调到社科院去呢？因为这个课题研究的是少数民族的现代化，有经济社会的发展、文化变迁，以前的老学者他们研究的是历史，研究传统的东西，叫那些老学者来承担这个课题，他们不愿意，也搞不了，没有精力，包括知识结构一下也转不过来。当时我们班有七个同学分配到云南省社科院，其中有五个人在历史研究所民族学研究室（后改为云南省社科院民族学研究所）。这个国家重点项目由杜玉亭任课题组长，也有些中年人参加，但主要骨干都是我们这些刚刚毕业的年轻人，可以说这批年轻人现在都是云南民族学界的骨干，如王清华、郭家骥、郑晓云等。当时云南省社科院对这个课题非常重视，杜玉亭在会上就讲"这是国家重点项目！"。能参加这样的国家重点项目，我们也很自豪。一开始由杜玉亭来点将，安排我研究佤族，郑晓云研究基诺族，郭家骥研究拉祜族，王清华研究哈尼族。工作后的三个月内，我们的任务主要就是看资料，如少数民族社会历史调查、简史、简志等"五套丛书"，还有《家庭、私有制和国家的起源》《古代社会》，等等。看了三个月以后就开始到民族地区调查了。

徐杰舜：是哪一年？

瞿明安：是 1983 年。当年 7 月分配到云南社科院工作，11 月冬季，正好是旱季，不下雨了，我们就开始下去，第一次我就去了四个月。回来汇报时，杜玉亭问我调查了多长时间？我说在西盟佤族自治县的岳宋村调查了两个月。他说："想不到你这个书生居然在村子住了两个月。"因为我们一起毕业的同学中个别在村寨中连一个星期都没有住过。一开始当杜玉亭要我研究佤族时，我马上就联想到了佤族过去的一些习俗，让我很担心，很紧张。他有点生气地说："你真是个书生啊。"后来我居然在一个村寨住了两个月。他从此开始对我刮目相看了。当时杜玉亭让我写这次田野调查的文章，我就整理了一下调查的岳宋村的情况。可以说那个村寨当时在整个中国都是一个非常典型的村子。为什么呢？当时是 1983 年、1984 年，但看到的情形竟然跟民主改革前没什么两样。因为民主改革前，当地佤族老年人系着遮羞布，妇女半裸着身体，人们用手抓稀饭吃。到了 20 世纪 80 年代中期依然这样，有的中年妇女还是裸露着上身，小孩子光着屁股，个别老年人还系着遮羞布。后来中国社科院民族研究所佤族研究专家田继周先生说"岳宋没有变"。这是他亲自对我说的。上世纪五六十年代他曾经去岳宋调查过，但过了几十年后岳宋仍然没有什么变化。看上去就像一个非洲的原始部落，我形容的可能有点过分，但实际上就是那样，完整地保留了原来的那些东西。

徐杰舜：这种现象现在改变了吗？

瞿明安：现在消失了。当时杜玉亭听了我的汇报之后就让我写了一个材料，材料中把我看到的情况真实客观地描述出来，没有做任何分析，只有 3000 字。但是这篇简短的调查报告却产生了非常大的作用，后来作为"农村发展问题送阅卷"一直报到中央书记处农村政策研究室和国务院农村发展研究中心，还有云南省的"五套班子"。当时云南省的省委书记看了这个报告都感到震惊："想不到 80 年代还会像这个样子。"杜玉亭曾经在一次会议上当着大家的面说我写的这个报告是"云南社科院对省委的贡献。"因为这个东西不仅仅是一个个案，它还是一个贫困的典型啊！当时中国正在搞改革开放，农村生产责任制才开始推行，刚刚见了效果，大家都认为不管是汉族还是少数民族都富裕起来了，但是我这个调查报告却是对这种认识的否定，当然不是针对所有的地区，只是针对边疆民族地区。这一个案在中央都挂了号，后来中央实行脱贫致富的战略，我的那一个材料就是针对边疆少数民族地区的一个重要依据。这是我的处女作——1984 年第一篇 3000 字的调查报告。后来在那里调查时，会碰到新华社的记者，他们都到那里去调查，很多人都是根据我写的材料中提供的情况去的。这个地方自然环境很好，属于亚热带，曾经种植过茶叶，现在是种植橡胶，比云南最贫困的怒江等地区要好得多，但那个时候当地的老百姓就是要保持那种原始状态，保持那个传统。

这种状况对我产生了强烈的冲击，这就是后来为什么我要研究生活方式的主要原因。当时我将这种现象称为“生活习惯”，而杜玉亭则说是“生活方式”。1984 年，生活方式研究刚刚在国内起步，连书都还没有出过，我就开始关注这个问题了。我对佤族地区的研究，从 1983 年到 1990 年的 7 年中，先后去了 20 多次西盟佤族自治县，单是在岳宋这个地方累计调查的时间就有一年多。西盟县过去被认为是阿佤山的中心地区，从古典进化论的角度来看就是“处于原始社会的末期”，所以当时把那个地方作为重点调查的基地。

徐杰舜：后来你对西盟佤族研究都写了些什么？

瞿明安：关于西盟佤族我写了些东西，主要是对策性的建议或应用性的研究报告，而没有写民族志，虽然我的田野调查笔记有十多本，但我始终没有写书。为什么没有写呢？因为当时要求的不一样，不像现在培养博士要做一个民族志。当时要求的是研究佤族地区的现代化，研究他们脱贫致富的途径，提出好的对策，但是对策也不是那么容易写的，要把全县都跑过来，整个西盟县 6 个乡，我都跑过了。后来在开展这个国家重点项目的同时，我又承担了另外一个国家重大项目。为什么呢？因为 1986 年，由国务院下达给中国科学院的重点项目“西南地区国土资源综合考察与发展战略”正式启动。这是西部大开发的前期准备。这个课题太大了，在 1986 年的时候经费就有 400 万。

徐杰舜：那不得了。

瞿明安：考察队每到一个省，每个省再出 50 万，所有经费加起来一共是 650 万。大西南当时称为“四省五方”，即云南、广西、四川、贵州、重庆。这个课题启动后，中央的文件直接发到地州，要求各地对考察队给予全力支持。我们每到一个地方都是拿着政府的文件，几乎被奉为上宾，调查很顺利。当时在云南考察的这一站，整个课题组就有几百人，开会是在一个大礼堂里面，就像电影院一样坐满了。这个课题由中国科学院自然资源综合考察委员会来牵头，四省五方的地方科学院和社会科学院参加，自然科学与社会科学两大学科群的人员汇集在一起。其中社会科学方面的子课题主要是由四省五方的社会科学院来承担。当时由四川省社科院牵头成立了“开发大西南战略研究中心”，并由四省五方的社科院共同承担了这个总课题里的第10号课题：“西南社会经济情势综合研究”，包括社会经济情势，即现在的状况，面临的问题，以及将来怎么发展，涵盖了经济学、民族学等多学科的研究内容。而云南省社科院又承担了其中的第7号课题：“西南少数民族社会经济情势综合研究”，课题组长就是杜玉亭，副组长是民族学研究所的副所长郭大烈，加上我和郭家骥一共4个人。按规定要在两年之内跑完四省五方，实际上这个课题就是我和郭家骥两个人在做，他们领导进行指导，我们具体干活，我当时是这个课题组的秘书，又是所里的科研秘书，这样我们花了两年时间把西南四省五方跑过来了。在这个课题开展的过程中，我们曾写了《云南少数民族社会经济情势与发展对策研究》,《西南少数民族社会经济情势与发展对策研究》等阶段性的研究成果。当时，除了这个课题以外，由四川省社科院牵头组织的国家社会科学重点项目“西南经济区发展战略研究”跟这个课题同步进行，这两个课题我都参加了。其中云南省社科院承担的子课题叫“西南少数民族发展战略研究”，这个报告最后就是由我执笔写作的。可以说西部大开发我是直接参与者，自己亲自去调查。这个时候离21世纪初中央正式宣布西部大开发还有十多年，但我们已经开始了自然科学和社会科学的前期研究工作。我感到幸运的是，中国民族学的第一个国家重点项目，西部大开发的两个国家重点项目，包括自然科学的和社会科学的，我都参加了。为什么后来我的视野很开阔？这跟我的学术经历有关系。后来，自然科学那个重点项目的最终成果“西南地区资源开发与发展战略研究”获得1995年度国家科技进步二等奖，我本人还领取了课题主持单位中国科学院自然资源综合考察委员会颁发的与此有关的表彰证书。

我们写的云南和西南少数民族社会经济情势的报告中有一些实例和建议被总课题组采纳了。西南地区主要是少数民族，虽然汉族也很多，但也集中了中国一半以上的少数民族。

由于我对生活方式感兴趣，后来就查阅了一些学术杂志，发现中国社科院哲学研究所的王玉波是生活方式研究领域公认的权威。他在一篇文章里说，对生活方式感兴趣的学者准备成立全国生活方式研究会，现在已成立了筹备组。后来我就写信给他，说我对少数民族生活方式感兴趣，并且正在写这方面的东西。他很快就回了信，说对生活方式感兴趣的人很多，给他写信的人也很多，但是在边疆地区研究少数民族生活方式的你是第一个给我写信的人，同时邀请我参加1987年在天津召开的全国生活方式研讨会。当时我才是一个初级职称的，大学毕业才刚几年。在那次会上，天津人民出版社准备策划由王玉波主编的“现代生活方式丛书”。他说让我来写其中的《少数民族生活方式》一书，我就答应了。当时我的与会论文叫《现代化过程中边疆民族生活方式的适应性》，写的是有关边疆少数民族生活方式变迁的特点和适应性方面的问题。后来，我的这篇论文发表在《民族研究》上。1988年，我才28岁，文章一发出就引起了许多专家学者的注意。

后来在承担那个国家重点项目的二期研究任务时，单位上实行了课题承包制，即课题组给你多少钱，你负责完成规定的那一部分任务。当时我得了2500元的课题经费。80年代中期的时候，我拿着这2500元就跑了8个省。我的调查从新疆开始，即参加1988年在新疆召开的全国民族理论研讨会。会后，去伊犁、阿勒泰，重点调查北方的游牧民族——哈萨克族。但到了阿勒泰后了解到，需要骑马才能上山去调查。由于我害怕骑马，去不了，就放弃在阿勒泰的调查，转到内蒙古去调查蒙古族和鄂伦春族，然后又到东北重点调查朝鲜族。调查完了，又到北京、上海，最后从浙江回来。跑了这一趟只花了2500元。

这一次考察打开了我的视野，以前我曾把西南跑完了，这一次又把西北和东北跑下来了，所以在我的第一本书《中国民族的生活方式》中，前面的内容所使用的是第二手材料，但最后一章所使用的则是我自己在西南、西北和东北地区进行田野调查中得来的第一手资料。书在1993年由中国社会科学出版社出版，前两年又重新第二次印刷。

后来，我参加由王玉波主持的国家社科基金项目“我国经济体制改革与生活方式变化”。课题组长是王玉波，王伟光（当时是中央党校的教授）是副组长，成员还有三四位中央党校的学者。后因种种原因，课题只能由王玉波和我负责完成，成果：《超越传统—生活方式转型取向》，2007年由京华出版社出版，其中他写汉族，我写少数民族。

我在研究傣族、白族、基诺族等民族生活方式变迁模式的过程中发现一个很重要的现象，即同样都是面对现代化的冲击，但是文化背景不一样，经济发展不一样，文化积累不一样的民族会有不同的反应。例如，傣族就居住在城边，城市化和科学技术对人们的影响很大，但他们的建筑还是保留着干栏式的传统，其生活方式、婚丧嫁娶习俗等都完整地保留着。

而佤族就不一样了。我曾经去过西盟佤族自治县一个叫阿莫的村寨，1985年以前主要是搞农业。1985 年发现锡矿后，其变化的速度比深圳速度还要快，一年前老百姓还是住在干栏式竹楼里，而一年之后就有十多家住现代钢筋水泥式的别墅了，变化非常之快。

徐杰舜：为什么变化那么快？

瞿明安：主要是采矿，因为属于高品位的锡矿，经济效益明显，要是挖到一个锡矿集中的鸡窝矿，有些人一天就可以赚2000 元。我为此还专门写了一篇文章，叫《采矿业的发展对佤族传统生活方式的影响》，来论述当地佤族传统生活方式因发展工业化而发生的巨大变化。但同样是经济发展快的地方，西双版纳傣族和大理白族生活方式的变迁就形成了与此不同的鲜明特点。同样都是跳舞，傣族是跳民族舞，而佤族和基诺族则是跳迪斯科和交谊舞，房子也开始住汉式的建筑甚至别墅，原先的干栏式建筑不要了。穿的服装全部都是从商店买来的现代商品服装。我跟学生上课时说，他们穿的服装比你们的还好，如西装、夹克、风衣、高领毛衣，等等，各种各样的都有，传统的民族服装不愿意穿了。大理白族也受到现代化的冲击，但却显现出两面性，一方面是比较主动地吸收外来文化，以前是汉族文化，如今是现代文化，但在吸收现代文化精华的同时也保留着自己的传统，即面对现代文化和本民族的传统文化又吸收又保留。与白族不同的是，傣族极力保持自己的文化传统，原先的生活样式变化不大，小乘佛教“文革”时被禁止，后来又恢复了，表明傣族对自己的文化有一种固守的心理机制，不轻易丢掉自己的传统。而佤族、基诺族则几乎完全丢掉自己的文化传统。

徐杰舜：这段时间有多少年？

瞿明安：七年。

徐杰舜：这七年奠定了你以后学术发展的模式，即宏观加微观。

瞿明安：是的，现在我跟学生讲课时都要谈到田野调查的经历。我参加的以上这些重要课题，既有对一个民族长期深入的微观研究，也有对全国少数民族的宏观考察，所以以后我所有的书都是写中国的，我没有哪本书写云南，也没有写佤族。

徐杰舜：这段经历很有价值，奠定了你今后的基础。你学术的第二阶段是从什么时候开始的？

瞿明安：从 1994 年的时候开始发生了重要的转折。当时我在写《中国民族的生活方式》时，就在婚礼中发现了夫妻的象征性饮食行为，各民族都有，我把它总结为共饮共食，即吃一种共同的食物，吃粑粑，吃某种食品，喝某种饮料，或者是酒，或者是水。这种现象就是一种象征符号，通过这个行为化的象征符号来反映新婚夫妻将来能够白头到老。我觉得很重要，就开始深入研究饮食的象征符号，所以就有了《隐藏民族灵魂的符号——中国象征饮食文化》这本书。我在1994年就为写作这本书开始搜集资料了，当时象征人类学在中国还没有几个人研究，也没什么现成的参考资料，西方象征人类学的书籍还没有翻译过来，中国学者只零散地写了几篇文章。考虑到当时中国饮食文化研究的层次比较浅，有关饮食文化的论文很难在高层次的刊物上发表，所以我就用象征人类学的理论方法来研究中国饮食文化，花了三年的时间于1997年完成。书在2001年由云南大学出版社正式出版。

徐杰舜：你到云南大学是哪一年？

瞿明安：1998年调到云南大学的。那个时候在《史学理论研究》杂志上发表的《中国饮食象征饮食文化的深层结构》一文引起了华东理工大学的学者居阅时的注意。他曾写信给我说，我们是不是共同主编一本中国文化象征方面的书？我觉得当时中国缺乏象征方面的综合性书籍，所以就答应了。后来我在云南组织了邓启耀、杨福泉、王亚南、段玉明、金黎燕等几人，和居阅时组织的学者，集体写作了《中国象征文化》一书。可以说这本书是我出版过的所有著作中影响最大的一本。书是2001年7月出版的，12月全国第十二届书市在昆明召开时就产生了影响。书市期间，上海世纪出版集团专门召开了"《中国象征文化》学术讨论会"。很多学者参加了，会上还宣读了刘锡诚先生的书面发言，影响很大。会后，刘锡诚撰文认为，这本书是中国学者在象征文化研究领域走出的第一步，也是坚实的一步。杨知勇也对本书给予高度的评价。这本书还被美国斯坦福大学图书馆等世界著名大学图书馆收录。现在成了中国象征研究领域被引用率最高的一本书，可以说至今仍没有其他同类书籍超过它。

后来，由白庚胜、居阅时和我三个人主编了"中国象征文化丛书"，包括《中国祭祀文化象征》《中国民族服饰文化象征》《中国梦文化象征》《中国性文化象征》《周易文化象征》《中国道教文化象征》《中国建筑与园林文化象征》，分别由乐黛云、刘锡诚、乌丙安、刘魁立等四位著名学者当这套丛书的顾问，并由刘锡诚等人作序。书一面世，就广受欢迎。

在研究象征的同时，王玉波又跟我约稿，让我和他共同写《中国家庭史》。他让我负责“远古时期的家庭”和“少数民族家庭史”这两部分内容。有关原始社会史的书籍大多是民族学家来写的，像林耀华主编的《原始社会史》、杨堃的《原始社会发展史》等。我知道这是块很难啃的骨头，我也没有专门研究过，但还是答应了。仅是写“远古时期的家庭”这一部分我就整整花了一年的功夫。前期成果《中国原始社会乱婚说质疑》刊于《民族研究》，对原始社会存在杂乱性交的观点提出了质疑，同时也是对用古典进化论来解释“知母不知父”现象的纠正。在民族学界和史学界都产生了很大的影响。

当然我还有另外一篇影响更大的文章，就是发表在《中国史研究》上的《中国古代宗教祭祀饮食文化略论》。这篇文章影响之大，讲出来也许你都不会相信：共获得了国际国内的 30 个奖项，有金奖、特等奖、一等奖，最低的是二等奖。当时我把这篇文章送给杜玉亭，他看了之后说：“我向你祝贺!”他的学生尹绍亭说：“他能讲这样的话，那真是了不得了。”因为他很少说哪个人的文章写得好。

我接下来继续讲性学研究。我负责写的还有少数民族家庭史，而家庭史也涉及两性关系，于是我就开始对少数民族性文化感兴趣。可以说，我研究性学就是从这个时候开始的，先从生活方式转到婚姻家庭，再从婚姻家庭转到性文化研究。我完成的一个前期成果已发表在我主编的《华人性人类学研究》创刊号上，叫作《家庭起源多元论——对人类社会早期存在多种家庭形式的假设》。这篇文章和上面那篇文章中提到的一些重要观点被刘达临主编的《现代性学词典》一书采用。

徐杰舜：《华人性人类学研究》很精彩，最近有新版吗?

瞿明安：今年已出了一期，但是我不发给人类学家，因为我准备刊登《人类性文化大典》一书的初稿，内容不完全是性人类学的，所以只发给性学家，连续几期都会登，其中涉及的内容已经不是性人类学了，应该说扩大到了整个性学。

徐杰舜：这也是一门发展的科学。

瞿明安：2008 年，在昆明举行的首届性文化博览会上，我认识了刘达临。当时我和另一位学者写了一本有关少数民族性文化的书，也是王玉波向我约的稿子。因书中需要照片，我曾向原来在社科院的一位老同志要了些照片。在性博会举办前夕，那位老同志向他熟悉的大会组委会秘书长推荐我，于是组委会就找到我，让我设计并展览有关少数民族性文化方面的照片。那次性博会上的内容，一个是刘达临主持的中国古代性文化，一个就是我负责的少数民族性文化。

我和刘达临的合作关系始于2008年。在参加第一次研讨时，我和尹绍亭一起去了。我们就在开会期间专门讨论了怎么写“中国性文化丛书”的事宜，当时还联系了上海人民出版社负责《中国象征文化》一书的责任编辑，他对此也比较感兴趣，最后将选题从100本压缩到了30本，具体的选题都设计好了，后来可能因课题有点敏感、投资大等原因，就不了了之。在会上我还认识了阮芳赋，正宗的性学家，全球华人第一个取得美国性学博士学位的学者，是美国高级性学研究院的教授，担任过亚洲性学系主任，是美国几个性学院的院士。他主编的《性知识手册》，共印了200多万册，被评为中国最有影响的300本书之一。

在那次会议上，阮芳赋向我约稿，后来我把《中国少数民族婚外性行为与社会文化的相关性》这篇论文发给他，他在给即将创刊的《华人性研究》杂志主编彭晓辉教授的电子邮件中说：“晓辉，请把瞿教授这篇文章放在创刊号上，放在所有论文的第一篇。”他对这篇文章给予了高度的评价，认为“这是中华性文化和世界性文化研究的新进展。”阮芳赋很器重我。他让我主编《华人性人类学研究》杂志。目前，我主编的《华人性人类学研究》在创刊的9个华人性学杂志中，质量算是比较高的，台湾性学界有的学者曾把我主编的这个刊物中的部分文章作为教学参考资料，因为在华人性学界没有人专门研究性人类学，我是世界华人性学家协会执委会唯一一位人类学家。我虽然不是著名的性学家，但是我的想法却往往超出了性学家们的想象力。

2009年，第一届世界华人性学家协会第一次学术研讨会在台湾召开时，我被吸收进了协会执委会。1993年阮芳赋曾说，在人类性学研究中分别有过两次高峰：第一次世界性学的高峰是由讲德语的性学家为首掀起的；第二次世界性学的高峰是由讲英语的性学家为首掀起的。而在21世纪，将由讲汉语的性学家为首掀起第三次世界性学高峰。当时我在执委会上说：“阮教授提出要由华人为首掀起第三次世界性学高峰，现在华人的性学杂志已经有好几个了，世界华人性学家协会也成立了，但目前还没有标志性的成果。所谓标志性的成果，就是能够轰动世界的成果，是不是我们来组织撰写这样的书籍？”因为前两次世界性学高峰都有标志性的成果，而第三次还没有。对我的这一建议，有的学者当场就表示反对。但阮芳赋却提出了不同的看法，他说有可能在未来世界性学界产生重要成果的华人性学家，台湾有何春蕤，大陆有方刚，接着他说："还有你，也包括你在内。"后来会上没有继续讨论这一问题。我这个人的特点是，别人越说做不成的事，我越是要做。会后，我花了三个月的时间设计了《人类性文化大典》的选题计划和二级提纲，并通过电子邮件将其发给许多华人性学家看，结果这个设想得到了包括阮芳赋、吴敏伦等在内的许多国际著名华人性学家的高度评价和充分肯定。准备明年完成，预计有300万字。

徐杰舜：这部《人类性文化大典》就是你主编的？

瞿明安：是由刘达临和我共同主编。因为我本人不是著名的性学家，如果我单独来主编，别人不会认可，所以请刘达临来当第一主编。他是著名的性学家，是全球华人中第一个获得国际性学界的最高奖"赫希菲尔德性学奖"的学者，目前全球华人中只有三个人获得。刘达临曾在90年代被美国《时代周刊》评为"引导中国进入幸福的21世纪的六个代表人物"之一。我将选题计划拿给他看了之后，他说这个研究前无古人。

徐杰舜：课题有多少人参加？做了几年？

瞿明安：四五十个，已经做了三年。这是我正在做得比较大的一个工程。我做过的另外两个大的课题是我主编的《当代中国文化人类学》，与周光大共同主编的《现代民族学》。

徐杰舜：可以给我们详细介绍一下吗？

瞿明安：好的。2006年，第16届世界人类学民族学大会已经开始招标了。非常有眼光的云南人民出版社责任编辑尹杰，当时约尹绍亭策划出版一套民族学人类学的丛书，以迎接大会在昆明召开，最后定为"当代中国人类学民族学文库"，就是把云南籍的老中青三代学者中最精华的东西拿出来。我曾经和尹绍亭一起主编过"21世纪人类学文库"。由于有主编文化人类学分支学科丛书的经历，于是我就提出了《当代中国文化人类学》一书的选题。这本书由我单独主编，一共组织了全国12所大学和科研机构的40位作者参加撰写，分上下两卷，共100万字，2008年由云南人民出版社出版。当年12月，由云南人民出版社与云南大学民族研究院联合举行了《当代中国文化人类学》首发式暨"当代中国人类学民族学文库"出版座谈会，与会的专家学者对本书给予了很高的评价，很多媒体都来报道，还获得了云南省第十三次哲学社会科学优秀成果一等奖。另一本是四册的《现代民族学》，其中上卷一、二分册由周光大主编，下卷一、二分册由我主编，最后由我对全书进行统稿，并对上卷的部分章节作了修改、补充和调整。全书共180万字，分别由全国20多所大学和科研机构的80多位学者撰写了有关的章节，于2009年由云南人民出版社出版，分别获得了教育部、国家民委和广西的多项奖励。我目前正在主持的一个更大的项目就是你知道的“中国西部民族文化通志”。这一选题最早是由云南人民出版社的责任编辑尹杰提出来的，他当时起名为“中国西部民族文化丛书”，让我来主编，后来我将选题名称改为“中国西部民族文化通志”，将原先的丛书改为多卷本的专著，并被列为2010年的教育部人文社会科学重点研究基地重大项目，由我和何明担任主编，具体由我来牵头组织并实施。这套通志共有33卷本，预计总字数达1600万字，已列入了云南出版集团公司的重点图书出版规划项目，一共约请了全国12所大学和科研机构的30余位学者来担任各个分卷的负责人，参加人员近百人，可以说是目前国内规模最大、体系最完整的一套少数民族专题文化志。我在总序中说，这套通志是中国民族学西部学派形成的标志，所谓西部学派，也就是从总体上来研究中国西部民族文化的学术群体和学术取向。下一步，我本人准备开展的大项目还很多，可以斗胆地讲，我将是一个跨学科研究的人物，绝不仅仅在人类学、民族学方面作出成就。

在性学研究领域，下一步我准备主编10卷本的《中国性文化通史》或者大部头的《中国性文化大典》，作为《人类性文化大典》的姐妹篇。另外，由中国性学会主持的课题“中国性学系列研究丛书”中就列有《性人类学》一书，四五十万字，由我负责，并与其他几位同仁完成，目前已列入了人民卫生出版社的出版计划。明年完成和出版这几部书：《性人类学》《象征人类学》和《中国西部民族文化通志》的婚姻家庭卷及游牧卷。

徐杰舜：这是大兵团作战，很厉害！

瞿明安：是的，这一研究就是要打破地区和民族的限制。可以说，我现在的研究又回到过去曾经开展过的西部大开发研究的原点了，不过现在的这个研究上了一个更高的层次，这个项目结束之后，民族学我就不搞了。

徐杰舜：都已经做到极致，顶峰了。

瞿明安：不是顶峰，主要是自己没有精力了，再做也不可能有超越了。那么我接下来要做什么呢？我是学历史学的，前段时间我和我的学生秦莹写了一本《中国饮食娱乐史》，已由上海古籍出版社出版，下一步我们准备写上下卷的《中国婚礼通史》，80 万字，把婚礼这一民俗事项作为一种历史文化现象来写。

这部书完成后，我还有更大的计划，要写 12 卷本的《中国象征通史》，由我和秦莹一起写。每人写 6 卷，目前已经开始收集资料了。

徐杰舜：你培养了比较得力的助手。

瞿明安：是的，我培养的学生中有 4 个在《民族研究》上发表过文章，而且在我们学院我的学生毕业率是最高的。

徐杰舜：之前有人搞过 6 卷本的《中国饮食史》。

瞿明安：对，是徐海荣主编的《中国饮食史》。我和秦莹写的《中国饮食娱乐史》是由赵荣光主编的“中国饮食文化专题史丛书”20 本中的一本。

徐杰舜：赵荣光是哪里的？

瞿明安：他是浙江工商大学的，是学术界公认的中国饮食文化研究的权威之一，另一个是中国社科院考古所的王仁湘。总的来说，对我的学术研究而言，民族学、人类学可算作一个学科，性学是一个学科，历史学是一个学科，还有就是行为学，研究人的行为，这是我在跟学生讲课的过程中发现的。行为学现在叫作行为科学，与自然科学和人文社会科学并列。但是一般的行为科学与我研究的行为学还不太一样，如在工作、劳动中的批评、激励、鼓励，等等。行为学是跨学科的，横跨自然科学和人文社会科学，研究人的手脚、动作、身体与社会文化的关系，但是目前对于行为学的研究，我认为最缺乏的是对于每个人都有的、熟视无睹的行为的研究。比如睡觉，睡觉是不是一种单纯的生理现象呢？关于睡眠，专门有睡眠学，还有中国睡眠学研究会，但研究的只是生理现象，就像弗洛伊德研究梦，他说睡眠是一种生理现象，梦是一种心理现象，而我个人则认为睡觉是一种行为，应从文化的角度来研究人的行为。类似的还有走路、站立、坐着、说话、看视等，这里说的“看视”不是指感觉人类学的视觉感受，而是指看的行为动作，如人们在什么情况下来看，是从低处看还是从高处看，是往前看还是往后看，是近看还是远看，看的时候人的行为举动，等等。我要研究的就是这些问题，目前在行为科学里还是一个空白。

徐杰舜：那么行为是不是等于文化？

瞿明安：是文化的一个部分，但却是最薄弱的一个环节。

徐杰舜：因为人和人的一切行为的表达方式就是文化。

瞿明安：是文化，比如说宗教仪式、节日活动这些都是文化，政治生活中的行为也是文化，但是最薄弱的环节就是日常生活中每个人都有的行为。现在有关行为学研究的提纲我已经写出来了，如睡觉文化论、行走文化论、坐文化论、站立文化论、看视文化论、说话文化论等，不是把说话作为一种语言，而是作为一种行为来研究。这个系列研究我可能会在自己60岁以后来做，先前说的《中国象征通史》，我要在60岁之前完成。除了把日常行为作为一种文化来研究之外，我还准备把它作为历史现象来研究，我要单独写10卷本的《中国行为通史》，70岁之前要完成，这种行为史可以说目前在国内完全是空白。

徐杰舜：你未来的学术研究都安排到70岁了。你的著作这么多，思想这么开阔，我想了解你每一天是怎么过的？

瞿明安：我的行为方式与其他人不一样，有些学生说他们的老师不会劳逸结合，而我这个人却是“在工作中玩，在玩中工作”。我一个星期可能有一半的时间在玩，这可能是与众不同的地方，别人也许会认为我一天到晚都在工作，但实际上我在家工作间隙也经常上网、看电影、看新闻、看其他娱乐节目、下载照片，这就是在工作中玩。同时我也在玩中工作，我一个星期有两三天要去玩，可以说在全昆明到处玩，只要是一天可以往返的地方我都会去玩。在玩的过程中，我的脑子就在思考，我有好多设想就是在玩的时候想起来的。因为在外面玩的时候，跟坐在工作室是完全不一样的，坐在电脑面前，你的视野只看到电脑，局限了思维，而在外面看到的东西却很多，往往是触景生情，很快就可以产生联想，这样我的灵感、思路就来了。比如看视文化论，就是我在上海世博会排队期间一下子想起的。在机场等飞机时，我也会看到什么东西马上就联想起来。所以是在玩中思考问题，在工作的时候玩。

徐杰舜：请再举个例子。

瞿明安：好的。讲一个小故事，我有一个不好的习惯，会讲“自来话”，就是随时随地都在思考问题，不知不觉就会讲出话来。我现在不买汽车，就因为我的脑子随时在动，随时在思考问题，如果买了车，就会出问题，不是别人撞我，就是我撞别人。我坐在公交车上，无论自己怎么思考，也不会影响自身的安全，但是开车就不行了。以前我经常爬西山，现在我们家在昆明的卫星城安宁市买了房子，所以我每个星期都要去玩，我曾经带学生去过。我这人好冒险，讲个例子，我在阿佤山做调查的时候，曾经在原始森林里行走了三天三夜。当时我还在社科院工作，为了写云南省志中的佤族志，我曾经从西盟县一直走到沧源县。我去过西盟，但没有去过沧源，当时只有三天就到春节了，为了赶春节，如果坐车从西盟出发，绕一大圈，要花四天的时间才到，肯定赶不上。我不想这样坐车去，而是决定走路去，也就是沿着国境线的小路走。当时我手里只有一张两个县的地图，没有向导，就我一个人走，三天的时间就在原始森林里走。春节前一天下午 6 点钟我走到一个村子旁，那里有一块开阔地，我问当地的老百姓“县城是不是在那边?”人家说“不是，是在大山这边。”当时太阳快落山了，怎么办呢？如果住下来，第二天就肯定赶不到了，于是我下定决心——走！连着黑夜走，手里拿着手电筒，一直走到半夜。

徐杰舜：你的胆子够大啊！

瞿明安：是的，我那个时候胆子特别大。那里是原始森林自然保护区，云南省社科院历史研究所的王军曾写过《沧源野人考察记》，就讲到这个原始森林，森林里面有野牛、老虎、豹子，据说还有野人。我走在野兽动物出没的地方，几次把路走错了。那里有两条路，到底走哪条路我也分辨不出来，结果走了半天，才发现前面是悬崖峭壁，走不通了，又转回来，这样两个小时就浪费掉了。走到半夜 12 点的时候，听到有狗叫声。当时感觉太亲切了，因为有人家了！走到村寨边的时候我就想，如果当天住在村里，我还是赶不到沧源，后来还是下定决心继续走！走着走着远远看见沧源县的灯光，我太高兴了，结果走了一个小时，灯光还是一样没有变化，又走了一个小时，还是不动，原来那是一个垭口，沧源县城在山的那边，灯光是从大山的垭口中露出来的。后来爬到山顶的时候，才看见灯光中的县城，当时已经没有任何路可走了，我几乎是连滚带爬地到达县城，全身都是灰土。那时已经是夜里 3 点钟了，县委招待所的所长看见我那种样子太感动了，马上煮鸡蛋面给我吃。第二天我到一些政府部门去调查的时候，人家就问我：“听说有一个人从西盟走路走到沧源来，是不是你?”我说“就是我。”他们说，只有 1958 年的时候解放军为了追剿国民党残余部队走过这条路，你是 1958 年以后外面来的单独走过这条路的第一个人！所以说我这个人敢于冒险。

徐杰舜：你这个人做学问和做事，都是四个字：“胆大包天。”

瞿明安：是啊，所以我才敢组织海内外的许多知名性学家来写《人类性文化大典》，也敢组织中国众多的民族学家开展《中国西部民族文化通志》这样大的课题。

徐杰舜：这就培养了你的学术视野。我还感兴趣的是，你一天的时间怎么分配？

瞿明安：我现在睡懒觉，晚上八九点就睡觉，以前早上四五点就起床，现在是七点起床。

徐杰舜：你写作的时间主要放在什么时候？

瞿明安：早上。8 点吃完早点我还要玩一个小时，9 点到 12 点写东西，然后吃饭。写东西，有时很快，有时很慢。快的，像《当代中国文化人类学》最后一章，我三天就写出来了。

徐杰舜：有个谜在这里，你的成果这么丰富，按你现在的写作时间是不够的，你怎么完成的呢？

瞿明安：这个就要看了，当别人来逼我的时候，我就写得很快，拼命地赶，尤其是在一本书到了最后未完稿而出版社的编辑来催的时候，可能连续两天两夜不睡觉地写东西，要是出版社不来催就会延迟一段时间交稿。但是现在我不拼了，50 岁之前我是拼的，现在以养生为主，所以周末我都在外面玩。

徐杰舜：还有一个我们感兴趣的是，没有硕士、博士学位的你，是如何评为博导的呢？

瞿明安：我是 1998 年调到云南大学的，1999 年破格评为研究员，2001 年评上博导。1998 年，领衔申报云南大学民族学专业博士点的是王筑生教授，当时为了组合强大的队伍，申报博士点的时候他把我也拉进来参加，当时我还在社科院工作。我参与并获得的那个国家科技进步二等奖成了申报博士点时云南大学能够提供的最重要的一个材料，虽然这个奖不是我个人的，而是集体的，但当时中科院的获奖证书上写着“由我会主持完成的《西南地区资源开发与发展战略研究》成果荣获 1995 年度国家科技二等奖，瞿明安同志为此做出了重要贡献。”王筑生在云南大学获得民族学博士学位授权点之后，曾在人类学系开会时当着老师们的面说我对申博“功不可没”。2000 年当云南大学申报民族学博士学位一级学科授予权时，是我负责填表的工作，当时如果叫第二个人来填，时间上根本来不及，而且不专业，因为当时我是人类学系副系主任，有些材料填写完全是靠我的现有知识，仅凭记忆就填写了许多需要花时间到图书馆查阅资料之后才能填的内容。当时云南大学申报一级学科的有三个学科：民族学、历史学和生物学。最后民族学成为云南大学第一个申报成功的博士学位一级学科，当时云南大学和中央民族大学一起并列获得一级学科，其他一些知名院校如中山大学、厦门大学都没有一级学科。云南大学的民族学地位因此大大提升了。

徐杰舜：所以当时外界传闻你们是“大跃进”拿到一级学科。

瞿明安：是的。评博导时，因为没有在民族学专业增加新的博导，我就报了中国少数民族经济专业，研究方向是“中国少数民族消费经济研究”。我参与并获得的国家科技进步二等奖涉及西南地区资源开发，和少数民族经济发展联系在一起，还有我的《隐藏民族灵魂的符号——中国象征饮食文化论》这本书，涉及饮食消费的内容。评审的时候虽然有人反对，但最后还是评上了，所以我也很幸运，第二年才将专业改为民族学。2001 年评上博导之后，到今年为止我总共指导了 13 个博士生，现在已经毕业了 9 个。

徐杰舜：我总结一下采访你的题目，八个字：“胆大包天，硕果累累。”

瞿明安：好的，我同意，尊重你的意见。

徐杰舜：目前我正在做人类学访谈，准备做 108 个。前面做了 50 多个，已经出了两本书：《人类学世纪坦言》和《人类学世纪真言》。做完之后，我要做《人类学世纪欢言》，取自“三军过后尽欢言”。今天的采访就到这里，谢谢瞿教授！

瞿明安：我们是一见如故，谢谢！

【来源】《民族论坛》，2013 年第 6 期，第 13 ~ 21 页。收入本书时略有改动。

一个纳西族人类学者的学术心史

——访云南社科院杨福泉研究员*

【被访谈者简介】 杨福泉，云南省社会科学院研究员、博士生导师。

杨福泉教授

* 访谈人：徐杰舜。

徐杰舜：你今年出版的专著《东巴教通论》，应该说是目前研究东巴教最权威著作了吧？

杨福泉：我确实花了很多年的功夫来写《东巴教通论》，可以说是迄今比较系统地论述东巴教的一本书吧。它在2004年获得国家社科基金项目立项，2009年结项时获得了优秀等级。

徐杰舜：这是你的最高成就，或者是代表作？

杨福泉：从研究东巴教方面来说，应该说是我的重要代表作。还有另外一本下功夫比较大的，书名是《纳西族与藏族历史关系研究》，是在我的博士论文的基础上写成的。这本书在2009年入选《中国人类学民族学百年重要著作提要》，2011年入选了“当代云南社会科学百人百部优秀学术著作丛书”。

徐杰舜：《东巴教通论》何时出版的呢？

杨福泉：这是中华书局今年才出的。2011年全国入选“国家哲学社会科学成果文库”有两本宗教学的，一本是中国社科院宗教所邱永辉教授的《印度教概论》，还有就是这一本。

徐杰舜：它印数也标上去了，1500册。

杨福泉：全书68万字。中华书局还允许我放插图200张左右，其中有很多是在田野调查中所拍摄的珍贵照片，其中有很多也是老照片了。虽然它出版时处理为黑白的，但我觉得也很好。因为图和文字可以有个对应，不少图都是珍贵的资料，很多人事和场景都变迁了，这些图片成了历史的定格。我现在回顾一下，自从上世纪80年代做学问进行田野调查以来，照相机一直不离身，现在看来这真是太重要了。

徐杰舜：人类学重要的工具就是照相机。

杨福泉：上世纪80年代以来到现在，我去过的很多乡镇里的老人已经不在了，包括东巴和当地普通百姓，有很多场景也已经变化了。包括丽江古城八九十年代的很多场面，我都已经拍了照，不仅用笔，还用图像记录了变迁，比较庆幸。

徐杰舜：现在倒回去讲。我们先讲讲《东巴教通论》这本书，讲讲这本书的观点和创新价值。

杨福泉：东巴教的研究，以前国内的很多研究仅仅局限于纳西族，因为东巴教是纳西族的原始宗教。我的这本书突破了这一点。过去国内不少学者研究东巴教，常常囿限在纳西族本身的历史文化、社会和宗教来进行研究，存在狭窄之弊。我广泛地将东巴教和与其有密切关系的藏族本教、羌族原始宗教等做了深入的比较研究，还与藏传佛教、道教等也做了比较研究；对横断山区域即“藏彝走廊”地区纳西族、纳族群以及藏族、羌族等民族的原始宗教现象进行了较为深入的比较研究。

徐杰舜：你懂藏文吗？

杨福泉：我不懂，所以我就想方设法搜集国外和国内翻译过来的藏文资料。研究东巴教，如果藏文好一些，那就更有利。我的这本书里有一章是专门讲敦煌古文献中的吐蕃文献与东巴教的关系，这也是一个弥补空白的创新。我是在阅读国内外敦煌学研究成果的过程中意外地发现敦煌文献中的吐蕃文书中关于马、牦牛等的传说与东巴文献中的惊人相似，于是进行了深入的研究，2006 年在《民族研究》上发表了我的研究成果《敦煌吐蕃文书〈马匹仪轨作用的起源〉与东巴经〈献冥马〉的比较研究》。这篇文章有很多反响，敦煌学界将它列为敦煌学研究中的一个新发现。一些敦煌学述评的文章都讲到了我的这个研究成果。我在此文基础上在《东巴教通论》中专章进行了论述，这也是突破以往研究东巴教局限在纳西族本身的一个案例吧。

徐杰舜：你刚才讲的确实是个创新点。

杨福泉：它拓宽了研究敦煌学的视野。过去，很少有学者会想到敦煌学与云南有什么联系。

徐杰舜：一个西北，一个西南。

杨福泉：我在《东巴教通论》中广泛地将东巴教和与其有密切关系的藏族本教、羌族原始宗教等做了深入的比较研究，还与藏传佛教、道教等也做了比较研究；对横断山区域即“藏彝走廊”地区纳西族、纳族群以及藏族、羌族等民族的原生性宗教（原始宗教现象）进行了较为深入的比较研究。记得意大利学者、藏学权威图奇教授上世纪 60 年代在评论“西方纳西学之父”洛克的纳西学研究时，就提出一个观点，佛教传入西藏后，天长日久，藏族古代的本教逐渐地完全融到了佛教中，已经很难见到古本教在佛教传入前的原始面貌，现在可以到纳西族的东巴经中解开好多古本教之谜。

我在《东巴教通论》中专章对本教与东巴教进行了细致的比较研究，将唐代吐蕃本教对东巴教的影响进行了论析。并花很大的篇幅对“东巴”与“本补”（也即本教巫师的自称“本波”）这两个纳西宗教祭司的称谓从语源、宗教等多角度地进行了寻根究底的考释。

这本书对东巴教中所反映的本土和外来神祇系列也进行了初步的梳理，对本土神祇谱系进行了深入的考证和梳理，为进一步深入研究东巴教庞大复杂的神祇信仰和神灵体系进行了开拓性的工作。我在书中还研究了东巴教独特的生命神“素”以及“威灵”和“威力”（“汁”）观念和“加威灵（力）”仪式。东巴教的“威力”（“汁”类似于巫力，其内涵复杂和丰富，既包括了天地、山川河流、日月星辰、木石、老虎、牦牛、白鹤、雄鹰等自然物、动物的神秘力量，也包括了各种神祇、精灵、祖灵、酋长、头目、巫师、祭司等的威力，还包括了厉害的敌手、对手以及各种鬼怪的威力。

总之，这本书的好多篇章都体现了我一贯身体力行的“微观实证，小题大做”的治学理念和方法，比如其中有很多对具体宗教语词的考释，有对某个概念、某个神祇的考证。

徐杰舜：研究东巴教本身就是有价值的。东巴教在中国少数民族宗教中非常有特点，是“活”的，又是旅游热点，知名度也高。你刚才讲的创新点也确确实实是创新点。我觉得这两点非常重要。一是喇嘛教融合了本教的一些东西，但它现在的面貌我们看不清楚。只能在纳西族的东巴教里去找它的原型。这对了解西藏藏传佛教的形成、内涵、底蕴一定有非常大的帮助。

杨福泉：我在书中也用专章对东巴教中长达十多米的巨幅布画《神路图》进行了研究，考证了其中一些属于古本教和藏传佛教乃至婆罗门教的观念和内容，并分析了东巴祭司在丧葬仪式中用“神路图”中受外来宗教影响的观念对亡灵进行越过“鬼地”而超度到人界和神界的宗教法事，同时又根据纳西人传统的死后灵界观，把亡灵送到“祖先之地”这种二元并存的宗教观念。

《神路图》中有一幅图，上面画着一头长着 33 个头的大象，这是怎么来的。后来，我看到洛克等人的考释，认为这是来自婆罗门教的观念和内容。与雷电神因陀罗有关，大象的每个头象征因陀罗的一个宫殿。但是婆罗门教的这些内容怎么会出现在东巴教的《神路图》里，迄今还没有研究清楚。据洛克考证，藏族和蒙古族的绘画中都没有发现这个内容，而洛克在缅甸则发现了相类似的图。所以，东巴教实际上给大家提示了很多还需要解开的文化之谜。在藏彝走廊（或藏缅语族走廊）里，这种多种文化相互渗透和影响的现象是比较普遍的。

徐杰舜：宗教的文化、经书，不是一两天形成的，需要长期的积累。所以我觉得，你所做研究的价值不仅仅是你讲的这两点，表层的。从我的理解，你的《东巴教通论》的研究，更重要的是说明，中华民族多元一体的格局当中，还有另外一个层面，就是从多元走向一体过程当中互动、交流、吸收、融合。东巴教和本教的关系是一个非常典型的在西南的例子。本教本来是藏族的原始宗教，怎么会和纳西族的关系这么密切？

杨福泉：在唐代，吐蕃派驻各地的军队里就有本教师，它把本教的文化也传播到了吐蕃在西南的势力范围。后来有的吐蕃赞普接受了佛教，就下命令，本教徒如果还要在藏区立足，就得皈依佛教。不然就必须离开这个地方。所以很多本教徒不想放弃信仰，就用马驮着经典逃到滇川毗邻地区丽江等地，然后把本教和本地少数民族的宗教糅合起来，形成了东巴教这个很独特的宗教形态。后来又融进了一些藏传佛教、道教等的内容。

《东巴教通论》中也用专章论述了纳西人对东巴教认同的历史变迁。比如说到东巴教原来是纳西全民认同和信仰的宗教，随着明清时期汉文化的传入，东巴教的认同也随着纳西社会阶层的分化而发生变迁。比如说，过去丽江城区接受了汉学教育的不少读书人瞧不起东巴教，把东巴象形文字也讥笑为“牛头马面”。清末丽江有个著名东巴人曾经考上了武举人，可有些自视甚高的纳西读书人（读汉学的）竟然去县衙门里抗议，说这个只会画牛头马面的人都要和我们为伍，这成何体统。这实际反映出一种接受外来文化后反过来瞧不起本族文化的认同变迁。而随着上世纪 80 年代以来国际上的东巴文化研究热的兴起，特别是东巴经典列入联合国教科文组织的“世界记忆名录”以后，城里的市民对东巴文化的认同也逐渐改变了，春节贴东巴文对联的日益增多，堂屋客厅挂上东巴文书法字幅的也多了起来，东巴文又成了一种时尚。

上世纪 40 年代，大陆研究东巴文化的先驱、后来成为台湾故宫博物院副院长的李霖灿先生受中央博物院的委派到丽江去调研东巴教。他对丽江县鲁甸乡的大东巴和正才说，“你们的文化价值很高，你们写的东巴文是象形文字，不是牛头马面。”饱受文人讥讽的大东巴和正才激动得掉泪了，对他的徒弟们说，“你们听见没有，我们这个不是叫牛头马面，这是叫象形文字。”

新中国成立后，东巴文化也经历了很多磨难，最初被视为封建迷信的东西，直到改革开放后，通过国内外学术界正本清源的不断努力，才获得了重视。我个人对东巴文化的了解，也是在上世纪70年代末读大学后才逐渐深入的。

徐杰舜：每个民族的文化，都有一个从单一走向多元的过程。我觉得你的研究也提供了典型的例证，即中华民族多元一体的格局当中，如何从多元走向一体过程当中的互动、交流、吸收与融合。

杨福泉：徐老师研究汉文化和汉民族通史。其实丽江就是一个文化在交流和互动中不断融合、形成多元一体格局的典型例子。我土生土长在丽江古城，深切感受到这一点，后来我也研究丽江古城，写了几种关于丽江古城的书和一些论文。丽江古城在1949年以前，在全城2万多人口中，就有138个姓氏。1949年后又陆续增加了89个姓氏，达到217个姓氏。由此可以看到丽江古城民众来历的多样化。如今相当地道的古城纳西人，其中的大多数原来却有着汉族的血统，他们大多是在明清两朝来到丽江的汉族移民，后来与当地的纳西人通婚，久而久之就被同化为纳西人。如今他们虽然还会谈到自己的先祖最初来自“南京应天府”、江西、福建、安徽等地，但他们在说到这些家庭的历史时似乎是在讲述着一个遥远的，连自己也十分模糊的故事，他们的先祖很早就已经认同于纳西族。

如果追溯我的第一代祖先，他是明洪武年间一个汉族的移民，叫杨辉，是个远近闻名的医生。纳西族民间普遍流传着“木土司三留杨神医”的故事，中央电视台还根据我这个祖先的故事拍摄了一个电视剧《四方街》。我曾写过一本《古王国的望族后裔》，写的就是我这个家庭，后来《光明日报》觉得我这个家庭的故事反映了中国历史上民族融合的真实，还从中选了一章刊载。

一个民族的形成是一个历史的过程。我的祖先杨辉相传是湖南常德府的一个名医，后来被木氏土司请到了丽江，家谱上记载他游学滇。在丽江，他治好了本地包括霍乱等很多疑难病症，还治好了土司夫人的病。土司就不想放这个人才走，但杨辉想回家，执意要走。木土司就想了一个计谋，假装放他走，赠送给他很多的金银财宝，在他快要走出丽江的时候，就被木土司所派的一些装扮成强盗的壮士把他给抢了，一点不剩。他回去就没有盘缠了。只好回来见木土司，土司又慷慨地送他礼物，可又如法炮制把他抢了。到第三次，他就觉得和这个地方有缘了，天意不让走。于是决定顺从土司的挽留。木土司就给了他丽江古城大石桥下面的一块风水宝地，还把一个女儿嫁给他。他就留在了丽江。后来因为他“妙手回春，指到春生”，还被民间奉为药神。这就是丽江土司广纳人才，从中原引进人才的缩影。所以说丽江古城的纳西族的来历很复杂，我的祖先就是丽江古城最早的外来移民。后来他的后代和纳西族一直通婚，就繁衍出了一个很大的杨氏家族。这个家族在丽江一直从事的都是治病救人和教育的行业，如开设私塾教书。从我这个家庭的故事中可以看出，以土司为代表的纳西民族非常开放，把各个民族的好东西都学过来。丽江古城的很多房子结构是中原汉式的，我国著名建筑学家刘敦祯认为丽江古城近郊的民居保留了“唐宋古风”。但纳西人在学习汉族建筑的同时，并不一味照搬，而是把本民族依山就势、随其自然，追求庭院宽敞、向阳等传统融进了建城和营造住宅的理念中。你看，现在宣科先生领头的大研古乐队所演奏的洞经音乐（过去还有黄经音乐），都是从汉族地区传来的。有的音乐史家还认为其中保留了一些中原失传的曲目。纳西古乐里的《白沙细乐》，相传是“元人遗音”，一些蒙古族研究音乐的学者考证了“苏古笃”等古老乐器是传自蒙古族的。“元人遗音”的来历是：忽必烈率领蒙古军在1253年“革囊渡江”经过丽江攻打大理，当时的纳西首领麦良觉得打不过蒙古军，于是采取与其和平相处的策略，亲自到金沙江边去迎接忽必烈及其军队，最终和忽必烈结成了好朋友，忽必烈走的时候就送了一个宫廷乐队给他。这个乐队就融合本地民间音乐，形成了今天的“白沙细乐”。从丽江的文化看，现在没有一种文化你可以说是百分之百属于这个民族原创的，而大多数文化都是在历史的发展进程中逐渐融合而成的。其实从徐老师所研究的汉文化史中也可看出这种文化的融合。最典型的是文化上的盛唐气象就是不断容纳了“四夷五胡”的文化而形成一种充满活力的汉文化的，你中有我，我中有你。纳西族的东巴教也一样，其中有纳西、藏等民族的文化因素。

因此我觉得，一个本土的少数民族学者的研究，不要囿限在本族的视野里，不要陷入那种论证纯而又纯的原住民文化的怪圈中，不要陷入论证一切文化皆起源于某地某族而在学术上走火入魔。像我这样的少数民族学者，在研究中要做到聚焦本族，熟悉本族，把田野调查等做扎实，但又要学会能跳出本民族，冷静地旁观和鸟瞰本民族，通过认识其他民族特别是在族源和文化上和本民族关系密切的民族来认知本民族，客观地去发现它，研究它，而不要老想着把本民族的文化说得天衣无缝，完美无缺，使学者的研究失去客观性和真实性。

徐杰舜：从你的讲述中看，丽江古城的文化如果只讲本土纳西人，那就说不清楚。

杨福泉：是的，那是不可能的，两个民族文化融合的痕迹太多了。不过，丽江这个案例有意思的是，汉族移民进去以后，在语言和服饰等方面就被纳西人同化，入乡随俗，但他同时也把各种汉文化带了进去，纳汉文化就这样逐渐融为一体，真正变成了相互的同化。而在云南很多地方，多是当地少数民族被汉族移民逐渐同化，有的连母语也逐渐失去了。而丽江的情况是，一直到上世纪七八十年代，只要你是住在古城的，自然就会说纳西话，我很多居住在丽江古城的汉族同学都会讲纳西话。但是如果你是居住在丽江古城外围的机关单位里的汉族，就大都不会说纳西话，因为他每日朝夕相处的多是本族人，说的多是汉话。

从丽江古城的发展史看，说明一个民族的发展确实要广采博纳，多多学习其他民族的优秀文化，如果本民族自负或采取闭关锁国的政策，那么，当年本教文化、汉文化以及藏传佛教等进入丽江的时候就会遭到排斥，这就不可能形成丽江多元文化和谐共存的局面。

徐杰舜：杨教授你研究的价值很重要，说明了费老的多元走向一体过程中的交流互动和互补。纳西东巴教的形成就是这个过程中的一个样本，你能很清楚的分出哪些文化是本民族的，哪些文化是外来的，如藏族和汉族的，文化层很清晰。纳西族的研究，生生不息，十分深入。今天得到您赠送的《东巴教通论》，从这本书中我看到你将纳西族的研究推向了深入。这里还有一个很重要的问题，我非常赞成和欣赏您的研究。很多本民族的学者往往抱着“一棵树”主义，而忽略了多看看和这棵树相关的森林和环境，有些陷入民族中心主义。

杨福泉：但是从一个方面讲，汉族的历史在早期是一个炎黄子孙的构建，黄帝也是一种建构，黄帝是四面的，炎帝是牛头人身的形象，现在说岂不是妖怪？那时候允许汉族的儒家的精英们把黄帝和炎帝进行构建，现在要构建一种部落首领的形象是可以理解的，但是政府把它作为一种产业打造，这个值得思考。学者本身如果能跳出本民族的圈子站的高一点去看我们周围的事物，包括各个民族之间的关系和本民族的文化，才能接近真理。这个才是真正的人类学家。

徐杰舜：但是我们能理解他们建构祖先历史的心理和需要，无论他们是怎样的心理和需要，一方面我们理解，另一方面，我们要指出这就是一种建构，无论怎么搞，我们还是保持一种清醒的头脑，把它放到恰当的位置。

杨福泉：学术的底线是必须要尊重事实，要客观。如你所说，因为有复杂的历史因素促成了当下的各种建构。比如为了发展旅游，吸引游客而到处建构祖先传说、人物故事、景观来历等。但是作为人类学家应该面对真实、尊重事实，不能随波逐流。

徐杰舜：对，站高一点，能跳出来。

杨福泉：比如“东巴”这个词本身是藏语过来的，但是有的纳西学者为了论证这是纳西族本土的，就望文生义地附会了不少意思。很多当下的文化操作，就是为了一种功利目的而建构，为了证明这就是某族的本土的，地道的，千方百计要说成与其他文化没关系。其实从人类学的观点看，一个民族的文化有外来的成分是常态，这并不影响其价值，相反还可以证明这个民族文化的丰富性，说明这个民族善于学习吸纳其他文化，因此才有活力。如果是封闭的话，丽江古城没有办法产生，也不会有东巴教。

另外，我们从汉族与少数民族文化的交流中也可以看出一些发人深思的东西。比如纳西族妇女从来没有缠足的传统，汉族移民到了丽江以后，入乡随俗，学纳西族妇女一样不缠足，免去了很多痛苦。这就是一种文化互惠的关系，在互惠的基础上发展出一种新型的文化。徐老师研究汉文化也会发现，汉文化进入到不同的地方也会发生不同的变化，不断吸收，有的还是很好地吸收。比如丽江的民宅，纳西人的建房理念是院子要宽敞，要向阳，满地阳光，多种花草，堂屋外面要有供人日常休闲的宽敞的厦子（走廊），来自中原的汉式民居就与这种地方观念结合起来，形成了与那种讲究财气内蕴、天井窄小的汉式住宅截然不同的风格。比如，丽江古城和大理不同的是，大理古城是四四方方的，受了“方九里，旁三门，国中九经九纬，经途九轨”的中原建城礼制影响。而丽江古城则在形成过程中始终保持了随自然地理营建城市的思路，即“城郭不必中规矩，道路不必中准绳”的随其自然方式。因此当今建筑学家认为丽江古城所始终保持的自然形态平面，是本土文化的自尊、自信的胜利。汉文化进来后产生了一种融进本土理念新的文化。我想未来中国的文化发展也应该是这样的。即国外的东西应该接纳，但不是照搬。

徐杰舜：呵呵，确实。丽江妇女的天足之俗，与汉族封建文化中对妇女的苛求截然不同。

杨福泉：民间相传明代状元杨升庵在朝廷获罪而被贬到云南，他在云南其实过得挺好，传说他常常头插鲜花，游乐山村城郭，吟诗喝酒，广交各路贤达和少数民族朋友。杨升庵作为罪人被贬后反而获得了精神上的解放。他找到了很多在中原礼俗中找不到的东西，其中不少就是人性的自由和率性而为的民俗。人类学家去研究这些还是蛮有意思的。不同的文化碰撞之后可能更有利于新的思维的产生。盛唐时的汉文化为什么激发出那么大的活力，就是一样的道理。文化是在一体化过程中的相互吸纳、互补、共生的。我的研究是根据事实，不会去刻意建构。搞学术研究就是要客观。而文化产业是另外的路子。

徐杰舜：我们现在要讨论你的第二本代表作《纳西族与藏族的历史关系研究》。此书是40多万字的大作，尤中、李绍明、王尧先生等人给予了很高的评价。请您对此书做简要介绍。

杨福泉：过去研究汉族与少数民族关系的论著相对比较多，而且多偏向于研究蒙藏、汉藏、汉蒙等大的民族，西南少数民族之间关系的研究少。因此我选择了纳西族和藏族的关系进行研究。这是一个原因，而另一个原因则基于历史上纳西族、藏族历史关系的丰富多彩。明朝的时候，由于明廷将丽江视为“西北藩篱”防范吐蕃，木氏土司又积极扩展统治领域，因此战事比较频繁。两个民族在数百年中相互打了很多的仗。但是纳藏两个民族却没有因此成为世仇，而是在政治、经济和文化方面长期保持了密切的联系，丽江成为纳藏贸易的重地和藏传佛教的重地。近期中央电视台一频道和八频道都热播的《木府风云》，其中一个重要主题就是反映了民族之间如何化解历史上的仇恨和矛盾。历史上，木氏土司很尊重藏族的风俗，花大量的钱帮助藏族建盖寺庙。四川理塘寺就是丽江木土司出钱建造的，四世达赖还来开光。明代好几个重要的藏传佛教噶举派活佛包括噶玛巴（大宝法丑）都与丽江和木氏土司关系密切。噶玛巴十世却英多杰因为清初格鲁派和噶举派教派之争而避难丽江，在丽江生活了33年。今年在纽约要召开一个研究噶玛巴十世的专题国际会议。原来还拟举办一个噶玛巴十世留在丽江的一批唐卡画展览。丽江在明朝时是噶举派的重地，木氏土司是噶举派的忠实信徒。噶玛巴十世在丽江弘扬噶玛噶举教派。滇西北十三大寺都是噶举派的。

木氏土司还主持在丽江印制了藏区第一套卷帙浩繁的大藏经“甘珠

尔”，现藏于大昭寺，是该寺的镇寺之宝。这套大藏经曾辗转收藏在理塘寺，因为称为“丽江理塘版大藏经”。纳西族和藏族商人在商贸交流方面也源远流长，非常默契。藏商一般到了丽江就不再往前走了，因为他们在语言和生活习俗等方面都不太适应与汉地商人直接经商，所以他们多把物资在丽江委托给当地的纳西族商人出售，并为他们买回需要的茶叶等货物。丽江既是茶马古道上货物的重要起点站，同时也是个终点站。丽江古城纳西人和藏商还形成了很有特点的“房东贸易”，双方建立了良好的诚信关系，即使有些货物一时滞销，纳西房东也最终会将货款如数给藏商，因为纳西人认为藏人直爽坦诚。因此，丽江束河的纳西族还常常请藏族人为他们管理村子的山林。我在这本书中旁征博引，引用了大量汉藏文献和外文资料，研究了纳藏两族历史上的政治、宗教、文化和商贸等诸多方面的交往，还把我多年田野调查所得的第一手资料与文献有机融合，其中有不少我在纳西族地区和藏族地区调研的个案。就滇川藏毗邻地区而言，我们还可以深入研究很多民族和族群之间的历史关系。这里不乏很多对当前建构和谐民族关系可以借鉴的历史智慧呢。目前藏学界对这本书的评价也比较高。

徐杰舜：民族之间打战却没有结为世仇的原因是什么？

杨福泉：因为双方在打战的过程中从来没有停止过文化、宗教和商贸的交流。木氏土司移民到如今的迪庆和四川的巴塘理塘等藏族聚居地，但并没有把原住藏民都赶走。大家住在一起，慢慢地互相适应，互相学习。木氏土司把水利技术和各种种植技术输入到藏区，建造寺庙，互相通婚。一个民族在战后通过尊重对方的文化和信仰，通过加强有利民生的经济交往，逐渐化解了战争的创伤。纳西族记载在东巴圣典中的《创世纪》中说，纳西族、藏族和白族是一对祖先育出的三兄弟，就是这种友好关系的最好的说明。

我在学术研讨会上听新疆的学者讲到，新疆的维吾尔族和汉族的关系在上世纪 50 ~70 年代还是很和谐的。我们需要寻找历史的经验和积累的智慧来研究当前的民族问题。这也是我这本书中的大量篇幅所透露出的历史信息。

徐杰舜：战争的交往是不是使得双方的交往更深入？

杨福泉：在一定程度上是这样，因为战争导致的移民等使两个民族的交往加深了。民族在迁徙过程中有摩擦又有交流，交流有和平的形式，也有冲突的形式。在磨合和相互沟通的过程中，战争与摩擦会越来越少，大家都生活在一块土地上，各方面都有密切的相互交流，于是也逐渐形成了在宗教信仰、文化交流和商贸交流方面互动互补、相互包容的局面。比如这本书中提到一个典型的例子：作为大东巴的父亲和作为宁玛派活佛的儿子各自信奉自己的宗教，在宗教祭祀上有杀生观念方面的冲突，东巴认为祭神驱鬼，要用祭牲才会灵验，但是儿子认为不应杀生。后来父亲在仪式中的杀生慢慢减少了。滇西北的纳西族与藏族都有相互请对方的宗教专家举行特定艺术的习俗，东巴和喇嘛各司其职做仪式，这是相互尊重对方的信仰与文化的结果。

徐杰舜：宗教对精神方面的影响可以定民心，是吧？

杨福泉：明朝时纳西族与藏族之间的战争比较多，清代以后，两族之间在宗教、文化和商贸交流方面加深。各地藏民每年朝拜佛教圣地鸡足山，首先要去丽江的文笔山上“借钥匙”（相传释迦牟尼十大弟子之一的摩诃迎叶尊者把钥匙留在这里了，因此要借钥匙）才能打开鸡足山之门。藏民要一路化缘来到丽江，丽江纳西人都会给藏民朝山者好的食品。纳藏两族民众之间的通婚也比较普遍，两族聚居一地的也比较多。两族相互之间非常信赖。我听有的马锅头讲过，过去纳西跑茶马古道的赶马人沿途去藏族寺庙中借钱粮等物，僧人二话不说就会借给你，我的书中也记录了类似不少佳话。

徐杰舜：藏族和纳西族在经济上应该是有紧密联系？

杨福泉：各种纳西地区和藏区的土特产之间的交流互补，各种工艺和农业技术的交流，饮食的交流，等等。宗教人士也借助茶马古道做交流，僧人进藏学经朝圣和茶马古道上的商人一起走比较安全，因此常常结伴而行。

徐杰舜：您的研究的现代价值可能在思考当代我们和日本、美国之间的关系时会凸显出来。

杨福泉：我现在在思考为什么云南的藏区能保持稳定发展？云南的藏区在长期的历史交往中，和多民族有交流交往的稳定基础，现在各级政府部门采取了各种有效措施固然也很重要，但这种和谐局面也得益于过去历史上各民族长期交往形成的格局。这个对政府的施政应该有启示性。

徐杰舜：您的研究之所以水平高，是因为您是一个真正的人类的学者，而不单纯是某一个民族的学者。当然这个也与您的求学经历有关。

杨福泉：我是1955年出生在丽江古城。在方国瑜兴仁（民间称大佛寺，因该校原址是一个汉传佛教寺庙）小学读书，老师是用纳西话和汉语进行双语教学，读小学时汉语说得很差。普通话是读高中以后才慢慢学习的。高中毕业后当知青两年，之后分配到丽江汽车总站当修理工，后当了一年宣传干事。因喜欢文学，高考恢复后考到了云南大学中文系。后来发现大学不是培养作家的，是培养文学的研究人才。自己在大学接触到了少数民族的文化，于是选修了民族民间文学课程并当了课代表，后来发现民族民间文学离不开人类学、民族学等学科，于是又选修了宗教学、文字学、民俗学等课程。我的兴趣就慢慢转移到了民族学、人类学，后又跟随方国瑜先生与和志武先生学习东巴象形文字等。1980年，西德（联邦德国）的一个学术代表团来云南大学访问，其中有洛克唯一的学生雅纳特教授，他也是季羡林先生读梵文时的同学。他专门来和方国瑜先生、和志武先生交流。我被方国瑜与和志武先生推荐作为他们的助手，和他一起工作了半个多月，把我用国际音标记录的几个纳西故事讲述给他听。后来他执意邀请我到西德去访学。1983—1988年期间，我先后两次在西德访学了四年，其间不仅把英语练好了，还一起完成了“德国亚洲研究文丛”第七种《纳西研究》系列著作4种。

雅纳特教授原来是梵文专家，他在1962年开始对东巴经典感兴趣。意大利罗马东方学研究所的所长图齐（G. Tucci）是国际上的藏学权威，他意识到洛克所作的东巴文献的研究的价值，对洛克的纳西文化研究给予了极高的评价，在为他的论著所写的序言中多次称洛克为“伟大的学者”。他认为纳西文化在宗教学、民族学的研究中具有特别的重要意义。上世纪60年代初，联邦德国国家图书馆动议购集已在国际学术界享有盛誉的东巴经。在阿登纳总理的支持下，以昂贵的价格把洛克原先赠送给意大利罗马东方学研究所的500多册东巴经悉数买回。当时，该研究所急欲出版洛克的《纳西—英语百科词典》两大卷，但苦于资金短缺，只好忍痛割爱，卖出经书筹资。联邦德国国家图书馆随后又从洛克那里得到他个人收藏的1700多册东巴经原本及照相复制本。1962年1月，洛克应邀赴联邦德国讲学和编撰东巴经目录及经书内容提要。雅纳特（K. L. lanert）博士协助洛克从事编撰工作。至1962年10月，编订和描述了527本西德国家图书馆所收藏的东巴经，编撰成《德国东方手稿目录》第七套第一部《纳西手写本目录》一、二卷。编撰工作尚未完成，洛克不幸于1962年12月在夏威夷度假期间去世。雅纳特继续进行西德所藏东巴经的编目工作，完成了《纳西手写本目录》三、四、五卷。

德国人在他们的经济处于非常困难时期的上世纪60年代初就由总理亲自支持以巨资购买东巴经收藏在国家图书馆，反映出德国人一种文化上的世界眼光，珍视世界上的历史文化遗产。德国学者常常和我谈起，像东巴经这样珍贵的文献，无论是哪个国家哪个民族创造的，都是人类的瑰宝。

我在德国是做合作研究，因忙于工作，没能读学位。后来在美国加州大学戴维斯分校进行过5个月的博士后研究。上世纪90年代初以来，我参加的国际合作交流项目比较多，先后和美国、加拿大等国学者进行过关于丽江玉龙雪山农村发展和生态保护的合作研究，关于抗日战争期间闻名遐迩的中国“工合”（工业合作社）的历史和在新形势下重建农村合作社的研究；关于藏族和纳西族问候语的研究，等等。从1999年以来的几年间，我参加云南省政府和美国大自然保护协会（TNC）合作的“滇西北保护与发展行动计划（含国家大河流域公园）”，作为丽江地区的课题组组长，和同事们先后调研了近20个纳西族和彝族的村落。其间我还担任了2年美国大自然保护协会云南项目的文化顾问，与国外学者展开广泛的交流。记录了这期间我所做工作的研究成果有《策划丽江》《云南玉龙山区域农村发展和生态保护调研》《云南藏族纳西族的问候语研究》等。

我在20多年来的国际学术交流中也开阔了自己的学术视野，汲取了不少国外同行的治学方法和经验。1995年至1996年，我获得联合国大学博士后研究基金，到美国加州大学戴维斯（U. C. Davis）分校研究访问。多年来，我先后应邀到瑞士苏黎世大学民族学博物馆、瑞典斯德哥尔摩大学东方语言学系、瑞典国立远东文物博物馆、瑞典“国立民族学博物馆”亚洲部、德国斯图加特巴德·伯尔科学院、瑞典伦德大学、亚洲理工学院、加拿大西门大学、美国多个大学进行学术交流。还曾经到加拿大卑斯省的印第安人社区进行学术考察。2003年在美国惠特曼学院的首次“亚洲文化教育年”期间，为美国学生开始了半年的《中国西南的民族性与现代化》（Ethnicity and Modernity of Ethnic Groups of the Southwestern China），《中国纳西族的文化艺术》（The Culture and Art of Naxi People of China）等课程，受到美国学生的好评。期间还与该校人类学系主任孟彻理（Chas Mckhann）教授合作出版了一本《图像及其变化——东巴艺术中的再想象》（Icon and Transformation：（Re）Imaginings in Donba Art）。

我觉得我们治学，了解国外学术界的研究状况和结果很重要，所以，我还花了很大功夫，翻译了一些国外纳西学论著，主持审校和重译（部分）了美籍奥地利学者洛克博士研究纳西族的重要代表作《中国西南古纳西王国》。由于此书很多正文和注释需要核对大量汉、藏、纳西文献以及外文资料，还有不少植物学词汇需要重译，因此，审校这本书所花费的功夫是相当大的。近年来，我还组织翻译了当代国外纳西学名著《纳西、磨些（摩梭）民族志》（Naxi and Moso Ethnography）。

从我的研究而言，对人类学意义上的文化变迁和文化冲突的深入研究成果是研究纳西族殉情习俗的三本著作。最早的一本是《神奇的殉情》，此书 1994 年在香港三联书店出版，后来也在台湾出版了。2000 年在深圳出版了一本《殉情》，列入“人类学田野”。一本就是 2008 年出版的《玉龙情殇——纳西族的殉情研究》，列入了尹绍亭先生等主编的“中国人类学民族学研究系列”。我在此书中增加了很多田野调查资料，增强了理论分析。我关于殉情研究的书的有关章节也在国外出版了英文版。这本著作分析了主要由政治制度和文化变迁引发的纳西族的殉情悲剧，研究特定时代和社会背景下的殉情这一社会问题，可以说是一本历史人类学的著作。这本书基于大量案例主要提出的观点是：当主体民族（清代时）以一种大文化沙文主义的眼光来看待边地文化、少数民族文化时，边地文化和少数民族文化就被认为是野蛮鄙陋的文化，要加以“文明的改造”，结果就导致了社会矛盾的大冲突。丽江在 1723 年改土归流之前，纳西人的恋爱是相对比较自由的，不少地方即使未婚怀孕、有私生子都不会被社会蔑视。但是清代极端异化的儒家三纲五常被强制地实施。按清代的法规，当时藏族如实施天葬就要被凌迟处死，非常严厉。纳西人的火葬习俗也被认为是陋俗而被强行制止。按纳西人的生死观，不火葬灵魂回不了祖先之地，这是很可怕的事。因此纳西族抗争了一百多年，慢慢才在一些接受了汉学教育的纳西文人的带头下，接受了土葬。现在政府又号召要火葬，接受土葬习俗几百年的不少纳西老人又想不开了。在昆明的一些老人特别害怕待在昆明，说担心自己被火葬，老了以后还想着赶紧逃回丽江葬在祖坟上。从这个实例中可以看出，一个民族的习俗可以因为一种强力的改造而被彻底异化。

1723 年“改土归流”后，各种压制妇女身心的制度也实施到了丽江纳西族中。这些外来观念和本土习俗杂糅成一种“婚前恋爱自由，结婚则不自由”的习俗。青年男女在婚前的恋爱是自由的，这是沿袭了的传统习俗，而婚姻则要完全听父母之命。这就形成了一个矛盾。加上对妇女的各种限制，比如清代还有各种限制妇女参加元宵灯会等的限制。很多妇女就觉得这世道太难了，这些社会因素加上纳西人的宗教信仰因素，比如基于“祖先之地”信仰的“山中灵界信仰”，产生了一个俗称“玉龙第三国”（舞路游翠郭）的山中灵界，那是殉情者的世外乐园。殉情者相信他们殉情后可以去到那里，在那里可以骑着老虎到处跑，有白鹿来为他们耕田，雄鸡为他们啼明；他们可以用彩霞来织衣服；这里人不会老，青春常在，等等。社会因素和信仰因素一综合，于是就有了殉情的诱导因素，纳西人中就产生了大量的殉情悲剧。丽江曾被称为殉情之都。殉情者自杀前要浓妆盛服，歌舞唱酬，要选一个能见到玉龙雪山的风景优美之处殉情。在深圳海天出版社出版的《殉情》一书用了田野实录和文学化的写法，有较强的可读性。但是土葬就回不去了，这是比较有意思的。

徐杰舜：你是哪一年博士毕业、哪一年结婚的？

杨福泉：我是1999年博士毕业并获得博士学位的。当时我已经是研究员，并入选了“中国百千万人才工程”第一层次。但是觉得还是要多学些知识，特别是我功底比较薄弱的历史学应该恶补一下，就在职读了博士。我是1983年出国以前结婚的，回来时我的女儿已经有两岁了。我爱人也和我出去了一段时间。我回国时预料女儿会认生，所以在德国买了一个我国台湾制造的粉红色的电动玩具小猪，动起来会叫，还会惟妙惟肖地用鼻子拱人。呵呵，果然女儿乍见到我，有些怯怯的，不肯喊爸爸，给了她粉红色的小猪，一动一叫，小孩可高兴了，也开始喊我爸爸。我爱人家是汉族，是从丽江邻县永胜在上世纪移民到丽江古城的。他们家在家里是父母讲永胜汉话，而兄弟姐妹之间则说纳西话。我妻子精通纳西语，她讲话的纳西口音比我还重呢。她可以说是最后一代在丽江古城被纳西人同化的汉族吧。现在的丽江特别是像古城这样的区域，则又面临着纳西人要被逐渐汉化的趋势。我们夫妇在昆明常常和女儿说纳西话，并要求我的女儿和她祖母通电话说话只讲纳西话，因为我母亲听到纳西话会很高兴的。所以，我女儿是当下在昆明长大的纳西年轻人中还能讲纳西话的少数人了。她会讲纳西话，而她的普通话比我标准，英语也不错。这证明年轻人学习多种语言并不相互冲突，反而对思维和学习语言有好处。我写的《古王国的望族后裔》这本书中，就讲了不少我这个纳汉合璧的家庭的不少故事。也算是一个民族融合的家庭的案例吧。我个人认为民族是个文化的概念，不适合用基因等来论证。

徐杰舜：民族是一个文化的概念，在中国通过民族识别出来的56个民族，又被赋予了政治性。

杨福泉：从人类学的角度看，民族的融合与分化在随着社会的变迁而产生变化。我在藏区看到，因为藏区有对藏族的优惠政策，一些纳西族逐渐倾向于报自己是藏族。而在丽江，因为丽江和纳西族当代的文化名声和经济上的发展，填报自己为纳西族的年轻人也在增加，特别是那些父母一方是纳西族的。一方面，很多纳西人在致力于推动传统文化包括母语传承的工作，而另一方面，也有越来越多的年轻一代已经日渐生疏了母语等自己的文化。作为一个少数民族学者，我现在思考得较多的是少数民族如何在继承优良传统的继承上，也广泛学习其他民族的文化，在基于母亲文化的继承和弘扬上再创当代的文化。文化是生生不息的，是流动的，每一个历史时期都应该增加原创的内容。但关键是要保留自己文化的个性特点，保持自己的魅力，不应随波逐浪地在全球一体化的过程中被彻底同化了。

徐杰舜：除了上述很多继承研究，看来你还在应用性研究方面下了不少功夫。

杨福泉：是的，除了学术研究，我看重自己作为一个民族学者与社区民众之间的那种血肉相连的情感维系和学者对社区民众的道义、良知和责任感，看重作为一个民族学者对社区民众的"回报"情结。因此，除了致力于民族文化基础理论的研究，我也积极参与关于民族地区经济、文化发展现实问题的研究，尽己所能为当地社区民众办实事。多年来致力于推动各种国际合作的社区发展研究，长期在边远贫困地区作田野调查，与当地老百姓同吃同住，与国内外同事一起促成了丽江纳西族农村的一些合作经济实体；争取国际资金进行少数民族文化传人培养和乡土知识技能培训、在乡村小学里进行参与式的乡土知识教育等方面的项目；完成了"丽江纳西族民间文化传人培养的实践和研究""丽江市玉龙纳西族自治县白沙乡白沙完小乡土知识教育的实践""少数民族妇女传统手工艺的培训"、扶助少数民族贫困学生在丽江民族中学读书等项目，取得了很好的效果和社会影响。

徐杰舜：纳西学是你的学术重心，除此之外，你还在哪些方面的研究下功夫较多？

杨福泉：除了纳西学，我还从事其他方面的专题研究。我的民俗学专著《灶与灶神》，是对中国的灶神信仰进行系统的梳理和全面研究的一本专著，在北京学苑出版社出版后，受到国内外学术界的好评，很快重印，1996 年在台湾汉扬出版社出版，2000 年在台湾云龙出版社出版。

我主笔的《火塘文化录》是《灶神研究》的姐妹篇。此书从民俗、社会结构、宗教信仰等方面首次对过去无人论及的中国少数民族丰富多彩的火塘文化进行了比较全面的论析，应该算是一本以小见大的拓荒创新之作。《中国社会科学》曾发表了对该书的书评。由于此书受到学术界的广泛好评，曾两次重印，并于 2000 年再版。该书还在 1999 年被联合国粮农组织（FAO）译成英文。此专题系列论文之一《论火神》被《新华文摘》转载，并入选由中国科学院编的《中国八五科学技术优秀成果选》（1990—1995）一书中；该文亦获云南省人民政府颁发的 1993—1995 年度社会科学优秀科研成果奖。

老照片学术画册《远去的背影——云南民族记忆 1949—2009》入选“首届向全国推荐百种优秀民族图书”，这本书虽然很贵，但早就卖完了。不少国外学者向我打听，问这个书会不会出英文版。现在云南人民出版社委托我来组织把它翻译成英文，我正在筹划中。这本书设计很有水平，书里的很多照片拍摄于上世纪 50 ~70 年代，这期间反映中国少数民族状况的照片在国外很少。照片很清晰，并且按照民族分成一组一组的。从这个书可以看出来，中国上世纪五六十年代党和政府派出的民族工作队的工作做得很细，里面有很多难忘的历史场景。此书有图有真相，很有历史资料价值。我在编辑的时候，要求撰稿者尽量把图说做得细一些，这样信息量也就比较大，能了解到照片后面的很多背景内容。

徐杰舜：谢谢您接受采访，非常感谢！

【来源】《民族论坛》，2013 年第 8 期，第 19 ~28 页。收入本书时略有改动。

在田野中获得文化感

——访厦门大学蓝达居博士*

【被访谈者简介】蓝达居，厦门大学人类学系教授。

蓝达居博士

* 访谈人：徐杰舜；录音整理：苑鹏，丁苏安。

徐杰舜：最近《南方周末》上有一篇《忽悠哈佛》，说的是留学美国造假。在中国现在什么都可以造假，你美国重视成绩，他成绩造假；你美国重视实践活动，他实践活动造假。所以美国对中国在教育上的造假是非常头疼的。他们现在采取了一条政策就是把你劝退，你可以回国重新去考，或者重新申请到其他国家去。

蓝达居：那个时候我们申请的话，要打成绩单都要去人事处。怎会有修改成绩什么的呢？

徐杰舜：现在哈佛有一个面试官，就是一个中国小女孩。她当时被哈佛录取的时候，成绩甚至比一般成绩还要差一点，但是她社会实践做得特别好。经过调查核实之后，她的东西确实是自己做的。她经常参加一些社会活动，做义工，策划一些大型活动的，跟社会联系比较紧密。

蓝达居：媒体上报道的录取的很优秀的学生都是属于这一类的。他们不但课外实践的能力很强，在课堂上也是很优秀的。

徐杰舜：从这里也就是讲到了一个教育的问题。人类学关注的是人，我们从这里也可以看到人。我们刚刚聊天谈到教育问题，现在的教育成本实在是高。所以我们回到人类学的教育上来，你做了这么多年人类学的教育，我想听听你自己做人类学是怎么走过来的。把你的学历情况给我们介绍一下，好吗？

蓝达居：那要从本科开始了。

徐杰舜：那你从小学开始吧，你哪年读小学啊？

蓝达居：小学那太遥远了，我小学是在我们广西这边（读的）。

徐杰舜：你是广西哪里人啊？

蓝达居：桂林嘛。

徐杰舜：桂林哪里人啊？

蓝达居：我出生在柳州，柳江，但是我五岁就去桂林了，基本上是在桂林长大的。桂林旁边有一个临桂县，临桂县是李宗仁的故乡，那里有一个叫宝山的地方，我就在那里读小学。小时候父母亲很重视教育，我父亲之所以有这样一个理念是因为他非常熟悉李宗仁，家的旁边就是李宗仁的故居。

徐杰舜：你父亲差不多就是比李宗仁晚一个时代的人。

蓝达居：是，我父亲是1931年出生的，现在80多。他说李宗仁非常重视教育，特别重视读书这一块，所以他对自己的子女说，不管怎样艰苦都要读书。我们读不读得下去其实是我们自己的事情，但是作为父母他们要给我们这样一个机会。所以说我们七姐弟，父亲就说哪个努力，哪个就可以读书。

徐杰舜：七姐弟？你第几啊？

蓝达居：我是中间的，上面三个下面三个。按兄弟排行，我们四兄弟，我是老二。父亲对每个孩子都一视同仁，哪一个努力，爱读书，就可以少做一点家务。

徐杰舜：鼓励读书嘛！

蓝达居：对，鼓励读书，我父母两个人都是这样的，我选择读书可能跟这个有关系。但是我们小的时候也很调皮，顽皮得很。

徐杰舜：看不出你小时候顽皮啊，1966 年出生的你还打架？

蓝达居：小的时候真的是非常顽皮，经常同邻居一起玩，还偷邻居的果子，呵呵。虽然小时候玩是玩，但是上学校读书是非常认真的。总的来讲小的时候在读书这块还是比较自觉的。我父亲只上过小学，没读过什么书，也没办法给我辅导，读书这件事就完全依靠我们自觉。上课的时候听讲，回来的时候看书，我小时候其实成绩还不错。

徐杰舜：哈哈，举个例子，说个故事我听听。

蓝达居：我们那个时候的小孩喜欢玩打仗，比如说生产队里有西瓜，我们就像电影里打游击一样，悄悄地爬到人家地里去偷西瓜。那个时候我打架也很厉害，最厉害一次把人家脑袋打破，把我自己也都吓坏了。所以说小学的时候真的是非常顽皮。现在的男孩子我看还是很乖，不像我们那个时候。所以我现在对我的女儿也是尽量培养她的自觉，我们大人不能够整天盯着她。

徐杰舜：小学就这样过来了，又顽皮学习又很好。你初中在哪里读啊？

蓝达居：初中也是在桂林读的，我小学时成绩算好的，后来就去了两江初中，在那边我读完初中。初中我也算挺顽皮，但是成绩还是不错的，有时候还帮忙老师批改作业。关键一点就是我比较自觉，能不断地从老师那里得到比如“很努力”“成绩好”这样的鼓励。所以我觉得这种正面的肯定和鼓励对一个学生还是作用很大的。当然父母总是会提醒我不要骄傲，所以我也不会忘乎所以。

徐杰舜：你读初中是哪一年啊？

蓝达居：我 1981 年开始读高中，那初中就是 1978 年。

徐杰舜：那时候“文革”刚刚结束，你就回去上课了，是很幸运的。

蓝达居：幸运，小时候还要劳动，初中这方面基本上就少了很多。

徐杰舜：你 1981 年进的哪所高中啊？

蓝达居：临桂中学。

徐杰舜：临桂中学也不错的。

蓝达居：临桂中学我们那一届都是通过考试的方式将学生从全县的各个乡的初中选拔进去的，所以我们那届招了两个班，一班、二班，都是全县的优秀生。我们那届高考是最好的，就算是考得最差的也进了非常好的学校。

徐杰舜：你是 1984 年毕业的？

蓝达居：对，高考之后就到厦大这边来。

徐杰舜：本科就是在厦大？

蓝达居：本科就在厦大。

徐杰舜：人类学系？

蓝达居：对。

徐杰舜：你这很正宗啊，科班出身啊！

蓝达居：当年我考了 545 分，是我们学校的第一名，在桂林地区是第三名，听说在整个广西还能排进前 20 名，第一志愿填的是北大但没有录取，厦大是第三志愿。我填报的是厦大考古专业，但是这个专业其实是乱填的。因为我对可以出去玩的相关职业很感兴趣，第一个选择是新闻，但填志愿的时候碰到历史老师，将想法告诉老师后老师说可以填考古专业啊。正好还有一个（19）83 级师兄也是考进中山大学考古专业，写信给老师们说他们考古专业到处走到处玩。这样我就填了厦大考古专业。9 月份注册时，厦大成立人类学系，我们考古专业就并入人类学系了。

徐杰舜：那你跟王铭铭一起了吧？

蓝达居：他更早，进去的时候他是历史系最后一届，我才是真正人类学系成立后第一届，真真正正第一批进去的学生。但是 1984 年到 1994 年，厦大人类学系被撤掉十年。2002 年我出去挂职 2004 年回来，回来之后陈支平院长说要复系，所以填写申请。我们真正恢复本科招生是 2007 年。

徐杰舜：那我们回到你人类学本科的四年。从人类学的教育来讲，你在人类学本科四年期间学了一些什么课，你觉得哪些课是最重要的基础课？哪些课对你来说是特别的？

蓝达居：课程设置上，我得到的是一个正规的人类学考古专业的训练，我在大学本科这四年，从一年级到四年级，正规的科班出身，受到一整套考古学的训练，从旧石器时代考古，新石器时代考古，直到宋元考古。

徐杰舜：有没有考古学通论这门课？

蓝达居：有，考古学通论啊，考古学概论啊。除了这种通论还有分论，比如说分段的，商周考古、秦汉考古、隋唐考古，陶瓷研究，中国古代建筑，一整套非常系统完整。还有考古的田野发掘训练，我们是到江西吴城商周遗址，就是一个学期进行整个考古发掘的过程，包括从探方整个发掘下去，然后材料的记录、照相、整理，撰写发掘报告，一整套，非常完整。我们那个时候学考古学不只学习考古学这一个狭窄范围的课程，还接触人类学知识。因为那个时候人类学概论是作为高年级选修课。要说哪一门课程对我影响比较大，实际上我真说不清楚，但是我觉得最大的收获的就是，我受到严格考古学的训练。本科的时候我的那些学长对我也有很大影响。

徐杰舜：谁对你影响比较大？

蓝达居：在我本科和读硕士阶段，王铭铭对我影响很大。除了他，还有一个（19）83 级的厦大考古专业学长，后来考上了中山大学人类学系。他和吴春明是一个班，就住我们隔壁。因为我喜欢串门，常串他们宿舍去。他们其中有一个叫张金银的，现在是厦门文物店的总经理。他在中山大学人类学系读硕士，本来想重做人类学，但不知道是什么原因进不来。我曾经问过他，我们做人类学需要什么样的能力啊？他建议我去读西方哲学史，读哲学史的目的不是为了了解西方哲学这一块来龙去脉，而是希望通过哲学思维来提高我的思辨能力。他给我打了一个比喻，他说你看那个手电筒，打开以后，如果你把电筒放低一点，电筒照的面积很小，但是很亮，如果你把这个电筒抬高一点儿，你看它亮度不够了，但是照明的面积大了，这就是哲学思维。哲学思维需要有一定高度，有统揽的意识。因此你须要有这样一个思维的高度、哲学的高度，但又不能总是停留在高度，也要有一定的深入、具体的角度。我对学长这种很诚恳的建议是比较认同接受的。之后暑假我就回去借了四本西方哲学史去读。

徐杰舜：很形象。

蓝达居：对，很形象，只有哲学才有这样的高度。所以说德国人的哲学统治人类思维的天空，比如马克思，费尔巴哈，讲的确实很有道理。

徐杰舜：他们思辨力极强。

蓝达居：有好的思辨能力才能从事好的人类学的研究。

徐杰舜：这个观点我很赞成。

蓝达居：我也很赞同。人类学就是要有一个思辨度，虽然学科本身接触的是现实，是非常丰富的具象的文化事象，但是如果你没有这种抽象思辨达到一定的概括能力，是很难能够把握它的。

徐杰舜：你讲得太对了。

蓝达居：那时在宿舍里聊天的话对我影响十分深刻。之前提到的王铭铭是我的学长，他是（19）81级的。那时候他在学校算是比较活跃的，组织人类学社进行社团活动，还有吴国富，他跟王铭铭是一个班的，都是学生人类学社的。他们组织我们爱好人类学的学生，到厦大附近的农村做一些调查，调查整理以后把报告发在《人类学新叶》。他们组织的这些活动让我们接触人类学，了解人类学。

徐杰舜：那是不是说实际上从这个时候你才从考古学走进人类学的？

蓝达居：是在大四的时候。大四的时候慢慢的老师有时候会请国内外的一些学者来讲学。我们那个时候层次比较低，对很多学术会议都不了解，有的时候还会因上课而错过。那个时候厦大已经开始了对外学术交流，其中我们系是最活跃的，那时候乔健来的比较多。当时王铭铭的外语是不错的，有时候就请他当翻译。但是我正儿八经系统地接触人类学，还是读研究生以后。

徐杰舜：你是直接考到厦大人类学系读研究生的？

蓝达居：对，那时候陈国强老师在教文化人类学。

徐杰舜：那时候你就跟陈国强了？

蓝达居：那时候就跟陈国强老师了。前面还有潘宏立、范可、王铭铭、吴国富这些学长，这让我们感觉到一种士气，感觉不仅是我们，还有好多人也在学。

徐杰舜：别人也在学，别人在我前面学。

蓝达居：对！实际上我们那个时候，人类学的书和教材很少，比如中国大百科全书民族卷，看到就如获至宝。研究生一个月一百零三块，除去伙食费后其实就所剩不多。那时候一本书几块钱，常常出现看到了非常想要的书犹豫要不要买的情形。

徐杰舜：我那时候买了一个辞海也是想了又想。

蓝达居：那时候晚上睡觉都会想书会不会被别人买走，想得睡不着觉。犹豫几天还是买下来了。中国大百科全书民族卷，就是那个时候人类学的参考资料。翻译过来的书有博厄斯的《人类学与现代生活》。

徐杰舜：那本书好像现在没有了。

蓝达居：那书薄薄的。我看到之后就立马买下来了。读研究生的时候，我一般一看到人类学的书就赶快买。

徐杰舜：那你现在藏书也不少啊。

蓝达居：我跟你说，因为那个时候我看到的基本上都买了，华夏出版社出的一整套我都有，浙江人民出版社、山东人民出版社的也都有。

徐杰舜：还有辽宁出版社的。

蓝达居：对！这几个出版社的书我基本上都全有。有一次我们一个老师看到我的藏书之后说，这样的书你还有啊，这书连我都没有啊。听到这话之后心里是很高兴的。我们读研究生时的课程是体质人类学、考古人类学、文化人类学这一类。导师还有一个最大的提携，就是只要有学术会议，都要我们去参加。当时福建有一些类型的学术会议，民俗学啊，人类学啊，我们都会去参加。参会之前都要写文章，虽然写得很幼稚，但还是交上去了。

徐杰舜：参加会议就是一种交流嘛。记得1986年的时候我去参加一个会议，他们请了梁漱溟来讲演。那时候梁漱溟已经90多岁高龄了，讲演的时候是一直站着不肯坐下来，非常有激情。当时那些大学者的演讲，比如钟敬文、季羡林啊，但凡我有机会都去听了。季羡林还年轻一些。

蓝达居：80多岁。

徐杰舜：嗯，对，80多。那个时候去听他们的发言也是一种交流。

蓝达居：这种学术训练也很难能可贵。那时候导师还带我们一起下田野。我就在田野里看他怎么协调事情，怎么和政府打交道，怎么和当地人相处，体会到了他的组织能力，还有学会怎么提高工作效率。所以我觉得，我读研究生的时候，除了课堂训练之外，课外的训练也是很丰富的。还有会议训练，它实际上就是一种跨文化的体验，在不同的地方吃，不同地域有什么样的风俗都是亲身感受过才会了解的，而且很多人类学的感悟是在田野中获得的。

徐杰舜： 除了这些感悟以外，你觉得还有哪一些收获？好比讲你在做惠安女的调查的时候，有过什么样的收获？

蓝达居： 要讲收获的话，那就是对人类学整体观的认识。做惠安女田野的时候要接触很多方面的事物，在这个过程中我逐渐地发现这些方面是相互联系的。比如他们的穿衣习俗和当地的生活是分不开的。生活不是孤立的，各种元素之间必然有着千丝万缕的联系。像我们去调查那个常住娘家的习俗，只有到当地去见证了之后，才知道她们为什么要常住娘家，才知道这个习俗和她们的社会分工、环境等都是相关的。这些东西都是你要去观察、去体验才能够感受到的。书本上，马林诺夫斯基就说过“文化不是孤立的”（culture is integration），庄英章提了“文化丛”“文化边界”概念，费老也提出“文化分立群域”。这些基础概念是理解其他文化相关的前提。有了这些书本上的概念理论，经历“田野这道人类学仪式”，再在田野中形成文化感，人类学才算完整。

徐杰舜： 也就是说，看书是平面的，田野才是 3D 的。从田野中获得文化感，你这个提法非常好。

蓝达居： 哈哈，形容得很对。我当时在崇武镇做调查，感触特别深。

徐杰舜： 那你当时已经具备两个非常好的人类学者的素质了，一个是哲学思辨，还有一个就是田野中的文化感。

蓝达居： 我也是在偶然交流中发现的。思辨这个东西我最开始是无意识的。后来有一次，记不清是九几年，在惠安的一次会议上我碰到了王铭铭。他当时就说，蓝达居思辨能力很强。他提了之后我才知道，哦，原来我是有思辨能力的，原来我的这种思维方式是属于思辨的。然后我再回头去想，发现《西方哲学史》是我思辨的开端，是人类学需要的一种素质。王铭铭带给我的另一个影响在于传播新观点。他当时还在国外，每次回来的时候我就想和他去聊一聊，看看有没有什么新的观点、新的著作啊，从他那里了解国际学术动态。

徐杰舜： 你是通过王铭铭来与国际接轨的？

蓝达居： 对的。我后来读博士也是受到王铭铭的建议。我研究生毕业之后就先工作了。（19）92 年的时候，邓小平南方谈话对学界还是很有影响的。当时很多人因为这个就下海经商去了，搞得我们也很不安心。当时我也不知道怎么选择，后来（19）94 年的时候我问的王铭铭。

徐杰舜：（19）94 年，王铭铭当时也准备回国了吧？

蓝达居：对，（19）94年，当时我就问王铭铭博士是继续读人类学呢，还是选择别的专业？是在国内读书还是在国外读？王铭铭就建议我继续往人类学方面走。后来他又建议我去考杨国祯的博士，说厦门大学的中国社会经济史不错，在中国是一流的。中国一流，就是世界一流。加上这是研究中国的东西，外国人不甚了解，文献资料都很难到手。于是我就去考了杨国祯的博士。

徐杰舜：你是什么时候读的博士？

蓝达居：（19）94年。

徐杰舜：（19）94年。当年就考进去了吗？

蓝达居：对，然后1998年毕业。

徐杰舜：那从本科到博士，你的知识结构很完整啊。从考古学到人类学，再到历史学。1998年毕业的时候，你的博士论文做的是什么？

蓝达居：因为福建有很多港口，所以我博士论文做的是关于港市、港口经济文化的。我原来设想的是用人类学结合历史学角度去写，很多东西还是很往人类学这边靠的。导师看了之后，就建议我更多地向历史学的角度上迁移。因为两个学科存在学术规范的不同，所以他希望我跳出人类学的圈子，超越人类学，写得更加有历史感一些。

徐杰舜：你说的这个历史感，我们可以用纵横相通来理解。那你之前提到的文化感是什么，能不能给我们界定一下？

蓝达居：我只是提出这个概念，并没有给它下一个定义。在我看来文化感就是对文化持有的一种敏感度。在分析现象的时候，先想到文化角度，用文化解释问题。

徐杰舜：你这个界定就是"人类学眼光"。

蓝达居：对。

徐杰舜：但"文化感"的提法更好、更概括、更学术，"人类学眼光"又比较通俗。

蓝达居："人类学眼光"更有象征意义了嘛。

徐杰舜：要我来理解你说的文化感，就是人的行为方式及其表达的一种感受。

蓝达居：也可以这样理解。我现在就觉得，可以用文化感来判断一个人是否是人类学专业毕业的学生。

徐杰舜：文化感这个提法很有意思，那就希望蓝教授之后能够给出更准确的界定。你还能谈一谈翻译书籍的经历吗？就是你翻译马尔库斯的《作为文化批评的人类学》。

蓝达居：我们也是因为王铭铭才知道这本书。当时他觉得这本书很好，就跟我和吴国富说，让我们先翻译，他再来校对。我和吴国富就一人复印了一份，他拿着书稿回广西了，我也拿着书稿回到福建。后来吴国富因为学校里的一些事情，实在是太忙了，没有翻译。

徐杰舜：所以就是你一个人在翻译？

蓝达居：后来就是我在翻译。当时刚结婚，房子也不是很大，房间里就一张床，边上放了一张桌子，我就在那张桌子上工作。平常吃饭的时候，就把桌上子收一收，吃完饭继续工作。到了晚上，我太太睡了，我还在桌边继续翻译，夏天天气炎热也还是得伏案工作。

徐杰舜：那是很辛苦。

蓝达居：因为我不是专业的翻译，所以翻译的时候也不是很顺。这本书里面的长句子还特别多，得先搞清楚定语、状语，分析句式，再看单词。有时候一个单词不止一个意思，所以还得结合上下文和语境反复思考确定意思。我之前也有帮导师做过《人类学通讯》的翻译。有一次出去开会的时候叫我去翻译。当时我也不知道要怎么翻译，还出了一个错。会议手册上有“珠江三角洲”这个专有名词，“珠”应该用“pearl”，结果我给弄错了。后来有一个老师反馈回来，说这个翻译得不对。当时我觉得挺不好意思的，不过现在想来这也是一种经历。

徐杰舜：《作为文化批评的人类学》这本书作为人类学必读书目现在还在用。里面的观点很好，人类学就是要有批判性。

蓝达居：这本书句子都很长，有许多定语、状语，而且专业性特别强。但是自己抱着学习的态度耐心地一句一句地翻译，最后终于完成。王铭铭在校译时，就说有一章我译得很准确，这对我是很大鼓励。我建议人类学的学生都去读一下这本书。它提出了一个很好的视角，就是反思，反思他人，也反思自己。

徐杰舜：就是费孝通说的“文化自觉”。

蓝达居：对。这也是一种文化关系、文化状态的体现。也就是费老说的“各美其美，美人之美，成人之美，美美与共”。

徐杰舜：今天采访你收获很大，有三个关键词，一是哲学思辨，二是历史感，三是文化感。特别是文化感问题，是蓝博士学习人类学的心得。

我们今天访谈的主题是否可以定为“在田野中获得文化感”？

蓝达居：很好！就用“在田野中获得文化感”作标题！

徐杰舜：好！就用“在田野中获得文化感”作标题！谢谢蓝博士今天接受了我的采访。

【来源】《民族论坛》，2013 年第 9 期，第 28 ~ 32 页，第 91 页。收入本书时略有改动。

文化之道

——访中国社会科学院罗红光教授*

【被访谈者简介】罗红光，中国社会科学院社会学研究所研究员、博士生导师。

罗红光教授

* 访谈人：徐杰舜；本次访谈列席人员有：郑少雄，博士，中国社科院社会学所助理研究员；吴乔，博士，中国社科院社会学所助理研究员。旁听：丁苏安，广西民族大学民族学与社会学学院研究生。访谈时间：2013年5月14日，15：20～16：45；访谈地点：南宁市相思湖国际大酒店910号。

罗红光：现在国内只有你一个人在系统地做汉民族研究，我就觉得……

徐杰舜：现在做汉人社会的越来越多了，但他们都是碎片式的。

罗红光：对，碎片式的、不完整的。像你这种总的整体审视，又以人类学的方式进行的汉民族研究，也是费老所主张的。

徐杰舜：少数民族研究都是成系统的，每一个民族都有一帮人在做，恰恰是汉族没什么人做。还好庄孔韶他们从海外回来之后，一直在做汉人社会。但是他们是做纯人类学的，是做社区的，对整个汉民族缺乏一个整体性的认识。你汉族都没有搞清楚，中华民族怎么搞啊，对不对?！梁启超本来就讲“中华民族就是汉族，汉族就是中华民族”……

罗红光：对，原来只是讲“五族共和”。

徐杰舜：后来才开始提中华民族，新中国成立以后才提的。这方面马戎老师做了很多工作。

郑少雄：徐老师您大概说说您最核心的理论，就是关于民族地区的，您的思路是什么?

徐杰舜：我们现在在这里讨论，我想先听听罗兄的。

罗红光：哪方面的?

徐杰舜：你说说你对我们南方民族地区的研究工作有什么看法。

罗红光：我感觉啊，已经有变化了。就是说原来传统的民族学，它依然存在的。但是你会发现，我估计是“70后”，像他们这一代的（指吴乔和郑少雄），开始在各个大学里面出现了，而且他们是受过人类学训练的。这样的话，等于说各个地方的大学，在这方面已经感觉到不像是太传统的了。但问题就是说，人类学的这帮人和传统的那帮人怎么去对话，这个问题没有解决，才开始。像您做的工作很重要的是在哪儿呢? 它开始建立了南北，或者说是少数民族地区的对话了。在这个问题上我一直是主张人类学的动议不仅仅是解释，而更在于理解，它的这种渠道是通过对话来实现的。不是单方面的我来研究你的文化，然后你就是被动的（存在），而应是一种对话。我认为这个问题才开始，现在大问题还不是这个问题。现在社会学的问题很多，也很大，它变成显学了。原来经济学犯了很多错误，他们只按 GDP 看发展，结果捅了很多乱子之后，社会学开始给他们弥补，改善这样的状况，所以向社会学这帮大佬们曝光（上媒体）。我估计社会学将来也会面临很多问题，按国外的这类经验看啊，有一天会由人类学出来，这是我的一个看法，很个人，就是人类学将会弥补社会学的不足。他们不太重视文化，也不太重视主体，个体总被淹没在集体之中。我们这次国情调研的时候还专门探讨了这个问题，他们认为社会学就是搞这种社会关系、力量关系，当然里面也有平等的问题，什么权力关系、利益关系都有的，但是他们始终不会处理文化问题。早期的老一代民族学家，是苏联的那套方式吧，他们当时想解决问题来着，但是那个路子呢，实际上是在社会进化论的脉络下做的。社会进化论脉络做的有一个问题就是很单一，历史是线性的，所有民族必须走这一条路，于是现在这个社会就不断出问题。

徐杰舜：就是可以强烈地感受到他们的反对。

罗红光：实际上这是一个文化问题。如果按人类学来讲，民族问题，因为我们在识别的时候给识别成这个样子的，原来没有识别的时候，人家仍然是这个文化。我们今天看到的是文化的线索，民族这个线索是1949年以后清楚地给定的一些定义，而且是基本上按照社会主义大家庭这个政治脉络做的，我的理解是这样的。然后呢，你识别一个，它就向你要财政，有一天也会向你要权力。我认为实际上现在这个还没有真正提到议事日程上来，先把有些问题抹平，先放着。现在解决的更大问题基本上是全中国的问题，如发展、福利、教育和环境，哪一个问题都是涉及国家利益。

徐杰舜：但是这些不是本质问题。

罗红光：对，它的核心是文化，但是社会学不去看文化。于是哪一天他们社会学觉得，哪怕是治理环境问题，蒙古有蒙古的治理方法，西藏有西藏的治法，六巷❶有六巷的治法。到六巷我们就清楚地看到，他们的“一刀切”不对，关于山林基本上是“一刀切”。我去看灾后重建的绵竹，他们那套对山林的治理方法是惠及百姓的。百姓从山上搬下来从此没地了，他们和城里人一样了，没有地，根本就不可能有地了，而且那是天经地义的，你搬下来，把人家的水田给占了。那么没有地的时候怎么办呢，还要生活啊。山上那些树木，对这些搬迁的移民来说，都有他们的利益，那么木材一米多少钱、一吨多少钱、一桩多少钱，算得准准的，老百姓心里很清楚。但是呢，因为咱们国家的这个山林是分了几种类型的，恰恰是六巷的这个类型是不可以开发的，不可以砍的，它属于公益林，于是问题

---

❶ 六巷指广西金秀瑶族自治县六巷乡。

就出来了。

徐杰舜：不仅是公益林，而且还是生态林。

罗红光：对！如果按照传统呢，人家是自给自足的，没有问题，可是你现在很多东西都要和外面打交道，你不得不和外面打交道。一个孩子要念书，那个价格可不是老乡定的，你还得老吧，还得养病，那个药价……

徐杰舜：也是越来越高。

罗红光：对，是的。这几项全都不由他们说了算，所以原来他们自给自足的那点钱，根本无法满足这个社会的变化。于是我就发现，四川绵竹的移民与这儿的（指六巷村民）都是山民，不管他是什么民族，靠山吃山，靠水吃水，这一点很像，就是人与自然的这个关系非常像的。结果呢，导致了两个结局，六巷这个利益就回不来了，自从这个山林变成公益林了之后，他们的生活质量和绵竹的差了十几倍的感觉。绵竹那里的例子就是，他们原来也在山里没错，九个村子全都搬出来了，当时政府的政策就是必须搬，不能再住山上了，我认为这都是可以的。因为原来平地上是种水稻的，他们搬下来之后，因为要安置，种水稻的农民就做出了牺牲，从此就让地了，我们各自都互相帮忙，就这样包了。包了以后呢，种水稻的农民也没地了，山民也没地，没地了以后呢，他们采取了几种方式，把山上的果树木材，那个好像不是公益林，它那个生态也挺棒的，但是它可以砍伐，砍伐一部分当然也是有计划的，不能滥伐。砍伐以后呢，都给种田的家庭，卖掉的这部分利益就回来了。这有一部分收入。还有呢，就是山上有一些果树，有猕猴桃，有核桃，有李子，还有梨，这些东西呢，也是他的收入。再一个，就是养家禽。他在山上养，他利用那个山的条件，放养，所以那个鸡蛋，还有鸡特别好，这又是一部分。你可以看到每一个个人的利益都不会受损失。第三个呢，你要有能力，你可以办力所能及的农家乐。所以有这几个，他们根本不觉得经济上有困难，相反他们成天娱乐。

徐杰舜：那就是生活越来越稳定。

罗红光：嗯，感觉上他们更像是真正的农民工。上班了，车拉着去，下班了，车拉着回来，就这样的。你看啊，和六巷就形成了鲜明的对比，种点生姜，相当于他们那边种梨、种核桃的感觉。那么将来，可能根据每个地方的生态啊、文化啊，可能得考虑他们的生存，因地制宜地制定一些政策。六巷乡的农民也好，基层干部也好都同样反映这个“一刀切”

不好。

徐杰舜：“一刀切”这样的政策非常的愚蠢，完全违背了人类学所讲的文化多样性。

罗红光：是单纯地为了经济、为了社会做的。如果有文化，他们不应该是这个样子的。

徐杰舜：对！历史上我们先不去说它，就是新中国成立六十多年来，开始是政治治国，整个国家都在搞政治运动。你可能也有所体会，像我是所有事情都经历了。以前是小，但是知道这些运动是很厉害的，一动起来，不是枪毙就是斗争。再后来改革开放以后，这可以算是说经济治国，发展，发展，还是发展，环境已经破坏得相当严重了。那农民得到了什么好处呢？或者是工人得到什么好处呢？工人已经可以说毫无地位了，工人在中国已经没有话语权了。农民呢，进城形成了一个很庞大的队伍，那国家必须对他们做出管理，农民工第一代过去了，第二代又起来了，它还是归结在经济治国的这个思路里面。所以一有经济危机，他们就来搞投资，几千亿，几万亿。为什么这个刘铁男一下子就有问题？已经有人举报他了，他还审批了40个项目，还得了啊，多少钱在他手里，他会不腐败吗?!对不对，他的权有多大啊！他叱咤风云、金戈铁马啊！钱在他手里，不是几个亿的问题，是几千几万个亿在他手里玩。这种经济治国的思路，也是导致腐败的一个很重要的因素。就没有文化治国。实际上，中国的社会转型已经走了很长一段路了，但是始终没有注意到社会转型所导致的文化转型。我们的文化还处在一种极没有话语权的地位。就是罗教授你所讲的所有问题，我们都可以归结为文化问题。你都不承认文化的多样性，那有什么，所以你在政治上就是一刀切。实际上哪一个地方，说老实话，几百年以前，哪一个地方的政府把它管到乡下去的啊？最多就管到县一级的就完了。一个县政府就那么几个人，除了县官，还有文书，再就是一堆衙役。现在不要讲是县政府了，就是乡政府也是几百号人。你管得越多，就管得越死，文化的多样性就被他们都灭掉了，因为他有这样一条线，就是一个命令下来，全靠一个文件做事。所以农民也好，工人也好，我们高校也好，现在高校也是很可怕的，“211”养了一批，“985”又养了一批，现在又搞一批。我很赞成你讲的，中国未来的治国方略要在人类学里面找。所以我很希望我们人类学的队伍做强大，团结，不要自己搞分裂，自己在那里搞自己的名堂，这就不好，这就不是人类学。要多交流一些。其他学科的，他愿意来听我们的，多好。他愿意来跟着我们走，多好。就像我们人类学高级论坛从来不拒绝其他任何一个学科的人参与。

罗红光：人类学是包容的一个学科，结果有些时候咱们人类学内部做得不太尽如人意。

徐杰舜：对。但是也有很大的发展。

罗红光：比原来好多了。

徐杰舜：这个我觉得也是有目共睹的，像他们（指吴乔、郑少雄）这一批“70后”的都起来了。我很佩服他们。

罗红光：中国走文化的路子得他们这一批人，我们等于说是铺垫了。

徐杰舜：你还是很科班的，经典的，我经常从你那里学到一点。

罗红光：没有，都是铺垫。

徐杰舜：我就是学一点，喜欢做。

罗红光：你这个有目共睹的，大家知道啊，你做了这么多事儿，我们一说到人类学就想到你。

吴乔：说到南方的人类学圈儿，第一个想到的就是您。

罗红光：嗯，对。这都是要提的。

徐杰舜：我来这里快30年了。

罗红光：我也不是奉承，这是真话。您是人类学界年长的前辈。

徐杰舜：老一辈的人都走了不少啊！上世纪90年代中期的时候，费老啊，季羡林老啊，我都见到过，听过他们的讲演，包括梁漱溟，1986年我听过他的讲演，九十几岁了他还站着讲，一讲就是一个半钟头，可是瞻仰到他们的风采了。后来他们都不断地离开了这个世界。中央民大的老教授大部分也都不在了。我自己的老师，中山大学的容观琼老师现在九十多岁了，他现在好多事情都记不清楚了，都记不住，完全记不住，现在我们做他的口述史也很难做。

罗红光：他的远期记忆也没有了？

徐杰舜：远期的记忆他也记不太清楚，他的中学在哪里他都记不清楚了。我还想跟罗教授交流这一点，人类学对于我们国家的治理啊，或者说实现“中国梦”，它会起一个什么样的作用？

罗红光：这个我觉得要这样理解。中国文化的多样性我相信政府也是清楚的，他们也希望是“各美其美，美美与共”的，但是他们不太知道具体怎么做。这实际上是需要很多人类学专家在不同的场合说说人类学的东西。就是现在在很多场面人类学是缺席的。

徐杰舜：缺席，失语。

罗红光：嗯，对！我也不知道原因啊。你看“9·11”那么大一件事，居然没有一个人类学家出来说话。倒是乔姆斯基出来说话了，抨击美国。可是在全世界很多重大的场合，人类学应该能够说话的，但是人类学在这些时候没有。一个日本的学者曾经批评说，他是历史学家，他说这个人类学要在一些重要的场合找到发言权。当时他是出于批评的态度的，重要的时候，该你人类学说话的时候你没说，尽研究一些小村子、小部落，你没有跳出来，在一些重大问题上缺席了。当然我觉得将来变成文化大国，应该重视软实力。我们现在只讲军事、经济，包括环境问题，我估计多数还是从经济，都是硬件考虑得比较多。像我们研究人类与自然环境，当然是从文化的角度去考虑。软实力这个部分，实际上就像一种文化，它有它自己的历史、自己的价值观，而不是按照原来的那个，社会进化论的眼光在看。比如你看哪个落后，我们得改造。相反地，我们应该是承认他们的价值，然后去帮助他们，让他们活得更像自己。这样的想法是一种文化观的思路，而不是说你们落后，相反地，我们有可能比他们还落后。你看现在我们到六巷就觉得空气很好啊，地很好啊。在这方面我们一点都不觉得北京发达，除了科技那边发达，生活可能高一点，但是整个环境是一个很郁闷的环境，不是一个文化的感觉。什么要戴口罩啊，买一辆车等于买一个烦恼啊，像这样的，实际上是牺牲文化、牺牲人性。你说要是将来文化发展的话，应该是更加地尊重不同文化的多样性，从这个角度做，那人类学的责任肯定是在这里了。要改变原来的社会进化论的那一套文化思路。

徐杰舜：那个印象很深。

罗红光：很深。他们对这个非常理解，买了一辆车子和没有买车子，他立刻就觉得买车是好的，立刻会做出这样的判断。

徐杰舜：我很赞成你刚刚讲的文化思路的这块。当然我觉得还可以把文化的问题再从更深的角度去思考，既然政治治国可以搞成阶级斗争，搞得整个国家天翻地覆，人与人都被搞成非常可怕的关系；也可以把经济治国搞成每个人都打了鸡血，搞了三十多年了，现在还搞不清楚该怎么弄；实际上文化治国才可以使人心态平静下来。

罗红光：就是你说的幸福感对不对？心态平和的那个。

徐杰舜：对，对！心态不平和下来，整天像打鸡血一样的，红着脸，觉也不睡，整天搞开发，每一棵树都砍掉，每一寸土地都盖了房子，都铺成高速公路，还有高铁，那你说还有救吗？所以说你到了六巷那个地方，树是绿的，空气是清新的，你才会感到舒服啊！你可能才会把心安定下来。为什么现在搞风景区就是越是偏僻的地方就越有人去呢？所以我觉得文化治国的那些东西呢，是不是会被高层领导所重视，我也觉得可能会有所认识。我最近看了一个材料，就是说我们新的主席习近平，他在当主席前，最后访问了一个国家土耳其。全世界都是在求发展、求速度，土耳其倒是最近发展得比较正常。那正常在什么地方呢，习近平就去看了，等于说是到土耳其去取经去了，那这个就有意思了，他取什么经呢？那就是土耳其的文化大革新，土耳其恰恰是在抓文化，而我们恰恰是把文化丢在一边不管，我们把文化多样性的东西搞成同质化了，所以政策千篇一律。农民工就是农民工的问题，工人现在都是下岗工人了，学校里就是教师，我觉得很残酷的就是把所有的代课老师都搞掉了，这个是非常残忍的。然后搞教育，又把所有的小学都合并起来，就是车祸不断，他没办法，太远啦，小学生走十几里路。那么他说他们的人少，人少就把人集中起来，都集中到乡里去读书了，这些都是违反文化多样性，违反文化规律的。所以我觉得，文化这个东西，它看起来看不到，但是它是可以建构的，它建构了你的这个社会，它建构了这个国家，建构民族的认同、国家的认同。你说我们现在有中华梦，有民族梦，梦什么呢？不就是想日子过好一点嘛，过得安定一点嘛，不要搞得那么紧张。紧张有几种概念，不要人斗人的紧张，阶级斗争的那种紧张，你讲一句话，我就得打你的小报告；也不要搞得经济治国这种紧张，天天像打鸡血针一样，只知道赚钱赚钱赚钱，你说李均摇赚了这么多钱，三十八岁就死掉了，有什么用。我觉得马云太聪明了，钱赚得够多了，他不干了，做慈善和教育去了，所以他希望天蓝、水清、食品安全。就是你政治治国搞得你斗我我斗你，经济治国搞得什么都赶。所以我觉得一定要回到文化上去。

罗红光：你看我们这次下去拍电影，拍《一个村级养老院的院墙内外》。

徐杰舜：在哪个地方？

罗红光：就是在金秀六巷。电影算是拍完了，可能还要回去剪辑。所以有一个基本的想法，中国的传统文化还是居家养老，自己的儿女在自己能够够到的范围，可以照顾。这个医院做不到，单位更做不到，你就让他住在医院里，是高科技，科技密度很高，但他的心情呢，可不是那些东西就可以满足的。他坐惯了的那把椅子，哪怕是破的，他都坐得舒服。老人都爱看电视，都离不开电视，但是在他家里的那个环境里，那不一样，一会儿孙子来了，一会儿儿子来了。在这样的氛围里，老人是健康的，而不是孤独地在养老院里。那么这个六巷的养老院呢，为什么说院墙内外呢，院子里面，没错，是孤寡老人，一肚子过去的苦水、故事都有，但是呢，他们现在过得很好。他们跟社区经常有互动，这种养老的方式实际上就是遵循一种传统文化的作用啊。你看那些老人，眼睛都是发光的。在北京有一位学者，也做过养老院的研究，他回来和我说了一句话，基本上是监狱的感觉。但是你想想啊，他们和社区有活动，哪怕是跟幼儿园有活动，养老院和幼儿园是邻居，有一课就是跟老人玩，老人也看着孙子辈的孩子们，也可以说话。儿子辈的人可能工作去了，但孙子辈的在，那养老院如果和幼儿园在一起，把城市里的这个孤独问题缓解一些，再加上老人他也有一个社会，那么组织好了，他们也可以到外面去搞一些活动。六巷这个（案例），他们就去参加一些仪式啊，一些重大的活动啊。虽然不能像正常的壮年人出去那么频繁地参加一些活动，他们老人还可以种一点菜，老人和老人互相帮助。有一个老人就是不能种菜了，还有人帮她种。你别看这个小劳动，这小劳动实际上是一个健康的指标，而不是就这样养起来了，待在一个六平方米的房子里，那个实际上是很孤独的。他们还能种种菜，还能帮助别人一下。被帮的那个老人呢，他还觉得很内疚，觉得别人尽帮我，我也不能帮别人。实际上这种忧虑，是健康的忧虑、幸福的烦恼。

徐杰舜：对啊，这就是有社会的互动，交流嘛。

罗红光：他不是孤独的一个。

徐杰舜：没有脱离社会啊。

罗红光：嗯，对。他不是打鸡血，他是打别的药了。那是大不一样了，养老要放到社会里去养老，社会养老。这个社会养老，就是说文化治国的时候需要一个文化。令我们都很无奈的就是，中国 1949 年以后这些运动，还有换了领导人以后，他们的认识都不太一样。就从邓小平、江泽民开始，一直往后走到现在的习近平。我们能看见，习开始有这种文化的诉求。可是现在的现实问题，是经济和社会的矛盾，社会学家现在很活跃，包括我们社会学所这次 32 位社会学家也去了六巷。然后我们现在的大老板，现在的中央候补委员，社会学出身的，他还有空间啊，上下来回走动。也就是说，像这一些领导，他们是懂文化的，但是他因为在社会学的圈子，他要解决中国的很多社会矛盾，远远大于一些小族群、区域性的问题。现在是整个国家都还没有理顺。现在这个政权的更迭，文化，现在我们的文化是一个万花筒，是乱的。我们去到任何一个周边的地方，发现他们的文化牛了，咱们的文化被批也好，被用也好，就像军阀割据一样。

徐杰舜：文化割据，对，文化割据。

罗红光：本来这个文化，你可以用你的传统，因为中国的这个马克思主义教育把这个传统颠覆掉了。毛泽东的“新青年”也没有建立一套新的文化啊，没建立起来。江泽民也曾经说过，新人类还是什么的，说过这个词，但江泽民他也没有树立起这个，那你新人类的新文化是什么？没有。所以，给习近平以后的领导摆了一个很重的任务，特难的。破坏文化一代足够，一次阶级斗争，全没了；但是你要建立一个（文化），那是好几代都不一定成的。这个文化的部分，它不像那些赚钱的、打了鸡血的人，没准第二天就可以一蹴而就。

徐杰舜：它是可以立竿见影的。

罗红光：文化不是的，它要好几代。所以您刚刚讲的，在学校里念书，全是老师和孩子，还有一部分教育啊，它是在社会的，在家里的。这部分就是没有，没有，连六巷都没有！六巷都感觉很弱。

徐杰舜：年轻的都出去打工了嘛。

罗红光：哎，对，它集中嘛。它集中办了一个中心小学，几个村子合办，住校。住校以后呢，家教没了，可以说家教没了，他们模仿了汉人的那个。但汉人的传统里面也是有家教的，它通过私塾可以实现这个家教。但是现在不是了，我们的文化，家庭这部分，本来按我的理解，它是可以承担很多很多国家做不了的事的。

徐杰舜：现在也把它灭掉了，弱化了。我们不要说城市了，就说农村。农村的“空巢”是家庭教育非常弱化的一个表现。真正有教育能力的人到外面打工，一年回来一次，让老的和第三代在一起，这种状况非常糟糕的。

罗红光：更何况人员流动。

徐杰舜：嗯，城里其实也有这种问题的，城里的就是下一代都出国了。就我们小小的广西民族大学，就有很多家庭只有老人在家，孩子们出国了，移民啦，然后母亲可以跟去，因为母亲有用，可以跟着他们带孩子啊什么的。父亲去了也不愿意待在那里，就回来了，所以不仅造成了“空巢”，而且是男性的老人在家里，女性的老人在外面。我们这里有一户，女儿在澳大利亚，母亲已经拿了绿卡，父亲是这里外语学院的主任，父亲坚决不去，他是外语老师，语言肯定没有障碍。这样的状况在城里面也很多的，我们学校里的，广西大学的，教育厅的更加多，一般教育厅的人，那些人的孩子早就送出国了。

罗红光：出国可以啊，完了再回来。我觉得中国人有一个优点啊……

徐杰舜：不是，他们也是“空巢”。

罗红光：都剩一些“空巢”老人啊。

徐杰舜：嗯。如果真的对我们政府的高层有影响的话，那我们就觉得是中国之幸了。毛泽东领导我们打土豪分田地的时候，分得土地是中国农民之幸，那后来总的来讲还是邓小平让我们中国人民过上了富裕的生活，也是中国人民之幸。但是这 30 年下来啦，我们不能在原地踏步了。

罗红光：确实。

徐杰舜：社会问题已经很严重了，环境问题也很严重了。所有可以反映出来的很严重的问题，用什么来解决，就是用文化来解决。所以现在就是真的应该进入文化治国阶段。

罗红光：因为有信仰的人，他本身有一个制约。现在有一个大问题就是，没有信仰，这就给文化带来一个很大的障碍。如果有文化的话，传统也可以约束，然后横向的道德也有一个约束，这两个如果约束好了，实际上它是对文化的一个信仰吧。我们就不说政治上的了，就光是文化，老百姓也能够接受。那些太空太大的，老百姓根本不 care（关注）。现在你说他身边的东西，为什么说“美美与共”，他身边的东西他是相信的。你看打工的老百姓，在深圳打了工，他自认很节俭，但他回家了之后很大方。他就觉得城市里花钱，全是浪费，但他回到家乡去，照样愿意这样花，因为他把钱投到他信任的地方了。

徐杰舜：现在是这些信任的地方才能够表达他的文化品位吧。他那个多少有一点光宗耀祖，我回来，我在外面打工起码是赚了一点钱吧，所以就在家乡表现一下这个意思嘛，哪个不是这样的？

罗红光：像这样其实挺美的，你看他对家里的老人也有回报啊。我们的人类学知识应该就是来源于我们的研究对象，不管他是农村还是城市。我觉得徐老师做到了这一点，就是如何把知识还原给社会。这个回路法，就跟那个莫斯写的《礼物》一样，你光来没往嘛。我们从前受过很多知识，我们写书了，发文章了，当教授了。我们通过什么样的方式，把这个知识还原到社会里去，这个工作实际上做的也不是特别多。

徐杰舜：这个我倒希望罗教授能够多做一点，就好比你讲的一定要跟媒体多接触一点，因为你在北京这个条件下不一样。

罗红光：原来低调的原因也是怕卷入矛盾。怕卷入矛盾所以低调啊，不愿意做一些事。我们曾经有一个规定，不能以社科院的名义出现在媒体上，包括中央电视台。

徐杰舜：那么你就不要以社科院的名义了。

罗红光：现在好像不一样了，现在宽了。(笑)

徐杰舜：这个太重要了。我觉得这一点上更应该有一点文化，他虽然是社科院的人，但是他不是代表社科院来讲话的，他是代表自己的，只不过他是社科院的，社会学所的教授。像台湾所就是，我们社科院台湾所的某某发表了一个什么看法。又不是代表了你社科院整个组织的一个观点。这一点都不开放，那还叫什么社科院呢？因为社科院每一块的研究系统，它都是在这个领域上代表了我们国家的研究水平的。它是一个学科性的东西，也是一个学术性的东西，别人不会把社科院的人讲的话当成是国家领导人讲话的那种权威性，但是它有参考意义。

罗红光：对。

徐杰舜：所以我觉得，我最近在回顾我们国家在钓鱼岛问题上的处理，还有与菲律宾在黄岩岛问题上的处理，我开始还不理解，但是我现在觉得我们是高，实在是高。

罗红光：看来咱俩的想法一样的。

徐杰舜：我开始觉得我们是不是太软弱，后来我发现不是。我们为了不引起美国方面的非议，不派军舰，我们派海监，这就是说是一个民间的了，行政的东西，和军事无关。再一个我们不断地开船去，我们每次去，日本首相安倍，他很紧张，他要睡觉了，我们也去，他刚刚睡下去，报告就来了，说中国的海监又来了。再派飞机去，其中包括我们的战斗机，四十多架飞机去是有威慑力的，难道你们日本真的敢跟中国打吗？我觉得我们早就较量过了。所以这种策略，我后来理解了，就是不战而胜。黄岩岛也是这样，我们开始也是，被它搞得……渔民也受损。最近台湾的渔民也受到了损失，马英九比较强硬。那我们就是海监，然后派渔船，昨天的新闻讲到派了四十多艘渔船，集体去，你敢来吗？我们一艘船在哪里你们可能还动一下，那我们四十多艘在那边，你们敢进攻吗？这些我觉得从运作上来讲，看来是有一种自己的策略吧。这种策略用它们的评价来说，就是不战而胜。所以我觉得，文化它有无穷的力量，要是掌握得好，它的威力比原子弹还厉害。原子弹有核辐射问题大家都很怕，文化不是真的有什么污染，但是它的敌人是真正害怕它的。所以我觉得文化的东西啊，真的是我们人类学家也好，其他有关的学者也好，都要宣传文化有关的治国策略。实际上历史上治国用文化治国的多的去了，最典型的就是汉代，以孝治国。现在我觉得中国社会这种情况已经有很大的改变了，像我这样的人，我上世纪90年代初的时候到过台湾，本世纪初我再次到台湾去，我感受最深的就是台湾的人是最具中国人品质之一的。我一上车子就有人让座，无论是火车，还是公交车，它的公交车上写的是“爱心座”，它不是像我们“老弱病残孕”，它本身感受得到。而且那些年轻人是非常自觉的，一上车他就给你让座。我们大陆的情况有很大的进步，过去是没有人让座的，很少有人让，现在我觉得我无论在武汉，还是在南宁，像我这样的人上车了，确实十次有九次，年轻人马上站起来了。这就反映了我们的文化已经在起作用了。年轻人他是主动让座的，但是也有个别年轻人他不让，那也没有关系。他不让我就站在旁边，我也不说你，也不要你让我。有时候就很好啊，我住的地方周围都是各种高校，包括武汉也是，一对年轻男女，这个女孩子就对男孩子说你起来，你让这个老人坐。等于是他们在谈恋爱吧，考验他一样的，这个男孩子不好意思，就站起来了，我马上表扬他了。所以我觉得这种文化的力量，是不要你去强迫他的，因为有这个文化的力量，所以才会有年轻人给老人让座，给孕妇让座，我觉得现在这种现象在我们的社会里面是比较普遍了，这就是文化的力量。希望文化的力量还能够更加地普及在各个方面。我觉得你们不要去管什么项目，各个项目都要审批，办一个小小的工厂你也要审批。最近工商局把那个登记的政策方针放宽了，这是明智之举。我觉得不管你怎么弄，但是你要是犯法的话，那么国家就要抓你了。所以最近李克强讲，把该放的权力全都放掉，那如果真能做到这一点，腐败的东西就少了。我不要求你批了，我不用塞钱给你，你就批给我。我觉得政府的职能要裁减，多关心文化，多做一些教育上的事情，你的负担也轻了，还有一个就是你的人员才可以真正地精简下来。

罗红光：来之前，是今年年初了，统战部给了一个交办任务，就是让我做你刚刚说的那个事儿，说要放手了，现在你不用挂靠了，你可以注册了，那么现在政府说这样的社会力量要怎么管。我现在正在做这个。

徐杰舜：这个很重要。

罗红光：对，这个时候就要人类学说话了，我觉得我能做一点贡献我就应该做，我也不拒绝了。原来他们找我，我都推辞，认为这是非学术的。

徐杰舜：我觉得人类学家不要再缺席了，不能再缺席了，我们人类学家呢，我觉得，刚刚你讲的，有一个很大的毛病吧，什么毛病呢，我觉得是思想方法上的一个很大的误导吧，或者是走得太远了，把我们所有的研究都集中在一个小村子里，做社区研究，做得太多了，正像是别人批评的那样。这样呢，我觉得把它作为一种专业的训练是可以的，但是你把所有人类学家的全部关怀缩小到这点上，那就是我们对整个社会的失语了。我们缺席，首先是缺席，缺席以后就是失语，所以什么汶川地震也好，“9·11”也好，新疆“7·5”事件也好，人类学家都没有出来说话，也不敢说话，他们生怕犯错误，或者生怕讲错了，实际上你只要正确运用人类学的理论与方法，你不会讲错。

罗红光：对，我完全同意。

徐杰舜：我可以给罗教授举个例子，2003 年的非典，非常严重，我们都感受到非典为什么会这样呢，我们就感受到生态问题的严重性。所以我们 2004 年在银川举办的第三届人类学高级论坛，我们就以“人类生存与生态环境”作为主题。这个会是开得非常成功的，李亦园先生也来出席会议，他也做了主题讲演，他讲演的主题是“生态环境与人类的永续发展”。大家听了李先生的发言以后非常激动，徐新建、叶舒宪、彭兆荣、王建民，我们这几个人呢，就觉得我们对生态问题要有一个看法，人类学家究竟怎么看待这个问题。我们一共只开了两天的会，两天两夜，我们每天晚上讨论到凌晨四五点，再睡一两个小时，起草了一个《走向生态文明》，就是生态宣言。生态文明是我们最早提出来的。2004 年，《光明日报》也对我们有了很高的评价，也发了文章，然后《文汇报》把李亦园先生的文章全文发表。那我们就是在生态问题上发出了人类学是怎么看的三大观点。这个东西我们学报最先发表了，我们讨论了两天，所有参加会议的人都跟我们一起讨论，我们马上打印出来，广泛征求大家意见，最后是我拿到学校，在我们的学报上发表了。那么这个又是为什么呢，这些人类学家，你只要按照人类学的理论对中国的社会有一个正确的观察，有一个正确的判断，你的发言不会错。所以我们对生态文明的表态和呼吁，就比别人早一点。到了 2008 年，“生态文明”成了十七大的主题词，现在十八大就加了一个“美丽中国”嘛。无论是“生态文明”还是“美丽中国”，都是文化治国的一部分。所以我觉得人类学家不要再把自己封锁在一个小小的村子里了，你可以带学生进行基本的训练，这个是完全必要的，但是不要把自己完全地封锁在一个小社区里，而忘记了整个社会，或者是不敢、不愿意的这样一个状况，这是我的观点。否则人类学家就失职了。实际上现在中国需要大量的人类学家，大量的人类学工作者。最近我的一个学生，她是两年以前硕士毕业，在济南，那济南的区政府给了她一个很大的题目，叫什么“泉水活化”。她一个小姑娘，现在承担这样一个课题，为什么她可以做得成呢？因为她的硕士论文跟我做的生态文明，她做了一个村子的生态文明，到那里做了三次田野，写了一本书《风景郭洞独好》，这本书出版了。就这个问题上来讲呢，我觉得人类学要关注社会的发展，关注当下社会的重大问题，只有这样才可以和社会学紧密地结合在一起，社会学才可以少走弯路。所有的社会问题最后的解决一定是要用文化的手段，绝不是政治手段，也不能纯粹是经济手段。所以你说政府现在有钱啦，很多大税好税，都被国税收走了，它可以这里撒一把胡椒面，那里撒一把花椒，可以做那个事情，但是文化呢？你没有真正地按文化来做，所有的东西都是有问题的，包括汶川地震以后我们的灾后重建问题。那现在你看看，雅安地震了以后，所有的县向国家申报的损失都是超倍的，超过它 GDP 的 40 倍。等于说他们地震了报了那么多钱，我们也报多一点，报多点就是说，我报了之后你砍我一刀，我还有多。这种思想就完了，麻烦得很。所以我觉得文化治国大有可取，大有可以研究的地方。你站的位置很重要，在北京，在我们的首都，在中央的旁边。你发出的声音也很重要，因为你是中国社科院的。而你又是在社会学所里做的人类学，这个恰恰和社会学结合得非常紧密，我倒觉得你那里的力量可以强大起来，发出更多的声音。能够为我们国家的整个文化治国做出一些贡献。不要怕见媒体，你的形象很不错！

罗红光：（笑）。郑老师他们这两年研究的也是生态，在内蒙古，所以今年他们的任务有一个《要报》，而且他这个《要报》会直接进入中央领导的视线里。

徐杰舜：我觉得你们的视野本身就很开阔，在学术中心嘛，见到的会更多，有些东西我们都不一定能见到，我们都是感受到一些基层的反映。像小吴啊，小郑啊，都是后起之秀，我觉得见到他们，想到有这样一批年轻人在做事，我觉得很欣慰。但是我觉得我们的人还是太少，因为人类学的学科地位最近出现了很大的变化，它在教育系统里变成了二级学科，这是很糟糕的，我们怎么呼吁也没有用，他们现在好像还是把人类学放在社会学下面做二级学科。实际上人类学一定要成为一级学科，和社会学、民族学并驾齐驱，回到费老所讲的三个学科一起发展。费老的意见本来是非常好的，结果被搞乱了。之后费老年纪大了，也就无暇顾及，这个事情就搞成现在这个样子了。所以我觉得，红光兄你有机会要多呼吁一下，如果要文化治国，人类学一定要有一定的地位。它要有平台，才可以发展，它平台太小，那就没有办法。有容乃大呢，它没有空间嘛，那人类学怎么做啊。社会学为什么一下子发展成为显学，这三十年来的发展，说明它有这个地位，有学科地位。这个问题如果不解决，那还是影响着我们治国。

罗红光：这个确实跟这个大学的学科设置的关系非常密切。

徐杰舜：所以如果人类学也像社会学一样，到处都有人类学系，然后它也是一级学科，它拿到的资源就会多一些，学的人就会越来越多，人越多，影响力也会越来越大，培养出来的人去当领导的就会越来越多。你现在就是那么几个人，都是在高校的圈子里，社科院的圈子里，进去做领导的太少了，但是社会学做领导的人会多一些。

罗红光：对啊，这已经表现出来了，社会学界的李培林就是其中之一。

徐杰舜：对，他是十八届中央委员会的候补委员嘛。

罗红光：以后说不定国家主席是社会学家呢。这个完全有可能的，巴西前总统就是新马学派的社会学家。

徐杰舜：说不定20年以后是不是就有可能了。我希望就算他是社会学家也一样。

罗红光：所以现在比原来进了一步，今年提拔了两个学术圈子里很有名的两位学子嘛，一个是中国社会科学院社会学所的所长，一个是中科院化学所的所长。一个社会科学的，一个自然科学的。

徐杰舜：可能就是国家有意识地注重文化了。

罗红光：习近平这个队伍可能会开始知识治国也好，文化治国也好，但是，文化治国我估计他们没有一个具体的办法，停留在文化产业上，把它当成是经济材料，或者物化的东西来看。

徐杰舜：文化治国不是文化产业，概念完全不一样，所以这一点你要多呼吁。

罗红光：嗯，对，呼吁。就是我估计啊，有很多领导，他们脑袋里的文化治国就是把文化变成商品。搞旅游的一帮人类学家分两派吧，其中一派强调要不商业化可能连这点文化都没了，有一派是这样的，对不对？

徐杰舜：以后可能要靠少雄啊，吴乔啊这一代了。

罗红光：他们年轻人的天下。而且我也是百里挑一的，我在这方面比较挑。

徐杰舜：那你们现在所里有几个人？

罗红光：五个。

徐杰舜：五个，这里三个了，还有两个是谁？

罗红光：还有一个是鲍江，他是影视人类学的。

徐杰舜：谁的学生？

罗红光：是宋蜀华的。

郑少雄：是宋先生的。

罗红光：然后还有一个李荣荣，是高丙中的学生。

徐杰舜：哦。

罗红光：鲍江跟我差不多。李荣荣和他们（指郑、吴二人）三个年龄差不多，属于一辈的，都是北大的。

徐杰舜：北大应该出领袖了，不要老是清华的。

罗红光：这个我们也是说有一代一代的，他们刚好比那些高半代。他们这代在我们下面，但是又比正宗的那一代高半代。

徐杰舜：我和罗老师对谈了，现在我想听听吴老师和郑老师的想法，你们也发发言。

吴乔：徐老师，我在你面前是晚辈。

徐杰舜：千万不要客气。

吴乔：今天听了两位有着深厚积累的老师的谈话，受益匪浅。我现在还达不到提出什么宏观理论或者是什么建设性意见的程度。就像昨天上午的会上周建新院长说的一样，要到徐老师您的这个级别，才可以对整个社会有一个全局性的把握，我们年轻人一开始就从具体的小事做起，大事情的话把握不住，没有这个驾驭能力，还有可能做得不好。就这样说，江泽民说“以德治国”，胡锦涛说“和谐社会”，习近平讲“中国梦”，实际上我们已经看到了精神的、意识的、文化的东西，在我们这个社会、国家的发展过程中有着巨大的、不可替代的作用。我们现在学习十八大报告，也经常能够听到“创建核心价值体系”这样的词汇，这是义不容辞的，唯一我们人类学能够来做的工作。整个人文社科中，其他学科基本上都做不到像人类学这样有着全局性的把握，他们都是，比如搞人口的就是搞数字，搞心理的就搞实验，文学的就写文章，没有一个能像人类学一样对整个人类社会和心态有一个把握。唯一可以相提并论的就是历史学，但是历史学太过于注重记忆与资料，对现实的关注度不够。因此，要说对创建这个社会的核心价值体系，为整个社会提供信仰和规范的，人类学是当仁不让的第一学科。所以我相信，就像两位老师刚刚讨论的一样，将来我们这个学科，会有大的作为。我们年轻人，虽然要从具体的案例做起，但是我们要把长远的目标定到这个方向上去。十年、二十年的积累，为核心价值体系建设做出贡献。这样就像是徐老师您说的一样，这一生也算是不枉了。

徐杰舜：死而后已啊（笑）。

罗红光：少雄再说两句。

徐杰舜：对。请郑老师说说。

郑少雄：就刚才徐老师您提到的这个例子，给我的触动特别大，就是习近平去土耳其这个事儿。我恰恰前两天和一个欧洲的朋友在说话，我跟他说，土耳其进不了欧盟，是因为他们经济还差吧。他说，不，土耳其进不了欧盟不是经济的问题，东欧现在像罗马尼亚那样的国家现在都进了。他说，土耳其恰恰是他们的价值观跟我们不一样。所以我觉得，关于您刚才所说的习近平去土耳其的这个事情，如果这个事情是真的话，我觉得现在很多国家已经意识到文化多样性与独特性的问题了，这是很重要的。还有一个就是说，您刚才的一个总结，从政治到经济，到今天我们意识到文化或者说是生态文明的问题，这是三个重要的关系。我们现在重要的是要放弃政治治国的一面，就是说我们在经济治国的时候，很多政治治国的残余还在，然后现在要从经济治国转到生态治国或者说是文化治国的时候，经济治国的残留也还在，就是说，李克强说的，“我们该放弃的要放弃，该管的要管”，但实际上李克强也在推动城镇化，所以说，这个经济的内在推动力还在。因为我们现在有一个状况就是生态已经到了没有办法恢复的地步了，水也污染，食品也污染，今天出现的大气问题，大气已经没有办法回避它了。所以，现在哪怕是出于一个利益驱动，现在也还得做一些改变。我觉得这个状况下，的的确确是提出文化的一个可能性了。

徐杰舜：谁也逃不掉了。

郑少雄：谁也逃不掉了。不仅是中国人，日本人也担心说我们的雾霾到了日本怎么办。刚刚罗老师有提到说，如果光用进化论的眼光来看，我们现在已经比别人落后了，这已经是事实了。现在就是说，北京的房价那么高，大家活不下去要走了，北京的雾霾那么大，有可能大家要往六巷逃。所以说在这个进化的阶梯上，现在一个个都倒转回来了，我们已经进化到跑得很远了，但是现在还要回到它那里去。所以现在这个阶梯有被扭转的趋势。这是我刚才听两位老师讨论，我得出的一点看法。我很钦佩你们的高瞻远瞩。

徐杰舜：谢谢！我们谈的时间也不短了，那就到此为止吧。

【来源】《民族论坛》，2013 年第 11 期，第 5 ~ 14 页。收入本书时略有改动。

大器晚成

——云南大学尹绍亭教授访谈录*

【被访谈者简介】 尹绍亭（1947—），男，教育部人文社会科学重点研究基地云南大学西南边疆少数民族研究中心教授、博士生导师。

尹绍亭教授（摄影：佛子）

* 访谈人：徐杰舜。

一、出生与求学

徐杰舜：早就想和你聊聊天，把你的学术成果和经历向我们学界介绍下，您是云南人吗？

尹绍亭：我父亲是云南腾冲人，母亲是西安人。

徐杰舜：你是在哪里出生的呢？

尹绍亭：我1947年12月28日出生于云南省永平县。当时我父亲在那里做事，1950年我家迁往大理，现在对大理古城、苍山还残留着儿时梦幻般的记忆。1953年迁回故乡腾冲县，住在县城。老家孟连村在乡下，是汉族和傣族杂居的村子，距县城约四十公里，原属腾冲县。该区过去被汉族称之为“夷方坝”，此称有两个含意：一是少数民族居多，二是“瘴病之区”。“夷方坝”与同县汉族地区气候、文化差异很大，前者气候温暖，“摆夷”（傣族）风情浓郁，后者气候凉爽，古代中原汉族遗风随处可见。1961年该区划归德宏傣族景颇族自治州新成立的梁河县，由于德宏州地处中缅边境，所以所辖五县被定为“外五县”。国家对“外五县”有诸多政策优惠，那是内地县份的腾冲所不能相比的。

徐杰舜：有什么优惠呢？

尹绍亭：例如为了稳定边境，在“外五县”搞政治运动和阶级斗争等要相对温和一些；因为与缅甸接壤，所以边民出境限制不可能特别严格，而内地人就不行，即便要去“外五县”，也必须办理边境通行证。此外，国家的资助和税收等也有“内外”之别。

徐杰舜：你父亲是腾冲本地人吗？

尹绍亭：是的。家谱记载，祖上是明代从军来到云南的。明正统年间，麓川（今中缅边境德宏一带）土司起兵反对朝廷，从1441年至1449年，明英宗三次派兵平叛，史称“三征麓川”。战争结束后，军屯于当地，大部分军人留了下来，使这一“极边之地”成为了汉夷杂居之地。

徐杰舜：那你母亲是西安人，与你父亲是怎么认识的呢？

尹绍亭：父亲早年在北大读书，毕业之后到西安工作，在那里与母亲认识、结婚。很多人说我不像云南人，就因为我有母亲的遗传。

徐杰舜：那你们家可是书香门第啊。

尹绍亭：“书香门第”现在听起来感觉不错，但在改革开放以前却很不中听。那时奉行“唯成分论”，凡事必先查家庭成分，并以“红”“黑”区别。我们家既是地主又是官僚，所以被视为“深黑”的“黑五类”。我父辈三兄弟，二伯父在家乡主事，经营田地，是三兄弟中名副其实的地主。我家虽然没有被正式划过成分，然而尹家是当地大户，众人皆知，出身不填地主绝对不行。二伯是地主，我父亲曾在安国军行营做过文职官员，后来又当过永平县长，大伯父官更大，是南京政府外交官，所以我大半生所填无数表格的家庭出身不仅是地主，而且是“官僚地主”，自己恐怖，别人也望而生畏。雪上加霜，解放时二伯父全家迁往缅甸，继而又去了台湾，“官僚地主”加台湾“海外关系”，状况之糟糕恶劣，可以说是无以复加了。唯成分论的滋味，在我读小学时即开始领教，读初中时更感压力山大。在那“天天讲、月月讲”阶级斗争的岁月里，背负“黑锅”，深感前程渺茫。不过毕竟年纪太轻，对未来总还心存幻想，虽然身处逆境，然而尚不敢自暴自弃。每当苦闷绝望之时，便想到伟大领袖毛主席在“红宝书”《矛盾论》中所言“外因是条件内因是根本”的教导，并以“出生不可选择，革命道路可以选择”自勉。为了积极争取进步，表现出与地主家庭划清界限，初三时偶然记起家里破箱子中还丢着一本绵纸装订的封面泛黄的土地册，于是主动把这本“变天账”交给了学校。此举所产生的积极效果超出了意想，校长竟然在全校大会上表扬了我，并把我定性为“可教育好的子女”，让我激动兴奋了很长时间。顺便说一句，父辈三兄弟虽为地主官僚，然而远不是土豪劣绅、贪官污吏。父亲在西安时曾经参与国共合作事宜，去过延安，为抗战辛勤工作，至今我还保存着他充满忧愤犀利揭露日本军国主义侵略罪行的几篇文章。二伯为人宽厚大度，热心家乡公益事业，常有公益慈善之举，深得乡亲敬重。晚年客居台湾念念不忘祖国统一，百岁临终前所言遗憾是不能回归故土。大伯父大半辈子从事中缅边界事务，早年留学日本早稻田大学，期间因愤恨日本对中国的侵略而毅然弃学回国。其时英国殖民军侵占缅甸并不断蚕食我国领土，边境问题十分严重，大伯父对中缅边境素有研究，所发评论引起南京政府注意，于是被外交部聘用为外交官员。20 世纪二三十年代，他曾冒着生命危险带队深入英军控制的中缅边界详细踏勘，并多次参加与英人交涉，为捍卫祖国领土完整做出了贡献。由于熟悉边政，滇西抗战时又临危受命，作为南京政府特使深入敌后宣慰各民族土司团结抗日。抗战胜利后，他担任腾冲善后委员会主任。20 世纪 60 年代中缅边界谈判，周恩来总理又聘其为顾问，参加了中缅谈判全过程，发挥了专家的作用，为其人生画上了圆满的句号。

徐杰舜：那是做了很大的贡献啊。

尹绍亭：这些话只有现在才能说，过去哪里敢讲，稍不小心，就会被戴上“反动阶级孝子贤孙”的帽子，不仅要被“打翻在地”，而且还要“再踏上一只脚，让你永世不得翻身！”20世纪50年代中期至70年代中期中国实行的极左的“唯成分论”，有如印度的种姓制度，其荒谬严酷，为历史所罕见。现在回顾那一段历史，人们只知反右斗争坑了无数知识精英，殊不知受家庭成分影响而遭厄运之人数远在右派之上，其实多数右派之所以被划为右派，就因为出身于“黑五类”家庭之故。

徐杰舜：那你年轻时岂不是很压抑？

尹绍亭：岂止压抑，那是相当的压抑。腾冲地主多、资本家多、大户人家多，即“黑五类”多，其子女们大多小学毕业就考不上中学，我即为其中之一。小学一毕业就失学，打击之大，不言而喻。腾冲有个大资本家王少岩，统战当了副省长，他回家乡一看，孩子们读不上书，感觉不是滋味，于是带头捐钱，海外华侨随之响应，县里用捐钱建立了民办中学，名为“来凤中学”，主要解决“黑五类”子女读书的问题。入学考试成绩张榜于闹市，初中部我考了第一名，终于又圆了读书之梦。小学毕业，辍学在家，那时家庭经济困难，不能闲着，不是与同伴上山砍柴，便是去“做小活”（打工）。说到打工，不禁想起上世纪90年代在日本所见所闻许多中国留学生和访问学者打工的情况。我作为昔日的少年打工仔，在他们面前称得上是打工的老前辈，然而与他们“洋插队”的辛苦磨难相比，只能算是小巫见大巫。同为四、五十岁的学者，我是客座教授，人家却在卖苦力，世事难测，令人唏嘘。其实我当年辍学打工，有时也很快活。例如到玉器社做活，就曾经有过非同一般的“艳遇”。有一次师傅让我解剖毛料，锯开一寸多深时，师傅一下跳了起来，随之大叫“发了！”原来我锯开的毛石里面一片翠绿。完全剖开之后，确定为老坑优质玻璃种，这块只花了4元钱买来的毛石，一夜之间身价竟然翻了几万倍，估价高达数十万元，对于一个小厂而言，不啻是天文数字，为此全厂“打牙祭”庆贺，如过年一般。本人“手气”如此之佳，令所有人刮目相看，厂里德高望重的头号玉雕师傅于是决定收我为徒，传其衣钵，我求之不得，欣然从命。我想既然老天不让读书，那就刻苦学艺，掌握一技之长，虽然谈不上光宗耀祖，可也忝列艺人之列，不至于让人瞧不起。不过，毕竟是“书香人家”，母亲并不甘心我止于小学学历，依然一心想让我继续读书。来凤中学成立招生，母亲立即让我辞退学徒工作前去应试，我虽然有几分难舍，但母命难违，还是毅然辞职了。时隔50年，当年的玉器社已不复存在，我对该社的重大贡献也早已被人们淡忘，然而少年时代的玉石传奇，却一直是我十分陶醉的记忆。命运多舛，上帝虽然没有让我当上玉雕师，然而却使我与玉石结下了不解之缘，时至今日，我依然对玉石情有独钟，还想做一点相关的调查研究。书归正传，还是说读书。读民办中学，难免会受歧视，所以初二便想办法从来凤中学转学到公立的梁河中学。读书如此周折，时在缅甸的二伯父希望我到缅甸去，母亲再三考虑，虽然去缅即意味着生离死别，但是为了儿子的前途，母亲还是决定让我出去。临走之前写信报告在昆明的大伯，不料大伯坚决不同意，言无论如何必须爱国，无奈只好放弃了出国计划。

徐杰舜：要是你去了那么你的人生肯定是另外一回事了。

尹绍亭：嗯，那是肯定的了。那时候出去的年轻人通常有两条路，一是经商，可能做一辈子普通商人，也可能发家致富，当上爱国华侨资本家；二是读书，当时华侨子女大多转到台湾入学，机会好还可能再去美国深造，拿到博士学位找份好工作。

徐杰舜：现在到美国的多得不得了，我认识的一大批学者都是从美国回来的。

尹绍亭：是啊，现在“海归”更多了。

徐杰舜：后来呢？

尹绍亭：初二时从民办的来凤中学转到公立的梁河中学。梁中建于县城小镇边沿，青山环绕，环境清幽，学生老师全部住校，校风十分淳朴，校长老师称呼学生均叫名而不叫姓，令人倍感亲切。其时梁中教学质量在德宏州排名前列，师资人才济济，各具风采。那种远离世俗喧嚣、淳朴幽静的学习环境和氛围，后来再也没有感受到。班主任老师于我有知遇之恩，对我既谆谆教诲又十分器重，师生感情很好。“文革”当中我回梁河省亲，特意到学校看望老师、校长，二人均被关押批斗，罪行之一便是“包庇重用地主官僚出生子女”。未及感恩，反而连累师长，实在愧疚！

初中毕业后考到昆明读书，第二年“文化大革命”爆发，数年的动乱，最值得记忆的是大串联“长征”。我与同学组织了12人的“长征红卫队”，沿着当年红军走过的道路，跨过金沙江等数十条江河，翻越了夹金山等八座海拔 4000 米以上的大雪山，穿过了川甘地带荒无人烟的大草地，历时四个多月，行程近两万公里。长征对于十七八岁的青少年来说，无疑是大冒险、大考验、大锻炼。

徐杰舜：“文化大革命”结束后呢？

尹绍亭：1968 年，我被分配到云南汽车厂当工人。10 年间，做过锻工，脱产读了“721”工人大学，当上冲压专业的技术员。后来云南省成立机械研究设计院，我又调到该院工作。

在机械院工作期间，不经意认识了云南农业科学院院长程侃声老先生，与他的交往，对我的人生产生了很大的影响。程先生是我国著名水稻专家。1979 年，他看到时任日本京都大学东南亚研究中心主任的渡部忠世教授写的《稻米之路》一书，此书从农学、植物学、考古学、民族学等不同角度进行综合研究，提出亚洲稻谷起源于阿萨姆和云南的论断，与我国学界历来主张稻谷起源于长江下游的观点不同，程先生认为值得重视，于是找到我协助其翻译此书，于 1982 年出版。

徐杰舜：你何时学习的日语啊？

尹绍亭：那是在汽车厂当工人的事。我妻子的叔叔婶婶是云南大学外语系的老师，一次聊天说道中日建交后日语会派上用场，于是萌生了学习日语的念头。我大伯曾留学日本，岳父是日本士官学校毕业且在日时间较长，日语是靠岳父引领入门的。

翻译《稻米之路》，学到不少知识，更重要的是得到了程侃声先生的关怀和提携。与程侃生先生的交往一直持续到他去世。晚年他想付印自己所写的诗集，与亲朋好友分享，有关方面热情张罗，但他一一拒绝，自费让我经办装帧印刷事宜，书名题为《野花野草集》。程先生认为在云南从事生物学和民族学有资源优势，希望我重新选择治学方向。而我真正实现专业转换，从工科转向文科，却是云南省社会科学院民族学所王树武先生热忱推动的结果。王先生是民族史大家方国瑜先生“文革”前的研究生，他熟悉我大伯的业绩和著作，所以极力劝说我从事前辈的事业。1982 年中秋节前几天，王先生突然告诉我，云南社科院面向社会招考研究人员，他已经为我报了名。报了名不去不好，结果考试合格，被正式录取了。这又是一个艰难的决策，经过再三考虑，辞别了机械研究设计院，转行去了社会科学院。

在社科院工作了一年多，做了一些调研，感到有必要补基础再学习，于是报考研究生。导师是杜玉亭、王树武、颜思久三位研究员。杜先生是识别、研究基诺族的权威，且在民族学理论、社会发展史以及云南蒙古族和元史等研究领域均有突出建树。杜先生治学严谨，视田野为生命，对学生要求极为严格，当年受他指导、提携的一批青年学人，如今都成为了活跃在云南民族学界的骨干力量。杜先生现在年近 80，每年仍然坚持田野调查，且笔耕不辍，孜孜以求，堪称我辈学习的楷模。研究生三年过得比较辛苦，又当爸又当学生，大量时间读书做田野，同时完成了导师布置的“旧本文化源流与云南民族文化的比较”课题和“前资本主义社会诸形态研究”子课题，编写了《云南与日本的寻根热》一书；发表《民族地理学的学派及学说》等译文 3 篇；发表论文 10 篇，其中《云南少数民族在日本文化源流研究中的地位》获云南省哲学社会科学优秀论文三等奖，《西双版纳傣族的酸食文化》被国外学者翻译在澳洲《太平洋研究》杂志上发表。

硕士研究生答辩，由林超民博士安排，请了江应樑先生出面主持，汪宁生先生等做评委。毕业后回云南社科院工作。其时社科院准备新建社会学研究所，我毕业正好派上用场，被任命为筹建负责人。开始踌躇志满，想干一番事业，从院内外调来一批青年学者，让大家去各地考察，还专门前往北京请教费孝通先生。正在我们专注学科理论建设之时，院领导从省政府的需要出发，要求社会学所将社会发展战略作为研究重点。战略研究非我专长，一时难以适应，恐有负领导的重托，一年后遂萌生了去职的念头。当时汪宁生先生在云南民族学院做历史系主任，筹划发展民族学，希望调我去做副系主任；无独有偶，此时云南省民族事务委员会准备筹建云南民族博物馆，也希望我过去参与筹建。从有利于从事田野调查考虑，我选择去了博物馆。调到云南民族博物馆以后，一面做筹建工作，同时继续我的研究课题，田野时间多，大半年在乡间，其时孩子读小学，很苦了我的妻子。

徐杰舜：现在民族博物馆在哪里呢？位置还可以吧？

尹绍亭：在滇池国家旅游度假区，规模较大，占地 200 亩，当时是全国最大的民族博物馆。1989 年调到博物馆，先后担任筹备组副组长、副馆长，历时 10 年。这十年也算是我的黄金时期吧，除了博物馆日常工作，还主持了一些很有价值的科研项目，建立了一些稳固的国内外学术交流关系，产出了一些重要成果，而且出国访问了几年。

1999 年，是我人生的又一次重要转折。应时任云南大学副校长的林超民教授的邀请，从云南民博调到云南大学，担任新成立的人类学系的主任。林教授于 80 年代力主恢复云大中断了 30 余年的民族学，并在历史系设置该专业招收本科生，继而创办了人类学与社会工作系。该系系主任是林教授引进的留美博士王筑生，王博士不幸身患疾病英年早逝，林教授只好重新选择与社工分开单独成立人类学系的系主任人选。当时应聘者不乏其人，且大都具有海外学历，不过据说他们比较看重“引进”的条件，要求职务钱财两不误。我曾在日本做客座教授数年，按说也有一定资历，只是生性愚鲁，没有想到要提什么条件，不仅如此，还放弃了民博副馆长的行政级别，对此调动方和被调动方的组织部领导都曾找我谈过话，提醒我慎重考虑。我向来视学问为本，没有把当芝麻官当一回事。也许就是这样淡然的态度，才让林副校长看重吧。

徐杰舜：你的经历比我们许多学者都要精彩。

尹绍亭：精彩谈不上，只是曲折比一般人多。不过尼克松曾说“逆境是好教师”，此话不假。过去不论是在学校还是在工厂、研究院，都得夹着尾巴做人，尽量不多说话。但是不说话也有问题，在汽车厂时，一位不可一世的工宣队骨干分子开会时就对大家说，“尹绍亭不暴露思想，不知道他心里在想什么！”听到此话吓了一跳，原来要想整你，“不暴露思想”也可以当作罪名的啊。于是又有所顿悟：有时候不说话比说话更加危险！现在想来，我们这一代人确实应该感谢邓小平，如果不是他及时扭转乾坤，恐怕现在还难逃水深火热的处境，要想做学问搞研究、当教授、做专家，那简直是天方夜谭、白日做梦了！

徐杰舜：我们这一代人啊，都是不易的。

尹绍亭：徐老师应该会好点吧。

徐杰舜：都差不多，也被开除过，还做了四年的农民，种稻子、种花生、种果树。要不是邓小平出来，那我是很惨的，也就是在那时候我开始研究汉民族的，白天劳作，晚上做研究，就是这样过来的。

二、刀耕火种研究

徐杰舜：以后在口述史里可以让更多的年轻人来了解你的磨难和分享你的经验，对他们是有好处的，同时给我们的人类学史留下宝贵的资料。现在让我们回到你的成名代表作，你的第一部著作是《刀耕火种》。

尹绍亭： 第一本书名为《一个充满争议的文化生态体系——云南刀耕火种研究》。迄今为止，包括英语版和日语版，我研究刀耕火种的专著计有六种。由于研究的早，所以学界较为熟悉，不必多说了。简而言之，上世纪80年代我的刀耕火种研究有以下意义：一是通过系统深入地调查获得了刀耕火种的全面翔实的资料，这些资料现在已经调查不到了；二是在田野中获得了真知，批判和颠覆了社会和学界的种种偏见和错误观点，澄清了刀耕火种的文化生态实质；三是创造性地运用了系统研究方法，即进行纵向和横向大跨度的比较研究并以系统论进行分析整合；四是尝试运用生态人类学的理论进行研究和阐释，所以同行说我是我国较早从事生态人类学研究的学者，拙著是我国最早的生态人类学的民族志；五是由于大胆采用了新的理论方法进行研究，在当时进化论一统天下的情况下，特别具有挑战性、批判性和开拓性。也许就是因为有那么几点吧，这方面的成果先后荣获云南省社会科学优秀成果二等奖、第三届中华优秀出版物图书提名奖、新闻出版总署第三届“三个一百”原创出版工程奖以及教育部第六届高等学校科学研究优秀成果（人文社会科学）三等奖等。

徐杰舜： 你的著作有中文版、英文版和日文版。那我们此辈学者能够出版好几种文字的著作只有你啊。

尹绍亭： 不会的，学界许多同仁比我强多了，与老一辈学者相比差距更大。作品被翻译到国外自然会产生影响。例如英文版的《PEOPLE AND FORESTS—Yunnan Swidden Agriculture in Human - Ecological Perspective)》(Translated by Magnus Fikesjo)，是东南亚学者和欧美研究中国的同行熟悉的著作，并被他们指定为学生学习的读物，日文版的著作在日本学界有不少知音。就我所知，迄今为止英日文的书评已有10余篇。而且，国外许多学者与我交往，便是通过拙著认识、联系我的。例如与法国、澳大利亚、东南亚等国学者的交往便是如此。此外，后来的一些国际合作课题，也是在刀耕火种研究的基础上拓展开来的。例如“亚洲季风区生态史的研究”“澜沧江 - 媚公河流域自然与文化相互关系的生态史综合研究”等。

徐杰舜： 湄公河课题是你负责的吗？

尹绍亭： 我负责的是云南的部分。媚公河下游的东南亚就是其他国家的学者负责了。

徐杰舜： 湄公河的这个项目做完了，出了成果吗？

尹绍亭： 出了四本书：《雨林啊胶林——西双版纳橡胶种植与文化和

环境相互关系的生态史研究》（云南教育出版社，2003），《民族生态——从金沙江到红河》（云南教育出版社，2003），《人类学生态环境史研究》（中国社会科学出版社，2006），《生态与历史——人类学的视角》（云南大学出版社，2007）

徐杰舜：刚刚尹老师您提到了湄公河，我们明年的人类学年会的主题是“人类学与江河文明”，明年能不能请你去做主题讲演？

尹绍亭：行，我参与吧。

徐杰舜：不是与你客气。生态文明本来就是一个大的话题，我不仅想邀请你到年会上做主题讲演，还想邀请你到人类学高级论坛讲习台上做讲演，得三四个小时。

尹绍亭：好的。美国日本等国学者很关注湄公河流域，我们目前只做了澜沧江流域。我组织了30余位老师和学生从事澜沧江流域的生态史研究，此研究与我当年做刀耕火种研究不同，那时是自己下去跑几年，还有十多年的跟踪调查研究。现在做的时间短，课题成员水平也有参差，所以成果不够理想。江河文明这个问题我也考虑过，国外学者也希望对此进行合作研究，但是有些问题还没想清楚，所以暂时还不考虑。

三、博物馆与物质文化研究

徐杰舜：你在博物馆建设和物质文化研究方面也做了不少工作。

尹绍亭：迄今为止，我参与和主持建设了省、校及社区的5个博物馆。建设人类学、民族学博物馆，是人类学者的一项重要的工作。民国时期中央研究院的许多学者，在极其艰难的情况下收集了大量民族文物，并留下了若干物质文化研究的优秀成果。可是现在这一优良传统似乎没有得到很好地继承，对博物馆不重视，认真研究物质文化的学者也很少。不知道徐老师对此有无同感。我为什么要从社科院调到云南民委去？因为当时中国还没有一个省级民族博物馆，如果云南民族博物馆能够建成，那是第一个，是很大的贡献。当时很多人反对建设云南民族博物馆，认为已经有云南省博物馆，不必重复建设。在文物界，向来不把少数民族的文物当作文物，传统文物的定义是“不可再生”，且必须“具有历史、科学、艺术的价值”。而民族文物大多是可以再生的，所以被认为达不到文物的标准。经过坚持不懈的努力，在省政府的支持下，云南民族博物馆终于建立起来。

徐杰舜：现在规模如何？

尹绍亭：规模还是大的，当时投资了一亿四千万，现在是国家级民族博物馆。

徐杰舜：我们广西也建了民族博物馆，你知道么？

尹绍亭：我去过，他们请我去做过报告。关于物质文化的研究，做了十多年，1993 年在日本京都大学做客员教授，抽时间写了《云南物质文化——农耕卷》（上下）。这本书出了之后，受到农史、博物馆等领域学者以及社会的重视，一度成为畅销书。日本韩国东南亚各国学界均有积极反应，日本东京一著名学术出版社立即与我方联系，其社长亲自带领两位译者到昆明与云南教育出版社商谈翻译出版事宜，1999 年 5 月，此书日文版以《雲南農耕文化の源流——少數民族農耕具の研究》为书名在日本出版。2011 年我受邀访问法国汉学中心，在那里看到中心主任案头摆着拙著，他们就是通过此书知道我的。

在博物馆 10 年，总想能不能开发一种调查研究物质文化的方法，通过实践认为以下方法是有效的：选择一个村子，入户详细收集资料，认真记录、测绘，仔细询问相关问题，与当地人一同劳作观察体验，从而获得一个点的翔实的资料。有了一个点的资料，再选择同一地域不同民族、不同自然环境的村寨进行同样的调查研究。这样一个地域一个地域地重复进行，最后即可在较大的范围内结合历史和民族学资料进行比较研究。我国古代农书多达 500 多种，许多是因袭重复的东西，综观我国 50 年来的农业生产工具及其技术的研究，也多是古人资料的抄袭，我认为这是重大的缺陷。如果我们只知道以啃食老祖宗为业，而不知去田野发现鲜活、崭新、丰富的资料，岂不可笑、悲哀！拙著出版后获得“中国图书奖”等多种奖项，我想其最值得肯定的就是收集、抢救了大量当代田野资料，这些资料将随着岁月的流逝而弥足珍贵。

徐杰舜：是哪个出版社出版的呢？

尹绍亭：是云南教育出版社。为什么会在云南教育出版社出版？因为该社当时的社长何学惠编审是一位高瞻远瞩、眼光独到、干练谦和的出版家。拙著当时并不被其他出版社看好，有的编辑甚至认为没有多少价值。一个偶然的机缘，见到何学惠社长，短时间交谈她便十分感兴趣，我于是提出三点要求，一是扩大题材，共同主编一套包括拙著在内的《云南物质文化》丛书；二是尽量使用田野图片，力求给后人留下直观清晰的资料；三是保证装帧、印刷质量，做出精品。何社长二话没说，一口答应，使我很是敬佩和鼓舞。正是由于她的人格魅力和行事作风，加之编辑们的敬业和素养，此套丛书才能如此成功，不仅为国外所重，而且分别荣获第十一届中国图书奖和第五届国家图书奖提名奖等多种奖项。

徐杰舜：现在还能够买得到么？

尹绍亭：早就没有了。

徐杰舜：那么后来重印了么？

尹绍亭：重印过。

徐杰舜：你现在是在云南大学民族博物馆？

尹绍亭：我先是在云南民族博物馆，后来到了云大，做了几年系主任，因为成立人类学博物馆是云大几代学者的愿望，后来林超民副校长筹措到部分资金，学校积极配套，博物馆建设列上日程，我又去负责筹建。

徐杰舜：那你现在是这里的馆长？

尹绍亭：我是首任馆长，现在退休了。由于资金问题，原来设计的五个展厅只完成了三个，原来的设计方案没有完全实现，令人遗憾。

徐杰舜：中国人类学博物馆这块非常薄弱，像你这样用心地去做，可能真的是一个范例了。

四、民族文化生态村建设

徐杰舜：你还做了民族文化生态村？

尹绍亭：是的。为什么要建设民族文化生态村呢？首先，上世纪 90 年代去田野，变化很大，原来熟悉的一些少数民族的老人们很焦急，说年轻人都变了，该怎么办？他们非常希望在文化传承方面给予他们帮助，我觉得这是义不容辞的责任。其次，现在大家都对西方理论感兴趣，但是有些东西与中国的现实太脱节，致使人类学研究被边缘化，这是值得反思的，加强应用研究，应该是正确的方向。再次，文化的传承不是独立的事象，还必须与经济发展、环境保护等相结合，即必须建造整体和谐可持续发展的平台。为此我们提出建设民族文化生态村，在理论方法方面积极探讨，并选择了五个不同民族的村寨作为试点，进行了长达十年的田野工作。

徐杰舜：五个试点一共投入了多少资金呢？

尹绍亭：美国福特基金会为项目提供了调查研究和能力建设等经费，但是不提供硬件建设的经费，所以项目并不像国内建设项目那样动辄几百万上千万，我们的项目听起来很大，实际上经费十分有限。在中国乡村不搞硬件建设，而要当地人认同你的理念和所做事情的意义，其困难之大，不言而喻。这里不多讲了，十年的时间，故事太多，情况之复杂、困难之大，均远远超出想象。然而令人欣慰的是，我们的工作得到了多方的认同，为试点群众谋到了利益，促进了他们的发展，在国内外产生了影响。同时，通过实践，我们也获得了许多宝贵的经验，对于学科理论和方法的探索，是非常有益的。

徐杰舜：你们在建设过程中不仅是参与者还是组织者。

尹绍亭：是的。通过长期的实践，我们更加清楚了作为学者的角色，更懂得了老百姓真正的需求。同时，诸如如何处理学者与官员、村民的关系，如何处理官方与民间的关系，如何处理发展与保护的关系，等等，都有了新的深切的认识，这些认识是我们在书斋里学不到的。

徐杰舜：那么做的事情有了一些成果么?

尹绍亭：出了多种报告和一套名为《云南民族文化生态村建设——中国应用人类学的开拓》的丛书，很荣幸，这方面的成果荣获了国家民委社会科学优秀成果一等奖。国内外学者对我们的工作很感兴趣，多方设法购买，许多学者和学生前来考察和研究，直到最近还有学者前来访问，我也多次应邀赴日本、韩国、法国等地交流。

徐杰舜：现在你比较满意的一个村子是?

尹绍亭：文山州的仙人洞村吧。这个村子文化、环境、旅游基本上能够协调发展，旅游上去了，富裕了。有两点值得肯定，一是不像丽江，外地经营者太多，我们提倡村民自主经营，使当地人能够充分享受发展的利益，他们做到了；二是文化自觉，村民非常热爱自己的文化，文化传承形式多样，难能可贵。当然，村民也有很大的局限性，发展中问题不少。

徐杰舜：你刚才说到民族文化生态村，我们的旅游高峰论坛每两年开一次，第一届开了，主题是“旅游与景观”，这次主题是“好客中国”，主要是讨论旅游与游客，第三届讨论“旅游与非物质文化保护”，开会地点定在四川乐山。

尹绍亭：很有意义，届时希望参会。

徐杰舜：请说说云南大学人类学的情况。

尹绍亭：我做人类学系主任时，主要抓两点，一是教学，一是突出我们的学科优势。那一时期，是我校人类学学生最多、质量最好的时期，也是生态人类学、象征人类学、女性人类学、影视人类学和经济人类学这些优势学科发展势头特别好的时期。2000 年我们获得国家一级学科，2002 年获得国家重点学科。2005 年我离开人类学系去筹建人类学博物馆，两年后人类学系被取消。令人遗憾！

徐杰舜： 早先厦大好好的人类学系也被撤掉了，当时在台湾的时候，李亦园先生问我为什么会被撤掉，我说我也不知道真正的原因。李亦园希望能够恢复，当时与他的访谈记录在案。

尹绍亭： 云大人类学系被撤销据说是因为学生分配困难，这是值得思考的问题。

徐杰舜： 那你对云南大学人类学系学科的建设与发展，有什么想法呢？

尹绍亭： 现在我退了就不再考虑了。现在的学院领导能力强、办法多，本科教学也恢复了，科研工作也抓得很好，不用担心了。今天承蒙您采访，十分感谢！

徐杰舜： 我来做采访、论坛等，完全是义务的。王铭铭曾说，现在的很多做论坛都是学习我的模式，话不能这样说，只能说这样的形式还是不错的。

尹绍亭： 是的，有目共睹，您确实为学界、为大家做了大量工作，开创性的工作。学界少不了专心教学科研的学者，而不计名利、无私奉献的组织者和活动家更为难得。您集专家、组织者和活动家于一身，奔波操劳，成果丰硕、业绩卓著，实在了不起！

徐杰舜： 尹老师，很感谢啊，我以前对你的了解太少了。我简单地总结下，今天听你的谈话，觉得很感动，很受教育。因为我之前对你不是很了解，只知道你是做生态人类学，并且做的很好。也知道你到国外去讲学，到日本去了很长的时间，尽管之前也认识，开会的时候也碰到，但我们一直没有机会长谈，今天的谈话我觉得特别的受启发，非常感谢！此次采访录起名为“大器晚成”如何？

尹绍亭： “大器晚成”实不敢当，如果定要用此标题，那就权当“半路出家，小有作为”来理解吧。

【来源】《民族论坛》，2014 年第 1 期，第 19 ~ 26 页。收入本书时略有改动。

“古苗疆走廊”的提出及意义

——访贵州大学杨志强教授*

【被访谈者简介】杨志强，贵州大学人类学研究所教授，贵州省人类学学会会长。

杨志强教授

* 访谈人：徐杰舜。

徐杰舜：杨教授，你好！你在日本留学多年，近年来回到中国在贵州大学工作，在进入主题以前，我想能否先谈一下你以往的学术经历。

杨志强：谢谢！那先自我介绍一下吧。我老家是贵州省黔东南黄平县重安区的一个苗族村寨，家父儿时读过几年私塾，1950 年贵州解放后参加了革命，所以我基本上是在城市中长大的。1979 年我考入中央民族学院历史系从事民族史专业的学习，现民族学界的一些学者，如潘蛟、徐平、马建钊等都是当年的同窗好友。1983 年毕业后分配到贵州省凯里市县委党校，后调至凯里师专（现凯里学院），1986 年通过全国统考重新回到中央民族学院（现中央民族大学）民族学系读研究生，研究方向叫“跨界民族研究”。导师是陈永龄先生，此外还有朱宁、胡起望、陈观胜、李培珠先生负责具体指导。毕业后到了贵州民族学院（现贵州民族大学）工作，1993 年 5 月自费东渡日本，进入东京大学大学院综合文化研究科地域文化专业学习；1996 年毕业后直接升入同专业的博士课程，师从日本著名的中日关系史学者并木赖寿先生。并木先生是颇为中国学术界熟悉的学者，身边汇集了不少来自中国内地、台湾地区以及韩国的学生。在中国学习工作和赴日留学期间，多年来我一直从事的是中国西南少数民族历史文化的研究，具体主要关注苗族社会的历史文化、汉族移民、族群边界及知识精英的认同意识等，后来视野又拓展到近代民族国家中的“民族”建构问题。2005 年我获得东京大学的博士学位，拿到学位后回国期间与贵州大学签约就职。接着 2006 年又作为日本学术振兴会（JSPS）的“外国人特别研究员”（博士后）赴日，在东京大学以客座教授身份与恩师并木先生进行了两年的合作研究。2007 年 8 月，在日本上智大学举办的一次由联合国主办的大型国际学术会上，与北京大学教授兼中国计算机语言小组组长冯志伟先生一起，被推为两名中国代表之一作了大会主题发言。回国后，一直在贵州大学人类学研究所工作，现除了大学的本职工作外，还担任新成立的贵州省人类学学会首任会长，中国民族学人类学研究会常务理事，贵州省苗学会副会长，《苗学研究》主编等社会兼职。

徐杰舜：听说杨教授在回到贵州后不久，就提出了一个很新颖的学术概念。

杨志强：你所说的是“古苗疆走廊”吧。

徐杰舜：是的，我想现在请你介绍一下，你这个“古苗疆走廊”概念的基本内涵是什么？

杨志强：我先简略地介绍一下背景吧。此前一些学者在从事西南民族研究时，尤其从事贵州地方史研究的人，无论是研究城镇的、研究音乐的或者是研究贵州民族关系的，贵州建省、贵州行政区划变迁等，很多都把目光投到一条驿道上。这条驿道是元代开辟，明代后用重兵驻守的一条连接内地与西南边陲的一条重要通道，它起于今湖南省常德，沿沅江上溯至贵州省东部重镇的镇远县，然后改行陆路，东西横跨贵州省中部的施秉、黄平、凯里、盘江、贵定、龙里、贵阳、清镇、平坝、安顺、关岭、晴隆、盘县等地，进入云南富民县，经沾益、曲靖等地至昆明。其走向与今天的湘黔滇铁路线大致重合。

从常德沿水陆两路至贵州省的镇远，再由水路改行陆路，终点是到云南省的昆明。其实此前很多学者都不约而同地关注到这条驿道的影响，我对这条路的关注大约可追溯十几年前，当时在日本留学，在从事自己的课题研究（苗族迁徙及汉族移民史）时，就注意到这条驿道的重要性。回国后，也不断提醒研究团队的同仁要注意对这条驿道的关注。三年前，和曹端波、刘锋等人经过反复讨论后，我决定将这条驿道冠名为“苗疆走廊”，后经中共贵州省委宣传部副部长兼《贵州日报》社社长姚远的提议，前缀了一个“古”，变成了“古苗疆走廊”，我认为这个提法是很富于政治智慧并经得起学术验证的。

徐杰舜：现在有人觉得使用“疆”这个字似乎很敏感，那为何要用“苗疆”来命名这条驿道？

杨志强：我认为，“疆域”在传统王朝统治体系中是一个很重要的地缘政治上的空间概念，不能因为现在一些因素就要回避它，这在西南地区表现得尤为明显。以贵州为例，明代因迁入贵州的汉族军屯、民屯大多沿驿道沿线分布，所以虽然出现了“苗疆”这个词，但非常罕见。我目前查阅的明代文献中只出现过两次，一处是在明熹宗时期的奏文中，另一处是黄才贵先生给我提供的一份大臣的奏文。贵州大学的林芋先生经过整理分析后认为：明王朝对“不服王化”的少数民族地区，基本上多使用“生苗地界”“生界”等措辞。清代康熙年间进行了大规模的“改土归流”后，“苗疆”这一用语才开始大量出现在官方及私人文献中。用现在的话说，只有属于中国领土范围，才能使用“疆”。所以说“疆”指的就是中国的领土空间，为何要回避它？其实我们出于慎重起见，此前也讨论过能否使用其他的名称，如“黔中走廊”“湘黔滇民族走廊”“西南国家走廊”等等，然最终我决定仍使用“苗疆”来冠名这条驿道，其中有两个重要的因素：一是“苗”作为中国南方，尤其是西南地区的非汉族群之一，其最初出现即和这条驿道有关。如明人王士性在其《广志绎》中所言：“其在黔中者，自沅陵至普安两千里，总称曰‘苗’”。二是“苗疆”这一空间概念形成、扩展及消退的过程与明清时代以后西南地区“国家化”及“内地化”进程有密切关系，而最初这一概念的形成和扩展都与这条驿道有内在因果关联。但需要说明的是，“古苗疆走廊”概念主要强调的是这条驿道的重要性，至于如何称谓，我们持完全开放的态度，如果称之为“西南国家走廊”或“西南走廊”，我觉得也是不错的选项。

徐杰舜：那么，你认为研究这条驿道的意义何在？

杨志强：这条走廊，如果以常德作为起点，昆明作为终点的话，按现在行政区划看，大约穿过了33个县市，面积将近8万平方公里，人口二千多万，而分布在沿线的民族或族群，如算上“待识别民族”或一些民族中的亚支系族群的话，将近有二十多个。直到今天，这条路依然是西南的一条交通大动脉，也是西南地区城镇最集中、人口最密集、经济最活跃、文化交流最频繁的地带。与此前名闻遐迩的“丝绸之路”或“茶马古道”等比较，它最大的特点就是这条驿道的沿线不仅是西南地区人口分布最集中的地区之一，并且沿线的各民族/族群文化，现今仍处鲜活的频繁交流中。可以说，“古苗疆走廊”是现今中国为数不多的一条既留下厚重的文化积淀，又保持着具有历史延续性变化的活态走廊。另外，回顾历史，这条走廊对西南边疆地区，尤其是对贵州省的影响是深远的，如明清时期以后的汉族移民进入、“改土归流”“开辟苗疆”等“国家化”进程都和这条路有很大的关系。进而对云贵两省城镇体系的构建、贸易及市场圈的形成及扩散，民族民间文化的整体性及多样性特征的形成等，均产生了重大的影响。

以前关于中国西南边疆地区历史地理的研究，是云南的学者做得比较深入。比如老一辈的方国瑜先生，现今的方铁、陆韧、蓝勇、杨永福等学者，海外的有美国华裔的李中清先生等。这些学者其实都注意到这条“入滇东路”，即我们所说“古苗疆走廊”对稳定西南边疆地区的重要性。只是他们关注的是这条驿道所连接的两点，而对于处在两点间过渡地带的贵州省却多有疏漏。从20世纪90年代开始，“茶马古道”“南方丝绸之路”炒得很热，接着又是“藏彝走廊”，而这条历史上曾对西南地区的政治、经济、文化等方面均产生重要影响的驿道却无声无息。如果说，“茶马古道”或“南方丝绸之路”所关注者多是“商道”上流动的经贸关系或文化交流，那么，元明清时代以后贯通的入滇“东路”（也包括“西路”在内）却是不折不扣的“官道”，用美国华裔学者李中清教授的话说，是“国家驿道”。可以说，西南边疆地区真正“国家化”的推进和大量汉族移民进入导致的“内地化”，实际上是在“古苗疆走廊”开通以后发生的。从这个意义上来讲，“古苗疆走廊”和其他走廊最大的区别：第一，它是条“官道”，即所谓的“国家走廊”，明代动用了洪武时期全国十分之一以上的军队守这条路沿线，因此，西南边疆地区的“国家化”进程事实上是沿着这条驿道向四周辐射的；第二，2013 年贵州省正好迎来建省六百周年的纪念时刻，而 1413 年贵州的建省，其直接动因就是为保护这条驿道的安全而采取的一项重大政治举措，反过来也可以说，因为这条路，使得中国西南地区政治版图都发生了改变。

在整个世界历史上，一个国家为一条道路而设置一个省的情况，不知有无先例，但至少这是极为罕见的一个例子。因为当时贵州地域内几乎全是少数民族或土司分布地区，贵州建省及大量移入汉族屯军，目的就是防止土司和少数民族对通道的阻碍，所以“古苗疆走廊”在明代又被称为“一线路”。值得注意的是，这里所说的“一线”，指的并非是周边的山川地理形势。因为它穿越了平原、丘陵、高山、高原等若干呈阶段性变化的地形地貌带，很难用地理空间的形势来概括，所以其背后真正含义指的是周边的社会环境，即少数民族或土司势力。文献用所谓的“两岸皆苗”来比喻。换句话说，国家动用政治、军事力量强力开辟的这条通道，犹如在异文化的丛林中打通的一条国家权力和汉文化的通道，因此史书中也常用“孤悬一线”来比喻这条道路周边社会环境造成的严峻形势。在这点上，它和我们以前提出的“藏彝走廊”“武夷走廊”和“河西走廊”不一样，这些“走廊”大多指的是受自然地理形势的影响形成狭长地带。所以我们要谈的这条走廊，更多意义上是指由国家力量造就的社会、政治、经济及文化上的线性空间。清代以后随着大量汉族的迁入和贵州省的“内地化”，文献中有关“一线路”的记载基本消失，本身也说明了这一点。

徐杰舜：换句话说，这条路就相当于现今我们所说的“国道”，对不对？

杨志强：是的，它就是一条现代意义上的“国道”，明文献中常称为

“官道”。通常中原王朝权力在全国各地都会建立发达的驿道网络，这些驿道广义上都应属于“官道”，但官方文献中刻意强调其“官道”地位的现象其实是不多见的。明初在贵州设置的24个卫中，除五开卫和铜鼓卫外，其余都分布在驿道沿线。其中，有16个卫密集分布在由湖广进入云南的“东路”驿道沿线。这也充分说明了明王朝对这条驿道高度重视的程度。

就其背景而言，首先，它与唐宋时期以后中国政治中心的东移和经济中心的南下有关系，以前的四川盆地一直是中原王朝的经济及文化中心之一，所以云南边疆地区通往内地的道路主要是“石门道”和“灵关古道”。但元明清时代以后，通往四川的道路已非终点，进而还要转向东行，就显得迂回绕远，开通“东路”驿道后，路程一下缩短了近两千里。其次，元明时期，江南及两湖一带已成为中国经济最发达的地区，当时就流传有“苏常熟，天下足”“湖广熟，天下足”的谚语，云南作为中原王朝重点经营的边疆地区，需要开通新的捷径将内地与西南边疆地区连接起来，所以元朝在至元二十八年（1291年）开辟了这条新通道。第三，元明时期连接云南与内地的四条主要通道中，其他三条或绕道远行（如“灵关古道”），或有急流船沉之险（如入滇“西路”），唯有这条入滇“东路”上下水陆线路均较平缓，所以后来便成为官吏、商旅、使臣、科举等人员往来首选通道。

徐杰舜：那么，杨教授所说的“古苗疆走廊”指的只是这条线路？

杨志强：“苗疆”的范围那么宽，其实就指一条路也说不过去的呀（笑）。当初之所以将“古苗疆走廊”范围圈定在由湖广入滇的“东路”，是为了更加鲜明地突出“问题意识”。其实随着历史时期及社会状况的不同，这条线路周边的交通状况也在不断发生变化。因此，广义上“古苗疆走廊”应是以这条入滇“东路”为主干线串联起来的网状系统：如由云南昆明经曲靖、沾益过贵州威宁、毕节、赤水至四川泸州下长江的“西路”，由水西土司奢香夫人开辟的“龙场九驿”，徐霞客从广西进入贵州的“南线”以及贵阳经遵义至四川綦江的“北线”，水路还可将清水江、都柳江、乌江流域的河道等包括进来。

徐杰舜：这个背景交代得很清楚，说明经历了十几年的深思熟虑现在提出了这样一个“古苗疆走廊”的概念。对民族学、人类学的研究，它的意义和价值，您觉得有哪些？

杨志强：第一点，我们认为，从关注西南边疆地区如何被整合进中华帝国疆域体系的过程层面上看，这是一个新的视角；第二点，从“问题意识”上要关注西南地区民族/族群“你中有我，我中有你”的分布格局究竟是怎样形成的；第三点，我们提出了一个很重要的理论思考，这就是怎样看待文化的“族群性”和“地域性”问题。

第一点，正如本期“古苗疆走廊”专栏中我提交的论文所叙述的那样，自元代云南行省建立后，从元代开始，一直到清代的中期以前，西南少数民族地区就进入由“疆域”向“版图”变迁，即变间接统治向直接统治的“国家化”时代。清朝中期以后，大量的汉族流民开始涌入西南云南、贵州等地，接踵而至的是“内地化”进程。上述这些问题，都与这条“古苗疆走廊”的开通有着极为密切的关系，所以这条走廊亦可称为“西南国家走廊”。此外我在文章中，针对西南地区历史发展及民族/关系的特点，对“华夷次序”双重结构体系内涵进行了初步的梳理，认为传统中华帝国的体制中，在政治及文化上一直内隐着“多元一体”或“一体多元”的特征。也就是说，在历代帝国统辖的地域中，事实上一直存在着两条时有重叠但又不同的“边界”：“政治边界”模糊而富于伸缩，它构成了“疆域”范围；“文化边界”明晰而相对稳定，成为直接支撑帝国统治基础的“版图”。前者可称为“外边界”，后者则是一条“内边界”。直到今天，我们常说的“东部·西部”“汉族·少数民族”“内地·边疆”等用语事实上也与上面所说的这两条“边界”是有联系的。此外我还将“国家化”和“内地化”这两个概念的内涵进行了初步的区别与界定。

第二点，西南民族地区素以民族/族群的文化多样性而著称，其中又以这条“古苗疆走廊”上交错分布现象尤为明显。如中国现今遗留的“待识别民族”的 75 万人中，有 72 万人分布在这条走廊的沿线及周边地区。以往人类学在研究西南地区民族/族群文化时，多受制于“点”而忽视了对“多样性”背后隐含的由国家力量及汉文化的强力进入所导致的“整体性”关联。事实上，这种关联使得多样性背后具有某种跨越彼此差异的“通约”关系，从而形成基于地域上的“你中有我，我中有你”的相互认同及“和而不同”的和谐“共生关系”。比如说铜鼓、芦笙、刺绣、银饰、吊脚楼等物质层面的文化，不落夫家、父子连名制等习俗文化，这些都不应该是属于哪一个族群所特有的东西。国家权力和汉文化进来以后，除了形成了一些在“国家化”影响下的普遍性文化表征外，因汉族本身也是一个文化多样性的复合体，他们来到西南后，所影响的地域和族群不一样，也形成了在普遍汉化基础上，因受不同群体的汉文化的影响，以及影响程度的不同，从而呈现出另一种类型的文化多样性。以往对汉文化多样性的研究，往往用“地域文化”和“区域文化”来屏蔽其“族群性”或文化的多样性，但问题在于，随着汉族人口的移动，“文化”与“地域”间的同构关系已不复存在的时候，在新的迁徙地，尤其是周边有众多少数民族分布的情况下，这些汉文化往往呈现出明显的“族群性”特征。现在“古苗疆走廊”沿线的“屯堡人”“穿青人”“南京人”等，都是汉族移民的后裔，在后来的“民族识别”中，他们一直不承认自己是汉族。因为他们虽是明代屯军、屯民的后裔，但在相当长的历史时期却被后来的汉人歧视，风俗习惯也有区别，所以问题一直拖到今天都解决不了。传统的人类学研究往往是以微观的田野调查来认识和构建起宏观的民族文化，但我认为只有文化在空间上具有广泛的同质性的情况下才会具有“以小窥大”的效果。

第三点，从以上思考出发，我们提出了文化上的“地域性”和“族群性”不可偏废的观点。以往的人类学研究大多只关注民族或族群文化研究。西南地区在明代汉族进入以前，藏缅语族、苗瑶语族、壮侗语族等少数民族的先民早已交汇分布在这一区域，文化上形成了既有族群多样性特征，同时在相互影响过程中又有一些跨民族或族群的基于“地域”空间的整体性特征。这也给田野调查研究提出了新课题。

徐杰舜：田野调查？

杨志强：是的，人类学的田野调查大多是停留在某一地点进行深入的观察与研究，但你这个点的“民族”文化是否具有代表性或同质性？西南这个地方，最不一样的地方是，“民族”的整体想象和“地域”分布空间的关系往往不是同构的。比如说，苗族、彝族有许多分散居住在中国西南乃至东南亚各地，周边分布的往往是其他少数民族。如果你调查的是贵州黔东南某地某村苗族的丧葬仪式，但这个葬仪也许只是这支苗族才有，你能轻易地把它当成整个“苗族文化”来解释吗？另外，黔东南有很多地方苗族和侗族之间的关系非常密切，两个民族间文化的相似性甚至和分布在其他地域的同一民族内部文化差异形成强烈的反差。所以，近年来“民族”认同的建构往往是将“地域”空间虚化或抽象掉。本来是“你中有我，我中有你”生存现状，变成了“你是你，我是我”之想象，基于地域空间的文化整体性被“民族”的主观想象分解和割裂，结果芦笙变成了苗族的象征，铜鼓变成了壮侗语族的标志，蜡染则变成了布依族的特色，文化的地域整体性被“民族文化”肢解掉，本来很和谐的地域社会变得不和谐起来。湖南《民族论坛》的主编龙晔生把这种现象总结为文化的“族界化”现象，我认为概括得非常准确。

徐杰舜：我很认同你对这个问题的看法。“古苗疆走廊”的真正发现者是你杨教授，这一点都不夸张。那么，你这个发现的过程，我听了你介绍以后很有意思的是比较早地感受到了这个问题。那么，我想知道这个学术的观点是怎么样逐步地形成、扩大和定形提出来的。我觉得这对于一个学者做研究会有很大的启发和帮助。

杨志强：我提出这个概念是非常慎重的，考虑了十多年，在称谓上也颇费心思。我觉得近年来“走廊”这个词用得太滥了，所以也想过是否可用其他的名称，最后用“走廊”也是不得已。因为这条驿道对整个西南边疆地区的影响太大了，不仅是贵州，也包括云南，整个西南边疆地区的“国家化”过程，市场经济圈的形成，还有少数民族的文化等，都受到影响。比如说侗族的南侗和北侗方言的形成，实际上也是以这条驿道为界，北侗方言受汉文化影响比较大，南侗方言比较小。还有像“屯堡文化”，我们现在有些学者甚至把它叫作“文化孤岛”，实际并不是这样的。屯堡人自称是明代移民的后裔，其文化如果不放在一个大的或整体的视野下看的话，有些现象是无法解释的。这个概念提出来以后，我和曹端波教授、刘峰教授，还有中国人民大学的赵旭东教授等反复对这个问题议论了很多次，后来又和贵州大学人文学院的陶渝苏院长和其他老师们也谈了很多次。我一直在诉说这个概念，在将近五年的时间里，只要有机会我就不停地说，从来不怕别人拿去用，觉得无所谓，因为有一种使命感，觉得这条路太重要了，你们谁提出去都可以。

徐杰舜：你这个“古苗疆走廊”的概念的提出及它的背景，我觉得你讲得非常清楚了，就是在明清国家化的过程当中，西南边境国家化过程中建立的一条国道，这条国道，对连接西南边疆和祖国的政治关系起了什么样的作用，可能很值得去高度评价，这是一点。再一点，在这条通道打通的过程当中，就是你讲的汉文化，这个汉文化的进入对整个西南局部的，即贵州汉文化的影响。本来贵州就是山地、高原非常分散的，所以才形成了多彩贵州的这个状态，多样性的东西，汉文化进入以后给她注入了新的多样性，而这个多样性它就是在国家话语、国家支持下强势注入的。他有军事嘛，别的都怕你。再一点就是你讲的云南甚至包括贵州的一部分，汉文化来了以后，整个文化的倾向都导向了中华文化。这对整个中国国家的巩固，像国家的统一，中央王朝的统治都有作用。过去没有看到这一点，这个影响也是非常大的。

杨志强：是的。比如说清朝中期以后随着大量的汉民“客民”移入贵州，文献中有关“生苗”“熟苗”的记载基本消失，变成了“民”和“苗”这两大分类，其中明代屯兵的后裔大多也被列入“苗种”内。也就是说，清代中期以后大量汉族“客民”的迁入，他们和原先的土著之间为争夺生存空间激烈冲突，导致社会发生剧烈动荡。所以说“民”“苗”之分，并不单纯是族群或文化的界线，也是“土著”与“移民”之间在围绕生存空间斗争中构建起来的区分范畴。一方面，明代发生在贵州一带的战争，大多都因驿道安全而起，但清代以后，几乎都是因为生存空间的问题。贵州民族大学的孙兆霞老师进行过统计，自贵州建省后，发生了一百四十多次战争或反抗活动。可以说，明清时代以后，发生在这条通道沿线的战争是整个西南，乃至整个中国最频繁的地区。所以民间素有“三十年一小反，六十年一大反”之说。另一方面，“改土归流”以后大量汉族移民的进入，使得少数民族社会中普遍发生了汉化现象，一些少数民族，如侗族、布依族、水族等，他们在接受汉文化影响过程中，也把汉文化中一些具有结构性的东西，如“华夷之辨”等观念吸纳进来并进行自我再现，在一部分少数民族的族群认同意识中出现了强烈的“非苗化”现象：即在拒绝外界视他们为“苗”的同时，还把比他们落后的其他一些族群鄙视为“苗”。新中国成立后的“民族识别”过程中，侗族、布依族的知识分子往往首先强调自己不是“苗族”，因为在过去，这个“苗”字就代表“野蛮人”的意思。直到现在，在贵州、云南、四川、湖南一带汉族的民间俚语中，还经常用“苗”来骂人或作为“野蛮”“不讲道理”的代名词。我在以前的一篇论文中把这种现象称为“非苗化”现象。

徐杰舜：杨教授，您讲得比较深思熟虑。我觉得像您这样想的这么细，这么认真的思考，然后提出自己的观点，在运作当中，体现了一个学者的责任性和主动性，这是做学问最基本的，是现在学术界非常值得学习的地方。那么我还觉得一个很重要的意义就是，这个汉族的移民刚进来的时候具有军事性质的，但是来了以后，在六百年的岁月当中，他自然而然地和周围的少数民族发生了联系。

杨志强：战争只是利益冲突中的一种极端表象，但更多的是文化间的交融、相互影响和渗透的过程。历史上“古苗疆走廊”周边虽然经历了那么多的战争与冲突，但到了今天，这一带反而成了中国民族关系最融洽、最和谐的地区之一。

徐杰舜：这样说来，实际上，我想表达的意思是你提的“古苗疆走廊”这个概念，以及在这个走廊沿线，六百年间所发生族群互动、族群融合在中国民族关系史上应该评价，它给我们提供了非常鲜活的例证。回顾中国民族关系史，我们很难追溯到一千年、两千年前的细节，而在贵州，“古苗疆走廊”为民族间相互影响过程及历来中国民族政策的变化及影响，都提供了很多不同阶段、不同形式的鲜活例证。

杨志强：现在这条通道沿线还有许多民族/族群分布，可谓“你中有我，我中有你”，民族关系也非常融洽。民族文化间的交流也处在一种鲜活的状态中。比如施秉县城关附近的苗族，每逢丧葬仪式，白天用汉族的方式请道士来念经，晚上又按照苗族的习惯请鬼师来引路，结果呢，白天道士把亡灵往西方引，晚上鬼师却把亡灵引向东方，搞得死者的灵魂在天上不知所措。（笑）

徐杰舜：回过头来看中国的民族关系，五千年来的走向，用一个词来概括就是融合。先秦以前是各个民族相互融合汇成一个华夏民族，当然也不是全部变成了华夏民族，但这是一个最重要的成果。在民族发展的趋势当中最主要的是华夏民族的形成，才有了秦始皇的统一，秦始皇的书同文、车同轨等一系列的成就。到了中华民国以前，这个两千多年，中国民族关系的一个趋势，就是互动，你化我，我化你，互化的过程。

杨志强：是的，如果说没有融合，就无法解释现在中国汉族人口为什么这么多。

我觉得现在我们在人类学研究上，就像我刚才所提的，我们一定要重视地域的维度，而不是只片面地关注民族和族群而把具体的“空间”抽象掉。我们为什么要强调地域呢？也就是说，我们不仅要关注民族的个性，我们还要关注同一地域空间下民族间的相互影响、相互渗透的过程。现在太过于强调民族，文化被“族界化”，这在现实中也是与国家建设“和谐社会”的方针背道而驰的。比如说“侗族大歌”，实际上，侗族大歌是一个具有地域性色彩的文化现象，不仅侗族人唱，旁边的苗族人（俗称“草苗”）也唱。此外，文化的多样性并不只是表现在民族之间，有时更多的是表现在民族内部的各个不同的亚支系、服饰种类或婚姻圈的范围内。我们把内部亚支系的“族群”符号进行“民族化”的构建与想象，过于放大，就会有自我民族内部的文化多样性被消解掉的危险。比如说西江苗族的银头饰很好看，很多是用俗称为“白铜”的假银子东西做的，所以也很便宜。西江女性服饰还曾成为“中国旅游年”招贴画和奥运会上的苗族形象代表，结果周围数百里方圆内的其他支系苗族都来买，自己原有的传统服饰或头饰却丢掉了。自“侗族大歌”唱红以后，周边其他侗族地区纷纷派孩子来学习，原先具有自己地方或族群特点的一些文化反而不学了，这些都是非常可惜的。

徐杰舜：所以反过来你现在提出“古苗疆走廊”的概念。

杨志强：就是想强调从整体的地域视野切进去来看民族间的互动过程，而单纯只关注某一个民族/族群，或某一种文化有什么样的特征，这个我们以前做的已经很多了。

徐杰舜：打破民族边界。

杨志强：嗯，打破民族边界或族群边界，从整体的空间维度切进去。

徐杰舜：从人类学也好，从民族学也好，从地理学等上来讲也好，“古苗疆走廊”具有重大的意义，在学术上是一个重要的突破。

杨志强：如何评价，尚有待他者的高论，但就我自己的理解而言，在学术层面上，首先，将民族或族群置于“古苗疆走廊”这一整体的空间视野下考察，既关注各民族/族群的多样性特点，同时又高度重视各民族间互动往来过程中形成的文化“共性”。为此我们提出了对文化的“族界化”现象进行反思等问题。其次，关注明清时代以来西南地区在强大中央集权下的“国家化”过程，重视各少数民族社会文化多样性背后所隐含的“国家叙事”和汉文化的普遍性表征。这一点我们是和现今区域史研究中出现的“去宏观叙事化”或“去国家化”的动向是背道而驰的。在现实方面，我们提出了贵州地方文化的“主体性”建构问题。一个地方如果没有一个文化主体认同的话，你怎么去谈文化创新？但如果要构建起贵州文化的“主体性”认同，其内涵应该是什么呢？通过“古苗疆走廊”概念的提起，我认为既非单纯的少数民族文化，又不单是汉文化，而是少数民族和汉族在相互影响过程中形成的“你中有我，我中有你”的文化多样性及整体性，这才是贵州文化的真正精髓。另外，我们提出要把“古苗疆走廊”打造成中国西南地区新的文化亮点，进而积极准备申报“世界文化线路遗产”项目，以此推动贵州乃至整个西南地区旅游文化产业的大发展。这个东西对政府的吸引力很大，所以引起了贵州省委、省政府相关领导，社会各界以及媒体的高度关注。但目前“古苗疆走廊”概念刚刚提出不久，能否经得起学术上的推敲和验证，还有待于今后大量的调查研究和众多学者同仁的参与来证明。

【来源】《广西民族大学学报（哲学社会科学版）》，2014 年第 3 期，第 41 ~46 页。收入本书时略有改动。

沅水女儿　沅水情结

——访三峡大学刘冰清教授*

【被访谈者简介】 刘冰清，三峡大学教授。

刘冰清教授

* 访谈人：徐杰舜；访谈时间：2013 年 9 月 23 日；访谈地点：长沙陋园宾馆；录音整理：徐猛。

徐杰舜：这次很高兴能到长沙来参加“沅水流域民族文化研究”课题启动仪式，这是刘教授领衔主持的重大项目，你能不能先简单地介绍一下这个项目是怎么策划出来的？

刘冰清：谢谢徐老师！您这次百忙之中不辞辛劳来长沙参加这次会议，为“沅水流域民族文化研究”课题的开展出谋划策，是对我极大的鼓励和支持。这个课题其实是湖南省民委《湖南省民族问题研究5年规划(2009—2013年)》的一个重要内容，我在2011年11月向湖南省民族研究所呈交了一份“沅水流域民族文化研究方案”，得到了湖南省民委副主任田代武和湖南省民族研究所所长朱朝晖的高度重视和认可。基于开放办所、开放办研究的理念，他们打破了地域界限，将这个课题委托给我，这让我很感动。因为从情理上而言，我虽是地地道道的湖南人，但工作却在湖北，他们能做到这一点的确很不容易。这个课题可以说是高校学者与行政部门的有机结合，课题领导小组的组长是湖南省民委田代武副主任，课题组成员则由湖南省民族研究所、三峡大学、中南大学、吉首大学、怀化学院以及相关市（州）民委的专家学者组成。本来这个课题的启动会2012年就要在怀化市召开的，最后由于多方面的原因，直到现在才召开。按田主任的话说：“我们这么大一个课题，这个任务压在这里始终不弄起来，它就始终搞不上去，眼前困难很多，要想一年两年是完成不了的，要有一个长期作战的思想。”很幸运的是有您这样资深的专家作指导，我对沅水流域文化的研究就充满着信心。

徐杰舜：听说你是在沅水边上长大的，是在哪个县出生的？

刘冰清：沅陵县。

徐杰舜：哪一年出生？

刘冰清：1969年。

徐杰舜：你小学和中学是在哪里读书？

刘冰清：我小学和中学都是在沅陵县麻溪铺读的，一个小乡镇。

徐杰舜：好像湘西用麻字开头的地名挺多的？

刘冰清：是呀，我知道怀化市就有麻阳县，湘西州的花垣县有麻栗场镇，凤凰县有麻冲乡，泸溪县浦市有麻溪口村，而我的家乡沅陵用麻字开头的地名就更多了，什么麻子溪、麻叶溪、麻伊袱、麻栋坡、麻溪铺，等等。在这些地方中知名度最高的莫过于麻溪铺了。金庸在他的小说《连城诀》里就十分确切地提到麻溪铺这个地名。前几年还有一部《血色湘西》

的电视连续剧，很火，故事描述的主要发生地就在麻溪铺，惹得很多人想去麻溪铺一游。而我就出生在麻溪铺的一条老街窨子屋里，在麻溪铺这个地方生活了十三年。确实，麻溪铺这个地方还是蛮有特色的，除了美丽的自然风光外，这里历来是沅水支流荔溪、舒溪、杨溪“三溪”的政治、经济、文化中心，也是滇黔古驿道的要地，其镇名就来源于古驿道所设的驿、塘、铺中的铺。尤其值得一提的，这里还是一个“乡话人”的核心聚居区。民国十九年《沅陵县志》上说：“乡话，鳌牙佶倔，不知其所自始，大约当时土人所遗传至今者也。”

徐杰舜：你高中又去哪呢？

刘冰清：高中就去了沅陵县最好的学校沅陵一中。

徐杰舜：沅陵一中不错，出了你这个美女加才女。

刘冰清：徐老师抬爱我了。沅陵一中是一所百年老校，历史可以追溯到 1901 年，为社会培养了不少人才。

徐杰舜：哪一年上的高中？

刘冰清：1983 年。

徐杰舜：那你 1986 年高中毕业，然后就考上了湖南师范大学？

刘冰清：我没有参加过高考。沅陵一中是一所省属重点中学，从 1985 年开始，就具备了向高等院校直接推荐、保送学生的资格，我呢，那时在学校团委任职，又是班上的团支部书记，学习成绩也总是年级前几名，算是优秀的吧，所以高考预考后就被确定保送到湖南师范大学了。记得还有点小情绪，不太想要保送。

徐杰舜：为什么？

刘冰清：因为保送的学校是湖南师范大学，当时是一所以师范教育为主的学校，而我特别不想当老师，加上那时湖南师范大学还只是一个省属院校。当然现在不同了，是国家“211 工程”重点建设的大学。

徐杰舜：实际上来讲，湖南师范大学文科很不错的，在我印象中比湖南大学还好。

刘冰清：我那时进的是历史系，可能是学校文科专业里面最强的一个。在 1981 年，中国近现代史专业就获得了硕士学位授予权，后来也是湖南省的第一个文科博士点。一些知名学者如杨树达、李剑农、林增平、皮名举、谢德风、孙秉莹等都在这里执教过。

徐杰舜：那你学这个专业，1986 年进去的，1990 年毕业，毕业后就去了怀化学院?

刘冰清：没有这么幸运哦。1990 年毕业时，我们这一届受了 1989 年学潮（“六四风波”）的一些影响，不允许大家报考研究生，只能是推荐上研究生。我记得我们这个专业 100 多人就分到一个名额，基本上是毕业后哪里来就回哪里去，绝大部分人都被充到县里去了，还有极个别人被充到乡镇一级的学校去了。我呢，就回到了家乡沅陵。县教委管分配的告诉我，沅陵一中的历史教师满员了，没法安排了。我说那随便吧，哪里需要我就去哪。当时沅陵二中特缺历史老师，我就去了那里。

徐杰舜：二中是在沅陵的什么地方?

刘冰清：就在县城里，当时这个学校在县里名声不太好，生源都是一中挑剩下的，连续多年都没有考上一个大学生。

徐杰舜：那后来在你手上有没有突破?

刘冰清：怎么说呢，考上了几个电大吧。在二中整整待了六年，带学生从初一到初三，从高一到高三，年复一年的教学，这样两个轮回，对教材那是相当熟悉了，加之上课生动有趣，教学效果不错，学生对我的评价很好。这期间，我还接手了一个双差班（纪律差、学习差），在班级管理上探索了一些经验。所以，1995 年沅陵县 5000 多教师里评选了 10 个县级劳动模范，其中就有我。那时我很年轻（26 岁），县教育电视台以“知心大姐”为题还专门作了宣传。

徐杰舜：呵呵，没想到你还有这么光荣的历史。那你是什么时候到怀化学院的呢?

刘冰清：1996 年 7 月。

徐杰舜：什么机遇呢?

刘冰清：那时怀化学院还叫怀化师专，政史系需要一个《中学历史教材教法》的老师，我就去应聘了。也许是天时地利人和，我应聘上了。就这样从中学进到了高校，在那里教了几年的《中学历史教材教法》和《中国古代史》。

徐杰舜：那个时候，我已经在办学报了。后来听说你转教旅游了?

刘冰清：是的。在高等教育面向市场的大潮中，怀化师专办学开始积极推进转型发展，调整学科专业，于是增设了一些市场适应性强、需求量大的新专业。1998 年政史系就开设了旅游管理专业，要我教旅游文化学和旅游心理学，就这么转过去了。毕竟旅游这个学科在中国起步比较晚，又是一门综合性边缘学科，旅游院校产生的渊源也都是各种各样的，那时许多高校从事旅游教学的老师有不少是从历史学转型的，比如我的母校湖南师范大学旅游学院从事旅游美学、旅游文化学的老师最初就是学历史的。

徐杰舜：你的这段经历，虽然没有提到你做学问做研究，但你生在沅陵那样一种环境里，又在那里工作多年，你可能就是生在云雾中，不识庐山真面目。我去过沅陵一次，对沅陵的印象很深刻，那里不但山清水秀，而且文化底蕴非常深厚，夸父山、黔中郡遗址、二酉藏书洞、壶头山、龙兴讲寺，等等，说明从先秦开始，这里就比较有文化内涵。还有，什么芝麻饼、猪蹄粉都特别好吃，很大碗，说明这里人很朴实。所以，我觉得在这样一种氛围中，形成了你对沅水文化最初的一种感性认识。你是什么时候开始关注沅水文化的？为什么提出要做沅水文化？

刘冰清：您有一句很精彩的话就是“文化需要不断地被发现”。当一个人走出自己生长的文化氛围，跳出固有的文化藩篱束缚时，才可能具备一种包含有深邃洞察力的“他者的眼光”。确实，虽然我生长在沅水边，也在那里工作多年，对她的感情很深，也曾无数次感受她的美丽和壮阔，领略她的博大与精深，但真正走进这条出现在屈原、王昌龄、刘禹锡的诗歌里，出现在沈从文的散文和黄永玉的画作里，有着数千年文明的古老河流，并开始探寻她丰厚的历史文化内涵，还是在2000年以后。我1996年调进怀化师专（现在的怀化学院），之前在中学工作虽然很辛苦，却没有什么“科研”压力。之后，最压头的莫过于“科研”了，不知“科研”从何做起。1999年有机会到我母校湖南师范大学师从郭汉民先生，经郭先生的点拨，使我对“科研”终于有了些许感悟，可还是迷惘，没有明确的研究方向。直到2000年秋，一位高中挚友和我津津有味地聊起家乡的“还傩愿”以及上刀山、闯火海、踩火犁、下油锅、滚刺床等神功绝技，建议我做些这方面研究，对外推介家乡的民间文化。就这样，我开始关注家乡的巫傩文化，并开始进行一些田野调查，收集相关研究资料。接下来，我先后完成了湖南省教育厅立项资助的“沅陵傩文化的旅游开发战略研究”、湖南省科技厅批准的“大湘西傩文化的旅游经济开发研究”和湖南省社科联立项的“沅陵盘古文化研究”，并在《求索》《贵州民族研究》《湖南社会科学》《船山学刊》等刊物上发表了一系列有关傩与盘古文化方面的论文。还要谢谢您帮我在《广西民族学院学报》推荐发表了一篇《沅陵傩文化的人文特征》。

至于为什么提出要做沅水文化呢？这也有一个认识的过程。其实，湖南境内沅水流域的几个高校，吉首大学、怀化学院还有湖南文理学院等，大家都在关注沅水文化的相关研究，成果也挺多的。只是没有人提“沅水文化”，提得最多的是“五溪文化”，而五溪实际上是沅水的五条主要支流，即雄溪（今巫水）、樠溪（今渠水）、潕溪（今潕水）、酉溪（今酉水）、辰溪（今辰水）之说，亦有酉溪、辰溪、巫溪（今巫水）、武溪（武水）、溆溪（溆水）之说。吉首大学在2000—2003年还推出了一套“五溪文化丛书”。而我在怀化学院工作时，同样也没有“沅水文化”这种意识。2007年我调到三峡大学武陵民族研究院之后，对武陵民族地区的几条主要河流，乌江、清江、澧水、沅水进行了一些考察，特别是在对乌江、清江、澧水的文化事象有了比较多的了解和认识后，反观沅水，更感到这条自古以来就滚动着这块土地的人流、智流、物流和商流，记录着这里的兴衰、沉浮和希望的河流，其文化底蕴之深厚，文化事象之多彩，文化互动、磨合、整合和融合之突出。所以，我觉得应该立足于沅水这个大动脉而不是她的支流，需要对整个沅水流域的文化进行全面系统的调查与研究，梳理、分析整个沅水流域的文化特征。在对沅水文化有一个整体认知基础上，需要对沅水文化在武陵山片区乃至中华民族文化中的定位进行认真的考量，这样才有利于发挥文化在当下社会的“软实力”，推动整个沅水流域的经济发展与社会进步。而我，对于生于斯长于斯的沅水总有一种迷恋，始终有一种割舍不掉的眷念，自己有责任、有义务去发掘和弘扬沅水文化，湖南省民委恰恰给了我这样一个机会。

徐杰舜：对于沅水文化研究，你打算怎么做呢？

刘冰清：说老实话，我觉得挺有压力的，因为沅水涉及地域范围太广了。沅水的源头在贵州的东南部，有南、北二源。南源龙头江发源于贵州贵定县的苗岭斗篷山南麓，北源重安江发源于贵州麻江县平越间大山。两源在凯里市旁海镇岔口汇合后称清水江，至奎山入湖南省芷江县，东流至洪江市托口镇与渠水会合后始称沅水。沅水有大小支流1400多条，干流自河源至注入洞庭湖全长1033公里，流域南北长而东西窄略呈自西南斜向东北的矩形，总流域面积89163平方公里，其中湖南省占57.3%（境内流域面积51066平方千米），贵州省占34.1%，重庆市和湖北省共占8.6%。流域覆盖湖南省怀化市、湘西州全部和邵阳、常德部分地区以及贵州黔东、渝东与鄂西部分地区等54个县市区，包括湖北的宣恩、来凤两县；重庆市的酉阳、秀山2县；贵州黔南州的都匀、福泉、贵定，黔东南州的麻江、丹寨、凯里、黄平、施秉、镇远、岑巩、雷山、台江、剑河、三穗、锦屏、黎平、天柱、榕江及铜仁地区的铜仁、玉屏、万山、江口、石阡、松桃等24个县（市、特区）；湖南省常德市的桃源、鼎城和武陵1县2区，怀化市的13个县市区和湘西州的7县1市，邵阳市的绥宁、城步2县。当然，沅水干流主要还是在湖南省境内。沅水流域是一个以汉、苗、侗、土家等族为主体，瑶、布依、白、水、回、维吾尔等30多个民族聚居的多民族地区。据2010年数据统计，沅水流域总人口约2070.97万，少数民族人口约占55.3%，其中湖南境内沅水流域总人口约1095.45万，少数民族人口约430多万，约占39.8%。沅水流域的大部分县（市、区）都被纳入2011年11月国家批准的“武陵山片区区域发展与扶贫攻坚试点”范围。所以，对沅水这样一个范围广泛、跨省域的文化进行研究，既要把握整体性问题，有一个整体研究架构，也要考虑它的现实操作性问题，得有计划分步骤来实施。

关于沅水文化研究，总体构想是在对沅水流域的文化进行比较全面系统的调查与梳理基础上，解读和研究其深厚的历史蕴含，推出系列成果，充分展示沅水文化的魅力，推动沅水文化走向中国、走向世界。与此同时，探寻如何运用沅水文化的价值来为现实服务，助推沅水流域社会的和谐发展。至于实施问题，就目前而言，我的想法是在湖南省民委的支持下，将沅水流域湖南段先搞起来，以后在条件成熟的时候，再扩展到贵州、重庆、湖北，来做一个完整的沅水流域文化的研究。这次提交启动会的课题实施方案，具体在研究内容上主要架构了沅水流域专史专论、沅水县域文化研究、沅水流域民族村志研究、沅水流域地方文献整理等四大板块。沅水流域专史专论，主要是宏观地整体来审视沅水文化，首先启动的是《湖南沅水历史文化通览》，接下来是《沅水文化史》。沅水县域文化研究，基本的一个设想是以县（市、区）为单位，中观地分析审视沅水流域文化，先后推出“沅水流域民族文化·怀化书系”“沅水流域民族文化·湘西书系”“沅水流域民族文化·常德邵阳书系”，这需要得到相关县（市、区）的大力支持。沅水流域民族村志研究，以村落为单位，微观地展示和剖析沅水流域各民族文化的现状与变迁，推出“沅水流域民族村志书系”。沅水流域地方文献整理，主要是收集、整理包括反映社会、人物、地理、宗教、民俗等情况的地方文献以及家谱、族谱、碑刻、文书等。当然，除了着力于以上四大板块的研究外，沅水文化与当下社会发展问题的研究也是不可或缺的重要内容。

徐杰舜：你从宏观、中观、微观三个层面架构了沅水文化研究的基本框架，这很好。但我觉得要把沅水文化研究做好，做得有影响力，还涉及如何贯彻好整体性的原则，你怎么看沅水文化研究的整体性？

刘冰清：整体性原则是人类学当中最基本的一个理论。对沅水文化研究涉及的整体性，我很赞同国家民委民族理论政策研究室黄忠彩副主任所谈到的三个层面。第一个层面是流域的整体性，就是对沅水流域的各方面情况有一个基本的概念，如发源地、出口，包括多少个县市、多少面积、多少人口、多少个民族，涉及哪几个省等。第二个层面是区域的整体性，就是沅水流域相当一部分与武陵山区是重合在一块的，沅水流域文化怎么跟武陵山区域文化既有借鉴和合作，又有区别和特色，还有就是沅水流域文化与您提到的湘黔滇走廊文化的区别与联系。第三个层面是文化的整体性，沅水流域的文化内涵十分丰富，资源特别丰富，一是在设计方案的时候尽量地把它考虑周全一些，尽量把沅水流域文化的外延涵盖进去，至于能做什么，再来选择；二是有一个视觉，就是沅水流域文化与其他流域文化相比有什么特点，如与清水江流域文化、乌江流域文化相比有什么区别，与黄河流域文化、长江流域文化相比有什么特点，沅水流域文化在整个中华民族文化中是什么地位。

我们很多人长期以来做的民族研究都是很单一的民族研究，就民族论民族的现象特别普遍。那研究这个民族，这个民族和另外的民族有没有关系呢？有的啊，大家都生活在一个地方，怎么可能没有关系呢？文化共生的现象在中国多元一体大的文化背景下是很难切割的。对于交错杂居、共同生活在沅水流域的苗族、土家族、侗族等民族来说，相同或相似的自然环境，长期互相交往，相互影响，在文化上虽然你有你的，我有我的，但是更多的是，我中有你，你中有我，形成了诸多相似的共同特征。尤其是现代社会，信息非常开放，交通非常发达，造成民族之间的交流、融合更甚，很多现象很多东西还能不能单一归于哪一个单一民族呢？比方说沅水流域的民居建筑，这个讲是这个民族的，那个讲是那个民族的，实际上大家都差不多，当然有一定的区别，但是如果还是简单地用那种单一民族研究的话，要完全去把它界定死，硬是要把文化切割成这个民族或那个民族的，把文化标签任意贴在某个民族上，那是相当困难的，从某种程度来讲，研究的科学性存在一定问题。而如果从流域来研究的话，却更能反映文化的一种整体性，它的科学性就更强。

徐杰舜：对于流域文化研究，我不太赞成碎片化、分裂式、段落式的研究，没有整体观，这样很难把握学术的脉络、学术的价值。你对与沅水相关的“古苗疆走廊”研究怎么看？

刘冰清：“古苗疆走廊”的提出，主要是建构起贵州地方文化“主体性”的自我认同。“古苗疆走廊”与沅水密切相关，“古苗疆走廊”走廊的头在湖南，沅水的沅陵是这条通道的起点，尾在云南。所以我很赞成您提出的“湘黔滇走廊”，不至于把这条路切断，贵州研究贵州，湖南研究湖南，云南研究云南，这就难有整体观。我觉得“古苗疆走廊”如果能从整个沅水流域的角度去思考，那就会更有利于得出正确的结论。

徐杰舜：你从整体论出发，我感到你研究沅水文化很有价值，不知道你是怎么想的？

刘冰清：关于沅水文化研究价值问题，我曾经向您请教过，就像您说的，沅水文化如果仅把它放在沅水那个环境里，那看到的只是它的社会价值，它发挥的社会作用，也只是比较平面、眼前的一点东西而已。如果放在整个中华民族文化中去看，它不仅仅是当下社会所体现的社会价值，还可以看到中国各个民族为什么可以共生共存在中华大地上。

在历史上，由中原进入大西南，或从长江及其支流清江、乌江进入，或从洞庭湖沿沅水及其支流溯源而上。相比较乌江和清江、沅水及其支流，因其自身的地理区位，更成为秦汉两千多年以来民族通道的枢纽、东西南北族群的交汇点。这里自古活动着三苗、百淮、百越、巴人等许多族群，至今仍然生活着汉、侗、苗、土家、瑶、白、维吾尔等多个民族，各民族在这条通道停留、迁徙，繁衍生息，文化互动、磨合、整合和融合十分突出，使这里成为“文化的磨坊”，可以说是中华民族多元一体文化最具典型的地带之一。您看常德桃源的维吾尔族，元代迁来就在那里生存，还保持着自己的民族认同，还保持着自己的一些文化。当然有变化。苗族也好，土家族也好，以及后来进来的汉族也好，均是如此。今年暑假我带了一个研究生在怀化市辰溪县上浦溪瑶族乡的五宝田村做田野调查，五宝田村大部分是汉族，他们三四百年前迁徙到这里，一直保存着自己的汉族文化，也很好地和瑶族互动，吸收瑶族的文化。再比如瓦乡话，可能就是民族互动融合的中间体，它可能吸收了苗文化，也可能吸收了汉文化，它既没有完全苗化，也没有完全汉化，也就是非苗非汉。所以，大家在这里很和谐，不仅仅是几百年，甚至是几千年，和谐地在这里共生共存，生活在这里。我们现在讲和谐社会，怎么和谐，这就是最和谐的状态。因为沅水流域一方面是族群认同的“边界”比较鲜明，但另一方面更多的是这个地方的各个民族，土家族也好，苗族也好，其他的侗族、白族、维吾尔族，加上汉族，和谐地共生，共同生活在一个地方。当然民族间也有小小的摩擦、纠纷或者冲突，但在历史上并不是主流，在整个历史长河中不算事情。因此，从这个角度去看，它能体现出中华民族多元一体的格局，鲜活的状态。

徐杰舜：对，不要仅仅站在沅水文化的层面去看沅水文化的价值，还要跳出来，要从中华民族的层面去研究。我研究汉族三四十年，中国的汉族有 13 亿人，是世界上人口最多的民族，那这个汉族，毛泽东说它是一个混血形成的，我讲它是滚雪球形成的，湖南也是这样一种状态。我研究民族团结十三年，中华民族 56 个民族，还有其他不能识别的民族，为什么能团结得像一家人一样。当然一家人总有吵架的时候，父母、兄弟、夫妻之间也要吵架，但是在全世界民族关系中去看，这是小事情，没有什么了不起。我对湖南民族团结有专门的研究报告，湖南民族团结就是中华民族共生共存共荣的一个缩影，是中华民族多元结构一体的一个缩影。我研究汉族，研究中华民族的团结，两个一交叉，很多大问题就解决了。我过去站在汉族的角度，是就汉族谈汉族，那不行。我站在中华 56 个民族谈中华民族，谈民族团结，那得有一个平台，这个平台就是中华民族。现在我们党中央反复强调中华民族复兴、中华民族振兴或者中华民族的梦、中国梦、各个民族的梦，我们的沅水文化研究如果从这个层面去讨论的话，它的意义就不是一般的意义，它是中华民族多元一体格局的个案，一个范例。你能不能具体谈谈能凸显沅水文化研究价值的学术主线?

刘冰清：这个问题，我也与您有过探讨。我觉得沅水文化的研究还是要以您所讲的三个维度，即国家建构的维度、原住民开发的维度和移民传播的维度去思考，也就是把握国家、原住民、移民这三条线。第一条线就是国家这条线。从历史的纵深去看，中国的历史是一个不断发展的过程，而中国的国家建构的历史是没有中断的，这个建构的过程就是历代的中央王朝、历代的统治者是如何不断扩大疆域的，这条线在沅水最早可以追溯到楚国。楚国不断向南扩张，开地五千里，在沅水设立了黔中郡。黔中郡所在地虽然有很多的争论，常德也争，沅陵也争，溆浦也争，但是不管具体在哪一个地点，在哪里设都没有关系，总而言之是在沅水设了一个黔中郡。秦始皇还没有统一就有黔中郡，那就说明国家的手已经伸到这里来了。在整个中华民族的构建历史过程当中，沅水很早就进入了中国统一的版图当中。而江西到秦始皇以后设置了一个九江郡，包括江苏、安徽等地，面积很大，在江西只建了两个县，这说明江西那个地方还是比较落后一点。湖南就发展比较快，先是黔中郡，后来就发展成武陵郡，这就值得我们去探讨国家的建构。楚国在那里设置了一个黔中郡，秦又怎样，汉代是怎么样，然后一直发展到现代，湘西土家族苗族自治州、怀化市等，成为中华人民共和国版图中很重要的一部分，现在好像在中国的中部。当时的楚国却是在边疆，可见边疆的概念是不断地变化的。现在学界提出“古苗疆走廊”，只是讲了贵州建成，只是讲了元代。实际上整个国家的建构，要从楚国讲起的话，沅水流域是非常重要的通道。楚王不是派了庄蹻到云南去了吗？后来楚国被秦国灭了，庄蹻回不来就在那里称王。我觉得在研究沅水的时候，对国家这支手仔细分析，可以看到国家这支手是怎么在湘西，怎么在沅水不断扩大自己的力量的，国家机器这把手如何伸到南方，如何向南方发展，向西南发展。沅水，对于开拓和巩固西南边疆具有重大的作用。但是为什么处于中部的这些地区，为什么它长期以来还是处于边缘地带？这是值得反思的一个问题。第二条线就是原住民，沅水流域的原始住民是怎么样在这里开发的。沅水流域有各式各样的生产生活方式，有多姿多彩的文化生态样本，“多样、多彩、多元”是其典型特征。我还记得 2012 年 3 月，我陪您去沅陵县考察，您感触颇深，对我说：“沅陵这个地方好像没什么名气，但我没有想到沅陵竟然是座名副其实的‘文化富矿’，历史沉淀的文化太多了。夸父山，夸父是神话里面的，为什么这个山会在这里？……难怪在沈从文的笔下才是这么美丽，这么吸引人。”原住民在沅水的生存机制、生态策略以及对沅水的开发与贡献，很值得大书特书。第三条线就是移民，不仅有汉族的移民还有其他少数民族的移民，如白族、维吾尔族等。特别是这个地方的汉族移民是比较复杂的。正像您说的：“我们有个成语叫安土重迁，讲我们农业民族，很难去迁移，最好在这个地方安身，不要动了。但实际上不是这样，安土重迁，我在这个地方安居乐业，我才不想动，如果我在这个地方不能安居乐业，就一定要移动。实际上整个汉族就是这样的，为什么要移动，很多原因，战争、灾荒等，中国历史上出现那么多灾难。东汉末年开始，就是这种状态。每次大难，北方的中原人、汉人就向南方迁徙，但是这种迁移是波浪式的。第一次大的迁移是从北方到达长江边，这就对我们沅水流域是个很大的补充，来了很多人。第二次大的迁徙，是已经过了长江，过了沅水往下走了。第三次大的迁移就是到江南到海边，然后出国，移民海外。”在这个过程中，沅水这个通道非常重要，从楚国庄蹻沿沅水入云贵开始，沅水就是内地汉民进入大西南的主要通道。我们现在在贵州还可以看到大量的屯兵留下来的汉族，如“屯堡人”“隆里人”。随着汉民的大量移入，汉族与其他民族数百年在文化上的相互借鉴、相互学习、相互交流、相互影响，促进了民族间的融合，也造就了丰富多彩的文化事象。从这点出发，我们研究少数民族不仅要与汉族结合，还更需要中华民族的认同。

徐杰舜：从宏观的历史角度去比较，沅水文化对中部的突破、国家的建构、移民的开发、民族的融合都有重要的意义。而重视它的意义不仅在当前还在未来，研究过去是为了更好地开发未来，实际上中国现在开发最不够的还是这一带，东部已大开发了。

刘冰清：是的。我们研究文化主要是为未来服务，也为现实服务。沅水流域那么多民族为什么世代以来共生在那里，它有矛盾吗？有啊。但是为什么这个矛盾没有使他们越来越对立，没有越来越分裂，而是越来越共生共存在那里，越来越和谐，这是什么原因？民族的差别很大程度上就是文化的差别，在这一点上，在国际上实际是有公认的。为什么这个流域的十几个民族现在都能和睦相处？它的文化在当中起了什么作用？所以，我们研究沅水流域的文化，对于解决沅水流域的民族问题具有重要的意义，也对于研究和解决全国的民族问题会有很重要的借鉴意义。再说，民族文化资源是区域经济建设和社会发展的深层资源，而且是可持续的可再开发生态资源，没有污染。沅水流域长期处于滞后的发展状态，特别是大湘西一带，历史上的中央不会管，地理位置太偏了，省里面肯定也是抓长沙、株洲、湘潭等地。大湘西历来就缺乏一种支持，所以就成为历史上，不讲是被遗忘，也是不太被重视的地方。那现在整个中国在发展，整个沅水在发展，沅水流域的文化哪些研究具有现代价值呢？如我们现在都在搞生态建设，我们从哪里找呢？从沅水流域找啊，因为那里生态环境搞得好，那里的文化很特殊，对生态环境保护很借鉴。文化资源可以赚钱就更好了。

徐杰舜：所谓“百里不同风，千里不同俗”，河流的作用最为明显。

人类的生息和繁衍离不开大江大河，如果从文化的角度去阐释它们，河流就有了生命。只有保持河流的奔腾不息，才能保持人类文明的延续。我希望你的沅水流域文化研究成为江河文明研究的一个缩影或者说一个范本，一个样本。

刘冰清：研究需要眼界，您开阔了我的思路，拓宽了我的视野，很受启发，很受鼓舞！

徐杰舜：我觉得你生在沅水边，长在沅水边，又研究这一块，可谓是天时地利人和。我能感受到你真挚的沅水情结，也许正是这特殊的“情结”演绎出了你特殊的情怀。

刘冰清：谢谢徐老师！

【来源】《民族论坛》，2014 年第 3 期，第 21 ~27 页。收入本书时略有改动。

文化决定历史的走向

——云南民族大学沈海梅教授访谈录*

【被访谈者简介】 沈海梅（1968—），女，云南永仁人，云南民族大学云南民族研究所教授。

沈海梅教授

* 访谈人：徐杰舜；访谈时间：2012年10月16日；访谈地点：昆明桂花大厦1505号房；录音整理：林春大（云南民族大学2012级人类学专业硕士研究生）。

徐杰舜： 最近看到你出版了一本人类学专著。

沈海梅： 是，这本书叫《中间地带：西南中国的性别、族性与认同》，包括三个田野点，一个是西双版纳，一个是楚雄直直，一个是大理。前两个田野点都是得到福特基金会的资助去做的田野。2002 年开始做田野，边做田野边写，后来在做大理时又得到一个教育部后期项目的支持。大概在 2009 年完成，又放置了三年，今年终于出来啦。

徐杰舜： 这里离西双版纳还是比较远的呀。

沈海梅： 有七百多公里。我的田野点当时选在西双版纳勐腊县象明乡，那个村落当时的交通还比较闭塞，所以它的文化传统保存得较好些。第一次去不知道，坐了汽车下去，要坐一个晚上。从昆明下午 6 点钟出发，大概是第二天上午 11 点左右到景洪。到田野点要换好几种交通工具，比如先从昆明坐飞机到景洪，然后坐汽车从景洪到勐伦，去勐伦要经过橄榄坝，从勐伦开始过山路要换吉普车，那个路车太难走啦，沿着罗梭江，就是感觉在悬崖上开似的。那个路啊，坑坑洼洼的，心都在跳。第一次去是我朋友开吉普车，很好玩的，走到半路的时候那个车门都颠掉啦。颠掉后总是发出感叹说这个地方怎么这么难走，下次应该不要过来了。但每次回昆明后就会想着田野点的那些人在忙些什么，最后又回去了。后来特别是到了雨季，路况就更不好了，吉普车就得换拖拉机，换拖拉机不行的话又得换摩托车，要换很多种交通工具才能进去，好在这个寨子于去年已经修好了路，小轿车都可以开进村子里了。

徐杰舜： 那你是怎么选择这个点的呀？

沈海梅： 我选择这个点还是有一些偶然性的，当时就觉得应该从西双版纳开始来做我的田野。

徐杰舜： 你的主题是性别研究？

沈海梅： 对，刚开始的时候我是想考察女权主义里性别的文化建构理论，将这样的理论放到村落里看，考察其文化体系里的性别关系，特别是探讨性别是怎样被各种因素作用的，比如说宗教、传统的政治组织、生计等这些东西，从而形成性别的差异。田野过程中发现，族性（ethnicity），就是这本书的副标题“性别、族性与认同”。族群这个问题也变得非常有意义，就当时学术界也在往这个方向在做。同时我自己也觉得在田野工作中观察到很多有意思的东西，可以反映出族性，所以往这个方向来讨论性别和族性关系。当时在西双版纳发现最有意思的就是从人们的服装穿着来讨论为什么族性总是让女人来呈现傣族的文化，就是它背后究竟是自然的现象还是文化的作用、性别权力关系的作用，得出来的结论是在中心认同层面呈现出来的男性客位化、女性主位化的性别模式。

徐杰舜：你能不能把这个观点再解释一下？

沈海梅：好的。据我在西双版纳的考察，首先是民族服饰，觉得都是女性在穿他们的民族服装，在我的描述中我用了“时髦的男人和守旧的女人”这样的一种状态。因为我去那个村落考察的时候发现很有意思，那些女性从每天的生产劳动到大众化的节日活动，都要穿傣族的服装，而男性的话就穿 T－shirt、牛仔，就是我们这个社会流行什么，他们就穿什么。我观察了村落的小卖部，在 2002 年只有一个很小的小卖部，卖一点饼干、糖果之类的东西，还卖男性的内裤，内裤包装袋上的图案都是一些西方男人，表现雄性气质。一般而言，家里男孩的衣服都是由父亲到市场去帮他买，而女孩子的服装都是由母亲自己做或者买缝制傣族服装的布料进行加工。在社会化过程中，男性很早就穿上了市场上卖的服装，而女性则穿她们傣族传统的服装。这是我考察的一个层面，是从一个物质的层面来看。女性总是成为文化中的主体，成为文化表述者。

徐杰舜：你观察了这个问题，说实话我们也观察过，但是真的没有像你这样去做这么深入的研究。上世纪 80 年代，我刚刚从浙江到广西工作。在 1964 年的时候我大学本科最后一年在三江做了一年的田野，实际上也就是参加社会主义教育运动，那个时候男女穿的衣服基本上都是民族的，男的穿侗装，衣服的袖子很窄，扣子是排扣，一般还包头巾。我去广西工作的时候就发现女孩子都是穿美丽的本民族服装，男孩基本上穿最流行的西装。满街一对一对的，真的相映成趣。但是没有想到你能就这个现象从性别和族性的角度来分析男性的客位化和女性的主位化。

沈海梅：就男性而言，国家给了他们民族身份，实际上国家给他们的是一个客位的定位，那么他们既可以穿上传统服装，也可以脱下他的传统服装，因此他们的身份是可以游离的，可以在客位身份和主位身份之间自由游离。而女性没有游离，女性始终认为本民族的服饰才是自己的服饰，用本民族的语言，穿本民族的服装，这是最基本的。然后女性还保持着传统的生计角色，比如说传统的稻作社会里面，女性要插秧、收割等。到底什么是傣族的男人，什么是傣族的女人，在傣族的文化中是有界定的，比如傣族的婚姻，男人都是要上门的。

徐杰舜：上门就是“倒插门”？

沈海梅：对，男方要到女方家上门，并且定好上门的时间是几年，三年、五年还是十年等。男方到女方家里过三五年之后，就不回他原来的家，而是单独去安家，以结束上门的生活。随着社会的变化，特别是男性在种橡胶有钱后，就不上门了，以出钱的方式让女方嫁到男方的家里。这就是我们传统从夫居这种父系结构里的婚居模式，通过金钱便可以改变。在傣族的社会里，男人他必须要会盖房子。盖房子是考验一个男人社会声誉的一个重要方面。

徐杰舜：就是他在社会里有没有地位，是否得到公认就得通过盖房子的能力来检验？

沈海梅：对，如果他家盖房子的话不需要通知，整个村落里的人都会去帮他。然后一个星期之内他就可以把他家的房子盖好，这个男性就会非常体面，非常风光。

徐杰舜：是用竹子盖房的吗？

沈海梅：他们最早是用草来盖屋顶，所以傣族的男人必须要做的重要工作就是扎草排，每天都要扎，这样扎上好几年才能换屋顶。上门的男人就会觉得这个简直是在做苦力，感觉在上门期间没有地位，他要天天扎草排，直至把房子盖起来。如果他能在一个星期内把房子盖起来，那么大家就会觉得这个人的名声很好。如果说这个人的名声不好，那么他可能一个月都不能把房子盖起来，他就会被村子里面的人笑话。因此在傣族的文化中，界定了什么样的男人才是傣族的男人。除了扎草排外男人还要放牛，因为牛很重要，要靠牛来耕田、犁地。那么在整个稻作社会里面男人还要做的就是犁地。其他的就全是由女人来做。

徐杰舜：性别分工非常明显？

沈海梅：非常明显！但是慢慢地，因大面积种植橡胶导致水稻种植面积减少。种橡胶的收入很多，特别是在2005年以后橡胶的价格涨得很厉害。因为受印度尼西亚的海啸影响，天然橡胶的种植地像菲律宾、马来西亚等受到很大的破坏，国际橡胶的价格就很快上涨。同时中国的汽车发展迅速，所以橡胶作为一种很重要的物质媒介就会把传统的社会关联到中国汽车市场，关联到全球资本体系里面，这是个非常重要的变化。这些变化实际上都在发挥作用，它改变了这个社会中的性别关系，所以说男人可以不用上门，不用穿自己民族的传统服装，他的身份变为了客位。而女人呢，在这种性别权力关系的作用下，男人出钱，女人就可以接受他的聘礼，嫁到他那边去，然后女人还是在整个稻作的生产过程中发挥重要作用。

徐杰舜： 种水稻？

沈海梅： 对，男人则种橡胶。在市场经济时代，种植的橡胶需要转化为商品。割橡胶女人也会，但是女人很少与外界接触，所以由男人把橡胶卖出去，而且男人还要驾驶交通工具把橡胶拉出去。就是说生计方面的变化赋予了男性劳动更大的经济价值，这就拉大了男性和女性之间的差距，也就是说经济可以重新组合社会组织关系。

徐杰舜： 你现在讲的东西让我马上想到在原始社会末期从母系向父系社会的转型，妇女的劳动地位越来越下降，男的劳动地位越来越上升，所以男的掌权了，地位提高啦。西双版纳傣族的亲属关系作用非常重要。

沈海梅： 对，母系的世系很重要，但同时男性的世系也很重要。因为在她们的社会中，他们的亲属关系和我们汉人是不一样的。

徐杰舜： 双系？

沈海梅： 可以这么说。

徐杰舜： 那财产继承是在哪一方？

沈海梅： 如果是上门，则可以从女方家庭得到一些土地和钱，然后出去安家。财产的继承实际上取决于父母，他们总是要很好地分配土地，因为土地是他们最重要的财产。一般而言，土地实行均分制，不论儿子还是女儿，不像我们汉人社会里面全部都由男性继承。从孩子的命运来说，父亲的世系（lineage）和母方的世系（lineage）都同样重要。举个例子，一个小孩出生了，如果是个男孩子，那么这个孩子可能叫作“ai han”。这不是像我们汉人社会里面，孩子的名字是从父亲那里过来的。傣族社会里面的命名很有意思，“ai han”是孩子出生了，随着孩子的命名父母的称呼也会发生变化。他的父亲就要变成“bo ai han”（ai han 的父亲），他的母亲就要变成“mie ai han”（ai han 的母亲）。然后他的爷爷奶奶的名称也会发生变化，变成“botao ai han”和“mietao ai han”（ai han 的爷爷和奶奶）。

徐杰舜： 那这个跟侗族的称呼一样。

沈海梅： 是，你可以看到在这样的命名体系中，父亲的称呼和母亲的称呼同时发生变化。那么我为什么将它定位为男性客位化、女性主位化？男性要更多回应的是民族识别。民族识别实际上要建立起来的是一个归属政治，归属政治叫作“The politics of belonging”，这一范畴在西方的政治学里面讨论很多。那么归属是什么意思呢？整个新中国建立起来的大背景是民族主义的发展。那么民族主义里面最重要的就是要建立一个民族国家。民族国家第一点是要有主权，第二点是要有固定的疆界。疆界的固定需要通过边境的划界来把地理空间区分开来，这个划界工作是整个推翻清朝以来中国一直做的工作。那么我要延伸的是什么呢？是居住在这片土地上的人需不需要重新划分？人也需要重新划分，这个实际上是对人群归属的重新划分。所以我认为民族识别的一个本质是对人的民族身份、归属政治身份的重新划定。

徐杰舜：那政治归属和男性客位化有什么关系？

沈海梅：归属身份建立以后，整个国家在进行民族识别的时候更多强调的是，只要这个社会的男性归属于这个国家，那么女人也就自然地归属于这个国家了。把女人当作是自然化的处理，先验的设定女性归属于男性，这是父权制的一个意识形态。女人归属于男人，只要男人归属于这个国家，那女人自然也就归属于这个国家了。通过民族识别重新确定女人、男人和国家之间的关系。我为什么来讨论这个问题，比如当时我们中央访问团访问云南的时候，访问团有个人员工作守则，工作守则里面提到，不入回妇的房子，不轻易和回妇接触。还有在苗族地区的工作守则也提到，不轻易和苗族妇女接触。女性在整个民族国家建设中就像一种文化障碍，而不轻易去触碰。

徐杰舜：就把女性隔离掉？

沈海梅：对，这个隔离就是说只要不去触碰这些女性，接触到了这些男性，男性确定了归属，女性也就自然化地归属了。

徐杰舜：那这些访问团也好，慰问团也好，作这样的规定，我觉得还有汉族的封建意识存在。

沈海梅：嗯，我们政治的归属里面会把女性作为自然化的处理。实际上女性的服饰在族群归属方面起了非常重要的作用，比如说苗族各种支系的划分完全是依据妇女所穿的衣服颜色来区分花苗、白苗、青苗。而很多少数民族的社会里面，比如说拉祜族，黑拉祜、黄拉祜这些都是靠女性服装的色彩来划分的。在民间文化的层面，女性的服装用来界定“我们是谁”这样的问题起了重要作用，但是在国家的民族识别里面这个东西已经不重要了，用女性的服装进行区分并不会成为民族识别里面划分的标准。

就像羌族的妇女不喜欢到外面去，因为出去就会发现别人穿的服装跟自己不一样，则那个地方是不属于我的地方，这里面就会产生归属性别政治。把女性作为自然化的处理，自然和文化是女权主义讨论的一个重点话题：女性身份到底是自然的还是文化界定的？性别的划分到底是自然的还是文化的？很多人会认为女人会生孩子，这是自然的，这便确定了女人和男人之间的差别。但是在西方女权主义的讨论中，比如 Margaret Mead 的《三个原始部落的性别与气质》，就在以自然来确定人的性别还是以文化来确定人的性别的相关讨论方面迈出了一大步。从《三个原始部落的性别与气质》我们可以看到，就是在不同的三个社会里面，性别的气质实际上更多的是由文化来界定的，而不是由自然属性来界定。同样在相邻的区域，因生计方式不一样，就会形成不一样的性别气质，并且承担着不同的劳动分工。实际上人的性别不是完全由生物性来决定的，而文化对它的界定显然非常重要，就像我刚才一直在讲穿传统民族衣服，男人可以不穿，而主要由女人来穿，这个是由文化来界定的，包括生计的分工也是一样。最关键的是男性可以从他自己的主位身份里面游离出来，他可以不穿本民族的服装，放弃了自己的客位身份，不用再扎草排，也不需要养牛，更不需要上门了。这些都是在传统傣族社会里的男性应该具有的特征，他都放弃了，所以他的身份就会变得更加的客位。

徐杰舜：那么他的身份就更加自由了，他可以穿民族的，也可以穿外面流行的。那流行就和外面的世界连在一起。

沈海梅：这就是我在田野当中必须要回答的问题，到底从什么时候开始男性的服装和女性的服装发生了差异？是在什么样的社会情形下男人放弃了他的民族服装？当时村民给我的回答是说在上世纪五六十年代，国家在西双版纳修公路，村子里面的男人都被召集去修路，他们修路回来后就感觉到他们的衣服跟外界不一样，便感觉害羞。他们用了“害羞”这个词语，我在书里面讨论了很多害羞问题。当时就有人买了一套汉人的服装，就是当时那种中山装或解放装，后来村子里面只要哪个男人要出去就要借这套服装，穿了以后回来就赶快洗，然后再传给另外一个人，一套汉族的服装在一个村里面就这样在男性之间流转。所以我在讨论这个问题的时候说，民族国家和它的归属政治在这方面起了非常重要的作用。就是说，男人更多地介入到整个民族国家的社会事务里面，也参与到了国家政治里面，而女人没有。很多男性后来参加了工作，成为地方干部，他们便很快放弃了他们傣族的民族服装，然后介入到国家的政治中。民族国家在建立归属政治当中赋予了男性更多的权力，他们可以介入到当时更多的政治社会事务里面，介入到更多的公共政治、地方政治里面，而女性没有，女性仍在她们自己的文化体系里面。所以说产生男性客位化、女性主位化的性别差异，其主要的动力来自国家政治。

徐杰舜：你有没有观察到当干部的也有妇女，妇女的服装在当了干部以后她改不改？

沈海梅：你会在我的书里面看到，当时我的一个研究生专门访问了西双版纳妇联主席，谈到妇女的解放在当时的西双版纳是非常困难的。尽管当时的政府也希望女性能加入到革命队伍里面，但是存有文化障碍，这个文化障碍看起来是非常有意思的，它来自女性的身体。当时妇联主任谈到要发动妇女参加到革命队伍中太难了，为什么呢？女性来月经，来了月经的女人在西双版纳当时的社会里面，需每天坐在固定的凳子上，让经血一直流，除了垫很多的草或者破的衣服外没有其他的方法。当时她号召妇女参加革命去开动员大会，很多妇女去了，后来一起来发现地上都是血。你可以看到，一个非常重要的生理文化的障碍，让女性很难参与到革命的体系里面。所以说男人和国家关系更密切，而女人跟国家的关系就更间接。

徐杰舜：这个民族和国家的关系是由男人来包办的？

沈海梅：就是这样的，这个就是我们要讨论的性别关系。国家的力量、国家的政治介入以后，男人与政治更有直接的关系，而女人和国家的关系是一种间接的，要通过她们的男性来完成。

徐杰舜：妇女的解放、男女平等、妇女的权利等作何解释？

沈海梅：这些东西是双方的，而且中国传统上是一个父权制政治体系。这种父权制的政治体系自然地去动员了男性而没有去动员女性。这实际上就造成了男性更加的客位化，而女性更加的主位化。就是我讨论的国家政治的维度，还有橡胶这种经济的角色，经济的要素也在改变性别关系。就是说政治的、经济的叠加，一个男性的父权政治与全球的资本市场的叠加，就产生了男性的客位化，女性的主位化。

徐杰舜：你用了一个非常经典的人类学概念说明了男性的宗族力量权力解放比较容易点，而女性的解放更难点。

沈海梅：没有，在我的观点里女性就像是一个文化生态上的障碍，是国家跨不过去的，国家就直接不去碰了。

徐杰舜：那么反过来讲，性别的研究当中会更加注意女权的问题，实际上是很难做到的，是不是？

沈海梅：也不是说很难做到，这就要国家要有相关的政策，怎么样平等赋权，赋予女性更多权力，让女性获得平等的发展，参与式的发展，这个才是重要的。

徐杰舜：那女权主义它要求的就是男女平等发展，对不对？但是由于女性生理上的障碍，有些可能就难以实现。

沈海梅：没有啊，其实生理上的障碍也是受于文化限制，比如说现在月经方面，它有若干的技术手段来支撑，那不会成为问题。

徐杰舜：那还有其他问题的障碍吗？

沈海梅：如女性生孩子，到底对女性有利还是不利？这个问题在女权主义的回答里面其实是很清楚的，就是说我们有不同的社会角色，我们应该赋予这些社会角色同样的价值。即便我是带孩子，你应该赋予我生育应该有的价值。那原来对女性不利的就会变成有利的，如假期多一点，社会福利好一点。在欧洲尤其是北欧国家女人生孩子，男人同样休产假，这就削减了一个女性在她生孩子期间带来的经济损失。因为在西方国家让男人也来休产假，公司也同样有经济损失，那生孩子就不会成为影响女人受雇用的一个不利因素。同时还有很多方法来削减经济方面的损失。对于西方国家来说人口相当的珍贵，人口就是劳动力，劳动力就是可持续发展的动力，所以女性生孩子国家会给很多的补贴，在中国就做不到。在中国，生孩子就是女性一个不利的因素，它在贬低女性的生育价值。这不是说生孩子本身就是个生理的、自然的问题，同样是社会文化体系怎么来解决你生理的问题。

徐杰舜：那么社会文化和政治文化它可以是平等，也可以是不平等的？

沈海梅：嗯，太会总结了。

徐杰舜：那你这个田野点还有什么重要的发现？

沈海梅：我在西双版纳还有一个经典的，就是讨论现代性的问题。就是刚才谈到的橡胶，它是现代社会物质，橡胶的产品，既是一个农产品，同时也是一个工业产品。它作为一个现代性的物质媒介，把西双版纳这样的传统社会关联到整个资本主义社会的市场资本体系里面。这给整个社会带来了若干的变动，我们说的人类学里面的经典就是来考察社会文化的变迁。我们是从橡胶这样的现代性的物质媒介重新来考察社会人的这个关系，它的宗教的实践在这样的一种现代性的过程里面发生了很多的调适，也发生了很多的变化。比如说最简单的，这个社会种橡胶，有的家户种到一百亩，有的家户却只种十亩，二者之间的收入悬殊是很大的。就是说这个社会原来在稻作社会的时候，人的时间感是一样的，一年四季做同样的事情，都是从自然那里去劳作，然后从那里获取，这就是说它不会产生太大的贫富之间的差距。但是橡胶作为一种商品媒介进入以后，会带来收入的悬殊。原来的稻作社会里面没有太多的分工，它的分工主要是性别的分工。而橡胶这样的物质媒介进入以后，它带来了新的社会分工，很有意思。比如说有的人卖了橡胶以后有钱了，他们就开始买拖拉机，而拖拉机是需要维修的，有的家户就专门开一个小铺专门帮别人修拖拉机、修摩托车。它就从传统的稻作社会里面分出了新的一种分工，有的家户专门做运输，有的家户专门做傣族的服装，有的家户专门做豆腐卖。这个社会从没有分工到有社会分工，到分工的多样化，在涂尔干的古典社会理论里面叫作有机连带社会。由无机连带社会到有机连带社会，整个社会发生了结构性的变化。所以我用涂尔干的社会理论来很好地分析了这个社会转型，它是一个结构性的转化，而这种结构性的转换带来了他们在宗教实践方面的适应和挑战。当一个社会在发生这样转型的时候，这个社会就存在很多失序的状况，失序叫作“disorder”。那种失序的状况就会给社会带来很多的不确定性和新的社会风险。如当地的民间信仰。这个社会的信仰有两种形式，一种是南传佛教，另一种是对当地村寨神的信仰，宗教在社会转型中就要承担很多不确定风险管理的角色。所以我的书另外一个贡献就是用风险埋论来重新考察当地的民间信仰实践的方式。所以说对于少数民族而言，当我们在讨论现代性问题的时候，现代性对于欧洲人来说已经经历了几个世纪，完成了。工业革命开始后就把整个欧洲带人了一个现代性的社会里面，但是东亚社会呢？如何经历现代性？这些话题在杜维明、金耀基等很多东亚学者的讨论中是一个非常大的主题。那么我要讨论的是中国的少数民族又是怎么样来经历这种现代性的呢？所以像橡胶种植这样新的现代性的物质媒介使西双版纳这样的村落经历了现代性的变迁，它既是社会转型的过程，也是面临着若干社会风险不确定性的一个过程。

徐杰舜：是以橡胶为载体？

沈海梅：对，这就是很重要的现代性的物质媒介。可以说杜维明更多讨论了东亚社会儒家的体系，怎么样来进行一个转型。而西双版纳这样的少数民族社会并没有受到儒家文化很多的影响，它一直是在一个南传佛教的体系里面，这些社会怎么经历转型，传统的价值观念、道德的水准，人们对金钱的态度在发生什么变化？很有意思，我在2002年进入这个寨子里面，老百姓的家里面就是插一条棍子在门上，相当于锁，就去下地了，它不需要什么锁。然后到了2006年，大家手里的钱多了，我带着一个摄像机亲自拍到了四五个傣族男人抬着一个保险柜从竹楼底下搬到竹楼上面。这是一个很大的变化，从不需要锁到用保险柜，再到现在家家户户都安了防盗门。

徐杰舜：这是跟着社会的趋势走了？

沈海梅：对，人们对金钱的态度发生了变化，人们的生计方式发生了变化，通过种橡胶这样的物质媒介改变了所有传统社会的规则，包括长辈与幼辈的秩序也在打破，男人和女人之间的性别关系也在重新调整，这些东西都是在社会背后发生的，是需要我们来看到的。所以我研究的另一个方面是在讨论少数民族和现代性的问题，他们怎么经历了既痛苦同时又喜悦的转变过程。

徐杰舜：这么说是有一定的学术分量的。

沈海梅：我觉得是有学术分量的。比如说我的另一个田野点楚雄的直直这个点，美国密歇根大学的一位人类学家叫艾瑞克·缪格勒（Erik Mueggler），他写了《野鬼的年代》（*The Age of Wild Ghost*），就是在永仁直直村做的田野。直直是个彝族的村落，我从小就是在永仁长大的。

徐杰舜：你本人是彝族吗？

沈海梅：我是汉族，我们的同学有很多都是彝族，我是在这样的一个环境中长大的。艾瑞克·缪格勒（Erik Mueggler）的书出来以后在人类学界获得一个很高的奖项，引起了很多的关注。我当然高兴他来研究直直，后来我就觉得，我应该回去看一下，我实际上在直直这个田野点做的时间也不算太长，但是我看到村落里面有些方面可能是艾瑞克·缪格勒的书里面忽略的问题。比如说在这个村落里面有5%的人口是汉人，但是这个村落的汉人在公共场所都得讲彝话，就是他们当地的语言，那么艾瑞克·缪格勒可能就会把这些汉人当作彝族。但是我在这个村落里面考察时发现汉人和彝人的关系非常微妙，非常有意思，会呈现出来一个族性的问题。在这个社会里面艾瑞克·缪格勒讨论更多的是民族国家暴力的问题，民族国家在上个世纪五六十年代对这个社会进行了很多社会主义改造，这个社会主义改造就是把它原来的传统的政治组织消灭，如“文化大革命”。艾瑞克·缪格勒重点讨论了这个社会里的仪式，就是一些处理鬼魂的仪式。人死了以后会有鬼魂，我们要怎么安置这些鬼魂，如果安置好了，那么活着的人就可以得到安宁，但是如果这些鬼魂安置不好，那么将会给人们带来很多恶意，特别是那些被称为煞鬼的——非正常死亡鬼魂，一定要有很重要的仪式。

徐杰舜：这方面给我印象最深的是景颇族的琵琶鬼。

沈海梅：嗯，傣族也有琵琶鬼。有很多安置鬼魂的仪式，国家暴力产生的影响如自杀、非正常死亡等，对这样的一些鬼魂要把它送得更远，不要让它来打扰当地的居民，所以说整个书里面都是在讨论一些安置鬼魂的仪式。

徐杰舜：没有翻译成中文版的吗？

沈海梅：没有，因为这本书是不容易翻译的。这本书的文采太好，为什么获得一个人类学大奖，就是这本民族志是一本不错的民族志。那么在我的书中，我主要是来讨论这种暴力在社会中是多面向的。艾瑞克·缪格勒可能更多的是强调民族国家对彝族这个传统的小社会中的暴力，那么我在这个社会里的观察发现这个社会里的彝族也会实施对汉人的暴力，然后汉族的男人也会对彝族罗罗泼的女人实施暴力，我们可以看到暴力是多层面的、多面向的。这个社会有很多来处理它的性别失衡的问题，男性找不到老婆，等到他死的时候还专门有个仪式来帮他找一个老婆。这个性别失衡的问题很有意思。

徐杰舜：彝族是不是非常重视婚姻和世系？

沈海梅：是，彝族通常为父系世系，所以婚姻对他们来说是很重要的。

徐杰舜：那你在大理和楚雄这两个点有什么创新的地方呢？

沈海梅：楚雄的彝族这块我主要是跟艾瑞克·缪格勒的经典民族志展开一些对话，扩展了他对暴力的理解。因为他对暴力的阐释只是单向的，因为彝族也会对汉人实施暴力。在这个社会里，它有一个宗教仪式叫祭山神，这个仪式里面汉人是不可以参加的。在村里的公共场合汉人不可以说汉语，必须要讲彝语才可以实现交往，就是说它也是一种言语的暴力。这个社会里存在一种风俗叫爬草楼，就是女孩子到青春期的时候，父母要为女孩子盖个草楼，楼下关牲口，楼上堆些喂牲口的干草，女孩子住在楼上，可以与小伙子约会。有些汉族的男子想去爬草楼，结果一进去女孩子发现是个汉人，她们就不接受，汉人就只能用非常暴力的方式来处理，因而汉族的男孩子也会对彝族的女孩实施暴力。因此在这个彝汉交错而居的社会里面，暴力是多面向的。

徐杰舜：肯定很多，包括家庭的暴力。彝族和汉族通婚的情况还好吧？

沈海梅：历史上是不通婚的。

徐杰舜：现在可以了吗？

沈海梅：现在可以了。

徐杰舜：那现在的婚姻存在暴力的形式吗？

沈海梅：大部分的婚姻都是不暴力的。我刚才谈到爬草楼中的暴力是个典型、个别的例子，非常极端，但是也是一种暴力形式。所以我在这部分主要是跟艾瑞克·缪格勒的研究对话。

徐杰舜：那大理的研究呢？

沈海梅：大理这一块呢，需要说的东西就更多啦。在大理我要关注的就是洱海区域历史和族群之间这样的关系，所以它是在长时段的历史中来考察。因为整个洱海区的研究、南诏大理的研究是很有历史积淀的，学术史的积淀很厚。我将研究放在了历史的跨度里面，我跟林超民教授学中国民族史、云南地方史，所以我历史这一块的功底就完全可以发挥出来讨论洱海区域的历史。我选取多点田野，围绕洱海的海东、海西（洱海东岸和西岸）的很多村落进行考察。在这本书里我提出了一个很重要的观点就是“内部边界”。我们以前一直以为白族是一个统一的整体，没有区别，当你进入洱海地区来做研究，这些村落跑下来以后，你会发现内部之间的差异非常大。在自语当中，海东的人叫作“geduzi”，海西的人叫作“gesaizi”，通过语言把海东人和海西人区分开来了。这个社会内部还有两种人，一种是“渔民子”，是在洱海上捕鱼为生的；还有一部分是种田的白族，叫作“干自子”。可以看到白族内部有很大的差异，白族并不是我们想象的铁打一块的统一的整体。

徐杰舜：族性是讨论的主题？

沈海梅：是，但在研究路径上还是有所不同。我想以往学者讨论白族人的族性时常常会放在一个历史的跨度中来讨论，如白族如何在历史过程中形成，历史形成强调了白族族性和时间的关系。而我这本书里面，我更多地强调白族人族性的形成和空间之间的关系，用空间的理论来讨论白族人的族性。但我又会把族性放在洱海区域史里来考察，这是我做得比较好的方面。甚至这种族性的讨论还会放在史前时期来讨论，我认为史前族性文化的考察也是很重要的。

徐杰舜：对，史前文化的讨论中的遗存比较多嘛。

沈海梅：对，我们现在来讨论族群没有从考古学的意义上来讲。

徐杰舜：民族志材料中也有很多。

沈海梅：是呀，所以我对族性的讨论是从史前时期开始的，中国学术界里没有学者这样做。

徐杰舜：那你三个点的调查目的都不一样？

沈海梅：不一样，但是它考察的主题都是西南中国的性别与族性认同。

徐杰舜：那你得出的“中间地带”应该怎么解释？

沈海梅：关于“中间地带”的讨论，我在导论部分交代了什么叫西南，这是从西方的学术界，到后现代以来，特别是东方学这样的学术论述出来以后，开始来讨论到底在西方的学术传统和政治体系里面怎么来描述东方，这是一个权力关系，就是说没有西方就不会存在东方，它的前提就是这样的。

徐杰舜：这方面是没有什么可比的？

沈海梅：有，这些东西是一种文化的权力关系的讨论。赛义德在他的《东方学》里面指出东方是什么，是由西方人来说的，东方是个暴力的东方，东方是个神秘的女性，东方也是一个黄金的东方，这些东西都是在谈论文化的权力关系，这就产生出了西方的文化中心主义。西方的文化中心主义认为西方是世界文化的中心，西方人是人类的主人，整个的殖民扩张是向全球范围的，然后西方可以来定位和自己不一样的人，他们把东方作为西方的他者，这是一个文化权力关系的讨论。同样的，那么在中国有没有这样的东方主义呢？有，我认为在中国的学术体系里面就存在一个中国文化中心主义。如果没有中原就不会存在西南，西南是因为中原而存在的。

徐杰舜：相对而言。

沈海梅：嗯，那西南是什么呢，西南也是由中原来定位的。在中国文化中心主义视野下，西南是边缘，是蛮族，所以说西南也是黄金西南，我们的地域遍布金沙，西南是中原的一种拓殖的空间，所以说这里就有用中国文化中心主义来定位边疆的问题。也可以这样说，西南就成为中原的他者，这是两个文化中心主义，我们是需要拿来批判和检讨的。我一直不太满意在我们的学术领域有若干的观点来判断西南。比如说我们在讨论民族历史的时候，总是说它都是发源于甘青高原，都是由北向南迁徙的。人类的迁徙怎么只会有一个方向呢？我认为这些东西都是文化中心主义下的意识形态。学术界的一些观点，是需要加以更正和批判的。所以我这里提出的中间地带是新社会史中提出的一个重要的概念，“中间地带”这个词来自美国的学者理查德·怀特，他是研究美国印第安历史的。他讨论美国大湖区的印第安人，特别是白人移民进到印第安的社会里面，如果按我们以往的观点，白人进来了，印第安部落就会消亡了，但实际上不是这样的。文化的接触并不是说简单的此消彼长，或者你死我活，更多的是双方的商讨、协议，产出新的社会空间的过程。中间地带就是这样的一个社会空间，代表了帝国、土著和移民之间的权力关系，所以在任何可以产生土著、帝国和移民的地方都会产生这样的新的社会空间。我是想用这样的社会空间理论来重新定位西南，所以实际上中间地带这个名称是用来对中国文化中心主义作修正的。

徐杰舜：所以我一开始看你这本书，我在想这本书是性别方面的研究，怎么会出现“中间地带”这样的书名？

沈海梅：但是它的副标题还是比较清晰的。

徐杰舜：可是我听你讲的时候傣族方面的是最精彩的。

沈海梅：这也不见得。整本书里面的比例，大理这部分的字数是最多的，因为它需要有一个纵向的脉络。

徐杰舜：大理是历史这一块？

沈海梅：对，那里有很深厚的学术积累。

徐杰舜：你非常巧妙地把这三个田野点连在一起。

沈海梅：是，这三个田野点并不是简单的跨文化比较，把白族跟彝族比，或者是把傣族跟白族比，它不是这样的一个跨文化比较。研究的主要目的是想揭示在中国民族识别以后，少数民族是怎么来实践这些给他们的民族身份的，考察这些族群特别是他们之间原有的文化差异到底还有没有意义。从不同的三个点来考察，来看不同情境中的人，他们怎么来实践族群身份，特别是性别之间的差异对于他们族群身份实践的差异到底是起什么作用。这些东西也是需要考虑的。

徐杰舜：你三个点作为中间地带的思考，前后用了多少时间？

沈海梅：这本书的田野是从 2002 年开始的。

徐杰舜：那到现在也差不多十年了？

沈海梅：嗯。在当中，我做了田野后回来读书，然后开始写，然后发现很多材料自己驾驭不了，理论根本不够，没办法来分析这些材料，让这些材料产生意义，所以后来在这个过程当中也就不断到国外去访学，去做研究，理论方面得到了一些提升。比如我在1999年拿到博士学位后就得到美国Freeman项目资助，到了伊利诺伊大学做了一年的访学。那一年里帮我解决了两个问题，第一个是过英语语言关，我自己是历史学专业的，所以那一年过语言关过得非常的辛苦，到现在我可以在国际学术会上做发言，做讨论。我前两天刚好得到通知，新加坡国立大学的一个英文期刊，叫CIV（China International View），是有关中国研究的，是很不错的期刊，由新加坡国立大学东亚研究所郑永年做主编，我的一篇文章被这个期刊接受，将在明年发表。

徐杰舜：用英文发表？

沈海梅：是的，也是从西双版纳这个点出来的，讨论民间信仰的现代性问题。

徐杰舜：那你在美国这一年的收获很大呀。

沈海梅：嗯，我在美国解决的问题就是语言，那个时候开始积累语言，还有一点就是对女权主义理论系统的学习，这对我以后的学术成长非常重要。

徐杰舜：美国的女权主义理论是非常强的。

沈海梅：对啊，它的大学，比如伊利诺伊大学里面性别课程有若干门，而且性别的研究是个跨学科的研究。实际上我整个有关性别的研究，不单单可以从历史学方面来讨论研究，也可以从社会学、人类学甚至从政治学来讨论。

徐杰舜：你刚才讲归属政治问题就是政治学问题？

沈海梅：是呀，它是跨学科的，所以一下子要接受很多门学科理论体系。然后回来做田野，做了田野回来发现还不够，因为田野材料出来后没办法来分析让它产生意义。后来我又申请到了英国学术院的一个奖学金，那个奖学金级别很高，就又到了剑桥大学，在社会人类学系做一年的访学，这一年我得到的一个收获就是社会理论（social theory），因为剑桥大学人类学系有很强的社会理论传统。所以说我的风格就变成社会人类学这样的风格，而且包括我为什么刚才跟你谈现代性的问题，现在这样的话题在社会学里面根本就不是一个什么新的话题。但在我们人类学界，用现代性这样的理论来分析少数民族社会的恐怕没有多少人来做。

徐杰舜：你现在走在这样成熟的道路上，英语关也过了，又有这样的学术理论背景，在此想了解一下你的生平。

沈海梅：我是云南人，在楚雄的永仁长大的。后来在1985年考上云南大学，就进入云大历史系读书。林超民教授是我的硕士、博士导师，跟着林超民教授学了差不多十年了，我们的关系也比较好。

徐杰舜：那你应该是林超民老师的得意门生之一啦？

沈海梅：也不能说是得意，林老师带学生有自己的一些方法，让我受益很深。在云大历史系得到的是地方史的训练。

徐杰舜：那你硕士后一直在云大？

沈海梅：对，我硕士毕业后一直留在云南大学历史系，1997年云南大学人类学系成立，我就到人类学系，然后就开始转成人类学，就开始做田野。我觉得这是不容易的，我是一个历史专业的，后来转到人类学领域做研究，我觉得我经历了十年的磨练才转到人类学里。

徐杰舜：我很想听听你转到人类学的体会。

沈海梅：这个体会，因为在云南做田野的机会还是很多的，包括在研究生阶段跟尹绍亭老师做了一些田野，还有包括1992年与邓永进老师到西双版纳做艾滋病的研究，后来参加福特基金会农村妇女发展项目，跑了很多农村，都有很多机会来做田野，但是我觉得那还不算是真正人类学的田野。让我从历史学跨到人类学来，我觉得需要一个理论积淀，比如说我在美国进行的性别与女权主义理论的学习积淀非常重要。性别的研究是我跨越的一个桥梁，因为我有一个性别的女权主义理论体系的掌控和把握，让我从历史专业跨到人类学上来，用女权主义性别分析的很多视角来探讨当下的文化，这是很重要的一点。那么以前学的历史学对我的学术也很有助益，我书中的大理部分，我已经开始用人类学的眼光重新再来看历史，这样的话，我认为它有更多的历史人类学的韵味在其中。像黄应贵先生说的，历史人类学并不是要你跑到田野里抄写几块碑文、拿一下家谱、做一点分析就可以成为历史人类学，历史人类学最核心的东西就是怎么样用文化来讨论历史。就像我在西双版纳来讨论文化决定人的性别，在大理来讨论文化对这个区域的历史走向的影响。

徐杰舜：那可以概括为文化决定世界？

沈海梅：也不叫文化决定世界，而是决定人类对一个区域历史性的认识。

徐杰舜：文化决定历史？可以这样来概括吗？

沈海梅：是，文化来决定历史，历史性来决定历史的走向。

徐杰舜：文化决定历史的走向？

沈海梅：嗯，特别是历史，在英语当中有一个词叫作 context，就是一种脉络，文化决定区域文化历史发展的脉络。

徐杰舜：我想把这个作为我们今天访谈的题目？

沈海梅：这个也可以，但是我今天在历史方面谈的比较少。

徐杰舜：这一次访谈是这样的。《民族论坛》约我参加人类学的访谈，我原来做访谈做了将近六十个学者，出了两本书，一本是《人类学世纪坦言》，一本是《人类学世纪真言》，中央民族大学出版社出版。这次再做四十来个。

沈海梅：这个就是中国人类学的学术史。

徐杰舜：李亦园先生说这是中国人类学的口述史。我的朋友讲这是中国人类学的族谱。

沈海梅：族谱这个说法是很有意思的。

徐杰舜：因为没有人做，我还是把这个再继续做下去。再做三四年，准备再出一本《中国人类学世纪欢言》，“欢言”也是我在采访中南民族大学田敏教授时说的，准备把这三本书叫作“三军过后尽欢言”。所以我就把你纳入我的采访计划中。

沈海梅：那是我的荣幸。

徐杰舜：这次很感谢你的支持，你这么用功，像你从历史学转入到人类学，国外访学、学习的经历都比较丰富。我觉得你这条路走得很稳，很扎实。

沈海梅：是，我觉得现在走得越来越开阔，主要是自己比较自信。

徐杰舜：但是我觉得你现在的学问做到这个份上，就专心奔在学术上了，一定要把自己的目标锁定成为一个国际型的人类学家。

沈海梅：谢谢，我将继续朝着这个方向努力。

【来源】《民族论坛》，2014 年第 5 期，第 31 ~ 40 页。收入本书时略有改动。

学术是要积累的

——访贵州大学曹端波教授*

【被访谈者简介】 曹端波，博士，贵州大学教授。

曹端波教授

* 访谈人：徐杰舜；访谈时间：2013 年 11 月 17 日；访谈地点：贵州省惠水县盛华职业学院国际交流中心宾馆215；列席人员：张中奎（贵州财经大学文化传播学院副教授、人类学研究中心副主任）、马静（贵州大学生态民族学博士生）；录音整理：马静。

徐杰舜：我今天听说你两百平方米的房子，书都放不下，放在走廊里去了。我对这个非常感兴趣，因为我也是一个很爱书的人。你讲一下，你这是怎么回事？书怎么会有这么多？

曹端波：书较多原因较多。一方面是因为我们那个年代，大家读研究生的时候都喜欢买书，一群同学喜欢逛旧书店（90 年代时的昆明旧书店、旧书摊较多，现在很少了），因为旧书店确实有一些很好的经典著作，很多是难以买到的，特别是关于地方志方面的资料。另一方面因为学科性质，我是从事历史学研究的，所以，我们对这些传统的文献资料很注重，因为做研究离不开。做学问离不开经典文献的阅读和解读的过程，至少经济史研究是需要文献的学科。后来因为转向人类学、哲学这方面问题的追问和探讨，导致我的书较杂，涉及中国古代经典文献、地方志文献和人类学经典论著以及地方民族志方面的书籍。这也不是说我故意杂，因为对某一个问题展开探讨的时候，对某些东西我想了解，尤其是在云南，边疆民族多，文化丰富，我每去一个地方，总要先看看那个地方民族的相关资料，回来后再对照看一看，这对我形成了习惯。另外就是因为专业，研究中国的经济史，需要参考国外的经济史、社会史的研究，有很多前沿的东西，我们经济史的导师也是一直关注国外前沿。我们尽管研究中国的经济史，但国外的，比如剑桥欧洲经济史都是很重要的，不研究欧洲经济史，但不等于不看这方面的著作。我的老师们，如武建国、林文勋都很重视国际学术前沿，我们学习他们的研究方法和视野，情不自禁，我们也搜集一些相关资料。

徐杰舜：谁是你导师？

曹端波：是武建国、林文勋老师，他们都是李诞先生的学生，在唐宋经济史的研究方面很有名。武建国老师长期致力于唐代土地制度史的研究，而林文勋老师则为宋代经济史，近年林文勋所提出的“中国富民研究”影响很大。

徐杰舜：你是云南大学的？

曹端波：我一直在云南大学读书，2002 年留校了，在云南大学中国经济史研究所。因长期与民族史、民族学的同学们聊天，很喜欢人类学，而且觉得贵州的苗族、侗族很有意思，毕业以后尽管在云南大学工作，但还是来到贵州了。当时贵州还没有民族学人类学硕士点，因此和当时博士毕业的刘锋、杨志强等一起来贵州从事民族学人类学研究。因为来的时候贵州省没有民族学、人类学硕士点，来的时候比较年轻，觉得将硕士点、博士点建立起来也是一个学术事业，可以为自己和后人创造学术平台，于是就离开了云南大学，现在觉得很对不起林文勋老师。当时我们硕士留校是很难的，留校后没有很好地从事经济史的研究（当年水平也很有限），毕业后就离开了，现在只有发奋苦读，否则太对不起老师们的期待了。当时来贵州有房子和安家费，为了一心从事研究，也为了自己喜欢的民族学，因此就来了贵州大学。

徐杰舜：噢！那贵州引进人才的力度还是不小的。

曹端波：对，不错！

徐杰舜：你的藏书到底有多少？

曹端波：买书大概有50万~60万元。

徐杰舜：我不讲你经济，我讲你册数。

曹端波：没有计算过，可能有两万册书左右。

徐杰舜：我也有两三万册书，我的走廊是放书架，顶天立地，两个书房全部放满。

曹端波：册数具体有多少，我是不知道。因为我的书房都堆满了，只是书籍较杂，不成体系。

徐杰舜：不管怎么说，你这个年龄，能有这么多书，已经很不错。说明你是一个喜欢读书，喜欢藏书，非常用功的人。开句玩笑，难怪你的头发都掉了。（大笑）

曹端波：（大笑）

徐杰舜：你是哪里人？回到这个最起初的问题。

曹端波：我是湖南常德的。

徐杰舜：湖南常德，就是“古苗疆走廊”最开头的那个地方。

曹端波：对！其实我来贵州，主要是被清水江流域的民族所吸引。清水江流域是苗族、侗族聚集的中心之一，也是湖南沅水的上游。其实就是一条河，是明清以来贵州山地通往内地市场的一个通道，也是古代苗族、侗族迁徙时顺河而上的一条民族走廊。理论上这条河就是一条多民族共享的河流。汉族的聚居区在中游、下游，它的上游，即清水江是苗族侗族聚居区，一条河聚集着不同的族群和民族。

曹端波：三句话不离“古苗疆走廊”。

徐杰舜：你是在哪里出生的？

曹端波：就是湖南。

徐杰舜：湖南哪里的？

曹端波：常德。

徐杰舜：从小读书，什么时候离开常德的？

曹端波：我大学毕业考研究生进入云南省。

徐杰舜：在湖南读了大学以后就到云南读研究生？

曹端波：对，就在云南大学。

徐杰舜：你在云南大学读研究生？

曹端波：对！硕士、博士都是在云南大学。

徐杰舜：那你是学经济史出身？

曹端波：对！就是李诞先生开创的这个点。李诞先生主要从事中国古代经济研究，尤其着力于中国商品经济史和土地制度史。他有一个儿子李伯重，是清华大学的教授，也是我国著名的经济史家。李诞先生及李伯重的学术思想对我们影响都是很大的，李诞先生强调通古今之变，李伯重老师倡导全球经济史视野下的中国研究。

徐杰舜：那你这个求学的背景不错，能够得到很好的指导，学的专业很重要。你刚才讲了喜欢人类学，转向人类学的，对此我特别感兴趣，你是怎样转向？受到谁的影响转向的？竟然放弃了云南大学，来到了贵州大学。

曹端波：我转向人类学的故事，也是很有意思的。在云南大学，我们见证了云南大学跨越式学术的发展契机。因为我1999年就到云南大学读硕士研究生。

徐杰舜：那我们那个时候见过。

曹端波：有可能。

徐杰舜：因为那个时候我在民族大学。刘锋那一帮三五个人，我是有印象的。

曹端波：对！1999年我进去云南大学的时候，学校就实行了对云南25个世居少数民族的调查，因为学校缺乏研究人员，在全校来招聘，我恰恰遇到了这样的机会。我调查的是滇西保山地区很有意思的一个族群。当时确实没有意识到，我们一边看书一边做调查，我读的就是学校发给我们的费孝通的两本书，王铭铭的三本书，带着这些书，因没有学过人类学，所以一边读书，一边做调查。

徐杰舜： 做哪个地方？

曹端波： 在保山的瓦房。

徐杰舜： 保山哪个族？

曹端波： 在民族识别上属于满族，其实是淮蛮人。他们填的是满族，因为旁边的汉人叫他们"淮蛮"，有个"满"字音，他们就叫他们为满族。这个族群为什么很有意思呢？很有意思的是他们的家庭与家族，是一个很典型的"家屋社会"。这个族群可能不一定是儿子继承家庭，他可以把儿子嫁出去。如果他有一个儿子和一个女儿，也有可能由女儿来继承家庭，不仅财产，而且有名誉、声望，由这个女儿传承下去，招上门女婿。尽管这个家庭有儿子，他把儿子嫁出去，儿子上别家的门，是属于姻亲范畴，而女儿就是家庭的继承者。当然，如果儿子能继承他的家业，他会把女儿嫁出去，女儿不能继承家业的时候，他就把儿子留在家里面。因为我调查的时候住的那一家，他就恰恰想把自己的儿子嫁出去。为什么呢？因为他的女儿很听话，很乖，而且他觉得能够继承他的这个家业，而儿子与父亲关系不是很好，觉得儿子不能继承家业。这种现象在淮蛮人中是常见的，也就是说，"家"的传承既不是父系也不是母系而是两可的，其选择的策略在于为了"家"的传承。他们成年男人的名字也多为四个字，即上门后，"家"之名在前，自己父亲的姓排第二，再就是自己的名字。我觉得这个应该是很有意思的。只是 1999 年，已经过去很多年了，我当时在理论上面的确有很多欠缺，所以现在回想起当时调查时的场景和与老百姓交流的东西，确实很留恋这段历史，能够有机会去再调查是很有意思的。

徐杰舜： 那这样激发你对人类学的兴趣了？

曹端波： 对对对！因为做这个东西是 2000 年年初，我读研究生是 1999 年，2000 年我们就出了书，觉得很有成就感。再就是在调查过程中，看到了滇西村民的纯朴和高原生态景观，对于长期居住在洞庭湖水乡的我是有较大震撼的。

徐杰舜： 这本书叫什么名字？

曹端波：《云南大学跨世纪调查——满族》。

徐杰舜： 也就是满族卷？

曹端波： 对对对！

徐杰舜： 我有这本书，回去看一看。

曹端波： 写得很不好，真的是一边看书一边写的，很多调查资料和想法都没有写出来，觉得有些现象很怪，不能写入书本，当时也不了解民族学。

徐杰舜：看一下你的人类学研究青春志嘛！

曹端波：那个时候参加写的只能算感受，还没进入研究。

徐杰舜：青涩的青春嘛！

曹端波：云南大学为了搞民族学学科建设，我们不是学民族学的，当时没有博士点，学校出了25本。后来得了博士点以后，才进行了对中国56个民族的再调查。也就是将对云南25个少数民族的经验推广到全国的56个民族。

徐杰舜：所以我采访高发元的时候他详细地讲了整个过程。当时不管怎么说吧，历史虽另有评论，但对云南大学的人类学学科建设来讲它是一个跨越式的发展。

曹端波：我对高发元有一个认同的地方。因为有一次他送我们下乡调查的时候，我恰巧坐他的车，我很感动的地方是他说："不管我这次调查花了多少钱，可能是失败的。"他是说了可能是失败的。"不管怎么样，我培养了一批民族学爱好者或者学者，引导一批年轻人进入到里面。"其实，年轻人进入人类学的不止我一个人，我的一个同学，叫朱和双，做了很好的东西，他的研究很深。还有一些同学开始进入了这条道路。我觉得他的学科理念和对学生的引导确实是值得佩服的地方。

徐杰舜：不管别的意义价值不说，凭着一点，这个高发元对云南民族学调查确实培养了一批终生从事人类学研究的人才，历史还是会记住他的。就是历史不记住他，你曹老师也会记住他。你那是读硕士的时候？

曹端波：读硕士的时候，刚进去两个月。

徐杰舜：那你接下去就硕士、博士连着一起读了？

曹端波：嗯！

徐杰舜：你刚才还讲你当时能够留在学校，留在云南大学，后来又走了。

曹端波：已经留了。

徐杰舜：硕士毕业就留了？

曹端波：嗯，已经留了。

徐杰舜：等于在那边工作。

曹端波：对，是一个研究所。

徐杰舜：那你工作了几年？那你在读博士的时候是在职读的？

曹端波：在职读的。

徐杰舜：那你读硕士的时候很优秀啊，硕士毕业就能够留校。

曹端波：这主要是老师们的心血和功劳。当时，李诞先生还亲自给我们上课，确实是李诞先生的魅力引导我们进入学术研究。记得有一次他生病了，我就带我一个老乡（现为云南大学唐应龙教授）看望李诞先生，只谈了10分钟的话，唐就说受益一辈子。为什么呢？我们去见李诞先生的时候，他就讲到了郑樵的《通志》，说一定要看《通志》的“序”，并教导我们如何读书。比如我们这些人看书的时候，总没有发现文献背后的作者之意图，是为了读书而读书，没有发现经典文献背后的东西。所以说我觉得一个幸运的地方是遇到李诞先生，尽管是90多岁了，还给我们上课，当时还拄着拐杖，是我们把他从家里面扶出来的，不仅给我们上课，而且对我们年轻一辈寄予厚望。我再讲一个故事，就是云南大学有段时间长期都没有在《历史研究》上发文章，而李诞先生一个90多岁的老教授还继续在这些重量级刊物发表重要论文，并坚持阅读和研究，如司马迁《货值列传》研究，就是先生晚年经典著作。我们要学习他的学问和看问题的独到之处，我也听钱穆先生回忆说李诞的优秀。当年，钱穆在昆明时与李诞先生关系很好，长期探讨学术。第二个方面我刚才讲了我的导师武建国，他是研究中国土地制度史的，其均田制研究很独特，他在本科时就在《历史研究》发了论文，这个是很少的，他当时已经是唐史学界的新星。还有就是林文勋老师。林老师研究市场经济史，很年轻，也很有成就。林文勋老师不仅读书刻苦，而且学术视野很开阔，为人极好，对于我们外地来的农村学生一直给予关照。林老师是我们经济史学生崇拜的对象，很有魅力，善于引导人，但是他的学术思想更为重要，是云南大学经济史发展的灵魂。我觉得在经济史学到的思想很重要，无论做什么研究，最看重的是如何阅读经典，读这个思想和写作方法，读这本书背后的东西。我觉得后来我们研究列维－斯特劳斯就会有不一样的东西。说实话我不觉得是优秀的问题，经过这些严格的学术训练，对我的终身受益是很大的。尽管我学的经济史，并不是因为我经济史研究不下去，我还是特别喜欢经济史的，只是由于偶然机会，使我这几年远离了经济史，但我一直关注经济史和云南大学经济史的发展。因为我很早就从事人类学调查，觉得田野调查很有用，所以我现在很重视田野。因为1999年我不是学人类学的，参加民族学调查，由此一直关注民族学人类学的研究。人类学一直在心头不能忘却，并思考人类社会发展的不同模式。后来尽管留校，做经济史研究。我想往人类学方面进行进一步的探索，也就是像徐老师一样，从历史学进入民族学人类学，当时贵州大学又要办民族学硕士点，学校很关注民族学的学科建设，当时觉得贵州大学能够为我们年轻人提供很好的平台。

徐杰舜：你当时过来是多少岁？

曹端波：刚刚 30 岁。我是 2005 年初就过来了。

徐杰舜：当时正是风华正茂的时候。

曹端波：因为贵州大学当时没有民族学硕士点，学科建设很滞后。贵州在这个方面滞后了，尽管我也想继续对经济史进行研究，但因为民族学学科刚刚起步，大量时间花费在学科建设上，从硕士点到民族学一级学科硕士点，最后到生态民族学博士点等，这些工作都很繁琐，且当时贵州大学从事民族学的人不多，故大量精力没有从事学术研究，而在做民族学学科建设的具体事务。在学术研究方面，觉得荒废了，很对不起导师，现在想好好静下来从事学术研究。

徐杰舜：那就是人类学的魅力把你带了进来？

曹端波：对！

徐杰舜：那你的硕士、博士论文都写的经济史。

曹端波：对！

徐杰舜：你也分析了经济史对你的影响，你能不能具体地讲一下你读硕、读博，经济史对你有哪些影响？

曹端波：经济史的视野，我主要受导师的影响。一方面，是我们要对经典文献重视，我觉得做学问一定要注重前人的学术积累，不管是做什么研究不要过于相信自己，过于注重自己的智慧，而不关注他人的研究。因为我们相信学术是靠积累的，是靠一代一代的积累的，没有传承，没有积累，这个学问就难以做好。当时武建国、林文勋老师就很注重对民国时期学者的关注，并与国际经济史学界有较多的学术往来。我在人类学的传承方面很注重经济史。第二个方面主要是林文勋老师，他的思路非常广阔。尽管他研究的是唐宋经济史或者是很小的东西，但是他关注的是一个很宏大的视野，比如在研究云南货币经济方面，关注市场经济体系，早年他提出了云南历史上的多元货币经济体系与世界经济的关系。我们贵州大学民族学团队提出的“古苗疆走廊”，林文勋很早就有关注，而且发表了很重要的论著，如西南学的一些学者提出“海上丝绸之路”，林文勋也提出过“货币之路”“茶叶之路”之类的“物”的流动，并从“物”看到了国家与族群。从文化看到“物”，再从“物”看到当时的社会和人，正是这个视野打开了我们很多东西。所以说在经济史方面，林文勋对我的影响很大。第三个方面就是武建国老师。他在本科就发表了重量级论著，后来还去了哈佛大学、斯坦福大学等做访问学者，开始从制度史的研究转向为制度之下的“人”的研究，前年结题的国家课题就是关于唐宋农民负担的研究。武建国老师的研究不仅注重制度史的考证，而且关注长时段的制度沿革，比如他研究唐代均田制，一直追溯到中国土地的两个核心思想，一个是“授田制”，一个就是“限田制”。而且把“均田制”说成是两重性的，一个是国家性质的，一个是私有制性质的，也就是兼具公有和私有。为什么“均田制”很快的走向私有，就在于均田制的私有成分。是武建国对学术研究的视野和对问题进行追问的思想启发了我如何做研究。也就是这个方面，我觉得现在做人类学也好，做经济史也好，都需要将老师们的知识进行消化。这几年我一直在思考这个东西，只是遗憾做得很浅。因为经济史出身，一直关注经济史，经济史一直没有放弃，而且作为很重要的东西。

徐杰舜：也就是把经济史与人类学结合了。

曹端波：一直作为追求的目标！

徐杰舜：所以呢，你讲的这个问题，我今天听了对我也是一个很大的启发。学历史的和学经济史的有异曲同工之妙。

曹端波：对！

徐杰舜：从方法论上来讲，使我们做学问比较严谨，言必有据。如果不是言必有据，不敢乱说观点、想当然，你不能乱说。第二个就是有纵深感。人类学往往不强调纵深感，看的是平面的。历史学和人类学结合起来，它往往有个纵深感，有深度。一个纵深感和广度，可以开拓自己的思路吧，所以中国人类学在中国学界不是很活跃，这两个方法论结合在一起才能够发展得更好。所以啊，你很幸运有这样的老师和这么好的专业。就是经历了参与人类学的调查，把你的吸引力集中到了人类学上面，那你就向人类学靠拢了。

曹端波：对！这个机会是同时发生的，因为我读研究生，去读经济史，同时也在做人类学，而不是等了一段时间去做人类学。其实我认为这段时间这两个学科在我身上是同时出现，同时发生的，而不是先学经济史后学人类学，也不说先学人类学后学经济史。在我身上恰恰是同时进行，而且两种思想有一点点在交织。

徐杰舜：把两个学科打通了。

曹端波：没有！没有！不能说打通，只能说具有新的视野。现在我很想从事全球经济史视野下的西南民族研究，改变我近 9 年来进行的以民族为族界的田野民族志研究思路，将经济史的文献研究与人类学的田野研究进行结合。

徐杰舜：打通了！为什么我讲你打通了呢？因为我第一次听你讲古苗疆，从经济史的角度去谈。我就觉得你跟一般的研究者的思路不同，那是给古苗疆走廊这个论证的情况更加有力的一个学术思路。所以，你不要小看自己，你是一个很好的范例了。别的同学读研究生是单科途径，你是双科嘛！好像双学位一样（爽朗的笑）。读学士有双学位，你读硕士也有双学位，你这叫作经济史与人类学的交响曲。

曹端波：这个很幸运！

徐杰舜：对！很幸运！你是这样走进人类学的。

曹端波：对！

徐杰舜：这在我的访谈中也是一个独特的案例了。

曹端波：在学习方面，我确实很幸运。在云南大学尽管学的专业是经济史，其实读研究生就进入了人类学研究，而且最大的问题是，进来就开始做民族学田野调查、写书，尽管写得不好，但高发元还是对我们进行了高层次的培训。当时有很多重量级的人类学家，一个给我们上半天课，是连续上了一个月的课。培训以后马上进入田野。我们也不知道买什么书，是云南大学给我们提供的。确实，现在的学生需要这些机会，因为年轻人，他需要一个学术上的前沿，一个很好的组织。刚才讲云南大学已经给我们提供了一个很好的东西，提供很好的学术视野，实际上参与了学术上的研究活动。在这个地方说实话，我一直感谢云南大学，感情也在那个地方。

徐杰舜：也就是云南大学在改革开放以来，尤其是在学科建设方面，从上世纪 90 年代末算起，也就是高发元当书记算起的话，培养了一批年轻人。

曹端波：对对对！

徐杰舜：确实他培养了一批人。

曹端波：我记得当时在读硕士的时候，莱曼、施传刚、杜杉杉等，因为在云南做研究，有机会和他们进行交流。在云南大学时学术气氛很活跃，学到很前沿的东西。当时一批学者从国外回来，还有国外学者如莱曼等到云南讲学，其实莱曼对我的影响很大。为什么来贵州，其实他所讲的开寨始祖崇拜这个问题，我一直很关注。因为经济史的研究，关注土地和居住权问题，最早来的这批人，开创这个寨子的人，到底在社会中占据什么地位。毕竟贵州这个地方很多都是移民社会，包括苗族、侗族、彝族、布依族等，都有移民的记忆。我探讨的侗族、苗族等是沿着河从下游“溯河而上”，我觉得上游在唐宋以前都是深山老林，他们是先沿着河进入，苗人先进入，后来侗族进入。所以在这种环境下，做这种研究是很有意义的，即族群在迁徙过程中的结群和社会化的过程。

徐杰舜：那你是哪一年到贵州大学的？

曹端波：是2005年，也就是博士毕业的那一年，贵州大学要做民族学学科建设。

徐杰舜：就引进过来了。

曹端波：对！

徐杰舜：那就200平方米的房子给你们了，你是住几楼？

曹端波：6楼和7楼，属于步梯房，需要爬楼。

徐杰舜：你还年轻，可以爬得动。（笑）

曹端波：（笑）

徐杰舜：又在另外一个地方买房子了吗？

曹端波：嗯。

徐杰舜：买400平方米的？

曹端波：没有，因为贵州大学出去不方便，我爱人她带小孩、买菜和出行都不方便。贵州大学确实很大，很安静，但是对小孩，对老人，因为是步梯房不方便。为了小孩读书，我们在离菜市场近的地方有套房子。

徐杰舜：另外买了一套。

曹端波：嗯，这是电梯房。

徐杰舜：这很正常啊，你学人类学肯定知道。

曹端波：对对！一定要对人尊重。

徐杰舜：尊重他者，尊重自己；善待他者，善待自己。

曹端波：对！因为老人爬楼非常辛苦、劳累。

徐杰舜：我现在爬楼梯都有点累。

曹端波：我就是这个原因，在其他地方买电梯房，并要矮一点的就是这个原因。

徐杰舜：那你现在把你200平方米的房子真正搞成图书馆，藏书阁。

曹端波：这没有那么夸张。（笑）

徐杰舜：那你到贵州大学以后进入的研究领域主要做什么？

曹端波：我进入贵州大学以后，就从事民族学人类学的研究。我的博士论文，尽管是土地制度与社会的变迁，比如土地，可以把农民的身份地位与制度联系起来。国家政策与人的身份地位息息相关，而人的地位的改变又能够改变社会和经济。唐代均田制以前的农民对土地没有所有权，只是一个依附的关系；宋代农民具有土地产权后，就不是依附民了，佃农对地主具有依附性，但不是依附民，法律身份地位是平等的。从人类学的视野看，宋代及其以后，佃农与地主可以通婚，而唐之前的奴婢和庶民是不可通婚的，其社会分类体系不同。我来贵州大学后继续做乡村社会的研究，沿着社会方面，第一个我做的就是文化与乡村社会秩序之间的关系，我觉得人就是如何解决合作与如何构建一个良好的秩序问题。我尽管做了其他方面的研究，其实这个一直是我的主线和思路。后来，我做了一个国家课题，就是侗族巫蛊信仰与阶层婚研究，因为我一直思考社会秩序，而且如何解决，因为没有良好的社会秩序，这个社会就没有办法解决，就是从这个方面转向人类学了。对于苗族、侗族的研究，我很注重交换体系。因为交换体系和分配制度的研究，在涂尔干、莫斯、韦伯等那里就比较关注，我也想从社会的视角进行思考。人类学最有魅力的地方，在于微观层面，恰恰我的研究又需要从小型社会思考如何解决这个问题。巫蛊信仰的研究，使我思考人与人之间的分类体系问题，所以就做了这个课题。做这个课题，我又转向了另外一个研究，就是《苗族古歌的演唱传统与地域社会研究》。我一直思考苗族古歌，因为我们往往以民族划界，将一个区域的传统古歌，作为整个区域整个民族的演唱方式。其实我去了村寨调查发现，每个村寨都有它演唱的传统，而且都有它自己的历史叙事。所以说，正是基于这个地方，后面加了一个地域社会。我们所说的古代宗教问题，其实都是他们现实问题的思考。苗族古歌不仅是反映社会现实，口传经典还影响苗族的生活。对于人类社会“经”的研究是很有意思的，无论是汉人社会的“经学”，还是西方社会的宗教经典。所以说来贵州这几年，我的很多研究都是围绕这两个课题展开的。因为我原来是学经济史的，我不是采取人类学的研究方式，比如我要研究人与人合作的问题，我就需要看马林诺夫斯基讲的《原始人的法》，当看到法的时候我就会去看《正义论》，又讨论了哲学方面的问题。我讨论的有一点杂了，跑偏了。我认为了解一个民族认识论的问题，在讨论人性论的时候，人对自身对宇宙的认识，与一个社会的分类体系是有关系的。所以为了把两个课题做好，还加强对哲学的阅读。

徐杰舜：那这个哲学诉求是什么？就是你在做经济史、人类学的时候转向的这个哲学诉求。

曹端波：就是我刚才讲的，研究乡村文化，在传统的社会，还有一个国家。尤其是唐宋以后，还需要关注“市场”，即经济的视角。人类社会的构建需要社会的和经济的关系，这些关系自然会产生政治关系。尤其是中国，还有一个强大的国家问题。人与人之间的交往与合作，需要共识，没有在共识基础上的结群，其实是最难办的事情。所以我觉得就需要构建秩序，这在当时是很重要的。如何构建社会的共同体，因为人是一个类的本质体，是一个社会，但一个社会我们不能因为社会就压制个体，哈耶克讲个人的自由，不能因共同体而压制个体的自由。当然，我们不能因个体的自由而不要集体，其实集体也是为保护个体而存在的。个体要组成家庭，这个家庭就是实现个体自由的重要保护伞。重视社会，并不是为了社会而故意压抑个体。我们人类社会往往出现了为了国家或者集体，不顾个体利益，完全遮蔽了个体的现象；也出现了单纯为了个体私利损害集体或国家的不正当行为。所以我开始对罗尔斯、柏拉图，还有我们中国的传统文化，如孟子、庄子、荀子、韩非子、董仲舒、王阳明、王夫之等的研究。韩非子注重历史研究，从历史事实出发，想建立一个有序的一统帝国。韩非子要建立一个大一统的帝国，但过于注重“技术”和“帝国”，没有考虑到当时的技术治理困境和个体自由精神，最后导致其思想的失败。而庄子等过于注重个体的自由，在精神和思想上独树一帜，但在社会现实构建上，这一思想也面临困境，就在于忽视了集体意识和具体的社会构建，忽视了历史现实。我就想从这个方面，这个当然不是研究，我是想阅读这方面的著作，使我解决这方面的问题。比如刚刚说苗族的巫蛊指控，这一所谓的“内部指控”就是将违反集体意识和共同体社会者排斥于外的一种机制。其实，巫蛊指控在西南各民族中均有存在，有的地方表现为“放蛊”，以及“养鬼”“猫鬼”“生鬼”“埋魂”“毒药猫”等各种“活人鬼”，但不同区域其指控机制不同。如湘西、铜仁一带苗族主要是对女性的“放蛊”进行指控，而清水江流域的苗族、侗族则是以“家庭”为单位指控的“酿鬼”。指控的对象不同在于社会分类体系的不同，湘西苗族放蛊指控在于将部分妇女排斥在主流群体之外，其排斥的机制在于妇女群体内部的结群和分类。那些不合群和异类的妇女往往成为被指控对象，而清水江流域苗族的酿鬼指控在于指控那些跨越婚姻圈的家庭，都柳江流域草苗的埋魂则在于指控行为卑劣的男性巫师等。

徐杰舜：你能不能简单地说一下这个需要？人类学在研究和思考当中，必然会涉及哲学方面的问题，因为我很感兴趣这一点，它不是一个简单的体会，它是人类学研究的一个境界。

曹端波：第一个方面，我们人类学研究还是需要探讨社会的深层结构，而不是表层结构，我强调这个受到列维－斯特劳斯的影响，浮现在表面的文化现象只是表现，其实还是一个结构问题。第二个方面就是人性论和认识论，不同社会的认识论，其社会结构和结群模式是不同的。哲学问题有助于解答人的社会问题，尤其是政治体系，不同时代的哲学都是为了解决社会问题。中国非汉族群也有自己的哲学，如苗族古经中的苗族哲学。就苗族哲学来说，首先要注重其“经”的研究，如同中国儒家哲学的“六经”。清水江流域苗人在解决纠纷时，就需要演唱“贾理古经”，以“经”来制约、规范群体的行为。

徐杰舜：一个结构？

曹端波：对！

徐杰舜：实际上我体会你讲的这个问题，我为什么要追问，这涉及人类学一个很重要的问题，这是一个学术追求。我们研究人，强调人文关怀，强调以人为本，强调尊重他者，强调关怀弱势群体，提倡批判精神，它归结到一点是人是什么？人的本质是什么？这个就是哲学的问题。所以我说你追求的是对的，我一再追问你用简单的语言表达，我这样表达可能不一定是对的，你可以跟我讨论。

曹端波：我主要是根据问题导向，需要用到这个，因为不解决这个，即国家等集体与个体的人的自由问题的时候，就难以纠缠清楚。不解决这个问题，就难以进行思考，尤其是社会秩序的正当性问题。我们做学术研究，尤其是人文社会科学，更需要思考我们人类自身的问题，而不是简单地停留在经验和表象上。我做经济史，觉得最好上升到这个层次上面，即从哲学的视角解读人的经济行为。如清水江流域苗族的经济行为就受其“古经”的影响，而这些“经”可以上升到哲学高度，即苗人是如何将天道与人道结合的。如苗族结群及群体内部的集体走访体系就遵照苗族“天道”的历法体系，在过节时，不同的村寨对应不同的日期，即分批过节，以有助于村寨间的集体做客。黄平一带的高坡苗过芦笙节，不同村寨过的日期就不同；施秉一带河边苗过龙舟的日期也是按村寨分批过。我在研究苗族集体走访时注意到历法，这主要受杨庭硕老师影响。由此，我还注意到“周易”的重要内容，可以将周易与苗族历法、社会结构对应起来探讨。另外，“人”需要构成社会，不同的社会具有不同的构建原则，每一社会在组成原则上都有对人性的探讨。正是基于人性的探讨，我想从不同群体的认识论来解读不同群体的社会构建原则。

徐杰舜：我能够体会到你从经济史转向人类学的这个兴趣，可以说是义不容辞地奋不顾身地跳进人类学的圈子里来。很重要的一点你真正体会到了做经济史的研究，不仅是要按照经济史原来的路子，其他所有的学科，经济学，社会学，历史学等，它最大的特点跟人类学不同的是，它们是见物不见人。

曹端波：徐老师一针见血指出了这个问题！正是我们研究经济史，比如我的导师研究制度史的考证问题，第一个是我这方面极欠缺的问题，第二个方面是对我的关怀。因为我们研究经济史的时候，研究历史学的过程中，确实我们的“人”不见了。我研究人类学就不同了，比如我研究清水江苗族市场，用经济史的研究方法，用传统文献，没有考虑到苗族或者清水江流域的村寨、聚落以及他们的人的问题。我觉得他们的空间关系都很有意思，聚落空间绝对是安排这方面的人的关系。如果空间关系变了，那么人的关系也变了。我刚才讲了我们研究市场，其实市场来了，我们原来只是利用文献，文献不可能有人本身，即使你关注了人，也不可能有具体的人。比如国家、市场，大的世界体系、世界贸易进来了以后，我们的人是如何生存的，在这个过程中，个人是如何进行合作，或者对外采取的态度。就像刚才徐老师讲的，我们没有人的问题。我确实在云南大学做了一些人类学的调查，对这个方面特别感兴趣，我的研究重点，不管采取什么学科，不管采取什么研究的问题，所谓的问题，也是我研究的问题，都是人本身的问题。

徐杰舜：对！其他学科最大的特点是见物不见人！人类学最大的特点是既见物又见人！是从人出发，做任何事情都要从人出发。拿改革开放来讲，改革是个物，从经济学，或政治学、社会学上讲都在搞这些事情，如果不从人出发，这个改革就会出现问题。所以我们从人出发思考政治、经济、社会的改革。改革的目的是什么？这就要重新回到人的问题。所以你的优势和特点，从开始研究人的时候就注重既见物又见人。所以这就是曹端波的模式了。

曹端波：这个不敢当。

徐杰舜：你是这样一个案例了，所以你就有这么大的优势。我从第一次听了你的发言，就感觉你是从人类学的角度出发。人类学光见人不见物也不行，既见物又见人，从人出发又回到人，这是人的本质，人类学研究的学理本质。这一点，我今天听了你的研究我就有这样一个体会。我们碰到的问题是，如果我们很自觉地从实际的个人出发，经过思考，通过物回到人，比较有新意，比较创建，比较完美。如果只见物，就会缺胳膊少腿；如果只见人不见物，也不兼容，则也不完美。你今天的想法，对我最大的启发是：我觉得，从你这里体会到了人类学跟别的学科结合，它才更具有生命力，更具有解释力。我觉得这是很好的。回过头，我再追问一下，你的博士论文写的是什么？

曹端波：我的博士论文写的是唐代小农经济与社会变迁。

徐杰舜：哦，那你正印证了你的这一点思想，小农的经济与社会变迁涉及唐代的小农。

曹端波：对！刚才徐老师讲的很对的地方就是说，我们探讨人与人之间关系的时候，我们不可能去纯粹探讨不可捉摸的文化与信仰问题，而人与人之间的关系其实都是通过“物”来表现的，而且因“物”的流动和改变而变化。人的关系，社会关系，通过“空间”的安排和“物”来展现。我们需要通过一个符号来表达——“物”来展示自己。比如苗族的服饰，因为要把“我”群与另外一个群体区别开来，它不可能从血缘，从精英的DNA进行生物学辨识，它只能通过外在的“服饰”来区分。我们可以从“物”，比如礼物中探讨人的关系与社会运作模式。如西南非汉族群的姑舅婚，姑妈家送给舅舅家的礼物，从“物”中已经展现了人与人之间的关系和人在社会中的地位问题。但是我们研究物的时候，如果脱离了人，由

“物”来看“物”，如同资本主义所带来的，只能遮蔽“人”。在现代社会，资本或者商品破坏了原有的链条，人与人的关系，出现了一个恶果，即以“物”为中心的物质主义，失去了“人”本身。我研究历史学，如读韩非子的著作，他很强调技术治理国家，他要建立一个很强大的稳定的帝国。技术是有限制的，何况是在秦代的时候，我们现代技术很发达了，如果全靠技术本身，物本身，是很难维持一个庞大帝国的。我对经济史研究中发现，如王安石变法，过于注重技术，他的出发点很好，但在变法中过于注重技术，都是采取技术路线，恰恰如哈耶克所说是我们人类自己过于对自己的自负，导致了我们很大的失败。其实在我们技术治理的时候，没有看到我们人的本身是有局限的。中国经济史的研究更是如此，如果一直停留在“物”的研究，就不会看到背后的“人”与“社会”，经济史的研究就会失去灵魂。如清水江流域木材贸易的背后其实是苗侗族群与外地商人的一种交换，清水江苗侗群体用木材交易“下河客”（内地汉族商人）的白银，而白银进入清水江非汉族群区域后，这些族群并没有将白银继续作为货币，而是作为母亲给女儿的礼物，在进行另一种模式的交换，即“礼物”交换样式，其背后的关系是“母—女”。苗人的交换体系及交易动机的不同需要从人类学的视角进行思考，否则只会看到表象的“物”。

徐杰舜：也就是既要看到人也要看到技术和物。我们从人和物来讲，从人到物，从物到人，这样一个良性的互动，才是人类学的研究。不能只见人不见物。

曹端波：对！徐老师讲得很精辟。

徐杰舜：那你在这样的研究当中，转到“古苗疆走廊”问题的话，你是怎么样参加这个课题研究的？

曹端波：讲到“古苗疆走廊”。

徐杰舜：嗯，换一个话题。

曹端波：谈到“古苗疆走廊”，其实是我们来贵州就一直比较感兴趣的话题，这也是我们很早就探讨的问题。在云南大学读书时，林文勋老师在做货币制度的研究，他很重视“路”这一传统的交通；再就是从宏大的视野，“人”本身是交换的，其实也是流动的。人类社会的构成就是一个交换体系，既有商品贸易交换体系，也有亲属之间的“互惠”式的“礼物”交换体系，同时还有掠夺式的不平等交换体系等。人的历史就是一部交换体系史和群体的迁徙史。人类学研究与历史学研究的结合，致使我们提出“古苗疆走廊”。具体经过就是我和杨志强及其他老师受李建军的邀请，坐车去安顺学院，路过屯堡路上的时候。孙兆霞长期做屯堡研究，我们曾跟她探讨，发现屯堡不是简单的路，而且它的影响不仅仅是一条路的影响。因为要建立一个通道，国家在这个地方设置了政区，进行了移民，移植了一个不同的社会。我在研究苗族、侗族、布依族这些非汉族群的时候，发现有一个“贵州”的主体文化，有一个核心，那么就是有一条主线。也就是我们要打破一个研究的思路，即以民族为界限的研究。为什么呢？费孝通很早就提出过，我们在贵州研究的时候，就更加感到有必要，因为我很早就体会到，比如研究贵州的侗族，凡有侗族的区域都有苗族。我们所说的侗族鼓楼，这个区域的苗族也有，很多人把有些文化附在侗族的身上，将鼓楼作为侗族的民族符号，其实许多侗族区域是没有鼓楼的。侗族有“款”，苗族也有“款”。因为这个区域先是苗族居住的地方，这里都有侗族赶走苗族的故事，苗族居住在山顶，形成“高坡苗、水侗家”的分布格局。这一区域的苗族与侗族都有“款”，有的苗寨和侗寨还共同组成同一“款”。还有的苗族长期讲侗语，如贵州、湖南、广西“三省坡”一带的“草苗”，唱汉歌，讲侗语，族群认同为“苗”。因此我们想打破以民族为界限的研究，这是一个方面。第二个方面，探讨贵州的民族，比如土家族，有的认为自己是汉族，追溯祖先根源的时候，民族身份也很模糊，在文化认同的时候深深受到一个主体一个核心的影响。探讨民族文化，特别是某一个民族文化的时候，其实并不一定是这个民族所独有的，而是这个区域所影响存在的东西。我们基于这方面的不足，想从历史性宏大的视野探讨整个西南地区是如何进入整个国家的。不管是经济、文化、社会，比如土地制度在边疆民族地区的状况，以及市场圈与民族之间的交往等，我一直想探讨经济史视野下的边疆理论。我们研究边疆，研究民族理论，很少看到“物”的流动，特别是以全球经济史的视角。你看我们一到重庆、贵州边境，就跟贵州这个地方的盐道有关系，重庆至贵州的交通往往依赖古盐道。前年我到武陵山调查反贫困问题时，就发现务川、沿河等一带有许多民间古盐道遗迹，当地民众对历史上民族之间的商品交易记忆仍在，务川的一个仡佬族还将祖先遗留的背篓（山区背货物的工具）拿给我看。四川、云南西部茶马古道的茶和马，如同清水江流域的木材与白银，都是边疆民族地区的市场贸易体系下的主要商品，体现了各民族间的交往和流动。其实边疆各个少数民族和内地的经济很早就形成一个市场体系，我们研究整个中国的形成，不可忽视经济史的研究。可能其他地方的历史，比如我们研究湖南、江南的时候，难以追溯其形成“中国”的一个动态的过程。研究西南有一个好处，可以探讨国家是如何在这一区域拓展和这一区域的非汉族群是如何互动的，包括非汉族群与国家、非汉族群与汉族、非汉族群之间等关系。我们探讨，有一个动态的西南纳入国家体系过程，正是基于这方面，在微观的研究上也可以发现这一过程。比如我们研究一个村落，没有大的视野，就会丢失许多信息。我研究苗族，特别是刚才跟徐老师讲的研究巫蛊这个问题的时候，我们看到的是这个地方的传统文化如何保卫社会的问题。如果没有宏大的视野或历史性的视野，难以追溯到巫蛊指控的社会机制。巫蛊指控，首先它是一个区域普遍的东西，在西南非汉族群中普遍存在，但不同的区域和族群其指控的逻辑和社会机制是不同的，不能将其简单地化约为宗教信仰或认识论问题。在清水江、都柳江流域，流传巫蛊的区域往往是市场相当活跃的地方。因为陌生人、外来的商人等，随着经济流动带来了社会的某些风险，也带来了不安定的因素，对于传统以礼物为交换的姻亲网络社会带来了某些冲击。私奔婚在这一区域很盛行，私奔的原因很多，但总的来说都是对原有婚姻规则的挑战。都柳江侗族流传的珠郎娘美传说就是其中一个经典案例。传统社会为了维护固有的婚姻圈，保证婚姻资源的内部分配，那么它可能把不同的人分成类，把一些人排除在固有的姻亲圈范围之外，不同婚姻圈的人群不能通婚，并将跨越婚姻圈的违禁男女视为危险，将其指控为不干净的巫蛊人家。巫蛊指控还与财富相关，因为我发现，凡是市场较发达的地方，巫蛊指控就较严厉，如清水江沿岸村寨木材贸易发达，人员流动也频繁，巫蛊指控也很盛行。去年我到镇宁县打邦河六马一带调查布依族时也是如此，这一区域因桐油市场的繁荣而著名，同时也是布依族巫蛊指控盛行的区域。过去，很多学者因巫蛊问题还不敢去这些村寨。另外，很有必要用一个白银货币或者更大的视野来探讨贵州的历史，不管是它的迁徙史也好，文化史也好，或者探讨它文化的形成也好。基于这些因素，杨志强和我觉得不能再以过去的思路研究西南，研究贵州的民族和族群了，因而提出“古苗疆走廊”。

徐杰舜：最早叫什么？

曹端波：第一次其实我跟杨志强讨论就叫“苗疆走廊”，马上就有反驳。

徐杰舜：谁反驳？

曹端波：开始时，志强认为叫“走廊”为“古道”好一些，后来又觉得“苗疆”两个字不好，担心有政治影响，想改“苗疆”两字，觉得“苗”字不好，使人误读为苗族。当时我还提出过“湘黔滇走廊”的概念，但觉得“苗疆”更能代表此一走廊的历史和文化意义，将其作为首选。

徐杰舜：对！

曹端波：因为“湘黔滇走廊”,“湘”是一个地域。因为在“藏彝走廊”的研究中，我们发现一个问题，用一个民族来称呼一个走廊不妥当。所以我们想排除这些，不要以民族为单位来看待问题，不想以民族来命名。中国的民族分布和民族概念不同于西方的民族，以西方的民族理论来套用中国需要谨慎。因以区域来命名一个走廊是一条新思路，而“苗疆”是一个历史概念，注意这是一个历史感的东西，在区域上应该是“湘黔滇走廊”，但为了彰显这条走廊的历史感，突出其存在的历史空间，故而使用“苗疆走廊”来命名。

徐杰舜：“湘黔滇走廊”你们提出过吗？

曹端波：提出过。

徐杰舜：为什么又不用了呢？

曹端波：不用，当时确实杨志强提出一个见解。因为“苗疆”两个字，就是以贵州为核心的西南地区，是一个很重要的政治地域概念，能够展现它的历史感，而且使其复活。因为“苗疆”在清代是一个很重大的问题，也正是因为它的问题重大，也就使西南进入国家。所以我们觉得“苗疆”是值得我们花一辈子来研究的地方。

徐杰舜：那最后用“苗疆走廊”是谁拍板？杨志强？

曹端波：对！当然我们几个都有讨论。因为杨志强在这方面比较认真，投入也较多，研究很深入。徐老师，跟您讲实话，因为我近几年太忙，没有精力做“苗疆走廊”，我觉得杨志强这点很好，他认准了就围绕一个东西开始做。当然这也跟以前的学术有关，他一直以研究鸟居龙藏为核心。我的核心研究刚才讲了两个课题了，做这方面有任务，还有我读博士后是历史文献学。

徐杰舜：你读谁的博士后？

曹端波：我读华中师范大学周国林老师的博士后，因为博士后论文研究的就是中央对西南地区的政策和一个地域社会的关系问题。一个是中央的边疆和民族政策，一个是地域社会的反应，我一直想探讨这个问题。这个受到林文勋的影响，对于问题的探讨需要多重视角。西南问题，首先要梳理中国边疆防御体系，也就是国家视角。我在这方面要做的工作很多，花费的时间长，觉得探讨民族政策的转型，要看它如何转的，并不是简单看国家在这里或者统治西南的问题。因为明代中叶以后出现的问题，国家并不是只是为了这条路，还有治理西南的问题。我觉得不能只是简单地看国家，将国家作为一个外来者。作为以儒家思想立国的古代中国不同于西方的民族国家，国家不是以民族为界。中国的“古代国家”确实关心民族地区的治理，古代的华夷之辨也是以文化为标识，并不是将少数民族视为血统上不可变的，也就是说民族身份在古代中国文化中是可以转变的。正是研究古代民族政策，使我意识到原来历史学所不足的地方，我想把人类学引入，用田野调查来真实地还原地域社会。古代中国的中央政策是这样的，它在执行过程中也有问题，国家民族政策的原则与民族政策的具体执行有不符合的地方，中央与地方政府不一定是融洽的。具体执行起来，如何执行，就是政治学的问题。对于地方社会，中央不一定了解地方，地方政府为了自身利益，对上报告可能有意无意地造成虚假信息，这确实造成了中央政府对地方的误读。比如我读文献的时候，意识到中央不能都说是对的，但它的出发点是好的。但是因为不了解这个地域社会，在执行过程中在官僚体制下有一些问题。因为思考这些问题，任务有点多，将宏观研究与微观个案研究相结合还需要不断地学术积累，所在“苗疆走廊”这个方面可能主要靠杨志强，杨对此也进行了很深的思考。

徐杰舜：“苗疆走廊”，杨教授在这方面研究很多，今天我们评价他大有进步，他对问题的看法越来越有水平了，对“古苗疆走廊”的研究我觉得这两年来有很大的进步。但是我也提出一个问题，也就是说你们现在提出一个“古苗疆走廊”的概念，我今天也建议能不能对“苗疆”的概念作更进一步的探讨，因为此“苗”非“苗族”也。“苗疆”不是指现代社会苗族疆域的问题，这个在中国古代社会边疆或西南，或者更广阔对南方少数民族地域的称呼，跟北方称呼是不一样的，北方就是华夷之变、夷夏之辩。因为“夷”代表东方嘛！代表山东，“华”就是河南、陕西、山西这一块地方。这两个地方的华夷之变，先秦也好，对南方的称呼也好，族群来讲是苗嘛！有苗啊，三苗啊，等等。很长一段时间对南方这些地方都视为南蛮，有“东夷南蛮西戎北狄”的说法，而且那个时候河南的南部也都还是属于南蛮的范围。历史再往前进，到南北朝的时候，南方被称为南蛮，包括西安这边它有这个泛称啊。但是到了唐代又不一样了，具体把少数民族叫什么又没有一个统一的称呼，按照姓氏称。到了宋代云南这边还是大理，它还是半轴心呢，贵州这边还默默无声呢。所以“苗疆”这个概念的出现基本上是清代以后的事情，你们要把“苗疆”这个概念，对贵州地区的称呼追溯下去，让大家对它清楚。

曹端波：我觉得徐老师讲到了核心问题，对“苗”称呼的界定很复杂，这涉及古代中国对非汉族群的分类问题。首先，不同时代的国家需要解决不同的民族问题，也面临不同的族群主体。如司马迁在《史记》中将西南一带的少数民族分为西夷和南夷，且其方向是以巴蜀为中心的“西”和“南”；到班固《汉书》时，中国对于南方少数民族的概念出现变化，出现了“武陵蛮”。唐宋时期是中国西南少数民族分布格局和力量对比出现较大变革的时代，特别是宋代。南宋为构筑西南对蒙古骑兵的防御体系，加强了对该地区的渗透，并在该区域培育了一些土司集团。我们要知道，中国边疆的土司既有该区域世家大族本身的作用，也与国家的政策相关。宋代在湘西一带培育了一些大姓势力，如土家族的彭氏、侗族的杨氏等，但这一区域还有另外一批族群，即不归属中央统治的“苗”。明清时期，随着从湖南到云南交通路线的打通，政府不断对非汉族群区域进行渗透，其中土司对少数民族的渗透不可忽视，如明代播州土司杨氏就不断对贵州腹地的苗族、布依族等进行渗透，扩大该土司的势力。由此，随着政府及土司对非汉族群的渗透，“苗”的概念就越来越大，并不专指苗族。

徐杰舜：这个苗疆概念非常重要，你们必须把它讲清楚。讲清楚了，那么对你们这个“苗疆”也就理解了，当时也叫“新疆”，这个大家知道是新开辟的疆域，为什么叫“苗疆”，今天你们也谈了很多了。我觉得民族学很重要的一个问题是，长期单打一的方法把我们的脑袋僵化了。就是针对一个民族，苗族就是苗族，瑶族就是瑶族，侗族就是侗族，苗瑶搞在一起就搞不清楚了。所以我们解放后为了民族区域自治需要搞了一个民族识别，然后每个民族写了一本书，但是汉族没有人去写，后来是我把它补充上的。

曹端波：这个很重要！贵州“苗疆”就有大量汉族“苗化”的情况，当然也有少数民族“汉化”的，也有的族群具有双重身份记忆。贵州有很多家族就属于不同民族，如湘黔边界的杨氏，有的属于侗族，有的为土家族，有的为汉族，有的为苗族。黔中一带具有共同禁忌的杨氏（不吃猪心），尽管有类似的家族记忆和迁徙故事，但有的属苗族，有的属布依族。

徐杰舜：那么这55个少数民族就形成了一个边界，而这个边界越画越清楚，而你们的研究很重要的一个价值，也是今天上午谈到的，就是跨民族研究，超越了民族文化。超越民族这不仅仅是一个方法论上的重大突破，可以说也是思想上的重大突破。可以讲是思想的一种解放。我们一天到晚讲是一个民族，这个民族中心主义在各个方面不断地表现出来，它跟全球化相违背，跟中国发展的大趋势也是相违背的。我觉得这是从多元走向一体的问题。我们在五帝时代、皇帝时代，大大小小的有名有姓的民族有三百多个，没有名没有姓的可能上千，那就搞不清楚了。我们从6500年前到现在少数民族加上汉族56个民族，还有少数民族没有进行识别，形成这么一个格局。所以你们的研究有意义也有价值。讲得简单一点是人类学以整体观的研究。整体观、整体论谁不会说啊？但是为什么在研究的时候把它忘记了呢，甚至把它忘得一干二净。形成中国民族学界研究民族的这样一个格局，都在一棵树上吊着，我不敢讲它吊死，他们会说我可能讲得太严重了。单打一，就是把整个中国，整个中华民族碎片化了。任何一个民族，就像你刚才讲的任何一个侗族的地方都有苗族，任何一个苗族的地方都有侗族，但是单打一的研究就把侗族屏蔽掉了。

曹端波：对对对！当然中国的民族是存在的，不过不同于西方的民族概念和民族意识。中国的民族在于文化，并不是固定不移的。在苗族古歌中，就有对族群分类的看法，但苗族对族群的分类并不是二元对立的，其分类方法也不同于西方的民族分类体系。

徐杰舜：还有任何一个民族地区都有汉族在那里。

曹端波：当然这涉及如何界定“汉族”，汉族本身就是一个复杂的概念。

徐杰舜：对！那么你研究藏族的光研究藏族，汉族你就看不到了，其他民族也屏蔽掉了，那你能够得到一个科学的、正确的认识吗？能够正确的解读藏族或者是苗族或者是侗族的历史文化吗？你研究侗族里面惠水的布依族，真正讲起来它不是正宗的，其实是精神上转化下来的。而这些现象本来就是历史上很正常的现象，也不值得我们今天大惊小怪。今天你认同了布依族，他认同了苗族，我认同了汉族，也没有什么不可以。也是可以的，是不是？

曹端波：是！在“苗疆走廊”的东段，如镇远、玉屏一带，当地一些民众告诉我们，他们祖先在咸同时期，当国家势力大时，就说自己是汉族，当苗族势力大时，就说是苗族，这就具有策略性。有的地区一些族群确实不好按照西方的民族概念进行界定，如前面说过的“草苗”。

徐杰舜：在民族认同、族群建构当中，你怎么认同这是有一定原因造成的，甚至有一个指挥棒，你指到那里去，就会“哗”有很多人一下子就过去。我们广西有一个县就是因为这个县要搞成自治县，所以都变成少数民族了。那很多真正的少数民族在山上，而认证的这些民族都是汉族。结果出现什么一个情况呢，这些平地上的汉族成了少数民族，山上的民族就有意见了，就说“你们是假的少数民族”。很多地方都这样，这是很滑稽的事情。

曹端波：这在事实上有普遍的代表性。传统社会因为没有现代的民族概念，不知道国家的“民族”为何物，因此反而是汉文化程度高的族群熟悉国家的民族政策，导致中国的民族识别出现一些悖论。

徐杰舜：所以，第一，你们这个苗族、苗疆一定要把历史上，一直到清代，对于南方，包括西南在内，少数民族和民族地区是怎么称呼的？第二，从图上来看、从实际来看贵州这条通道的打通和建构，是军屯步步为营的一个过程，不是一下子过来的，这个过程你们没有交代。你们还没有研究到这个层面上去。

曹端波：对，还需要对历史文献的梳理，我们的研究还没有研究到这个程度，特别是屯堡社会的形成。我和孙兆霞进行过探讨，认为屯堡并非如我们想象的那样简单。黔中屯堡社会很复杂，是汉人军事移民、国家、市场以及少数民族文化共同影响的结果。我曾对屯堡社会进行调查，发现屯堡社会在结群模式上，采取了一些当地少数民族的结群结构。

徐杰舜：我们旁观者从这个角度来讲，这是两个很要害的问题，你们讲得很宏大了，但是你这个“苗疆”到底是什么个意思？“苗”和“苗疆”有什么关系？有什么意义？有什么区别？说不清楚，别人始终会对你们有意见。外行会觉得这是搞什么名堂啊，怎么和“苗族”搞到一起去了。

曹端波：这个是目前最大的问题。“苗”和“苗疆”的形成有一个过程，并在不同时代，不同的人和地域对其界定也不同。如曾在贵州做官的人，到云南后，还把滇西一带的少数民族称为“苗”。“苗”是汉人社会对西南非汉族群的一个称呼，一个民族分类，至于当地少数民族，并没有承认“苗”的分类。当地非汉族群本身有自己的分类体系。因此，“苗”和“苗疆”的称谓涉及中国的民族分类体系和民族政策。很复杂，因此需要我们进一步研究。

徐杰舜：所以，你们要专门把这个问题交代清楚。你们对这个走廊打通的过程要细化，要具体化，步步为营啊！所以，我看这条路上未识别民族大部分都是这些军屯啊，随着来的商人，汉人和其他的少数民族。

曹端波：这有一个过程，互动融合，且这一过程在历史早期就开始了。

徐杰舜：互动融合，在中间有很多的阶段性成果。他跟少数民族，跟其他民族互动的程度，吸收文化的程度方式、方法不一样，成为他很标准的一个案例。但黔东南的隆里人又是另外的一个不同。

曹端波：对！每一个区域很不同。有的是在军屯建立过程中，有的少数民族加入到军屯当中变成了军屯的一部分，有的军屯出现少数民族化的过程，清水江流域军屯就有一个苗化的过程。各种的时空和力量对比的时候，它会展现出不同的形式。

徐杰舜：所以，我觉得这次你们的研究我想建议进一步深入的研究。这样的话你们的研究内容和意义就会丰富多彩，可以做得非常深，起码可以做几年。如果有这样能力的话，建议你们做这条走廊的族群问题，可以专门写一本书，很大的著作，把这些未识别的人作为一个族群，这样做起来就不得了。

曹端波：还有很多未被我们所了解的。在走廊的不同区域有很多东西。

徐杰舜：这就是你们这个选材的价值显现的非常突出。我今天早上就讲，你们的视野接地气。你们这些学者，杨志强这么多年回来了，这个学者不像别的学者，食洋不化，不接地气，他比较接地气。

曹端波：展开中国问题本身的研究。

徐杰舜：对呀！第二个发现是你们贵州的研究，前面的研究有屯堡人啊等。我写过一篇文章叫作《文化发现与发现文化》，对文化认识的一个很重要的方面，但是突破在哪里？你们的突破就在“古苗疆”流域的研究，这是在学术 30 年来研究中最大的突破，也是一个很重要的发现，在学术上有很大的提升。

曹端波：谢谢徐老师！

徐杰舜：具有非常重要的模式范畴，甚至可以说是你们对贵州的认识提升到了一个新的高度，它的价值就在此。还有一个很重要的价值在哪里呢？我们中国对国家的建构，用杨志强的话来讲是逐渐从北向南的，原来这个国家成为天下，天下观嘛！不是讲国家观，首先讲天下观，实际上讲天下，我们所有的诸侯包括周天子在内，诸城市和周围那一点，其他的都是宗法关系，每一个诸侯都只是在这个小的范围内。最后经过了将近2000年历史发展，到了春秋战国，到了战国才形成七大族群，当然还有其他小的族群。

曹端波：对！

徐杰舜：但是这些也只是在中原的范围。秦始皇统一六国以后，他为什么要经略岭南、西南？本来是秦楚相争的时候，楚国就把南方统一起来了，包括了南蛮嘛！庄蹻为什么到云南去？不就是楚王派他去的吗？结果秦统一了，他回不去了嘛，在云南成为滇王了嘛！所以讲西南、南方这一块，它相对中原来讲还有很大的区域差异。从这个历史上来看，我刚刚讲的这个问题，跟你们的研究，体现了中国版图发展的一个历史，开发的历史是逐渐逐渐的。到了明清，尤其是明末清初才有了贵州建省这条路。元明清嘛，特别是元，你看它不能从广西打进去，也不能从湖南打进去，而是从云南打进去，把贵州包围了。所以从这个意义上来讲，你们“古苗疆”的研究价值是一个“节”，是中国国家化或者国家建构的关键环节，有了贵州的“古苗疆走廊”，才打通了大西南和中原的连接。这个意义对国家的建构太重要了。你想，为什么在秦末汉初，打岭南这么快呀。我到现在还搞不清楚为什么到广州到番禺势如破竹，而到广西打了三年？秦始皇还要派一万五千个妇女去给他们补衣服。欧骆人都那么顽强的抵抗，但是到了福建也是很快，派了五路大军这点历史你们都是清楚的。但为什么贵州始终是不动啊？进不去啊，夜郎自大，也就是夜郎国抗战以后很长时间没有消息了。我最近还了解到，句町国也是这个障碍。所以这里面，在中国的国家建构当中，西南这一块，一直到了宋代，云南还是半独立状态。那么贵州是什么状态？还没有人专门研究。秦汉三国魏晋南北朝，到隋唐宋元，尤其是到元的时候，你们贵州的位置才开始慢慢地凸显出来。但是在这之前，你们要把贵州的历史、贵州的文化摸清楚，才能够跟你们这个“古苗疆走廊”更好地结合起来。你们的研究是什么？你们的研究要真正地跟国家的建构挂起勾来，而不是你们这样讲只是一个笼统的说法，没有东西来支撑，所以你们的东西价值就在这里，非常重要。我是乱说的，没有探讨过。

曹端波：这个很重要，其实我们也探讨过。比如湘西部分区域已经在东汉时期纳入国家体系。直到清代，这一区域仍在与国家对抗，国家难以彻底征服这个区域，其实古代中国的国家一直对贵州的推进很困难。

徐杰舜：到湘西就停下来了嘛！

曹端波：为什么这么长一直没有推进？我觉得西南问题确实是中国很重要的问题，拉铁摩尔研究东北问题，他强调生态方面的，游牧民族与生态方面的一个研究，他觉得是文明体系这个方面的问题，西南在他的视野中是欠缺的。徐老师提出的西南的重要性在中国大一统的体系中很重要，我觉得西南问题确实是值得我们很深入探讨的。西南山地民族不同于湖南洞庭湖平原区，不同于岭南，山地民族具有独特的社会结构。如清水江流域苗族的结群模式既有宗族的，也有姻亲网络的，还有更大规模的“议榔”组织，另外，我们还不可忽视其社会的宗教灵魂观。山地民族并非如斯科特所说的反国家，而是具有坚固的社会组织原则，当这些原则遭到外部挑战时，其社会必然进行反抗。

徐杰舜：它又非常的重要和独特，所以要超越民族来研究才能够解决。

曹端波：对对对！

徐杰舜：才能够得出比较正确的结论。如果有这个超越民族的概念，用你们的话讲是区域研究的概念或地域研究的概念。

曹端波：对！我们的区域研究不是就区域来研究区域，而是以区域将全球宏大视野和村寨微观视角进行结合，更好地探讨社会。

徐杰舜：从手中的文献，历朝历代的来看你们贵州，为什么贵州特别复杂，未识别人最多。云南的民族又特别多，这就很有关系。在中国55个少数民族中，云南、贵州、广西这三个省区是最多的，这对国家的大一统的建构，对于民族融合、民族关系发展的趋势很有价值。为什么？你想，我们西南的各个民族，本质上、主流上，整个民族关系是以“和”为主流的，打的很少。为什么北方、西部的民族关系是以“战争”为主？这个还需要进一步的思考。这里有很多原因，不光是一个政治、经济的原因，北方起码一马平川。

曹端波：西南自古代以来就来了一拨又一拨人，且每一群人都与当地族群建立了不同的结群模式，形成了自身的族群认同，不同的文化在山地沉淀下来。到后来，外来的移民进来后，又有一个沉淀的过程。西南山地民族因生计模式和地理原因，国家不可能形成对其的强大压力，由此多采取培育土司的策略，而土司则需要在非汉族群和国家之间采取平衡，以维持其生存。如我们阅读明代文献，就发现土司在国家平定地方中所采取策略的灵活性。西南民族分布多样复杂，在早期就形成了“和而不同”的原则。只有“和”才能共同发展。西南山地民族的迁徙也是很复杂的，古代就形成了很多古道，在古道上，其民族的“和”更有意思。

徐杰舜：南方高山峻岭，你怎么走？对不对？

曹端波：对！只是还要注意一个生态分布问题。不同的族群因所熟悉的生计方式不同，在山地分布中占据不同的生态分布带，如“高坡苗水仲家”之说。苗疆走廊的研究也是想从民族迁徙、分布及民族交往中解读中国的历史。

徐杰舜：这个是人类学很值得研究的问题。我觉得你们古苗疆走廊学术价值很高，很值得你们献出自己的学术力量。

曹端波：徐老师提的问题，的确是值得我们思考的地方。

徐杰舜：我们两个最终讨论到这里，我想听听你这么多年学经济史又学人类学，现在把它集中在“古苗疆走廊”的研究上，你觉得中国的人类学研究怎么样走才能够更加体现中国的话语权？因为我们不能食古不化，也不能食洋不化，你作为贵州的学术新锐，有什么想法？有什么疑惑？

曹端波：中国的人类学研究，我觉得中国已经形成了自己的传统。今后人类学的研究最好坚持两条线。一是人类学一直研究的异民族、异文化研究。中国作为一个大国和强国，开展海外民族的研究是值得探讨的，因为探讨海外的研究可以开阔中国研究的一些情况。这条线，西方人类学的传统，也是值得学习和需要坚持的一个传统。二是中国形成自己的传统，我们有很多、很好的文献资料（民族民间文字文献和口传文献）和自己的文化传统。中国还有一个文化传统就是研究我们自己本身，即我们的“边疆学”。“边疆学”在中国民族学人类学研究中很重要，人类学在这个方面是可以有很大作为的。中国自身形成的人类学传统，也是很值得研究和探讨的。中国的人类学研究，还要强调人类学的规范性和基础性研究，因为我们大量的人类学好像丢失了中国本身，即单纯的村落田野经验调查，丢失了国家及世界的宏观视野和长时段的历史视野。比如研究“古苗疆走廊”的时候，考古学的资料就很重要，汉代的汉墓在西南的分布就可以看出古代西南与中原的古道，不管是市场体系还是交通线，我觉得这个方面是很值得探讨的。另外，人类学的研究，我们可以采取宏大的视野，就像刚才徐老师讲的。在国家体系下面研究地域社会，思考西南地区要有宏大视野。但是我们不能忽视原有的微观层面，因为传统社会，它的组成形式、社会的构造形式，它的亲属关系、“家”“家庭”的构造形式，影响了整个社会的构造，也影响了这个群体的行为。所以，我觉得我们还是要坚持，继续回到结构主义，也要回到摩尔根的《古代社会》进行思考。中国的人类学有一点，即对传统的东西不屑一顾的状态。可能我们要重新阅读经典，既包括西方人类学、中国人类学经典，也包括中国古文献经典。在阅读经典的过程中是需要积累的，我们的学术视野，我们的学术话语，才能够在这个共识中构建。这就是我的看法。

徐杰舜：学术是需要积累的，这是你刚刚讲的。这句话就作为我们今天访谈的结语，可以吗？

曹端波：可以！谢谢！

【来源】《民族论坛》，2014 年第 7 期，第 5 ~ 19 页。收入本书时略有改动。

来自厦门大学的人类学思考

——访厦门大学石奕龙教授*

【被访谈者简介】石奕龙，厦门大学人类学系教授、博士生导师。

石奕龙教授

* 访谈人：徐杰舜；访谈时间：2012 年 9 月 12 日；访谈地点：石奕龙教授的书房。

徐杰舜： 石教授，最近在做什么研究？

石奕龙： 最近福建省地方志办公室要搞一部“妈祖文化志”，它有五卷，他们要我负责妈祖信仰组织及活动那一卷的编写工作，在忙这一工作的收集资料工作。

徐杰舜： 你哪一年退休？

石奕龙： 2012 年 5 月份就归到退休的行列了。

徐杰舜： 你在厦大有多少年了？

石奕龙： 这怎么说呢？我 1 岁时就跟随父母亲来到厦门大学生活，在厦门读小学、中学，后去插队当“老三届”知青，后来又调回来当了几年工人，以此来算，我在厦门大学快 60 年了。但如果从进入厦门大学读书算起，至今也差不多快 45 年了。而从在厦大工作算起，则是快 30 年了。我是 1978 年 2 月入学读书的，但属于 77 级，77 级是 1977 年秋季考试，1978 年春季学期入学，读的是厦门大学历史系历史学专业。77 级没有招考古专业，所以读的是历史学专业，到大三以后，选了许多考古学的专业课，所以等于是读了两个专业，本应拿双学位，但那时还不兴这个。我们班只有两人，即我与吴孙权去考古发掘，后来我们的毕业论文写的是考古发掘简报。当时，厦大历史系有历史学、考古学两个专业，还有民族学、民族史专门化。考古专业和民族学、民族史专门化都是由人类学家林惠祥先生在 20 世纪 50 年代创立的考古民族学专门化发展出来的。考古专业在 1972 年才正式成立，在我们读书期间，民族学、民族史还没形成专业，只有专门化，其由陈国强先生等承继下来。1982 年陈国强先生申请到中国民族史硕士点，我因对民族学、考古学比较感兴趣，所以就考陈国强先生的研究生，1982 年 2 月入学，这才真正地开始读民族学的著作，当时用的是苏联托尔斯托夫主编的《普通民族学概论》、林惠祥先生的《文化人类学》，其他就是民族史的课，也读些外系的课如语言学调查、训诂、方言学等，并自己在图书馆找些 50 年代以前的外文人类学著作看。1984 年 2 月，厦大从历史系分出部分人建立了教育部批的人类学研究所，我们就算是这个所的第一批研究生。1984 年 9 月成立了人类学系，把考古专业先归进来，然后又筹备设立中国第一个人类学专业。因此，我们也算是厦大人类学系的第一批研究生。所以，我们入学时读的是历史系历史学、考古学的课，研究生毕业时是在 1984 年 11 月，算是人类学系的第一批硕士。然后，就在 12 月开始留在人类学系工作，一直到现在。所以厦门大学正式成立人类学系是在 1984 年 9 月。

徐杰舜：那比中山大学晚一点了！

石奕龙：的确，中山大学相对早一些。他们在 1948 年曾办过人类学系，改革开放后是在 1982 年时建立的，他们本科的组合是考古学与民族学。硕士点、博士点则是文化人类学。

徐杰舜：你是哪里人？

石奕龙：我籍贯是江苏无锡。

徐杰舜：那我们算是江浙老乡啦，我以为你是福建的。

石奕龙：我 1 岁就随父母亲来厦门生活，在这里读书。我家的亲戚都在江浙一带，上世纪 80 年代我回去跟他们交流，都说我像厦门人，口音像，但还是比纯粹的厦门当地人讲的普通话好些，地瓜腔少些，所以闽南人还认为我有点北方人的口音。我读的小学叫东澳小学，是现在的厦大附属演武小学的前身，校址在现在南普陀寺的闽南佛学院那里。

徐杰舜：你父亲是什么时候来的？

石奕龙：我父亲也是厦大教授，学经济的，1953 年来，现 92 岁了，身体还好，思维也还不错，前年还出了本书《劳动价值论新解》。我母亲已仙逝了。现在我得多照顾我的父亲，因为我老伴的母亲患老年痴呆，需要她们几个姐妹轮流照顾，所以她常不在这里，那只好我来煮饭、煮菜了。

徐杰舜：那你从小就在这里长大的。小学、中学都在厦门读书吗？

石奕龙：是的。小学我在东澳小学读书，它在南普陀寺院里，现在该地是闽南佛学院，这所小学是厦大附属演武小学的前身。小学毕业，考进厦门双十中学，它是厦门市的重点中学，全省的高考红旗，当时称厦门市第八中学。

徐杰舜：你哪一年进双十中学？

石奕龙：1965 年进双十中学。

徐杰舜：哦，第二年就遇上了“文化大革命”了。

石奕龙：是的，我是“老三届”的初中生，68 届。

徐杰舜：你是哪一年出生的？

石奕龙：我是 1952 年出生的。

徐杰舜：2012 年刚好 60 岁。

石奕龙：“老三届”初中生中最年轻的有 1953 年出生的人，因为那时试点小学五年制，1953 年出生的有的人读这种五年一贯制的，他们也在 1965 年小学毕业，而去念初中了，所以他们就变成了“老三届”了。而 1953 年出生的如果读六年制的，1965 年还在读小学六年级，“文化大革命”的复课闹革命时期才进入中学，虽然没有读什么书，他们多数都混到了高中毕业才去“上山下乡”，所以他们属于“新三届”生。

徐杰舜：你哪一年高中毕业？

石奕龙：我没有读高中。我们算是“文化大革命”期间 1968 年初中毕业，在 1969 年开始知青“上山下乡”插队落户时就下去了，所以我的工龄从那年算起。

徐杰舜：你去哪里插队的？

石奕龙：武平县，在广东、江西、福建交界地区，是属于客家地区的。

徐杰舜：难怪你对客家地区那么了解。

石奕龙：我在那里待了六年半，对那里的情况应该比较熟悉。

徐杰舜：那你对那一带很了解，对客家的研究很有基础嘛。

石奕龙：在武平那里生活、干农活那么久，对那里的生活与农活还是比较了解的。相对农村出来的很多孩子来说，我做的农活时间比他们要长，也比他们了解农活与传统的农业技术，因为我有切身体会。

徐杰舜：肯定的啦。

石奕龙：因为农村出来的人，在小学阶段，因多在村子里，有时可以帮一下家里干点非技术性的农活，当他们升到中学时，多是住宿生，每天都不必干农活了，放寒暑假时才帮点忙。实际上也只是一些辅助性的，而且他们劳力、半劳力都不是，干什么农活？不过如果算他们是干农活，一年顶多也不过只有两三个月，读六年中学，算起来最多只干一年多的农活，而且是些辅助性的。而我在那里都做了六年半农活，比他们多多了，而且多是技术性的，如犁、耙、莳田等，也经历了传统农业向现代农业的转变过程，所以可以说我应该比哪些农村出来的学生要懂得农活。当然因为这个经历，也拉近了我与农民的距离感。

徐杰舜：1977 年高考你考进了厦大历史系？

石奕龙：对。

徐杰舜：那你是那时才回城的？

石奕龙：不是，我在 1975 年就回城了。当时是以“补员招工”的方式回来的。先在工厂里当了两年工人，在厦门橡胶金属配件厂，做专用车床的车工，生产的是自行车车胎的气门嘴，小东西。

徐杰舜：那你是农民也当了，工人也当了。

石奕龙：是的。所以，我是真正的工农兵学员。因为当过农民、工人，只是没当过兵，不过我们那时当工人、读书时还做过民兵，在当工人、读大学的时候，都曾在海边真正站过岗，所以也算沾了点“兵”的经历。

徐杰舜：那时的厦门还是前线？

石奕龙：在我当工人，甚至读大学的那时候，大约是1975年到1982年时还是两岸对峙的时期，两边天天都有针对对方的高音喇叭广播，我们这里称他们为“国军弟兄们……”，那边称这里是“共军弟兄们……”，夏天由于刮东南风，所以在厦大海边都可以听到，特别是晚上，夜深人静，声音传得就更远、更清楚，因为，在大担岛上也有高音喇叭。所以，在那个时期，现在的胡里山炮台那里就有前线民兵站岗，不随便让人过去，所以厦门大学海边虽可以游泳，但不能到胡里山炮台下面的海里游泳，走到那边的海滩，民兵就过来赶你，只能在厦大海滨校门外的这片海滩前的海面游，而且如果游得太出去，接近鹭江的主流时，民兵也会大声喊叫，叫你游回来。当时在厦大的海边游泳有人监管着，这种做法是怕有人下海游过去投敌，所以当时现在的海洋三所前的海滩、厦大医院的海滩，都不让游泳，因为那边下水，没游几米就进入鹭江主流，退潮时很快就会漂到金门那里，特别在晚上，那些地方都有民兵站岗，不让人靠近海边，更不用说下海游泳了。所以，我们读书时也算是民兵，也曾在现在大礼堂左侧海边的一个哨所住了一个晚上，轮流出来站岗放哨。

徐杰舜：那你当过工农兵，就是没有当过商人。

石奕龙：是的，没有经过商。

徐杰舜：那你的经历也够丰富的，这对你的研究有很大帮助吧。

石奕龙：是啊！我读书的时候本来是想读考古，研究古代的东西，但我们77级时没有招考古专业的，1978年的时候才开始招考古专业的学生。所以，厦大历史系77级的都是读历史学的，不过后来在大三开始选修课程时我们班有一些人都去选考古专业的课程，实际上我们的很多同学几乎都把考古学的必修课选读完了，我与后来留在考古专业的吴孙权还去参加考古发掘与现场教学实践，但我们那时没有去申请双学位。我们把考古专业的学位课程基本都学完了，应该可以申请第二学位的，但那时也没有这种想法，也没有这种做法。

徐杰舜：你 77 级进校后有哪些老师给你上课啊？

石奕龙：进校的前两年读的都是历史学的，如中国通史、世界通史等。中国通史是分阶段上的，南北朝是柯友根上的，隋唐是郑学檬上的，宋金辽是傅宗文，明清是颜章炮，近代史是郑剑顺等。世界史的老师有陈兆璋、胡永树、顾海、钟永明等。到了大三选修时都选了考古学方面的课，考古学方面的课也是分阶段上的，如旧石器考古是李家添上的，新石器考古是吴绵吉上的，商周考古是唐杏煌上的，秦汉考古是辛土成上的，隋唐考古是苏垂昌上的，宋元考古是叶文程上的，商周文字是施涌云上的，东南地区考古是吴绵吉上的，等等。

徐杰舜：那你本科 4 年算是历史学的？

石奕龙：对啊。

徐杰舜：本科毕业以后还是读历史学？

石奕龙：毕业以后还是读历史学的，但不是通史方面，而是中国民族史。改革开放后开始恢复民族学、人类学，陈国强先生他们在历史系中，重点是研究高山族、畲族、古代越族的历史与文化，也因为过去他们跟林惠祥先生，也搞考古，搞原始社会史的研究。所以陈老师在那时就先申报了中国民族史的硕士点，这在国内是最早的一批。所以，我们跟他们读有关高山族、畲族、古代越族的东西，也开始读民族学、人类学的东西。在我们读本科的时候，大约是 1981 年厦大六十周年校庆的时候，厦大历史系请过许多人来讲学，当时林耀华先生也来讲过课，不过那时都在历史学的框架里面，林耀华先生来讲的是“原始社会史”的内容。

徐杰舜：梁钊韬先生来讲什么？

石奕龙：他讲的是古代越族与太平洋南岛语族的关系。他认为南岛语族的民族的源头在中国大陆，我记得他是用西南发现的铜鼓纹饰中的双体船来与太平洋南岛语族民族的双体船比较，来陈述其观点的。他还认为太平洋岛屿南岛语族的风神“tongalo”，实际就是中国沿海的“蛋家佬”译音。而过去林惠祥先生也曾用有段石斧在中国大陆与太平洋岛屿上的分布情况等，来讨论南岛语族的民族是来源于中国大陆的。

徐杰舜：你毕业是什么时候？

石奕龙：1982 年 1 月份大学毕业，获历史学学士学位。1984 年硕士毕业，虽与民族学有关，但还是拿历史学的学位。因为，陈国强先生那时候提倡恢复人类学研究的时候，是把人类学归在大历史学里头的，他要办人类学专业，也征求过梁钊韬先生的意见，希望梁先生在中山大学办人类学专业，归在历史学中。梁先生不愿意，他说本科用民族学好，因为上面有个民委嘛，有人主管，可以从民委那里得到一些政策和资金上的支持，如放在历史学中，就没有经费拨给你啦。所以中山大学的人类学系中，是考古学与民族学两个专业。我们厦大是考古学与人类学两个专业，我们的人类学专业是中国第一个人类学专业，以前都没有。实际上，在恢复人类学、民族学的早期阶段，大部分人把人类学、民族学归在历史学里，因为当时大部分人都是搞民族史的，如陈国强老师、蒋炳钊老师他们都参加过20 世纪 50 年代的少数民族社会历史调查，陈先生搞高山族简史简志，蒋先生等搞畲族简史、简志。实际上在改革开放前北大也有人在搞民族志、民族史，也是跟历史有关的。还有就是跟原始社会史放在一起。在那个年代，梁先生比较敢想敢为，在 80 年代初，申请硕士、博士点时，梁钊韬是硕士点、博士点一起申请，他当时才是副教授，结果教育部就批给他了。而我们的陈国强先生当时也是副教授，但他比较稳健与保守，他说我们第一步先拿个硕士点，以后学科建设壮大些再拿博士点，所以厦大就先获得中国民族史的硕士点。可是那时的政策变化实在太快了，过两年，单一个教授就不能申请博士点了，需要几个联合才行，而且要与人类学有关的，不能拉郎配。在那个时代，在一个学校要找几位与人类学有关的教授确实不容易，所以就越来越难拿，一直到我们都成了教授后才把人类学、民族学的博士点申请下来。所以，如果陈先生那时胆子像梁先生一样大，开口申请博士点，也是可以拿到的，因为陈先生当时就拿过教育部博士点资助的项目，也就是说，上面认可你可以招收博士，但因他没有开口，就错过了时机。

徐杰舜：你什么时候转入人类学系呢?

石奕龙：1984 年我硕士还未毕业时，厦大就成立了人类学研究所，后又成立人类学系，所以我一毕业就留在人类学系、人类学研究所工作了。

徐杰舜：那就是说，从历史系分出来的?

石奕龙：对，是从历史系分出来的。以人类博物馆与考古专业为主体来建立人类学研究所和人类学系，当时实际有三个单位，第一是人类学研究所，它是教育部批准建立的，有名额的，当时给 25 个名额。第二是人类博物馆，原本也有几个名额，像陈国强先生、蒋炳钊等原来既是历史系的，也是博物馆的。第三才是人类学系。由于教育部批准人类学研究所可以有 25 人的编制，所以，学校就把这三者弄在一起，一起拨款，三位一体，馆长、第一任所长、系主任都是陈国强先生，副的才是别人，如蒋炳钊先生为副所长，叶文程为副系主任，他们俩都曾是林惠祥先生招的副博士研究生肄业，因为林先生在 1958 年就英年早逝，所以他们没有毕业，没拿到副博士学位，只能算肄业。当然，在那个时代，从事人类学研究的人手也不多，考古学的多些，因为考古学几乎没怎么断过。

徐杰舜：那时候你硕士毕业就到人类学系，同时，正好是中国人类学的恢复阶段。

石奕龙：刚恢复时就两个人类学系，中山大学是以民族学专业来招生的，我们是以人类学专业来招生的。教育部那个试点的人类学专业介绍是我写的。我当助教没多久，就当人类学教研室的副主任，那时本科的人类学的教学计划是我设计的，我们正式招收本科生是在 1986 年。但研究生在 1982 年就有了。最初是中国民族史，后来又有人类学的硕士点。在 1986 年以前还没有，我的师弟范可、潘宏立、唐怡源，他们读的是文化人类学专业，但当时我们没有文化人类学的硕士授予权，他们在这里上课、写论文，但却跑到中大去答辩与申请这个学位。所以范可、潘宏立等的硕士学位证是中大的，他们拿的是文化人类学学位。

徐杰舜：厦大人类学系的建设，你算最早参加建设的，你什么时候对人类学发生兴趣？

石奕龙：应该讲大约是在 1980 年吧。1980 年在厦大召开第一次全国性的百越民族史学术讨论会，并成立了百越民族史研究会，那时候去听过会，因为我最初对古代史方面比较兴趣，于是就开始看些考古学、民族学的东西，也看了林惠祥先生过去研究马来人的文章等，觉得有点心得，所以就收集了一些新的考古资料等写了一篇“略谈马来族的起源与形成年代”的小论文，也在班上做了演讲，后来在 1981 年六十年校庆时，也送上去评审，结果被选中，1981 年 4 月发表在厦大六十年校庆《学生论文集》中。然后 1981 年 5 月厦大还召开了主题为“人类学的地位和作用”的首届全国人类学学术讨论会，当时我也去听会了。所以这之后就对人类学、民族学等感兴趣，也跟陈先生、蒋先生他们熟悉起来。

徐杰舜：这是你最早的著述吗？

石奕龙：是的，这是我最早的一篇文章。我读本科时对古代史、古代民族史感兴趣，你知道的，文献有关古代民族的资料很有限，要想研究，就得了解考古资料，换言之，必须文献结合考古资料等，才能比较好地研究古代的东西，特别是古代民族史的东西。所以，我后来就去选修考古专业的课，然后才慢慢地接触到《民族学概论》这类书籍。最初读的书是20世纪50年代苏联版的，如《普通民族学概论》，也看过杨堃先生多批判他自己的油印的《民族学概论》、林惠祥先生的《文化人类学》、摩尔根的《古代社会》、马林诺斯基的《文化论》等。当时人类学、民族学的中文书籍很少，自己编的讲义也不多，另外，就是找一些20世纪50年代以前出版的外文人类学著作看。1982年，我把上民族学课写的作业《关于民族形成上限的探讨》与陈国强先生联名给《云南社会科学》，他们发表了，所以这篇是我正式发表的第一篇论文。在1984年，衣阿华州立大学的黄树民教授来厦大做研究，他带了一些比较新的人类学著作，如哈维兰的《人类学概论》、基辛的《文化人类学》等，并为我们开人类学的课，所以就接触了一些比较现代的人类学著作。黄树民教授在林村调查时，我们几个在读的研究生，我、郭志超、台湾所的葛小佳、苏卫民都作为他的助手，跟他在林村里调查了近一年，也在这样的调查实践中学习了人类学田野调查的方法等，所以黄树民教授也是我的人类学方面的老师了。

1986年以后，翻译的人类学著作慢慢多了起来，比较新的外文人类学著作也多了起来，所以我们在那时编的《人类学概论》《文化人类学》《人类学学说史》等讲义，就跟过去的不太一样了。如林惠祥先生的《文化人类学》注重的是文化的起源等，而我们写的都注重文化各方面的结构、类型等。

徐杰舜：那你就这样走进了人类学啊。应该什么时候开始算起？

石奕龙：我想应该从1980年参加陈老师他们组织的全国性百越民族史学术讨论会算起吧，我那时还是本科生，但开始对人类学感兴趣了。所以才有对“马来人”的起源、形成的研究，并相继发表文章。

徐杰舜：那你从那时开始到现在，研究人类学有32年了。

石奕龙：是的。“马来人”作为人种来说很有特点，他们应该属于海洋蒙古利亚种，体质特征有很多蒙古人种的特征，但眼睛是欧罗巴种的，即双眼皮的。

徐杰舜：马来人与你有什么区别？你是什么人种的？

石奕龙：我当然是属于蒙古人种，应该是蒙古人种中的东亚类型，单眼皮，颧骨也不像北亚型那么突出。我的籍贯是江苏无锡，祖上是在明代从安徽移民到江苏无锡的。但从文化上看，我应该算是闽南人，因为我是浸染闽南文化长大的。

徐杰舜：你对人类学研究有32年了，你对你的人类学研究能否做一个简单的回顾？你的人类学研究可以分为几个阶段？

石奕龙：我想我的人类学研究或经历大体分为三个阶段。早期是从事人类学学科建设，如设计人类学专业教学的框架，编写人类学的教材和普及人类学知识的工作等。

在设计人类学专业教学体系时，我们是按照人类学五大分支来设计教学体系的，这五大分支是体质人类学、文化人类学、语言人类学、考古人类学、应用人类学，这五大分支的概论课是基础课或者现在的主干课。然后在体质人类学方面还有体质调查、测量课。在语言人类学方面还有方言调查、文化语言学等课。在考古人类学方面除了考古人类学通论外，还有考古学技术课。考古人类学通论只是一门课，讲考古学的情况，如果对考古学有兴趣，就可以选读考古专业开的课。我们的重点还是在文化人类学，主干课有人类学概论、文化人类学、人类学调查方法、人类学学说史、世界民族志、中国民族志、统计学、高等数学等，还有经济人类学、政治人类学、宗教人类学、心理人类学、营养人类学等限制性选修，另外，任意选修的课为一些老师比较多的研究方向，如有高山族研究、畲族研究、百越民族研究、中国民族史等。总之，当时设计人类学专业的本科课程时是按人类学的五大分支设课，重点则在文化人类学。学生的实习也做些考古工作，从事文化人类学的田野调查。所以给学生的训练是比较全面的。后来，制定人类学硕士的课程主干课为文化人类学、人类学调查方法和人类学理论，选修课则有文化人类学名著选读、中国民族史、高山族研究、畲族研究、百越民族史研究、中国东南汉人文化等。这也是因为来读硕士的人不全是人类学或民族学出身的，所以还得补些课，并将它们精深些。

其次是讲义、教材的编写。我在1984年到1985年跟黄树民教授在林村搞田野调查，期间他回国一次，从国外带了一本1985年刚出版的钱伯斯的《应用人类学》送给我，从那时就开始接触应用人类学，但当时国内人类学书籍很少，所以慢慢收集资料，先翻译，再编写讲义，慢慢就积累了一些东西，并在教学中不断增添与完善，所以后来就以此申请了教育部的课题，并把讲义完善、修改后在1996年出版。当然，在人类学专业的教学中我还编了《世界民族志》《人类学概论》《文化人类学》《人类学理论概况》等讲义，后来首都经贸大学要出一套通识性教材，邀我编写一本《文化人类学概论》，我就把我用了多年的文化人类学讲义修改后，以《文化人类学导论》的书名出版了。当然在20世纪80年代，我也与庄孔韶、周星等一起参与一些人类学著作翻译的组织工作。还有当时厦大人类学系还想出版一份杂志，其称《人类学研究》，在1985年出版了试刊号，但后来因申请不到刊号，也只好作罢。

第三就是编写了《简明文化人类学词典》。当时是浙江人民出版社慕名邀请我们编写，主编虽挂陈国强先生，但具体的组织、选词条、编撰、修改的事几乎都是我，我自己也写了不少。所以这一时期收罗不少人类学的资料，也看了不少，人类学的知识在这一时期精进不少。一些新思潮也因这一时期与国外的交流较频繁而有所触及与了解，如1985年美国社会学家与人类学家代表团来访，萨林斯也是代表团成员之一，他在厦大做了《结构与历史》的演讲，所以那时就知道萨林斯，也开始理解他的历史人类学以及文化理性。所以我们编的这本词典也有一点点20世纪60年代以后的新思潮，但不多。这部词典在1990年出版，当时正值文化热、人类学热的时期，所以这书出版没多久，就又印刷了一次，后来浙江人民出版社还把词典的版权转给台湾的恩楷股份有限公司，在台湾出版了繁体字版，书名改为《文化人类学辞典》，那是2002年的事情。这部词典应该对这以后的人类学研究工作者有较大的影响力。

中期从1989年开始，我们开始注重汉族社会的田野调查。当时我和陈国强先生等带人类学专业86级的学生在惠东大岞村调查，后根据学生写的调查报告进行大幅修改后于1990年出版，该书是陈先生和我主编的，是改革开放后国内第一本有关汉族的民族志。这本书与过去的汉族民族志有些不一样，如里面涉及了一些被研究者的主位的东西，如认知结构、知识等。后来我们又参加了武雅士、台湾民族所与厦大联合的福建和台湾社会文化的调查研究，也是以调查汉族为主的，所以我们与中大有很多研究是以汉族为主的。这一方面是因为国外的人类学研究基本都是以一个国家中的主体民族的研究为主的，对少数民族不太关心。而且福建、台湾地区的少数民族很少，对我们来说只有畲族与高山族。1978年中国社会科学院规划局的座谈会，1979 年昆明召开的全国民族研究规划会议时，给厦门大学搞民族、考古专门化研究者的任务是研究高山族、畲族，当时中国社会科学院民族研究所没有人研究高山族、畲族，中央民族大学也只有一个人研究畲族。所以，在 20 世纪八九十年代，有关高山族、畲族的文章几乎都是厦大人写的。所以由于中国东南地区民族少，同时也由于国外人类学家那时多关注中国的主体民族，还有，当时的科研经费少，如果要去西南、西北地区研究少数民族，我们没有那么多经费可以支持，所以，我们只好多研究研究福建本地的汉族文化了，当然是包括闽南人和客家人的文化了。

徐杰舜：你对人类学研究的第一阶段主要是学科建设方面，那代表作是什么？

石奕龙：我的学科建设的代表作应该是《简明文化人类学词典》和后来发表的《应用人类学》《文化人类学导论》了。而第二阶段或第二个方面的代表作应该是《崇武大岞村调查》，它是我的田野调查的第一个代表作。

徐杰舜：《崇武大岞村调查》出版后，我还写了一篇文章，把所有你们有关惠安人的研究作了评论，后在民族研究所的内刊《民族研究动态》上发表。当时从事汉族社会的研究就是你们厦大的这些人，但我的文章厦大学报不给发表，陈国强教授非常恼火，宣传厦大自己的东西，厦大还不给发表，后来发到了《民族研究动态》上。

石奕龙：后来我的研究对象增加了，不仅研究包括闽南人、客家人在内的汉族民间文化，也研究畲族的文化，研究的问题有宗族组织的问题与民间信仰的问题，还有注重民俗问题的研究以及唯物主义的历史建构问题等。

我对宗族组织研究多为论文，没有出专书。例如有篇讨论了宗族和家族的概念问题，我觉得我们现在的研究常常把这两个概念混在一起，所以在研究宗族组织时，就会产生一些组织结构性的错误。实际上宗族与家族不是可以相等的概念，宗族包括了家族，宗族应指某一地的开基祖派下的一群人或一群家庭。而家族应指宗族之下由某位较近的祖先派下人或家庭构成的群体。家族与宗族之间可能还有房支的层级。所以，如果我们将宗族看成是一个社会组织的话，那么，它包括了房支、家族、家庭几个层次，也可以说，家庭是宗族的基本构成单位，并在不同层面（或世代）的祖宗上构成家族、房支，并最终构成宗族。然而，这些概念过去都没有很好地辨识，以致问题多多，如弗里德曼引用林耀华先生的文章认为宗支与房支是不同的，实际却是相同的层级。

徐杰舜：房和支在我们的概念中本身就是一回事，哪一房与哪一支都是同一级别的代名词。

石奕龙：是的，房和支或者房支、宗支实际都一样，只不过民间在计算他们自我与他者区别时用的词语，主要是为了不重复使用而感到乏味而使用的，它们没有层级的区别。在宗族组织的研究方面，类似的问题还不少，只是没时间写出来而已。另外，关于汉人家庭结构的界定也同样有问题，以致现在有些著作与文章都无法很好地在一个统一的标准上统计。

关于民间信仰的研究也是如此，有许多与历史事实或社会事实不符之处，如民间信仰这个概念能否作为汉人宗教实践的概括术语，我认为是不行的，我认为，现所谓的汉人的民间信仰就是汉人的民族宗教，是一种自发的宗教，其特点是比较注重现实事务的解决，如果要给它一个名称的话，称其为神仙教或神明教可能更为妥当些。又如把闽台两地的王爷信仰归于瘟神信仰中，不仅今人错误，而且古人也错误，正因为古人的错误，也就导致那些注重文献的研究者与古人一样犯错，等等。

至于畲族，我们出了本田野调查的民族志《畲族：福建罗源县八井村调查》，也承担了国家社会科学基金会的研究课题，同时，也发现了过去一些研究与历史事实不符的地方，如畲族男可以出嫁就是一种与事实不符的观点。再如认为畲民做了成年礼后，就可以加上“法名”的说法也是一种错误，等等。

总之，我后来的研究多注重实践，也注重纠偏，希望能真正地揭示历史事实与社会事实并加以合理与符合事实的解释。所以，比较注重民俗的研究，也就是希望能把各地汉人或畲族的特定行为及物化的事项弄清，并予以符合历史事实与社会事实的主位、客位解释。所以也出版了一些著作如《福建土围楼》《中国民俗通志：丧葬志》《闽南乡土民俗》《福建民俗》等，希望能准确表述现象，并对民族研究、民俗研究中的一些问题进行批评。

徐杰舜：在中国人类学界，你们算是改革开放后培养出来的第一代人，你比他们后来从别的学科转进来的人来说，起到了承前启后的作用。你刚刚退下来，你回顾了 33 年研究历史中你的一些重要的代表作，这以后你的主要精力是不是放在客家人和畲族方面？

石奕龙：我的重心还是文化人类学的研究，只是研究对象可能包括闽南人、客家人、畲族等，用他们的例子来阐释文化人类学的问题。我认为，在中国，人类学与民族学是两个学科，为什么这么说呢？你应该知道，在中国，从事民族学研究的人碰到时往往会问："你是研究哪个民族的？"而人类学家碰在一起则会问："你是研究哪个方面的？"宗教的或社会组织的，或亲属关系的？通常他们不会说我是研究哪个民族的，通常会说我研究政治人类学，地区是哪里，等等。换言之，人类学家虽然也会对每个族群做田野调查，了解某族群的特殊性，但通常不只研究一个民族或一个族群，因为他们一定会用比较的方法，来比较不同的民族的东西，从中去寻找一些共性的东西。而如果你只研究一个民族，那你往往就想去了解这个民族是如何形成的，它的结构是什么，你在那里所看到的都是这一民族的东西。然而，如果你与其他的民族比较一下，你就可以看到某一民族的文化中，有许多的因素都是他者的。所以，单纯的民族学研究都针对某一民族，因此多看到的是特殊性，而忽略了人类文化的共性，而且会过多地去建构这一民族的历史，由于实际的文献、实物资料（包括考古的）都很有限，因此，臆测是难免的。

我这样说是因为在我们招收的所谓民族学的硕士中，他们的人类学的常识往往都很欠缺。我们的硕士生、博士生有很多本科没有读人类学相关知识，后来转过来读硕士，有的在硕士期间也没有读人类学的知识，然后考上博士生，这才来读人类学，因此，这类人很多人类学的常识是不了解的，所以水平参差不齐，在博士生阶段，教学时也感到困难，到了这个阶段还得给他们补人类学的基础，真是很困难的。因此，在为博士生开的课中，还应开些人类学的常识课，才能使某些人更加入门些。我曾让大四的本科生写"刀耕火种"的定义，竟然会有许多五花八门的释义，后来让博士生来写，也同样如此。这种状况是很糟糕的，因为这些本是一些人类学的基础问题，作为一位博士生，对人类学所介绍的各种基本的东西一定要有一些清楚认识，这实际上也是在自己的心目中建立一个比较的框架，这样，你在自己做田野工作的时候才可能有所比较。然而，在我评议的许多学校的博士论文中，人类学常识错误经常会发现，这让人非常尴尬。

徐杰舜：所以，从事人类学的研究，本身的思想里要有一些人类学的基本框架、知识。

石奕龙：是的，我国的民族学、人类学教学确实还存在着一些问题。

我们过去的民族学教育，多没有按照学科的要求来设计课程，而是按照老师的情况来设计课程，某个老师研究什么就开他所研究东西的课，如你研究畲族，你就开畲族研究的课，你研究藏族，就开藏族的课，进而学生也受老师很大的影响。还有像你们民族院校，民族学一级学科下包含了民族学、马克思主义民族理论与民族政策、中国少数民族历史、中国少数民族经济、中国少数民族艺术，当按照国家的规定以一级学科办系，你们的教学大纲是不是这些二级学科的通论课都得上，当然你还需要开一些可以支撑这民族学五个二级学科的课程，那么你又如何为这五个二级学科各设定些什么三级学科的课程来支撑，以满足这一民族学专业学生要成为一位民族学工作者的需要。如果说你们按小民族学这一二级学科来设系或专业，那么在这个民族学下应该有哪些三级学科的支撑，你们考虑过没有。我想，如果你们可以设计出来，那它肯定与我上面所列举的人类学的下属学科是不一样的。

徐杰舜：情况确实如此，民族学受苏联的影响太深，过去从苏联请来的专家有搞经济类型研究的，后来中国就有很多人都受他们的影响。

石奕龙：苏联在20世纪20年代提出的民族学概念为什么会在中国流行，完全是因为20世纪50年代中国的学术界全盘苏化的缘故。当时苏联有民族学，于是我们也应该有，所以也就搬了过来。实际上，在中国，虽然在20世纪二三十年代时，有的提倡民族学，有的提倡人类学，或者认为民族学研究文化，人类学研究体质，如中央研究院早期就是如此，其建立的民族学组研究各民族的文化，所以他们研究彝族、畲族、高山族（当时称“蕃族”）、藏族、瑶族等；而建立的人类学组研究的是体质人类学的东西。不过到了40年代时，人类学已经把二三十年代所提的民族学放在人类学底下了，称之为文化人类学、社会人类学。20世纪40年代各大学建立的都是人类学系，而没有民族学系。中山大学1948年建的是人类学系。浙江大学在1947年秋季建立的也是人类学系，虽然是体质人类学家吴定良当系主任，但该系有体质人类学与社会人类学（民族学）两个专业。清华大学文学院1947年复办的也是人类学系，包括了体质人类学、文化人类学（民族学）、语言人类学、考古人类学四个分支的许多课程。暨南大学也在1947年建立人类学系。辅仁大学在1940年先建立了人类学博物馆，然后又建人类学研究所，招收民族学、宗教学、语言学、民族史的研究生，到1948年也建立了人类学系。所以在40年代与文化人类学等同的民族学已归在人类学底下了。然而，解放初人类学、社会学、政治学、法学等都被认为是资产阶级学科给取消了，所以，当时许多过去搞文化人类学或民族学的人都转到历史系去工作，而搞体质人类学的多归到生物系去了。但在另一方面，我国又存在着民族问题有待研究、解决、处理，所以有民族问题研究的需要，但 1949 年到 1952 年几年里想搞民族问题学，也搞不下去。到 1953 年全盘苏化时，由于当时苏联是社会主义的老大哥，他们有民族学，那么民族学就是无产阶级的，而非资产阶级学科了，所以就采用了民族学这一名称，改以民族为研究对象，主要从事民族问题的研究，一些理论也都是搬用苏联的东西，所以 1953 年重新起用的民族学，实质是民族问题的研究，而非关于文化的研究，这种定义、研究主旨的改变深受苏联的影响。

徐杰舜：现在看来，民族学受苏联的影响还很大。

石奕龙：当然了！正是这种影响的存在，所以我们现在还是能把人类学与民族学分开的。因为国内现在的民族学一级学科确实有它自己的一个套路，如民族学下属的二级学科包括马克思主义民族理论与民族政策、中国少数民族民族史、民族学、中国少数民族民族经济、中国少数民族艺术。而人类学如果要讲它的下属学科则应该是体质人类学、文化人类学（民族学）、语言人类学、考古人类学、应用人类学这五门。这五个人类学的分支学科彼此之间是相互有关联的，如人类学是研究人类的学科，人有两个属性，一是生物属性，这由体质人类学来承担研究它的任务。人又是一个社会文化属性的生物体，所以由文化人类学（民族学）来担当这一任务。人是文化的动物，其交流靠语言，所以语言人类学本应属于文化人类学，但也可提升为人类学下属的一个学科。另外，人类学研究的是人与文化的发生发展过程，你想了解这一过程就必须从源头开始，而你想要了解没有文字的古代情况，就需要有考古的手段，因此考古人类学也就自然成了人类学研究古代文化的工具，也成了人类学的一大分支了。至于应用人类学是因为人类学已有了 100 多年对人类研究的心得，有必要应用于现代社会，以便改善或改变人类社会中不尽满意的地方。所以在现代，应用人类学也应该是人类学下的第一层次的分支学科。至于这五门第一层次的分支下，当然还有其自身的分支学科了。如在文化人类学中，就有经济人类学、政治人类学、宗教人类学、心理人类学、法律人类学、象征人类学、生态人类学等等。这样列举是因为它们之间都有着学理上的区别与联系的。然而，现在的民族学一级学科下属的几个二级学科似乎没有太多的联系，有的学科的设定也有问题。如中国少数民族经济这一二级学科的命题是不妥的。以国家为单位从事民族问题研究，主要是针对国内的民族问题，我们国家的经济是一体的，已不存在少数民族经济，只存在着少数民族区域经济。因为在现存的情况下，哪有某个民族或少数民族独立的经济，有藏族经济、维吾尔经济吗？没有！只有西藏自治区的经济，某个藏族地区的经济，新疆维吾尔自治区的经济等，所以，现在只有少数民族区域的经济，没有民族经济。其性质应该是区域经济，最多与贫困地区经济一样。那么，这个区域经济中的各民族应同等对待，你就不能专门补助少数民族，也需要补助该地区的汉族，这样才是平等、公平、公正地对待各民族，因为现在在一些少数民族地区，汉族的经济与生活条件比有些少数民族还不如。所以，在民族学一级学科中，所谓的少数民族经济是没有的，应该将这一个二级学科改为中国少数民族区域经济，这样才符合当下民族问题的实际。至于民族经济那是人类学中的经济人类学研究的对象，因为经济人类学是研究人类不同民族的经济，研究的是他们各自不同的经济结构，而不是同一国家经济制度下少数民族居住区的经济。

徐杰舜：这是从学科上去讲，那你以后在人类学研究中主要方向是畲族？

石奕龙：不是的。我刚才强调的是重视实际，了解实际，然后通过不同族群的实际去比较研究，寻找共性的东西或做出合符历史事实与社会事实的解释。因此，在族群方面我的研究对象有畲族与汉族，而在汉族中则多关注闽南人和客家人。研究地区集中在包括福建、台湾等中国东南地区。而针对某一族群文化时，则注重他们特定的行为方式，如他们的各种民俗等，也就是注重它们的实际表现，希望实事求是地表述它们，解释它们。人类学研究者为什么注重研究民俗呢，是因为民俗都是一个一个族群或群体特定的一些行为方式，所以过去有些人类学家也会研究民俗，如林惠祥先生就写过一本《中国民俗学》。实际上，在现在的中国民俗学研究队伍里头，有一部分是从钟敬文先生的民间文学行业出来的，所以多来自中文系。另外一部分是来自人类学，人类学为什么能搞民俗学，而且比中文系出身的搞得更有味道，是因为人类学的田野调查往往要沉浸到一个文化中，当你在研究一个群体、族群、社区等的时候，实质上你应该了解他的全部，了解这个文化的所有细节，包括他们的行为、他们的思想，等等，也就是说客位的、主位的。所以所谓的民俗事项本应在人类学研究的范畴中，因此人类学的研究者完全有理由和可能去研究民俗，而且由于它的田野调查深入细致，所以更容易了解和理解一些所谓的民俗事项，也了解某种民俗事项与这一文化其他方面的关联，因此，也容易从事一些解释性的理论研究。总之，人类学是将民俗作为研究文化的一部分来加以处理的。

徐杰舜： 你这方面的代表作是什么呢？

石奕龙： 如上面已列举的《福建土围楼》《中国民俗通志：丧葬志》《闽南乡土民俗》《福建民俗》等著作都可以说是这方面的代表作，另外还有《泥土板筑的城堡——土围楼》。论文就多了，但比较多的集中在宗族组织、民间信仰这两大方面，如《同安吕厝村的王爷信仰》《明代惠东地区的海洋社会经济生活及其变迁》《百崎回民的"私家神"崇拜》《福建宁化石壁村客家张姓宗族组织的形成与发展》《宁化石壁客家公祠的建构与象征意义》《台湾鹿港郭厝郭顺直派的福建渊源》《福建惠安崇武潮乐村通婚圈与初婚年龄的变迁》《闽台闽南人民间文化的深层共性》《从孤魂野鬼到神灵的转化》《汉人社会村落仪式活动中的民间权威》《风水抑或资源控制：单姓宗族村落形成的主位与客位解释》《金门与大陆"私人佛仔"与"查某佛"的比较研究》《惠东女长住娘家习俗与蛋民无关》《关于澳门妈祖信仰形成问题的辨识》《妈祖信仰沿中国海岸传播的主要媒介》《宁化石壁俗民的世俗化宗教》《永定湖坑镇客家人的家庭组织》《福建各地土围楼形成的不同原因》《惠东女长住娘家风俗成因的历史人类学解释》《厦门岛共祀妈祖与保生大帝独特现象的解释》《三平祖师降"众祟"的传说及其象征意义》《闽西武平中山镇军家人与客家人的民间信仰》《厦门湾里的请王送王仪式》《宗族与家族：两个不同的概念与指称范围》《闽台民间信仰的道德力量》《中国汉人自发的宗教实践—神仙教》《闽南人的土围楼文化》《闽南文化、闽南人文化、下南人文化辨识》《台湾王爷信仰的福建源头》《厦门港朝宗宫乾隆皇帝御赐"恬澜贻贶"匾额之由来》《福建南部与台湾南部的请王送王仪式》，等等。当然在其他方面，如百越民族史、畲族历史与文化、文化人类学理论、应用人类学等方面，我也有不少著作，这里就不一一列举了。谢谢你利用此来厦的机会专程采访我！

【来源】《民族论坛》，2014年第7期，第20~29页。收入本书时略有改动。

从人出发再回到人

——访广西民族大学韦丹芳博士*

【被访谈者简介】韦丹芳，博士，广西民族大学教授。

韦丹芳博士

* 访谈人：徐杰舜。

徐杰舜：韦丹芳博士是我们学校培养的非常优秀的硕士生。我们学校培养研究生十多年以来，可以说为国家培养了一批有用的人才，韦丹芳就是其中的一位佼佼者。我知道，你现在的身份是壮族，但实际上却是宜州的百姓人。你自己是百姓人和壮族，我们这次不讨论你是怎样由百姓人变成壮族的，这在广西是非常普通的现象，但是就百姓人来说，你生在其中，他们的东西，你能否给我们作一个描述和介绍。

韦丹芳：我出生在广西宜州的一个小山村，村里的族群很丰富，有百姓人、壮族、瑶族和仫佬族。村子里通用的语言是百姓话，但在壮族内部则以壮话交流，瑶族内部用瑶话交流，仫佬人因为所占比例较小，在我的记忆里他们和我们一样是讲百姓话的。我妈妈和奶奶都是会讲壮话的壮族，甚至在日常生活中她们也用壮话交流，但我从小都讲百姓话，听不懂，更不会讲壮话。另外一个让我记忆比较深的是壮族和瑶族的仪式，特别是有人过世，他们会搞仪式，有时候持续三天三夜敲锣打鼓，令人印象深刻。还记得当时问过我妈妈，为何他们要这样做。我妈妈是都安的壮族，她说“我们壮族人都是这样做的，跟你们百姓人不一样。”那时就有朦胧的意识，百姓人跟壮族人不一样。不过最明显的还是语言，语言差异太大了。

徐杰舜：语言是族群之间最大的差别。

韦丹芳：是的。我们村里各种语言根本不是同属一个系统。我在做硕士论文的时候，曾专门学过壮话，壮话的语序是倒装，而百姓话是不倒装的。在我的印象中，小时候村里的族群关系还是挺复杂的，特别是和瑶族的关系，感觉基本上没什么交往，而且总觉得他们很特别。特别是他们在做完仪式后，会把香灰之类的东西留在路边，我们小孩都不敢去碰，大人也会告诫我们千万不要去碰那些东西，否则会怎样怎样的。读小学的时候，班里虽然几个族群都有，但我们很自然地会在自己的族群内找玩伴。想想也挺有意思的，那么小的孩子，竟然也会有“我者”和“他者”的概念。

徐杰舜：你是说，百姓人不觉得自己特别，而觉得壮族和瑶族很特别，他们有很多仪式？

韦丹芳：是的。村子里的壮人和瑶人的仪式特别多。上小学的时候，从我家到学校要经过一段林木比较多的路，路边正好是一个壮族人家，我们在一大早上学时，经常看到她家门口的路边放着一个筐，筐里点着香，这总会让年幼的我们感到不安，所以上学时往往会结伴同行，路过她家门口大家便会一起跑着过去，绝不敢停留。百姓人对“上门”也有看法，觉得“上门”是很不好的事，只有家里穷到没有办法的人才会去“上门”，但对瑶族而言，“上门”却很普遍，这也是小时候经常听到大人说的。小时候村里还流传着某某人家会放蛊，而会放蛊的人绝对不会是百姓人，现在看来，这是对其他族群的妖魔化。

徐杰舜： 实际上，你是生活在一个文化多样性之中。

韦丹芳： 那时不知道文化多样性，只是觉得我们和他们是很不一样的。

徐杰舜： 在你刚讲的小时候记忆里，一是瑶族人“上门”，百姓人不“上门”，或者百姓人对“上门”是有看法的。小时候，村子里很少有百姓人和瑶人通婚的，但和壮人通婚的比较多，一般都是壮人嫁到你们村。二是壮族人会做很多的仪式。除了这两个记忆之外，还有什么东西对你印象非常深刻的？

韦丹芳： 还有就是语言。我小时候只会讲百姓话就可以了，但村里的壮族和瑶族的孩子却要学百姓话。在村子里，不同族群互动时，是用百姓话交流。但一到街上，就不一样了，即使是到离村子几百米远的太平街，大多也是说宜山话（是西南官话的一种）。另外一个记忆是瑶族居住的地方，巷子里往往有很多牛粪、猪粪之类的。他们的厕所的结构、位置也和我们的很不一样，厕所安排在屋外。小时候对这种不同是无法理解的，现在看来，无非是生活习惯的不一样罢了。瑶族在迁到我们村之前，是住在大山里的，猪和牛大多都是放养，迁移到我们村子后，他们还继续保留着以前的传统，所以才会出现这种情况。

徐杰舜： 也就是说，他们是村里的另类？

韦丹芳： 是的。一直觉得他们跟百姓人很不一样，甚至到现在，村子里的族群边界还是很清晰。

徐杰舜： 这就是族群之间在空间与时间的差距。

韦丹芳： 对，这个概括很到位。前些年讨论族群关系的成果很多，在我看来，我自己的家乡就是一个很好的族群关系研究的田野点。

徐杰舜： 这说明，你从小生活在这样一个文化多样化的村庄里，现在从某种意义上可以讲，从你很小开始，你就是一位天生的人类学者。因为你一开始就生活在文化多样性之中。

韦丹芳：对于人类学来说，异文化的冲击非常重要。我们现在强调本科生一定要到异文化做田野，也就是让他们能真正体验到异文化的魅力。而我有幸生活在这样一个族群文化丰富的村子，确实有助于我对人类学的理解。

徐杰舜：你那个村庄是瑶族、壮族和百姓人是混合住在一个村子里吗？总共有多少户人家？

韦丹芳：都住在同一个村子，但还是会有相对集中的居住区域，特别是瑶族和百姓人，住的地方分得比较清楚，壮族则穿插在其中。我们村子很大，有五百来户吧。

徐杰舜：那就是一个大村庄了。

韦丹芳：据说是广西比较大的村庄之一，不仅人口多，地域范围也比较大，百姓人和瑶族的居住分界线也是比较明显的。听村里的老人讲，村里的壮族大多是嫁进来，或是来“上门”的，瑶族则是20世纪五六十年代整体搬迁进来的。

徐杰舜：这个历史很容易查清楚的。

韦丹芳：因为没想过要研究自己的村子，所以也就没有查过相关资料。我是因为学了民族学专业，回家就喜欢听老人讲一些村里的事，特别是爱听我爷爷讲，他是一位地理先生，当时很多人都来找他看风水。我爷爷当时在村里有一点文化，喜欢这些传统知识（风水知识），在我们那个地方还是有一点威信的。小时候经常有不同地方的人来我家找我爷爷，我从小就爱跟在他旁边听他们聊天，总能听到很多很有意思的事。

徐杰舜：所以，从某种意义上讲，你现在从事人类学研究跟你很小开始的生活环境、文化环境，都有很大的关系。讨论这个问题，我们人类学关注的本身，最重要的就是关注文化。文化这个东西，既看不见，好像又摸不着。但是，你如果真有人类学的眼光，有人类学的观察能力的时候，那满眼都会是文化，什么东西都是有文化的。文化无处不在，甚至在某种程度上是决定因素。我们学马克思主义懂得，物质决定精神，精神反作用于物质，这是最基础的。而精神的反作用力又是非常广也非常大的。你从小生活的环境里就决定你会做这方面的研究，你就有得天独厚的有利条件。我们在学习人类学过程中，如果说要把自己培养成一名人类学工作者，那你要有文化的眼光，文化的眼光就是要有比较的方法，这非常重要。

韦丹芳：徐老师说的这个文化比较的方法，我非常赞同。

徐杰舜：你正是在比较中，发现自己与壮族不同，与瑶族不同。我在更大的范围讲，百姓人与其他族群有什么不同。这些东西在现在的学习当中，一句话，很简单——“比较的方法”。实际上，去运用它时往往很难做到，也需要一个很长的过程。你硕士论文做的是手工造纸吧？请你把硕士论文简要介绍一下。

韦丹芳：2000 年我考上本校（广西民族大学）研究生，专业是民族学，导师是万辅彬教授，当时科技史没有硕士点，只是挂在民族学下面，有一个少数民族科技史研究方向。我在毕业论文选题时，围绕怎么选题，跟万老师有过很多讨论。他希望我的选题既是民族学的，又能体现科技史，最好是能将两者结合起来做。最开始他希望我跟他一起研究铜鼓，万老师是铜鼓研究专家，认为铜鼓里面有很多东西都值得去研究，然后让我去搜集与铜鼓相关的文献。我看了文献后就对万老师说：“您和蒋廷瑜老师把我能想到的铜鼓的问题都研究完了，我不知道在铜鼓领域还有什么可以做。”万老师人特别好，他并没有因为我的无知而责备我，而是对我说：“既然你现在没有办法在铜鼓方面找到研究的突破口，那你对什么东西感兴趣呢?”我记得当时是说对传统工艺感兴趣，这也许跟我是女性有关吧。因为在农村长大的缘故，我见过不少手工制品，但很少去关注它到底是怎么做出来的。谈到这一话题时，我举了一个例子，说像我们每天都会用到的纸，是机器生产出来的，但是我不知道在民间如何用手工的办法做出纸张。当时黄世杰老师也在，他说贡川就有手工造纸，愿意带我去贡川看看。

徐杰舜：贡川是在哪个县?

韦丹芳：贡川是一个乡，隶属于大化瑶族自治县，村子位于红水河畔。到了贡川，看到整个村子几乎家家户户的房子外墙都特别白，不少人正在将湿纸贴到墙上，利用自然将湿纸风干，这是我第一次看到这种情形。因为在我生活的环境里完全没有这种工艺。之前，我理解的手工，只是家里编个竹篮，或者织布、绣花之类的。没想到这个村子以手工造纸为生计，几乎家家户户都在做这个，觉得很有意思。当时觉得这个传统手工造纸，至少还是有一些科技含量的。贡川村大多都是壮族，而且造纸的规模很大，是否可以透过这项传统技艺，来探讨这个村庄的文化？我把论文分为两大部分：一是用科技史的方法描述工艺过程，二是探讨与传统造纸技术相关的人及围绕技术形成的族群文化。毕业论文答辩后，论文虽被评为“优秀”，但总感觉里面有不少问题。我很想把科技史和民族学或说人类学的东西结合在一起，但总觉得对人类学的把握不够。论文里展示更多的是一项技术或说只是一个工艺，而文化只是简单地与它对接起来，没有将两者糅合在一起。我的硕士论文得到了科技史前辈中科院自然科学史所陈久金先生和张柏春先生的肯定，后来删改成近三万字发表在核心期刊《中国科技史料》上[1]。但与我最初的目标，透过技术观察社会是如何运转的，还有一段距离。也正是这项工作让我去考虑科学人类学，技术人类学，或说科技人类学的一些话题。

徐杰舜：一篇近三万字的文章能发在核心期刊上，而且是在当时，真的相当不错。

韦丹芳：科技史的一些前辈对我的那篇文章评价还可以，我现在去参加学术会议，还有一些初次见面的前辈说：“你就是韦丹芳啊，我读过你那篇造纸的文章，做得不错。”在工艺方面，我做得还是蛮详细的，但从人类学的角度对技术史的思考，手工造纸的个案中还存在很多问题，有很大的研究空间。

徐杰舜：这个问题在哪里呢？问题在于当时你关注的是贡川造纸的过程，这是技术史研究，是科技史的路径。如果更多的关注他们的生计方式，为什么这种生计在贡川能从当时发展到现在，还有在造纸过程不同环节里人所处的位置，以及他们之间的关系，在这些方面给予更多的关注，那就更是人类学的成果了。

韦丹芳：这几年我也一直在思考这个问题，后来也做了几次补充调查，希望能把硕士阶段做的东西丰富起来，最后出版成一本小册子。里面确实有很多东西值得探讨，包括徐老师您提到的，为什么在这样一个环境和这样一个传统壮族村寨形成了这样一个产业和传统。

徐杰舜：而且它的历史还不会很短。

韦丹芳：对。它的历史也很有意思。我之前只是从文献方面来考虑贡川造纸的历史，少数民族的文献本来就少，与传统技艺相关的记载更少。从我搜集的文献来看，当地至迟到晚清就有造纸了。但我在调查中搜集到的故事，却把造纸的出现追溯到汉代，说是一个叫董永的当地人发明了造

---

[1] 韦丹芳：《贡川壮族纱纸的考察研究》，《中国科技史料》2003 年第 4 期。

纸，贡川的这个董永和中原的董永是怎么回事，是不是意味着这项技术是汉人传进来的？这些都是做硕士论文时没有考虑的。

徐杰舜：非常不错，毕竟当时是做硕士论文嘛。如果你把这些东西都补充进去，将来这一成果很可能不只是一本小册子，你一定还会做得更优秀，做成一个非常重要的、具有代表性的科技人类学的成果。

韦丹芳：这还需要徐老师多多帮助，多提意见。刚才您提的那些方面，我觉得自己还可以下很多功夫，包括工艺中人的位置和人与技术的时空观，这都是我之前没有考虑过的。

徐杰舜：人类学是关注人的行为方式以及他的表达，从技术本身层面去研究，这个方面你已经做得很好了。当时我对你的这一成果也是评价很高的，为什么呢？因为我在浙江从事中学教学工作时，曾带学生去山区里—也就是千岛湖实习，就发现那个村子里都会做竹纸，将毛竹与石灰浸泡，泡烂了以后做成草纸，广泛用于日常生活，比如做包装纸，包点心，这是非常原生态的造纸，而且那纸都是用石灰浸泡杀了毒的，非常卫生也很环保。当时看了你的论文，对我来说确实是一个很美好的回忆。你的论文确实也是做得非常不错。硕士毕业后你留校工作，在哪一年考博？

韦丹芳：工作两年后的2005年我考取了北京科技大学的博士研究生。其实，2003年我毕业的时候就可以直接去考的，那时科技史和人类学领域的多位学者在广西做田野，我也有幸陪几位博导下乡，他们对我做的工作还是比较感兴趣，也欢迎我去他们那里读博士。但我当时觉得自己完全没有工作经验，一直都在读书，对自己未来的发展定位不清，对自己是否有能力从事这一领域的研究也有所怀疑。这可能也跟自己那几年连续的田野工作，感觉有一点疲惫有关。

徐杰舜：是不是觉得有一点审美疲劳？

韦丹芳：可能是吧。当时除在贡川连续调查了三个多月外，读研期间的每个暑假也都是在田野中度过。后来还参与了多个项目的田野调查，整个研究生三年，待在田野里的时间肯定超过了半年，从田野点回来之后就感觉特别累。很怀疑自己是否有能力做这个专业，所以就想先工作，看看是否真的适合做这个专业，然后再考虑读博士。工作两年之后觉得，其实所有的东西都是可训练的，而且本来就对这个专业感兴趣，所以就开始考虑读博士的事了。在考博的时候，也曾犹豫到底是考人类学还是科技史，因为自己做的是交叉学科，两个专业都可以考。最后，为了圆自己的一个梦，还是决定考科技史。之所以考北京科技大学，除了学校科学技术史专业的强劲实力外，还有一个偶然的因素，2005 年，我获得梅隆基金资助，有机会到英国李约瑟研究所作短期访学。而这个时间段，正好是各大高校博士研究生入学考试的时间，当年有科技史的单位只有北京科技大学的考试安排在 11 月，所以就决定在去英国之前，先把考博的事做完，如果能考上，从英国回来后就去读书。后来，运气也比较好，正好考上了。就这样，2005 年 9 月，我开始在北京科技大学攻读博士学位。

徐杰舜：你在英国李约瑟研究所访学，去了多长时间？请你把这段经历介绍一下。

韦丹芳：我在那待了三个多月。李约瑟研究所是一个研究中国科技史的学术机构。我当时机缘还是比较好，李约瑟研究所想了解中国西南科技史研究的情况，然后就想找个年轻人过去交流。在我的硕导万老师的推荐下，我拿到了这个名额。这是一个很好的学习机会，我也从中学到了很多知识。虽然我在英国呆的时间不长，但有幸认识了不少国内外的科技史前辈，并有幸与剑桥大学人类学系系主任艾伦·麦克法兰有过一些交流学习。他研究人类学，出了一本专著《玻璃的世界》，是从人类学视角出发对玻璃的研究。讨论玻璃是如何在世界范围内传播的，当时感觉这种研究非常有趣。在剑桥的一个重要收获是意识到人类学和科技史并不是毫不相干的，而有很多关联。那时国外已经有很多学者都像这样开展学术研究。也是从那时候开始，知道国外人类学家已经把田野点从传统社区转到出产高科技知识的实验室，并有不少成果出版。出去学习，对于我们年轻人来说，确实非常有帮助，不仅能够认识很多学者，而且在学术研究方面，也能接触更多更新的东西。后来，我们还跟剑桥大学人类学系合作，对西南濒危传统工艺进行了调查，虽然这个项目给的资金不多，但毕竟建立了联系，这项研究的成果我们也出版了[1]。可能就是在那时，我才真正明白“越是民族的，越是世界的”。我在与麦克法兰教授交流时，感觉他对中国的少数民族文化非常感兴趣，他们非常希望在中国西南开辟一些田野点。后来，我知道他们也在这样做，比如在贵州、云南，尤其是在贵州，有几个剑桥大学的博士生在那里蹲点做田野。当时在剑桥的时候，还认识了一位朋友，她也是科技史出身，跟我一样是去做短期访学的，她想在剑桥读

[1] 万辅彬、韦丹芳、孟振兴：《人类学视野下的传统工艺》，北京：人民出版社，2011.

博士，所以就自己联系导师，后来在剑桥大学读了人类学的博士。国内现在也有一些人具有科技史和人类学的学科背景，并在对科学或技术做人类学的研究。

徐杰舜：这就是学科交叉。做学术研究脚踏两只船，可以得到一些别样的收获。你在英国的几个月访学还是非常有意义的。现在跟英国李约瑟研究所那边还有联系吗？

韦丹芳：有的，一直保持着联系。2012 年暑假他们还给我寄来了一整套李约瑟主编的《中国的科学与文明》（*Science and Civilization in China*），共 23 册。开学时，杨文定等几个同学把这两大箱书扛到科技史研究中心资料室，上好了架。跟他们还是一直都保持联系的。每年我们有学术会议都会邀请他们，这几年都有人过来参加。2012 年我们在青海西宁开少数民族科技史会，李约瑟研究所的图书馆馆长莫菲特就专门过来参会。2012 年年底我调到学校学报工作后，还与剑桥大学迈克法兰教授的助手取得了联系，并与他们签订了合作意向书，由他的助手王子岚女士为我们学报组一期人类学的稿子，并且免费提供他们正在开展的“康河计划—保护即将消失的世界”中对人类学大师的访谈资料。所以出去访学，对自己来说，不仅能提高语言能力和学术能力，拓宽学术视野，还能建立学术联系。

徐杰舜：现在你博士后也读完了，可以不断地去那里访问，你现在不需要去那里长期待了，不过哪怕是作短期的访问，比如半年，都是可以的。这样可以保持与国际学术界沟通、交流的畅通。这一点很重要。

韦丹芳：我现在也有这个计划，但要先将手头的工作做完，不能拖太久。这些方面要向徐老师好好学习，能够将很多的事情都综合起来处理完。在这方面，很多前辈学者都做得很好，包括万老师也是做得很好的。

徐杰舜：交响乐一向这样。人生也是如此。你在英国访学回国后就去北京读博士，那三年工科博士研究体验如何？

韦丹芳：刚开始时，我是雄心勃勃，希望自己能学会一套工科的治学方法。我的博士生导师李延祥教授是中国有色金属冶金考古和冶金史的主要研究者之一。科技考古的传统研究方法是在文物上取样做化验，检测它的成分，考察文物的制作背景，这其中最关键的就是取样。而要在文物上取样做研究非常困难，受到的限制也很多。那怎么来做冶金史呢？我的导师在做博士论文时就专攻如何通过冶炼的炉渣来研究冶金史，他建立了以炉渣的铜硫比和渣中夹杂含铜颗粒成分判定冶炼工艺类型及产品成分，以各造渣成分的来源为线索判定渣与矿和渣与流程关系的研究方法，并建立了相应的指标体系和数学模型，在学界影响很大。他利用自己创立的炉渣研究方法，对铜绿山古炉渣、南京九华山唐代炼铜渣、新疆尼勒克奴拉赛铜矿冶遗址的炉渣、辽宁牛河梁出土的冶铜炉壁残片、内蒙古大井古铜矿冶遗址的炉渣等的研究成果填补了不同地区和年代冶金史的空白，对揭示炼铜技术在中国文明中的作用意义重大。当时我就想跟他好好学这套分析方法，然后就进了实验室，跟随我的同门师弟李建西学做实验，当时他虽然只是在读硕士，但因为本科学的是文物保护，基础较好，对他而言非常简单的实验，在我这里却是一头雾水，很多东西我都无法理解。我也弄不明白，在那么多的实验数据中，为什么要选择这组数据，而不选那组数据。我在操作扫描电镜观察样品时，他告诉我哪些东西是我们要找的，哪些不用管它，但在我看来全都一样，没有什么差别。实验之后打印出很多数据，我也弄不清楚哪个数据有效哪个无效，在实验上花了很多时间，但我还是无法进入状态。

徐杰舜：这是文化断裂了，因为你没有经过本科的基础学习，又没有硕士的专业训练，就直接进入博士阶段的工科研究，这断裂后的研究学习确实是有难度，不过感觉还是很好玩，也很有挑战。

韦丹芳：确实是。不过，这也跟自己下功夫不够和没有工科的悟性有关吧。我自己也是有些三心二意，当时我是在职去读的博士，学校这边的课还要上，精力也是有点分散，所以想想还是决定放弃实验的研究路子，不过毕竟是体验了工科是怎么做的，还是很有用的。正因为有过这些体会，才使我在博士论文选题时，决定把人类学和科技史结合起来做，考虑到以后自己的发展是在中国西南边疆地区，还是在自己生活的周边地区选题，最后决定研究老挝克木族的铜鼓。最终自己还是跳不出研究铜鼓。硕士时，万老师想让我做铜鼓，我觉得没有什么可做了；到博士时，再去看铜鼓的文献，突然发现原来铜鼓还有这么多的东西可以研究，当时我怎么就没有看到呢？

徐杰舜：这个是眼光的问题。就像你在工科实验中不知哪些数据有用，即使打印出来了，也是不知道。也像在硕士阶段做毕业论文一样，当时没有这个眼力，脑子一片糊涂，觉得蒋老师、万老师把铜鼓研究都做完了，我还有什么可做的？而一旦你有人类学的眼光了，也就是你有了学术的理论眼光时，你就有了透视的作用，显微镜放大的作用，你一下就可以看到值得研究的问题。这个能看到与看不到研究的问题，我觉得这是一个眼光的问题，学术的眼光犀利了，也就是穿透问题的能力。所以你在做博士论文时，就发现原来还有老挝的铜鼓没有做呢。

韦丹芳：是的。当时我做文献研究时，发现中国和东南亚都有铜鼓。越南铜鼓的研究成果很多，因为他们一直想要证明铜鼓的起源问题。中国学者对铜鼓的研究就更多了，研究方法包括人类学田野调查法、科技考古的方法、文献法等等，都做得很好。但很多的经典工作都是关注早期铜鼓，对于年代比较晚的铜鼓的关注并不多。特别是传世的铜鼓，因为它的历史比较短，纯粹从考古的角度去研究价值不大。成分分析、矿料来源等研究的价值也不大。我为什么对传世铜鼓感兴趣呢？正因为它是传世的，人们还在使用它，有人就必然有文化，可以通过人类学的视角去做一些分析。而国内的传世铜鼓的研究已经取得了不错的成绩，但对东南亚传世铜鼓的研究却是不多见。基于这样的考虑，我就把研究对象确定为东南亚的铜鼓。起初是想选缅甸的克伦鼓，也就是中国说的西盟型铜鼓，这类型的鼓以前在云南有很多，后来因为各种社会运动，很多传世铜鼓都被打碎了。现在云南还在使用的西盟型铜鼓已非常少了。但是在老挝和缅甸，这个类型的铜鼓还保留得很多，很多民族仍在使用。而且使用这一类型铜鼓的区域正好是连在一起的。当时想选缅甸，但缅甸不太容易去。然后就选了老挝作为田野点。正好万辅彬教授当时在做一个铜鼓文化保护的国家社科课题，就让我承担其中一个子课题，并亲自带着我去老挝考察。整个调查花了好几万块钱，全部经费都是万老师资助的，所以我特别感激万老师。我最初的想法是以人类学的视角去探讨铜鼓文化，但考虑到自己要拿的是工科的博士学位，毕业论文是在冶金学院答辩，还要通过学院的学术委员会评审，我的博导和研究所的其他老师都建议论文最好有史学和工科的一些东西，当然也可以把人类学的东西放在里面，但不应该是重点。所以最后我的论文中人类学的东西只占了很小的一部分，比如当地人对铜鼓纹饰的解释，当地的稻作文化、信仰与铜鼓的关系等❶。所以在我博士后进站时，周大鸣老师看完我的博士论文，说了一句非常到位的评价：论文只见物不见人。

徐杰舜：不过，见物不见人，这也是科技史学科的最大特点。

---

❶ 韦丹芳：《老挝克木鼓与相邻地区同类型铜鼓研究》，北京：中国科学技术出版社，2014.

韦丹芳：是的，不过也正是因为意识到这点，才促使我下决心去做博士后，希望能在导师的指导下，从人类学的角度对铜鼓研究作一点突破。

徐杰舜：你的博士论文以科技史为主，见物不见人，然后博士后研究在见物之后再见人，那这样一个主题的研究也就比较完整了。接着这一话题，也就要进入我们要探讨的科技人类学这一重大主题了。科技人类学发展到现在，有了很多进步。我们学校很早就跟国内研究科技人类学的老师深入开展交流合作，如刘珺珺、刘兵等老师。他们也都有很多杰作。刘珺珺还曾邀请我去南开大学参加他学生的博士论文答辩。科技人类学在中国现正处于兴起中，我不太了解国外的研究情况，但国内至今还没有出版专门讨论科技人类学的中文学术专著。因此我建议你今后将科技人类学作为一个研究方向加以关注。你的学术之井，从少数民族科技史，挖到铜鼓研究，都是研究少数民族，你经过了比较好的学术训练，对“从物到人，从人到物”，都有所关注，也感悟到了科技人类学。因此从理论角度思考如何建构这一学科，尤显迫切。这也将对我们今后的研究有非常重要的价值。请问现在你对科技人类学有什么看法？

韦丹芳：国内科技人类学是20世纪90年代末期出现的一个新兴研究领域。1995年，河海大学社会科学系的丁长青就提到了“技术人类学”这一概念。后来，南开大学的刘珺珺教授提出应该采用民族志的实验方法来研究科学活动，把“实验室”当成人类学研究中的田野点。万辅彬教授认为少数民族科技史重视对精英思想以外的地方科技文化的考察，它重视通过长期的亲身实践而得出的特殊经验，因此将少数民族科技史发展到科技人类学，将可以增加对少数民族科技史研究的深度和广度。田松博士在对纳西族的自然观进行研究后，提出从少数民族科技史走向科学人类学是一个自然的发展途径。清华大学的刘兵教授和他的博士生卢卫红认为，除科技史研究在引入人类学独特的参与参观法外，作为人类学三大理念的文化相对论、文化整体观和跨文化比较研究方法也应被引入科技史的研究中。从国内已有的这些讨论来看，研究者大多是科技史家或科学社会学家，极少有人类学家讨论此问题。在实践层面，也有不少的探索，如王丽的博士论文《剪纸流变与乡土社会文化表述—对蔚县纸艺饰品的考察》❶、徐越如

---

❶ 王丽．剪纸流变与乡土社会文化表述—对蔚县纸艺饰品的考察［D］．天津：南开大学博士论文，2003.

的博士论文《文化现场：对两个科研机构的实地考察》[1] 等等，除了科学社会学和科技史专业的学位论文外，听我的博士后导师周大鸣教授介绍，他带的几个博士生也正在做相关的选题，如对手机的人类学研究、对广州某肿瘤医院的人类学研究。我现在带的一个硕士也正在以某个实验室为研究对象，进行人类学研究。我个人觉得国内的科技人类学的个案研究存在两个问题：第一，将运用了田野调查方法的科技史研究等于科技人类学；第二，缺乏学科理论的指导。换句话来说，现在国内对科技人类学的研究并非人类学家主导，而是由科技史和科学社会学领域的学者在主导。科技人类学跟人类学有交叉，但人类学界以科学技术为研究对象的成果却非常有限，甚至可以说，人类学对科技人类学的关注很少。传统人类学研究确实非常关注地方性知识，如今传统社会也在逐渐全球化，科技的影响力越来越大，但人类学界的关注却不太多，不知原因何在？徐老师您一直在人类学领域耕耘，且成果卓越，还得请您给我们介绍一下这方面的情况。

徐杰舜：对这一问题，我有一点个人的思考。实际上现在的西方人类学，面临一个巨大的转型。19 世纪时，出现外国人研究中国人的著作，大多记录和探讨中国人的性格和行为方式，这些都是传教士们的作品。当时它关怀的也是人类，只不过关怀的是“我要殖民”，因此跑到中国来，首先了解中国人是怎么回事？他们到中国来看见三寸金莲穿着小鞋的女人，头留长辫子的男人，这与西方人是完全不同的形象，中国人的生活方式与西方也完全不同。近代以来，西方学者到中国都发现中国的家族、宗族非常严密地组合在一起，这跟西方非常松散的关系完全不一样。所以他们从异文化角度去思考文化人类学的理论和人类学的方法。然而 20 世纪 60 年代以来，整个人类学研究发生了转变。西方人类学学者不能再以原有视角和方法到非洲、亚洲等地去开展。

人类学研究，他们不得不将眼光转向本国。这是人类学研究的一个非常重要的拐点。这就导致他们从关注遥远地区的人类学，转向现代人类学，开始关注自己的生活。尤其是在上世纪 70 年代至世纪之交，这一研究趋势增强，应用人类学在美国和世界范围迅速崛起。本来在几十年、上百年，甚至近千年内，一个小型社会、原生态的社会长期以来发展非常缓慢，没有什么变化，比如千年古村江西流坑，永州也有很多非常古老的村

[1] 徐越如：《文化现场：对两个科研机构的实地考察》，南开大学博士论文，2002 年。

庄。我有个学生曾到永州一个村庄去做调查，那个村庄有七八百年的历史了。然而，正是受全球化的影响，人类学老一套的研究也就无法适应当代的发展了。这种不适应，又为何会导致新的研究迅速出现呢？这是一个人类学和所有学科牵索关系的问题。人类学一个基本特征，就是以研究人为主。第二个拐点就是“千手观音”，人类学要和所有学科牵手。人类学作为关怀人，关注人类的学科，是以自然科学、社会科学全部科学知识为根基的一门基础学科，那么所有的学科都要同它牵手。因为经济学是讲如何运作资本获得利润，关注的是经济本身，而不是关注与经济有关系的人，那经济人类学必然要发展起来。教育也是如此，教育纯粹讲如何上课，如何使用教材，形成了一系列的教育规范和原理，但教育教的是人。人，即小学生、初中生、高中生、大学生、外国学生都是人，教育当中人与人的关系，如老师与学生、领导跟老师等的关系，没有人关注，所以教育到现在，发展缓慢。即便是如今对待幼儿园的小孩，我们都不得不从人的角度重新思考教育这个问题，所以教育人类学也在迅速发展。人类学发展的这两个拐点，正使其应用性迅速突显出来，尤其是在美国，在医学、教育等领域都涌现应用人类学。比如，医学人类学，在我们中国直至“非典”时才对医学人类学有所认识。我们的医学原来一直关注治病，生了什么病我就给病人治什么病，而不会去关注生病的人，也就是只管病不管人。比如，病人得了肺病，就治肺，而不会管人的感受如何。

韦丹芳：也就是病人在医生眼中，只是一个个的人体器官，并不是一个整体的人。

徐杰舜：是的。我们中国的医生，没有学过医学人类学，他只把人当病。而在西方，医生要给你检查哪个部位，如何检查，他事先都会向你交代清楚并征得你的同意。而我们的医生呢？作为妇产科医生，将门一开，一大伙实习生涌进病房，根本没有那种意识和感受。前两年召开一个人类学会议，美国的人类学会议至少都有五六千人出席，其中国外代表两千人，像赶集一样，很多专题研讨会，你喜欢哪个就去哪个。而在国内我们人类学开一个五百人的学术会议就忙得一塌糊涂了。美国的人类学非常发达，科技人类学也是如此，但是还没出现一本真正学术意义上的科技人类学专著。正是像国际上也没有一本像样的乡村人类学著作一样。我后来写了一本《乡村人类学》。我们中国学者研究中国，都是将视野投向乡村，西方学者到中国来研究人类学，也是走向乡村。这自然而然地形成了一个人类学的乡村学派。就科技人类学，在当代条件下，它要关注的问题更多的是，首先关注科技自身的发展。其次，重点关注科技发展过程中的人。

韦丹芳：我个人觉得，国内科技史、科技哲学对科技本身发展的关注已经非常多了，但是正如您刚才所说的，还没有将人与科技对接起来。也正是这一原因，科技史和科技哲学领域，已经提出了科技人类学，或科学人类学的概念，但是在开展学术研究过程中，发现很多科技人类学的案例研究，里面要么是科技和人两张皮，要么更多地讲技术，或技术对人有什么用，只是到这个层面，而没有真正关注到科技发展过程中人与技术的关系，如人为何一定要用这一套技术，而不是其他的？这类的关注非常少。

徐杰舜：是的。之前我也跟我们学校的一些老师交流探讨过要关注这个问题，可是没有下文。我在做乡村人类研究时，前后思考探索了八年，最终才有了《乡村人类学》❶ 这本小册子。开始我给学生开这门课程，只能借鉴农村社会学那一套东西。它强调的是社会，没有人类学的味道。这是我们同学们都应特别注意的问题。什么是人类学的味道？我想来想去就是人。因为人类学关怀的是全人类，所有文化跟人的关系，人的一切行为方式和文化表达。那么乡村人类学和农村社会学的不同在哪？我在教学中，一边教一边与同学们交流讨论，逐步形成一个比较明确的答案，关注乡村里的人，乡村里的人与人之间的关系，乡村里的一系列东西就出来了。我写的乡村人类学就强调农民和农民组成的聚落。

韦丹芳：您说到这，让我想起在科技人类学里，也可以这样去考虑这个问题，也就是考虑科技当中的人，这里面人与人之间的关系和组成的群体。如特拉维克的专著《物理与人理》❷，特拉维克是个女人类学者，她以人类学的视角，考察了高能物理学共同体，书中展示了高能物理学共同体的组织结构、成员科学生涯的不同阶段、成员共享的物理学理论，以及物理学家为了进行工作所建造的环境和仪器设备。通过描述实验室内部不同分工的人群差异和关系、同类实验室的竞争与合作、物理学家的婚姻和友情等，清楚地展现了高能物理学实验室里的人的社会网。从某种程度上说，也是跟乡村人类学一样的道理。

徐杰舜：是的，都涉及人。乡村人类学关注乡村里住在一起的人，也

---

❶ 徐杰舜、刘冰清：《乡村人类学》，银川：黄河出版传媒集团，宁夏人民出版社，2012.

❷ 沙伦·特拉维克著，刘珺珺、土大川译，《物理与人理——对高能物理学家社区的人类学考察》，上海：上海科技教育出版社，2003.

就是聚落、农村。人在农村要生存，涉及生计方式——农业。农民在生产生活过程中，又组成了最具有特点的非常复杂的宗族和宗族关系。政府要管理农村，控制乡村社会，乡村政治又出来了；人在乡村有自己的信仰和文化，从而一系列的东西都出来了。如果今后修订《乡村人类学》，我就将你的科技人类学的相关成果也吸收进来。

韦丹芳：非常感谢徐老师的厚爱。您的这个探索思路，给了我很大的启发。之前我一直觉得，简单地讲技术，人围绕技术发生的事情，总感觉缺少了什么。正如周大鸣老师所说的“见物不见人”，我在科技人类学的探索过程中见到的还仅仅是物，还没有凸显出人的存在。

徐杰舜：是的，这正像农村社会学，见农村不见人。

韦丹芳：人类学的特点就是见人，透过人来看社会，看人是如何被组织起来的。

徐杰舜：因此，所有的学科都没有人类学那么重要，就在于人类学是从人出发。无论研究政治、经济、文化、心理学、教育学等等，最后的研究都还是要回到人。而我们现在整个国家，或者说整个世界的研究，都非常缺少这种意识和思路，都将人与研究割裂开了。当代社会和学科分工越来越细，越来越割裂，越来越碎片化，正像研究心理学的，碎片化研究后的心理学者个个都精神出了问题。经济学家就个个都去社会发财了。那些中国所谓的主流经济学家都被人骂作为美国人服务的汉奸。只有非主流的经济学家才是真心在关心中国经济的发展。而中国的教育越搞越糟糕，越搞越失败。所以，人这一关过不了，我们党以人为本的执政理念不落实，那前进的道路是行不通的。科技人类学作为你的一个研究方向，在这一方面吃透，就会将所有问题都落实到人身上去，与人产生关系。例如，就以传统的数理化这些科技基础而论，数学跟数字打交道，随着当代科技的发展，人已经被数字包围了，已经被数字化了。科技发展的数字化，以手机为例，手机号码作为一组数字，就将人给控制住了。包括现在的手机都可以刷卡了，手机往刷卡机上一放，号码就显示出来，个人账户等信息也显示出来。我们现在社会里的人，也已经被数字化了，身份证号码代表一个人，将身份证号码定了位也就将人定了位。银行账户和密码也是如此。因此从数学、数字角度去研究，那么人在这其中的关系会怎么样？就以银行卡为例，刷信用卡时我们感觉刷卡花钱很爽，却没有付现金的感觉，这个现象摆在我们现实面前，如何去研究数学跟人的关系。就科技史里的科技人类学研究而言，将很可能有一章要讲到数学与人。现在有一本专著《数字人类学》[1]，但里面还是只见数字不见人。因为作者没有经过人类学训练，也没有人类学的意识和概念。

韦丹芳：这方面的问题，确实也是比较难处理。科技哲学领域虽然有过很多关于科技伦理的讨论，其中也涉及人与技术的关系，但是总觉得缺少点什么。今天听了徐老师您的这一席话，才明白问题的关键在于是否是从人出发，最后也要回到人身上，不能把其中的某个部分剥离出来。人类学的整体观很重要，做科技人类学方面的探讨，也要有整体观和文化相对论的理念。如何真正从人出发来讨论科技知识，最后又回到人身上，确实是一个要考虑的话题。

徐杰舜：是的，也可以说是没有人去真正思考这个问题。不过，这个问题确实需要有你们这些有数学基础，且精力旺盛的青年人去思考。现在社会为什么数学更重要？事物为什么要简单的数字化？为什么数学系学生学的是更高级的软件？从科技史角度讲，这些都是很有关系的，这些都是很有意思的思考。一个问题一个问题研究下去，研究透了，整合起来也就具有突破性意义，这也就是科技人类学。物理，如今我们也是被物理包围了，手机就是物理，手机就将我们定了位。探讨科技人类学，谈到物理时，再去看看电影《手机》，手机影响到人，影响到夫妻关系，影响到婆媳关系、朋友关系等等。物理的东西很多，比如厨房里的所有东西都是物理的，洗衣机也是物理的，过去妇女每天洗衣服就够她受了。那现在有了洗衣机，就解放了妇女。洗衣机有立式、滚桶，高净度、烘干等不同款式和功能，还有适用不同衣物门类的洗衣机。电视的发展、云电视的出现、电视与少数民族的关系，这些物理的发展也是科技的发展，影响了人类的生活方式、生活习惯的变化。

韦丹芳：此外，还包括信仰、文化的变化。

徐杰舜：对呀。物理方面还有公交车、的士、小汽车发展的问题，公交城市的问题，汽油标号的问题等等。物理确实产生了很多与人有关的问题，物理与人还有很多东西都可以研究。科技人类学对这些科技现象的研究要更抽象一些，更概括一些。如果光是物理人类学，写一本专著都无法写尽，但我不建议像这样去开展研究，而是要以更抽象和宏观的视野去探

---

[1] ［美］克伦普著，郑元者译，《数字人类学》，北京：中央编译出版社，2007.

讨。第三个是化学，化学与人的关系，也就是化学人类学。我们如今全世界的人都被化学包围了，比如我们的衣服绝大多数都是化纤的。还有食品安全、日用品安全等问题。比如衣服含有大量甲醛，穿在身上就过敏，某些儿童乳品中又含有添加剂，毒奶粉、毒大米、毒面粉、瘦肉精等等，都与化学有关。科技人类学从传统的科技分类来看，我们都已被科技包围了。可以说科技的发展已经完全改变了现代人的生活方式、生存方式、生计方式，而这其中人与人的关系，人与政府的关系也发生了非常多而且很大的变化。比如，食品安全问题中生产商、经销商与政府的关系等。数理化与人类社会的这一系列的问题，都很值得科技人类学去研究，也很有意义。你经过科技史训练，又有人类学基础，我建议你从宏观的视角，而不要太微观地去把握科技人类学。

韦丹芳：科技的领域非常多，可谓科技无所不在。从人类学的角度去研究科技，可能也应该考虑我们现在所谓的科学或技术究竟是一个什么样的过程？它对人们的生活或文化产生了什么影响？刚才提到的《物理与人理》，就是通过对一个高能物理学社区的考察，来阐述科学是如何从这个社区被创造出来，科学又是如何影响到这个社区中的人的生活和文化的。这应该是一个标准的科技人类学的案例研究。结合您刚才提到的无所不在的科技，除了关注这些科技是如何产生之外，这些科技是如何影响我们的生活，改变我们的生活，甚至是文化，都值得去关注。我现在比较困惑的一点是，不知自己是应该从传统科技的个案研究入手，还是先有一个宏观的综合考虑。

徐杰舜：我个人觉得首先还是要有一个宏观的基本建构，以提纲开展教学带动研究，不断形成讲稿。我的《乡村人类学》最后写书时，积累了二十多万字的讲稿，开过很多场专题的讨论会，也形成了一些专题论文，那书都是集体智慧的结晶。教学可先从数理化三个方面分章节组织学生调查讨论，甚至让学生去做某一专题的硕士论文，一方面可作资料和素材的积累，同时也要有长期准备，作宏观的思考和整体的把握，从中观的角度去关注一些具体案例，尤其要注意收集当代社会的一些案例和资料。

韦丹芳：我之前确实没有往这方面考虑。我考虑更多的还是从传统科技史的角度出发来理解科技人类学。现在想来，应该是从人类学的角度去建构科技人类学，只有这样，才能真正把人类学的理念，如“整体观”“文化相对论”等融入其中。

徐杰舜：是的，要占领制高点，形成自己的结构、提纲，可以每一个提纲用一个资料盒积累资料，把你平时积累的资料全部往里面装。还可以在电脑里分门别类地建文件夹，处理好收集的资料。并且有计划、有意识地指导学生去做有关的调研和论文，而且这种研究性学习对于学生也容易做，不仅可以让学生从中得到训练，也可以为你的研究作一些铺垫。我相信你不用很长的时间，就可以出很好的科研成果。同时你还可以去国外了解一下他们的科技人类学研究状况，比如下次去英国，就可以专门关注这一方面的问题。这不仅可以拓展自己的视野，综合西方的研究，同时还可以建立更广泛的学术交往。科学人类学的研究，于你而言不是去做一个具体的个案，而是要从宏观去把握。

韦丹芳：我这几年和几个研究生一起在做一些案例研究。如从人类学的视角出发，讨论乡村中掌握传统技术的人，我的硕士生陈虹利对壮族水车制作技术的研究中，也发现在乡村社会中拥有传统技术的人围绕着技术形成了一套技术观和权力观，但她的主要工作还是侧重于水车制作的技术本身。我现在指导的另一个硕士生正在对一个实验室进行人类学研究，但难度也很大，除了进入田野点和开展田野调查都很难外，对于从实验里产生的科学知识的理解也很困难。不过这些工作确实很有意思，也蛮有价值。正像徐老师您说的，我在脑海中已经有了一些模糊的认识，但还不太清晰，而刚提到的医药、交通和其他领域的研究，我都还没有考虑到，可以做的事真的很多。

徐杰舜：科技的发展，现在已形成了一个网络的世界。在电脑技术发达的今天，虚拟的和真实的网络世界都值得你去关注。因此在进行科技人类学探索中既要有哲学的高度概括，又要以微观的研究支撑自己的研究。以后有机会带更多的研究生时，可以有意识地招有数理化基础的学生，以更有利于开展研究。如今的旅游使全世界的人发疯似的到处跑，旅游成为一个移动的世界。旅游，本身没有理论，后来与地理学结合，找到理论的依托，形成了旅游规划等应用研究领域。旅游是人的移动，同时也有人与人的关系，如旅行社、导游、司机、游客、当地人的关系。所以我认为旅游要找理论的母亲更应该找人类学。科技人类学也是如此。而且今后的科技人类学研究，也将很有可能会影响到科学家和技术发明者的科研活动。

韦丹芳：这是一个非常宏大的目标，科技人类学也确实是非常值得研究。科技史的研究一直都在关注科技本身，不管是科技的发明创造，还是应用，受影响的都是人。而不管是在科技史还是科技哲学的研究中，我们都没有办法真正看到人。不管是在传统社会还是现代社会，人究竟是怎样与科技共存的？在研究中，要真正做到既见物又见人，才是真正意义上的科技人类学。

徐杰舜：因此，在科技进步中如果见不到人，那会很悲哀，正如科学研究出假蛋白质、瘦肉精等，使人的生存受到了威胁。如果这些问题解决不好，科技越发展，人类就越可悲。如果我们能正确地认识科学发展对人的影响，那就可以推动社会更和谐地发展。科技高度发展，整个人类社会高度概括，并以最简单化的形式表达出来，而在这简单形式的后面又隐含了非常复杂的关系。

韦丹芳：我在科技人类学探索过程中也碰到很多错综复杂的问题。可能是因为我受科技史训练比较多，较长时间对这些问题感觉有些迷茫。之前接触刘珺珺先生的科学人类学，主要从科学社会学角度，建构科学和科学知识，讨论其中的人只是为这一建构的内容服务。田松做纳西族自然观的研究有人类学的味道，但是从哲学视角探讨人与自然的互动过程中形成的纳西族传统自然观，感觉到从人出发，最终又回到了哲学，没有回到人，所以又觉得它离人类学还是有一点距离。国内人类学学者没有关注科技人类学并作专门探讨，不知原因何在？

徐杰舜：这有两个原因。一是国内的人类学者没有精力去思考这方面的问题，在中国人类学学科内部的研究课题相当广阔；二是人类学学者们的数理化学养不够，没有能力去开展这一领域的研究。因而可以有意识地招揽理科出身的学生组建自己的研究团队，将数理化基础、学科理论、田野调查相结合，同时训练学生的观察、沟通、写作能力，这样开展科技人类学研究，一定会取得比较好的成果。我的《乡村人类学》学术史回顾，写了六万字，当时是由李富强的一部分博士论文完成的。

韦丹芳：我几年前也写了一篇国内科技人类学的综述性文章，发在《自然辩证法研究》上。当时在总结国内科技人类学研究的现状时，发现国内已有的个案研究，很重视采用人类学田野调查方法，也采用了民族志的写作方式，并试图从“他者”的角度来理解技术，有个别案例也试图挖掘科技背后所隐藏的文化内涵。也就是说，这些个案研究虽然多少都有田野调查和文化人类学的色彩，但多是人类学方法和科技史的简单结合，大多仅是采用了人类学的技巧性研究方法，至于人类学深层次的理念则未深入贯穿其中，对技术与人、技术与文化的关系深入系统地研究还不是很多。在这方面，可以做的事还很多，我今后也会继续在这方面写点小文章。

徐杰舜：由于角度不同，高度也不同，是可以好好继续写，并重新构建自己的体系。不管如何，科技人类学的研究一定要有从人出发，最终回到人的研究思路，不论宏观、中观还是微观的研究，都是探讨人与人、人与事、人与物的关系。

韦丹芳：我非常认同您的观点。今天非常高兴能聆听您这位人类学大师从人类学的角度谈如何研究科技，给我很多的启发，相信同学们和我一样受益匪浅。谢谢徐老师！

【来源】《民族论坛》，2014 年第 8 期，第 28 ~ 38 页。收入本书时略有改动。

文化表达与文化转型

——中国人民大学赵旭东教授访谈录*

【被访谈者简介】赵旭东（1965—），人类学博士，中国人民大学人类学所所长、教授、博士生导师。

赵旭东教授（摄影：佛子）

* 访谈人：徐杰舜。

徐杰舜：早就想跟您好好地聊聊，因为您的人类学功底很深，而且能够紧密联系中国人类学的实际，且您对文化的思考，从您送给我的《文化表达》的那本书就可以看出来。

赵旭东：那是我阅读的积累，关于文化解释的阅读。

徐杰舜：我也在思考文化的表达。我认为所有的文化都需要一种方式展示出来，那就是一个表达问题。怎么表达？不同的人类学家就有不同的表达。所谓的进化论，它的表达就是文化是进化的。所以文化的表达形成了很多不同的学派，人类学的基础就是这些东西。文化是传播的，以后就是功能、结构，到现在的解释、象征、符号等，这些都是对文化的一种表达方式。人类学研究人和人的行为方式，总要一种表达，但是我的思考肤浅，你的思考深刻。你写了一本书，对西方的文化表达做了一些分析，足见你的功底。去年在车上❶，谈到了文化的问题，提到的文化转型，没想到是你理论的基础。奇怪的是，最近我将这篇文章❷拿给一个主编，他竟然说不能发表这篇文章，说文化转型还要转到哪里去？马克思还要转型呀?！这让我目瞪口呆。我心想，这个主编也是人类学博士，难道就不懂人类学研究什么？费孝通先生当年也讲文化转型呀。很遗憾，这家杂志最终没接受这组关于文化转型的文章❸，除了你的文章之外，还有周大鸣和关凯的……文化转型是当下中国最重要的东西。当下，中国发展很快，社会转型也很快、很激烈，其他的事业也发展得很快，但从某种意义来看，我们似乎有点儿迷失方向，目标在哪里？要走向哪里？最近，我就在想这个问题。不知道你是不是也在想？

赵旭东：我也在想这个问题。明天的会上我会讲，明天晚上在中央民族大学的讲座上我还是会讲这个问题。文化转型的人类学，我试图将转型定位为人类学的一种概念，所以我一直在思考，可能这个思考会越来越偏离最原初的人类学静态、定点、微观、有情调的趋向。中国的变化让人类学的视野需要转型，这是在人类学中自身发生的问题，就是要在自身中转型。文化转变不像其他东西一样显现，我们需要慢慢看这些所谓的文化，

❶ 2011 年 10 月 25 日上午，从广东河源到广州的大巴车上。

❷ 指的是赵旭东撰写的《从社会转型到文化转型——当代中国社会的特征及其转化》。

❸ 这组关于文化转型的文章包括：周大鸣《都市化中的文化转型》、赵旭东《从社会转型到文化转型——当代中国社会的特征及其转化》和关凯《互联网与文化转型：重构社会变革的形态》。后由中山大学周大鸣教授组稿，发表于《中山大学学报（社会科学版）》，2013 年第 3 期。

通过一些维度表现的转变，去看文化的转型是什么。我觉得，第一个可能去碰的是权力的问题，转变其实是权力的转变，权力不像我们看到的直接的冲突，会慢慢地变成隐形。今天的世界，用理性来解释世界的生活，从物质到精神，这会使知识变得专业化和理性化，这会致使人的另一半——一般通过文化来表现的人的激情和情感，出现一些问题。从社会来说，就是社会的苦痛变得越来越让人们感受到孤寂。这不是说经济发展了，社会富裕了，它就会消失。我上个礼拜在韩国参加了一个有关人文讨论的论坛[1]，这个论坛为什么要在韩国开呢？因为在韩国出现了越来越多的新的治疗方式，这就是文化形式的治疗，即出现了诗歌、舞蹈、艺术等方式的治疗实践，每天都会有很多人参与到这个活动中来，在一定意义上这些艺术的实践缓解了这一苦痛。当然在中国也有这样的实践，值得研究者去注意和研究。

但我想的一个问题是，在中国经过了三十几年的新发展之后，我们不仅要去看成就，也要回头去看这样的发展对我们社会实际造成的苦痛究竟在哪里？我们看到更多的是社会中精神类疾病、自杀率等的持续增加。出现了一种很明显的社会扭曲，那就是分离意识的增强。今天最大的分离就是所谓理性上的分离，实际上它最重要的功用就是把自我之间、人跟他人之间、人和社会之间以及人和自然之间做一种清晰的分离。由此会将一个人的苦痛变成全世界的苦痛，甚至可能会将一个人的苦痛变成为一种世界性的灾难。这使得每个人都会去面对全世界的复杂性、灾难性及个人的痛苦，这是一个人很难去承受的，所以文化会慢慢发展出来一些避开这种痛苦形成的新方式，我们将这样的方式称为文化转型。

我们可以看到社会中人跟人之间倾向于相互依赖并非分离，或者说一些文化的形式能够让大家相互帮助、相互对话以及相互解决各自的问题。我们应该去赞赏一种能够让大家相互融通而不是各自分离的方式。理性的观念发展之初有一种假设，即我们完全可以理性地去思考问题，由此一个人可以不跟任何人接触而独自过上一天。但今天，没有出现这样的情况，大家在一起讨论、一起聚会，比古代的人有更多的自由。因为古代的人完全依照时间和空间来安排交流，但我们今天的通信技术使得我们完全可以

[1] 即2012年11月1~4日在韩国釜山参加的由釜山市政府与联合国教科文组织合作举办的“第二届世界人文论坛”（2nd World Humanities Forum）。

任意选择时间，网络让我们随时随地可以进入到一个虚拟的世界中去，这些新的转变都需要进入到今天人类学家的新视野中去。也许我们过去也曾经有过文化转型一般的中国文化的塑造，比如春秋时期的百家争鸣所塑造出来的空前繁荣的中国文化体系，但是今天这种文化变得有些不完整了。一个所谓新的技术，尤其是网络的交往方式，将最原始的情感直接表露出来，能够使得一种过度理性的文化转换到有激情、有人文关怀的文化上来。

我 2003 年出版的第一本书《反思本土文化建构》❶ 中，对心理学、社会学以及人类学的学术本土化中本土文化建构的方式做了一些反省，目的是打破我们从西方人的角度伪装起来的一种，即转换成好像那样的表述才能说明我们是东方人。2011 年我对这本书作了修订，增加和删减了一些文章，出了一本《本土异域间》❷。在这本新书中，我最后反思到，中国的学术必须要跳出既有的西方、东方的二元动态。所以今天中国的文化，它可能有无数的形式，应该让他们去自由地成长，不能通过某种理性反思去消灭一种文化，然后再用另外一种理性的反思去构建一种你所喜欢的文化。之前在一篇论述“一体多元”的文章中曾经谈到花园的逻辑❸，花园是什么花都可以成长的，或者反过来说也是一样，凡是各种花都生长的才叫作花园。过去的不切实际的反思是将有一些类似于花园里的花草的东西都给反思掉了。所以在这个意义上，我们今天要告别反思，拒绝批评。这不是一个对与错的批评，而是对被贴上标签的那种文化喜好的批评，由此才可以使得我们用一种宽容之心让各种的文化形式得以表达。否则我们的文化从整体上就成为了一种弗洛伊德的心理学所说的人的压抑，某种文化的东西被压抑到最为深层的地方却又在那里不停地涌动，所以会使人感觉到很难受。我们今天应该像古代的社会那样，在特定的场景下，有一种仪式性的安排让这些东西通过社会的途径并借助文化的观念表达出来，即弗洛伊德说的力比多（libido）的现实化。否则我们只能是以积累去创造所谓理想中的幸福生活，用理性来规范我们本该可以自由发生的行为，再加上以一

---

❶ 赵旭东：《反思本土文化建构》，北京大学出版社，2003 年版。

❷ 赵旭东：《本土异域间——人类学研究中的自我、文化与他者》，北京大学出版社，2011 年版。

❸ 赵旭东：《一体多元的族群关系论要——基于费孝通“中华民族多元一体格局”构想的再思考》载《社会科学》，2012 年第 4 期，第 51 ~ 62 页。

种快速的发展追求来安排我们日常的生活，这些都可能将人性的最为重要的一方面压抑到最狭窄的那一层空间里去，却又在社会的层面上不断地创造出来类似疯狂、带有病态的一些反社会者。基于这样的认识，我们可能应该去承认或倡导能力的释放，通过文化的方式让我们将理性的东西变得有激情，让规范的生活逐渐变化，这就是我们目前能够理解的东西。

徐杰舜：你的看法是拒绝反思？费老一直在反思。

赵旭东：是告别反思，因为今天的我们太喜欢反思了。费老是在反思，但是他并没有太多批评性的反思，他是在建构一种反思，是对反思的反思，所以他是在无意地巧妙地化解很多问题，如文化自觉这个概念。文化自觉不仅是要去知道我们的文化，同时，文化里面还有一些很重要的玄机，这是文化的智慧，也是文化自觉的归宿。

徐杰舜：文化自觉不是对自我的反思吗？

赵旭东：不是。解读是带有个人性的，这是要让每一种解读都可以存在，就是让差异性存在，而我们今天许多的反思就是想让一种存在，而让另一种消失掉，结果造成主流的西方的存在。我们不是这样做的吗？这是我们需要真正去加以反思的。

徐杰舜：你的看法是和别人不同。

赵旭东：我认为今天很多人没有意识到这点，而西方已经在这个路上往前走一步了，已经学会宽容、谅解和包容了。有些人已经意识到这一点，且在做了。

徐杰舜：这就是费老说的“各美其美”了。

赵旭东：对，当然这个说法过于直白了，因为它的直白，已经造成没有什么可探讨的空间了。费老在那样的身份、地位上，作为题词随手用毛笔写下的。那到底什么才是“各美其美”？或者说，什么是美？再或者说，什么是各自的美？在我们理性化越来越深入的今天，真的能做到一种理想中的各美其美吗？怎么一个途径去让各美其美的处境在生活中有一种自然的流露呢？可能，当我们不再讨论各美其美的时候，各美其美反倒得到了张扬。

徐杰舜：我希望你再加以分析。

赵旭东：费老能够从中国文化的立场说中国文化应该有反思性的自觉，就是应该知道自己文化的价值是什么？我觉得这种反思是一方面。另一方面，在我们去阅读它时，文化自己会有一种无意的结果，就是它能够保持住文化的多样性，真正意义上的去保持文化的多样性。如何有一种自觉，就是社会想尽办法地做到大家在一起，这是今天的文化要去解决的。

徐杰舜：那两者要结合。

赵旭东：对，就是自觉的存在和发生是不能够通过反思和批评去加以证明和提出的。

徐杰舜：自觉是客观存在的。

赵旭东：对。什么叫客观存在呢？就是文化、一些表述和一些书写的客观存在。

徐杰舜：任何文化无论是有人表述的，还是无人表述的，有人研究的，还是无人研究的……它都存在。你意识到它的存在没有？

赵旭东：我不是按照这种方式去理解的。我们是通过阅读、宣传和被教育才懂的。我们要感受文化。

徐杰舜：那恰恰是你要表达的文化表达的问题了。

赵旭东：表达有多种，我想感受是最重要的，身在其中，人类学之所以还有吸引力，就是我们要去做田野。当然今天我们过度依赖于文本和书写，而忘记了非书写的文化的表达。

徐杰舜：在这个过程中，我们应该宽容什么？

赵旭东：我想应该宽容各种各样的存在。实际上我们是学会了用一种怀疑的精神去创造一种知识，现在科学规范给我们的启示，就是通过怀疑一切去创造新的知识，然后运用到文化科学上产生一个问题。就是创造新知识需要理性的反思，对于文化除了欣赏和包容外，很难有真正意义上的批评，所有的批评有一种“你想把文化怎么着？”这是我们经验上看到的问题。

徐杰舜：所有的批评都是这样的。

赵旭东：但是我们为了走这个极端，放弃了批评的逻辑。任何观点都不可能完整，不可能一个观点能解决所有问题。

徐杰舜：那批评还是不受广泛欢迎的。

赵旭东：对，我觉得可能要重新反省批评。

徐杰舜：若你真达到一种境界了，那你对批评就能做到像毛泽东说的“有则改之无则加勉”，古话说的“闻过则喜”。

赵旭东：我所谓的达不到，文化有个特点就是树立一个榜样，所谓“修身则平天下”的道理，和西方文化不同的根源在于批评和反思，最后结果超越了，但是文化不可以超越，缺的恰恰是在文化的包容性和融合性方面高度发展。中国在观念上是包容的，但实际上走了极端。

徐杰舜： 这就是中庸。

赵旭东： 对，它不是走那个极端。西方人要求有高峰体验，这是要走极端，最后就是自损，就是自己文化的衰落，因为它此后就再也没有其他的途径可以走了。

徐杰舜： 那样你讲的文化的表达，它的目标到底是什么？

赵旭东： 应该使更多的人享受和欣赏自己的文化，同时理解其他文化，但我们没有时间和情调去做，最后带给我们很大的问题。

徐杰舜： 30 多年了，发展很快了。

赵旭东： 对，实际上是经济高速发展。在以后，中国在经济上肯定会占据一定的话语权，但是这个时候中国怎么走，最高话语权的拥有者最后不是失败了吗？风水轮流转，最后退出历史舞台。那怎么保持这样的辉煌和未来，这不是一年两年的问题。

徐杰舜： 这是不是最大的人文关怀？

赵旭东： 我觉得现在是需要一个阶段来想这个问题了，这不是一项具体的研究，而是方向性的追求。今天，若这个可以确立的话，它会引导你思考更大的问题，可能至少让我的学生有这样一个人文关怀，知道从哪些方面去研究更有价值。

徐杰舜： 这种人文关怀是不是一种政治取向？

赵旭东： 如果你将政治想成是负面的话，它就不是，如果你把它想成是正面的话，它就是。

徐杰舜： 刚才你讲我们应该有这样的关怀，我们国家正在学习。我觉得一个国家的政治，不仅涉及国家的地位，也包含整个中国人的尊严。

赵旭东： 也包括你怎么面对前面的失败，美国、西方他们实际上在转型中都出现了失败，我认为未来西方世界走向衰落是必然的，至少德国人是失败了。它这个民族整天都在反省。

徐杰舜： 你认为是值得反省还是不值得反省？

赵旭东： 我认为是值得的，今天不是纯粹意义上的反省，今天是从情感内外去做了一个反省。

徐杰舜： 我觉得德国的反省是一种蜕变，是经历痛苦而修炼出来的，是现在的一种积极的蜕变，日本还没有这种蜕变和反省，所以他们骨子里还是有那种战争取向的。

赵旭东： 我认为日本实际上也不承认这些东西，它也在发生转变，已经跟军国主义时代不太一样了，它的政府还有军国主义的影子，但是它的人民不是完全那样的，受欧化的影响是很大的，所以对战争不是很有激情，尽管日本的军方是这样的姿态。

徐杰舜： 它还有一批右翼分子。

赵旭东： 德国也有右翼。大屠杀也好，灭绝人性也好，这都本不该是人类所拥有的，但却是发生了。我们已经经历了这些，若是人类还有这样的战争，那么人类可真的无可救药了。我们人类学做的就是到不同地方去做更细致的、更理解性的把西方的文化和文明凸显出来，跟我们现在的文化不同，让大家在这种不同的感受当中判断孰是孰非，这不是反省，而是一种呈现和欣赏，在自己的文化里面能够欣赏别的文化，同时对文化有趣的以及有意义的方面能够做一种把握。不是今天的文化一无是处，我们只是说培养人们有更多的欣赏能力，这是最重要的。这个东西越来越多地被轻视，这方面的能力也在越来越降低，文化是需要欣赏的，一味地批评，我们看不到文化的真面目。

徐杰舜： 我觉得你所说的文化关怀，是不是想让中国文化进一步呈现方向？

赵旭东： 我认为文化呈现的方向是有的，但是不是一个方向。

徐杰舜： 几个方向？

赵旭东： 实际上是各有各的方向，像树根一样，有共同的根。若是将其放在一个方向，就把所有人堵在高速路上了。

徐杰舜： 哪个县、省不是在高速公路上了？不是高速公路上，是高铁了。

赵旭东： 而且就是几个站，有开头和结尾，中间景色对大家没有意义，越快越好，越穿越越好。因此对今天的人而言，重要的可能就是怎么从北京到武汉，中间似乎引不起他们的实际兴趣，但所谓自然的景色都在其中。

徐杰舜： 时间越短越好。

赵旭东： 就是过程被抽空了，景色看不见了，所谓经历也不存在，寻求的是最快的到达，最后留下的只是到这两个地方点之间的连接。

徐杰舜： 但是我们的经济是赶超了，人家一百多年，我们三十年可能就完成了。

赵旭东：但是除了这之外，我们还有什么呢？

徐杰舜：我们也有我们的东西。

赵旭东：是有，每个人都需要享受得到。

徐杰舜：不需要每个人都享受到啊！

赵旭东：任何人都会参与到某种文化中来。任何文化，包括中国书写的文化、表演的文化、舞蹈、美术，都是每个人参与，最后变成一种精致的文化，文化不是由某个人创造出来强塞给你的。即便是宫廷的文化，也要由扮演不同角色的每个人参与进来。这是一种从情感上参与进来的文化表演，由此有一种文化意义的创造，进而萌发出文化的激情。没有这个，社会就会更为复杂而难于治理了。

徐杰舜：我的焦虑是社会发展、社会转型。经济发展很快，想刹车刹不下来，就会产生很多问题，这些问题的根源在于我们没有一个共同的价值观，没有一个共同的思想来统一我们。是真的要统一还是不需要统一，可能统一也要一种状态，过去高度的统一也是一种极端。西方有基督教来统一思想，那我们什么都没有，那社会就很难控制。现在这种状态下，国学也搞了一半，但是又不能简单重复它，国学有很多精神文化在里面，它确实是在中国社会里头生长出来的一种东西，特别中国化，甚至对世界也有普适意义。那么在中国转型中，我们要建构一种新的文化，建构好了，那拿什么东西去装呢？这是很大的问题，对不对？老太太摔倒了，你不敢去扶她，这是很大的问题。本来中国的传统文化需要我们去扶，而且没有任何的犹豫。而现在为什么不敢去扶？因为去扶就变成他的责任了。老太太就咬定要赔，那他完全是要被冤枉的，怎么办呢，为了避免被冤枉，他不去扶，这很纠结，对不对？有些小姑娘扶了，扶了后悄悄地走掉了，一下子变成新闻了，这种本来不是新闻的事情变成新闻。

赵旭东：看你是怎么处理这个问题，是低调还是高调，若这种东西批评是没有用的，越批评，越多人不服。我们可以看看那些被称为极端案例的案例，比如老太太摔倒在地，以前我们看到人倒下去，不论是谁，一般都是会去搀扶的，但突然有一个极端的案例不去扶了，就会变成新闻，这样一说，好像是所有人都这样了，变成为一种公众的误解。新闻是个职业，它是要有产出的，因此新闻的语言总是会把这一点在无形中通过聚焦而放大，由此使之变成全世界或是全中国的问题。这样的新闻报道，它的偏见是非常深的，这种偏见反过来在塑造着我们的意识及对当下社会整体状况的判断。我想文化当中有一部分是会受到这种风气影响的。当然现实当中，原来的文化可能就不是这样的，我们不会因为一两件这样的案例，减少我们的道德文化。太多这样的案例了，在宋代，潘金莲这样的一些人可能多的是，但她并没有真正地影响到整体的社会道德。因为那个社会没有机会把这些人当成是他们生活世界里带有普遍性的东西。随着媒体技术的发达，人们接受信息的速度也是异常的迅猛，由此而导致的文化偏见是随处可见的，由此我们很容易将社会报道中的一个人的不行或不道德当成全社会的不行或不道德。在这之前，我们可能也相信社会是坏的，所以人类学家应该去主张一种文化观，这种文化观可能是真正引导性的东西，是对文化报以一种赞赏，同时也让更多人感受到一种令人心情舒畅的文化，不是要去主动地逃避一种文化。

徐杰舜：我有一种感觉，新的文化构建中，既有西方的东西进来，又有东方的底蕴呈现；既有虚，又有实的，各种不同的东西会朝一个方向走来……

赵旭东：我认为都是朝着这一方面来，在弥补一些原来虚假和真实认识论上的对立观，似乎虚假的东西也在向一些真实的，即真正有意义的东西靠近。

徐杰舜：你认为是正常的吧？都应该任其发展？

赵旭东：我认为是正常的，如果是理性的东西就应该是有其自由发展能力的。你有一套法律，同时有一些大家的认同，有一些可以作为社会控制的规则，那你在处理社会纠纷时就会很坦然，是违法就违法，也不要因为其违法，就诚惶诚恐地将整个社会的想法或是组织丢弃掉。

徐杰舜：这样就回到了你的观点上了，那就是宽容。100 个人有 40 个人信天主教，有 30 个人信佛教，有 20 个人信道教，还有 10 个人研究国学，我觉得都没关系，自己心里面有个归宿。

赵旭东：我觉得都没问题，最重要的是信佛教的人和不信佛教的人没法沟通，我想这是不正常的。只有当这些宗教都能够沟通了，社会才回归到了正常的状态，而且这一沟通能力是人所具有的最为共同的东西。

徐杰舜：那么我们不能去追求高度的思想政治境界了。

赵旭东：当然，这是靠领导者的睿智了，这不是靠我们来完成的。

徐杰舜：那不是讲领导，领导是一方面，还有大社会。

赵旭东：我觉得不应该，不可能有这样一些东西灌输的。如果你要有高度统一的思想，那要回到人的最初，友爱、慈善在越来越被认可，当然在中国被忽略了很多。在西方普及得很好。

徐杰舜：西方从小就教你去慈善啊！

赵旭东：当然中国的孔子把这个叫“君子慎独”，这个“独”的概念蛮有意思的，在“独”的时候会出现很多问题，叫什么“独乐乐、与人乐乐”，我想今天更需要“与人乐乐”的这些面向。只有人们在一起的时候，大家才会相互的欣赏、宽容、帮助，维系道德的规则。

徐杰舜：那是在宽容上。

赵旭东：你没感觉到开了十年的人类学论坛，你将这个学科里的各种差异通融了很多了吗？大家借此多年的聚会相互学到了很多的东西，当然也由此而避开了大家的短处。

徐杰舜：这个是有，我们没有提到那么高去。

赵旭东：我参加的那个世界人文论坛，核心就是要让更多的人参与其中，随便的一种聚会的方式，可以让人改变差异性的存在，我觉得在这个上面是可以继续下去的。今天日常生活里的世俗化的仪式已经慢慢地转变了，大家能在一起也变成是一种需要，每次大家在一起，不论是空间上的还是思想上的，都属于是人和人相处、沟通最重要的方式。若是能在这一点上继续地去做，就能够达到文化的表达含义。因此，人类学家是不应该拒绝会议的，这你同意吧。人类学家也不应该拒绝任何形式的聚会，只有在这里面，你才能发现人的差异性在这里迅速地消失。再有个性的人，通过交流都会发现别人究竟是怎样想的，过去我们很强调这些，今天相互之间因为聚少离多而有些生疏了。

徐杰舜：在会中，你表达了你的观点，同时别人也表达和展示，肯定会感觉别人的高度会更高一点，你会迅速地学习。这种交流是比较平等的，且应该主张。

赵旭东：不是权力控制的反思，无论年龄、资历、背景和学校的差异。因为社会已经将我们区分为各种各样的人了。

徐杰舜：这就是我们论坛[1]的开创性，没有那么严格。这次大学本科生都可以发言，且评价还不错。

---

[1] 指的是人类学高级论坛。

赵旭东：是民大[1]的吧？让我想起了在民大上课，出来遇到一个小伙子，历史学的。我觉得论坛最重要的是使得年轻人比较快速地进入到我们这行里头来，因此人类学的这个论坛很重要，能够坚持十多年的会议很不简单，希望它不要变成说某一种话语过多的会，这样也不会形成真正有助于成长的批评，论坛的有些开放性的话题还是很好。

徐杰舜：这也是会议文化的一种表达，我们是在表达中。所以文化转型的概念还会一直讨论。

赵旭东：有两种可能，一是从政治的考虑，我想是没有必要的，在我们提到文化的时候，文化是会发生转变的。马克思主义是一种哲学，是一种世界观，世界观的样式不可能是一种的，今天我们还要去理解这个东西。否则改革开放就改革不了，说白了用不变的眼光去看世界就是违反科学本身的。学术上就是不应该有这种思想，一本杂志有这种思想，这种杂志也就没戏了。

徐杰舜：思想不解放怎么改革开放。今天和你谈了那么多，体现在你的人文关怀，这方面是很值得我们学习的，你在哪儿出生的？

赵旭东：生在河北承德，祖籍是浙江桐庐，因为父亲是那里的。

徐杰舜：祖籍桐庐，大学本科在哪读？

赵旭东：河北师大，专业是心理学，1985 年到 1987 年读两年专科。那个时候要求工作必须回承德，因此被分配到承德大学教书，教心理学，两年以后又考研考回到河北师大读心理学，研究方向是西方心理学史。那个时候对西方哲学、心理学的体系有兴趣，也比较熟悉。一直到 1992 年，专门研究心理学史，也做些心理学的实验，毕业论文曾经设计过跟美国人叫卡尼曼的实验类似的重复性实验，后来他在 2002 年获得诺贝尔奖，我做这类实验的时候国内大概还没有人知道这个，这可以称作风险与选择的一系列实验。他是心理学家，有经济学家的背景，他的心理学底子使他得了诺贝尔经济学奖。我后面做了一些实验，试图去验证他的东西，这些实验的核心在于说明在心理学方面，注重人受自己外在的行为约束判断的那种认知，究竟是何时来自于内在的认知。当时卡尼曼也是在做这一方面的，实验的道理说白了就是，人是会犯错误的，那人在作出各种选择的时候，他会怎么去犯错误。比如我要买一辆汽车，同时卖给你一个吸尘器，你一

[1] 指的是中央民族大学历史系的一位大二学生。

般不会拒绝，因为吸尘器只要二三百元，你会很快跟买车做一个比较，若这辆车是30多万元，再搭上这个几百块钱的吸尘器，你自然就会作出买的判断，因为我们往往是依赖于情景作出判断的，30万的车就是我们此时作判断要依赖的情景，相比车吸尘器这个东西就很小了。换到另外一个场景，你会拒绝购买这个吸尘器，比如你买一口袋粮食的时候顺便再卖你这个吸尘器，一口袋粮食绝对没有吸尘器贵，因此你就会拒绝买，这就是人虽然理性但照样犯错误的原理所在，在于人跟场景之间的比较。在经济学里，认为人的理性是万能的，但这些实验说明人在无意识中一样会错误百出，无法抗拒。

当时没有太多的人学心理学，研究生毕业不想教书，不想去大学，后来到了河北省社会科学院社会学研究所，研究社会心理学，这样对我而言更自由些。1992年去的，1993年恰巧中国社会科学院社会学所社会心理学研究室搞一个心理学的高研班，那时心理室的李庆善先生担任班主任，台湾“中央研究院”的杨国枢院士当时在海峡两岸来回跑，找经费、请老师，那个时候办班是很困难的，但是还是坚持了很多年，培养了大陆很多这方面的人才。杨先生非常努力地在做，当时班里有许多年轻的学者参加，还有一些在读的硕士生，每个假期学上四十天，差不多整整一个暑假。每一年办班都选一个地方，在全国各个地方转，当时我就参加了那个班，学了三个暑假。杨先生和社科院办的那个班将台湾大学博士班12门的心理学课程都讲一遍，来讲课的包括杨国枢、黄光国、叶启政、李美枝、朱瑞玲、郑伯勋、叶光辉、余安邦等老师。原则是一年换一个地方，这样对老师更有吸引力，记得我去的第一年是在河北省秦皇岛市的山海关，第二年到了内蒙古呼和浩特的内蒙古师范大学，第三年就到了庐山。这样三年下来就把12门课全学了一遍。以后我们人类学似乎可以用这种方式，带动青年人。你看当时我们那个班的人，现在基本都在各个大学和研究机构，这个班是滚动式的，每年都有新进来的学生，一年50人左右，前后也有百余人了。现在在北大心理系、社科院社会心理室的大概都是这班里出来的。学员学习不收费，管火车票、住宿，伙食一天十元钱。我觉得那班还是挺好的一个模式，但今天去复制也是不容易的，要四十几天集体读书讨论，实在不易。1993、1994、1995年我连续参加了三年，中间的1994年到北大参加博士生考试。当时想学社会心理学，但全国那时都没有真正的社会心理学的博士点。我们高研班上有一个同学陈午晴是在北大读社会学博士。我考前去北大找他，去的第一天，听了费孝通先生的演讲，刚好就报了社会学，那届费先生名下招了2个，是城乡社会学方向，1998年毕业。当时我的论文偏到人类学方向上去了，在河北乡下做法律人类学的研究，具体就是多元纠纷解决的机制。最近我也出了一本《法律与文化》的书，算是这方面研究的一个总结。1998年博士毕业就直接留在北大了，到2002年去了英国伦敦经济学院访问半年，2003年因为“非典”的缘故不能回国，直接有个一年的访问计划就去了荷兰莱顿大学。在荷兰莱顿待了一年，一直到了2004年四月份回到北大，到了2005年才离开。

《文化的表达》应该就是这期间的成果，期间也发了一篇英文文章。到了荷兰莱顿大学法学院访问，专做法律人类学的研究。在那里比较自由，吃饱了就看书，睡醒觉也是看书，同时找资料实在方便，什么都能找到。我当时做笔记更多一些，大约有一百多万字。当时可谓是如饥似渴的，同时也有意识地将西方的人类学进行了一些系统的梳理。

回国后2005年5月离开北大，去了农大。记得是在费老过世后离开的，费老好像是4月25日离开的，我26号办的调离北大的手续。算起来在北大从读书到工作前后有10年的光景，1995年去的，2005年走的。当时费先生过世我还写了一篇“十年寒窗忆费老”的纪念文章。我博士论文答辩时，费先生做答辩主席，当时还有刘铁梁、朱苏力、周星、赵世瑜、马戎、王铭铭等教授做答辩委员。费先生当时提了一个问题，就是中国当时的社会是否还是一个乡土社会。我后来的研究就是试图去回答费先生的这个提问的。我当时的博士论文题目是《权力与公正——乡土社会的权力多元与纠纷解决》，我个人私下里还是相信乡土社会在中国的实质性构成。我到了农大不久就开始去主持社会学系的工作，我的观念中觉得学术永远是第一的，因此我在这个系里开办了一个讲座，名字叫“乡土社会研究讲座”，第一期请了美国加州大学洛杉矶分校的谢丽·奥特纳（Sherry Ortner）教授，来的还有其他的老师。我于2011年底离开农大，到我离开差不多办了72次讲座。现在这个讲座还在继续。本来是可以把这些讲座的文字资料编成书的，但是没有去做，一是没有专门的经费，二是我对这方面的运作能力向来不高。另外还在农大主持过一段学报的编辑工作，编了几期，大家都还认可，给予了很多鼓励。前后做了四五年，学报风格有了一些改观，学报从2008年变成C刊。

徐杰舜：现在到中国人民大学后的方向是什么？

赵旭东：我是在人类学研究所，现在想着更多是从中国意识在各个不同地方的差异性或多元表达去做些具体研究。最近在中国社会科学报上谈了一段关于中国社会如何走向世界的观点，我发表了一些评论，认为中国的人类学应该从中国地方社会、周边社会、现代世界这三个层次去看待中国意识的不同分布，并更多地从中国意识和文化表达这些维度做些实际的关注。

徐杰舜：那你最后一段时间将关注文化理论研究上？

赵旭东：我自己用在理论的研究上更多一些，让学生们去做田野调查，实现中国意识差异研究。

徐杰舜：有课题吗？

赵旭东：现在有一些，但都是小课题，并且实用性的居多，用这类课题做的田野去进行一些理论的思考。我的学生做田野可能做的更多一些，法律的、宗教的以及社会发展的都有。自己的关注点在于一种人文关怀，人类学对于我来说是恰巧，其他的兴趣还一直保持着。我觉得早期的训练是很重要的，尽管学得不好，但是我的研究的底色里有心理学的影子，这一点不必否认。所以对于年轻人而言，基础的教育很重要，同时学会发展自己的兴趣点也是很重要的。

徐杰舜：是的。你说得很对。时间不早了。这次我们就先谈这里。谢谢你接受我的采访。

赵旭东：谢谢！

【来源】《民族论坛》，2014 年第 9 期，第 5～12 页。收入本书时略有改动。

乡村人类学视野中的《九族与乡土》

——访青岛大学杜靖博士*

【被访谈者简介】杜靖，山东临沂人，青岛大学人类学特聘教授。

杜靖博士

* 访谈人：徐杰舜；录音整理：孙玲、党彬。

徐杰舜：感谢杜老师接受我的访谈邀请！看了你的大作《九族与乡土》，感到非常震撼！为什么呢？因为我2012年5月份出版了《乡村人类学》，在写《乡村人类学》这本书的过程当中，对中国乡村国内外的相关研究有所涉猎。在这里边对中国乡村的认识，费老先生的研究入木三分。他提出了一个“乡土中国”的概念，以及关于乡土中国的种种因素，这是对中国几千年的传统社会高度概括的描述和分析，《乡土中国》成为我们研究乡村的一个经典。所有国外学者的研究实际上都没有超过费老。当然，他们有的是从宗族的角度来研究，有的是从市场的角度来研究，有的是从民间信仰的角度来研究，还有的是从社区的角度来研究，总而言之，他们的研究没有费老的深刻。但是，看了你的大作，豁然感到很震撼。在所有的研究当中，包括费老的研究，都没有你在《九族与乡土》这本书里所抓住的乡村社会的核心问题。当然，“九族”也可以讲是“宗族”，但是，这个“九族”与“宗族”的概念是有差别的。我就想，今天你能够接受我的邀请，首先想请你讲一讲，在写作的过程当中怎样抓住“九族与乡土”这个关键词的。

杜靖：这个问题是比较复杂的。因为做这个研究到成书稿的十几年时间里，得到了国内外许多人类学大家的指点，中间有几次调整。一开始的时候，我是做王建民的学生（他招的博士生），给王老师汇报了田野地点的情况，想研究孝道与农村地区的养老问题，得到了王老师的支持。一年以后，我私淑于庄孔韶师，庄师在他的家里给我开《汉人社会研究》课程。有一次他叫我介绍自己的田野地点的情况，我在课堂上作了汇报。听后，他从林耀华先生传下来的家族宗族研究脉络里来考虑问题，让我从南北宗族比较框架下来思考问题，以呈现中国不同区域里的宗族文化实践及运作模式。可等到我的田野调查全部完成后，最后我发现我所收集的资料距离他们两人的提示和点拨都较远，也与我最初的预设很远。我想，我必须根据个人搜集的民族志资料来说话，遂决定探索的主题离开单纯的父系视角，从父系与姻亲相互动的维度重新思考汉人社会。这就是“五服与姻亲”的话题。“五服与姻亲”这个说法，是我后来跟庄师反复讨论中由庄师亲自点定的。2005年博士论文答辩，请了张小军教授。小军先生指出，应该研究“九族”问题，并建议我读历史学家的东西，不要老在人类学圈子里转悠。答辩会后没几天，我就去清华找小军老师，请他进一步指点我未来的研究。他给我讲了很多，记得那天中午讲完后在清华的食堂他请我吃韭菜水饺。以后我就开始广泛阅读华南历史学派的东西，还有钱杭和常建华等历史学家的宗族学著作。2006 年我把博士论文寄给中山大学刘志伟教授看，他也建议我重点考虑“五服”与“九族”问题。

这个“九族”在中国有两种框架，一种是《古文经》讲的，另一种是《今文经》和《尔雅·释亲》讲的。《古文经》讲的东西，你刚才说得对，“九族”可以看作是一个或一类宗族，类似于小宗的规模。它在世界人类学研究里边，有着明确特定边界与范围的世系群结构。钱杭称之为“国际民族志报道中闻所未闻、绝无仅有的奇观。”但是实际上，如果是宗族的话，就不能包括姻亲，可是在《尔雅·释亲》《今文经》里边，它是包含姻亲的。母之党、父之党等这些姻亲都在里面，所以《尔雅·释亲》和《今文经》呈现了另外一套“九族”架构，它是既有本家和宗亲，又有姻亲。是这样的两套东西，在中国里面最具核心性的。可是，百年经验的汉人社会研究里面有个很大的问题，就是疏忽了对“九族”的研究，凸显了对宗族的思考。这与我们的生存有关。晚清以来，我们遭受西方冲击的时候（当然我不是完全赞成费正清的“冲击—回应”论），中国人面临的是一个国家和民族的生存问题，我们要建立一种新的社会制度，它要思考传统的中国社会是什么。那个时候，不论是西方学者还是中国学者，包括历史学和政治学，都认为传统中国是宗法社会（当然，宗法和宗族是两码事），是宗法制度造成了中国的落后。这个时候，在人类学和社会学这样的经验研究里边，许多学者们就开始考虑宗族。你看，特别是林耀华先生的著述。他想搞清楚中国的社会性质是什么，宗族在基层社会里究竟有没有价值并发挥多大作用。

没有亲属制度研究就没有人类学。世系群研究是国际人类学研究领域里的一块很大阵地。从里弗斯到拉德克里夫·布朗，从拉德克里夫·布朗到埃文斯－普理查德和福忒斯，最后形成非洲学范式，形成了完整世系群学说。其实此前，1935 年，拉德克里夫·布朗就来到中国，在燕京大学讲学，林耀华做他的助手。林先生此时在布朗的训练下，掌握了西方世系群的研究理路，并将之运用于中国经验研究之中。20 世纪 50 年代以后，弗里德曼从南洋的研究转向东南中国的宗族领域，他一方面有了非洲世系学的背景，另一方面又利用了林耀华、胡先给这些中国学者的成果，开展与非洲世系学的理论对话。弗里德曼进入华人宗族研究领域里的意义在于他将拉德克里夫·布朗在非洲和中国早年布下的两个世系群研究线头拴在了一起。再后来，你知道，步弗里德曼后尘的西方学者无法进入大陆开展宗族研究，只好到港台地区做研究。加上台湾本土的一些学者，如庄英章、陈其南等。改革开放以后，国际学术界才慢慢在大陆铺展开来，一批历史学家也试着结合人类学宗族研究而加盟进来。中国宗族学研究在整个中国研究里边是迄今为止最成熟且成就最大的领域。你看，国际人类学领域里一个很大的世系群流派。林耀华到庄孔韶、张小军、阮云星、兰林友、周泓，再到我这一代，只不过是这个国际人类学世系群流派中的一个支系。

在对待中国问题上，大家都是大规模地走这个线路来认知中国。但是，宗族是不是很普遍？这个问题，前一辈的学者，包括胡先给、林耀华、弗里德曼当时就已经注意到：为什么华北的宗族没有那么普遍？20 世纪 80 年代西方人类学家孔迈隆在华北做了两篇文章，他也关注到这个问题。但是他的研究是大范围、大区域框架下的研究，没有具体进到一个村庄里面研究宗族会是怎么样。后来在这样一个思路之下，兰林友，他用一个概念——残缺宗族。你看，庄师和我们在 2006 年在你主编的《广西民大学报》上发表的那篇关于乡土中国的文章里边也有这个概念（不合模宗族），但是，我个人并不赞同这个概念，为什么叫“残缺宗族”？说明了还是在拿华南的宗族和东南的宗族概念来套华北的宗族。既然都认为华北的宗族不是那样的一个东西，可是还是再拿华南的理论架构来解释它，那么立足于华南的经验、理论能解释华北吗？科大卫想告别华南，想把他的理论模式往北推广，扩大理论解释的地域范围。可是，华北有它的独特的经验和实践，它可能是另外的一套东西。这个时候我想，不可能也不能再沿着宗族的概念去考虑问题了。在这个背景下，我就非常大胆地提出了“五服九族”分析框架，并把它提升到认知整个中国的高度。

“五服”不是单纯地指丧服的服制，而是一个亲属群体，服制只是一个象征体系。我发现这个东西很普遍。在林耀华先生的著述里面，这个东西是最基本的一个架构。当然，不同田野点可能会有差异，我毕竟是研究山东这一个点，我期待中外学术界会在其他的省份、不同的地点来检验“五服九族”是不是很普遍的问题。比如说，在西南、西北，“九族”是不是一个很普遍的东西？但是我知道，这个东西在中国早期文献里面就有。

今日我们中国人类学家所讲的宗族概念，实际上是一套大规模宗族，而不是如“九族”这样的小规模宗族。这是近世（宋以后）以来慢慢造出来的东西。中国的史学界，包括西方的历史人类学的中国研究都讲到，宋代以来庶民化的问题。实际上，大规模宗族的普遍流行是庶民化的结果。这个结果最初是宋儒的一个构想，如张载、二程、朱熹、范仲淹等，他们纷纷提出了有些相同然而又有差异的宗族观念，虽然也在局部地区或人群中进行了实践，但更多停留在概念上。宗族作为一种制度，真正庶民化运动是在明朝中后期进行的，即嘉靖年间的那个“大礼仪”活动。嘉靖十五年（1536 年），礼部尚书夏言上《献末议请明诏以推恩臣民用全典礼疏》，建议嘉靖皇帝修改礼制（其中有“乞诏天下臣民冬至日得祀始祖议”）。之后，华南地区民间才开始大规模造宗族，民间才敢祭祀“百世不迁”的始祖，使得宗族在直系世系上世代变深、旁系世系上规模变大。这正是弗里德曼所看到中国宗族，也是那些顺着弗里德曼视角观察中国的学者眼中的中国宗族。弗里德曼的那套研究认为，我只要有功能需要就要有宗族，可是历史学家告诉我们，宗族不是从来就有的，是一步一步地做出来的，宗族庶民化是帝国形塑的结果。那么，科大卫、刘志伟他们在华南做研究，就发现宗族原先是里甲制，后来在这个里甲基础上慢慢地发展出了宗族这套东西。当时是一批理学家，或南宋新儒学，朱熹等人的一帮弟子及弟子的弟子们在这个地区慢慢地建造起来了宗族。当然，还有别的理学家。

可是这样的东西，就像今天我们国家上世纪 80 年代的后集体化时期搞家庭联产承包责任制一样，帝国的政策和制度是面向全国的，为什么东南的宗族在中国的乡村都比较普遍地采取这个模式，而其他区域薄弱？为什么只在东南、华南这个区域局部做出来，难道这个国家政策对华北不适应吗？国家需要一个大一统、标准化的东西，是不是？可是，为什么在华北不是这个样子？这个问题，我想今后还要继续思考，要到更多地田野点去思考。但是，既然在地方社会运作上没有那样的一个东西，不是宗族的话，那是什么？那就是“九族”。我以为“九族”是最核心的，而且我们看到中国古代国家的仪典里边，不是一开始就规定宗族是什么，而是一个“五服”，“五服九族”。比如《仪礼》《礼记》里边有“五服九族”。从《尔雅・释亲》到西晋《泰始律》，都具有准五服法。到唐律以后，历代律例把五服列入中国的法典。像《大明律例》《大清律例》都详细地规定了。我想，“五服”“九族”是个文本的东西，文本的东西被人民不断实践。我在这个背景下来思考中国问题，并认为“中国是个概念中国”。传统时代做“宗族中国”“九族中国”，晚清以来则做“现代中国”。

徐杰舜： 这个背景说明你在华北田野中的发现是与华南不一样的，它不是纯粹的小宗，以至于说它是九族。那么，你能不能再介绍一下“九族”的概念应怎样理解？

杜靖：关于“九族”的具体概念，它有两种理解。一种就是我当时提出的一个“本宗”的概念，即以一个个体为中心，上溯到高祖，四代，下到玄孙，也是四代，加上中间的“己”共九代；然后，横着的旁系结构，延伸至族兄弟，这样的一个特定规模，这个跟中国古代的五服图没有什么不同。但是说，在人民的实践里，它是有差异的，在不同的场景里边，它也是有差异的。文本与实践之间总是有距离。

徐杰舜：最重要的差异在那里？

杜靖：在这套亲属架构具备的情况下，在每一个人人生礼仪里、生计场景中，并不是所有的九族亲属都到场。生育、婚姻、丧葬、祭祀、生计等不同场景，它根据不同的取舍，有不同的亲属来参加，它是有变动性的。另外，不同的生命个体，由于占据不同社会位置和资源，聚绕在他身边的亲属规模和范围也不一样。所谓“富在深山有远邻”嘛。

徐杰舜：在你的田野当中，在华北这个非常重要。

杜靖：对，也不对。我想，你也可以在华南检验。因为我看了一些文献，包括我咨询他们在贵州做的研究，这个东西也是很普遍的。

徐杰舜：我参加过这样的一个活动，那个时候我刚刚上大学，从来没有回到过我的老家，第一次回老家，浙江余姚。第一个暑假回去的时候，我伯父就告诉我明天要去“剃头”。当时我不懂什么叫“剃头”，后来才知道是一个亲戚的儿子满月以后要剃头，第一次剃头。

杜靖：华北叫“绞头”，一个生育仪式。

徐杰舜：对，生育仪式，在浙江我们叫“剃头”。我伯父挑了一担子点心，就是事先做好的馒头，盖上红印，小孩子穿的衣服、鞋子也一担挑去。那也就是说，除了同宗的以外，九族在这里也起作用。

杜靖：我刚才不是讲了一个“本宗”的概念吗？还有一个就是既包含本宗又包含其他的姻亲。这是一个整体性九族，概念来自《尔雅·释亲》和《今文经》。虽然《尔雅·释亲》和《今文经》具体又不一样，但精神大致是吻合的。它包括母之党、妻之党、姑之党、姨之党，还有自己女儿家。譬如一个人死了，你会发现，要下一个通知，告诉亲友哪一天出殡并前来吊丧。你看他的亲属群，也是一个九族五服集体来参加行动，五服内的每一个家庭都要派出一两个代表来参加。这个时候，我想，它的行动单位不是一个核心家庭，它是一个本宗九族，就是“五服九族”。在这样的一个丧葬场景下，在生育场景下，在婚姻场景下，你会发现，在这些仪式里边，一个乡土社会的各种最基本的五服九族单位都来参加这个仪式，集中在那里，平常都是分散的，有仪式有活动就在一起了。它是比宗族更常态的。恰恰相反，宗族在中国乡村里边，它一年发挥作用的时间还没这么长，比如春秋两季和年终祭祀里边，或族内有大事事务，宗族就集合了。那么这样就涉及我的一个研究方法，我在《九族与乡土》里没有挑明，就是说，我当时用一个“仪式”的概念，现在细想，这个地方我没有把它在理论上做好。我们不应该再用西方的“仪式”概念做宗族研究，应该用中国的“礼仪”，为什么是“礼仪”呢？

徐杰舜：仪礼？

杜靖：仪礼或礼仪，这个概念为什么不同于“仪式”呢？因为“礼仪”，它除了是个仪式之外，它还包含等级，也就是费孝通讲的“差序格局”，它有亲属等级，不同的亲属参加仪式的时候，他在付礼、随礼的时候有不同的表达程度。还有一个就是什么呢？这个礼就是礼物和情感。你想，西方的单纯一个“仪式”怎么能够概括得了中国本土的这个概念呢？所以中国人类学界在开展中国研究的时候，“礼仪”“仪礼”这个概念，必须强化它。它绝对不同于“仪式”的。

徐杰舜：我觉得这是两个非常不同的话语体系概念。“仪式”是西方的，以宗教为出发点，它的根、来源和宗教有非常密切的关系。但是，在中国没有这样的一个有组织、有规范的宗教，它就是这个“仪礼”，人的生命历程当中的仪礼过程。

杜靖：它实际上是早期儒家的仪礼、亲情与人生这样密切关联的东西。而且还有一个特点是什么呢？西方的“仪式”概念，人类学是在异文化做的研究，那些地方是没有文字的社会。可是，今天中国老百姓实践出来的“礼仪”是在《仪礼》《礼记》《朱子家礼》和《孔府家仪》等文献中的，不同层次的中国历代儒家学者都试图往下推行，使得文献和地方人民实践努力结合在一起。诚如庄孔韶所云“哲学家发明，政治家强化，教育家推行，农人所实践”。所以，中国人民的实践不是根据西方人类学搞的那个“仪式”的逻辑原则来行动的，而是根据中国的“礼仪”或“仪礼”来行动的。所以，我们必须回到本土的文化智慧里边做研究。

徐杰舜：我觉得“九族”这个概念非常重要，你把它活化了。因为过去的时候，我们认为在传统的儒家思想里或者文献里，它是死的。“株连九族”，大家很清楚的了，根据民众犯的罪，有关系的人全都要被牵连。实际上在中国人的实践当中、生命历程当中，九族之间不断发生关系，九族不断地连接在一起。我七十岁了，还是经历过一些东西，小的时候，逢年过节的祭祖，也是按照九族的规定在运作，上至高祖，每一桌的饭菜都不一样。

杜靖：这个是费先生讲到的，典型的差序格局。但是我这个书里边，也表明了对费先生“差序格局”的有些解释不够满意的看法。根据费先生的意见，人们的行动，亲属成员要根据亲属的不同等级、距离来行动，差序格局荡漾的圈圈，由近及远。但是我们发现，地方的实践，有时候有些个体，它不一定遵循这个原则。比如说，A 是我的亲叔叔，B 是我的远房叔叔且出了五服，但 B 是县里的教育局局长，我是个普通老师，我可能逢年过节都不看我亲叔叔，但是我一定要去看那个教育局局长。这就是西方人类学研究的能动性，充满利益盘算的功利。在这个时候，费先生的“差序格局”就解释不了这个问题。它没法去解释，为什么我撇开了亲属距离，不跟亲属距离近的人互动，而跟亲属距离远的人互动？当然，那个时候人类学的相关理论还没有进展到这一步。

徐杰舜：就是利益相关。

杜靖：所以，在这个地方恰恰就发现中国传统的五服制度，有些人就不按照这个制度出牌，游离出这个文化底色去行动。这个时候，可能村落的人们就会批评我、舆论我：“为什么你连亲叔叔都不孝敬，你就巴结另一个人？”当行动者出离这个框架的时候，理论上五服九族这样的东西，作为整个集体的文化，它要对他进行表述、评判。而在这个地方，就会发现这很有意思，人类学真正有兴趣的点。我们过去说要把地方的知识做出来，把差异性、文化系统做出来，其实最有趣的观察是，你做出来的成型的地方知识系统仅仅是第一步，很多人不按那个知识系统规定的逻辑来行动，他游离出去了，而他游离出去的情况和普遍的文化模式是有交换和对话的，今后这个应该是作为人类学的重点。

徐杰舜：所以我觉得你抓住了中国乡村研究的一个要害问题：过去，大家不知道这个东西。在中国话语体系、中国情景中，来研究中国的家庭，研究中国的人，或者研究中国的社区，一定要抓住“九族”。如果把九族的关系理清楚了，把每一个人的生命历程和九族的关系、他们之间的互动交流往来、他们之间的利害关系搞清楚了，那么这一个乡村的理论认识才可能比较全面。

杜靖：我们必须把中国人最实用的一个最基本的亲属架构理清楚，而且不是仅仅停留在做历史渊源与文献，那是一个死的亲属流程表。你可以看《尔雅·释亲》，可以看《仪礼》《礼记》规定，一个人周围有多少亲属。可是那些亲属究竟在遇到亲属时怎么行动、怎么想？历史学家回答不了这个问题。这个时候，人类学家有这个优势，人类学家进入田野的时候，他看到“九族”亲属人群的活生生的来往与互动，就会促使历史学家重新思考他们的研究。

徐杰舜：如果这样的话就极大地丰富了中国人类学研究的范围。

杜靖：如果假定是，我讲的这个“五服九族”在中国是普遍的，比宗族更为普遍，那么中国社会的性质是什么？还是宗法社会吗？要是不是的话，就涉及整个中国历史教科书、法制史教科书、政治史教科书等的表述。你看，再有若干的田野点能够去检验和论证，我们对中国传统社会的性质和历史怕是要有一个重新的认识。那样的工作任重道远。

徐杰舜：为什么我感到震撼呢？我觉得，在中国，只要仔细地去想，仔细去回味，特别是年纪大的人，那么他就可以看到九族的影子到处都在。

杜靖：就是在现在，在城市里边，也可以经常看到。假定一个人生病了，谁来探望他？假定我们要在城里买房子，我的钱不够，可以向银行贷款，首先想到的可以借钱的圈是什么圈？你觉得我们在城市里生活已经远离乡土了，可是真的和传统的乡土切断了吗？你会在生病、买房的情景里，仍然看到九族的框架，还是活着的，还是在运作的。

徐杰舜：我还可以给你举个例子，补充你的论点。去年是我父亲百年诞辰，我父亲的一个亲属距离远一点的亲戚，特意回到乡下去，帮我父亲买了一副开过光的阴寿交给我妹妹，他说：“明年就是我哥哥的百年诞辰，我买了这个，你在做阴寿的时候，帮我烧一下”。他九十岁，我父亲一百岁，所以说是“我的哥哥”，一百岁是个大祭日，他要给我的父亲做阴寿，他表达他的意思，特意地到乡下买了开过光、念过符的阴寿，这就是九族运作的实践。

杜靖：有一次，历史学家常建华（一辈子研究宗族的专家）告诉我，他认为我的书告诉了外国人中国不光有宗族，还有九族。实际上，在他的意思里边，在认知中国价值上，九族一点都不输于宗族。

徐杰舜：如果这个问题能够进得到一步的论证，那么对中国传统社会的认知就不要停留在宗族社会，它可能是一个九族社会。

杜靖：我在书里也讨论了九族和宗族的关系。

徐杰舜：当然，九族包含了宗族的一部分内容，应该是这样。可以这样说吗？

杜靖：就是，一个整体性的框架九族，一个小宗的宗族可以内含在九族框架里边，即本宗这一套。其实呢，你在家里的时候你是一个父系单位，但是你参加另一个姻亲丧葬的时候，就是人家的姻亲，所以说，你是作为一个亲戚去的。这个时候，你不是以宗族的文化意义去行动。你看钱杭，去年（2011 年）两本书和我发生争论，跟我讨论这个问题，后来我这本书里专门回应他。我不敢说我就是真理，但是已经重新提出问题来了，让我们学术界有所思考。

徐杰舜：你能单独对九族问题写文章进行论述一下吗？

杜靖：这个可以，单独可以写一篇关于方法论总结的研究。

徐杰舜：中国社会的九族伦理。

杜靖：比如说，作为亲属制度一个类别的宗族。今年（2012 年）8 月份，在南昌社会史会议上，刘志伟先生公开说他不是在做宗族研究，他明确地说："杜靖是做宗族的，他把宗族拉回到亲属制度的框架下来思考了。"我不上他的当，实质上他是一个宗族学大家，他长期在政治学、国家与地方的关系的框架下来理解宗族。其实，宗族不是一开始在国家与地方架构下的东西，而是亲属的类别，所以《尔雅·释亲》里讲"父之党，谓之宗"，父之党、母之党是并列的。也就是说，宗族仅仅是作为亲属类别的一种。当我这样去做研究的时候，我把宗族重新拉回去了，而这也是人类学研究亲属制度的起点，重新回去，重接古典议题。

徐杰舜：这样的话，宗族制度才摆在一个恰当的位置上去。

杜靖：所以说，我们过去走偏了这个路，一直放在国家与地方关系的这个框架下来讨论中国宗族，可能背离了中国宗族制度文化设计的定义。所以就拉回来，这个问题，它就涉及方法论的一系列问题。

徐杰舜：那你现在能不能比较一下，宗族制度下，或者在九族概念下，各个框架与国家的关系？

杜靖：弗里德曼范式，学界已经了解，是来自非洲的政治人类学的范式。它有两个代表人物，一个就是埃文斯·普里查德，一个是福蒂斯。而他们两个人，你知道，是受马林诺夫斯基的影响，但是后来他们都跟拉德克里夫·布朗共事，受他的影响，然后到非洲去做研究，这是学界知道的一般情况。但是学界只知道弗里德曼来做中国宗族研究是要跟非洲学对话，却不了解其更深的动机。弗里德曼还有两个潜藏动机，今天研究中国宗族的个别学者已经知道了，其中一个动机是跟费孝通对话。因为费孝通在《乡土中国》讲中国的士绅和地方的人民之间是割离的，士绅不住在乡下，住在城里边，而且还是剥削地方人民的，所以费先生同情共产党的主张。可是弗里德曼不这样想，弗里德曼认为，中国为什么有宗族，是因为中国宗族分化了，有强大的房支，有弱小的房支，而强大的房支是出现在士绅宗族里边，弱小的房支若想生存，必须依附在强大房支后边。比如说打官司的话，要依靠强大的房支、族里在地方社会上有名望的士绅。弗里德曼实际在讲一个共同体、一个法人团体、一个合作团体、一个利益共同体。这是跟费先生讲的不一样的。这是弗里德曼很明确的，可是很多人在后来开展中国宗族研究没有注意到这个对话线索。第二个问题是，弗里德曼当年为什么要研究这个东西，跟他的英国背景有关。英国是世界上老牌的福利国家，它在 1601 年就颁发了《伊丽莎白济贫法》，“二战”之后，英国参加战争已经很破败了，因为很多人死亡了，很多人失业了，怎么样解决这个问题，穷人怎么渡过这样的灾难，有钱的人是不是应该拿出钱来帮助穷人来解决问题？因为西方社会是一个自由市场经济社会，自由市场经济的规则是什么呢，有的人会在市场经济中懂得游戏规则，他可以很有钱，有的人可能在市场运行当中，他就是个穷光蛋。弗里德曼要强调当时英国要解决战后福利问题，涉及国家福利的概念问题。实际上，两次世界大战前，德国是一个军事国家，它想的是应该搞好国家福利而后动员战争资源。那样就是说，有钱的出钱，有枪的出枪，有力的出力，要合起来。从这样的思路来探讨，实际上，弗里德曼在研究中国宗族不单纯是非洲视野的线索，他有英国社会问题的预设，所以他讲中国宗族里边有那么大的族产，如何做福利救济问题。这个东西很重要，可是我们长期以来，海内外研究中国的问题，特别是研究宗族的问题，都把这两个线索疏忽了。必须在学术史上重新清理再来讨论，我们才能更深刻理解弗里德曼，更深入地开展对中国社会的认知问题。所以，在这样的情况下，政治人类学的线路讲非洲是一个无国家的社会。其实非洲的政治学有两种范式：非洲的政治制度一种是没有集权的，一种是有集权的。我们老是只看到无国家社会，其实无国家社会的概念就是努尔人的裂变制度，这个框架是在与集权制社会对比下建构出来的模式。这实际上也意味着，非洲学范式里也讲了国家与地方的关系。可是呢，在中国，弗里德曼一开始也没很明确国家与地方的关系的研究思路。至于为什么当下在中国宗族里边讨论国家与地方的关系，不光是乡村政治学，甚至我们人类学今天研究边界与族群问题，无非都是讲国家与边地的故事。可是这样的故事，我们要想，为什么在30年前，中国大陆学界没有出现这个分析框架，为什么30年后，中国大陆学界出现了这个分析框架？当中国的知识界从西方引进“国家与地方关系”分析模式的时候，有没有思考一个问题：为什么西方的学者不用这个框架来分析西方社会本身？它却输出来去分析非西方社会，这套分析架构的动机是什么？我们没有人认真去想，为什么他们拿“国家与地方的关系”来认知中国，研究欧美社会之外的东西？他们的目的很清楚：一定要搞清楚中国的政治架构，这个东西是跟欧美不同的，这种不同，它会涉及人权，涉及很多东西，还涉及会不会用西方的东西来替代以及怎样置换的问题。

徐杰舜：九族还不能看作是一个政治架构。

杜靖：它已经变成最基本的人的亲情的东西了。不能说完全不是政治架构。其实，你想想西周是什么样政治结构？周天子的兄弟要到各地去分封诸侯王，这不是旁系与直系的九族关系吗？你看姜子牙，有功的姻亲，往往分封到齐国，它实际上已经有这种政治架构。这个问题茵逸夫已做过深入研究。但是这种架构不是我们讲的后世的大规模宗族、宗法的东西。实际上，九族一开始就在基层人民的生活里了，是从长期生产生活中孕育出来的。“礼失而求诸野”是孔子讲的。沿着这个思路，就会发现，从小团体宗族或家族里面提炼出来的东西就是家国同构的原理，从家族的伦理道德升华出中国的政治伦理原则，它是来自基层的自下而上的一个东西，只是在后来的过程当中，被人为地雅化和提升了，成为大传统的东西。历代的儒家士大夫们，比如朱熹等，把形成文本的东西向下推行。去年的时候，我执行主编的《人类学研究》第一卷上发表了庄孔韶先生的一篇文章，其中提出来一个“过化”概念❶。这个“过化”概念非常好，我给他的数十年的人类学学术实践总结出了一个“文化”概念和研究思路。在人

---

❶ 中国古代儒家学者到各地去布道讲学，然后把儒家的思想观念带入地方社会，就像墨渍在宣纸上弥散扩染一样传播开来，从而达成对地方的教化或“文化”。这个过程就叫“过化”。

类学中文化是关键词，关键中的关键。可是你看，中国这么多人类学家，谁明确地用过中国本土的“文化”概念？他就讲得很清楚，哲学家发明，政治家强化，教育家推行，人民实践。他把文化理解成一个动词。而“culture”这个概念在西方语义学中就是农业耕作、驯养动物的意思，西方的文化概念一开始是个动词，也是一个动态的过程，实际上类似于庄先生讲的中国教化的东西，这是把大小传统和国家与地方勾连在一起的一个很重要的思路。而这样的思路，你想想，在那些没有国家的社会里边，西方的人类学家怎么能够观察出这套东西出来？所以在这样的时候，在宗族的研究里边，“国家与地方的关系”的思路是有一个大背景的，即基于中国人民的历史实践、本土经验。我想大体上是这么一个过程。

徐杰舜：那么这本书，它的意义，你能不能简单地概括一下。

杜靖：这个应该由读者来评判。不过，非要我讲，我想大致有两点。一个是方法论和理论探索上的意义。在方法论上，我试图寻找田野工作与文献之间的对照性阅读。人类学家做田野不奇怪，但能看到田野和文献文本之间关联的不多，除了林先生到庄孔韶到我这一条线路外。我想在基于中国人民的实践与经验基础上进行理论创新。我一直都在想找出一个新的分析框架来认知中国社会。这就是我上面讲的五服九族，以及后来关于中国四个类型的九族与宗族的演化模式。在书里，我称之为“喷泉社会”理论。为什么这么说，它到高祖这个顶点就不继续增长了，就下来了。当然，有的可能超一点，有的可能不足一点，但几代后又回落到它的理想类型。第二，这本书把个案的研究放在一个国际学术发展脉络里了，尤其是放在海外中国学思考的框架里想问题，有很高的梦想。

徐杰舜：这个九族五服当中，它规范了中国人的行为模式。

杜靖：这是纵向的演化模式。然后横向的演化模式呢？横的叫作“九族连环社会”，强调其对地域社会运转的意义。它跟费孝通讲的乡土社会不一样，差序格局和乡土像石子掉进水里，一圈一圈的，有父母兄弟、亲人到乡亲，由熟人到陌生人。可是我讲这个乡土社会、区域社会是怎么连接的呢，是一个一个本宗五服通过姻亲的关系，一个圆圈一个圆圈勾连在一起。所以我形容它叫“喷泉社会”或“九族连环社会”。而这个框架，我不敢说超越了以往的几个研究模式，但在研究中国社会时，它与祭祀圈与信仰圈理论、宗族分析模式、社区分析模式应该是具有同样的认识论和方法论价值。也可能这些东西相互叠加在一起，未来我们分析中国的时候，特别是汉人社会，我们不能拿单纯的任何一套架构来进行指引。这几套架构很可能都在地方人民的文化实践里，我们必须综合起来。这也是弗里德曼晚年的一个想法，后来杜赞奇在研究华北时想试图弄在一起来认知中国。弗里德曼研究了一辈子，他晚年做总结，到现在我们中国大陆的人类学家，有的做应用研究，有的去做边界的研究，我们把他提出来的最基本的问题放在那里不问了，悬置起来了，似乎又开启了另外许多话题。我们浪费、荒废、甚至弃置了前面数代人的努力和探索，这是当前我们理论创新上在国际上没有地位的主要原因。开创新的学术领域固然重要，但一些旧的领域，产生了世界影响的领域，我们不能放弃。要继承下来，要继续往前走，努力在国际上获得话语权，引领某些个领域的探索。当我进入人类学领域的时候，大家的兴趣开始转向族群理论，转向应用人类学。可我没有跟风，所以王建民说我是“做古典人类学”的。我当时想，可以去做一个少数民族或应用人类学的题目，而且很容易在一两年就能出本书。但我更喜欢去爬喜马拉雅山。喜欢在以往的知识脉络里寻找新的突破，喜欢在那些最具学术积累的领域挑战自己的心智。这个需要冒险精神，需要沉得住气。万一你碰到这个田野点不出货，很可能一辈子都出不了成就。这跟考古学差不多。我一开始也并不知道是否能得到有价值的东西。

徐杰舜：但是在我的理解当中你已经找到这个东西了。

杜靖：我不敢这样认为，前面的道路还很漫长，我只是人类学的一个新兵，尽管我的年龄已不菲。但是我很自信，有激情。接着说第二个问题。我想重新讨论中国社会的性质以及人类学研究汉人社会的一些理论问题，具体来说，宗族的分析视角该如何往前延伸，怎样的道路才是正确的？我以为，沿着人类学以往的脉络、积淀来进行是对的。因为我做研究讲究什么呢？就是注重以往学术积累。我是王建民招的学生，但是后来我师从了庄先生，因为我要做中国宗族问题、亲属制度问题，王先生是中国人类学史家，他在艺术人类学研究上也有探索，但是在中国家族制度研究上，他可能了解，但不一定是个专家，所以这个时候我跟庄先生来学这个东西。林耀华先生做了一辈子并探索到了一个很高的高度，然后庄先生又在林先生的基础上继续推进和探索。那么庄先生探索了哪些问题，哪些问题没探索，庄先生亲弟子里面没有人继承，所以庄先生把这个问题交给了我，他嘱托我要继承这项燕京汉学的研究传统。于是我下决心一辈子做“脉络”。

我从张小军先生那里受益很大。小军是庄师最早的学生，两人结伴走遍福建玉田，后来他选阳村宗族来做。张在海内外做宗族研究是很出名的，其“实践的宗族观”是当今海内外中国宗族研究里面最高端的一个理论模型。2005 年我的博士论文答辩会上，张给我提供他的一篇讲宗族的文章，那是一篇在中国宗族学研究史上应该占有位置的论文。但是大陆很少有人知道这篇文章，包括那些历史学界研究宗族的大牌学者也很少有人知道这篇文章在台湾地区一本论文集里面。其中提到了中国早期宗族类型（即我研究的九族）及近世宗族的演化问题。张在香港中文大学研究宗族时主要受萧凤霞影响，同时与科大卫和华南学派诸学者过从甚密。我认为，他基本上可以看成是华南学派在北方的代表人物。我与庄氏和张氏游学，使我有机会兼容燕京学派和华南学派的各自擅长。

后来还有很多研究社会史的学者，他们很喜欢我，并架着我翻跟头。所以，我下定决心要接宗族研究这个挑子，必须接。我差不多每日都在想：人类学在探索什么，中国的历史学在探索什么，怎样把两个领域的优点合在一起？这个话题说来话长。你看弗里德曼在上世纪 70 年代有一篇文章，好像是最后一篇谈论中国研究的文章。在这篇文章里他反对费孝通，反对结构功能，批评长期以来忽略了历史问题，没有历史过程主义的学术关怀。所以，他觉得在中国开展宗族研究必须进入中国的历史过程才能说明问题。还有一个问题就是费正清研究中心。为什么美国要建这个东西？就是不满意我们战前的、燕京的那套社区的做法。那套做法对于认知中国，也许能认知当代，可是美国支持的国民政府的失败使得美国人认识到：“我们并不了解中国，要想真正地认清中国，我们必须读懂中国的历史。”费正清中心，它是在这样一个海外研究中国的大背景下成立的。到后来，你看，一个是我们在内部用文化变迁思路来反思结构功能论，另一个直接走进历史的现场和脉络中去了解中国。这就是后来我有历史人类学考虑的原因。可是，我们今天大陆的许多人类学家不清楚这个脉络，他们只是认为我们不满意结构功能论的静态研究观念，才重建一个历史过程和一个历史脉络在里面。其实远远不是这样。这个国际学术的脉络很清楚，这个海外中国研究的思路。当然我没有去过日本，我光钻进了英语学术圈脉络，但是我跟日本的很多学者、很多搞宗族学术的历史学家都有交流。总之，要向历史学家学习，尽可能与历史学家开展合作进行中国宗族研究。

徐杰舜：那么，我觉得你这个九族与乡土，已经非常鲜明地提出了你的叙述、论述中国的框架，这个框架以后的实践还可以进一步检验，但是我是赞成你这个看法的，我觉得你是抓住了中国社会，特别是传统社会的一个样板，用这个来解读它的话，就比其他的工具、其他的概念、其他的范式来解读它更加贴切。然后，想问几个一般性的问题，你是山东人吧？

杜靖：是的，我是山东临沂人。

徐杰舜：临沂出人才！

杜靖：我们那个地方不是太物华天宝、人杰地灵。

徐杰舜：那你小学就在那里？

杜靖：我是山东乡村出身的，农民，我所研究田野点距离我的故乡只有九公里，而这个村庄的妇女嫁到我们村是四个，按族里这个辈分来论，我应该喊她们婶子。所以我本身就很熟悉。

徐杰舜：那我顺便再问下，你自己的九族上下搞得清楚吗？

杜靖：很清楚。

徐杰舜：旁系呢？清楚吗？

杜靖：也很清楚。我们那一带村庄里每个农民都很清楚。譬如举行丧礼的时候，老百姓爱围观看热闹，他们要看不同的亲戚穿不同的孝服、磕几个头、作几个揖。当一个自己的亲戚死的时候，他不会行礼的话人家就会围观、会笑话他的。然后，他必须清楚：如果他的父亲死了的话，作为一个男人来说，他应该告诉哪些亲戚来参加。他要对这个概念不清楚，他做不下去。同样一个亲戚给他送来话："明天人死了你要吊丧去！"，那他得想："这亲戚跟我什么关系，我凭什么去。我该怎样去？"中国社会里的这个亲属关系是什么？是人类生存的一种资源，是一种互助。假定市场经济不灵活了，假定国家坍塌了，谁来救助我们？我看，就是九族这个基本亲属架构。

徐杰舜：越是传统社会，九族的这个作用就越大。

杜靖：就是这帮亲属帮助我们渡过难关。

徐杰舜：我记得我们那个地方的家庭。我父亲在农村，当时他为什么走到城市里学生意、打工，也就是九族之内的人互相带起来的，就像现在我们回忆农民工出去，他也是，那都是这个族人带出来的，带出来了以后，现在叫农民工了。一百年以前那个时候，我父亲出来做的时候，他不也是打工的农民工，但是他那个时候什么技能也没有，他就学，他就在一个银行里当练习生。

杜靖：这就涉及了海外中国研究的一个大议题：中国文化的延续与断裂。很多人认为，这套家族宗族制度和其他的中国文化受到西方的冲击以后，以及中国人自己推行的现代化运动把传统给改变了。但是你看，日本的华裔学者韩敏，美国学者波特夫妇，包括我们的庄先生，他讲我们不死的文化。麻国庆，他讲永远的家。他们为什么讲这套“旧”的东西？这套东西可能表面现象变了，但在深层的文化底色上可能并没有发生改变。

徐杰舜：所以现在和一百年以前中国城市化的过程当中，农村也是出来打工，那时候我父亲去一个日本的银行里打工，放在现在来讲就是进到外企，是白领了，所以隐约看得出来我父亲出来也是九族之内的亲戚朋友带出来的。我父亲带出来了，他后来又把我妈的弟弟也带出来，他还想把我妈的大弟弟也带出来，结果我妈的大弟弟不习惯，身体不好，又回去了，只有我妈的最小的弟弟跟着他，就是我的小舅舅，他这个九族关系就是这样子带出来的。

杜靖：而且他会越出这个范围，会越出九族之外，以致乡亲。你比如说有的人问：他这个工作机会怎么得到的？答曰：他是我老乡。老乡的概念怎么解释？他是住在同一块土地上的。这是费孝通先生的乡土社会概念。但是我讲什么？这个人是我姻亲，那个人是我的五服九族的人，可是第三个人没有姻亲关系，可是他跟我的亲戚有。通过一个姻亲关系，亲戚的亲戚就变成了乡亲。

徐杰舜：解放初期，我大舅舅的女儿在农村里长大了，我父亲我母亲要把他们弄出来，所以后来跟中央气象台一个越南华侨技术员结了婚，现在他们全家都到美国去了，这都是通过九族的关系、姻亲的关系。

杜靖：您这里提出一个非常重要的，就是下一步研究的空间。因为我做村庄的研究，在城市里边，比如说，华人到了美国，他靠什么生存，就是说九族架构在资本主义市场下，还灵不灵，还存在不存在，他用不用？它是否可作为一个无声的框架，基本的框架，文化资源？

徐杰舜：我还可以给你讲一个小故事。1993 年我在泰国曼谷的时候，在船上碰到一个人跟他聊天，他是中国福建人，他说他是自己跑出来的，我说“那你跑出来你怎么吃饭？”“我们有同乡会，只要说我是这个地方的人，他们就给我吃给我住，然后就给我想办法，他们正在给我想办法要把我送到美国去。”

杜靖：好，就是这样。如果再搞一部民族志……

徐杰舜：2000年我在欧洲，在米兰遇到一个浙江青田人，拿一个簸箕卖小小的纪念品，我就买了他一个小小的纪念品，我就说“你是怎么跑出来的？”一个妇女，30岁左右，又没有文化，我问她怎么跑出来的，她回答“花钱。”我说“你花了多少钱跑出来的？”“十几万块钱。”那个时候十几万块钱，2000年的时候，我说“你划不来，你十几万元在家里不是过得很好？”她说“不行，我们全村的亲戚朋友都出来了，我不出来要被别人骂死的，羞死的，没有本事，必须出来。”这样的研究我们不仅是到欧洲，所以我觉得你这个九族在这里它的意义是非常的广泛的。

杜靖：如果我们把这个问题搞清楚了，我们可以研究台湾的历史，你想福建和广东的人，大陆人是怎么到达台湾的，他是通过什么关系过去的？我们一开始找宗族。其实大陆这帮人是通过一个什么样的亲属架构移民到台湾、移民到南洋去的？回到九族架构上来，我们才有可能搞清台湾的历史过程和整个南洋这样的历史过程。这几方面是非常重要的。我觉得在华人社区，在海外华人社区，像这样的故事、案例可以很多，你可以去查一下他们研究东南亚华人是怎么出去的。华深曾经在美国做过，但他做出来的是宗族，跟我的设想不一致。

徐杰舜：那我觉得你这个研究可以为我们其他相关的研究提供一个理论工具、分析工具、分析框架。

杜靖：作为一个人类学家谁都梦想。

徐杰舜：我就产生这样一个联想，我想跟你聊天就是想向你再进一步地讨教。那我们再重复一下，你大学本科在哪里读的？

杜靖：我的本科不是一个正儿八经的本科，我是一个函授的。

徐杰舜：哪里函授的？

杜靖：山东大学中文系的。

徐杰舜：你当时已经工作了是吧？

杜靖：我已经工作了。

徐杰舜：你什么时候开始工作的？

杜靖：1986年。我是一个中专的师范出身。

徐杰舜：是哪个师范？

杜靖：临沂师范，山东临沂师范。

徐杰舜：临沂师范很有名气的，临沂师范是老传统的学校。

杜靖：那个时候上中专，做小学老师、中学老师，带过八年高三，我的过程很复杂。我在基层里面，而且始终又在我的本土，我每个星期都要骑自行车从城里回乡下的家。20 世纪 90 年代末，临沂市文联民间文艺家协会请我当副秘书长，这个机会使得我调查并研究了大量乡土历史与民俗。所以，我的田野工作时间量也没法计算。我本身就爱好这些东西嘛。长期积累起来的地方历史文化知识使得我对研究对象很熟悉。我做完闵村，我怕做出来的文本是一个孤立的文化现象，就在他们周围村庄里去验证，发现整个区域社会里都是这套东西，村村都有，人人实践。后来我重读《义序的宗族研究》和《金翼》这些书，发现在中国很普遍。你看，《金翼》里他讲述那个亲属的时候，不就是黄东林的本家和他的姻亲吗？我们过去老是批评说《红楼梦》是封建家族的东西，其实红楼梦这个书写的是什么？是九族，是一个个的姻亲集团的关系。可是20 世纪为了打倒封建家长制，推翻封建社会，就把红楼梦理解为家族主义的东西。但是在这部书里主要是姻亲的关系，所以在这里姻亲互动是很重要的。

徐杰舜：还有一个可能你已经注意到了，我的体会就是，在中国社会当中，姻亲关系也是非常重要的。

杜靖：对，我那部书导论里面为什么要谈第三个意义，我最想研究的意义？我为什么要在国际亲属理论里要讲？过去的研究就是认为一个父系的或母系的世系群体叫宗族，而另外一个就是列维 - 斯特劳斯讲的婚姻交换。其实在中国，当年拉德克里夫 - 布朗曾经来找过，布朗是因为读了葛兰言的书，是想来找中国的世系群和姻亲交换制度的。可是后来他闻到中日战争要爆发的气息，就跑回去了，没有找到这个东西。应该说，中国没有严格的半偶婚模式，列维 - 施特劳斯在他的亲属论著里已经谈了。但是中国有些婚姻交换，它可能是很随机的，是一个礼物，生计的互助，这是一种交换。所以在这个五服九族架构里面，你看，亲戚之间和本家的往来与交换的时候，它又是一个父系式小单位，它能祭祀高祖。中国的五服九族制度能把国际人类学长期相分离的两个研究模式结合在一起。长期以来，祭祀群研究模式和交换模式分裂了，要么祭祀群模式，要么交换，现在我把它们合在一起了。中国的这个经验、这项研究赋予了中国这个亲属架构有了国际人类学的学术意义。

徐杰舜：但是过去的学者们之所以把它集中思想啊，眼光、立足点聚集在家族上去，这实际上还是一种夫权思想。

杜靖：晚清以来，一部分知识分子想改变中国传统社会，若要改变中国社会，那得对传统社会进行定性，必须论证出不平等性、专制性来。

徐杰舜：不平等，夫权社会嫡亲、嫡长、嫡子继承。

杜靖：当时的知识分子想，我们必须改造这种东西，必须用一种平等的方式替换它。那就只好对其妖魔化，说封建社会多么坏多么坏，说封建家族宗法多坏多坏。可是后来七八十年代，美国人类学家葛希芝，武雅士的第一个太太，在台湾发现了姻亲的力量并不输给父系团体，还提出了子宫家庭概念，以反思父系研究视角。稍后，加拿大蒙尼托巴大学的人类学家朱爱岚在山东也做田野，借助了葛希芝的子宫家庭概念。再后来，包括那个谁？那个商务印书馆的女编辑李霞，她也是人类学博士，她也在山东做姻亲研究。还有山东大学的民俗学家刁统菊。她们都是女性，都在做姻亲，觉得姻亲不可忽视。在她们的研究作品里面，的确姻亲很重要，但是宗族呢？本家呢？实际上，姻亲模式在此变成了一个理论上的对立面，她们为了打倒一个理论、否定一个理论，而建构了另一个理论。矫枉过正，过分夸张了姻亲的价值，脱离了实际。实际上这两套东西并存于乡土社会中。当我的祖父死的时候，我的这个族，在我家就是个九族，是个父系单位；当我姥姥去世的时候，九族内的本家都陪着去，就是我舅舅家的姻亲。所以这个本家或姻亲是一个钱币的两个面。学者们为什么要单独考虑这是一个世系群或单独考虑这是一个姻亲呢？中国人民的智慧是很灵活的，很灵动的。他们在场景里面生存，很有智慧的。

徐杰舜：所以中国传统社会当中，这两个都是少不了的。

杜靖：对，都少不了的。所以我要把它们合起来讲。合起来讲的话，这个时候就进入了田野点。你看，我们过去实际在民族志上有过重视，但是没有从结构主义讲的结构（与父系单位构成一个结构）中来理解这个东西。没有人向世界学术界报道这种双面现象。报道出去的这种东西不是要么 A 就是要么 B。它是两种并存的，这个东西很重要，而且要讨论起交换的话，非常有价值。父系的我们叫继承，日本历史学家滋贺秀三的《中国家族法原理》里叫承授。这个房屋是我父亲的，我承授。最后我再把财产交给后代，一代代往下传递。姻亲是干什么呢？是你有个什么事，我给你个几百块钱，参加仪式要带红包或给白包。你看，礼物或财富的流动，一个纵轴的，一个横轴的，这个构成我们每一个中国人，尤其是汉人生存的重要框架。我们一出生就落在这个结构和网络里了。可是我们要没有这个结构，我们能生存吗？我们怎么样生存？

徐杰舜：而且还有中国传统社会，或者原始状态的时候，它是舅群。

杜靖：对，娘家群很重要，你看我书里展现了大量娘家群体的活动，而且还讨论了妇女的地位。法国过渡仪式理论讲，谁要是通过了结婚仪式后，这个妇女就从父族变成了夫族的成员，完全转换到她丈夫的宗族里面去了。你想想，中国是这样的情况吗？难道你结婚以后，你父母这边有什么需要你不来参加吗？我们的文化规定，虽然服制上不能跟儿媳妇平等，可是在二等服制里面，出嫁女儿仍然必须回来，有这个义务，很重要的孝服，而且这个在五服制度里有规定的。这说明，中国已婚妇女仍然保留了父族的身份，保留了父族的权利和义务。那么这个西方的过渡仪式理论就有问题。

徐杰舜：所以，老杜，我体会你这个研究的价值在哪里。就是你找到了打开中国社会的一把钥匙，真正的钥匙，就是结构中国社会的钥匙——九族，而不是过去传统所讲的宗族，那个只是一小部分。

杜靖：或者区域社会，东南部中国。

徐杰舜：东南部中国它也是九族有遗产的。

杜靖：对，您说的很对。就是在日常生活中那个仪式和实践里面，你看是九族重要，还是宗族重要？

徐杰舜：谁都起作用。

杜靖：谁起的作用更大、更日常、更具有普适性？

徐杰舜：但是我的体会是，宗族在宋代之所以兴起，建构起来跟地方政治有关系。

杜靖：所以这就是国家与地方互动的结果。

徐杰舜：所谓中国西周的宗族制度下移，这是政治化的问题，它并不是中国传统社会，源于亲情需要的它的生活流程。

杜靖：源于亲情需要。

徐杰舜：对，不涉及这个。

杜靖：这个政治化的原因是朱熹和二程等儒家，到后来明代的大礼仪活动。上面已经谈了。

徐杰舜：当时的宋代的新农村建设。

杜靖：问题是，我研究的地方有祠堂，帝国允许他们建宗族，可为什么不建成华南那样的样式？它为什么还要恪守早期的这一套？这是非常有意思的、有趣的事情。

徐杰舜：实际上呢，它是一件很普通的事情，很多人在说着株连九族，但是你这个研究的价值用另外一个话来表达，就是，你真正发现了中国社会的奥秘，就是九族。如果，只要你随便哪一家你用九族去框它，去分析它的生活流程，这个生命流程吧，都可以。

杜靖：但是对于我个人来说，因为我只做了一个田野点，我没有到其他省份的点求证，这样的研究需要学界有兴趣的同仁们在中国开展广泛的田野调查，进行验证。

徐杰舜：我虽然没有按你这个去做田野，但是收获也算大。

杜靖：每个人的切身体会。

徐杰舜：我这个切身体会，它这个九族的作用总是跟着我们走的。

杜靖：所以说，在这样的过程里边，我们社会学讲社会化，人怎么样成为一个文化的人，他首先应当把自己变成一个九族成员，如果他不能很好的把自己变成一个九族成员，中国人文化化和社会化就没成功，他就被他身边的文化排挤出去。这个人没有成长起来，不算是个“人”。

徐杰舜：所以你的研究很有价值。今天谢谢你接受我的访谈！

【来源】《民族论坛》，2014 年第 10 期，第 5 ~ 16 页。收入本书时略有改动。

我血管里流淌的是人类学的血液

——访广西师范大学漓江学院赵巧艳博士*

【被访谈者简介】赵巧艳（1975—），广西桂林人，广西师范大学漓江学院副教授、硕士生导师。

赵巧艳博士

* 访谈人：徐杰舜。

徐杰舜：我很高兴在武汉开会认识你，但实际上我在这之前就知道你了。今年我在武汉大学做博士论文答辩委员会主席，你的导师柏贵喜也参加了。朱炳祥就跟我说了："哎呀，很可惜，本来柏贵喜一个学生要来我这里做博士后，但最后学校不招收在职博士后，就没来成。这个学生很不错，博士论文做得很漂亮。"但他没有说名字，这个事情就一说而过了。我当时很惊讶，因为朱炳祥老师对学生很严格，生活中像一位慈父，但学术上却是严师。他这样表扬一个别的老师的学生，并且为未能录取而表示遗憾，我真的觉得很意外，没想到是你赵巧艳。我的另一个惊讶是，你的博士论文选取的角度和田野调查都非常不错，而且论文的分量也很重。接着再看了你的简历后，更令我惊讶的是你的学习经历，你并不是科班出身，也听你作了简要的介绍，你是一个中专生，一步一步走到今天，非常不容易。今天我想先了解一下你求学的历史。

赵巧艳：能得到徐老师您的专访我感到十分荣幸。在回答您刚才的问题之前，我想先表达对您组织的这个系列访谈活动的崇敬之情，也借此平复一下我的心情。我觉得这个系列访谈已经成为国内人类学、民族学学界沟通互动的平台，我对它的组织者——徐老师您心怀敬重，认为您的这一做法很好地践行了古人所倡导的"知行合一"的理念，也是学术表达的另一种方式。而且，经过这么多年的发展，这个访谈已经不仅仅针对学者本人，而是与具体事情、事件、事例相结合，发展成为人类学民族学界有影响力的一个活动，特别对像我一样的后学者来说，有机会得到您的专访可以帮助我们更好地融入人类学民族学这个大家庭，推动学科的发展壮大。这既是一个创新之举，同时访谈者与受访者也需要很大的勇气。

徐杰舜：我们这个访谈已经出了两本书了，包括了两岸三地有关方面的人类学家，而且它的影响力一直在延伸。我们回到刚才的那个问题，你博士毕业一年，又成功申请了中国社会科学院民族学与人类学研究所的博士后和中国人民大学社会与人口学院的访问学者。你的博士论文《空间实践与文化表征：侗族传统民居的象征人类学研究》字数达70万字，并且即将出版，所以今天就想请你把你的学术背景给大家介绍一下。你是哪一年出生的？

赵巧艳：我是1975年端午节出生的。

徐杰舜：哦，端午节是个好日子。

赵巧艳：是的，因为这一天是祭祀屈原的日子嘛，所以我的同学经常说我有“鬼才”。我小时候喜欢文学，中学时代我的作文经常当作范文在班上宣读。中学时我还是校文学社的成员，中专时我组织同学在班上办了一个手抄报，我们物理老师常夸我们办得不错，挺有意思的。

徐杰舜：你小学在哪里读的？

赵巧艳：就在我们村，广西桂林市全州县龙水乡山破村委李家村小学。一直念到四年级，五年级时转到山破小学去了，因为我们村的小学最高只有四年级。

徐杰舜：你姓赵，又在李家村，你们村有多少人？

赵巧艳：我是李家村一队的，全村 60 户左右，大约 250 人，共 6 个组。整个山破村委就我们一户是姓赵的，其他都姓蒋。我们住在一个单独的地方，虽然归属李家村，其实我们离吴家村更近，所以小时候我们要走很远的路去种田种地，比别人都辛苦，这种从小养成的吃苦耐劳精神为我后来做田野调查奠定了很好的基础。由于单独居住，我们小时候没有玩伴，就是我们四姊妹相伴长大，跟别人接触和交流的机会很少。家里又比较穷苦，我父母亲最大的梦想就是我们四姊妹能够跳出“农门”，他们也没有像很多家长那样重男轻女，一直鼓励我们要好好念书。在我们村，好多女孩子很早就不念书了，四年级毕业时，升到五年级的屈指可数，截至我初中毕业，我是我们村唯一一个真正通过考试“跳出农门”的人。

徐杰舜：你在家里排行老几？

赵巧艳：我在家里排行老三，前面还有两个姐姐，下面还有一个弟弟。我上五年级的时候，两个姐姐都在念中学，弟弟在念小学，四姊妹都读书，这对于只能靠种田为生的农村家庭来说，非常非常艰苦，这也是我选择读中专的主要原因，目的是为了我弟弟能读高中考大学，他是男孩子嘛。我就想早点参加工作，为家里减轻负担。并不是我的成绩不好，那时候中专录取分数线比高中录取分数线还要高很多，我中考成绩是全乡第十名。

徐杰舜：那你考取的是哪一所中专呢？

赵巧艳：我考取的是广西建筑工程学校，就是现在的广西建设职业技术学院，专业是城镇规划。我那时候只要考取了中专就相当于干部，就有工作分配，但要回到生源地。我是全州人，毕业后就分到了全州县建设局房地产开发公司工作。最初做施工员，负责一栋住宿楼的施工管理工作。那时候城市规划人才比较缺乏，半年后我就被局里借调到城镇建设站工作。1998 年 5 月转为正式人员，属于财政拨款单位。但经常晚上要加班，我爱人当时是海员，常年不在家，当时交通又不方便，我住的地方离上班的地方比较远，有时候晚上加班到很晚，女孩子回去不安全，所以在 2000 年 8 月，我请求调到了全州县房地产管理所，一直工作到 2007 年考上硕士研究生，才停薪留职。在房地产管理所，我主要从事房地产测绘、评估、白蚁防治等工作。

徐杰舜：这 11 年对你的磨炼很不容易，你的工作经历很丰富。建设系统是好单位，是什么原因导致你下决心要考研究生？

赵巧艳：当初的想法很单纯，就是为了家庭，为了结束两地分居的生活，给孩子营造一个良好的生活环境。

徐杰舜：你离开高校那么久了，考研对你的挑战大不大？

赵巧艳：当然大了，可以说是非常大。起初我爱人打算让我先考一年试一下，因为我已经 11 年不考试了，他怕我会怯场，发挥不好。所以他连当年的新书都没帮我买，只是在校门口的旧书摊上帮我淘了三本历年的考研英语旧书，政治书我就看他 2003 年考研时的旧书。当他把三本英语书放在我面前叫我试看一下时，我发现自己除了 26 个字母之外，拼在一起几乎都不认识，我的眼泪唰就下来了。虽然我中专毕业，后来又攻读了成教大专和本科，但我的英语底子也就初中的水平。因此考研对那时的我来说无异于蜀道之难，难于上青天。所以那时候我每天只睡 6 个小时，又要上班又要带小孩又要看书，我真不知道自己那段时间是怎么挺过来的。最后四个月，我爱人将小孩接到桂林来了，这样我还轻松一点。考完试我瘦了 10 斤。

徐杰舜：那你报考的学校是哪里，学的是什么专业？

赵巧艳：我考研究生的时候，我爱人已经不做海员了。他 2003 年考上桂林理工大学的硕士研究生，2006 年毕业后就留在桂林理工大学管理学院工作，为了尽快结束两地分居的生活，我就报考了桂林理工大学，学的是中国少数民族经济专业。

徐杰舜：那硕士毕业时你找工作了吗？怎么又决定考博了呢？

赵巧艳：当时我没有找工作，而是决定直接考博。因为硕士三年读下来，我发现自己不知不觉地已经爱上读书了。由最初为了两个人在一起的单纯想法变成了一种更高的追求，我突然觉得我应该可以走得更远。

徐杰舜：你的想法很好，但是你是怎么想起要考柏贵喜的博士呢？

赵巧艳：我硕士期间是研究非物质文化遗产的，当时柏老师带的是民族文化与文化遗产保护方向的博士，我觉得挺对口的，就在网上查了一下柏老师的研究方向，感觉挺有兴趣。但我没有柏老师的任何联系方式，那时候我也没有任何熟人，所以考博士的时候都没有跟柏老师联系过。后来我才知道，柏老师以为我就是考来玩一玩的，因为我考博的时候还是跟硕士一样，是以全州县房地产管理所委培的身份报考的。后来分数出来，我考了方向第一名，柏老师才知道我原来是认真准备了的。

徐杰舜：人生之路有很多不确定的因素，但是你要把不确定的因素变成确定的因素，归根到底人还是要靠自己的努力。就像你有一个美好的愿望，你的理想很丰满，但如果现实又很骨感，依然是搞不定的。你人生这个坎过得非常有战略意义，拐点拐得也很漂亮。从硕士开始到去考博士，以及后来在博士学习期间，你是什么时候发现自己喜欢上人类学的？

赵巧艳：我喜欢，或者更准确地说我爱上人类学是由两条并行的路径决定的：一条是学理上的，这主要由我的博士导师柏贵喜老师引领的；另外一条是我的个人经历，这是由我的家庭背景导致的。其实硕士期间一开始我并不知道什么是人类学、民族学，对两个学科之间的界限也很困惑。但我非常珍惜这个来之不易的学习机会，每一个老师上课我都很认真听。我家就住在图书馆对面，我借很多书来看，包括社会学、经济学、民俗学、人类学、民族学、宗教学，甚至哲学，康德的三大批判理论我都看完了。我们图书馆能借到的跟人文社会科学有关的书籍，很多都被我借来看了，积累了大量跨学科的知识。那时候我还不知道自己喜欢人类学，也不知道自己骨子里更倾向于这个专业。我的专业是中国少数民族经济，它更偏民族学和经济学，我那时看的书很多都是经济学的，我很喜欢诺斯、萨缪尔森等经济学家。因为经济学的逻辑很强，但是人类学是一种自下而上的质性研究方法，要慢慢地从田野中归纳出一个理论，所以当时我还体会不到其中的魅力。

后来考上博士，入学后大家在一起聊学术，都说我学科跨度太多太大，博士论文做起来会很难。我当时就开始反思，为什么会很难呢，难道人类学跟其他学科的差别有那么大吗？我性格比较倔强，并且希望能够如期毕业，于是我就一头扎进图书馆，把中南民族大学图书馆有关民族学、人类学的书籍，以及网上能下载的相关博士论文都下载下来了，包括中山大学、中央民族大学、云南大学的博士论文。经过大量阅读，我似乎找到了一些感觉，但还是很迷茫。这还得感谢柏老师，是他真正把我引入了人类学的大门。

记得一进校柏老师就以很高的标准要求我，他要求我写一篇优秀博士论文，当时我压根儿不知道什么叫优秀博士论文，我以为就是写得比较好，过得去就行了。所以我说好，我尽量、我努力。然后他又叫我做象征，我说好、没问题。我师弟是做象征的，他听了之后就偷偷跟我说这么难的活你也揽。我当时很无知地问了一句："象征很难吗？"我师弟很无语，就说没法跟我交流。后来我也发现情况不妙，我根本不懂什么叫象征，以我的知识积累，我大概只知道"象征"两个字，充其量也就知道符号学的能指和所指而已。

第一个学期末，有一次我跟柏老师说我还是写旅游人类学吧，他没出声；我又说，那要不我做文化创意产业吧，这个跟我硕士期间的研究方向也比较接近，他也不出声；然后我说我下个学期不来了，我小孩没人带，我在桂林一边带小孩一边写论文吧，他还是不出声，我以为他默许了，就收拾东西回桂林了。第二个学期一开学，他让我的同门韩斌打电话给我，要我回学校，说是要上专业课，结果是要我选博士论文题目。这时候柏老师说了一番使我终生难忘的话。他教导我要有学科意识和学理意识，说我学的是民族学，选的是民族学，将来博士毕业了，别人问我是什么专业的，我要答得上来。如果我要学旅游学或者经济学，那我就应该报考旅游学和经济学专业。博士论文是奠定我将来学术地位的最好敲门砖，如果我学的是民族学专业，却做了其他专业的论文，将来别人问起来，我会一辈子都觉得自己在这个专业短人一截。他希望我将来能够很自豪地告诉别人自己是民族学专业毕业的，还说我既然选择了他做导师，就要跟着他走，就要按照他的思路来写博士论文。这是他对我第一个学期一会要做旅游学，一会要做经济学的不切实际想法的一个回复。柏老师是一个字字珠玑的人，他的这番话让我一下子醒悟了，也明白了他的苦心。接着他要我结合自己的建筑学专业背景和 11 年工作经历，选择一个自己感兴趣的题目，并且要我一周内写出三个细化到三级标题的论文提纲。于是我一头扎进图书馆，将所有建筑方面的书翻了一遍，又结合民族建筑的研究现状，发现干栏式建筑挺有意思的。接着就具体到民族，我发现侗族的鼓楼不错，其他少数民族都没有，是独一无二的。我当时不知道是写鼓楼还是写民居，但在跟我师弟讨论的时候，他说民居写的人少，鼓楼写的人多，建议选择写民居。

徐杰舜：你的师弟是谁?

赵巧艳：我的师弟是信阳师范学院的李技文。我能做到今天很感谢他，他给了我很多建议。刚接触象征人类学时，我从他那里得到了很多启发，因为他的硕士论文就是做象征的，而且当时正好在写作过程中，有许多感想。柏老师要求我一星期拿出三个论文提纲，我当时很自信，完全按照自己的知识背景来写。结果我选的题目他都不喜欢，一一枪毙了。后来我慢慢悟出点门道，是不是柏老师希望我从象征的角度来做民居啊。这个时候我得到了师弟的帮助，他跟了柏老师六年了，挺懂柏老师的想法。他说据他对柏老师的了解，肯定是要我做象征了。我就开始将题目定得越来越偏向象征，当时我写了一个“侗族传统民居的象征表达——以龙胜广南村为例”，柏老师说这个还可以，但是容量小了，如果做一篇硕士论文还勉强可以，但作为博士论文，容量小了，做起来不仅很难，而且最后会感觉做不下去，那时候再改题目就会手忙脚乱。他要我回去修改，我就一边看书，一边修改，一边体会他的苦心，便将题目改为了“外显与内隐：侗族传统民居的象征人类学阐释”，提纲也细致到了三级标题。他说已经有60%~70%是理解正确了，因为还没有开始做田野，能够做到这样已经差不多了，到时候根据田野资料再慢慢修改。然后我就收拾行李开始着手做田野去了。

通过选题，我发现自己慢慢地喜欢上这个专业了。因为选题过程中要看大量的文献，看着看着觉得人类学的研究领域怎么跟我小时候的所见所闻越来越接近，而且还发现自己的家庭背景也变得有意义起来。我出生在一个建筑世家，我爷爷是全乡有名的建房师傅，不仅会盖房子，还会木工、风水、草药、巫术等。我父亲继承了我爷爷的手艺，很长一段时间我们村和周边其他一些村都只有我父亲会盖房子，而且我父亲还是风水先生、丧葬师傅、木工师傅、草药医生等。因此我从小就得到很好的熏陶，也会一点简单的风水和木工。另外，我妈妈是附近有名的巫师。所以当柏老师坚持要我从象征人类学的角度研究建筑的时候，这一切都突然变得有意义起来。此时我才恍然大悟，也非常兴奋，原来我骨子里是有人类学基因的。人类学的很多传统研究领域都是我从小就耳濡目染的，这不是我得天独厚的优势吗，所以绕来绕去那么多年，我的灵魂原来是要归属到人类学这个点上。2011 年在广西民族大学召开的民族学人类学年会上我有一个发言，我说人类学是一门有魅力的学科，我一生都要被它吸引着努力向前。如今想来，我的人类学之路充满了各种偶然因素，但其实也是一种必然。到现在我已经坚信，原来我的骨子里面是有人类学的基因的，我血管里流淌的是人类学的血液。

徐杰舜：那你是很有人类学味道的。你骨子里面的这种人类学基因和血管里流淌的人类学血液使你具有了先天的优势，我们的访谈题目就叫“我血管里流淌的是人类学的血液”好不好？

赵巧艳：这个题目很诗意，我喜欢，也很切合我人类学味道的家族传统。在我的记忆里，父亲除了干农活的时间，不是出去给别人盖房子，就是在家做木工，要不就有人包括其他乡镇的人来我们家找我父亲化卡骨水、化解煞气、看日子、治疗牙痛等，还有就是村里有老人过世时去做丧葬师傅，很长一段时间我们村里只有我父亲一个人能够当丧葬师傅。我父亲的化卡骨水很厉害，治好了附近很多人。因为这个缘故，我们家人吃鱼都比较放心，不怕吃到刺。化煞也很灵，有一次，我父亲主持的一个丧葬仪式，人们在山上开坟山时撞了煞气，突然在场所有的人莫名其妙地都肚子痛，一个一个躺倒在地上。后来，我父亲化水让大家喝下就好了。那一次以后，村里的人就真正服了我父亲。我们家的房子也是我父亲自己盖的，那是我平生经历的第一个盖房全过程，从选址、奠基、砌墙、上梁到装修等，我都亲自参与了。而且为了节约建造成本，我们家的房子就是我父亲带着我们四姊妹共同完成的。因此，我学会了拌浆、抛砖、盖瓦，叫得出很多木工、泥瓦工使用的传统工具名称，自己也会使用斧子、凿子等。

我母亲是远近有名的巫师和草药医生。她治疗小孩的鹅口疮、脱水、腹泻、眼疾很厉害，我亲眼看见她治好了很多人。由于耳濡目染，我也会一点简单的草药，所以我儿子小时候，有什么不舒服我都是用我妈妈教的土办法解决。我母亲还会解关煞、收惊、通灵等。通灵在我们那里分“看阴花”和“看阳花”两种，“看阳花”比较简单，只要卜卦、焚香、化纸、请师之后，在“阴师”的引领下就可以讲出这个人或这家人的情况，以及病因或家运不济的原因。“看阴花”比较复杂，在“看阳花”的基础上，还必须借助天兵天将和某些神灵的神力，在一种完全不同于常人的神智状态下，以所“看”之人的语气、语调、语速讲出来已故之人的意愿以及他对后人不满意的地方等等。当然，类似这样的事情还有很多，但是，在我写作博士论文之前，所有这些都是没有意义的，我也没有认真思考过这些事情。

徐杰舜：你是天生的人类学者，你走了那么长的路最后还是回到了这个点。

赵巧艳：是的，我真的很高兴。我之前学什么都没有特别兴奋的感觉。刚开始我很喜欢英语，天天缠着我爱人教我学英语，他说你学什么英语，在县城工作，一辈子也用不到，还不如看《读者文摘》。硕士期间我又喜欢经济学，看了大量经济学方面的书籍。但是我从骨子里面都不是很爱它们，对它们没有特别心动的感觉。直到博士毕业，我才知道自己这辈子已经跟人类学结下了不解之缘。博士毕业的时候我哭了，这是幸福的泪水，我感到特别开心，因为我虽然是人类学速成班毕业的，但是我的两只脚已经有一只脚跨进了人类学的大门。一直到现在我都认为自己只有一只脚跨进去了，这主要是我的学科背景限制，因为我不是科班毕业的。另一只脚我准备用我后半生的努力让他完全跨进来，这需要人类学的前辈引领着我前进。

徐杰舜：你的学术经历有很多具有启发性的东西。另外我还想再问的就是，你做这个博士论文的田野功夫非常扎实，比一般人都扎实很多。现在很多人类学专业学生最怕的事情就是做田野。我一个学生下去做了一个星期田野回来，很高兴地告诉我说老师我完成任务了，我一看这有什么用啊，回去重做。他很不情愿地埋怨说人类学为什么要做田野，我说你不愿意做田野，那就不要读我的研究生，马上退学。我觉得你的这个调查很重要，对别人会有很大的启发。下面请你回忆一下你的田野经历和感悟，你进入田野是怎么获取需要的文献材料和深度访谈材料，你怎么观察？

赵巧艳：我自己最大的田野感悟，就是分三步完成一个田野调查，我把它称为走近田野、走进田野和走出田野三部曲。

走近田野是在进入田野之前做好相关的准备工作，包括查阅文献、拟定提纲、访谈框架等。还必须准备好录音笔、照相机以及其他诸如防晒、防寒、防虫、防病的物品。读硕士的时候我就看了很多研究方法和田野调查方面的书，像艾尔·巴比的《社会研究方法》、陈向明的《质性研究：反思与评论》、袁方的《社会研究方法教程》，以及重庆大学出版的研究方法丛书。其他像《西太平洋上的航海者》《纳文》《摩洛哥田野作业反思》等也认真读过。

走进田野后，我觉得最重要的是要真诚。这一点是在我看陈向明老师的书时悟出来的。陈向明老师就是一个非常诚实的人，比方说她在给学生上课时，学生给她的哪怕一个小小启发，她都会在适当的地方加以说明，我觉得这很重要。我们在从事科学研究的时候，不仅要有科学的关怀，还要有伦理的关怀。因此在做田野调查时要让他们有知情同意权，这是最起码的。我很尊重田野里的人，黄应贵先生讲的一句话我记忆特别深刻，他说对于人类学者来说，我们对原住民永远是有所亏欠的。因为我们从他们那里获取了很多有用的信息，我们写出了很优秀的民族志，但是对于原住民来说，我们回馈了什么给他们呢？所以在田野里面我都很真诚地对待每一个人，而且当他们有需要我能帮忙的地方，我都会很积极地帮他们做。像我博士论文的田野点宝赠村的杨通著主任，我们一直都保持着密切的联系，他们现在碰到问题都会经常想到我，像演出的剧本写不出来、查找一些资料等都会找我帮忙。我在田野里面还拜了一个风水师傅，叫兰佳余，他是一个木匠，也是一名风水师，我是他唯一一个女徒弟，因为传统上是不允许收女弟子的，他给我提供了很多有价值的信息。当然，我也不是获取了资料就走了，我会时不时打个电话问候他们，报告我的情况，问问他们的状况。所以我的师傅很信任我，好几次我的师傅都把他珍藏多年的书籍拿出来，让我帮他输到电脑里面，我都按照他的要求帮他做好，今年正月初二我还特意去给他们拜年。我在田野里非常朴实，没有任何架子，只有这样才能以局内人的眼界来理解他们的文化。记得有一次参加宝赠村的一个葬礼，我不仅跟着随了礼，还完全按照他们的方式参加了葬礼全过程。他们现在还叫我半个宝赠人，我已经成了他们的特邀村民。

走进田野是田野调查三部曲的重头戏，但是我们也不能永远待在田野里，最后怎么从田野里面走出来也很重要。只有这样，我们才能保持一种冷静的思考，分析我们所获得的资料的真实性、完整性和相关性。这时候就要与田野里的人告别。当然每个人的告别方式可能千差万别，但我认为最主要的还是真诚。

徐杰舜：看了你的博士论文以后，很深的印象是你的调查非常细，比如说做仪式，但为什么别人的仪式写出来，没有你的这么具体？

赵巧艳：我觉得很重要的一个原因是要反复多点调查，不仅要对单一的田野点反复调查，还要展开多点民族志的调查，单一的点和多点调查相结合。此外，还要长期、不定期地反复多次调查，不断修正表述的文本，又不断下到田野里做补充调查。我一开始也没有做得很深入，因为我的研究对象是侗族传统民居，我就只关心民居。在田野点调查了一个月后，回到桂林我开始整理资料和写作。后来发现不对，这个侗族文化是一个整体，不是分散的，要写民居，还必须了解侗族的社会结构、社会秩序、民俗信仰、丧葬习俗等其他信息，甚至连他们处理小孩胞衣的习俗都是与民居文化关联在一起的。所以后来我总结出一个经验，就是虽然研究的是这个对象，但是它与其他的东西却是有联系的，文化是一个整体。

徐杰舜：人类学一个很重要的理论就是整体论。另外，我想问你的是，除了你的真诚，除了他们对你的支持，你在田野点的观察有什么体会，有什么感悟？我觉得你写的东西细节比较到位，很多人下田野做不到这一点。

赵巧艳：我觉得吃苦很重要。我博士论文的核心田野点有一个寨子很远，是 11 个自然屯中最远的，很偏僻，要翻过几座山，来回我走了 5 个多小时。但我却觉得非常值得，因为我了解到一个非常重要的信息，那就是他们化解房屋煞气的方式很独特。还有就是要眼观六路、耳听八方、多问为什么。尽管我在记录这个东西，但是周围的人和事它都会在我的视线之内，我都要去观察，我把它称为整体式观察。比如上梁仪式，我不只是观察在做仪式的那一个人，而且还会观察周围的人，比方说这时候周围的人在干什么，房子的男主人在干什么，女主人又在干什么，周围的人全部是男的呢，还是全部是女的呢，或者这个时间段是这些男的呢，另一个时间段又是另外一些男的呢，这些都可能是有区别的，而且仪式结束后我还会去问为什么要这样举行仪式。有些调查者可能只是不加选择地将仪式过程和仪式专家的行动全部记录下来，对周围的人却没有仔细观察。除了整体观察以外，还要时刻注意联想与对比。比如在龙脊梯田，我看到一幢一百多年的壮族老房子，就想到里面去看一看，结果发现里面有个房间是没有窗户的。马上我就联想到田野里面吴代益老人跟我说他们侗族以前的主屋是没有窗户的，但是一直没有实物为证，这时候我非常兴奋，因为侗族跟壮族都是干栏式建筑，而且是相邻居住，彼此的文化有交融，我想这应该有相似的地方。

徐杰舜：为什么会没有窗户，在你的博士论文里怎么没有解释呢？这个房间是谁住的呢？

赵巧艳：我在论文里对此有解释。过去建房是拿身体和房子做类比，风水上也经常将房子跟人体进行类比。不开窗的房间相当于人的子宫，人的子宫是黑暗的，而主人住的房子就是繁衍后代的，类似于人的子宫。在东南亚一些国家也有把房子比作人体子宫的例子，包括台湾有些地方。

徐杰舜：这些都是有象征意义的?

赵巧艳：是的。其他像主屋内的主床也是有象征意义的，人们把它当作人体的胎盘，所以怀孕叫作着床，就是这样来的，不是凭空想象的。

徐杰舜：你这不是一般的描述啊，是深描，这是必须做到的。所以讲为什么你的博士论文获得这么好的评价，你还不是一般的喜欢人类学。

赵巧艳：我很爱它。

徐杰舜：你不是一般的爱，虽然你不是人类学科班出身，没有经过正规的训练，但你却浸润在人类学的实践海洋里，这个海洋是民间文化的海洋，而这种海水已经慢慢渗透到你的血液里了。

赵巧艳：你这样说我非常认同，我确实是这样的。

徐杰舜：你的成长经历，你的出身，你的成长背景，像你这样的人进入人类学是一大幸事。因为你还年轻，我很希望你能在这条路上走得更稳健、更扎实一点，能够出更多的成果。人类学跟其他学科一样有一个共同的特点，那就是凭成果说话。你赵巧艳就凭这个博士论文可以说话了，起码说在某个方面可以说话了，你今天的话对别人都是蛮有启发的。

赵巧艳：那是徐老师您抬爱。

徐杰舜：跟你的接触当中，我觉得你很好学，很刻苦，对自己充满了自信，这是很好的。

赵巧艳：我觉得自己很爱这个学科，有爱就有动力，有热情。

徐杰舜：你热爱这个学科，你就有学科的意识，你就会为它赴汤蹈火，在所不辞。就像我，我也是进入这个学科就喜欢上它，我把它当作生命的一部分，如果停下来我可能马上就死了。

赵巧艳：对，停下就没有支撑了。我的感触就是，人类学可能不会给我们带来权利，带来金钱，也不会带来地位，但是我偏偏就爱上了它，我觉得这是一种责任，我真的觉得我有责任把我知道的写下来。

徐杰舜：这不仅仅是责任问题，还是兴趣最重要，你不爱它还谈什么呢？就像非诚勿扰里面某某男嘉宾就是为某某女嘉宾来的，但是某某女嘉宾对他就是没有心动的感觉。因为你感觉人类学这个学科对你有用，对你有价值。反过来，更重要的是它能提升你的素质，提升你的品位，提升你的洞察力。这个很重要，所以就是为什么你赵巧艳到侗族的村子里面可以搞出七八十万的东西，而别人天天在那里却搞不出来的原因。在与人类学的互动中，它给了你一种很强的洞察力，你具有了火眼金睛，才能够眼观六路耳听八方。在你和人类学的互动当中，你提升了自己，反过来你的研究成果又丰富了人类学。

赵巧艳：是的，我倒没想到，这确实是人类学的洞察力。正是在与人类学的互动中，我成长了，爱上了人类学。

徐杰舜：人类学给我们很多，中国需要人类学，人类需要人类学。改革开放三十五年来，社会学成了显学，历史学、哲学都被掩盖掉了。我们中国人需要人类学，人类学的理论一旦武装了你，你一旦拥有了人类学的眼界，你的眼光就会和别人不一样。我觉得你很好学，求知欲很旺，很自信，也很刻苦。但是我之所以采访你，不是你已经取得的成绩，而是你的经验和经历。还有一个更重要的原因，就是你今后的路怎么走。因为到了这个平台，要再往上就有一定的艰巨性了。马克思曾经说过，只有在崎岖的小路上不畏艰辛，才能攀登到科学的巅峰。你未来的人类学之路还很长，所以你要有一个更好的平台，才能更好地发挥作用。我现在想跟你讨论一下你未来的路该怎么走，你有什么想法？你现在又做博士后，又做访问学者，你的目标是什么？

赵巧艳：我博士毕业后，想继续做博士后。但是我的很多同学、同事、亲人都不建议我去读，他们说你好好享受生命吧，因为读博士后还是要对家庭舍弃很多。我的心思都扑在我的事业上，我是一个很投入的人，我爱人一个人带孩子，我一个女人走那么远，对家庭对孩子都是会有亏欠的。但是谁劝都没有改变我的决心。我写博士论文花了那么多的精力，但是写完后我却突然觉得没有了目标，这是非常可怕的。我从小到大都不能允许自己没有目标，我要求自己是一个阶段做好一个阶段的事，而在一个艰巨的任务完成之后却迷失了前进的方向，不知道后面的路怎么走了。虽然博士毕业让我上升到了一个很高的平台，但是我感觉在我面前摆着无数条路，我很迷茫。我就决定一定要再上一个平台，挑战一下自己，希望能够找到一个目标。所以我申请去中国社会科学院读博士后，又申请去人大做访问学者，就是想在现有的基础上有一个更大的提升，只是很多人都说我太折腾了。

我接下来的想法就是，我的博士论文是写厚了，也拥有了比较开阔的眼界。我接下来的任务就是要把它写薄，也就是用更加浓缩、更加精练的语句来表达更加深邃的思想，让自己的知识和能力得到升华。另外，我们人类学现在有很多理论，也有很多新的理论，我想进行一个反思，在促进中国人类学的本土化上做一点努力，即人类学到底应该怎样才能在中国落地生根，才能找到一个落点。国外的人类学理论引进来之后，它怎样才能开花结果，更好地为我们中国人类学发展服务。我觉得这一点很重要，那么我今后的书肯定是越写越薄，而不是越写越厚。

徐杰舜：我觉得你的想法很好，但是我建议你还要多出成果。我的主张是你的学术生涯就像一口井，你要把这口井打深。你现在是打到了油，但是还要考虑今后的发展，而且你有一套很成熟的操作方式。你现在做这个侗族的建筑，那么其他民族呢，你怎么在现在的基础上更上一层楼？我觉得你现在的状态就像我出版《汉民族发展史》的那个阶段，你现在还不到写薄的时候，我觉得你应该把你的这口井命个名，到底是大庆油田还是克拉玛依油田呢，这个你清楚了吗？

赵巧艳：我还是比较迷茫，您可以给我一点建议吗？

徐杰舜：还是一句话，你应该做真正的人类学，建筑人类学。建筑人类学可以充分发挥你的专长，建筑人类学的内容太丰富了，你做了一个侗族，你不是讲多点吗，你可不可以做跟它相类似的，比如壮族、苗族、汉族。因此我觉得，你既然做建筑人类学，那么你的思路就要开阔一点，比如做黄土高原的建筑，就做窑洞，用人类学的角度，用人类学的理论、方法去做窑洞。也许你会说我现在没有田野，没有调查，但我觉得你可以先做文献，用你独有的，其他任何人都无法和你比的建筑方面的这种知识和经验去做。

赵巧艳：您的这一席话让我豁然开朗。您的观点和柏老师是一样的。今年四月份在北京，柏老师问我博士后准备做什么方向，我说做村落，柏老师还是希望我做建筑。我也打算继续从人类学的视角来研究建筑，但在研究对象上是做单一民族还是区域社会一时把握不好，何星亮老师和赵旭东老师都建议我不要做单一民族，可以从区域或者跨民族比较的角度开展研究，现在又听了您的建议，更加坚定了我今后的努力方向。

徐杰舜：我觉得你可以从人类学的角度来做建筑，从人出发再到物，然后又回到人，做见人又见物的研究。你现在是中国建筑人类学研究的很好人选，应该发挥你的优势和特长，你这个优势太明显了。你要从人类学的角度去研究建筑，再回到人，这很重要。可以说所有的学科都是从它自己的本身出发，比如说经济学从经济出发，旅游学从旅游出发，心理学从心理出发，教育学从教育出发。然而它们都是见物不见人，做建筑人类学是见人又见物、见物又见人。现在中国还没有什么人做建筑人类学，都太偏建筑学。建筑人类学的应用领域也很广泛，我曾经收集过很多的楼盘材料，想去分析为什么这个楼盘好卖，那个楼盘不好卖，为什么这个楼盘好，那个楼盘不好。这里就有很多建筑人类学的知识，房子的结构、朝向、容积率，以及选房时每个人的想法等。只是我后来没有精力做，又没有人来接手，就放弃了，收集的材料也都浪费了。

赵巧艳：我看过这方面的书，确实太偏建筑了。我现在似乎明白您的意思了，就是我博士后可以做建筑人类学。

徐杰舜：绝对可以，你做这一块一辈子都做不完。如果你现在没有时间、没有精力做很多的田野，那你就先做文献。可以适当选几个点，比如北方的游牧民族，南方的山地民族。侗族已经是你一个很好的基础了，以它为代表，你还可以参照一下。我写了一本《乡村人类学》的书，里面就有一部分汉族的民居，你可以看一下。我们今年的人类学高级论坛在山西太原召开，你可以先试着写一篇窑洞的文章。黄土高原的窑洞很有特点，有种天坑式的窑洞，上面完全看不到，要下到下面才看得见窑洞，而且它还有很好的排水结构。民居类型很多，但目前都只是介绍而已，还没有真正做建筑人类学的研究。

赵巧艳：好的。民居类型确实很多，而且地域特色非常明显，比方羌族的碉楼、客家的围屋、傣族的竹楼、黎族的船型屋、白族的三坊一照壁等。研究时选择的余地也很大，我可以选择地居式、干栏式、穴居式（窑洞）等建筑，一个区域选一两个有代表性的民居类型来展开研究，并且这些民居类型还很少有人从建筑人类学这方面入手。

徐杰舜：所以你应该坚持把这一块做下去。首先你要筛选出几个有代表性的民族，比如干栏式民居就以侗族为代表。另外，中国的民居研究也不能少了汉族，汉族的徽派就比较有代表性，上海的里弄、石窟门，北京的四合院等。从人类学的角度出发研究这些建筑，目前还没有人做。你之前从事过建筑行业，又懂风水，在这方面具有得天独厚的优势，因为中国很多民居都是跟风水有关系的。之前我去台湾时曾经在范仲淹第二十九代孙范增平先生的表兄家里住过一个晚上。我是晚上去的，第二天早上起来一看，标准的风水建筑。一个大院子，后面一座山，把它包围了，前面有案山，自己挖了一条沟，前面还有一条河，左边是中国式的园林，后面是日本式的园林，简直就是非常标准的风水大院。所以我觉得你做这个建筑人类学肯定能够充分发挥你的专长。

赵巧艳：你说建筑人类学我也挺认同的，我以后就集中做这一块，不做那么杂了。

徐杰舜：不要做太杂。你这个东西弄出来以后，要是有整体观的观照的话，你会有很多的发展。但你首先得将这口油井挖深，至于将来石油打出来以后，是提炼成航空油、汽油，还是柴油，那就是另外一回事了。

赵巧艳：是的，我挖这口井，就把它深挖下去，不再挖其他的井了。

徐杰舜：肯定不能再挖其他的井。但是你挖出来的油可以提炼成多种多样的成果，比如可以精加工成航空油，也可以提炼成石油，还可以将剩下的炼成柴油。所以你要是能写一本真正意义上的建筑人类学的书籍，以中国为例来研究，那就不得了了。这个计划我建议你十年以后再写，十年以内，你要把中国最重要的民居建筑一本一本地写出来。当然这个任务不是你一个人能完成的，等以后带研究生，带博士生了，分给他们去做。但你要确定这个方向，带人用你的这一套去做。你现在什么也不要想，就是挖好这口井。做好十年规划，十年之后就可以写出一本建筑人类学的书。

赵巧艳：其实在这之前，我爱人也劝过我，说我年纪也不小了，起步又晚，应该选定一个方向集中精力做，比如做少数民族民居，不要再做其他的了。我自己一直在犹豫，因为博士论文写得太累了，感觉特别辛苦，就想做一些应用层面的，这样好写，也比较轻松。

徐杰舜：你要是认同这个意见的话，将来你做建筑人类学，可以分开来做，一步一步地做，比如可以先做南方的建筑人类学研究。

赵巧艳：对，是要分开一步步来做。比如北方的建筑我现在还没接触到，虽然网上的资料也很多，但自己没有亲自去调查过，总是心里不踏实，没有掌握第一手的资料，无论如何都是一个缺憾。

徐杰舜：但是，这里还有一个问题，你要吸收我做汉民族研究的经验。我做汉民族族群研究时跑的地方也不少，东北人、西北人、上海人、安徽人等等相关的人都有接触，了解了他们的感受，但不可能将所有的人都完全了解到，因此我就充分利用网络资料。现在的资料很丰富，上网也很方便，因此如何选择合适的研究切入点就显得特别重要。比如我现在正在写的重庆人，近年都没有人写过。四川和重庆还没有分的时候，都写的是四川人，但四川人跟重庆人还是有很大的差别，蜀相巴将，成都是出宰相的，重庆那边是出将军的，性格就不一样，一个是文，一个是武。

赵巧艳：以前都是巴蜀大地，是不分的。

徐杰舜：是啊，所以我现在分析重庆人对四川人的评价是什么。记得在解放期间 1949 年，全重庆百分之七八十的人都参加袍哥，男人的代表就是这个，而女人的形象代表是巫山女神。我写出了这四条，就是从完全不同的角度写出一个重庆人的人文特征。

赵巧艳：对，蜀相巴将，袍哥义气，巫山女神。但关键是这些特点得把握得准确。

徐杰舜：我看啊，看所有人家写的材料。这就是人类学赋予我的洞察力，我的眼界就出来了。

赵巧艳：是的，洞察力，您确实开阔了我人类学的眼界。

徐杰舜：所以你可以充分发挥你建筑人类学的洞察力。因为你已经拥有了一套东西，只要把别人的材料拿来看，你就可以分析它。当然，如果有时间、有机会，你也可以到实地去考察，这也是需要的，但是我觉得这不是绝对的。知网的材料你可以全面地利用，其他的网也有一些材料，比如博客。所以我觉得你先不要着急，要有一个大的规划，大的想法，然后一步步地走，甚至可以申请课题。你累了可以适当休息一下，但是一定要有方向。

赵巧艳：人类学真的给我奠定了一个以后好好努力的方向。我不做那么杂，我就不累了。因为有了努力的方向，就有了前进的动力，就不会走那么多旁门，也不至于到最后还是杂乱无章的。

徐杰舜：我还建议你在做建筑人类学的过程中要不断吸收建筑学的基本理论，应用它的理论来做，你的洞察力才会越来越锐利。

赵巧艳：对，这个建议非常好。

徐杰舜：这个讲起来很简单，但真要完成很不容易。比方说人类学的四大理论，普同论、整体论、整合论和文化相对论，说起来简单，真正应用起来却并不容易。你将来的研究要注意整合，可以不断地进行比较研究，不仅要应用中国的理论来做研究，还要吸收国外的建筑人类学理论。一些基础的东西，比如说建筑艺术就对你会有帮助。就像你刚才讲把建筑比作人体器官，这是人类学中很重要的一块，你的解读也很独到。不知道你看了黄应贵主编的《空间、力与社会》没有，我觉得你就研究人类的空间，慢慢地做，做空间人类学，缩小一点就是研究建筑人类学，再缩小一点就是南方的建筑人类学了。

赵巧艳：我大概明白您的意思了，感谢您为我的学术生涯提出了这么好的建议。

徐杰舜：今天的访谈我觉得很有意义，既让我对你有了更深入的了解，也找到了研究中国建筑人类学的一个很好人选。希望你能在这条路上坚持下去，推动建筑人类学在中国发扬光大。当然，也期望你能在这份坚持中收获成长与成功。

赵巧艳：再次感谢徐老师您的鼓励和指导，我一定会沿着您指明的建筑人类学这条道路不断努力，争取更大的进步！

【来源】《民族论坛》，2014 年第 10 期，第 17 ~25 页，第 33 页。收入本书时略有改动。

玉教伦理与华夏文明

——访上海交通大学叶舒宪教授*

【被访谈者简介】叶舒宪，文学博士，上海交通大学人文学院特聘教授、博士生导师。

叶舒宪教授（摄影：聂建江）

* 访谈人：徐杰舜。

徐杰舜：认识好多年了，拜读过你的文章，也请过你开会，但没有很好地采访你。这次有机会到上海交通大学讲课也算机缘巧合。昨天的讲座上我还谈到2004年人类学高级论坛上你和李亦园的精彩论辩。我观察你的研究对象更新很快，从上世纪90年代的《诗经》、“老庄”研究、《山海经》研究转向图像化的《熊图腾》，这两年又转向了玉石文化研究，但人类学和“四重证据法”一直是贯穿其中的精魂。这两天看你发给我的材料，使我想起那年北京会议你带我去逛古玩城时，问我红山文化的宝贝你不买啊？我当时真的没有入门，没买但却引起了我的兴趣。我研究汉民族的起源、形成和发展，这跟玉文化有很大的关系，考古时代有个五帝时代，把上下五千年的历史向前推进了1500年，玉器时代实际上与五帝时代有很大关系。我对你的研究很钦佩，你的学术兴趣和方向，始终在中华民族，或者汉民族的前沿上。今天有机会采访你，按照惯例，请先介绍一下你的生平。你是哪一年出生？

叶舒宪：1954年生。

徐杰舜：今年60岁，你是属马的啊。是西安人？

叶舒宪：刚好又一个轮回。北京人。

徐杰舜：出生在北京？小学中学都是北京读的吗？

叶舒宪：出生在北京。“文革”开始就下放陕西。

徐杰舜：哪一年？

叶舒宪：1966年。父亲下放，全家也随着下放。

徐杰舜：在哪个地方？

叶舒宪：安塞，张思德烧炭的地方，毛主席写《为人民服务》纪念张思德同志烧炭的地方。

徐杰舜：安塞读的中学？

叶舒宪：西安，四十一中学。

徐杰舜：高中毕业就进了大学？

叶舒宪：进工厂，做工人。昆仑机械厂，做钳工。

徐杰舜：我当过车工。

叶舒宪：工厂里出来的，高考到学校了。

徐杰舜：1977年，哪个学校？

叶舒宪：陕西师大中文系，毕业留校当老师。过了十一年到海南大学，又从海南调到中国社科院。

徐杰舜：我是 1985 年到了广西。比你差不多早了 10 年。

叶舒宪：你是扎根，我逃了。

徐杰舜：你不一样啊，你厉害！我是后来才移动一下。你是文学人类学的领军人物，这是大家都了解的。前些年文学界《狼图腾》很火，大家都在谈狼图腾，狼性什么的，而你却发现了“熊图腾”！黄帝是不是以熊为族群的，这个你都有证明。拜读了《熊图腾》的大作，图文并茂，证据确凿，媒体也炒了一段时间，很快你又转入玉石文化研究。想请谈谈这个转变，下面再慢慢讲与玉石文化有关的几个问题。

叶舒宪：《熊图腾》是一个大众能够接受的提法。学术上有不同的看法，到底算不算图腾？总之，黄帝号“有熊氏”，建立了“有熊国”，伏羲号黄熊、大禹中央熊旗等等文化符号，都在文献世界中有记载，但从古至今的文献没作解释。作为人文研究者，对于这种问题不能听之任之。过去没有材料，说不清楚到底是神话、传说，还是历史，还是附会？文学人类学最大的特点，不以文献为唯一证据。我们最看重的就是第四重证据，是出土前人不知道、没有见到过的新证据。5000 年前的红山文化女神庙挖出来了，庙里供奉的有熊的头骨，虽然只此一座也足以说明问题，过去被当成神话、传奇的，今天看来都是无风不起浪，肯定有远古的渊源。神话的背后有真实。我们不把神话当成欣赏的、作为修辞的对象，而当做远古文化的记忆，这样就引出中华文化源流问题，自然引向五帝时代。五帝时代到底是什么状况，三皇五帝传了几千年，看来这个东西靠不住。现代以来古史辨派把古史体系推翻了，实证派不承认西周以前的。我要做的，就是根据第四重证据来弄清楚：五帝在位统治不一定是实际的，但相当于五帝的时代是什么样子却可以依据考古学提供的证据相对清楚地呈现出来。我们不纠结于真伪难辨的传说，更关注距今 5000 年到 4000 年的时代里，就是国际通行的进入青铜文明时代之前的核心标志物，非常明显、非常普遍的那个玉器独尊的时代。从这个意义上说，我们研究玉，并不是我想当然的个人兴趣般的研究，而是考古学提供的物质证据面前，作为中国人，想要弄清楚这个国家，这个民族，这样的一个政权，这样上下几千年，它的根脉怎么发芽的，怎么生长的？这一看你离开了玉不行。全世界普遍的具有共性的是石器和陶器，有其神圣性，跟精神信仰有关系。但在无文字时代，很难区分日常生活用器、场地和礼仪生活所用的礼器、祭坛。玉器就不一样了。玉器是史前社会稀有的物质，100 座墓葬只有一两座有，而且大多陪葬物十分丰富，足以说明拥有玉器者不仅是社会精英，不只是经济上富有，更重要的是玉器特有的物质特性，说明拥有玉器者往往代表着人神沟通的能力，也就是说他们的领袖地位来自他们的通神能力。玉器就是最初的社会精神文明的奢侈品。没有奢侈品不会有人类文明。重要的是如何与神对话。从史前 8000 年延续到史前 4000 年，再到今天，玉器神话与信仰是东亚地区，特别是华夏文明独一无二的文明现象。作为人类学者，难道不该深入思考和研究吗？这就是我为什么要提出“玉教”说的原因所在。每一个图腾雅号的背后都有其文化脉络，都需要作一个全景的解读。今天我们要讲的就是中国文明这一个文本，需要我们读懂它。对象看起来很大，但不是毫无头绪。材料已经非常丰富了。专业考古者大都没有时间去通读这个文本，传统的文史哲学者不屑于去看考古资料，以村落和民族志报告为业的人类学者也顾不上。但是我要说，一个事情一定要抓住根本，任何一个村落都是从石器时代过来的，没有一个是从月球降下来的。找不到源头或原型，一切解读都是无源之水。因此从史前到文明这一段是我们特别关注的，我们把考古界提出的“玉器时代”作为主攻。我们不是统计器型，我们是要看到哪一种信仰支撑这个宗教奢侈品的使用，没有观念不会做这个行为。世界很大，只有东亚有这个现象，我们要找的中国道路，中国特色，都在这儿，而且是祖根，我们有限的精力集中到最根本最重要的一个角度上来。

徐杰舜：这应该是你转移研究方向的背景。你刚才讲的很多人类学者顾不上，也没有想到，还是在按照所谓的规范范式在田野村庄里走，我很赞同你的观点，我们要关注更大的背景，中国人哪里来的？汉民族哪里来的？这个根是怎么生长的？你看到了玉石文化研究起源有很重要的意义和价值，那么玉石文化呈现给我们的，展示四五千年前的社会图景是怎样的？

叶舒宪：我们要做的就是把这个说清楚，目前新材料不断地发现，不是最终的成果，只是现在进行时的探索。玉器时代，物质条件受到自然资源的限制，不是每一座山上都有玉，5000 年以前的中原玉文化少。当时的中原有限的玉矿没有找到，没有大件的玉器。作为华夏的宗教，玉器首先是从四夷传进来的，直到夏商周最高统治者被这个传教同化了，才成为国教。青铜器之前价值最高的东西都是玉器，青铜时代依旧是玉器。一看就明白了，玉器及其信仰成了这个文明最高统治者的价值观来源。玉是物质，但它有神话，有宗教信仰。中国和印度、希腊相比，差别在什么地方，说起来是人类学家最关注的。费孝通先生到 90 岁时意识到玉器对中华文明的精魂意义，2000 年发起的中国玉文化传统研究会议，主题就是“玉魂国魄”。十多年来开了五届。编出的论文集就在那儿放着。我们现在继承的是早期人类学家在晚年方揭开的窗口！费孝通先生在北大也有研究所，博士后也很多，跟华夏核心价值观紧密联系的玉文化却没人继承和发扬。我们做跨学科研究有我们的优势，文献比较熟悉。近现代新兴的人类学、考古学也熟悉，一个多民族国家靠什么变成一个共同体？文明的背后都有武力支撑，但同样不可缺的是精神凝聚力量。“国之大事，在祀与戎”说得很精准。华夏的精神凝聚物是什么？舜继承尧，为何要辑瑞和颁瑞？大禹治水功成为何有天赐玉圭？会见诸侯而献玉帛者万国？君子为何比德于玉？学道为何比喻为琢玉（切磋）？乃至于现代人的名字很多都以带玉字或斜玉偏旁的字为美名，像圭璋、紫琼等等。而且考古提供的物证表明，玉有 8000 年历史，金属才 4000 年，可见玉在中华民族认同的精神凝聚物中的地位。今天人们习惯了金声玉振、金童玉女、金玉良缘等等，却不知道排在语词前面的“金”不过是生活在小传统中的人受拜金主义价值观同化的证据。金属进入中原充其量 4000 年，在此之前还有 4000 年，全靠各地文化遗址出土玉器的年代排列，从最北端的黑龙江到南端的广东广西，从东海之滨到大西北，几千年来玉石信仰和玉器器型的南传西进和西玉东输，沉潜为龙山文化晚期以来的华夏王权核心象征物，说明了什么？说明了玉石被神化了，被传教了。因为玉代表神，它就是宗教。从文学意义上，可以说是神话。今天的中医还在讲这个，还有中药用玉粉呢，这是全世界绝无仅有的。

徐杰舜：在你的视野之中，玉文化在我们中国究竟多少年？

叶舒宪：不是我说的，是公认的，批量的使用玉礼器应该是 8000 年。

徐杰舜：玉文化与夏的关系你可以描述一下吗？

叶舒宪：究竟有没有夏，中外学界争议很大。不过距今约 4000 年的时代相当于夏，是国内学界普遍认可的，在这个时代背后还有 4000 年，这就是我们说的文化大传统。玉的神话信仰起源于北方，向南、向西，最后覆盖全中国的过程就是夏的文化背景。献玉帛者万国是玉石权力认同的标志。秦始皇用和氏璧造出一个传国玉玺，是他一时兴起的选择？不是，这是大传统使然！从今日到秦朝是 2000 年，到夏朝是 4000 年，先于夏朝还有4000年的玉文化史，总共就是8000年，一线贯穿。直到末代皇帝，到故宫看一下，最后的一个皇帝也是用玉玺来作最高统治的象征，哪儿来的？大传统铸造的。谁也改不了。

徐杰舜：这和九鼎的意义相当。

叶舒宪：夏禹时代造九鼎几乎是不可能的。因为制造九鼎需要大量青铜，4000前的物质条件显然不够。我们的四重证据法功效在哪儿？对古代文献记载的传说先来一个证实证伪！器物传说的真伪在四重证据面前一下子就清楚了。前面说了，金属传入中国仅4000历史，但是距今4000前仅仅发现了一些小铜片，相当于夏晚期的堰师二里头文化遗址，也仅出土小件铜器如爵、戈、链等，不见大铜鼎，更无九鼎的影子！相反玉质礼器像玉璋、玉刀却大气得很！神话传说中夏的开国之君有天赐玉圭，万国执玉帛来觐见大禹，第二代夏王启佩玉磺升天取回了九歌、九辩，末代夏王桀铸瑶台，末代商王纣在国家灭亡之时裹玉自焚，你看看，无论是文献记载的神话传说，还是考古发现的相当于夏文化的历史时代，玉文化跟夏的关系何其深？玉文化值不值得研究还用多说吗？现在的大学里真正懂得玉的价值的老师很少，本土文化的教育和传承难就难在这儿了。很多人都很奇怪我为什么不好好研究文学作品，跑去研究玉。可是什么叫“玉魂国魄”？费孝通用这四个字说明了玉的价值，再说多了都是废话。中华民族多元一体是怎么一体的，这一体的过程中一定有个精神，“玉教”是很贴切的，它让华夏成为文明共同体，找到了不同民族认同的标志物。

徐杰舜：你讲到“玉石之路”比丝绸之路早几千年，到现在还是和田玉最好。玉石文化就足以说明问题了，为什么还要提高到“玉教”呢？我希望讲得更清楚一些。

叶舒宪：玉石文化主要是从物质文化形态着眼，什么样的材质，什么样的形制代表什么等等，几乎每一种玉器背后都有一个专门的神话。古人不会制造没有意义的东西来。古人并非茫然无知，从浩渺宇宙中切磋琢磨筛选出来的珍贵之物，需要花费大量的人力物力甚至财力，不是非常虔诚是无法做到的。晶莹剔透的玉代表神，背后是一整套神话信仰。而在这么广远的时空中延续传承，非“玉教”不足以说明。我们要做的是把每一种玉器背后的神话揭示出来，它是不是宗教就很清楚了。

徐杰舜：你举个例子来看看。

叶舒宪：玉磺，弯弯的，在东亚大陆有7000年的历史，干什么用的？

大禹的儿子夏启，从天上把九歌带下尘世，这和普罗米修斯干的事情一样。夏启怎么上天，《山海经》说得很清楚，就是佩玉磺。玉磺是彩虹的人工模拟物——天地之间相通的彩虹桥。孔子修春秋，传说当年他修成之时，天降玉磺，为什么？因为春秋时的孔子代天立言嘛，上天降下个玉磺，那就是天命瑞征啊。上海虹桥机场就是最好的当代飞天神话写照。这就是小小玉器背后的神话。这样的例子太多。还有很多史前玉器名字今人都叫不出来，失传了，这样一来不是一个宗教是什么？鉴赏玉，不能只有物理的、化学的分析。玉为什么能够统一中国，他背后有一套神话观念的传承。史前时代，大量做这个有什么意义，需要今人来研究澄清。

徐杰舜：还可以再举个例子吗？

叶舒宪：玉玦，8000 年前最早出现的一种玉器。屈原《湘君》“捐余玦于江中”，韩非子“授人以玦”和鸿门宴上亚父几次举玦示意项羽，诸如此类以玦者缺口之环来表示“诀别”“决断”等的用法都是小传统，是战国以后通常的解释。屈原已然不知道玉玦的真正含义了，更不知道玉玦先他存在几千年了。倒是被汉代人视为荒诞不经的《山海经》记载了更久远的耳玦现象背后的神话信仰。玉玦从最初出现的 8000 年前，主要的出土位置是耳朵旁，说明主要功能是耳饰。而 2012 年田家沟发现的红山文化玉蛇耳坠，将《山海经》里多达九处的洱蛇之神的神话，上推到 5000 年前的史前期。西周时代的晋侯墓地出土的龙蛇耳玦以及商周流行的龙蛇纹耳玦，又将洱蛇与玉玦的关联推向了史前 8000 年。海南岛、台湾原住民到现在还在戴玦。耳朵是人体接收天籁之音的器官，犹如天线，耳饰选择龙蛇来装饰，也是一种长期的观察和拣选，是人与上天、祖灵沟通的想象。意愿都在这一耳朵装饰物上。解读耳饰，仅从装饰之美来解释，不从文化和宗教信仰意义来解读，我认为是没有解释的。按照列维 - 斯特劳斯说法，历史学家研究大家都意识到的问题，只有人类学家研究大家意识不到的问题。玉玦从史前 8000 年一直到楚汉相争的鸿门宴，都在传承着，汉以后中原耳饰多为环、珰等，但直到今天海南岛的黎族妇人依旧佩戴银耳玦，可见其传承的完整性。玉玦的意义变了，但玉文化的大传统依旧以变形的形态继续传承着。

徐杰舜：没有文字，没有语言，你要去猜它了。

叶舒宪：这个不是猜。原住民还生活在其中，“玦”绝对不认为是绝交的意思，这是文明人的谐音断意。原住民社会凡是巫师都有通神的标志。玉磺也是，这是借助于神话想象，达到教权的象征物。

徐杰舜：你讲这些很受启发。文化包括制度、器物和精神三个层面。不过用“玉石文化”不是很好嘛，为什么偏偏一定要用“玉教”呢？

叶舒宪：用“玉教”是找到了核心和动力。马克斯·韦伯寻找资本主义精神的根源性动力，不是从物质，而是从人的宗教信仰和观念入手，开创了新天地。他的论证远远不如我们论证华夏文明核心精神可靠，但他开创了一个方法。过去谈论马克思主义经济决定论都是物质基础决定精神意识，但马克思明明还有一句，在一定历史条件下，精神意识反作用于物质生产。就华夏玉文化问题，反问你一句，最好的玉在新疆，但为何唐朝以前新疆自己人不用玉？到底是物质决定了玉的价值，还是中原人的观念决定了它的价值。没有这个观念，玉就是石头。物质和精神观念，究竟谁决定了谁？观念，什么观念？不是理性的观念，是信仰和神话的观念。

徐杰舜：信仰也是文化啊？

叶舒宪：什么都是文化，太宽泛了。“玉教”说等于找到了玉器能够普及中国的动力要素。

徐杰舜：我还是希望你用更通俗的语言说明你为什一定要用“玉教”？他的内涵到底是什么？

叶舒宪：古人把人世间这样一种晶莹温润、色泽漂亮的石头神圣化，认为非人间俗世所有，而是天神恩赐的，谁得到了，谁就拥有了和上天联系的能力，这不是和后来的宗教法器一样吗？这个影响太广远了，几百万平方公里，上下八千年，多少不一，形态各异，但对这一“石之美者”的功能认识却是统一的，这不是太叫人感到奇怪了吗？这两天中央电视台《探索·发现》频道正在热播的陕西神木石峁遗址，就是公元前2000年的古城遗址，四百多万平方米，城墙里压着什么，玉器！这是龙山文化时代迄今所见最大的城址。更重要的是，放眼整个龙山文化晚期，也就是约4000年前后的中国大地，从山东到山西，从河南、陕西到甘肃，黄河中下游区域的玉器种类和器型惊人地一致，请问那时候有统一工厂和制造标准吗？是什么因素导致了如此标准化的生产？是信仰！是背后完整信仰共同体的存在。

徐杰舜：有人传播吧？

叶舒宪：玉不能吃不能喝，为什么要传播？为什么到麦加，踩死也要去？一定要找到这个原因，找到拉动文明的动力。命是次要的，信仰是重要的。

徐杰舜：我们不能用今天的理念、生存状态去衡量。你要讲成是“教”，你就一定要说出来，它的崇拜对象、内涵、仪式是什么？系统化以后才可以。不系统就是玉石文化。“玉教”是很厉害的一个说法。

叶舒宪：“拜物教”指的就是一种物。

徐杰舜：要人家信啊，你要自圆其说，你要建构起来吧。

叶舒宪：不是我凭空建构的，不是我发明的，这是失落的，我帮助找回来而已。

徐杰舜：那也是你找回来的，起码发明权在你手里。

叶舒宪：人家叫玉神物或巫玉、玉崇拜等，与其用这么多费劲儿的词，又不统一，还不如寻找一个言简意赅的词来说，这个词就是“玉教”。

徐杰舜：玉崇拜也不难懂啊。

叶舒宪：玉崇拜和玉教，是同义词。韦伯说新教伦理，就是“新教”两个字，言简意赅。我们也有个比较长的说法“玉石神话信仰”，但不如“玉教”简洁传神。

徐杰舜：玉石神话信仰是比较文学化的说法。

叶舒宪：回到宗教学上，它背后有一整套的神话信仰、仪式和器物以及图像，都比文字早。甲骨文才几千年？究竟是什么东西让不同的人群拢到一起成为一个共同体？都说多元一体，究竟怎么从多元拢成一体的？神和神的最佳象征物都在这儿，还打仗吗？化干戈为玉帛！当时没有比玉更珍贵的东西。

徐杰舜：玉这个东西，从器物制造到精神崇拜，形状很多，玉的崇拜本身还是比较后来的。

叶舒宪：不是很早之前的，几千年前做它干吗？动辄就随葬 100 件玉礼器干吗？

徐杰舜：在它之前还有，前玉时代。

叶舒宪：石器时代。再往前，社会没有达到财富分化等级，我们要找的就是形成权力、文明的脉络和萌芽。

徐杰舜：你把玉放到哪儿啊？旧石器、新石器？

叶舒宪：新石器时代中期以后。

徐杰舜：玉文化是在石器时代基础上逐渐提炼出来的。

叶舒宪：是提炼，不是全世界都提炼。为什么其他地方不提炼，只有我们这里提炼呢。在东亚，玉被奉为顶级的。天上谁最大，玉皇大帝！人间山峰谁最高，玉皇顶！语言已经决定了它是最高价值。核心价值来自信仰。零碎的和枝节的东西，没用。从星星之火到燎原之势，不是玉教是什么？玉不是部落级的，它覆盖和绵延的历史是绝无仅有的。用玉教都轻了，玉文化是贬低它或泛化它的意义了。

徐杰舜：这么说来，你用“玉教”就是想让位置更恰当。

叶舒宪：你描述或者解释一种行为，关键是什么，是寻找它如此行为的动机。中原和新疆和田、昆仑山，风马牛不相及的地方，为啥有玉门关矗立边关？为何周穆王要西巡昆仑，还要绕道河套去以玉璧祭祀河神？见过西王母后不远千里带几车玉回来？如此行为的动机是什么？从一开始新疆和中原联系的关键就是美玉资源。汉代通西域，清康熙打准噶尔，一直到今天的西气东输，还是这样，资源在那儿，而且是唯一性的。资源依赖是物质的，但观念的东西可以驱动社会变迁。这就是神话信仰。

徐杰舜：东亚大陆对玉的崇拜，是中华文明独显于世界之林的特殊物质。拿这个来分析中华民族的起源及其凝聚力，是很重要的见解。不过我个人觉得用“玉崇拜”就比较贴切了。玉教要有信众、仪式，还是不太妥帖吧？

叶舒宪：有原始宗教、有人为宗教。你的宗教概念是局限在了基督教、伊斯兰教等成熟的人为宗教形态了。好像没有教堂和念经，就不是宗教。想想形形色色的拜物教吧。

徐杰舜：你把“玉教”放在民间宗教层面？

叶舒宪：他本来是民间的，后来变成主流了，后来变成国家权力的象征了。

徐杰舜：君子的人格全在玉上。孔孟才2500年，前面还有6000年哦。

叶舒宪：君子比德于玉，这是传承。你是神，你是王，你的玉好，我拜你。玉是有灵性的。贾宝玉之名来自哪里？出生时衔玉而生，这玉来自哪里啊？女娲当年补天遗留的一块顽石幻化成形投胎而来。贾宝玉、甄宝玉，都是象征啊。这块通灵宝玉有啥功能？玉上写得很清楚：通灵宝玉！正面有“莫失莫忘，仙寿恒昌”。反面写着“一除邪祟，二疗冤疾，三知祸福。”这几行字不是曹雪芹的臆想，近了说是汉代人明确记载的传统，远了说也就不知几何了。这不是我强加的，至少是8000年的信仰。西方人在神庙中解决的问题，中国人全都投射到玉器上去解决。曹雪芹太清楚了，中医、巫师也都清楚。这就是我们要找的，独此一家的信仰。

徐杰舜： 佩服佩服。给我上了很好的一堂课。

叶舒宪： 你去世界各地旅游，去看，只有中国靠玉和石发财致富。捡一点石头就可以养活一家人。这种现象在经济学上是解释不了的。

徐杰舜： 对玉的崇拜至今不衰。现在没有那么多神器。都是藏宝了。

叶舒宪： 学院派里不研究它，大众借助鉴宝之类节目对它有兴趣。

徐杰舜： 你现在和鉴宝界联系多吗？

叶舒宪： 主要是和考古学界联系。

徐杰舜： 你现在满口都是玉啊！

叶舒宪： 陶器、铜器都很重要，专业和精力有限，只能先弄最核心的，而最核心的信仰驱动物是玉。西方从石器时代之后整个价值系统是拜金主义，但东亚绝对是拜玉主义。

徐杰舜： 拜金主义不叫教了。玉崇拜对民族一体化有重要的象征意义，有很好的说明，使我们对玉的认识更加深入一步，不要停留在玉就是藏宝，就是存钱。费孝通先生作为中国人类学先驱之一，在晚年意识到了玉的价值，提出了“玉魂国魄”，是很有启发意义的，然而可惜的是他的人类学弟子却没人继续做下去。你知识面广、视野开阔，从《熊图腾》到《河西走廊》到《金枝玉叶》，到玉教，再到“玉石之路”工程启动，越探索越深入，真的是值得深入的研究方向。今天这场对话，对我启发很大。我想对很多人都会有启发，因此我想发出去。你觉得用什么题目比较好？

叶舒宪： 这都是根据研究问题一步一步走到这个方向上来的，一开始也并不是很清楚，我们也是在学习和研究中一点点儿明白的。“玉教”的确很扎眼，可是你要跟传统观念，跟鉴宝划清界限，只有用很重一些词来敲打他们，不要用市场上的那一套来误解或者亵读科学研究的内容。今天好的和田玉是黄金的几十倍，甚至更多，为什么一座山上的石头达到如此登峰造极的地步？除了信仰，人类没有其他力量。

徐杰舜： 所以玉的意义和价值，要从鉴宝热闹中跳出来，不然就是对玉的亵读和价值低估，因为是一种崇拜性的东西。现在我想回到下一个话题。你对石峁遗址高度重视，去年六月还专门在榆林和神木组织了一次会议，发表了玉文化率先统一中国说，这令我十分惊讶。石峁古城遗址意义如此非常重大，还请你来介绍一下这个跟玉有关系的石峁遗址的价值和意义。

叶舒宪：好的。玉教也好，玉文化也好。通俗来讲分两段，较早的一段是东玉西传，主要是玉石神话信仰和器类器型，大约用了4000年，覆盖了除了青藏高原的其他广大地方；第二段是较晚的西玉东输，在和田美玉发现之前，史前玉器生产基本上都是就地取材。而和田玉一旦被中原统治者发现，就成为至高的象征，西玉东输给华夏文明带来的一是物质财富，二是精神。儒家最高的理想就是君子温润如玉，圣人如玉，天子佩玉要用纯玉，没任何杂质的，佩玉成色的好坏，决定了你的德行。哪一种玉能达到这个标准？和田玉！这种观念什么时间有的？最好的办法，就是把所有出土的史前玉器的材质进行排比，石峁遗址刚好距今约4000年，正处于玉石之路黄河段的重要位置。黄河从何而来？玉石从何而来？《史记》《千字文》早告诉你了：河出昆仑，玉出昆冈！至少在古人的观念里，养育世人的母亲河和护佑人不死成仙的玉都来自昆仑神山，那里是神的居所，是天地通道。掌管着不死药的西王母就居住在昆仑山上，华夏人文始祖黄帝也居住在昆仑。那么黄河在玉石之路中起着什么作用呢？石峁遗址在黄河流域和西玉东输中起着什么作用呢？《尚书·禹贡》记载有河道潜运。石峁遗址离黄河40公里，向西就是甘肃齐家文化玉器，然后是青海、新疆，这不就连上了吗？新疆玉东输石峁是必经之路。新石器时代中晚期以来，出土玉器有多少和田玉的成分？应以县为单位，沿着黄河水道调研，就可以弄清楚西玉是如何东输进的中原的？黄河的河套地区遗址最多也很重要，像新华遗址、陶寺遗址等。可能有些转运码头，都值得深入的个案式探索，这就是石峁遗址的意义。

徐杰舜：去年的会议，王明珂也被你拉去了？

叶舒宪：王明珂很关注，石峁遗址背后就是大草原，农耕与游牧的交界地带很多遗址，你去调研一下，在河套地区漫山遍野都是4000年前的城墙。这些发现足以敲打中原中心主义。以前出玉的遗址大多是孤立的，现在是时间和空间都联系起来了。

徐杰舜：整体观的人类学。你怎么样放在大的背景去思考。你没有大的视野，你也看不清楚。你讲的玉文化站得比较高，所以提出了玉教的概念。

叶舒宪：他确实有信仰的因素在里面。

徐杰舜：如果你一定要坚持用“玉教”，你一定要有更严格的界定。

这样人家就能接受，猛地一听，有点哗众取宠。

叶舒宪：争论不争论这是后人评说的事情，暂时没时间管它了。

徐杰舜：你现在更关注的是什么问题？

叶舒宪：把玉石之路的路线弄清楚。对华夏文明来说最重要的是和田玉，玉门关为什么不叫丝门关？丝绸、麻都是副产品，一定要顾说，玉帛之路也可以，世人但知“丝路”不见“玉路”，是被外来和尚念的经蒙蔽了。

徐杰舜：你现在对玉石之路的探讨最关注的计划是什么？

叶舒宪：下田野，一县一村地走。可是没有时间下去，要上课，书稿要校对。神话学文库，你看到 18 本，后面还有十几本。校对的任务很重。

徐杰舜：你万事都具备了，车啊，设备啊什么都有？

叶舒宪：什么都没有。人也没有。女生不能下去，男生都嫌艰苦，放下去的都逃回来了。

徐杰舜：你说今天的题目叫什么？

叶舒宪：你就模仿马克斯·韦伯，称作“玉教伦理与华夏精神”。

徐杰舜：玉教伦理，你能再具体解读一下吗？

叶舒宪：第一玉石代表天赐给人间的神物，代表人向天神祭祀回报的祭品，代表人神沟通的媒介物。离开了这个中介，你就被神抛弃了。“国之大事在祀与戎”，祀就是建立神人沟通，戎就是打仗，人与人之间都是小恩小惠，你在神的面前，化干戈为玉帛，这不是一个口号。打为什么打，和为什么和？中国历史的动力在这里。背后的原因你没有找到，看起来为了争取政权，其实是争夺资源，背后有个统一的信仰。

徐杰舜：你能不能概括一下玉教伦理有哪几个要点？

叶舒宪：第一玉代表神，第二代表人格的最高理想，第三代表人永生的保证。人在世上，要不然花那么大功夫制作的金缕玉衣就让人不明白了，可是从永生理想看，就明白了。这是 2000 年前中国人制造的最大的工程。干什么了？玉教支配中国人几千年行为的根本。不从宗教学理解，就不懂奇特的行为。全世界都没有，只有国人才能做出此类行为。一定要找到支配行为的信仰因素。

徐杰舜：除了这三点，还有吗？

叶舒宪：金玉在九窍，则尸体不朽。你还要什么，包你生前和死后。

徐杰舜：我帮你概括一下，玉教伦理就是做人的最高境界，像玉一样纯洁。

叶舒宪：这句话一定得放在信仰语境中，否则就是世俗的。

徐杰舜：在神的观照下，做人的最高境界，这才是他的伦理。新加坡的政治课讲伦理就是做君子，什么是君子？做人的最高境界。有了玉教伦理，就更清晰明白了，即在神的观照下，做人的最高境界。

叶舒宪：不光是伦理，它还保你长生。不光是道德化，道德是后来的延伸。所有的宗教都是面对你死后怎么办，天堂抑或地狱。为什么人生而佩玉，死而葬玉？都是神话，人是神话动物，神话是精神之根。

徐杰舜：玉教和华夏精神是什么关系呢？

叶舒宪：华夏精神就是君子精神，人在有限的精神之中，儒家的九德、十一德说背后都是玉。不懂玉，国学的门都找不到。真正的根是从8000年开启。至于把这个叫玉教还是玉崇拜，还是其他的，这都是末节问题，根深蒂固的玉信仰却是毫不含糊的全世界唯一的现象。我先把他端出来，这就是人类学的最大的本土化吧！为什么名字叫琼瑶、玉萍、启翠？琼、瑶、玉、翠都是美玉啊。徐杰舜，“舜”就是得了天下最好的玉而做了王。你掌控了玉资源就掌控了权力啊！

徐杰舜：我们那边舜是草。今天知道了，舜原来还和玉有关系啊！今天就到这里吧，题目就叫“玉教伦理与华夏文明”。感谢你接受我的采访。

【来源】《民族论坛》2014年第11期，第35~41页。收入本书时略有改动。

审美人类学：从边缘起步

——访长江学者、上海交通大学王杰教授*

【被访谈者简介】 王杰，长江学者，上海交通大学教授、博士生导师。

王杰教授

* 访谈人：徐杰舜。

徐杰舜：很有缘分啊，能够在王院长的办公室采访您。认识你也有十几年了，你是我们学者当中非常敦厚、朴实的一个双肩挑的干部。但是我觉得呢，很多学者双肩挑都是步步高，慢慢做大了，就你这位仁兄呢，是“步步低”。你原来是广西师范大学的副校长，在广西你是头把交椅。

王杰：我（当时）是广西社科联的副主席、文联委员，并且担任文艺理论家协会主席、广西壮学学会副会长、广西教育学会副会长、广西学位委员会委员等职务。

徐杰舜：在文艺理论、审美人类学这一块，你是广西的首席，名副其实的首席，而且为人厚道，为我们这些学者做了很多事情。我印象最深的是，不论什么时候打电话给王教授，像某某考硕士分数差一点，希望破格，王院长都一一搞定，所以我们都把你当作自己最知心的朋友。这里我们还是按常规来（提问）。听说你是无锡人？

王杰：对。

徐杰舜：你是生长在那里的吗？

王杰：我是在武汉出生的，1957 年 10 月 1 日。我是武汉长江大桥通车那一年出生的。

徐杰舜：那时我已经初中二年级了。在当时那是很大的一件事情呢。你小学在哪里读的？

王杰：在南宁民主路小学。

徐杰舜：怎么这么快就到南宁了呢？

王杰：我两岁就随父母到了南宁。我父亲是无锡人，刚解放的时候参加工作，到了水电部的财务司，当时他跟李鹏是同事。他是小学三年级（的学历），参加工作之后才去读的大学，毕业后分配到武汉。武汉当时有一个中南基建局，归水电部管理，建发电厂的，水电火电都建。阂行这个电厂，我父亲当年就参与过。我母亲在水电部的幼儿园工作。听我母亲讲，当时水电部有个司长，想把我父亲调回北京去，但是当时他们不觉得北京怎么样，自己要求调到武汉的。所以我是在武汉出生的。我两岁的时候，也就是 1959 年，武汉基建局被分成五份，干部们可以去任何一份，当时都说广西好得不得了，四季如春，水果吃不完，我父母很天真，就去了这个祖国的边疆。所以我母亲现在经常提起，我那时候才两岁多，就很会吃龙眼。南宁龙眼很多，我从来不会被龙眼核卡住。就是这么去的广西，住在水电局大院里。后来“文革”，我母亲因为站错队了，在“文革”后期被下放到柳州。我跟着母亲在柳州读完了小学和中学，之后就自己要求去了桂北山区。

徐杰舜：上的哪个中学？

王杰：我的中学讲起来也很戏剧性哦，是叫朝阳中学，当时是民办中学，全广西走“五七”道路的典型，朝阳中学的经验每年都上《人民日报》和《中国画报》的。后来我插队以后，朝阳中学就并进一个柳州的职业中学。我的中学老师们，有本事的都分散了，所以我后来回去找不到母校了。这也算蛮奇怪的一个现象，可以看作没有精神家园的象征。

徐杰舜：你哪一年插队的啊？

王杰：1976 年。

徐杰舜：1976 年插队就到三江？

王杰：当时我们几个同学倡议到最艰苦的地方，各个中学有十八名学生响应，所以我就到了少数民族地区，这也和后来搞人类学有点关系，比较早地感受到民族风情。

徐杰舜：你到三江的哪个地方？

王杰：是三江的斗江公社牙林大队的第五生产队，叫龙胜寨。

徐杰舜：这样讲来我们两个人的缘分更早，我是 1964 年去三江一年，搞“四清”运动。

王杰：三江我很喜欢，那里人很好。我在三江待了两年多，后来高考出来了。这两年我感受到山区的人际关系是最淳朴、最自然的。农民对我们都很好。

徐杰舜：三江你是 70 年代去的，我是 60 年代去的，而且是第一次从大城市到了民族地区，又是中央民族大学的嘛，我那时候二十岁，三江对我们具有极其强烈的吸引力。当时是中央统战部派我们去的，我们都想留在那里工作不走了。

王杰：我当时啊，恢复高考我都不想考的。后来我父亲着急了，找了很多人来动员我。我是想扎根农村一辈子，一点不觉得三江不好，觉得山清水秀，农民对我们很好，全村的小孩都叫我“王杰哥”，大一点的人都把我们当自己家人，每家每户都不锁门的，哪家做了好吃的，都把我叫去。但我们生活其实很艰苦，这两年多对我是一个很重要的经验，有一种很和谐的人际关系，当时的三江还是很古朴的，古宜是最好的，程阳桥也很好，就是靠山区一点。

徐杰舜：我就在那里，我就在程阳桥旁边的平寨。

王杰：我们去的时候是“文革”后期了，每个寨子的鼓楼曾经的功能就没有了，废弃了，不在里面举行对歌活动了。生产队开会有一个三合土垒的房子，包括我们寨的宣传队代表公社去汇演，也是在那里排练。

徐杰舜：那你演什么角色啊？

王杰：我们自编自演的歌舞剧。话说回来，在“文革”后期，我父母把我送到玉林火电厂工地，等我再回到柳州，再去南宁的时候，南宁的武斗已经结束了，真的就像打过了一场很大的战争一样，街上还有很多街垒。

徐杰舜：我们还是回到三江。三江对于我们来说是第一次田野，你刚刚也提到了，你是不是可以再深入讲一下，在三江这两年的经历，对你后来做美学、做审美人类学有什么影响？

王杰：我原来都没有意识到，因为当时根本没听到过美学或者人类学的概念。我后来跟我那些中学同学讲，“我其实比你们幸运”，因为他们当时是厂社挂钩，所以就在柳州市附近的很近的公社插队，有带队干部，而且经常能跑回家，跟农民有矛盾，所以他们觉得自己的插队是没有什么收获的。但是我的插队经历呢，农民对我们很好，真的就能感受到前工业时代的氛围和文化，农民还教我们侗话。

徐杰舜：你现在还记得吗？

王杰：还记得一点点。

徐杰舜：“吃饭”怎么讲？

王杰：“吃饭”是“占勾”。其实他们教的很多东西都是与色情有关的。我们一学，农民就大笑。我们的寨子在河的拐弯处，岸上有一棵很大的樟树，我们去之前那棵树就倒在河滩上了。几乎就在同时，四面八方的猪都发瘟了，实际情况就是这样，我们一到那里，猪就发瘟，树又倒了。生产队指导员的丈夫有点文化，就说，猪瘟只有知青能对付，所以就请我去养猪。这个对我其实是不太好的，一去就养猪，没有太多机会跟农民在一起。后来高考完了政审，公社干部跟我说，当时政审的时候，很多农民讲起我的情况，都哭了，我才知道我那个猪场是全县出栏率最高的。

徐杰舜：你养了几年啊？

王杰：两年多。

徐杰舜：你好厉害哦，那你现在买猪肉一看就知道什么肉好？

王杰：当然。猪很难养的啊，而且当时普及大寨经验，要建猪场，留母猪是很难的，因为猪很小就发情了，拼命要跳出栏来，跳出来到处跑，我就到处追。有时候又吃到生产队放的毒，毒死了。我就记得猪是会往上爬的！像爬楼梯一样爬出猪栏，到处跑。我当时也不觉得苦，天天干得很欢。两年以后我就病倒了，去公社医院住院，我不在，三个人都养不过来，那猪嗷嗷叫，我当时可是一个人养一个猪场，而且我养猪，猪就不叫。

徐杰舜：你真是优秀猪官儿啊。

王杰：我的一个很深的印象：我们去的时候还是“文革”期间，毛泽东去世我们亲身经历了。应该说，我们去的时候完全没有感觉到少数民族文化，他们的服装也（不怎么明显），就是吃的方面体现了。我在猪场每天砍猪菜，你看我手上现在很多疤，就是剁猪菜留下来的。那些姑娘挑水经过我的猪场，都说，王杰哥你砍猪菜的声音真好听啊！有一天我正在砍猪菜，突然漫山遍野的山歌，那是在粉碎“四人帮”之后，很突然。因为村与村离得不太远，在山上不知道什么人领头，漫山遍野突然一起唱山歌。我就感觉到，民间文化表面上不存在，但一旦有机会就会涌现出来。当时还有一个习俗叫“款妹仔”的，我现在很后悔我没去。男青年走到别的寨子去唱歌，都走很远去款啊，把姑娘们约出来聊。我一次都没去款，很后悔，侗族的情歌就不会唱。那个地方有一种东西叫油茶，喝了可以三天三夜不睡觉。过年的时候，大家就唱歌、玩、喝油茶，里面有米、花生豆、茶叶，又有营养又提神。我最早喝油茶就是在三江。

徐杰舜：所以这个是你最早的审美经验？

王杰：那里的山清水秀是我原来在城市里根本没感受到的。

徐杰舜：三江也是种糯米吧？

王杰：最好的田就拿来种糯米。他们发甜酒的材料就是山上采的，做成一个个小球，发出来的甜酒就非常好吃。在城市再也没有吃过那么好的甜酒。还做重阳酒，这种酒一般不会醉，一醉了就起不来了。反正三江很多食品有意思，像酸鱼、榆粑，吃起来很香。另外当时我的印象很深的是，农民很困难，我们回柳州，农民就让我们带面条，摆宴席的时候，面条就是菜。生活是很艰苦的，但那时真的不觉得苦。

徐杰舜：值得回忆的生活，审美价值很大。

王杰：用现在的话来讲，就是比较淳朴的人生经验。完全没有商品的意识，当时也没有卖东西的，而且村子里没有什么阶级，我还是民兵排长呢，一有什么重大活动就要把“四类分子”弄到大队部去管起来，那些“四类分子”还跟我聊天。所以那一段的经历让我觉得，人和人之间是很信任的状态，就像唐诗里描述的那种状态。我刚去的时候，还受（以前教育的）影响，老是在观察谁是阶级敌人，（我们是）中学生嘛。可是后来发现没有什么阶级敌人，是一种很自然的状态，生态也好，人际关系也很融合。现在来看，从卫生角度来讲不太卫生，像在上游洗衣服，下游挑水；冬天吃井水，夏天吃河水。

徐杰舜：好，这一段是很值得回忆的。后来你怎么离开三江的？

王杰：我高考就离开了，是 1978 年考的，当时我没有回城去复习一天。那时候风向突然大转，之前我都没有想到（会这样），想的是自己在农村好好干，我还是全广西的学雷锋先进分子，去南宁体育馆开会的。

徐杰舜：那是很先进的。

王杰：（南宁）体育馆是很高级的。当时我们从农村出来，人家就告诉我们，体育馆是会喷出香味来的。而且如果“四人帮”不倒台，我还要去大寨参观呢。后来大家都跑去高考，我还比较迂，还说要坚持在农村，也没有复习，我父亲就找了他的同事来做我的工作，我的中学老师也来劝我说，重点班的座位虽然很紧张，但是我们还是给你留了一个位子的，我也没回去。后来我居然也能够考上，也是一种幸运了。

徐杰舜：你考上的是广西师大？

王杰：是武汉大学。

徐杰舜：武大很了不起的。

王杰：所以我们公社的书记——他是中南民大毕业的，挨着武汉大学——就说：“哎呀，武汉大学像仙境一样。”但当时我也蛮依依不舍的，农民对我很好，生产队长专门用生产队的樟木给我做了一个樟木箱。我也专门到县里去给每一家买了一张宣传画。他们一直送我到县里面。

徐杰舜：考上武汉大学，是你做学问的第一个拐点；你到三江去插队，是你人生中的第一个拐点，对不对？你还赶得很好嘛！

王杰：我那时就是不怕苦。原来我们对自然的认识不多，但到农村就认识了很多，比如猪和鸡原来是不去菜地里的，但是我们的菜地以前荒废过，猪和鸡就去里面找东西吃，后来我们修菜园，怎么修、怎么加固都挡不住，它们都会钻进去，因为它们认为这是它们的路，所以我们怎么努力种菜都不成功。后来我们只有在村边的地上去种萝卜。生活很艰苦的，冬天我们住的木板房让风吹得厉害，睡觉牙齿都冻得响，刚开始去的时候，我们连被子都没带，因为是夏天嘛，后来被子还是女生们帮我们缝的。我每天一起床，就去猪场把火点起来，烧一大锅水，往里面放糠，那种含米多一点的糠，煮成糊糊，然后往砍好的青菜里浇，拌匀。农民都是用竹片片来拌，我是用手来拌的，因为这样快，然后就一手拎一个桶，跑去喂猪。冬天很冷，我的手裂得很厉害，我妈去看我，都哭了。猪粪就堆在我们楼下，也不觉得臭。现在回过头来看，当时条件很苦，可是我并不觉得苦。

徐杰舜：好，这个问题就讲到这里，后来你进了大学，武汉大学读书的经历对你有什么影响？

王杰：我第一年考的是北大哲学系，第一志愿和第二志愿都是报北大，但是因为没好好复习，没录取。第二年我就调低了，报的是武汉大学哲学系。后来我同学的姐姐告诉我，我是那一年柳州地区的文科第一名，其实可以填更好的学校的。所以我进了大学之后很长一段时间心里面不痛快，虽然武汉大学很漂亮，但我觉得武大这也不好那也不好。

徐杰舜：不过你使我感到惊讶，我以为你是学中文的，原来你是学哲学的。

王杰：是学哲学的。武汉大学当时的校长是刘道玉，是中国很重要的一个教育家，中国高等教育里最早改革的就是武汉大学，在上世纪70年代后期就全面实行学分制。所以武汉大学当时学风很好，学生自己办刊物，有一个刊物很著名，叫《青年论坛》，就是我们班的同学们主编的。章开沅当时就说，你要了解当代青年在想什么，就看《青年论坛》。当时我们班学美学的有十三个人，一人写一篇，还出了一本论文集，在武汉街头还卖掉了不少，拿着这个钱我们还吃了一餐，豪情万丈的，说要“会师武汉，饮马长江”。当时武汉大学校园里有一种很积极向上的氛围，都是最好的学者来给我们上本科生的课、杨祖陶上西方哲学史，肖捷父上中国哲学史，江天骥上现代西方哲学，张巨青上逻辑学，刘纲纪上美学，都是最好的学者。

徐杰舜：你考上武大哲学系，这跟我又有点缘分了，我是武大附中的，1958年。高考时我填报的学校就是武汉大学哲学系。

王杰：那你差一点就是我的学长了。

徐杰舜：是啊，但是不知道什么原因，我拿到的录取通知书是中央民族学院分院历史系，现在的中南民大，到毕业的时候才知道，给我看档案，告诉我们，你们这些汉族同学是怎么分到民族院校的，就是1960年中央统战部的李维汉有一个批示，从汉族学生中选一部分人，进民族院校，培养他们从事民族研究。这一点是高瞻远瞩，因为少数民族自己研究自己，各方面的素质和因素不合适，所以我们这一班同学有三分之一是汉族。

王杰：当时中南民族大学就在武大旁边，在去街道口的路上，还是湖北军区占用着。

徐杰舜：现在除了我做学问之外，还有一个严昌洪是章开沅的第一个研究生。你在武汉大学读哲学系，对你后来做美学研究有影响吗?

王杰：有。当时是美学热，我是在哲学系的课上听到李泽厚《美的历程》出版的消息的，《美的历程》不仅是一本美学专著，而且还是一本对人类学有很大影响的著作。我们班六十六个同学，选择写论文的时候，有一半多的人都要求写美学论文，但是因为只有刘纲纪一个人带，系里就限制人数，只有十三个人写。刘纲纪给我们上美学呢，给我印象很深。在武大我听过图书馆学、中文系的课，但是他的课是我在武汉大学听过的最有影响的课，每次人都爆满，后来挪到学生俱乐部的礼堂去上了。当时的美学热很厉害，像蒋孔阳、朱光潜啊，他们不是光谈美学，社会的很多问题他们也发表意见，所以80年代的思想启蒙和思想解放运动中，美学起了很大作用。我毕业的时候考的是北大朱光潜的研究生，但没考上，因为去考的人特别多。我去征求刘纲纪的意见，我正好是他的课代表，他就讲要读研究生就一定要去北京。我考研究生蛮曲折，第一次考北大，没告诉分数，反正没录取。第二次考武大的刘纲纪的，专业课都是九十几分，就是英语少了一分。后来刘纲纪问我，你干吗不来找我呢？后来第三次考，我最早是报考李泽厚，还给李泽厚写了信，我当时也很注意陆梅林的研究，他在《马列文论》上也是做得很好的，李泽厚没给我回信，陆梅林给我回信了，他是第一年招研究生，我很激动，就跑去改志愿。考完以后呢又出现一个戏剧性的事情，我那时在跟妻子谈恋爱，她在广西，去了一次我工作的那个学校，就不愿意去了。我本科毕业之后就在华东交通大学教哲学，那地方是个林场，窗台上爬的都是毛毛虫，房子后面的树林里长的蘑菇，一次可以捡一桶。陆梅林在我考完后给我来信说，因为招的是留所工作的研究生，你结婚了，就不能录取了。

徐杰舜：你夫人是桂林人吧？

王杰：是。我夫人跟我幼儿园就是同学，我的学生都问我，王老师你是不是幼儿园就谈恋爱了？那时候她其实是不喜欢我的，我小时候比较黑，流鼻涕。她是因为父母比较忙，就把她送全托。她记得我，我不太记得她，后来小学也在一起，我小学三年级就去柳州了。我考上武大之后回来，她家是下放到象州，她在广西轻工业学校读中专，学造纸的。从南宁回象州要路过我们柳州，她去一个阿姨家，听到人家说："哎呀你的小学同学王杰现在很不得了啦！"因为我当时报名到三江去，柳州市最大最好的照相馆有我的照片，受到领导接见嘛，我自己也不知道，但是我那些熟人都是水电厅来的嘛，就告诉她，王杰现在怎么怎么样，所以她就来我家玩。后来就一直通信。工作以后她来看我，不愿意去南昌，所以我就打报告要调回广西，我们教研室主任就说，你都没结婚，不能调，所以我就打报告结婚了。但是陆梅林说："我这个地方是要留所工作的，是第一届，你留不下北京就不能要你。"我妻子又说："你不回桂林我就不嫁给你啦"，她最早是分到恭城，后来调回桂林。我这个人呢，觉得有个人看得上我，已经很珍贵啦，我就提出来要求调回去啦。

徐杰舜：这是哪一年啊？

王杰：是1985年。硕士录取和结婚差不多是同时，五月份结的婚，九月份读硕士。我转到广西师大林焕平那里，当时刘纲纪都还是副教授，林焕平就是教授了，我就想，怎么广西师大还有教授啊？所以我的第二志愿就报的他。我是林焕平和林宝全共同带的硕士。我还没有报到，他们就决定让我到陆梅林那里去委培。后来大概林老没同意，所以我就在广西师大念书了。我的人生前半段都一直很顺，不管是插队也好，读研究生也好。硕士结束后，我就读博士了。1988年大家都不愿意读博士，我自己的孩子还很小，才一岁半，我对我夫人说，读硕士的这三年我没好好读书。你去过桂林是知道的，她在的那个第二造纸厂很远，早出晚归，买菜做饭都是我弄，还做家务。我想再好好读点书，当时我们班十八个同学，没一个考博士的，就我考。

徐杰舜：你是考的哪个学校的博士？

王杰：当时考的是山东大学周来祥教授的博士生。那一年只有他招。我当时订了一份《光明日报》，博士生招生都是上《光明日报》的，一个学校就那么两三个专业。一开始我是想考南京大学的现代文学的，因为跟我专业相近嘛。但是林宝全劝我不要考这个，因为他想我接他的马列文论的课。后来山东大学的招生简章也出来了，有文艺学，所以我就考山大了。王一川和罗岗就比我早一届，他们是北师大的，那一年全国就只有山大招博士。我 1991 年毕业。

徐杰舜：那你是很老资格的博士了。

王杰：对啊，我是很老资格的博士，很老资格的教授，我 1994 年的教授，到今年二十年了。

徐杰舜：所以你是从哲学转到文艺学和美学了，那是怎么进入人类学的呢？你研究美学，是怎么和人类学牵的手呢？这个路是怎么转过来的？

王杰：现在回过头来看，有两个方面的动因。本科时在武汉大学搞过翻译比赛，我翻译的一篇文章就是从审美人类学的角度研究黑格尔的三段式理论。当时翻译那篇文章也得奖了。我在本科上过社会学的课，搞过社会调查，去工厂里面调查青年工人的生活方式，发问卷，统计。后来我的硕士论文做的是马克思的神话理论，之前我就去读了马克思的人类学笔记。当时是林焕平组织的一个会议上，我做了一个关于人类学笔记的发言，还写了一篇文章发表在《社会科学家》上，那是我正式发表的第一篇文章，是硕士一年级的时候，是关于神话的。当时不是文化热吗？后来在敦煌召开的马列文论年会上，我又写了一篇关于马克思神话理论的文章，《马列主义文艺理论研究》就要发我这篇文章，这对我来说是很大的鼓舞，我才硕士二年级的第一个学期，所以我的硕士论文选的是马克思的神话理论。这篇文论题目很好，但是对硕士论文来说还是太难了，我当时还豪情万丈地想要做一个马克思的神话理论体系出来。李泽厚在他的书里面提到，古希腊神话的永恒魅力，这是一个重要的美学问题，马克思没能解决，李泽厚也没解决，我当时年轻，豪情万丈，就想我来解决吧。为了解决这个问题，我还读了很多西马的著作，像本雅明、阿多诺的东西，里面都有很多的人类学。所以我从硕士到博士阶段，虽然不是自觉去学人类学，但人类学的书我都买，都看，虽然没有系统地受人类学训练，但我还是关注这方面的东西。上次我在蒋先生九十周年的纪念会上，我就讲，蒋先生是最早搞审美人类学的，他当时叫美学人类学，他和郑元者老师在《民族艺术》上连续发表了一系列文章。我后来读他的日记，就发现他是在往人类学这方面转。

徐杰舜：那个文章还是我推荐给廖明君的。

王杰：是吗？我当时还没有自觉的意识，无形中受这种影响。真正有意识地做人类学是从回广西开始。当时我刚当上了中文系副主任，系里得到了一个国家文科基地，这是很不容易的事情。整个文科，全国那么多高校，就只有五十一个，大家都感到很高兴，压力也很大，就开始讨论要怎么样建设这个文科基地，我们的学科特色在哪里。我当时管科研，讨论下来，结论就是一定要结合广西少数民族地区的特点，从那个时候就开始（转向人类学）。我做的第一个课题就是文艺学和少数民族的跨学科交叉，得了广西的教学成果奖，大概是二等奖；到我做第二个课题就得了国家级的教学成果奖了，“审美人类学”这个词就是跟覃德清、海力波反复讨论出来的。我们既有意识地不同于“文学人类学”，也有意识地不同于“艺术人类学”，这个当然也受覃德清的影响，因为“人类学美学”的重心是在美学上，“审美人类学”重心落在人类学上。我从读博士的时候就养成了一个习惯，坐火车回广西，我就先去北京的国家图书馆，去查资料，所以范丹姆的《语境中的美：走向人类学美学》一出我就在国图看到了。每次去我都是找捷径，去新书阅览室把书都搬来看，所以他的书一出来我就有了。由此我就知道，国外是有人搞这个的，所以我交给我硕士生的一个任务就是，你们好好给我查查，“审美人类学”这个词到底在国外怎么样，后来他们查了告诉我，国外还是用的，学理上是没有问题的。所以我们最早还是为了广西师大的学科建设，来做审美人类学的，可以说是从边疆、从边缘起步。

徐杰舜：对！是从边缘起步。所以你在广西师大竖起了审美人类学的旗帜，让美学和人类学牵手，这两个学科的跨越在你那里就成功实现了，而且获得很大成果，这在中国美学界来讲，你可能是独树一帜的，具有创造性的。

王杰：现在回过头来看，这个方向应该是很好的，包括钱中文前不久的一篇文章还认为这是一个很好的生长点。但是当时做得不够，我的学养也不够。那一段时间我跟海力波合作，给硕士生上审美人类学，我们刊发的第一批审美人类学的文章，就是跟海力波合作的。应该说当时我们那个团队是蛮自信，蛮有朝气的。现在看来那一段还是做得很初步。

徐杰舜：那一段虽然是做审美人类学的初期阶段，但是后来海力波去了中央民大读了王建民的博士，这样的话，你们本身的素质都有很大的提高，像覃德清就一直在做广西的民族资源，海力波的博士论文是关于黑衣壮的，而且是质量很高的，翁乃群对他有很好的评价，还专门推荐给我。上次在黔东南开原生态文化的会，我还想请他去，结果呢他孩子高考就没去。黑衣壮的研究又跟你有很大联系，你带的第一个博士，范秀娟（就是做黑衣壮）。

王杰：尹庆红也做黑衣壮。黑衣壮的美学方面的研究，大部分可能是我带的学生做的。

徐杰舜：其实我跟你有很深的渊源啊，我很早的一本书，就是组织百色学院何毛堂教授等人写的《黑衣壮的人类学考察》。

王杰：你们这个书还是黑衣壮在民歌节之前出的嘛，对我有很大的影响。

徐杰舜：对对，这也是很有故事的。郑军健不是民歌节的策划者和组织者吗？他把我找去开会，讨论怎样把民歌节搞得有特色。我就说，你不要老是去找明星来翻唱，我们广西有这么多资源，为什么不把本土的东西弄出去？我们人类学很强调本土的东西、地方性的东西啊，当时梅帅元不是《印象刘三姐》的总策划吗？他很赞成我的观点，后来就采纳我的意见，从而一炮打响。表演的时候我在台湾，结果还有电话打来，说，徐教授，我们要把黑衣壮推广出去，你那里有没有书？我就把家里三十多本书都给他们了。这个黑衣壮真是一唱就唱响了，因为它太有魅力了，太原生态了。

王杰：对，是无伴奏多声部合唱。

徐杰舜：而且服装也很有特色，没有花里胡哨的衣服，它是蓝靛染出的衣服，配着银饰，很简单，从此就一炮打响。后来你们的研究就把它理论化了。

王杰：我在广西师大还是做了一点好事。关于黑衣壮的研究，我当时就意识到一个问题，我们的语言不通，这其实不是地道的田野调查，所以我就想培养黑衣壮自己的（学者）。当时纳西族的研究已经做得很成功了，就是因为有纳西族自己的学者参与进来。黑衣壮就没有，我做了一件造福黑衣壮的事情，我在校长办公会上提议并通过了一个政策：凡是那坡县县中学考出来的学生，按我们本校教职工子女的同等分数录取。招了蛮多黑衣壮的学生进广西师大。其实应该做一点后续工作，看看他们当中有没有人在黑衣壮研究上做出一点事情来。后来黑衣壮发展好像有点走偏了。

徐杰舜：从审美的角度来看，黑衣壮是很有看头的，服饰美、人美、歌美。

王杰：他们唱的山歌，那种发音方式的穿透力很强。

徐杰舜：在民歌节一开场的几分钟之内就震撼（全场）了，那一年整个民歌节最大的亮点就是它。所以我们下一个话题就聊聊你的代表作吧，你的审美人类学创立了之后，代表作有哪些？

王杰：我自己在审美人类学方面没有写专著，只是编了两个集子。一个是收入《文艺理论家丛书》当中的一本《审美幻象与审美人类学》，还有一本是北大出版社出的《现代审美问题：人类学的反思》，都是论文集。我做审美人类学的时间也比较长了，但一直都没有好好写一本专著。我打算编的审美人类学的教材，国家十一五教材都立项了。我这几年呢，一个是搞行政，另一个是在南大折腾了一下，到这里又折腾了一下，都折腾到杂事上了。在广西的时候我们为了学科建设，其实是搭起了一个平台，我们搞了一套审美人类学的丛书，应该说（这个学科）开始在成长，但是离开广西之后就没怎么做了。

徐杰舜：审美人类学的学科也受到你离开广西的影响了，对不对？你离开广西到了南京大学，后来又来上海交大，我看你现在在交大做得最多的还是马克思主义美学，而且跟英国有中英对话，这是你比较有成就的一件事，我想这个你应该多介绍一下。

王杰：我其实是从研究马列文论起步的。我的导师林焕平在我硕士阶段是很强调马列文论的基础的。但我做马列文论跟别人有所不同，从一开始我就比较自觉地跟“西马”结合。搞审美人类学，我的学科意识还是很强的，广西师大还拿了省级社科基地，丛书也出了。我在广西师大的时候就形成了两个方向，一个是马克思主义美学，一个是审美人类学。“西马”的重要性在于，1989 年学潮之后我们中国的马克思主义理论要怎么发展，这个问题至今学术界也没有完全解决。我读博士的时候，社会上就有讨论马克思主义的当代形态，很多大学者都在《文艺研究》上发表文章参与了这场讨论，这对我的影响还是蛮大的。博士毕业后，我把刘纲纪请到广西去讲学，给他出的题目就是《马克思主义美学的当代形态》，他自己要讲的是《中国美学的六大思潮》，所以他当时在广西讲了两个题目。在我看来，“西马”是中国马克思主义美学发展到当代形态的中间环节，我在《文艺研究》上发表的第一篇论文就是这个观点。后来我去英国曼彻斯特访学，也是这个思路。现在我越来越觉得，“西马”其实跟审美人类学不矛盾，刚刚讲到的马克思的《人类学笔记》就是他晚年很重要的一个理论转向。前苏联学术界曾经认为，马克思晚年有十年的“慢性死亡”，意思是这十年里他没有什么东西问世。实际上马克思这十年就是在做人类学。后来从卢卡契，到今天的伊格尔顿，他们的理论动因里面就有人类学。而且“西马”这一块的人类学倒是我们今天人类学研究里比较缺乏的。它是继承了哲学人类学这一脉，而我们今天的人类学比较强调经验和实证研究，疏忽了哲学人类学提问的高度和更宏大的视野。所以我的《马克思主义美学研究》一直有人类学的栏目。

徐杰舜：你讲的这一点是非常重要的，马克思主义是我们中国的指导思想。

王杰：不光是指导思想，历史在众多学说中选择了马克思主义，这还是有很深层次的原因的。

徐杰舜：其实人类学也好，马克思主义也好，都是西方的学问，它到中国来，要在这里落地生根才行。马克思主义的生根体现在毛泽东思想、邓小平理论上，例如阶级斗争的社会思想等等，可是马克思并没有预测到无产阶级夺取政权之后，会出现什么情况，会怎样发展。中国的学者很少关注的是，马克思到他的晚年，已经有了一个……

王杰：一个人类学转向？

徐杰舜：还不仅仅是人类学的转向，他思考的问题还包括革命成功之后、政权拿到之后，社会要怎样改革。可惜他年纪大了，只是做了一些笔记。他做人类学笔记，甚至把他对于《资本论》的研究都停下来了。我们作为马克思主义的粉丝，要把这个要害掌握好，要强调马克思主义的中国化。所以我觉得人类学在这当中的作用应该很大。

王杰：人类学在当代的发展，有很多东西是受马克思影响的。

徐杰舜：人类学中有一个西方马克思主义学派啊。

王杰：不光是这样。我到伦敦大学的人类学系去访问，现任系主任和前任系主任都告诉我，他们现在的研究就是从雷蒙德·威廉斯的“文化唯物主义”那里来的。

徐杰舜：“文化唯物主义”是“西马”人类学学派非常重要的代表思想。

王杰：我们国内的学者研究马克思主义，有点把它搞坏了，把它变成一种教条，其实马克思也没有那么强调阶级斗争啊。

徐杰舜：当时我们是要夺取政权，当然要放大到极致。那个时候的环境和任务都是这样，所以要强调阶级斗争。

王杰：其实马克思的理论像任何一种伟大的理论一样，都是一种未完成的理论。你去看他的著作也好，读他的传记也好，他是有很宏大的计划的，《资本论》只是其中一小部分。在研究马克思主义这一块，我们中国大概是投入人力物力最多的一个国家了，但是能够跟国外学者在马克思主义的问题上进行实质性对话的，却很少。我在去伊格尔顿那里访学的时候，跟他讲起我们国内学术界讨论的那些问题，他说，这些话题我们早就不讨论啦。

徐杰舜：这就好像上世纪 80 年代初，张有隽第一次去国外参加瑶族研究的会，结果发现我们的（话题）是人家早二三十年前就讨论过的。

王杰：是比较陈旧的。

徐杰舜：乔健就说，你们要好好回去学人类学。这是 1985 年，那时候我们都还没有人类学。所以你现在强调国内的马克思主义美学研究要和英国学界展开对话，论坛马上都要办到第五届了，在对话中可能会有一些新的想法的，我希望今后能够产生一些更好的作品。这两天翻了一下第二、第三届的论坛论文集，我觉得英国、美国的学者，视野很开阔。拿我们的学者去跟他们比较，似乎不是一个重量级的，不论是文章的标题还是内容，都是很值得反思检讨的。在如何发展马克思主义美学这个问题上，你今后还有什么计划和打算？

王杰：马克思主义美学是一个没有完成的话题，它为整个美学提供了新范式。你看巴迪欧的美学理论就是“非美学”，不是美学的美学。从康德到现代派，核心概念是“形式美学”，美要跟现实有距离，要陌生化，距离越大越好，而马克思主义美学恰恰是跟现实相关度很高的，例如《路易·波拿巴在雾月十八日》《巴黎手稿》等，他的美学思想完全是跟康德不同的。斯洛文尼亚的阿列西下个月要来我们这里讲学，他今年要新出一本书，叫《美学的革命》，也可以译成《革命的美学》。美学是改变世界的一种方式。马克思主义美学很重要的一个基础是意识形态，阿尔都赛思考“五月风暴”为什么会失败，认为社会的进步，除了经济指标和物质生产这些基础性因素之外，很重要的还要意识形态方面实现美学革命，实现新的启蒙，这要通过审美和艺术来实现。审美改变了主体，然后主体才去改变社会。今后社会主义革命如果真的实现，那也应当是按照这样的方式实现，而不是像原来列宁描述的那样，组织武装力量来实现。已经有一些社会主义革命失败的教训在提醒我们，组织武装夺取政权就好像是农民起义，政权变更了，而实质性的东西——生产方式、思维范式——却还是没有变化。这就不是真正意义上的社会主义革命。你注意到一个现象没有？西马的大师级人物都是美学家，从卢卡奇开始，到阿多诺、马尔库斯，再到阿尔都赛。阿尔都赛既是哲学家也是美学家，而且阿尔都赛直接影响到威廉斯的“文化唯物主义”。整个“西马”理论都在向文化和艺术领域转。这个问题，一开始似乎是美学的内部问题，但是现在看来，实际上是马克思主义很重要的转型，从20世纪中叶以来，就逐渐从经济和社会问题转向了美学问题。阿列西那本书，《美学的革命》，依据的就是巴迪欧的有关思想来写的，出来之后应该是很重要的一本书。

徐杰舜：我想问你最后一个问题。你来交大做人文学院的院长，对这里的学科建设做了不少工作，这也是你的贡献之一。我想请你简单介绍一下，这四年多，你对于交大的学科建设所做出的主要成果。

王杰：当初张杰校长和马书记请我来当人文学院院长，搞了一个面试会，一个校领导提出一个问题：你在南大好好的，为什么要到交大来？我就说，南大那种学校，学科设置基本上已经定型，优势学科也已经发展得比较完备了，一些新的学科可能不那么容易得到很好的发展。在上海交大这种正在发展人文学科的学校里，新学科比较有生长的空间。我确实是抱着这样的信念（来交大的）。四年下来呢，我原来的预计还是正确的。从学科建设上来说，我们现在抓的主要是两点，一个是跨学科，一个是国际化，这两点是今天中国学界中非常关键的。传统人文学科要在今天的社会当中产生影响力，就必须面对今天的问题，做一些跨学科的尝试。比如说，我来之后就把中文系的教研室撤了，取而代之成立了五个研究所：文学人类学研究所、美学与文化理论研究所、传记所、古代典籍与文化中心、左翼文化中心。我以这五个研究所来做跨学科研究，来带动新的学科生长点的发展。四年下来，不能说成就很大，但是态势已经起来了，结构上已经起来了。我们交大人文学科在体量上超不过复旦、南大，但是我现在这五个方向，在目前国内学界已经有优势了，像叶老师的文学人类学团队，在国内就是领先的了，还有马克思主义美学也是。以前中国人民大学做的马列文论，那个思维范式和我们这里说的马克思主义美学不是一个思维范式。而且我们是在成长中，而他们处于维持状态。另外，交大是中国最早的大学，上海是中国最国际化的城市，我们在这里搞国际化是有历史基础的。比如我们搞“中英马克思主义双边论坛”，这在南大、在广西师大都不可能。最近我们跟中国艺术研究院签约，进行合作，因为整个中国文艺理论界和美学界，现在的国际化程度不高，只有个别的学者有私人联系，直接对话的也不多。我们这个论坛的设计就很好，除了主题发言之外，每次由中国学者提两本书，英国学者提两本书，共同读，然后一起来讨论。以后我们很可能合作进行研究，开展项目。这样一种双边论坛的形式，就是马克思主义美学发展的很好的形式。如果持续开，影响应该很大。我去了英国之后，就深感马克思主义的前沿在英国，像齐泽克、汤普森、伊格尔顿这些人都长期在英国生活。相比起来，美国就不是主流了。法国曾经是，特别是六七十年代。应该说英法是马克思主义的前沿。

审美人类学其实发展起来是蛮困难的。像艺术人类学相对来说好做一点，因为它很具体。审美人类学从具体的审美现象提升到美学的层面，这中间有好几个层次的跳跃，而且我们这个时代是不重视哲学的。哲学思维在这个物质文化的时代有点淡出人文学科主流的位置了。大师级的哲学人物没有了，因此在美学层面与人类学结合，比起艺术与人类学的结合，要困难一些的。

徐杰舜：才收到的好消息，今年 11 月你评上了长江学者。你对此有什么感想？未来的工作和研究重心方面，会有哪些计划或设想？

王杰：长江学者特聘教授的公示刚刚结束。我最大的感想是，马克思主义美学终于得到学术界的承认和尊重。你知道的，这二十多年来新自由主义在中国的影响很大，不仅在经济领域，而且在文化和美学领域，都是这样。马克思主义美学因为它的特殊背景而遭到冷遇，这是我必须面对的现实，没有办法逃避。这次长江学者的评审从通讯评审到会议评审，竞争是很激烈的，我能通过，说明大家对我的工作是认可的，这一点我十分感谢。说实在的，对于评上我是没有太大期望的，对于申报我也一直不积极，是我的学生们动员我申报的，做材料也是他们帮忙。评上了长江学者，我想认认真真做好自己的研究，包括审美人类学研究。从广西到南京和上海，我一直在找一个合适的田野调查点，一直没有碰到我很动心的。今明两年会花些时间做一些田野，这是下一步研究的重要基础。在具体的研究对象上，我目前着手做的一个是中国悲剧观念的形成和发展，另一个与此相联系，是当代中国文学、艺术和美学风格。在研究方法上，我想改变传统的那种研究方式，认真做一些田野调查，在扎根田野工作的基础上开展理论问题的研究。当然广西的黑衣壮我也打算去回访，通过调查来落实一些思考的问题。

关于研究工作的中心，我感到我现在做的面太大了，要有一个相对集中。集中精力做几件事，做能超过自己原来工作上的事情。行政方面的工作我准备放下了，让年轻些的人去做。2010 年 12 月，我去山东大学主持“青年教师教学”竞赛的评审，结束后，我去看望周来祥教授，他与我有一番谈话，给我留下深刻的印象。周先生说我希望你提出自己的理论，现在是时候了。我这段时间回顾了自己的学术发展，感到“审美幻想理论”对于说明中国经验是一个有效的理论，我想结合审美人类学的研究来进一步阐释它，在理论上进一步发展它。林同华先生很欣赏这个理论，提出了“流动幻象”这个新范畴，这是需要在理论上阐释的。

徐杰舜：今天占用了王院长的宝贵时间。这个访谈发表出来，也希望是对你的一点点支持吧。

王杰：谢谢你关心我的研究。

【来源】《民族论坛》，2015 年第 1 期，第 5 ~ 13 页。收入本书时略有改动。

怒江峡谷人地关系史研究的回忆

——云南民族大学王东昕教授访谈录*

【被访谈者简介】 王东昕，云南民族大学教授。

王东昕教授

* 访谈人：徐杰舜。

徐杰舜：我们夜谈开始，聊天吧，随便聊。你要不要抽烟呢？

王东昕：哈哈，谢谢。

徐杰舜：你要抽就抽，在这儿随便啊。

王东昕：好的！

徐杰舜：我们见过好几次面了，但都没有好好地聊过……你对我这么好。

王东昕：徐老师不客气啊，您对我也是很关心的。

徐杰舜：我也很高兴见到你。但我不知道你是林超民老师的博士，因为林老师跟我是很要好的朋友，他很提携我。1996 年，我当云南大学的硕士导师就是他支持的，这为我们广西民族学院开了研究生教育的路。2011 年底，我在昆明开那个边疆论坛的时候，我发言，林老师当时是主持人，他发言讲少数民族关系发展的趋势，林老师作为主持人给了我一个很重要的概念，林老师的观点就是：民族团结是目标，民族融合才是大方向。所以我就对你很有兴趣，咱们又是同行。你现在是具体主管云南民族大学的学报，有共同语言吧。所以我想跟你聊一聊。你是云南人吗？

王东昕：算是云南人。

徐杰舜：为什么叫“算”云南人呢？

王东昕：云南生长的。

徐杰舜：出生在云南？

王东昕：是啊。

徐杰舜：你祖籍哪里的？

王东昕：浙江绍兴新昌县。

徐杰舜：那就是浙江绍兴老家。是你父亲这一辈过来的吗？

王东昕：我父亲过来的。

徐杰舜：是什么时候来的？

王东昕：他应该是……

徐杰舜：解放前还是解放后？

王东昕：解放后来的。他转业过来。

徐杰舜：部队的？

王东昕：部队转业过来的。

徐杰舜：部队在云南？

王东昕：没有没有，原来他从东北过来，也曾经参加了西藏平叛。具体他什么时候过来的……

徐杰舜： 那你父亲的经历是非常精彩的。

王东昕： 还好吧。虽然是文职人员，但是去了很多地方，现在他 80 多岁了。

徐杰舜： 他参加过解放西藏？

王东昕： 参加过西藏平叛。

徐杰舜： 西藏平叛那不是很精彩吗？

王东昕： 我父亲是 1949 年 4 月加入华东野战军 23 军 68 师 203 团，到了浙江平武乍浦，6 月份上海解放后随部队进了上海。1950 年 3 月随部队到了镇海。舟山解放后，转到了宝山驻防。1952 年 9 月被整编为 69 师，随后就到朝鲜去了几年，当志愿军去了。因为读过点私塾，在部队一直做文职。回来后进入当时的重庆步校学习了一年，但是仅只是读了一年后就参加西藏平叛。

徐杰舜： 那进藏平叛是哪一年啦？

王东昕： 我没问他具体的时间。是朝鲜战争以后。

徐杰舜： 那可以对你父亲做个口述史啦。

王东昕： 嗯，应该可以做一份的。他们那批学员此后一直没有什么明确身份，直到 20 世纪 80 年代，总参才把他们那批学员的学历补认了，最后算中专毕业，哈哈，还是拿到了个文凭。

徐杰舜： 中专。

王东昕： 徐老师您也是我敬仰的，他们叫我跟徐老师好好学习。上世纪 90 年代，您主持的广西民族大学学报，关于人类学中国化（本土化）的那个问题，我一直在看。那时候刚工作不久，就一直在读您负责的广西民族大学学报。

徐杰舜： 你是昆明人吗？

王东昕： 现在算昆明人。

徐杰舜： 你父亲转业以后……

王东昕： 转业到东川市矿务局。

徐杰舜： 东川市离昆明多少路？

王东昕： 现在是一百五六十（公里）。

徐杰舜： 那你在那里读小学中学高中，在那里读完，那你本科在哪里读？

王东昕：在武汉大学。

徐杰舜：你考到武汉大学去啦？那你很好啊。

王东昕：还可以。

徐杰舜：这一点我们是相同的，我也是考武汉大学哲学系。

王东昕：我在历史系呀。

徐杰舜：1961 年我参加高考，录取的是武汉大学哲学系，但录取通知却是中央民族学院分院，就是现在的中南民族大学。我 1961 年进去。那你在武大历史系基础打得很好啊！

王东昕：还可以吧。

徐杰舜：那时你在武汉大学历史系的那些老师回忆起来还在吗？

王东昕：都在，当时唐长孺先生也在，吴于廑也在。

徐杰舜：他们给你上过课没有？

王东昕：没有啦，很多课都是先生们的弟子来给我们上课。

徐杰舜：唐先生他们那个时候都已经七八十岁了。例如我读高中的时候，他们就已经是六七十岁了。那我们还是很有地缘关系的嘛。

王东昕：是，我的身份证上还是武汉的。

徐杰舜：那你是哪一年考进武汉大学的？

王东昕：1984 年。

徐杰舜：1984 年，四年了，1988 年毕业？那你接着读书还是工作啊？

王东昕：接着读书，因为当时还是挺想回来。而且因为我是云南籍的学生，所以我的那些老师们经常向我提起汪宁生先生来，当时就很崇拜汪先生吧。所以考研就考他的了。幸运的是，我成为了他所招到的第一个研究生。

徐杰舜：还是很有学缘的，那导师很厉害的！

王东昕：我的运气好。

徐杰舜：汪先生真的是很好的。毕业完了就工作了吗？

王东昕：毕业完了就留校了。就留在云南民族学院。

徐杰舜：留下来干什么？

王东昕：在历史系民族学教研室，教书。

徐杰舜：历史系？那就跟鲁刚在一起了。

王东昕：鲁刚是以后才来历史系的。他在任系主任期间，我调到中文系去了。因为我妻子不想在机关工作，她想回到中文系教书。后来中文系主任就提了个条件，说我老婆要过去，那么我也必须过去。前面写了几篇文章，大概是他觉得还不错的，就调我过去了，当时我已经在念博士了。

徐杰舜：那是哪一年调过去的？

王东昕：是1999年。

徐杰舜：你是1999年进中文系，那哪一年读博士呢？

王东昕：博士1997年入学，2000年答辩。中间挺乱的，本来说调回武大，以前的老师都叫我回去。原来在班上我并不是读书很好的，但是后来跟随汪先生学习了民族学，我自己想啊，母校考古专业的老师应该是比较看重汪先生所做的民族考古学，所以想到要我回到武大接着做考古吧。

徐杰舜：你读硕士也是读考古吗？民族考古？

王东昕：没有，是民族学专业。但是在确定硕士论文选题的时候汪先生比较矛盾，他很想叫我做民族考古。

徐杰舜：对，他这方面是创始人。

王东昕：后来纠结了几次吧，最后汪先生说还是做民族学的吧，因为当初是以民族学专业的名义招生的。先生内心大概最希望我做民族考古学。后来他对我说：做民族考古学可能会很寂寞，但做这方面的研究，是学术的；做民族学会很热闹，但是最终可能会撞得头破血流。

徐杰舜：中山大学容观复教授与乔晓琴合著了一本《民族考古学初论》，那本书还是我帮他编的。

王东昕：中央民大的王恒杰先生也是做民族考古，北大的李仰松先生好像也做。

徐杰舜：这个就记不得了。我记得最热的时候就是当时西安出的一个考古杂志，《史前考古》，后来就停下来了。那段时间在这个杂志上发表了一些民族考古的文章。民族考古在现代中国，我觉得它的发展情况是乐观的。但是最近十年，21世纪以后基本上见不到什么。

王东昕：他还是作为人类学的考古来做一些验证、类比这样。

徐杰舜：还是有些出处，比方是匈奴的还是鲜卑的还是汉人的。在我们南方就更加复杂了。

王东昕：太复杂了。

徐杰舜：那你跟林超民老师做过什么？

王东昕：我跟林老师学习的时候，先生对学生特别好，给我足够的空间。因为当时我最大的担心是，一直在做民族学、人类学，我怕做比较传统的史学，在思维方式上还是有一定的差异。但林先生当时说没关系，都可以做，鼓励我努力去做一些创新探索。那我就做了怒江峡谷20世纪的人地关系史。我在怒江基层锻炼过一年，做乡长助理，是在1992到1993年。选择做怒江地区的选题还得益于尹绍亭老师给我的建议。做博士论文选题时，最初是想做“改土归流”前后文山地区壮族文化社会的比较，想深入了解新的政策对一个民族社会文化的变迁究竟产生了一些什么样的影响。为此我征求了尹绍亭老师的意见，他对我说壮族研究的主阵地是在广西，做云南的壮族典型性不够。并问为什么不做怒江呢？关注怒江的并不多，你在那里工作了一年，如果做怒江的研究，因为其独特性以及比较少的人关注，你做出来就具有一定的典型意义。仔细想想，尹老师的建议非常有建设性，我就选择做怒江。毕竟在我到怒江锻炼时，遇到的第一件事情就是当地一些少数民族群众自发地移民到中缅交界地区垦殖，但是在我离开前，他们又都回来了。因为在乡政府工作，我与那些群众做了一些交谈，了解情况后得知，那边的土地非常肥沃，庄稼长得很好，但是在那边不断地有人生病，没办法，只能回来了。我在洛本卓白族乡工作，那里自然条件非常差，山高坡陡，平地极少。怎么发展？如何解决贫困问题？这些问题是当时思考最多的。当地人求生存与发展的艰辛给我留下了深刻的印象。后来写了一篇《怒江峡谷地区移民与退耕还林的可持续发展研究》的文章在《云南民族学院学报（哲学社会科学版）》发表了。因此，向林先生汇报了想法，得到他的指正后，就确定了做怒江峡谷地区人的发展与自然环境演变之间关系问题的选题，时间就限定在20世纪（哈哈，因为我正常的答辩毕业时间刚好是在2000年，世纪之交嘛）。因为刚好20世纪50年代是一个分段：此前，那里因为自然条件的限制，与外界交往甚少，整个社会处在一个相对封闭的自然和社会空间内发展；20世纪50年代以后，原来的封闭状况被打破，其他文化涌入，深刻地影响并改变了这一地区传统的格局和发展方式。这种社会发展的变化，与自然环境之间发生了怎样的互动？变化了的环境又是怎样地影响到当地民族社会的发展？这些成为了博士论文主要思考的问题，而且把这个地区的环境史也相应地建立起来了。

徐杰舜：出版了吗？

王东昕：去年出版了。我拖了很多年，为此觉得愧对林先生。去年中国社科出版社出了。

徐杰舜： 书名叫什么呢？

王东昕： 叫《人与自然——20 世纪怒江峡谷人地关系史》。如果在 2000 年那个时候出版的话，这个问题还比较前沿。

徐杰舜： 去年出版不太前沿了。

王东昕： 那个空间很有意思。一个高黎贡山，一个碧罗雪山。大概在 1950 年以前，怒江峡谷地区自然地就被两座大山隔绝为一个相对封闭的空间。

徐杰舜： 怒江峡谷是什么族呢？

王东昕： 傈僳族、白族的一个支系勒墨人、怒族、独龙族一部分（独龙族另外一部分在独龙江），还有藏族、彝族，民族还比较多。

徐杰舜： 那你是做一个民族还是做几个民族？

王东昕： 我没有具体到哪个民族，只是把他们当作这个特定空间内的一群人看待。当然，也对他们之间的情况作了比较。原来是封闭的，虽说后来因为边疆危机，殖边队进去了，但是还是相对封闭，这一地区的人们与外界的接触还是比较少的。

徐杰舜： 交通？

王东昕： 交通不便。

徐杰舜： 你在那儿待了一年？

王东昕： 我待了一年。20 世纪 50 年代以后公路就修进去了，也开始社会主义改造。当时主要就是想要弄清楚在原来的封闭状况下，人是怎么适应的，人地关系怎么样。50 年代以后相对开放了，那么它又发生怎么样的变化。就是作这么两段的比较。

徐杰舜： 那你的博士论文写了多少字啊？

王东昕： 十多万字。当时我是做得最少的。

徐杰舜： 那现在出版的有多少字？

王东昕： 大概十五万多字。

徐杰舜： 那你这个比较最基本的观点、创新点你现在介绍一下。

王东昕： 在 20 世纪 50 年代以前，我们可以看到它的传统知识或者是经验，确实可以指导当地的人的生存，以什么样的一种生存方式来处理好与自然环境的关系。但是 50 年代以后呢，实际上包括很多做生态人类学的可能在这点上我觉得没有完全清楚的一点，那就是环境已经变化了。在相对封闭的空间内，传统知识可以有效地指导人们的生存实践。但是在开放的空间内，其他地区自然环境的变化必然会影响到这个地区的自然环境，而且，社会环境的变化更是深刻地影响着这一区域社会的发展。在这样一种情况下，上世纪 50 年代以后传统的知识对于人们生存与发展的指导作用已经大大降低，甚至已经不再能够起作用了。因为它完全已经屈服于一个什么呢，或者是计划经济的，或者是国家政策的影响了。

徐杰舜：那这个时候自然有没有变？

王东昕：自然没有变。

徐杰舜：政治制度变了？

王东昕：变了。你的适应方式不是按照你的经验和传统来指导你，而完全是外力在告诉你应该怎么做。那前面呢，就是它的所谓的人与自然的平衡也只是一种很弱的平衡，那个平衡关系很脆弱。

徐杰舜：很脆弱。

王东昕：对。但是上世纪 50 年代以后就彻底就打破了。到了上世纪 80 年代，那个地方已经没有生存条件了，就丧失了立地生存的条件。实际上，我们生态人类学者在探讨人地关系的时候，在一个历史阶段，我们从文化的角度，可以找出他为什么要以这样的方式来适应自然。但是到了后面的历史时期，这个文化它不起作用了，传统起不了作用。它完全是一个政策，或者用到政治生态学，或者用市场才能够指导它们。这是一个。再一个就是涉及文化关系的处理。很有意思的是，我查阅了文献才发现就在殖边队进去的时候，办起了汉式学校，要求当地的乡绅们送孩子到学校。因为学校完全以教授汉文化为主。当地的乡绅们很有意思，按要求出了钱资助办学，但是拒绝把自己的子女送到学校，而是再出钱请当地的穷人把孩子送去念书。我想这还是对外来文化的一种抗拒吧，所以那个时候推广汉文化实际上传播是很失败的。

徐杰舜：这是哪个年代？

王东昕：边疆危机以后。

徐杰舜：哪个年代呢？

王东昕：上世纪初吗。以这种方式传播汉文化在当时并不成功，而且殖边队进去的时候又是靠枪炮这种暴力的形式进去的。刚好有比较。

徐杰舜：这是什么队？

王东昕：殖边队。几乎在同一时期，西方文化也进去了。基督教、天主教。但基督教、天主教是以另外一种形式进去的。确实发生了英国的武装入侵，不是有“片马事件”吗？被打退了以后，传教士进去了，就是以另外一种方式进去的。他不是靠枪炮。

徐杰舜：他是靠传教。宗教对吧？

王东昕：传教。尽管根本目的就是想来改变你，要你接受我的文化，但传教士们一开始却并不是把自己的目标展现得很明显。他们首先在缅甸发展一些傈僳族信徒，了解傈僳族的情况，学习傈僳族语言。传教士进入怒江峡谷地区后，首先找了个最贫穷的当地傈僳族人给予他一些生活帮助，对村子里生病的村民，传教士在教他们向上帝祷告的同时，给生病的村民药，要他们服下。这样一种方式其实非常有效。他们尽可能学习并使用当地的语言，给当地民众造成一种印象，就是我并不是要你放弃自己。而且这种做法非常巧妙。虽然是药治愈的疾病，而当地人却也认可了向上帝祷告是有用的，他们对此并不会作进一步明确的划分。这使得传教士的传教变得容易了很多。我在论文中的一个章节里面有专门比较和论述。比较成功的西方文化的传入和不太成功的汉文化的传入。

徐杰舜：汉文化为什么不太成功呢，就是暴力？

王东昕：暴力进去，强制改造，就是我给你设立汉族学校，你必须来接受我的语言、思想等等。反而效果不佳。

徐杰舜：效果相反。

王东昕：但是国民党设治局还是有个好的做法呢。在原来的那个《泸水旧志》中有记载，那时的官员要推广某个品种的种植，他们并不是一开始就全面推广，而是设治局先种植，试种成功了，他才来推广。这就是榜样的效应吧。这就和我们建国以后，20 世纪 50 年代以后，马上就搞那个社会主义改造，全面推行梯田梯地改造以取代刀耕火种的种植方式，结果令人瞠目。那个地方真正的生态环境的破坏实际上是就是始于大量的改造当地落后的生产方式。那个地方的地质结构太复杂了，大规模的改刀耕火种为固定耕作，尤其是改造为梯田的行为极大地破坏了生态环境，对生产也造成了极大的伤害。

原来怒江峡谷地区人地关系维持着低层次的一种平衡，人们的生活还是非常艰难的，养活的总人口数是很少的。第二就是他们用传统的农具等等种玉米，产量不高，只能满足最基本的生存口粮。但是他们同时还有其他获得收入的手段，比如出售药材什么的，可以增加一定的收入。这个地区以前有很多的野生药材如黄连等，高黎贡山和碧罗雪山的物种资源非常丰富，当地人会采集了出售。但是后来随着人口增加，耕地面积扩大，再加上林业采伐等原因，野生药材资源越来越少了，也影响到了这些人们的经济收入。

对于传统知识、传统生存方式与环境之间关系的理解，后来有了点不同的看法。前年写过一篇文章，讨论了目前的一种现象，就是我们不少人把梯田耕作看作是一种人与自然的和谐的典范并加以大力赞赏。实际上也不是。梯田的开挖不过是人们在那种特殊环境下的一种特别的适应方式。在梯田耕作区，农业生产效率相对低，梯田稻作民族也没有获得足够多的收入，他们还是很贫穷的。所以我在云南元阳做调查时发现，他们中的青壮劳动力（男男女女）平常都得外出打工挣钱，男的都到矿山去背矿了。女的呢，或者到开远个旧帮人背包袱，或者加入其他行业打工。如果那个梯田真的是一种很好的生存方式的话，真的可以实现人与自然和谐的话，那他们就没必要下到矿井里去背矿，很苦的。这是一个。再一个，那个地方水土流失同样严重。

徐杰舜：环境比较恶劣，自然的平衡很困难，这一块田野应该很有价值。

王东昕：是啊，需要长期深入观察这块吧。感性的东西非常强，再做理性的思考与分析，或许能有一点不同的收获。

徐杰舜：一年的感悟下来，春夏秋冬四季你都有体会。

王东昕：所以在前面也写过一篇文章，专门讨论这一地区的退耕还林与移民问题。我不是很赞成，很难退耕还林。

徐杰舜：破坏了以后再恢复是很难的。

王东昕：我追踪他们的移民做调查。新的移民点最初也是荒山荒坡荒树林，但他们去了以后，你要种茶或者种咖啡，那你也要把植被全部清除了。这对另外一个地方还是一种破坏，你把另外一个地方的植被降低了，也是问题。文化变迁就反应得特别剧烈了。

徐杰舜：那你是一边工作一边读博士，博士是哪年毕业的？

王东昕：2000 年。

徐杰舜：读了几年啊？

王东昕：三年。

徐杰舜：三年不算长啊。

王东昕：不长。因为当时说了要调到云南大学。我向林老师申请说推迟一年答辩毕业，但是林老师说有工作调动这个考虑，不能推迟，所以抓紧了做完。感觉欠缺的东西太多了。

徐杰舜：2000 年调到中文系，在中文系一直做下去了？

王东昕：中间有插曲。是 2000 年我们学校校庆，50 年校庆，我们学校和挪威有一个合作，有一对夫妇，她丈夫是做生态人类学的，妻子是考古的。挪威国王在我们学校设立了一个奖学金，他们作为代表来参加我们学校的活动。她需要一个学考古的人交流，学校推荐我，就让我和她见了面。见面后，感觉老太太很喜欢我，提出让我去读她的考古学的硕士、博士，后来我也考了托福，也申请到奖学金了，到挪威去跟她再学习考古学。后来 2002 年我们学校改革，把中文系弄成了文学与新闻传播学院，学校让我做学院的党委书记。那时我们学校主持工作的党委副书记就不建议我去了，说我硕士博士学位都有了，再花时间出去的话，会影响到学院的工作。经过再三考虑，特别是当时孩子还小，所以就没去。如果去了起码国际化方面会做得比较好，也许从那时起就一直做考古了。

在文学与新闻传播学院做了两年党委书记，后来把我调到东南亚南亚语言文化学院继续做书记。直到 2007 年岗位调整时，调到学报工作。从那个时候起就不断听到业内人士及很多学者向我提起徐老师，但是我们第一次见面是在北京，在边疆论坛。

徐杰舜：你办了这几年刊物有什么体会？

王东昕：难！就这么一个字。真的很难，就几重压力吧。第一咱们现在搞这个评级，评价指标，很多时候你得跟着它，要满足它的指标要求做。

徐杰舜：合刊嘛。

王东昕：再一个，现在影响特别大的作者并不是一个很大的群，而期刊的同质化现象又很严重，大家都设置同样的几个栏目，要得到好的文章竞争太激烈了。

第三呢，所谓的评职称啊，博士毕业答辩啊，年度科研考核啊，需要发表文章的众多，但是期刊就这么一些，容量又是非常有限，怎么能够面面俱到地照顾过来呢。感觉现在学术做不做不是最重要的，关键是要有个学术名号。这些可能是最难的了。

徐杰舜：你碰到这些问题就跟我当时来做学报一样。

王东昕：可是我非常佩服您，您的那种学术的眼光、办刊的眼光是超前的。

徐杰舜：你在学报坚持做下去，一定会比我做得更好。

王东昕：谢谢您的鼓励啊！我努力吧！

【来源】《民族论坛》，2015 年第 3 期，第 50 ~ 55 页。收入本书时略有改动。

落地才能生根

——访重庆文理学院谭宏教授*

【被访谈者简介】 谭宏，重庆文理学院教授。

谭宏教授

* 访谈人：徐杰舜。

徐杰舜：首先我们到这里来是诚心地感谢文理学院，感谢谭院长成功地举办了第十二届高级人类学论坛。而且这一次论坛从学术上讲是非常成功的。尽管到的人数没有以前多，但是学术质量很高，讨论江河文明比较集中。

学术界多年来一直没有专门讨论过江河文明的问题。事实上，任何一个民族离开了水，离开了河流，他们的生存都会出现问题，那是属于沙漠戈壁文化。

我今天采访你是因为大家对你很感兴趣。你是我们中唯一一个从地方干部转进人类学圈子的。你当过县里的副书记，现在做人类学研究又如此鼎力，所以我们就想把你介绍给学术界，让大家更进一步地了解你。想先请谭院长谈一下你的生平。你是哪一年出生的？

谭宏：我是上世纪 60 年代，1963 年出生的，翻过年就 51 了。其实我的身份本身就是老师。我 1985 年从四川大学哲学系毕业后，就被分配到西南石油大学，当时在南充叫西南石油学院。在那里做了三年老师，1988 年调到重庆四川美术学院，当了 10 年老师，评上了副教授，先后做了团委书记、宣传部长。1997 年，重庆直辖。1998 年我作为第一批选拔支援库区建设的干部去了三峡库区。

徐杰舜：到哪个县了？

谭宏：重庆忠县，就是石宝寨所在的那个地方。忠县是三峡库区的腹心了，是最具有代表性的移民搬迁的地方。我在那里做了县委副书记。2002 年组织上又选派我到新加坡南洋理工大学学习。

徐杰舜：那你学了几年？

谭宏：两年，我学的管理学。学习结束后，2004 年又回到了高校（重庆文理学院），又成为了一名教师。很巧马上 14 号（1 月 14 号）就是到这个学校来 10 年了。我的学习经历很复杂，本科是学哲学的，硕士是学管理学，博士又师从徐新建老师攻读人类学。

徐杰舜：啊，你是 1963 年生人，到去年就是 50 岁。2004 年到这儿又是十年。我比你大整整二十岁。

谭宏：自己走入人类学研究经历了一个从偶然到必然的过程。我刚到文理学院时，主要是分管学校的科研工作。当时重庆文理学院是一个刚升为本科的学校，科研工作很薄弱，所以就想找一个切入点来申报一个国家社科基金课题。正好在 2003 年联合国教科文组织颁布了《保护非物质文化遗产公约》，我便结合自己在南洋理工大学学的管理经济的背景，在当时的校长支持下，组织一批年轻人，编写了一个非物质文化遗产保护与重庆地方经济发展相结合的课题，并成功申报了2004年国家社科基金课题。客观地说，当时做这个课题的时候，困难是非常大的，材料和资料非常少。

徐杰舜：刚开始你们做的很早。

谭宏：基础工作大概做了两年。到2006年就有一个问题了，非物质文化遗产作为研究对象，总得有一个学科支撑吧？当时看参与非物质文化遗产研究的学科很多，历史学家、考古学家、艺术学家、民俗、经济、管理全部都参与了进去。前几年，我们和中山大学合作，他们有一个教育部重点人文社科基地——中国中山大学非物质文化遗产研究中心。2008年，我们也在学校组织北大、厦大、中大、川大、中央美院等高校开了一个高校学科研讨会。但到现在为止学科化还是很大一个难题。我们选择了人类学和民族学作为非物质文化遗产研究的主干学科。现在，我们的人类学已是重庆市重点建设学科。整个重庆的人类学基础不是太好，所以，我们也想把整个重庆的人类学学科建设带动起来。前不久，徐晓光（凯里学院副校长）还和我们讨论，想在恰当的时候，开一个西南地区新建本科院校的人类学学科建设研讨会。人类学学科建设怎么做？专业建设怎么做？学生培养怎么做？我们培养人类学人才如何为地方的经济文化建设服务？这些问题解决好了，才能真正提高我们人类学的学科地位。就是我们常说的有为才有位。你说人类学再重要，可人家没有看到政府部门、社会部门里有人类学的专家参与相关的工作。所以，我们地方院校的人类学学科和专业一定要突出这个：我（人类学）就是要为地方经济文化建设服务。

实际上，我们的社会经济文化建设也需要人类学。我是亲身参与了三峡工程百万移民外迁工作的。为了完成忠县的外迁移民工作，我到过新疆、到过上海、到过广东、到过湖北、到过山东。在山东我到过济南的历城区、长青区、章丘市、平阴县及烟台、威海、寿光市等接收移民的村庄，通过各种方法总算把移民安置下来了。三峡工程已经竣工10年了，但移民外迁中的文化适应问题仍然影响着外迁移民的生产和生活，这也是迁出地政府和迁入地政府高度重视的问题。我一直想用一种科学的方法来厘清。记得我离开忠县时，曾对当地的一些与文化工作者说，一定要把搬迁过程当中、搬迁前的一些与文化、生态相关的资料搜集好。因为这些会成为研究三峡移民的重要资料。现在看来，人类学的学科理论和方法应该参与到江河文明和库区移民的研究中去，这也是我支持主办今年第十二届人类学高级论坛——江河文明的思想根源。

客观地说，我们在三峡移民搬迁的时候更多考虑的是工程质量、工程效益，算的是经济效益，而对文化迁移中的变迁问题客观来说考虑得比较少一些。但是很多移民的工作为什么很难做？这与文化有很大的关系。我记得有几个长江边上的外迁移民话说得很朴实、简单："我就是祖祖辈辈生活在这个地方，到山东去，听不到长江涛声就不能很好地睡觉。"这就是文化的东西，和经济没多大关系。他听着涛声看着江水，心里就很舒适。我记得当时有一张反映外迁移民的照片很感人，拍的是一个要外迁的移民，在长江码头上，背一个背篓，手里捧了一个小的盆景，盆景里是一株小黄桷树。为什么感人？我理解，就是把根留住。而黄桷树本身是三峡库区一个重要的树种，在每个村庄都有。黄桷树是重庆地区村庄文化的标志性植物，整个村子的聚会啊，交谈啊，特别是夏天按照南方的说法乘凉都在树下。它的文化交流也在树下。

徐杰舜：那么黄桷树就是地标性的植物，就跟我们南方的榕树一样？

谭宏：对，而且黄桷树还有一个很大的特征，就是无论在什么地质环境中，只要有土就能生长。我们之前说重庆精神，什么是重庆精神？我说重庆精神分两个，一个是水（长江）的精神，另一个就是树（黄桷树）的精神。长江代表着胸怀宽广，黄桷树代表着扎根土地。

徐杰舜：谭教授一口气谈了你的学科建设，你的人类学情怀，你的江河文明的情怀。你是重庆人吗？

谭宏：是的。

徐杰舜：哪个县的？

谭宏：我老家是潼南的，就在永川的旁边。

徐杰舜：所以你本身就有一个川江情怀。你出生在这里，长在这里，读书也在这里。小学中学都是在潼南吗？

谭宏：没有。我的老家在潼南，但我父母上世纪 50 年代大学毕业后分配在岳池县工作。

徐杰舜：在四川？

谭宏：对。

徐杰舜：那你读大学是在哪个大学？

谭宏：川大。

徐杰舜：川大，川大也是在江边嘛。本科毕业后，硕士在哪儿读的？

谭宏：在新加坡南洋理工大学读的。

徐杰舜：你是南洋理工的硕士，那你还是海归呢！（笑）那你到南洋理工是自己考出去的，还是派出去的呢？

谭宏：是考派结合。南洋理工大学这个项目很出名，现在还在办，叫中国市长班。这不是中国人取的名，是他们南洋理工大学自己取的名，要长期办下去的。我是第二批去的。

徐杰舜：那你是哪一年去的？

谭宏：我 2003 年去的。他们每年都有，现在有十年了，十几届了，给全国培养了很多干部。

徐杰舜：那两年肯定很严格。那你在川大本科是读什么专业的？

谭宏：哲学。

徐杰舜：难怪你有哲学的思辨能力。哲学本科，管理硕士，现在博士是文学人类学，这样的学历加上你工作的经历又是一个曲线，先当老师再当干部。你在忠县当副书记当了多少年呢？

谭宏：一届五年。

徐杰舜：这五年对你今后人生发展，对你做人类学研究来说，有什么影响？

谭宏：其实作为学科也好，科学研究也好，它真的需要“落地”。落地不是简单的落地，有地方工作经历使落地真正的“接地气”。我跟很多博士谈过一句话，你们博士论文要是写“加强领导”，会把许多的“加强领导”的理论和方法加进去，说得头头是道。但是如果我来写，会教你们怎么真正的加强领导。肯定不一样。我会写出具体操作性的措施和方法。这就是区县工作给我的一些经验性的东西。基层工作经常讲的一句话是“上面千条线，下面一根针。”基层工作是最具体的东西。不管你政策的、法律的、制度的最后全部要在基层落实。对于做理论研究也是一样。这就是我感触很大的一个东西。我一直在讲，人类学研究一定要落地。

徐杰舜：谭教授你讲的这个观点我非常赞同。就是落地问题，落地才能生根。要是不落地，那这个种子是无法生根的。即使是现在的无土培养，也要落地，也是要营养泥，营养膜这些的。所以你这个观点我非常赞成。目前人类学之所以还处于这么一个地位，包括你刚才讲的很尴尬的地位，二级学科，很重要的原因就是，人类学的理论与方法可能还没有真正落实到中国的这片土地上，它还是比较学院式的，比较虚的。好比讲好多学者都专心做一个社区，这些都没错，但他们没有跟中国现代社会的发展紧密地联系在一起。相比较，为什么社会学能有这么大的发展，现在变成一门显学，盖过了哲学，盖过了历史，就因为它落地了。中国社会改革开放，窗子打开，苍蝇蚊子都来了，邓小平着急啊，所以叫费孝通赶紧把社会学建起来。本来费孝通就是一个社会人类学家，他不是一个纯粹的人类学家。因为需要面对在新的情况下如何管理这个社会，所以社会学发展了。人类学现在是落地最好的时候，但因为种种原因，它的落地还有很多具体的问题。我们的学者也没有真正落地来做这些事情。你即使做一个社区，如果没有关注到宏观的问题，没有关注到国家发展建设的问题等，就会做得比较学术化，或者说做得比较虚化，或者有点脱离（实际），那么人类学的这种状态就是当然的了。刚才听你讲了那么多有关三峡库区移民有关的问题，包括你自己学习、学术的经历，特别是这五年副书记的职业生涯，对人类学的关键的认识就是落地，我觉得你这个落地的感受非常重要。我很想对今天的访谈在以后发表时用个题目叫《落地才能生根》，把你对人类学的看法，包括对现在人类学状态、尴尬地位的评价作一个概括。这说明你是有想法的，你是有自己看法的。这一点我非常赞成。我觉得你这个职业生涯，就讲江河文明，联系我们现在的发展，特别是十八大、十八届三中全会以后，我们国家又处在一个新的转型时期，很多东西需要进一步的总结提高，来适应新的发展的需要，那么在这样一个过程当中，你有什么新的感受？

谭宏：十八届三中全会后已经开始对我们的经济评价体系作出了改变，从中央政府到地方政府，已经降低以 GDP 为主的评价方式，强调把生态、文化作为社会发展的重要指标。2013 年 9 月 13 日至 14 日，在重庆市委四届三次会议上，根据新的历史条件下重庆市人口、资源、环境、经济、社会、文化等变化状况，把重庆市划为了五大功能区，即：都市功能核心区、都市功能拓展区、城市发展新区、渝东北生态涵养发展区、渝东南生态保护发展区。这是符合重庆发展实际和国际发展新观念的新举措，对重庆市的发展具有重要的战略意义。这是很大的转变，今后的发展就是要以生态、文化为重要发展目标。从经济发展的显性和隐性来讲，生态经济的发展肯定是比较慢的。重庆之所以能够建市就是因为三峡工程。生态发展区为人类学的参与提供了极好机遇。

所以刚才谈到人类学落地的问题。现在我们人类学学者，海归的比较多，很多人的研究就束缚于西方的范例，西方的模式，没有很好地把人类学用于中国实际的经济社会发展研究，为经济、社会、文化发展提供良好的智力支持。老实讲，我一直认为毛泽东就是一个很好的社会学家、人类学家，他在上世纪20～30年代写的那几个报告是非常漂亮的。他没有学西方人类学家的范式，而是按自己的方法完成了田野调查。我分析过他的《湖南农民运动考察报告》《中国社会各阶层的分析》，不仅学术水平很高，它的“落地”价值更高，指导了整个中国新民主主义革命。如果一个人类学家的研究成果能起到这样的作用，那意义是非常重大的。本尼迪克特的《菊与刀》，指导了美国对日本的占领。这就是我们人类学家作出的巨大贡献。如果你真能有两本像《中国社会各阶层的分析》或《菊与刀》这样的奠基性著作，那么人类学的位置不用争，自然会给你应有的位置了。

所以，人类学真的要找到自己落地的切入点，做出社会反响比较大的成果来。如果三五年能做出这样的东西，那么，人类学的地位就会得到很大的提升。当然，很多东西说起来容易，做起来很难，它能否真正成功与社会背景有极大的关系。在当前强调文化、强调生态的大时代下，人类学应该有用武之地。经济学之所以能成为显学，就是因为改革开放以来要发展经济，给经济学提供了广阔的发展空间和“用武之地”。它的显赫位置自然就出来了。近几年来，各级政府开始重视文化建设和生态建设，我们中心就参与了重庆巴南区、大渡口区、永川区等几个区的规划，包括文化规划、遗产保护规划。他们一开始就认识到了请专家参与的重要性。应该说是在慢慢地转变。这种转变，作为我们学者本身来说，是要有落地的观念，转变的思想。

前几年流行说“文化搭台，经济唱戏”，现在看来这个提法是值得商榷的。文化本身就是同经济同样重要的，现在却成了配角，成了搭台的东西，表演的是经济，文化在下面衬着。就社会发展、文明进步而言，经济和文化的发展应该是同步的，应该是一样的。中国现在的经济发展已成为全球无可争议的老二，但文化却没有获得应有的地位。中国唐宋时期的文化是有世界地位的，为什么在国外现在所有的华人居住区都叫唐人街，它就是唐的文化。我们的文化影响力能不能同经济同步增长？这也是我们学者们需要研究的重大现实问题。前几年，在非物质文化遗产申报当中，韩国把江陵道端午祭申报为代表作，中国国内一片哗然。但实际上韩国是遵守了联合国规则的，是按规则申报的，他取的江陵道端午祭。你想人家是2006年申报，它源于中国，但中国的端午节到2009年才作为联合国代表作。

徐杰舜：这就是中国对于文化一种很可悲的状态。

谭宏：相当于学生的东西先上去，老师的东西过了三年后才上去。这反映了我们对文化力量认识的不重视，好像经济上去了就能怎么样。人类学要落地，还有一个大众化的问题。想想《菊与刀》，很多普通读者愿意看，因为他们首先一看《菊与刀》像一本畅销小说一样，确实它里面写得也没有那么深奥，本尼迪克特用丰富的实例对日本人的文化、日本人的历史、日本人的性格进行了鲜活的描绘，是有文化知识的人都能读懂的。再看《西太平洋的航海者》，我们的学者看起来都很费劲。

徐杰舜：那要看《结构人类学》就更难了。（笑）

谭宏：就我们学术研究来说，高端的要做，普及性的也要做。这就叫科普。如果我们的人类学工作者能够多出几本如经济学普及读物《牛奶可乐经济学》《巧克力经济学》那样的人类学普及读物，那对于人类学的推广和运用将是非常有意义的事情。

徐杰舜：科普读物，这是一个很好的构想。

谭宏：就出科普读物的东西，不要都出圈里大家自己欣赏、自己阅读的东西。

徐杰舜：就是你前面讲的落地的问题。非物质文化遗产保护的问题正好是人类学可以落得下来的一块土地。这个落下来就有很多事情可以做。其中就有你刚刚讲到的人类学的理论不要高高在上，要真的落到民间，落到土地上。这样也是一个很好的思路——人类学科普读物。人类学应用到哪些地方，人类学教你怎么做人、怎么做事，这些都是有很多案例可以做得出来的。我们现代社会中有很多这样平平常常的现象，是最热门的现象，像股票，像买彩票，洋快餐，这一系列的活动，都有人类学的东西在里面。你怎么去研究它们？你把这些东西怎样表达出来、反映出来？人类学是怎么关注的？像股票，现在研究股票的人类学家有吗？没有。研究彩票的有吗？没有。说到彩票，其实我本来也很有兴趣，收集了很多材料准备专门来做，但是一人包打不了天下，我没有那么多的力气去做。尽管收集了很多的材料，有例子好比这个人中了头彩，他发生了什么故事，另外一个又发生了什么故事，他有很多不同的，人的状况都有不同的。得奖人的心态也不一样，有的人是化妆了以后去领奖，有的人可能是大大方方去领奖。

谭宏：所以现在我们学生选题，很多都局限在了我们给他们设立的小圈子当中。他们其实可以选择很多跟社会紧密相关的题目。刚才像徐老师你说的，看似是一个很小的题目，实际上是一个很大的题目。做出来就是一个博彩业的问题，我们就可以叫博彩业的人类学研究，那就是很漂亮的一个题目。我们就是要汇总这方面的东西。我们现在的人类学专著也好，硕博论文也好，基本上还是局限于原来的乡村，一做就是乡村。有（田野点）的现在已经炒得很滥了，有的作为田野点你炒一次，他炒一次，已经变成一个市场化、标签式的基地了，而不是真正人类学需要的田野点。倒不如我们去发掘其他新的田野点。在当下中国社会文化不断转型和变化的过程中，找到人类学所需要的田野点是很容易的，关键是我们有没有这样的勇气和眼光。

徐杰舜：我们有一点僵化了，就是说做田野就必须是一个小村庄或社区，那是一种范式，并不是唯一的范式。

谭宏：也就是我们转一个点。人类学研究要落地的话，社会热点问题你可以参与。好像那个是经济学的范畴，那个对象是民俗学的，实际上你用人类学方法，人类学视野一看，当中一定有人类学可以参与的东西。人类学可以从另一个方面来认识和解决社会热点问题。

徐杰舜：谭院长刚刚讲的这些问题，还是一个核心的问题，落地的问题。你不落地，你永远飘在空中，那么就永远没有（作为）。你不跟老百姓的社会生活紧密联系在一起，那就真的是阳春白雪，曲高和寡。

谭宏：这个我有感触。我还有另外一个身份——重庆品牌研究会的会长、全国营销品牌协会的副会长，我也给品牌专家们讲人类学。他们也很感兴趣。其实品牌的实质就是文化。法国香水的背后是法国人的“浪漫主义”文化，可口可乐背后是美国人的“自由主义”文化。

徐杰舜：品牌最根本的问题是个文化问题。因为你不是学院培养出来的，是从实践当中，从领导岗位上走进人类学的，所以你的思路，你的想法就跟纯粹学院式的所谓科班出身的不一样。今天你一开始就讲了一套与实际紧密相关的东西，而你所讲的又跟一般领导干部讲的不一样，因为你不是纯粹的实际工作，你有人类学的思考在里面。而且又包括了你骨子里的哲学思辨的想法，又有管理的思路融入进去。所以你这个学科背景造就了你现在的这样一种状态，既能当好领导又能做好学者，对学术的问题有你的敏感度。我第一次认识你就是在我们南宁，你来参加文学人类学的会议。我当时就觉得惊讶，县委书记对人类学感兴趣了；第二次见到你就是你赶到赣州去参加会议，你要把会议接下来。我是非常感动啊，所以谭教授你的背景给我们提供了一个模式，人类学家不一定非要是科班出身才做得好，我相信你将来做出来的这些东西肯定会有更大的应用价值，肯定是对人类学理论的一个补充和发展。

谭宏：确实现在我们地方官员的文化素质还是很高的，我还有很多的同学和朋友，他们已经退下来了，也对这个（人类学）非常感兴趣。前年我们参加非物质文化遗产法讨论的时候，一个区里的主要领导，从第一线退下来，现在在政协做分管文化的工作。他自己就跟我讲："我开诚布公地讲，现在跟着你们学了这么些，许多地方把文化损害了。"

徐杰舜：受到你的影响，他还能反思。

谭宏：他就讲得很深刻。他看了学者们的调查报告，学者们的一些理论指导，国外的一些经验介绍，确实是感触很大。我给他们讲了一个观点，很简单，你说意大利发不发达？意大利就是一个发达国家，但是，2008 年我到意大利去了，今年我又到意大利去了，威尼斯基本上没变。没添一砖一瓦，它就能保护下来，而且保护得很好。在我们现在的观念下，按照我们的考评框架，如果一个县委书记（县长）五年没添一砖一瓦，街道依旧，房子依旧，肯定早就叫你下课了，说你没有政绩。这是不能不引起我们重视的问题：祖先留给我们的遗产正在城市化的进程中被一点一点破坏和损失。

徐杰舜：人家很难得去动那个房子。

谭宏：它就做到了。现在我们有文物保护法，有非遗法，但并没有严格执行。现在重庆每个区县都在挖掘自己的文化，挖掘自己的传统。这方面来说我觉得是一个很好的风气，但学者们一定要参与进来，深入下去给他们指导。现在区县的领导也是有很高的学位学历的，他们也需要从理论上证明他们的决策是正确的。

徐杰舜：我们这么多年来，变成走了一个极端，说一定要发展，发展才是硬道理。我们很多东西，搞的时候是新的，但没有多长时间就把它当旧的东西淘汰掉了。西方不是这样子思考的，他尽量要保持原貌，尽量保持他的历史。所以根子还是文化的问题。你如果没有文化，就会觉得这个房子有什么可惜的啊？什么鲁迅住过的，那算什么啊？我这个商业项目，我这个万达广场更重要。我就把它搞掉了。

谭宏：一个国家、一个民族的文化确实是意义重大。我举个例子，你看以色列。从公元以后基本上就没有国家了，但是它的文化在，所以民族在、精神在，所以能迅速地在“二战”后的国际社会制度下建立起以色列国。很多民族惊叹以色列民族的文化凝聚力，国土都没有了，他们的民族还没有被灭掉。

徐杰舜：它现在的国际影响力不小啊。

谭宏：是啊，其实中华民族是一样的。风风雨雨中五千年，但是整个国家民族还在。其实根本的还是在于文化。

徐杰舜：这就涉及刚才我们讲的人类学与生态文明的问题，对美丽中国建设的问题。美丽中国的建设不是把老房子都拆掉，然后再盖新房子，而是你刚刚讲到的最重要的生态保护问题。生态文明作为人类学来讲就是对传统的一种敬畏，不要轻易地都把传统给毁掉了，抛弃掉了。就跟猴子捡玉米一样，拿一个，这个是传统，过两天这个不要了，又捡一个又是传统。哪有那么多的传统，会不断变更的呢？传统在相当长一段时间内是你的底蕴、你的内涵、你的底色。所以中国人无论走到哪里去，骨子里他就是中国人，他要变成西方的，很难很难。所以你刚刚讲的，三峡的移民，他走的时候，连猪槽都要搬走，这本来是毫无经济价值的，完全可以不要了的，而且那么重，但还要把它扛着。他就是要回家，实际上他已经不是这个地方的户口了。

谭宏：他也就是文化认同。行政户口不在了，但从文化的角度看，他还是那里的人，他要带走自己的文化。

徐杰舜：实际上软实力，虽然它软，可以被你欺负，但是它是实力。这种实力才是真正的实力。所以中国的文化，五千年也好，六千五百年也好（现在因为我们有考古的材料证明嘛，六千五百年的黄帝时代嘛，五帝时代嘛），这个历史它不是随随便便写得出来的，也不是你造得出来的。那尼罗河流域它没有（文化）就是没有了，断层就是断层了。印度河流域它也是断层了。但是中华文明是永远没有断掉的东西。你自己不珍惜它，你自己太可悲了。实际上世界上最怕中国的，不是你有多少钢铁，不是你有多少大炮，不是你有多少航空母舰，而是你的软实力，是中国人的这种精神，中华民族的这种精神。所以历史上你可以看得出来，我们中华民族受了多少磨难，有的时候几乎都要被别人灭掉了，也就是说好像以色列一样，国都没有了。作为汉族人来讲，元朝的时候已经把它灭掉了，把它压下去了。到清代的时候也是要让你留头不留发，留发不留头嘛。但文化它搞不掉啊，最后还是如马克思讲的铁的定律一样，还是满族被汉化，绝大部分满族被汉化。这里就体现了一种软实力的巨大作用。所以今天来讲我们对软实力的认识，还远远不够。我们的孔子学院走遍了天下，但我们还仅仅是一个对外汉语教学而已，还没有能力把自己的文化扩大出去，传播出去。我们现在倒是受西方文化的影响多了。拿过节来讲，圣诞节，年轻人过得天翻地覆，平安夜，解放碑那里是人山人海，搞到三点才回家，警察全部出动。

谭宏：学西方的也没学像。情人节别人是简单的一束玫瑰花，一块巧克力就表达了，到中国来又把它物质化了，非要 999 朵玫瑰。用经济来体现你的情感，那是非常错误的东西。所以我们对精神的强调、文化的强调很重要。其实这几年我们在重庆搞“非遗”，我们给学生讲文化的东西，他们还是很感兴趣的。但是他们在西方文化面前，在现在的主流文化面前不敢表达这个东西，觉得你太土了，人家谈恋爱送玫瑰花多浪漫，好像送一荷包就不浪漫了，他被外在的压力压着了。

徐杰舜：你没有去提倡，没有把它作为一种正面的东西，文化来讲。其实这是我们的传统，送荷包，送香袋，古代的时候送一根绣花的手绢，那也是很有情调的嘛，那我觉得不是比一块巧克力更有情调？

谭宏：我给学生讲，玫瑰花会谢的，巧克力会化的，荷包它一辈子就绣在那儿了，更长久。

徐杰舜：那手绢上绣花，既是一种手工艺，又是一种爱情的表达嘛。所以我觉得你讲的这个非常的有意义。你跟我的看法一样，人类学在中国是太有意义的东西了，不是没有用的。中国非常需要人类学。

谭宏：你说得很有道理。包括我们以前做城镇化建设，城镇化建设让我们的很多村落都消失了，宗族祠堂都没有了。如果我们再在城里生活三十年，你说你的老家在什么地方？你的宗族在什么地方？传统的来说，有宗族，不管你做什么坏事，还要想着进自己的宗族祠堂，还要想着要是做了坏事进不了宗族祠堂怎么办？自己的名字会被赶出宗族。这是很好的一个道德约束。我必须做好事才能进祠堂，牌位才有我的位置啊。我做了坏事就进不去。但是现在我们搞城镇化建设，乡村消失了，宗族根本不知道在什么地方。我们传统的架构里面很简单，就是城里人最后还有老家，还有祖宗的地方，还有文化的根的地方，他能找回去。我要找回去就一定要约束我的行为，我才能够回得去。弄不好我就回不去，宗族不认我。

徐杰舜：所以谭教授你讲这个问题，我刚才想说，西方的东西，它的国家也好，民族也好，它有宗教的约束，有法律的约束。我们中国本来是儒家思想道德的约束，再就是宗法思想、家族的约束。我们的运转路线图确实和西方完全不一样。但是现在来讲，西方的东西我们还是不能够接受。信教的虽然有，还有一定的发展速度，但从整体上来看，我们并没有什么信仰。我们不信天主教也不信基督教，信佛教的也就是玩玩、说说的，道教更加是做戏的，我是这样看的（笑）。搞一个道场也是安慰人的灵魂的，对道德的底线没有太大的约束。我们自己传统的道德规范也好，宗法制度的规范也好，也都没有了。在这个时候，在这样的背景下，我们要恢复我们的软实力也好，恢复我们的传统也好，走回原路已经是不可能的了。你说这么多年来提倡国学，讲了半天，国学是什么？又被炒得一塌糊涂，于丹的书啊，包括现在复旦大学的钱教授在讲三字经啊，百家姓啊，这些要完全恢复回去，在中国当下的现实是不可能的了。那么在这种状态下，人类学能起什么作用？能对中国社会的凝聚，现在中央在强调中华民族精神的凝聚嘛，可能会有什么影响？你作为一个国家，一个民族，你必须提出一个具体的东西来让大家共同认同才行。如果没有一个具体东西的认同，那还是空的。我不知道这里谭教授有什么看法？

谭宏：实际上我们国家也在做这个事儿。前几年不是中宣部牵头专门做了中国传统文化的归纳和总结吗？归纳了很多条，我看了还是觉得比较空。作为精神文化，尽管文化是精神层面的，但还是有落地的，大家能做得了的。你看我们三字经多简单，它就交代了你的行为该怎么做。你做一个太宏伟太高的东西，我普通民众到底怎么做？在这个文化框架下，我的行为怎么做？他不知道。但是我们三字经就很通俗了，小孩该怎么做？成人该怎么做？你和周围相处该怎么做？（归纳）还是没落下来。在这方面，人类学也会有所作为。如在产业工人当中，人类学可以研究产业工人的文化、行为等，来研究他们的行为如何融入我们整个的社会层面。作为教师这个职业，人类学也可以参与进他的行为规范。现在教师的行为研究也是人类学界在做的一个东西。这些领域我们人类学都可以参与，我们的描述会更具体，会更具有操作性。你看我们现在的思想品德教育，各方面都努力在做，但是效果并不好。

徐杰舜：太空了，太脱离中国的实际了，而且还重复。

谭宏：所以你不能说学生不爱听这课，他怎么听？他说我小学听了，高中也听了，我现在读博士还要听。他就觉得很麻烦。其实文化习惯、文化行为是从小培养的，从小文化灌输教育了以后，就形成了为人的风格。包括刚刚说的道德约束，它是在原来的文化基础上形成的。你别到他读博士了还在教他怎么做人，教他什么是好的，都晚了。

徐杰舜：所以谭教授，对我们讨论的这些问题，我很赞成你的做法。你在重庆文理学院的学科建设，已经取得了一定的成绩，我还想听听你对你们学院人类学学科建设的下一步打算是什么？

谭宏：客观地说，我们的人类学学科建设有一点起步，但专业建设还比较困难，目前，人类学还属于目录外专业，在生源上有很大影响。所以，我们先是想从专业方向上有所突破。今年，我们在广播电视编导专业中加入了文化遗产方向，把人类学作为它的基础学科、基础理论来教学，这个应该是可行的。前年《舌尖上的中国》就无意识接触了人类学的东西，编导们虽然不是人类学家，但间接用了人类学的方法。

徐杰舜：谭教授，我觉得今天这个访谈对我有很大的启发和帮助，特别是谈到人类学落地的问题。落地才能生根，这就是今天我们两个人交流的主题吧。谢谢你接受我的采访。

【来源】《民族论坛》，2015 年第 4 期，第 10 ~ 17 页。收入本书时略有改动。

我在中东做田野

——访英国艾克赛特大学殷之光博士*

【被访谈者简介】 殷之光，英国艾克赛特大学博士。

殷之光博士

* 访谈人：徐杰舜。

徐杰舜：我觉得这次到北京来参加边疆论坛，很大的一个收获就是认识了你。

殷之光：太谢谢了！您太客气了。

徐杰舜：你的名字我以前听说过，但是没见到你，不知道你这么年轻，而且还在英国求学之后继续体验生活。

殷之光：对，我在英国博士毕业后立刻去了迪拜工作。2014 年 8 月，又转到英国艾克赛特大学（University of Exeter）。在迪拜的时候，开始做与中东相关的研究。

徐杰舜：中东？

殷之光：对，我发现中东的现代化经验跟中国的现代化经验之间存在一定的可比性，都是一种非西方的世界观，在欧洲殖民扩张时期受到来自西方的压力，又在“二战”之后同属“第三世界”这一政治范畴，再加上同处欧亚大陆，所以便希望从比较史的眼光，由第三世界出发去理解 19 世纪末期以来现代世界的形成。我是 2011 年去的，正赶上阿拉伯动乱。

徐杰舜：噢！“阿拉伯之春”。

殷之光：对。不过我一直都不叫它“阿拉伯之春”。

徐杰舜：你觉得应该叫什么呢？

殷之光：我觉得这根本就是冬天嘛。

徐杰舜：哈哈哈！之冬！为什么？

殷之光：“之春”这种说法充满着西方冷战意识形态色彩。用这套东西去描述阿拉伯，以为这个就是阿拉伯世界的民主化，毫无价值。这种说法甚至没有去尝试理解阿拉伯世界及其内部这一个多世纪以来发生的问题。用“之春”来描述阿拉伯今天的动荡，其背后根本就是美国在冷战时期一套很强的针对苏联的意识形态战略，强调的是遵循美国霸权的西方意识形态下的民主化过程，从国际战略上来看，其所指是去共产党化。

徐杰舜：好像是他们的一种颜色革命的一个模式、一个代号、一个符号了。

殷之光：对。阿拉伯世界今天所经历的所谓抗争运动，的确一开始在突尼斯、在埃及针对的是强人政府的腐败，以及自由化市场改革后所产生的一系列社会不平等问题，但其社会导向绝对不是西方式的民主化。这一点从穆斯林兄弟会上台之后的政策动向也能有所反映。因为西方式的民主化的政治话语无法被用来理解阿拉伯世界，更没有办法去理解整个阿拉伯世界的社会结构和它的现代化过程，所以不可以用什么之春这类的媒体化字眼去描述这么一个重要的历史性问题。真要说用一个词，那我就用“阿拉伯之冬”吧。阿拉伯的寒冬。

徐杰舜：反而是阿拉伯不幸的开始。

殷之光：是的。后来我写文章，都称阿拉伯世界面临的是碎片化。这一概念在《全球化背景下的民族问题与新冷战的结构》一文中得到了相对详细的叙述。这种碎片化不单单是阿拉伯世界的问题，更与现在世界的政治动向有相关性，是一个全球性的困境。今天碎片化的政治需要从历史维度去理解其脉络。我们会发现，今天的碎片化是跟冷战期间反帝反殖民、民族独立与社会解放这一未完成的历史任务密切相关的。这三个任务不可割裂。其实在 2012 年，当西方媒体开始用新冷战去描述乌克兰事件之前，我在一系列的文章中就说，阿拉伯的动荡实际上已经是新冷战的开始了。或者说冷战根本未曾结束，只是以新的形式重现。阿拉伯世界便是这个新冷战高潮的历史性标志，但像 *Economist*，像 *The Washington Post*，从乌克兰事件开始才说这是新冷战。难道只有打到他们白人的土地上了才算新冷战吗？不对啊。从阿拉伯动乱开始就已经是新冷战了。这个时候的特点是，大家都希望找一个具有统一性的意识形态话语。阿拉伯人可能找伊斯兰，美国人就以他的那个新自由主义，普京以他的那个超民族主义来寻找统一性的话语，但是这些霸权性的话语没有办法真正变成一种平等的普世话语。回应这种霸权主义的方式多种多样，要么是族群认同，要么是地域认同，要么是教派认同。我们看到的今天困扰全球的民粹主义、极端民族主义、宗教极端主义等，从某种意义上都是对霸权性话语蔓延的回应方式。光谈对抗性的反帝或者民族独立，而不谈解放，不谈平等，那便是今天那些带着各种面具出现的极端主义思维，也是我们今天碎片化时代的本质。

徐杰舜：照你这样子来讲的话，那就不是“阿拉伯之春”，而是“阿拉伯之冬”。“阿拉伯之冬”最大的特点是什么呢？

殷之光：“阿拉伯之冬”最大的特点是均发生在世俗化程度较高的国家，组织模式较为自发且松散，运动都旨在推翻冷战时期形成的强人政府。而当这一任务完成之后，宗教势力、甚至是原教旨主义势力迅速成为最具影响力且集中的政治力量。

徐杰舜：好比埃及。

殷之光：对。一开始是突尼斯，突尼斯的世俗化程度很高。

徐杰舜：好像是很西化的一个国家。

殷之光：对。突尼斯几乎就像是一个欧洲地中海畔的城市国家，多年的欧洲殖民历史以及更早先与地中海周围欧洲世界的交流，使得这个国家几乎完全世俗化。然而，突尼斯在政变之后迅速赢得选举上台的却是一个伊斯兰政党。接下来迅速蔓延到埃及，再到利比亚、叙利亚，这股火焰一路往下烧。这些国家全都是强人政府，都是冷战时期经过了反殖民民族独立后成立起来的政府。那个时期，包括叙利亚、埃及曾经都是那种大阿拉伯主义、阿拉伯民族主义非常兴盛的地方，然后还有共产主义，以及一度号称坚持社会主义的阿拉伯社会复兴党。这些国家虽然宪法规定还是伊斯兰国家，但是伊斯兰的色彩已经很弱了。今天西方媒体中描述这类强人政府，统一都冠以“专制”的名号。专制是个情感词，即说出来似乎大家都明白它的意思，但你仔细追问却没人真的可以给出什么具体科学阐释。可惜没人去追问这标签背后的政治与制度现实是什么。

徐杰舜：但实际上这是一种强权政治。

殷之光：实际上这种感情标签任何科学性都没有。就拿阿拉伯这些强人政府来说，包括突尼斯的本・阿里、埃及的穆巴拉克，这群人都来自当年阿拉伯民族主义运动时期兴起的世俗化军事强人政府。他们在执政时期做的一件很重要的事情，就是打压国内的伊斯兰主义，特别是包括穆斯林兄弟会这些被他们看作是极端主义的人。现在我们来看上世纪 50、60 年代民族主义的兴起，这一点跟中国的联系很近。那时候我们中国外交上强调支持亚非拉的反帝与独立运动，支持他们的民主革命。毛主席 50 年代接见亚非拉的代表团，一直都强调革命的阶段论，强调既要结合地方实际，也要有世界关怀，不存在什么绝对的意识形态壁垒，重要的是在反对帝国主义霸权主义的斗争中取得统一战线的认识。毛主席强调，首先要反帝、要反殖民，然后才能进行民主革命。我觉得毛主席对革命的三个阶段的描述非常重要，他把反帝、反殖民革命放在了一个更长的革命线索当中，反帝、反殖民不是斗争的终结，而是斗争的开始，它导向的最终点是民主革命，是要平等。他所理解的当时亚非拉反帝反殖民的建国运动，是有一个更长远的历史性目标的。我在《反抗的政治》一文中也希望能对此问题作些阐述。毛主席所谈的民主政治难道可以被等同于西方主张的民主政治吗？必须通过代议制的多党议会政治实现吗？不一定。回头再看今天在这些国家内发生的反抗运动，其表象也号称是反帝、反美、反殖民。我们看1998年拉登在半岛电视台发表的那个讲话，你如果闭上眼睛不看他的名字，根本就是反帝反殖民。那是个很标准的反帝反殖民演讲。他谈到，这是一场帝国主义，就是美国帝国主义的殖民侵略，这是一场 crusade，十字军针对伊斯兰人的一个侵略，我们要发动一场 economic religious war，叫作什么经济的、宗教的战争来抵抗这种压迫。这讲的根本就是反帝反殖民嘛。但是缺少了毛主席提出的历史唯物主义，缺少了更广大的政治关怀，缺少了对阶级问题，对不平等的认识。今天的反抗活动似乎丧失了方向。为什么我们今天的反抗跟19、20世纪走向了不同的方向？我觉得这是一个很有意思的话题。

徐杰舜：你这样比较我觉得挺有意思的。我是经历过上世纪50、60年代的人，那时候反帝反封建是一个高潮的时候，国家要独立，民族要解放，全世界的浪潮下什么体系都崩溃了。就像你所说的，现在的反帝都不是反帝了，他讲的反帝实际上变成恐怖主义了，是以美国为首的这样一个世界体系。

殷之光：对。

徐杰舜：而且我觉得你刚刚讲的一个很特别的现象就是，强权的、世俗化了的，现在是不是反而走向了伊斯兰化了呢？或者说是靠近了呢？

殷之光：我觉得没错。除了叙利亚的阿萨德政府之外，现在中东、北非地区冷战时期出现的世俗化强人政府实质上大部分已经被推翻了，但推翻之后的现象就有趣了。我们来看突尼斯，本·阿里被推翻了，立刻上台的是什么？是穆斯林兄弟会背景的党。他们的党派成立六个月就能够赢得议会大选，这是很令人惊讶的事。相比之下，从海外回来的知识分子的党却输得一塌糊涂。这个现象很有趣。同样是知识分子，为什么知识分子海归输给了草根穆兄会？这一点非常值得思考。不过2014年最新一次议会选举，先前的穆兄会政党丢失了不少议会席位，取而代之的是本·阿里政府治下原先一些官员成立的党。前后两年时间，你方唱罢我登场的现象也非常值得分析。我有一篇文章就在谈这个问题。走“群众路线”的穆斯林兄弟会在强人政治终结的时候给人以希望，但缺少治理经验的他们很快又令不少人失去信心。加上海湾国家及西方国家对穆兄会并无好感，内外交困之下，穆兄会重新转入地下。而对西方和海湾君主国家来说，比起穆斯林兄弟会来，军政府可能还更为可靠些。

徐杰舜：所以现在穆斯林兄弟会就被人打击、封杀。

殷之光：对，被封杀得一塌糊涂。穆斯林兄弟会被封杀，背后实际上是一个地缘政治的问题。这一点考虑到美国的影响、沙特的影响相对比较容易分析。但是更重要的问题是要看到为什么在2011年时穆斯林兄弟会给人以巨大的希望，并且这一希望迅速转化为政治资本，帮助他们在选举中获得胜利。这与穆斯林兄弟会多年来的“地下”工作经验，贴近草根实际的工作方法是分不开的。被打压了这么多年，仍旧有如此强的社会调动力。从他们的历史发展来看，我依旧相信，现在穆兄会重新转入地下，绝不是他们政治生命的终结。

徐杰舜：他是不是所谓的代表了人民呢？

殷之光：这个，是，也不是吧。“人民”这个观念代表了群众一种理想化的政治身份。实践当中群众是可以被动员的。穆斯林兄弟会在推翻强人政府之后迅速赢得议会选举是他们社会动员成功的表现。仅仅从这一表现上，不能说他们从政治上是进步的，不能说他们代表了人民。当代西方的选举也体现了同样的问题。选民投票给某个政党，并不一定说明这个政党先进。选举成功的可能性很多，可以是矮子里头拔将军的结果，可以是群众厌倦了前任政府想要换个口味，是没办法的办法的结果。

徐杰舜：但是起码他得到选票他就是被代表，他动员得好他就被代表了。

殷之光：对。从动员能力这个角度来讲，他可以说是代表了选民的意志，但这不能等同于真正意义上的代表性，不能说他们就从政治上代表了人民的利益与意志。

徐杰舜：可以代表是一个问题，能不能代表又是另一个问题。

殷之光：对的。这是一个政治性质性问题，这是它的政治走向。我们说我们代表人民的利益，那你要为人民的福祉而服务嘛。但是像伊斯兰极端主义或者是穆斯林兄弟会、伊斯兰派，他们怎么做的呢？实际上，即便是在高压统治最厉害的时候，他们也是维持着与草根阶层的直接联系。像什么清真寺、教法学校，不识字的老百姓没接受过大学教育，那你平时能去的地方就是村里的那个清真寺嘛。从一定意义上，他们真正体现了马克思所描述的宗教作为精神鸦片的社会意义。精神鸦片不是一个贬义词，就是对群众精神生活状态的客观描述。

徐杰舜：草根的状态就是这样的，他们还能去哪里呢？

殷之光：对啊，你能指望99%的人都去上大学吗？不可能，所以我们看到穆斯林兄弟会为什么能够迅速地（上台），虽然被打压，像在突尼斯被打压了40年，非法了40多年，瞬间又起来了。

徐杰舜：但是现在在某些国家又压下去了。

殷之光：是的。但是我的判断是不可能压得下去。仅仅通过从上而下的打压，而不解决整体的社会现代化改革，不解决社会的基本问题，不解决政党是不是真正地代表人民的利益，你就没有办法解决特别是在那些国家的宗教极端主义问题。

徐杰舜：穆斯林兄弟会还不只是一个国家的问题，它是中东地区的一个问题。

殷之光：对。穆斯林兄弟会起源于19世纪末期的泛伊斯兰主义。泛伊斯兰主义有多种表现形式，穆斯林兄弟会是其中一支。泛伊斯兰主义的一个政治目标，或者说是意识形态目标，就是全世界伊斯兰大团结。这一点，我也在《伊斯兰律法语境下的瓦哈比主义》等文章中详细谈过。

徐杰舜：按你这样讲，如果联系到中国的话，穆斯林兄弟会的影响对新疆也是存在的。

殷之光：我觉得不是穆斯林兄弟会的影响。因为穆斯林兄弟会毕竟是在中东地区活跃，而且穆斯林兄弟会的创始人是个知识分子，他关心的问题，当时看来是很先进的问题。改革，他要谈现代化，要用伊斯兰的资源来建立现代化的国家。你看之前上来的穆尔西，也是一副很开明的温和派的样子，但是他的根子没有变，还是伊斯兰的意识形态。他们认为，伊斯兰代表了我的阿拉伯属性，是我的民族性，是我的一个特性。而中国受到的影响，实际上更大程度上还是一个伊斯兰极端主义的影响。这个极端主义落根到每个地方，便与每个地方那些具有社会历史特性的问题相结合。比如在埃及、叙利亚、突尼斯，它们就表现为穆斯林兄弟会式的那种形式，但是跑到阿富汗，它就表现为塔利班、基地组织那种形式。它们同样强调反美反帝，恢复传统的伊斯兰生活方式与道德标准。

徐杰舜：也是伊斯兰原教旨主义的东西。

殷之光：对，原教旨的。回到现在，我们看伊拉克，就变成伊斯兰帝国了。伊斯兰帝国也是一个很值得讨论的现象。

徐杰舜：好像现在伊斯兰国，美国人更怕它。

殷之光：伊斯兰国是真的值得怕。我们再看伊斯兰国跟其他的所谓伊斯兰组织有什么不一样。其他的极端组织，还是回到本·拉登，1998 年本·拉登在半岛电视台讲话的时候，讲了一段话，号召的是多元性的对抗。本·拉登认为他所号召进行的是多点开花的抵抗运动。然而今天，伊斯兰国讲的却是建国。一个是抵抗，一个是建国，从诉求上来看根本是两码事，怎能用美国人的那套“恐怖主义”去理解他们呢？

徐杰舜：他层次更高了。

殷之光：对，他们是有统一的野心的。前阵子伊斯兰国在网上公布的地图体现了他们希望恢复并扩大阿巴斯王朝的蓝图。那副地图上甚至把我们中国都包括进去了，即他们所指的呼罗珊（Khorasan）地区。我给这次会议提交的论文《去边疆》的最后一部分就写了伊斯兰国的问题。伊斯兰国的政治建构很大程度上仿照了当年的阿拉伯帝国，特别是阿巴斯王朝。它的政治想象、政治口号、政治目标都能找到阿巴斯王朝的影子。比如它最具标志性的那个黑旗，几乎就是阿巴斯王朝的军旗。

徐杰舜：它就是我们中文翻译的伊斯兰国嘛。

殷之光：对，“dawlah”在中文和英文中都翻译成“国”（State），似乎就像是我们现在所指的“国家”概念，即西方理解的现代国家。

徐杰舜：就是国家。

殷之光：但是它用的那个词“dawlah”，实际上是公元 10 世纪阿巴斯王朝创造出来的一个字，跟我们中国的王朝、朝代很像，也很像我们当时讲的那个“汤武革命”中的“革命”，而非现代意义中的“revolution”。“汤武革命”中的那个“革命”是指……

徐杰舜：是不是改朝换代？

殷之光：奉天运的循环，是一个周期性的东西，是改朝换代。伊斯兰国中的那个“dawlah”实际上也是这个意思。它有朝代的意思，也有更替、改朝换代的意思。这个词是阿巴斯王朝的知识分子们在公元 10 世纪的时候创造出来的，目的为了证明阿巴斯王朝是合法继承伍麦叶王朝的，是合法继承了哈里发的。

徐杰舜：那他这个是很动脑筋的了，取这个国名。

殷之光：我觉得这个伊斯兰国不可轻视，它背后肯定有一群很重要的人，很重要的一群教法学者在后面。

徐杰舜：对啊，不然不会这样子，比本·拉登高一筹了。

殷之光：也不至于说比本·拉登高一筹，但它的教法学者应该不少。

当然拉登也不差，虽然拉登本身根本不是教法学者。但是伊斯兰国不一样，其背后一定有一群正规的伊斯兰教法学者，瓦哈比派的教法学者。

徐杰舜：它的渊源更深了，更规范一点。

殷之光：嗯，它的本事更强了。所以你靠空袭这么打，不可能击败它。

徐杰舜：海豹突袭队去救人质都没救到嘛。

殷之光：而且它不是一般的恐怖组织，它有治理国家的能力，可以基本保证控制区内不断水、不断电。

徐杰舜：这就很厉害。

殷之光：这一点上，你就没有办法把它描述为传统上的恐怖分子。美国人谈的"恐怖分子"什么意思？从情感上，这个词好比是描述了一群只懂得破坏建制的坏分子，一群与"正常"社会相对立的人。因此，在"恐怖主义"背后潜藏着非常浓厚的西方文明中心意识。近些年的情况我们也能发现，"反恐战争"基本上变成了与伊斯兰教整体的文明冲突。将西方的现代秩序视为"常态"、视为"普遍"，用"恐怖主义"这顶帽子掩盖了种种形式的对抗行为，用"政治伊斯兰"或者"极端主义"掩盖了伊斯兰世界内部的多样性及其历史发展脉络。这是极为霸权主义的。因此我一直提，我们中国在对待这些问题的时候坚决不能用"反恐战争"这个词。

徐杰舜：那这样子，美国打伊拉克，现在是越打越糟糕了，后果更严重了。

殷之光：对啊。从地缘政治来讲，根本就是它的错嘛，美国人绝对错了。

徐杰舜：这个后果、代价可能美国总统根本就没料想到。

殷之光：我觉得现在美国人在该地区的策略之一是帮助库尔德人建国。我看过他们的一系列的政府与非政府组织的报告，其中包括著名的兰德公司为美国国务院做的关于库尔德人建国的报告。它通过详细的人口统计、地方调查，针对库尔德人公民社会建设做出来了一系列方案。其中涵盖教育、福利、医疗一系列内容，还有提出建设包括学校等社会基层公益设施。从方法上，他们通过国际NGO组织外派的调查员带领，培养本地的库尔德人调查员，对分散各国的库尔德人地区进行彻底的社会清查，了解人口组成成分、社会阶层结构，等等，然后相应提出有针对性的学校、医院等建设方案。这类报告均用英语、阿拉伯语和库尔德语发表，非常详尽。这跟我们 20 世纪初，日本通过满铁在中国做的调查及其调查目的很像。

徐杰舜：那它的结论和建议是？

殷之光：它的目标明确，就是把库尔德人弄成我们所熟悉的亲西方的、亲美的所谓现代公民国家。

徐杰舜：库尔德也是中东地区一个很麻烦的族群。他们不是阿拉伯人，而且他们是跨国的。

殷之光：对。现在的土耳其人就最讨厌他们。库尔德人实际上很多是什叶派。当年萨达姆时期就在镇压库尔德人嘛，镇压什叶派。

徐杰舜：这么多年来，你对中东的研究和了解真的是很有成果了。

殷之光：没有，我觉得还有一个很长的过程。而且，今天中国社会实际上也已经开始面临这类问题的挑战。一方面是“一带一路”沿途的复杂社会历史情况，另一方面是我们国内急需面对的包括新疆在内的各地穆斯林社群中出现的矛盾冲突。

徐杰舜：已经进来了。

殷之光：对，所以我觉得不能用传统意义上的边疆来具体描述，为什么反对用“War on Terror”，就是反恐战争？反恐战争是一个非常传统的冷战式意识形态，它用的基本语言就是文明的冲突，仿佛暗示了“基督教文明”与“伊斯兰文明”之间必然的冲突。

徐杰舜：就是亨廷顿的那一套。

殷之光：对。但我们中国历史上从来都没有过什么必然的“文明冲突”吧？更没有什么宗教战争。公元 7、8 世纪伊斯兰传入中国的时候，并不是以什么宗教战争的形式出现的。存在以伊斯兰为口号进行的局部性、小规模的反抗、叛乱，但我们听说过儒家对抗佛教徒、对抗穆斯林发动宗教战争吗？没有！既然如此，我们怎么可以用这一套“文明冲突”的东西描述我们中国的历史和治理呢？既然我们传统上没有这样描述过，为什么到今天我们把遇到的问题那么容易地直接就推到这是伊斯兰的问题呢？我们国家不仅有维吾尔族的穆斯林，我们更有汉族的穆斯林、回族的穆斯林。

徐杰舜：还有其他民族的穆斯林。

殷之光：我们的穆斯林群体类型太多了，而且从传统意义上来讲，维吾尔族信仰的伊斯兰是苏菲派，是现在瓦哈比主义者最讨厌的东西。当然，也有学者分析强调，瓦哈比主义本身对殉道者的叙述体现了很强的苏菲影响。但在瓦哈比主义的教法叙述中，这部分的影响是完全被掩盖的。总之，我们应该用自身丰富的伊斯兰资源去对付这种教法失衡。与其简单称其为伊斯兰极端主义，不如把这个叫做伊斯兰教的瓦哈比化。

徐杰舜：但是现在我们可能是跟在美国的屁股后面，这点是很糟糕的。你自己没有东西，没有思想，没有研究，美国怎么说，你就跟着他反恐了，伊斯兰就是很紧张啊。这可能是很可悲的，我们的学者干嘛去了？

殷之光：另外还有一个问题。不少第一次见到我的人都会问，你是不是穆斯林？我说我根本不是穆斯林。难道非要是穆斯林学者才会去写伊斯兰吗？不可能嘛！我觉得现在缺的可能就是一些超越狭隘身份政治想象之外的认同，缺少对话，缺少对问题的历史化视野。像我们大家这样，不一定非要是穆斯林，但是一定要对这个问题有一个更广大的兴趣，要从外部去看待这个研究，才可能会有更大的发现。

徐杰舜：你讲的这个很有意思。你不是穆斯林，你研究穆斯林，好像研究得很有自己的看法，也可以说是一个研究中东问题的年轻专家了。我现在要回头追溯一下你的生命史。你说你是上海人，我想你先介绍一下去求学的经历。

殷之光：我生在东北。

徐杰舜：哪一年出生？

殷之光：1981 年，我是 80 后，我爸是“上山下乡”的知青。

徐杰舜：你在东北什么地方出生？

殷之光：黑龙江佳木斯的一个农垦兵团。

徐杰舜：佳木斯现在很厉害啊！你知道为什么佳木斯很厉害吗？佳木斯创造了一个佳木斯舞，把它搞成僵尸舞，全世界的大妈们都在跳僵尸舞，比《小苹果》还早一点。

殷之光：后来我父亲返城。

徐杰舜：你父亲从哪里下的乡啊？

殷之光：上海。他是 1969 年去的，没有赶上 1970 年代末的返城。他不赶，他想要扎根黑龙江，扎根北大荒。一直到 1989 年我们一家才回的上海。我在上海上小学。2000 年高中毕业后就来到北京。

徐杰舜：上哪个大学？

殷之光：在清华，一直在清华读到硕士。

徐杰舜： 博士去哪读的呢？

殷之光： 去的剑桥。

徐杰舜： 博士就出去了，那你硕士是汪晖的？

殷之光： 对，是汪晖老师的学生。我觉得我目前所有的看问题的方式、问问题的方式，基础其实都来自当时硕士时候的教育。现在觉得往下发展，可能离不开硕士时期的基本的问题方法。我硕士时期全都是做的与中国相关的问题。

徐杰舜： 那你硕士论文写的是什么？

殷之光： 我硕士论文做的是创造社。

徐杰舜： 那是文学的。

殷之光： 对。我的问题是创造社成员为什么参加革命。到剑桥的时候，我做了一个更整体的博士论文。这个博士论文问的是马克思主义的思想从德国到日本到中国，特别是马克思主义里面这个所谓的“扬弃”，就是阶级身份转化的可能性。为什么一个小资产阶级能转化为无产阶级？这个涉及阶级身份转化的理论可能和阶级身份转化社会实践两者之间的互动。我用了德国、日本和中国的材料，做了一个典型的思想史研究。现在基于这个博士论文的著作《艺术的政治》刚刚出版。

徐杰舜： 中文版还是英文版？

殷之光： 英文。在莱顿的 Brill 出版。

徐杰舜： 那以后我们读中文还要等很久咯。

殷之光： 我也希望能看到中文出版。

徐杰舜： 应该有中文版，而且我觉得这做的是有点追根溯源的问题。为什么马克思主义会到中国来？到中国来又为什么会变成现代中国的？

殷之光： 是特定的一个马克思主义概念。

徐杰舜： 是的，那你跟汪晖老师学的是什么专业啊？

殷之光： 是思想史。

徐杰舜： 是思想史的哪个学科啊？

殷之光： 我本科是在清华人文学院下的实验班。之后硕士进入了中文系。硕士毕业之后到了英国是在地区研究系。

徐杰舜： 那不属于民族学，也不属于人类学，那说起来算什么学科呢？给你划学科怎么划？

殷之光： 我也不很清楚。

徐杰舜：现在汪晖老师我们就把它当作社会学，所以我们开什么会他都要来。你是哪一年去剑桥的？

殷之光：2007 年。

徐杰舜：2007 年，也还不早，当时这些国家社科基金办已经成为一个体系了。

殷之光：我做的东西偏国际关系、政治学，其中有一些问题可能是更偏向于历史学。方法是历史学的方法，又有中文系的训练，就是细读的方法。看文本，问题可能来自于政治科学领域，即政治学和国际关系。此外回应的一些基础性的问题也跟社会学相关。

徐杰舜：但是如果我来判断你的学科背景，就像现在汪晖老师一样，属于政治人类学。因为你关注的不论是中东问题也好，马克思主义传到中国的变迁也好，包括创造社为什么回去搞革命去了，都是属于政治人类学，好像还非常经典。政治它只专注于政治本身，你是关注参加政治的这些人的问题，包括你现在研究中东的伊斯兰国家问题、穆斯林兄弟会，实际上都是政治人类学，很有意思的选题，或者是你的看法。所以我觉得你的这个研究的视角和背景，就像我昨天听汪晖老师说的，三年前也是在关凯的一个会上汪晖老师也在谈，也谈得非常好。他的视角与别的一般人不一样，所以为什么昨天他的发言，大家都非常的有兴趣，他讲的一个非常有意思的现象，他没有点破。后来吃午饭的时候，他跟我们说，在座的还有五六个大使馆的人。他讲了欧亚主义的问题，实际上现在普京就是在这个思想的影响下，他宁可得罪全世界，也要把克里米亚拿住。在俄罗斯的思想武器库里面，它没有别的东西，就是欧亚主义，是欧亚最厉害的霸主一样的。我们中国的思想武器就不是，我们的思想武器是“以和为贵”“天下观”。

殷之光：我觉得我们要比俄国人那一套进步多了。

徐杰舜：我觉得要比他人性多了，没有那么强势，没有那么霸道我们的习主席是温良的一种状态嘛，普京是肌肉男的状态嘛。

殷之光：所以我觉得，就从汪老师昨天谈的那个话题，他说“一带一路”、路带廊桥这一套连接性的观念，把整个欧亚大陆联系起来，这个提法是特别有意义的。因为它一方面是一个经济性的活动，但是在经济性的基础之上，它有无限的政治的可能性。特别是政治与历史的可能性。通过经济与贸易的交流，在这之上，我们是不是能创造出更进一步的以和平为基础的世界图景来，而不是像普京那样一上来就是：这是我的！

徐杰舜：对！我的，我要拿回来！他宁可得罪全世界，也要拿来。我们就是和平的一种姿态，把大家联系在一起。

殷之光：对。“路带廊桥”体现了一种交流性的概念，展现了一个很温和的，互动性的，而且是互惠互利性的可能性。而且在这个过程当中，它创造出来的历史观，与其说是有一个中心、有一个边缘的历史观，不如说是变成了一个不断在变动当中的区域带的历史，是讲这个区域带发展出来的历史。

徐杰舜：这是大家共生、共存、共赢，何必把这个东西据为己有呢？

殷之光：对，这一点我觉得是非常有意义的。我们如果谈有中心、有边缘的帝国性霸权，现在美国就是这样一种帝国式的霸权，它的中心在美国。所以，它的世界战略就集中在保护“American Interest”———美国利益上。这个以美国为中心的世界帝国蓝图，其边缘（frontier）可能不一定是国境线，它有文明的边界线，例如跟伊斯兰的冲突，还有经济的边界线，还有各种各样的政治的边界线。到普京这边，它确实也是一个大帝国，中心就在莫斯科，它的国境线甚至都开始给你划出来了。占领克里米亚便是这种沙文主义帝国观念的表现。再轮到伊斯兰帝国，现在的哈里发国、伊斯兰国，它也是有中心的，中心就是阿拉伯人、阿拉伯民族，然后其余的就是下等民族，它连奴隶市场都恢复了嘛，它也是一个有中心、有边缘的大帝国。所以在这三种结构之上，你看不到任何先进性。到了中国，我们讲“路带廊桥”的欧亚大陆，在这个基础之上，我们能发展出来别的东西，我们能够发展出来一种新型的历史观，新型的世界秩序，能发展出来一种新型的天下观，这个很好啊，一看段位就可以很不一样，潜力很大。

徐杰舜：我觉得这是完全不同于美国的。美国的逻辑和思想根子就是二元论，不是这个就是那个，不是美国的利益就是别人的利益，而我必须占优。俄罗斯也是这样，要拿来，这是我的，我必须占着这个。我们中国的逻辑就是“美美与共”，就是和为贵，你好，我好，大家都好，大家共同生存在这里，天下才能大同，才能和平。

殷之光：这才是天下大同。

徐杰舜：这才能够和平。如果像美国这样反恐，我就把你干掉，但你不是越打越厉害吗？打的结果就是证明不是什么好事情，越打越糟。俄罗斯目前这种状态，将来可能也不是什么好事情。所以我觉得你受汪晖老师的学术影响非常深。你的思路，你的那种表达方式，你的口述，我觉得极像汪晖，因为他昨天讲的和你今天讲的有相似之处，说明你在师承，你在学习、继承着汪晖老师。汪晖老师现在是我们很佩服的一个学者嘛，他的思路很开阔，很敏锐，这是难得的。你是 2007 年去英国的，好像博士也是读了四年嘛。

殷之光： 三年。毕业后立刻去阿联酋的国立扎耶德酋长大学工作。这时正好是中东经历巨变的时刻。因此我觉得自己非常幸运，可以亲历这种历史时刻。在阿联酋工作了三年之后，2014 年我又去了英国。

徐杰舜： 实际上，因为我是上世纪 50、60 年代长大的，到现在 70 多岁的人，正好是跨世纪这一段吧。上世纪 40 年代到 80 年代末，这四五十年，世界变化最大的地方就是在亚非拉，现在变化最大的地方又是在亚非拉。为什么说美国要回到亚洲？为什么中东是一个热点、焦点地区？还有拉美现在也是一个焦点地区。这就使得如果你作为政治人类学的话，你站在更高的高度上看这个世界的时候，现在有三个，应该说是四个热点地方，一个是中东；一个南海，南海就是亚洲；一个乌克兰；一个墨西哥。按你的思维去思考，现在这个世界，如果跟上世纪 50、60 年代的世界去比的话，是一个什么样的态势？

殷之光： 我觉得很难把全部都放在这个框架里面去。我在想，我们上世纪 50、60 年代的世界眼光其实是很广阔的。那个年代的世界，不像现在这个世界一样是有国境线限制的，是有明确的经济秩序的图景。我们这一代人看到的世界相对比较狭隘。比如说问我们这代人，巴库是哪里的首都，不一定有多少人知道，但是如果我问您这一代，经历过上世纪 50、60 年代的那一代人，就一定会说出是阿塞拜疆。再看 50、60 年代的这个世界，这个亚非拉的线索当中是很明晰的，想要展现出世界人民大团结的梦想是很强烈的。

徐杰舜： 好像那时候大家都在做一件事：国家独立，民族解放。

殷之光： 对，这就描绘出一个世界人民的团结的图景。我的办公室墙上贴了幅宣传画，就是“世界人民大团结”。我觉得这是一个令人激动的景象。而到了今天，世界图景发生了巨大变化，最后搞成了一个所谓的“起火”的世界。

徐杰舜： 就是你前面刚刚讲的：碎片化。

殷之光：对，碎片化和起火了的世界。所以，这是最大的差别。那个时代确实百废待兴，看起来确实也挺碎片的，但是那个时代有一个共同的世界大同的想象，或者说从中国出发，我们看见了一个世界大同的想象。不能说这个世界大同是全世界人民认可的，但那个想象是我们中国人民经历革命实践之后总结出来的，是具有希望的、世界大同的、美好的。大家都在天安门面前平平等等地走在一起，这个是很美的理想。然而，今天我们看出来的世界是什么？是消费主义的，是功利化、个体化的，是美国人有钱、非洲人没钱这种简单的图景。真要问非洲有几个国家，大家不一定都知道，就知道一个非洲。但是那个时候我们问，非洲有哪些国家，我们大部分人一定能说出来。我们一定知道什么是津巴布韦，什么是赞比亚，什么是坦桑尼亚。我们清清楚楚知道这些事情。但现在呢？

徐杰舜：现在就知道一个埃博拉。

殷之光：现在就知道危机在哪里，而且这个危机是美国所遇到的危机。埃博拉是欧美新闻曝出来，这成了我们的知识来源。再比如美国打伊拉克了，我们知道了巴格达。“9·11”了，我们知道了阿富汗的坎大哈。这种极其局限的、霸权主义的图景难道不值得我们反思吗？这是美国人在那种差序格局之下，纯西方中心式的一种霸权主义图景。今天中国有自己的世界图景吗？我们没有。

徐杰舜：现在就像救火队一样。

殷之光：当年哪个孩子不是穷着的，咱们都饿都哭，但是咱一碗水端平。社会政策尽量希望考虑到各地区差异。当时我们对少数民族经济发展差异的判断是具有强烈的阶级政治叙述在背后支持的。之所以强调差异性，是因为改革实践必须建立在对社会经济发展基础的深入了解上。在承认了差异之后，还要有更高的统一的政治目标，即通过政治实践最终将这种差异性消除。这就是中国革命的阶段性论述。认同这种差异性的存在是我们进一步叙述统一战线的基础。在此基础上，我们描述出了56个民族大团结的图景。在统一战线的基础上，我们也得以对大汉族主义作出批判，也对民族分裂作出批判。现在呢，不谈阶级政治，不谈超越性的政治理想，只谈差异，只谈发展，这个民族大团结也就成了空话。

徐杰舜：所以我觉得从你的学术背景上来看，政治人类学现在是非常非常需要的视角。执政的人不要只看到权力，还应该看到你所管辖的人民。无论在中东也好，还是在其他国家也好，这个问题不解决，这个地方的政治问题迟早会发生。

殷之光：对。

徐杰舜：那么在这种状态下，你对中东的研究，一个是具体中东本身，从中东的这种变化，哪怕是2012年的变迁，到2014年的变迁，你觉得给我们什么启示？

殷之光：启示有几点。第一，对待极端主义的态度。极端主义不是铁板一块，极端主义在各个地方有不同的表现形式，它的社会组织方式，它的动员能力，它的社会意识形态，都不一样。现在我们中国也确实是遇到了这个问题。我们应该以此为戒，去多多了解中东地区发生的那些事情，而且具体地去谈论他们的差异，而不是全盘给他们扣上一顶“极端主义”的帽子。第二，我觉得是在政治权力方面。中东所发生的一切事情，是他们强人政府在经历所谓“新经济改革”后发生的事情。中东发生的这个所谓的阿拉伯之冬，他们的促因就是国内大学生失业，腐败严重，变成警察国家。警察无处不在，警察不停地在压迫人民。这一系列的事情，都是他们在经历新自由经济改革之后发生的。富的富死，穷的穷死，两极分化极其严重，年轻人没有办法看到希望。这就促使我们必须开始对这种以经济利益为中心的新自由主义发展模式作出政治性的反思。

徐杰舜：他没法上升了，没有通道了。

殷之光：是啊。结果对这群被压迫的人来说，谁真真正正地到我门上给我一个道德理想，谁就是我的救星。在那些国家里，恰恰是伊斯兰在做这件深入基层的事情。我们今天要问，难道一切不平等问题都可以用经济发展来解决吗？或者更根本的，自由主义经济发展能否真正解决不平等的问题？只有经济发展才是发展吗？第三，关于体制的问题。西方媒体在报道譬如2003年的海湾战争时强调，美国人打伊拉克的目标是要给伊拉克带去民主。确实，2003年之后，伊拉克也有选举啦，也有民主啦，也开始投票啦。

徐杰舜：那结果呢？

殷之光：结果我们也都看到了。难道民主化就是可以不顾所谓的环境、文化、各种不确定因素，而放之天下而皆准的真理吗？这种制度就是可以普遍被接受的制度吗？你甚至不用考虑当地的情况，当地的历史环境，当地的社会环境吗？我们讲科学，社会科学也是科学。科学的基础是可以证实，可以证伪。你的这个实验可以重复，这才是真理。重复实验的基础是什么？科学家都明白，我要可控条件下。引力——放在地球上是这样，是真理，但是你放到火星上呢？

徐杰舜：完全另外一回事。

殷之光：比如在一个可控实验环境下，排除了所有的不确定因素之后，在相同环境下可以被重复的实验才能证明一个真理。民主这个词是真理吧，人人平等这个是真理吧？也许吧，我也不知道。但是难道真理只有一种制度形式表现吗？只有选举议会制投票吗？一人一票的吗？一人一票现在还有不同方法呢，包括代议制，包括多党选举。突尼斯的选举模式跟香港的选举模式类似。这种比例代表制造成了议会里面小党派林立。政党无须取得绝对多数，获得多少选票便可以相应地获得多少席位。2012 年，突尼斯先是穆斯林复兴党上台，到今年，整体大翻盘。本·阿里的前政府官员上台了。于是你看这两年议会选举的座次表，就跟一个流行音乐排行榜一样。谁出来了，哎，有点意思啊，那我给你投一票。过两天发现他什么事都不干，好，不要了，选另一个。另一个出来了，有意思又选。这是为人民福祉而服务的吗？不是吧。完完全全变成政党党争了，变成了议会党争。我有一篇时评短文叫《绝地武士归来：突尼斯世俗派们的逆袭》谈了这个现象。不要把制度误会成真理，在这一点上要有科学意识。总结一下，启示就是三个反思：对于发展的反思、对于宗教极端主义的反思、对制度与真理不可等同的反思。此外，再加一个，我们要有一点制度自信。说到底，我对发展问题有一定保留，我们不能以经济发展为唯一目标，经济发展是政治的中途，不是末路。的确，30 多年来的改革让不少人都生活在更好的经济条件下了。这点我自身很有体会。但这只是一个基础，在这个基础之上，还是要谈阶段。我们有初级阶段吧，经济发展了算是初级阶段吧，中级阶段，高级阶段，总该有一种更超越的政治想象。这种时候是不是应该提一下“路带廊桥”的文化大同的景象呢？是不是应该提一下毛主席讲的世界人民大团结呢？是不是再提一下毛主席的各个阶级、各个民族的平等呢？

徐杰舜：你刚刚提的政治、经济、文化制度，发展了经济之后，还要再发展别的什么东西。如果是忘记了别的东西，会造成贫富严重的分化。在发展经济的同时，环境别搞坏了。你把子孙的事情都做完用完了，那子孙吃什么喝什么？第三个是制度。制度不是绝对的，政治不是根本的目的，你说是不是啊？政治是一个手段。我还是要回到你的学科的关怀，政治人类学。所有的政治问题、无论是强权政治、世俗政权、美国霸权，还是中国和平崛起，这些政治的东西，没有人，或者是不关注人的死活、人的生存，那这个政治肯定是站不住脚的。你讲的，上世纪五六十年代，我们经历过，是可以比较的。还有你经历过的，特别你关注过的中东，中东给你一个更具象的东西，让你感受到刚刚你说的那几点启示吧。反过来说，中国也有很多好的东西。这几年，西方的东西过来，完全就是按西方的规范去运作，尤其是我们的学科，完全是按西方体系。政治、经济、文化什么，按中国应该是经、史、子、集。不过现在按经史子集来分就很滑稽了，年轻人根本不懂什么经啊，什么史啊，什么子啊，什么集啊。既然西方的分类已经变成世界的话语了，大家都认同它了，那我们在这一个分类中，怎样注入中国的智慧，怎么让它本地化，怎么让中国传统的宝贵的思想去看这个世界，给这个世界作贡献？汪老师谈的“路带廊桥”，其实是一个新的视野。不是一个边疆的视野，不是绝对的国界。国界是人造出来的，是政治的需要。如果我们是马克思主义信奉者的话，这样子追根溯源地去了解，恩格斯是怎么讲的，国家是怎么形成的，国家是什么。没有国家的时候，有什么边界啊？所以有很多历史问题扯不清楚。我觉得有一个很好玩的例子：广东人，很厉害的，经济很发达的。他们找广东人的根在哪里？广东广西不是分开了嘛！两个省区。广东人讲，广府人起源地在广东。找来找去最后找的广东的封开。因为秦汉时代，那个地方最早出现，设郡就是设在那个地方。实际上，在秦汉时候，哪里有什么广东广西！那一块地方，核心的地方，实际上还是在广西的梧州。梧州至今比封开县大得多啊！我去考察过。梧州是一个很有名的商业城市，下面就是珠江了。封开这个小县城，站在广东人的立场，那就是广府人的首府。但我觉得真正的中心地带应该是在梧州。在那个时候，是没有分省界的，也就是说在原始时代是没有国界的。没有国界的时候，人的生存，政治玩法，那不是这样子的。几千年的文明史，有了国家的所谓文明，这个文明历史到今天，今天已不是区域的视野。所以我们拉开来看的话，南海问题、中东问题、拉美问题、乌克兰问题，我觉得这里正好是国界在被打破当中但是又没有被打破。人的脑袋已经进入无国界的状态、区域化过程中，但身子还在国界里，所以必然和政治打架，必然引起很多的政治纠纷。全球化已经冲破了国界的很多东西。没办法的，你说你用国界来研究这些东西没有办法研究清楚。它就是经济全球化所带来的必然结果，文化的全球化，政治的全球化。所以现在中国讲大国责任，看到了政治全球化的态势，在承担这个责任。那我们讲，马尔代夫淡水没有了，我们开船去给他们运淡水。但如果是在上世纪五六十年代，关我八竿子的事啊，连报道新闻可能都不会关注马尔代夫的淡水问题。现在我们中国政府要派船给他们运淡水、矿泉水这种东西去，为什么？从你讲的大问题上来看的话，政治家们关怀的不是边疆问题、国界问题，而是像我们现在的政府所讲，我们的大国责任。大国责任，不是一个狭隘的边界责任，而是全世界人民团结起来，毛泽东早就讲，全世界人民团结起来，而不是列宁强调的，全世界无产者联合起来。这样，这个世界才好玩，也才能达到费孝通提到的“美美与共，天下大同”。何必要去打，何必要杀人呢？如果我们的政治家们，不是这样的眼光，不是看到这样一种趋势，全球化带来的趋势，可能还会有更多的冲突。那么我们的政治家们应该怎样去思考国家的治理问题，世界的秩序问题？我觉得你的研究对我有很多启发，觉得看这个世界好像更清楚一些了。

殷之光：谢谢，太客气了，我还需要做很多努力。

徐杰舜：我希望你的研究，以中东为观察点，视野更宏大一点。只有在更宏大的时候，你的宏观和你的微观，才更准确。

殷之光：对，一定。我现在想进行的下一个事情，是探讨毛主席对“第三世界”的描述。这个概念在冷战时期起到了重大作用。这样从中东出发，扩展到整体的第三世界去。

徐杰舜：我觉得毛主席讲的第三世界发展到今天，可能有更多的联合，更多的一种共存的制度性安排。“金砖五国”可能是，但又不完全是，有个俄罗斯在那里。

殷之光：“金砖五国”更多是西方提出的，以经济为核心的观念吧。

徐杰舜：但是现在很多联合都是以经济为核心的。

殷之光：对。所以我在想，中国革命经验中是不是有别的什么东西，别的政治基础。这个会在下一个大的项目中去做。

徐杰舜：这里还有一个问题，大国和小国之间的关系很微妙。我们在亚洲是大国吧，东南亚各国基本上都是小国，但是我们对这些小国也是很无奈的。

殷之光：所以我们也可以把这个放在第三世界的眼光中去看。如果以纯美国式的霸权争端的形式，每个国家都是独立的小球，只会互相碰撞。

这种观念是很具危险性的。但是如果以第三世界的眼光和经济实力的范畴来看待国家间的动态，可能会有一些不同的发现。

徐杰舜：你不仅关注到中东的变化、中东的危机，而且更多关注的是中东为什么会有这样的变化，最根本的是中东人民是怎么想的，这是政治人类学最本质的特点。关注的不是政治本身，而是这个政治之下的人民。反过来，人民影响之下的政治。这是你研究的最精彩之处吧。接下来还有什么想法啊？研究第三世界？

殷之光：这是目前来说最大的研究计划。

徐杰舜：我觉得你把政治研究和中国现代的传统看法联系起来。现在说到底还是第三世界的发展，发展得很大，很快。

殷之光：主要还是要超出传统的国界的视野，以实践为基础，去重新理解我们今天的世界。

徐杰舜：今天聊得很痛快，也富有启发。谢谢！

【来源】《民族论坛》，2015 年第 4 期，第 18 ~ 28 页。收入本书时略有改动。

我在非洲做人类学的田野考察

——访浙江师范大学徐薇博士*

【被访谈者简介】徐薇，人类学博士，浙江师范大学非洲研究院副研究员。

徐薇博士

* 访谈人：徐杰舜。

徐杰舜：徐薇你好！好久不见，这几年你的变化特别大。在我印象中，你一直还是硕士刚入学时到我办公室跟我说“徐老师，我要做你的学生，因为我喜欢不一样的文化！”那个直接勇敢的小女孩。如今你已成长为一个成熟的妈妈、学者，而且还选择去遥远的非洲做人类学，其间一定有很多故事跟我们分享吧！听说你在非洲还经历了持枪抢劫，很危险，给我们说说到底是怎样一段经历。

徐薇：谢谢徐老师！做徐老师的学生我感到非常荣幸。我常说，徐老师是第一个引领我进入人类学之门的人，我非常感激徐老师对我的培养和照顾！

选择去南部非洲的博茨瓦纳做田野可以说是我没有选择的选择，也是我最好的选择，因为我先生在那里工作了六年。因为他，我在2010年博士毕业时选择到浙江师范大学非洲研究院工作，也因为他，我才有条件去非洲做长期的实地调研。去遥远的非洲大陆做田野，有惊喜也有挑战，当然还有风险。想起2011年9月，我和我先生一起经历的窃贼入室持枪抢劫，我仍心有余悸。那是一个周五的晚上，有四五个抢匪潜入了我们的住处，我们被抢匪用枪顶着脑门，被迫交出了所有值钱的东西，抢匪们还打伤了我先生的同事，最后他们用准备好的胶带捆住了我们的双手双脚，还封住了我们的嘴巴，所幸他们只图财不害命。这次刻骨铭心的经历并没有让我退缩，反而更坚定了自己做非洲研究的决心。

非洲不是天堂和净土，在那里一切皆有可能发生。我希望自己的经历能够让同事、学生们提高警惕，增强安全意识，同时也要做好充分的心理准备。由于语言文化上的差异，在非洲做实地调研有着诸多不可预见的困难和挑战。只有不断加强自身的综合能力，敢于挑战和超越自我，才能适应长期的田野工作，获得更多的一手资料。

徐杰舜：看来在非洲做田野还真是很不容易，你不但坚持下来，还把儿子生在了非洲，真是了不起！回想你是我收的第一个姓“徐”的学生，我当时对你也不是很了解，但一听说你姓徐，是本家的，我就决定收你啦！

徐薇：我能进入徐门，成为徐老师的弟子，真是上天安排的缘分！我记得2004年我从辽宁沈阳跨越南北中国来到广西南宁读硕士时，内心既有憧憬又有忐忑。因为在我之前的生活和学习背景中，对民族学、人类学完全一无所知。我是被调剂到广西民大的，当时报考的专业是民俗学，而作为一个从小在东北长大的人，初到广西还是有些不适应的地方，我很感激广西民大民社学院的老师和同学们，像一家人一样。特别是进了徐门后，经常和师兄师姐们出去做田野，在实践中感受到人类学这门学科的魅力，并在徐老师的建议下，最终确定把东北农村“二人转”乐队作为自己硕士论文的研究对象。

徐杰舜：我还记得让你第一次去东北做田野时，你非常焦虑和不安，来找我谈了几次，该怎么做。我带学生有个“游泳理论”，主张让学生自己在田野中摸索出理论和问题来，所谓实践出真知。

徐薇：我记得第一次回东北做田野时，徐老师说我返校时能背回一袋子资料就是成功！我谨遵师命，一个人走遍了东北三省几个“二人转”发展得比较好的城镇乡村，最终把田野点选在黑龙江省五常市牛家镇兴山村魏家窝棚，并以当地的一个农村“二人转”乐队组织为研究对象，开始了我对东北农村“二人转”乐队的研究。此后的每个寒暑假，我都是在田野中度过的。最终我的硕士论文《从戏班到乐队——东北农村“二人转”乐队的人类学考察》在毕业答辩时被评为优秀硕士论文。这期间有老师同学的帮助，也有自己的辛苦付出。我觉得田野调查是人类学最基础最重要的一个看家本领。硕士三年的田野训练，让我无论在学术还是为人处事上都成长了很多。

徐杰舜：你的田野做得很好，更让我高兴的是，你硕士毕业时顺利考上了博士，能继续从事学术研究。

徐薇：谢谢徐老师。我硕士毕业时，目标非常明确，就是要考上博士。因为我实在是喜欢人类学这门学科，喜欢在田野里体味人生百态。当时好多同学都在找工作，我就一门心思准备考博，完全没想过自己万一考不上该干啥。因为自己硕士论文做的是东北“二人转”乐队的研究，为了突出自己的优势，也为了自己的研究有持续性，我最终选定了中央民族大学从事艺术人类学研究的王建民老师为自己的考博目标。幸运的是，我顺利考上了，而且成绩在当年报考王老师的所有学生中排名第一。在中央民大的三年学术训练对我来说是重要的提升与发展阶段，特别是在理论上。因为在广西民大时，我可以说自己的田野做得很好很到位，但在学术理论讨论上我是缺乏系统训练的。在北京的三年，我不只在中央民大听知名教授的课程，还去旁听清华、北大、北师大教授们的课程，真是让自己脑洞大开，对人类学理论与方法有了更加系统完善的认知和感悟。可以说，在北京的三年时间，我一点儿都没有浪费，不是在各个高校里听课听名家讲座，就是在图书馆里读书，觉得每一天都过得充实而快乐，这是我最想要的生活！

因为师从王建民老师做艺术人类学，也为了能在硕士论文基础上延续深化对东北农村“二人转”的研究，我最终将博士论文的主题定为对农村“二人转”艺人的研究。通过对一对艺人夫妻的生活世界的田野调查，来了解“二人转”与农民生活之间的联系，演绎并传承“二人转”的艺人在乡村社会中扮演什么样的角色。这是我博士论文主要回答的问题。又是几个寒暑假的田野调查，我与艺人们风雨同舟、同甘共苦，结下了深厚的情谊，也为自己的博士论文搜集到很多宝贵的一手资料。在写作论文之前，我就已经整理出20多万字的访谈和田野资料，为自己的博士论文撰写奠定了坚实基础。同时我也要感谢中央民族大学民族发展与民族关系问题研究中心。该中心不但给予我田野经费上的资助，还帮助我出版了自己的博士论文，即我的第一本学术专著《自我·角色与乡土社会——对民间“二人转”艺人及其生活世界的个案研究》。

徐杰舜：看来你读硕士博士的六年过得很充实。硕士阶段打下了很好的田野基础，博士阶段又在理论和方法上有了提升，从一个有点儿不谙世事的小女孩成长为一个人类学者，期间必要经历很多辛苦与磨砺。我想请你详细地介绍一下你为什么在博士毕业后选择做非洲研究了呢?

徐薇：我前面说过，选择做非洲研究是我没有选择的选择，因为我的先生在非洲工作。人生很多时候往往是没有选择的选择就是最好的选择。我都是顺势而为，没有考虑太多。我和我先生在2009年相识，他当时还在博茨瓦纳工作，我在写作博士论文。我们几乎每天都在网上聊天，聊我的论文和非洲，他让我彻底改变了对非洲的固有印象，再加上人类学的很多经典理论都是来自于非洲大陆，便激起了我想去非洲做田野的兴趣与意愿。而恰好在2010年我即将毕业时，浙江师范大学非洲研究院要招一个人类学博士，我就毫不犹豫地投出了自己的简历。我当时也是孤注一掷，没有考虑其他学校，一心想去非洲研究院工作。幸运的是，又是在您的支持和帮助下，我最终应聘成功了，来到浙师大开始了自己的非洲研究。虽然是半路出家，但硕士博士阶段的人类学专业训练，让我并不感到担心和害怕。当然学术转型的这几年也是很痛苦的，要恶补很多非洲的基础知识，同时还要选择好自己的研究对象和方向。有过困惑和迷茫，但只要走进田野并长期待在田野里，自然就会发现好的问题。人类学的问题是在田野中发现和感悟到的，而不是坐在书斋里凭空想象的。

我 2010 年 7 月到浙师大非洲研究院工作，当时领导交给我的第一个任务是访谈中国驻非大使。时值中国驻厄立特里亚大使舒展、中国驻塞内加尔大使龚元兴先后访问我院，领导们借此机会启动了筹划已久的“中国驻非大使访谈录”项目，通过大使的口述，原汁原味地呈现中非关系的历史与现实，并采用录音、录像、文字整理等现代传媒技术手段向世人展现一个真实的非洲，一段段鲜活的历史。事实上，刚接到这个任务时，我感到非常紧张，毕竟自己刚刚毕业，对非洲以及中非关系可以说一无所知。然而凭着多年田野调查的访谈经验，以及院长同事们的指导，我很快有针对性地设计好了问题，并尽量在访谈过程中表现得从容不迫，顺利完成了对两位大使的访谈。通过与大使们面对面的交流，让我更深切地体会到了中非关系的源远流长以及非洲各国不同的历史与文化。这是我进入非洲研究领域的第一步，也是极为真切与深刻的经历。我意识到自己未来的非洲研究道路崎岖漫长，但一路上定会有迷人的风景与非凡的体验。“中国驻非大使访谈录”在全院老师们的努力下，已经访谈了近 30 位大使，并在《中国社会科学报》上连载，产生了很好的社会影响。

徐杰舜：旗开得胜，这很不容易啊！

徐薇：2010 年 10 月 29 日，中国首家以非洲为主题的综合性非洲博物馆在我院隆重开馆。幸运的是，自从我 7 月来到非院工作，就参与了博物馆的筹建管理工作。2010 年 9 月 14 日，我与李舒弟老师赴上海世博会非洲馆采购展品，用两天时间，将 56 个馆全部看完，并且跟每个馆的工作人员进行交流，宣传我们的非洲博物馆，初步筛选出哪些展品需要采购，最后由刘院长过来作决定。采购结束后，我负责将展品安全运回金华。虽然发生了一些意想不到的状况，最终还是顺利完成了采购及运输任务。博物馆的布展亦是一份充满挑战的工作，要在很短时间内对五百多件展品进行分类与介绍，同时还要考证一些重要展品的历史与价值，需要投入大量的时间与精力。所幸有刘院长、郭栋、李舒弟等这些对非洲艺术有着深厚造诣的前辈们指导，还有学生们的密切配合，如期完成了布展，确保了非洲博物馆的顺利开馆。如今非洲博物馆已然成为浙师大与非院的重要标志，接待了上万人次的参观与访问，为国人了解非洲提供了一个独特的窗口。

来“非馆”工作短短半年，我参与了“中国驻非大使访谈录”与非洲博物馆的建设工作，让我在实践中学习领悟到很多非洲研究的价值与意义，更坚定了自己做非洲研究的信心与决心。2011 年大年初二，我踏上了非洲这块神秘大陆，从最南端的好望角开始，一路向北。我要特别感谢非洲研究院的领导和我先生当时的老板 William 的大力支持！三个半月的田野考察，我收获了很多经历与友谊。我体验到了南非大都市的喧嚣与繁华，也感受到了博茨瓦纳偏远村庄里的静谧与祥和。我把自己田野调查中的见闻感受用博客的形式记录下来，在网络上与大家分享。同时也在当地档案馆与图书馆搜集文献资料，探索表象背后的原因。满载丰富的田野调查资料回国，我先后写出了《博茨瓦纳叶伊人田野调查报告》《博茨瓦纳民族问题研究》两篇文章，所幸都被人类学一级刊物审核通过并发表。编辑曾这样评价我的研究，“中国人类学对非洲的关注和研究刚刚起步，基于长期田野调查的研究成果就显得难能可贵”。

徐杰舜：当个人命运、家庭命运、集体命运、国家命运联系到一起时，很多事情都会水到渠成。你把儿子也生在了非洲，真是有胆量！听说也吃了不少苦头哇！

徐薇：对，确实吃了不少苦。因为没人帮我带孩子，老公白天还要上班，我都是一个人带孩子。不过，我们一家人能在一起，是最大的满足和快乐。有困难我和老公一起解决，并不觉得有多苦。而且博茨瓦纳干燥温暖的气候很适合婴儿的成长。我儿子在博茨瓦纳长到六个半月才回国，五个月时还和我们一起去赞比亚参加会议，小伙子身体很好很结实，给我们的生活带来很多快乐！决定到博茨瓦纳生孩子，也是因为在非洲研究院平台的支持下，我顺利申请到国家留学基金委的访问学者项目，赴博茨瓦纳大学访问一年。对我个人与家庭来说，又是一件一举多得的事情。既可以继续深入自己对博茨瓦纳社会文化的研究，为我申请到的教育部青年社科项目搜集资料，又能够照顾到家庭生活，与先生一起迎接新生命的到来。这一年，我在博茨瓦纳大学历史系选修了三门专业课程，同时也在孔子学院教中文，还在当地的华人报纸《华侨周报》上开辟专栏系统介绍博茨瓦纳的历史文化，服务华人社会。在博茨瓦纳访学的一年，我过得非常充实，生活里充满着感动与美好。我永远不会忘记，在我的课堂上，学生们给我带来的惊喜与感动。当时的我即将成为母亲，学生们私下里筹钱，买了很多新生儿用品送给我，还为我制作了一张精美的贺卡，上而写满了学生们祝福的话语和签名。他们还为我儿子取了一个地道的茨瓦纳语名字。

在博茨瓦纳人看来，有能力怀孕生子的女性是最值得人们尊敬与爱戴的！

徐杰舜：这几年你在非洲经历了很多，也发表了不少文章，开了中国人类学者研究非洲的先河。国内的非洲研究是什么情况？中国人类学者能做些什么呢？

徐薇：我想说，中国人类学者对非洲的关注和研究起步很晚，至今还鲜见由中国人类学者写出的非洲民族志。今年初，我刚刚出版了自己的第二本专著《博茨瓦纳族群生活与社会变迁》，是从族群互动的角度来看博茨瓦纳独立四十多年来的社会变迁。这本粗糙却不失真诚的作品，作为来自中国本土的人类学工作者完成的一本非洲民族志，希望能有助于推进中国的非洲人类学研究进程。中国人类学前辈们当然知道人类学是以“他者”和“异文化”为主要研究对象的，人类学研究者都应该以外部世界的“他者”为田野调查的对象，而不应该仅限于国内少数民族的田野调查。然而正如有些学者所分析的那样，长期以来由于多方面因素的限制，制约了中国人类学者田野调查范围的多样化选择。一方面，要获得到遥远的外部世界进行人类学田野调查的经费十分不易；另一方面，中国社会目前尚处于现代化的前期发展阶段，学者们的心胸、志向与抱负，也还没有拓展到更广阔的外部世界。

近年来，随着中国经济的崛起以及在世界格局中影响力的增强，加之21 世纪以来国家层面实施的“中国企业走出去”发展战略，使得越来越多的中国企业与个人走出国门，融入世界经济的洪流中。近期，习近平主席提出了“一带一路”的发展战略，就是要让中国经济与世界接轨，以扩大中国在国际上的影响力和大国地位。这既是国家的战略考量，也是现实需要。以非洲为例，截至 2013 年底，中国对非直接投资存量达到 250 亿美元规模，在非投资的中国企业超过 2500 家。自 2009 年起，中国连续五年成为非洲第一大贸易伙伴国，2013 年中非贸易额达到 2102 亿元。非洲成为中国重要的进口来源地、第二大海外承包工程市场和新兴的投资目的地。近十年来，中非关系的快速发展与升级，推动着越来越多的中国人走进非洲创业、生活，一个特殊的中国新移民群体正在形成。据不完全统计，在非中国人已达百万之众。与此同时，来中国经商工作、生活的非洲人仅在广州就已超 3 万，广州因此有了一个形象又可爱的新叫法“巧克力城”。中国与非洲，除了民众间的频繁互动，国家高层领导之间的互访也在逐年加强。新一代中国领导人习近平、李克强先后对非洲进行访问，公开发表重要讲话，全世界都看到了中国对非洲的重视与尊重，合作与投入。

与政界、民间此番繁荣景象形成鲜明反差的是，中国人类学界对非洲的陌生与无视。尽管学者们都是读着《努尔人》《阿赞德人的巫术、神谕与魔法》等西方人类学经典成长起来的，但那些经典所描述的是殖民时期的非洲。从1960年非洲独立年至今，过去了半个世纪，非洲社会早已发生了翻天覆地的变化！每当我参加国内的人类学学术会议，讲起自己的非洲研究，总会让同行们感到诧异与惊奇。年轻的同辈们会追问我为什么跑到非洲去？家人怎么办？非洲安全吗？年老的前辈们则热心地鼓励我要坚持做下去，因为中国需要了解非洲，不论官方还是民间，不论是学者还是民众！

事实上，长期以来中国学界对非洲的关注和研究主要集中在世界历史、国际政治与国际关系领域。学者们大都从宏观入手，或比较或分析几个重要非洲国家的重大政治经济活动。有的学者自诩为“万金油”，不论哪个国家发生状况，他都可以用国际关系的理论评论一番，尽管他很可能从未去过这个国家或仅在这个国家停留几日。由此可见，中国学界普遍忽视了非洲最基层部族与乡村社会普通人的日常生活以及人与人之间的互动关系与文化差异，而这正是人类学关注的焦点与优势！中国的非洲研究需要人类学者深入到非洲老百姓的日常生活里，观察体验当代非洲社会与文化，搜集第一手数据资料，基于中国人的文化背景，作出中国学者独立的分析与表述，才能生产出有真正学术价值的知识，并与世界学术对话，展示中国学者的主体地位。

徐杰舜：对，但相比于西方那些汗牛充栋的研究成果，中国人类学的非洲研究该怎么做呢？

徐薇：我们一直在仰视由一代代的西方人类学者用100多年时间辛苦垒砌起来的非洲研究大厦。对于刚刚起步的中国人类学者来说，这种仰视会令人感到晕眩、甚至恐惧，不敢越雷池一步！“人家做了那么多，我还去做什么？”这是我选择做非洲研究之初，如鲠在喉的一个问题。然而，当你清楚地意识到，任何一种人文社会科学的研究都不可避免地带有研究者的主观态度与判断时，这个问题就会迎刃而解。一百个人眼里有一百个哈姆雷特，西方人类学学者所建构出的理论大厦，为我们提供了可以借鉴和讨论的框架与平台，我们要根据自身学术发展的需要有选择地学习而不是全盘接受。正在崛起中的非洲本土人类学者向我们展示了从实际问题出发，开展跨学科、跨领域合作，将人类学的理念与方法充分融入社会发展与应用研究中去的务实精神与做法。很多非洲学者不愿去迎合西方、陷入理论建构的泥潭。找到解决问题的办法、改善非洲人民的生活，是他们做学术研究的最大动力与使命。那么，当代中国人类学者走进非洲、研究非洲的定位是什么？要履行哪些使命与责任？这些最基本的问题在我四年来不断地穿梭于中国与非洲大陆的过程中渐渐明晰。

首先，基于中国社会的知识需要。中国知识界对非洲的了解大多局限在宏观的政治经济领域，还鲜有对某个国家某个村落、社区微观系统的个案研究，这些个案会告诉我们当地人的生活现状及所思所想。人类学者要主动及时地与大众分享田野中的经历感受。网络上的社交媒体是最好的传播工具，可以让更多中国人了解真实的非洲。当然做到这些还不够，还要努力去追求人类学的更高境界，即以小见大、见微知著，将微观的个案与宏大的历史巧妙连接起来。

其次，突出问题意识，开展跨学科合作研究。当今非洲所面临并亟待解决的社会发展问题需要更多学者的关注与研究。如何建构一个稳定统一的国家？怎样有效遏制艾滋病蔓延？如何增加年轻人的就业、减少贫困？如何避免族群冲突乃至内战？……这些与非洲人民日常生活息息相关的问题需要不同学科背景的学者们在一起合作寻求最适合的解决之道。

再者，中国人类学者要积极与非洲本土学者开展合作研究。相比于西方学者的优越感，中国学者让非洲人感觉更加平等与谦和。我在非洲调研的过程中，很多非洲人都跟我说："中国人跟白人不一样，中国人和我们是平等的。"中国学者没有西方学者那么沉重的历史包袱，会更容易进入当地社会，让当地人更多地了解中国。几百年的殖民统治，西方文化已经侵入到非洲社会的方方面面，非洲人的语言、文化、思维方式都受着西方社会的深远影响，包括他们对中国的认知，很多都是西方人灌输的。因此中国与非洲之间，需要彼此面对面的真诚交流与了解，双方文化上的交流互鉴需要更多学者们的积极参与。

明确定位后，中国人类学者就要做好充分的准备走进非洲、融入田野。在此，我不想再重复有关田野调查的种种理论与方法，仅从我个人的田野经历出发，总结与反思田野中的得失利弊，期望能为有志于去非洲做田野的同行提供一些可以借鉴的经验。

正如我前面说的，2010 年我毕业于中央民族大学获得人类学博士学位，从硕士到博士的6年时光，除了课堂上研习最基础的人类学理论与方法，每年的寒暑假我都会在黑龙江农村跟随民间二人转艺人走乡串屯，了解艺人与乡村社会的互动关系。若不是我先生的出现，我根本不会想到自己的人生会跟非洲有任何关系，很有可能回到东北的某个高校，在社会学或民俗学系里教书，寒暑假再回到自己曾经的田野点，继续从人类学视角探究民间艺人与当代社会的关系。然而，人生真的不是如你想象般理应如此，有时命运会给你完全出乎意料的选择与安排。因为先生常驻非洲工作，他向我描绘与展示的非洲彻底颠覆了我对非洲的所有误解和想象，更驱使我对非洲产生了强烈的兴趣与好奇。怎样才能去非洲呢？就在我即将博士毕业、考虑就业去向之际，浙江师范大学非洲研究院的招聘启事上赫然写着“人类学博士1名”，我毫不犹豫地投出了简历，并如愿以偿地来到浙江师范大学非洲研究院工作。非洲研究院是一个团结、温暖、进取的集体，它给予青年学者充分施展自己才华的舞台。刘鸿武院长更是不遗余力地鼓励我们：“要怀着一颗热忱之心做学问，抓住一切机会与非洲学者建立直接的合作关系，摆脱过去直接照搬西方理论、移植西方成果的弊端，去非洲的田野做实地调查与国别个案研究，用自己的眼睛和心灵来观察非洲、体验非洲。”

在我到非洲研究院工作的第二年，即2011年的大年初二，我终于踏上了去非洲的旅途，圆了自己的非洲梦。此后的日子里，我在博茨瓦纳生活了19个月，又赴南非、赞比亚、喀麦隆做过短期的调研，对非洲国家有了更多直观的认识与了解。但在学术研究上，转型时期的困境与挑战时常令我感到沮丧与挫败，毕竟在我过去所受的教育中，有关非洲的知识少之又少。面对浩如烟海且大多是英文的前人研究成果，我像小蚂蚁啃大西瓜一样茫然无助……

经过在非洲的四年田野历练，我发现学术转型并不可怕，可怕的是找不到自己感兴趣并且能够驾驭的好问题！人类社会进入21世纪以来，不论是东方还是西方、资本主义国家还是社会主义国家的发展，都依赖现代化与科技进步，特别是第三世界的发展中国家，因为受到西方发达国家几百年的殖民统治与影响，更难找到适合本土社会发展的路径。

当今非洲大陆面临许多紧迫的问题，贫困与族群冲突、生态环境恶化、人口膨胀、医疗与公共卫生落后等。中国人类学者怎样分析这些问题，进而贡献出独具特色的解决方案？我认为除了具备敏锐的观察力与扎实的田野经验，还要努力彰显出赵旭东教授所提倡的“中国意识”的主体性，即基于中国社会发展经验与中国文化的主体意识。这种中国意识不同于西方的文化中心主义或者家长式作风，带有更多包容、平等、学习与借鉴的味道。对于长期受西方殖民与文化渗透的非洲国家来说，中国人的到来带给他们另外一种选择与可能，即没有历史包袱与心灵创伤，可以平等开放地合作。当然，西方学者也在经历着深刻的自我反省，中国学者亦经历着走向西方后又回归本土的自我转型，非洲学者同样需要这种回归与自觉。由此，我看到了中国与非洲各国在表面差异下的普遍共性，因为我们有着相似的发展历程与文化，我们更容易实现彼此间的理解与认同。

我总认为，找到好的研究问题并与个人兴趣相统一，是一个在田野中不断实践与发现的过程，而不是坐在书斋里自说自话。因此，不管你有没有做好理论与知识储备，当去非洲的机会来临时，你要紧紧抓住它，收拾好行囊，上路！

田野工作中的选点至关重要，直接关系到你是否能够顺利进入到当地人的生活。我的经验是：最好通过熟人介绍，而不是自己贸然闯入。如今的非洲人比中国人更看重亲族关系，更愿意将人际关系亲属化。我之所以会选择塞波帕杖（Sepopa）的叶伊人作为自己第一个非洲田野点，就是因为我先生一个华人朋友连先生在博茨瓦纳娶了一个叶伊女子为妻，连先生的岳母（也是我最重要的田野报道人）把我当作她的女儿一样看待，热情真诚地接纳了我，使我在村子里能够顺利安全地开展田野工作。田野中的每一天对我来说都是陌生而新奇的，除了按部就班地记录日常生活中的衣食住行，还要把握住生活中的重要时刻—葬礼、婚礼等仪式与节日活动。在这些非日常的场合与时刻中，我们更容易把握住某一文化最核心的特质。当然，我们在田野中会经常遇到尴尬与误解。真实记录下来，并反思这些误解的根源，就能找到跨文化比较的钥匙。人类学的田野与生活是密不可分的，在我看来，田野即是生活，生活即是田野，田野中我们面对的问题就是生活给我们的问题！

进入非洲田野，安全永远是第一位的。我永远不会忘记那个周五的夜晚，我和先生以及先生的同事一起遭遇的入室持枪抢劫！我们没有被突如其来的劫匪吓傻，而是很镇定地跟他们交流：冷静，请不要伤害我们，想要什么就拿什么……人生第一次被人用枪顶着脑门，也是第一次像电影里那样被人用胶带封住了眼睛、嘴巴还捆住了手脚。当危险来临，切记不要惊慌、不要喊叫和反抗，只需要举起双手配合，毕竟多数人只为图财而不是害命。我们不会忘记，已经故去的、走过非洲20多个国家的北京大学非洲问题研究专家李保平教授，在人生最后一次非洲之旅——喀麦隆调研时所遭遇的大劫难。可恨的贼偷走了他的相机、钱包、护照，还偷走了他的笔记本电脑——里面有他在非洲几个月来获得的数据，呕心沥血写的研究文章和游记，还有上万张照片。因为没有证件和钱，他被困在异乡半个月回不了国。宏大的学术梦想遭遇了毁灭性的打击，在他终于回到祖国时，身体完全垮了，结束了52岁的宝贵生命……可见，非洲田野既充满希望也有不可预知的危险与挑战，我们要时刻做好准备和防范，及时备份资料，与当地人建立良好的人际关系，最好能够找到一个当地人作为自己的向导或合作伙伴。田野调查是人心换人心的过程，将心比心、以诚相待，是做好田野的最大技巧。

尽管困难、危险重重，非洲研究仍吸引着越来越多的中国学者走进非洲、了解非洲。在吸收借鉴西方研究成果的基础上，中国学者亟待树立自己的学术主体性与学术自信心。不论什么样的理论，总要拿到实践中来检验。田野就是试金石与实验场，不但能够了解他者，更能反思自己。北京大学高丙中教授所带领的海外民族志研究团队即是通过对当地主流社会组织、公民社会的研究，来回应、反思中国所面临的社会问题。人类学对“他者”研究的意义就在于：在理解他者的同时，完成了对自我更好的认识。借用亚当斯《人类学的哲学之根》的话说就是：“人类学最令人欣慰的悖论，也是她最激励人的特征，就在于研究他者的同时也是一个自我发现的生命旅程。”

非洲研究需要更多的中国人类学者关注，从个人研究旨趣与“中国意识”出发，在非洲田野中、与非洲人面对面的互动中，发现好的学科问题，生产出新的知识与共识，积极探索并找到解决当今社会问题的路径和方法。

徐杰舜：对，中国学者要有自己的话语，而不是一味地模仿西方。虽然人类学也是一门西方学科，但我们中国人懂得兼容并蓄、学以致用，人类学为我们观察、思考、解决问题提供了很多很好的视角。对于发展中国家来说，如何摆脱贫穷、实现发展、维护国家统一，等等都是重要且棘手的问题。中国的人类学者要多多参与到这些发展中国家的研究中去，发挥所长，造福国家和人民。我一直认为非洲对中国来说非常重要，中国需要更多了解非洲的人，期待更多的年轻学者走进非洲，研究非洲，在更广阔的世界发出自己的声音！

徐薇：没错，中国学者还要用自己的母语——汉语来写作有关非洲的民族志，并用汉语来表述自己在非洲的所见所闻。不仅要突出其作为文化母体的中国视野，还要尝试建构一种用汉语作为载体的有关世界的表述机制。这是中国学术走向世界的重要一步！

在世界知识生产体系的框架内，非洲与中国一直是西方学者研究的对象，而不是自我表述的主体。也就是说有关非洲与中国的知识生产及其在世界范围内的传播，占主导地位的不是非洲与中国自身，而是西方的社会与学术圈子。特别是用英语、法语写作的有关非洲与中国的各类著述，它们建构了一套有关非洲与中国的知识话语，在很大程度上影响了中国与非洲之间的相互了解，更束缚了各自的自我表达。正如高丙中教授所言："西方是凝视者，非西方是被观察对象。知识的社会后果早就凸显出来：关于他人社会的叙事不仅在不断满足西方大众的猎奇之心，而且在知识和社会观念上不断强化我群与他群的一种中心一边缘的结构关系——如果我群与他群的相互表述是不平等的，这种结构关系也是不平等的。"以中文为母语的人口与中国人口在世界上占最大的比重。当越来越多的中国人走进非洲时，却苦于看不到中国人用汉语书写的有关非洲的民族志，这不能不说是一种遗憾。因此，用汉语来书写非洲文化，还代表着中国人类学界这样一种努力，即借助学术的力量，基于中国文化及其价值观，了解非洲社会与文化，进行跨文化比较研究，呈现出与西方所见不一样的非洲！

徐杰舜：你说的很好！你去年成功拿到了国家社科基金项目，有更好的条件继续做非洲研究，希望你越做越好！

徐薇：谢谢徐老师的鼓励，我一定会倾尽全力去做好非洲研究。我拿到的国家社科基金项目是"新南非种族与族群关系变迁研究"，所以我马上就要去南非做田野了。我同时也得到了浙师大非洲研究院的田野资助，期望这次去南非做田野有新的收获！谢谢徐老师！

徐杰舜：好！希望你能从中国学者的视野、感悟和智慧中，去不断认识非洲，感知非洲，从而提炼出具有中国话语的人类学范式。

徐薇：我一定会向这个方向努力的！

徐杰舜：我相信你一定会成功的！谢谢你接受我的采访。顺便告知各位读者，自我接受周大鸣教授的建议，从 1999 年开始对中国人类学者的访谈，历时16年，从56岁访谈到72岁，先后访谈了近100人。已于2004年、2009年汇编出版了《人类学世纪坦言》和《人类学世纪真言》。此后应《民族论坛》杂志社龙晔生社长之约，又访谈了30余人，大多在《民族论坛》上发表了。至此，我与龙晔生将合作主编《人类学世纪欢言》，将这部分访谈汇编出版，与前二本访谈录汇成中国人类学者访谈三部曲。这篇访谈是我的压轴之笔。对徐薇的访谈，有两层含义：一是中国人类学者走向了世界，与其他一些学者开始了真正的海外人类学田野考察；二是徐薇是一个青年学者，他们这一代人是人类学在中国的未来和希望!

【来源】《民族论坛》，2015年第5期，第5~11页，第25页。收入本书时略有改动。

向原住民学习：一种互惠的人类学

——访台湾东华大学吴天泰教授*

【被访谈者简介】吴天泰，博士，台湾东华大学教授。

吴天泰教授（摄影：佛子）

* 访谈人：罗彩娟、徐杰舜、韦小鹏（罗彩娟，博士，中山大学社会学与人类学学院博士后研究人员，广西师范大学政法学院副教授；韦小鹏，桂林金钟山旅游研究院副院长、人类学高级论坛秘书长助理、人类学乾坤网（wvv.ca101.cn）执行主编）。

徐杰舜：吴老师，很高兴在太原见到你！我们到你们花莲好几次都得到你热情的接待，周到的安排，一直都没有忘记在花莲美好的日子。

吴天泰：谢谢，其实是招待不周。

徐杰舜：我们虽然跟你认识那么早，但是我们大家对你的了解不是太多，所以大家很希望能够把你比较详细地介绍给大陆的学术界。先请吴老师介绍一下你的简历。

吴天泰：我跟乔先生❶一样是台大人类学系毕业的，他们都说我像个小学妹。

徐杰舜：你哪一年台大毕业？

吴天泰：1980 年，然后我还念了一个硕士，1983 年拿到硕士学位，然后我还到美国俄亥俄州立大学，跟陈中民教授，在美国待了 7 年。我 1990 年回来，然后就先在花莲师院任教，那时候成立了台湾第一个原住民教育研究中心。

徐杰舜：你回来就到花莲师院？

吴天泰：对，当时其实还有一个工作就在“中央研究院”，要请我当研究助理，可是它不是一个永久职，所以我就选定花莲师院。

徐杰舜：那你是在“中央研究院”的民族学研究所？

吴天泰：对，事实上我写博士论文的时候就是中研院族群所的约聘助理研究员，在里面待了一年，就做田野调查。到花莲师院，那时候一个人类学家到一个师范系统里，我也不知道我能做什么。然后想了半天就觉得原住民教育这一块我可以想办法做一些，所以我最后就经过我们校长的同意成立了原住民教育研究中心。一成立之后事业就越做越大，就做不完了，后来因为做了这个得到台湾的“十大杰出女青年”荣誉称号。后来乔先生在他的口述历史里面说，他在筹备成立族群所，当时李先生❷推荐我去。

徐杰舜：是这样你去东华，族群研究所成立是在 1996 还是 1997 年？

吴天泰：1995，我 1995 年过去的。

徐杰舜：你拿到“十大杰出女青年”，所以李先生推荐你到东华大学？

吴天泰：对，李先生向乔先生推荐我。乔先生是有名的学者，我们当

---

❶ 指的是乔健先生。乔先生为著名人类学家，香港中文大学讲座教授、人类学系创系主任，东华大学族群关系与文化研究所创所所长，人类学高级论坛顾问兼学术委员会主席。

❷ 指的是李亦园先生。李先生为著名人类学家，“中研院”院士，人类学高级论坛顾问。

学生的时候他到清华去演讲，我还坐车到新竹去听。他是我们很崇拜的学者。他不认得我，是李先生介绍的。

徐杰舜：当时乔先生、李先生都是你们台湾的民族学大师。

吴天泰：对，当时是陈中民先生去台湾过暑假，然后我找到他的研究室，见到陈中民先生，他看到我还蛮满意的，然后就收我当他的弟子。

徐杰舜：那你真的是很优秀啊。

吴天泰：没有，都是李先生推荐的。

徐杰舜：李先生扶持了很多年轻人。

吴天泰：是，很感谢恩师。

徐杰舜：你们台湾人类学很幸福。

吴天泰：我其实当初去美国留学的时候想要改行，那时候流行电脑，我还去补习班修了很多电脑课。可是我要申请学校必须请老师写介绍信，我就请李先生帮我写，他拒绝写。他说如果你念人类学我马上帮你写，结果我回去就改了，就念人类学了。

徐杰舜：就是说你是被李先生拿鞭子赶出来才学的。

吴天泰：他说人类学缺人，电脑不缺人。

徐杰舜：对呀，那你要是做电脑早就退休了。

吴天泰：因为那时候还不知道人类学出路是什么，那时候出国最流行的就是念电脑。我的同班同学就是念电脑，他念完硕士在美国就找到事做了，生活过得很丰裕。我们还在苦苦地念博士，不过就是人生的际遇不同。我现在不后悔念人类学，我觉得它大概把我人的特性做了蛮极致的发挥。我很喜欢教学生，好为人师，教学生的工作让我得到相当多的满足，做研究我觉得自己做得还不够好。不过可以写自己的文章挂自己的名字放在上面出版，那也是觉得非常有成就感的。所以还得感谢李先生让我走这条路。

徐杰舜：我们共同感谢李先生，要不是李先生对大陆学者的提携支持关照，我们有些东西还是糊里糊涂的。

吴天泰：客气了。我觉得大陆力量非常的大，人又多，我看到你们这么多人，各个项目都有人做那么深入细致的研究，其实非常羡慕。我们台湾人类学界还是人丁单薄啊。

罗彩娟：我们很想了解您学术的经历，还有主要的研究方向，将来很想拜读您的大作，向您学习。

吴天泰： 大概我到东华后开始做一些人类学相关研究，在师院体系里面我做的比较多的是一些教育人类学的工作。我觉得如果谈原住民教育，只是谈教育感觉还是空了点。因为原住民文化的内涵你不太了解的话，教了半天很多还是外来的东西，所以我后来很高兴回到族群所回归人类学老本行。从原住民文化这块来研究，我后来又跟学生合写了一些著作，就是原住民文化教育，我想我做出来的教育会跟其他人做出来的不太一样，因为我们是文化人类学的专业。今天下午也提到我们成立原住民民族学院的整个过程，我因为要负责写规划案办了一些活动，读了各国的相关的一些文献，有民族教育的文献，读了大陆的文献。当时我们民族学院要想设立，其实我们曾经请了大陆的好像是25个民族学院的院长请来我们东华大学开会，然后跟大家学习。因为大陆的民族学院成立的比我们早，我们那时候还没成立呢，所以想知道你们的经验。可是我们因为和你们状况又不太一样，所以后来规划出来的原住民民族学院，是一个原住民和汉人各占一半的学院。

罗彩娟： 不纯粹是原住民？

吴天泰： 对，因为基本上台湾当时也在流行谈多元文化教育，当时的状况就是原住民的老师也好，学生也好，原住民的学术，其实在高等教育里面还是比较缺少的，如果我们真的要聘用原住民籍的老师肯定也没那么多，因为“国立”大学聘的老师要有一定的师资水准。如果说当时要成立就要马上进来一批先生，可是我们原住民的老师没那么多。所以我们当时决定一方面谈原住民族教育，另外一方面谈多元文化教育，原住民学生和汉人学生各半。我们的学生能够进来修我们这些专业，不管是人类学、社会学，还是心理学方面的课程，至少让他们在论述，在做学问的基本能力上有一些素养。所以当时是这么成立的，不过经过十多年我最近在做的一个计划，就是我们目前的课程是对原住民文化的传承比较少，他们都是比较西方的知识和外来的知识，所以我最近的计划是以部落为本的人才培育。就是说上次孙九霞老师到我们学校去当访问学者，我还带她一起去我的田野里，因为我带学生到田野里去上课，请老人家讲故事，然后我也请一些长老到课堂里讲他们自己的历史故事。因为很多故事课本上都没有，可能长老们不见得所有的人都敢去大学上课，他们会有一些畏惧心理。我原先挑的都是曾经在国小当过校长、主任的老师，他们口才好，当然也很乐意。

韦小鹏：是原住民当中的那些精英。

吴天泰：对，他们的口才非常好，然后他们也很乐意去上课。我当时也做了一些问卷，问学生的反映，学生就说来越多越好。可是我们没有那么多的人，所以我觉得这部分可能需要一些沟通，需要让老人家知道他们上课要讲什么东西，可能要亲自跟他们沟通，他们比较放心。他们不会说叫我来讲学生就在睡觉，可能你会觉得没有成就感，所以这个部分我觉得我可以当一个很好的桥梁。

罗彩娟：就是你们做原住民教育，一方面是你们到原住民生活的地方去向他们学习？

吴天泰：是向他们学习。我去年出了一本书叫《向部落学习》，基本上我们就是强调不要学科的霸权，觉得我们比他们有知识。也许我们在西方知识上比他们多，但是我们的学生说他们讲得很好，说这些老人家很有智慧，是人生的智慧，他们讲几句我们的学生就佩服得不行。他们觉得这些可能是课堂上得不到的。

罗彩娟：他们主要讲些什么？

吴天泰：可能我就会请他们讲原住民的文化、传说、起源，还有他们的社会组织、母系社会，谈谈母系社会的一些特色。老人来讲，然后我来发问，学生就听得津津有味。当然学生他们也提问，不过老人家很有趣，他们围坐下来就先问我问题，确定我不是在乱问，通过他们的考验，然后他们才愿意多说一些东西。所以我觉得这个过程里面我们学者应该主动地建一个很好的桥梁，学习他们好的知识或文化的智慧，有机会可以传承下去。

罗彩娟：这一点非常重要，一直以来我们把他们当作一个教育的对象。他们作为一个主体来传授他们的知识，可能这正是我们所需要的。

吴天泰：对，这一点就是我现在做的。我个人觉得其实他们有非常多的智慧，也许他们没有科学的或实证的方式去把它呈现出来，那我们学者可能很擅长，这里面强调的就是研究伦理。我们都希望跟他们保持一种合作性的关系，而不是说把他们的智慧聚集起来变成我的，那是绝对不行的。

罗彩娟：这也是一种互惠。

吴天泰：对，这是一种互惠的，也就是说双方要建立在一定的互相信任的基础上面我们才能做。不过好在我们大学在地方有一定的名声，所以我到目前为止还没有碰到拒绝的。

韦小鹏：老师，我想了解一下学生们的反应。在老人家没来之前，他们对这些老人家的一种想象当中，学生认为老人家是什么样子？

吴天泰：因为我会请他们到我的课堂上去讲，通常都是能言善道，非常有自己文化知识的人，可以一边唱歌一边讲故事。因为他们算是多年在小学教书或是多年教书，所以口才非常的好。那可能会有一点点问题，就是他们有时传播的知识讲得过头了，并不是完全正确的。或者他们自己讲的太高兴了，还是有一点小缺点。所以说，基本上我们学生在他们走了之后，我都会做问卷调查，看看他们对这个课的反应是什么。当然学生里面会有原住民和非原住民，原住民的人他们都会觉得，甚至有的同学会和我说谢谢老师，因为他们说我请他们的长老来课堂里面上课，他们也会觉得很有面子，所以他们特别跑来和我说谢谢。我在想谢什么，后来我才比较能理解他们为什么谢我。非原住民的同学会在回答里说原来原住民他们也有这么棒的文化，以前他们在课本上都没有机会去了解，现在听长老自己讲出来。我上课也会讲，可是长老讲出来他们就觉得是完全不同的味道，所以他们就觉得很高兴有机会去认识。因为我以前在花莲学院教书的时候就常常批评我的学生说不了解原住民族文化，都是只有一些课本印象，甚至很多原住民学生都会觉得最好不要跟我们讲这个传统，因为那都是落伍的。甚至我有时候跟他们讲母系社会很好很喜欢，他们会说老师我们现在都是父系社会了。他们会说外在文化影响对自己的文化特质有一定的期许。可是这些现象在这十几年来讲我觉得改善的非常多，我们院里面的原住民学生其实是非常有自信的一群。而且他们让我很感动的是他们很自动自发，其实我觉得我们院里面最大的力量倒不是老师，是学生。学生很多社团活动好到我已经不能相信了，都是自动自发，而且也不需要学校给很多支持。我以前在当院长的时候尽量支持他们，可是他们也不希望因为拿了我们的钱就要听我们的命令做事，所以我都是从旁协助，陪伴他们成长，他们表现好的时候就鼓掌，他们是很感谢我的。我上个礼拜回学校碰到一个小女人就是目前的执行长，她看到我马上说老师抱一下，光天化日之下要我抱。可是她是真的看到我很开心，当然我也很开心地假装抱一下。

罗彩娟：在美国那么多年这些对您来说没有什么。

吴天泰：我们在台湾也很重视人际距离。尤其是老师，当然我知道学生是出于真情了，我也很感动。

罗彩娟：这对他们的影响非常的大。

韦小鹏：在学校教育体系里面原住民表现出的文化认同和文化传承，我不知道该怎么表达，在原住民当地，他们有没有力量来推动他们的文化传承？

吴天泰：有，其实他们现在因为原住民文化能受到重视，所以有很多经费支持他们做一些社区活动。

韦小鹏：这里边有官方的力量，还有他们自己本身的。

吴天泰：有，他们很多的经费大部分是来自官方的经费，现在渐渐有一些民间的经费。因为台湾有很多团体很关心原住民教育，像一些银行、企业，他们会自己主动，像郭台铭他也会主动去关怀我们的原住民孩子。放寒暑假没有饭吃，没有营养午餐，他们都会有一些帮助的活动。我有一些学生现在都在原住民学校里面当校长，他们常常会说跟企业募款反应很好。因为企业募款，不管他们钱怎么花，只要达到目的，在学校就可以做到比较充分的发挥。所以民间的力量我觉得比较有劲，官方的力量也很大。

韦小鹏：招生的时候原住民就可以加分吗？

吴天泰：对，我们在东华大学原住民学生是单独招生，他不是通过大考系统。所以进来他可能早期英文程度并不是很好，这些会影响譬如说我们在考硕班或者博士班他们的英文程度从小没有好好地训练，可能到念大学我们再怎么逼他也没办法到一定程度，所以他们就很难上硕班和博班。最近这几年我们自己也有修正我们的政策，我们的博班现在就有非常棒的原住民领导、年轻人他们来上，那些年轻人他们也到过美国留学，所以英文对他们来讲也不是问题。我觉得这整个环境有很大改变，开放比较多的原住民公费留考的学生，像我们院里面好几个老师就是原住民公费考回来，我们就聘任他。所以你可以看到改变，我跟徐老说我们族群所第一届学生现在已经有两位来当我们的老师。

徐杰舜：第一届的好像我还去跟他们讲演过。

吴天泰：对啊，他们都认得你啊。

徐杰舜：还有照片，现在都回来当老师了。

吴天泰：是的，政贤、宜泽都是我们老师，就他们两位。反正我的学生现在当副教授了，师范大学或者哪里都有，你可以看到我们的学生现在已经在学术上有他的位置了。

徐杰舜：所以你们培养了台湾少数族群的一代精英。

吴天泰：也不敢这么说了，不过就是乔先生当时有远见了。我们是台湾第一个以族群命名的研究所，后来很多所就成立了。交通大学他们也成立族群文化系还是所，他们都在我们后面成立。

徐杰舜：交通大学就是搞族群研究，名字叫客家？

吴天泰：它名字就叫族群文化。客家学院实际上在我们原住民成立之后他们才成立的，刚开始他们设系也是模仿我们。我们刚才下午讲过语言文化什么的，他们也是。不过最近因为少子化的关系，我看到有些客家学院他们就开始整并，变成一个单位。我们大学也要看情形，我不知道未来需不需要整并。

徐杰舜：所以你们东华大学这一块跟乔先生有很大的关系，他是先驱者。我记得我那时候去是 2001 年。

吴天泰：大楼设计好了，光是住进去就花了十年，当时是乔先生等人设计的。有一本书里面就是在这下面拍照，那时还是落土，搞了十年才盖好。

徐杰舜：吴老师，你进到东华大学做了三件最重要的事情。一件就是和乔先生搞了族群文化研究所，就是研究原住民，这个不仅是在台湾可以讲是在整个海峡两岸最早成立族群研究所。正因为有了你这个所，乔先生才跟我联系，说要在大陆开一个族群研讨会，我还第一次听他说族群，我说什么叫族群，我们这里都叫民族，所以你们东华大学这方面是先驱者。

吴天泰：这个功劳要归乔先生，我是跟随者，把他交付的任务做好。

徐杰舜：这让我得出一个非常重要的理论。

吴天泰：我觉得今天的讲演譬如说像陈志明老师讲的，乔先生在香港大学做的一些在我们东华大学就得到解决了，我们是真的实践了，我们不是只研究对方。

徐杰舜：所以我觉得这一件事情对你们东华大学族群文化研究所意义非同小可。

吴天泰：当年规划的人里面有李先生。

徐杰舜：有篇文章里讲乔先生，说乔先生是族群文化的先驱者，在你们东华大学做了一项开拓性的工作。所以我到你们那里去了三四次，反正我觉得非常有启发。从你们那里得到一个很好的理论武器，所以我回到大陆就学着做，这是我们一件特别重要的事情。

吴天泰：谢谢你们，我刚才跟罗老师说，我们当时设立原住民民族学院也是跟大陆的民族学院取经。当时的25个民族学院院长还有中央民大的校长都到我们那边去，我自己也到大陆好几个地区去看，甘肃、青海、云南这些地方我们都跑。就是想说台湾要建一个什么样的民族学院，那时候我们还在摸索。

徐杰舜：所以从人类学这个学科来讲，乔健先生以你们东华大学为载体和平台，把族群和族群文化研究应用到对台湾的族群研究，推广到中国大陆的族群研究，所以你们东华大学包括你在内这个学术贡献是非常重要的。

吴天泰：谢谢老师。

徐杰舜：做的第二件大事就是乔先生把大陆的民族学院移植到台湾东华大学，在东华大学成立原住民民族学院，这个也是很了不起的。当时我到你那里去的时候，你把方案给我看，还送了一份打印的给我，我看了很惊讶。后来我对三个学者说方案已经批下来了，我最后在我们的学报里介绍你们东华大学。

吴天泰：谢谢你把我们的名声打到了大陆去了，让我们来大陆也很方便，谢谢徐老师。

徐杰舜：这是你亲自参与的第二件大事情，非常重要，对我们是一个很大的鼓舞。我们大陆的民族学院放到台湾，成立了一个民族学院，我也觉得很惊讶。台湾当局批准这样一个方案的实施，做得那么好。这个民族学院可以讲倾注了你的心血。因为乔先生他是筹备小组的主任，做筹备批下来以后的建设设计发展时乔先生离开了，你让他的梦想成真了。所以乔先生不愧是大师，他做事情都是大事，一个好的理论出来，它不仅在台湾用，还推广到大陆用。他想开一个族群会议，让我帮他策划，帮他准备，最后策划方案是一山一水。

吴天泰：你还记得，我海报还留着。

徐杰舜：特别有意思，一山一水族群。我写了一篇文章叫靠山吃山，靠水吃水。靠山就是瑶族的，靠水就是平话的。

吴天泰：谢谢徐老很认真地在我们两岸中间穿针引线。

徐杰舜：那时很流行的，能够得到你们那边的邀请去台（湾）。

吴天泰：其实那时候两岸来往不方便，你们还得经过香港的。

徐杰舜：那个时候真不方便。

吴天泰：对啊，像我现在直航啊，多快乐。

徐杰舜：现在我们自助游，马上就能到。你是族群里的应用者，你是东华大学民族学院的操盘者，做的很好。第三个你做的事情是你本人的了，你对教人育人这块做的很好。

吴天泰：谢谢。早期台湾做教育人类学的人非常的少，那些老师可能只是写一些短篇的文章，我是长期开课，并出了一些专书。

徐杰舜：你能不能讲讲你出了哪几本著作？介绍一下你的教育人类学是哪一年出版的？

吴天泰：很久了，十多年了，现在都变成旧书不好意思拿给人家看了。因为现在教育人类学进展得非常快，当时人民大学出版人类学那本书，里面有请我写一篇教育人类学。招子明和陈刚编写的那本书叫《人类学》，中国人民大学出版，那个时候我刚好休假有空，里面也有我写的一篇文章。我也很感谢你们的邀请让我的文章在大陆也有读者。

徐杰舜：有，教育这块你是很优秀的。

吴天泰：因我原先是在花莲师院做原住民族教育嘛，后来到东华大学回归到人类学这一块。然后我就觉得我在做人类学这一部分可以有些帮助。再加上我的学生大部分都是中小学老师，他们现在很多人都当校长了。刚才跟他们讲，所以我想说退休以后可以到他们学校教英文，他们很开心。你可以看到开花结果，这些学生毕业以后回到教育界，他们有一些理想啊，甚至有时候比我想象中做的还好。像我有一个阿美族的学生，他现在当国小校长，我上次请他回来演讲，孙九霞老师还听呢，因为那时候她在台湾。他就讲述他怎么样利用我教他的人类学田野方法去工作，在他们学校推动原住民相关的教学。因为他自己是贫困家庭出生的小孩，他觉得对于那些阿美族出身的小孩来讲，教育是他们很重要的一个机会。所以通过他的率领，他也去向企业募款，他把他们学校一些很懒惰的老师变得很认真，因为他们会觉得非常有成就感，所以学校就会很有活力，甚至还推动教育驾驭学校。都放学了，小朋友都回家，家长都没人顾，他们就继续在学校有一些活动让学生学习。上次那个校长来，我就觉得他做的已经完全超过我对他的期许，做得更好，他们都有自己的发展，有自己的发挥。所以我觉得从事教育我很高兴，有机会能够做这样的工作。

徐杰舜：你做教育行业其实不光是做理论，你除了出了一本著作以外，你最重要的是在实践，特别是在原住民中小学师资的培训上。

吴天泰：在师范体系里面，时常上都是一些导师，可是后来到族群所老找我写论文的都是一些老师，在此进修的老师，或者毕业之后去当老师。等于是说我的一些教育理念透过他们也是有一些发挥。

徐杰舜：你能不能讲一个故事啊，你培养的学生，中学或者小学教师，最优秀的是阿美族的还是什么？

吴天泰：我刚才讲的那个校长，就是孙校长，他以前叫孙明忠，后来改名叫作孙秉棚。我上次请他回来演讲，他现在在春日国小当校长我们的学生有一个团体叫小米园，还到他们学校去，跟春日有一些合作。所以他现在除了把学校经营得很好以外，也是作为学长的心态给予很多的协助，让一些学生可以在春日部落很快地做一些活动，所以我们的学生还得到社团的奖，还得到不少的奖金。那个校长还非常的谦虚，因为我上次问他"你是用什么样的领导魅力可以修正这个学校的文化形态？"他说，"过去很多的老师是只要下课了是一秒钟都不愿意待在教室的，因为老师觉得教书没有成就感。可是现在老师们能待在学校就待在学校，因为他们找到了成就感。"那我问他："那你是怎么样领导的？"他说："我没有啊，我只是让他们做他们想做的事"。

徐杰舜：那就很成功了，是让老师有一种归属感和责任感。

吴天泰：那个校长其实是出身贫困家庭，他比别人多了一份责任心，再加上他有一些方法，配合我们现在社会的一些资源和投入，所以他就可以改善他们学校的教学环境。

徐杰舜：这是一个阿美族的学生？

吴天泰：阿美族的。还有一个学生是我指导他写的硕士论文，泰雅族的李季顺校长，他是一个泰雅族文化教育很重要的社区经营者。他好像开了一个民宿，听说在网络上还可以用英文找得到。外国人也很爱去，他就是把那个民宿经营的非常有特色。

徐杰舜：就是农家客栈。

吴天泰：对。

徐杰舜：你现在是在日本？

吴天泰：在日本东京外国语大学亚非研究所，担任访问学人。我做一个研究题目，比较自由。

徐杰舜：做些什么研究题目？

吴天泰：我做台湾地区跟日本的原住民族相关研究的一些比较，具体的题目还没出来，我还没开始写，现在还在外面玩。

徐杰舜：这个玩，人类学也就是玩，玩玩学问就玩出来了。

吴天泰：是、是、是。

徐杰舜：那你们这样到日本去是放假嘛。

吴天泰：没人说啊，那个就我们教授休假研究，留职留薪是有薪水的。

徐杰舜：有薪水的。

吴天泰：然后我们还不准去别的学校拿钱，拿钱违反规定的。

徐杰舜：你到日本来做访问是自费的哈。

吴天泰：对、对，自费的。可是现在我正在申请科技部计划，11 月才能下来。如果过的话，我可能就会有些钱在日本旅行，因为我想去看看日本的研究，北海道那边、冲绳那边，就是想看看他们的情况。也许会有更多的想象。

徐杰舜：对、对、对。那你从美国留学回来到现在应该 23 年了。这 23 年来做教育工作，又是人类学出身，你有哪些感受，值得总结一下？

吴天泰：我自己是觉得人类学是非常有魅力的学科，你了解的人类学的味道在其中，你这辈子大概就逃离不了。就是现在，我在休假嘛，我去旅行，我看到什么事，我就会有人类学的假设，看电视也会有分析。你根本没办法休息，你还是满脑子人类学，虽然我不读书了，因为休假了嘛，就是经常没读书了。

罗彩娟：您为什么选择到日本？

吴天泰：因为日本有它很多的相关研究成果。我觉得日本也是很重要的一块，所以就想到那里学点东西。

徐杰舜：你这次去日本访学去了多久？

吴天泰：应该是 8 月 1 日报到。

徐杰舜：哦。

吴天泰：对，我本来是不好意思公开离开日本，就是后来参加这个会，乔健先生打电话给我，我不好拒绝。

罗彩娟：从您身上学到很多怎么去尊师重教啊等这些对我们非常有帮助的东西，我们将来怎么去继承。

吴天泰：最重要的是我碰到大师了，人类学几个大师。

徐杰舜：你很有运气啊，台湾两个大师，一个李先生，一个乔先生。大师都是领导我们向前进的。

吴天泰：就是先驱者嘛，他就是有那个魅力。很多学者都是自己摸索，认为自己做得最伟大，别人的东西都做得不好，那这样的话其实是对学科的发展不利的。乔先生就是有本事，他后来在大陆做这些事情，我没有那么清楚。我这次来的时候才清楚。本来想说，他退休了、70 岁了，应该好好休息。没想到在大陆还做了那么多事，我这次来才了解。

徐杰舜：所以我还是想让你再总结一下，你做了 20 多年的研究，我们这里是少数民族家庭，你们那里是原住民家庭。你最大感受和体会是什么？

吴天泰：我觉得就是关系是可以透过教学、一些活动的设计，得到一些改善。它并不是我们原先想象的历史上面的关系，然后就变成不能够化解的结误。倒觉得没这回事，就是我们大家努力，然后彼此看得到对方的真心。我是觉得跟原住民族交往其实是蛮重要的一块，感觉到彼此是诚心的，然后我们是创造双赢的这样一个局面。得到他们真心的信任和合作，那后面的事情就好做，而前面可能需要一点时间，因为他们也不熟悉我们。他们也常常会受到一些别人的欺负啊或什么的，他们不太容易相信外面的人。我们大学是因为做很久了，他们好多子弟都送到我们这来，那口碑倒还有，所以到目前为止也做田野，没有碰到什么困难，都能很快和他们打成一片。

徐杰舜：那你做了这么多年，最重要的经验是什么？能说一下吗？

吴天泰：最重要的经验，我觉得是我从早期的原住民教育中心到后来所、系，到后来成立一个院。那我充分地感觉到，我们过去是一个中心，经费啊、人事啊，都不固定，然后靠自己去争取。那种不固定的感觉，到后来我们就放弃了，我们就真正从一个制度里面去寻求，正式建立一个学院。但学院也会受到一些外在的影响，政府经费预算的多少，可是学院有固定的资源和经费，所以我们可以坚持比较稳定的、长期的发展步骤的方针。那当前换的院长可能他们更能够做自己的事情，毕竟是自己人，他们可能也会有新的做法。可是我觉得至少我以一个非原住民去从事民族教育工作，我的感觉是，回馈超过我的想象。

徐杰舜：最重要的回馈是什么？

吴天泰：最重要的回馈，我觉得是看到这个教育的成长，包含学生他自己的成长。我真正的看到，他们从大一刚进来到大四毕业的时候充满自信，或者说，很多知识手段他们都会，然后到了社会里面，可以侃侃而谈去发展他们的才能。我觉得这一部分是我从事这个工作最大的回馈，倒不是我自己的成就，而是看到我学生的成就。前两个礼拜，我有个学生刚考上小学校长，我就抱一盆兰花去参加他的就职典礼，我比他还开心。我觉得那是我最开心的事情。因为我觉得那个学生考校长也不简单，他也考了很久。他是一个有理念的人，他也是一个有为的青年嘛，看到他们的未来会更好，老师开心啊。

徐杰舜：除了开心、成就感，你觉得你还有什么收获？

吴天泰：我觉得，我个人专业能力也在这个过程里得到成长，譬如主持好多会议啊，那我这方面的能力就加强了。那就等于说，我现在看年轻人在办会议，我会说："你这个没说？那个没说？"因为对我来讲，太熟了。主持会议啊、评论别人我都很快。像前阵子去评论一本书，会前半个钟头就读完了，然后我还评论最长、最久、点最多。把那个前台小姐吓一跳，说老师你太有学问了。我说我看了太多内容了，我就知道哪里有问题了，那个能力就成长了。就觉得是教和学相长。我觉得我的成长也是我的职业带给我的，那我看到自己成长、然后通过不断地学习，有了新的一些挑战。像我现在去日本游学又是另外一个挑战嘛，那我觉得这样的人生蛮有趣的。

徐杰舜：你还是很用功的啊。

吴天泰：我在读书方面好像没遇到什么困难。

徐杰舜：按现在的话说是学霸了。

吴天泰：在台湾念完硕士，那时候台湾还没有博士班，不过我还是刚刚懂，然后还没有全懂，就非常想去念博士。当我出国时，我爸还说："女孩子啊，你出去走啊，对象比较重要，你没有念完博士，没关系。"结果两样我都给他办到了。

罗彩娟：两不误。

徐杰舜：在那边带博士了吗？

吴天泰：带啊。我们现在有博士生啊，而且今年有二十几个人来报考，我们只有 4 个名额。

徐杰舜：只有 4 个名额啊。

吴天泰：4 个名额二十几个人来报考，而很多一定程度上非常优秀。

徐杰舜：你这么有经验了，你现在在日本做访学，访学回去以后，你有没有可能主持一次两岸的讨论会交流。

吴天泰：因为我不知道我回去以后是不是还要接任行政工作，因为行政工作比较有资源，我只是一个教授，光靠我那些学生也很难成事，譬如我们需要助理协助这些啊。

徐杰舜：对啊，对啊。

吴天泰：如果我还是接任行政工作就应该没问题，如果没有的话我就不知道。而且未来可能会换校长，然后学校可能会有些变化，不知道会怎么样，反正一年以后回去面对新局面。

徐杰舜：我就想我们这几个教授面谈，如果你有可能性，就是从日本回去以后，今年、明年、后年、大后年，如果有可能，希望能够主持一个讨论。

吴天泰：好，到时候我一定去。

罗彩娟：刚才听您对教育人类学这方面是有很多的研究，出了一本书《教育人类学》。

徐杰舜：你还有什么著作？

吴天泰：很多，最新的一部叫《向部落学习》。

徐杰舜：讲什么内容？

吴天泰：那是个合集，里面还有杨政贤老师的文章，基本就是“科技部”计划第一年的研究成果。我可能就是做美加纽澳原住民教育课程跟原住民教育比较分析。我最近出得比较多的是属于课程规划分析，因为我在做行政通常都会做那样的规划，但在规划之前，我通常都习惯会看看别人怎么做，然后规划台湾民族学院的。当年也是先跟你们学习，后跟各国学习，才写出这些。

韦小鹏：吴老师，你做教育人类学是在读硕士的时候开始吗？

吴天泰：老实说，我以前在美国有个老师，开教育人类学的课，那我有修。可是后来我在台湾开的教育人类学的课，其实跟那个时候老师教的又不一样了，因为人类学学问进步挺快嘛。那我在念书时念的东西有点过时了，后来我就加新的材料，过去学的东西是一本。真正像我们这种教书的常常要更新材料，每次开课都更新材料，已经跟当时老师教我的东西很不一样了。我自己觉得念博士学位的一个好处是，其实你给我们一个题目，因为我们知道理论和研究方法，自己也可以发展新的领域。像人类学教育这一块在台湾刚开始的时候找文献还找不到，没几本，屈指可数，可是现在去查，很多。可是我在人类学教育前面，不能说先驱，我是前面开始做的人。那时候要怎么做？也没范本，人类学家也不关心原住民教育这一块，因为他们觉得学校教育不属于传统制式那一块，等于说我要从头开始。可是我觉得我们的训练很好，等于说我到了我的职场里面，别人给我一个任务，比如我们这边要发展什么重点，那我们就用做学问的方法去做，都比较扎实，比较有成果。

罗彩娟：对。

吴天泰：我们跟一般没有受过学术训练的人比起来，讲的话别人也会比较相信，没有言之有误嘛，也都是有根据的。我们的推理也是很细致的，有脉络的，那就非常有说服力。

韦小鹏：您在硕士班做什么方向研究？

吴天泰：您一定很难想象，我做皮影戏。那时候，我好像是全台湾第一个做皮影戏文化剧本的分析。那个时候也是受到一些影响，想要做文化分析。台湾很多传统文化通过民间戏剧的展演，譬如宗教节什么的，在剧本中有。那个时候就给皮影戏的老师说，也是取得一定的诚信关系，拿到他们的剧本，然后根据他的剧本作分析，写我的硕士论文。

韦小鹏：那博士呢？

吴天泰：博士论文我是做性别研究的。

罗彩娟：性别人类学领域也很重要。

吴天泰：是啊，我其实在美国是受到很好的性别人类学的训练和研究，老师是那方面的大师。

罗彩娟：哦，那您也是在台湾做？

吴天泰：我是选最简单的方法，我做的是台湾大学女老师的研究。

罗彩娟：太重要了，研究成果出版了吗？

吴天泰：博士论文写完，后来我的出版都是分章在不同杂志里面出版。而大多数是英文，没有用中文出版。我在想我退休之前还得写一篇，因为我对大学女教授的事了解可多了。我最近在写一个大学女教授在校园里的性别反思，还没出版。

罗彩娟：您 23 年前做的大学女教授研究还是很有价值。当时那个年代，大学女教授的这种性别意识，还有她扮演的角色跟今天有什么不同，当时是什么样的情况？

吴天泰：其实有些状况没有很大的改善，比如说女性老师在工科、机械、电机工程、医学都比较少，当前是增加了一些，反正还是少。大学校园里的女性一级主管，大学校长也好、院长也好，肯定人数并不那么多。很多事情还是需要改进的，还是有很多事情改变了。现在我们有很多女的大学生、研究生，但博士生在台湾统计女生更多一些。可是并不代表我们书读得多就比男人有地位。

罗彩娟：掌权的还是男性，还是男权社会。

吴天泰：就是这个部分我们几千年的父系社会的思考嘛，我自己倒是在这边曾经担任过台湾教育部的性别平等委员会的委员，我担任了三任吧，我常常去那里给建议啊，具体的给他们建议。因为你会看到，很多人在写相关东西时充满偏见。对多元性别，还是有很多困难。

罗彩娟：那您有没有关注到女性是如何处理家庭、工作、事业之间的关系？

吴天泰：还是一个很大的问题。不过台湾的情形比日本好很多，日本女教授更辛苦。

罗彩娟：是吗？

吴天泰：对、对、对。还有待我进一步的研究才敢下结论。

罗彩娟：期待您的大作。

吴天泰：我想退休之前写一篇，刚好和我的博士论文对比嘛。那时的状况和现在的状况，我还会加一些新的东西，目的希望是促进性别平等，让我们女性得到更多的发挥。

罗彩娟：是不是参考了很多女权主义方面的文献。

吴天泰：对啊，过去念书就念了一堆啊，我书架上一堆，不过现在新的东西也出来了。做学问就是你这个东西不能荒废，再荒废后面跟上去就要花时间了。

罗彩娟：所以您说了这么多，您涉及的领域特别广，我们真的很佩服，比如教育人类学、性别人类学、族群人类学这些方面您都有关注，还有您涉及了一些艺术类型的皮影戏的研究。

吴天泰：那个话剧后来没有做了，中间退戏了。后来有人说，我做文化剧本比较多，那是早期，应该是30多年吧，也算是先驱。

韦小鹏：吴老师开始分析剧本，主要是哪些剧幕？

吴天泰：比如薛丁山、樊梨花啊，就是我们民间的那些。

韦小鹏：不是原住民的东西吧？

吴天泰：不，都是汉人的，汉人的民俗文化。原住民等我上大学才做。

罗彩娟：那以前是一直是做汉人社会的研究？

吴天泰：以前我们念大学本科去做田野调查，那时候我 18，还是 19 岁就进了部落这一组，以学生的身份回来写田野报告，写完以后，我们老师就帮我们选入研究生刊物里头。后来我就想，我们老师早期就看到我这种潜能，我自己就随便写写。也是注定的，那时候像乔先生 20 岁开始，好像已经在做研究了。对，那时候也没在意，就是交作业。

韦小鹏：后来呢？后来再也没有关注皮影戏吗？

吴天泰：对，我那个硕士论文做完就没再做了。其实人类学要做的事情太多了，样样通，样样松。还是选几个，最好不要超过两个。像我，就敲定两个，一个是族群，一个是性别。那我性别做得还是比较少。

罗彩娟：吴老师，您对族群研究方面有什么建议？

吴天泰：人类学去研究族群其实我们有我们的传统，只是说它运用到那个层面。我觉得很多层面都可以运用，只是凑巧我把它用在教育的层面吧。你可以运用到管理的层面，不同的族群要怎么去管理，经商、企业的那些东西，我觉得它还是有很多发展的可能性的。肯定要看你的需要，你研究地方面临的需要。不要说大家很流行观光，不是所有的事情大家都去做观光，我觉得这样对少数民族也不见得是好事。你不要一窝蜂，大家都做，我们也做。你可以去想一想在你们那个区什么样的工作最容易看到成果，我们也是可以努力的，就很容易切入进去了。像我们人类学过去去做田野调查，访问老人家，然后就回去写报告，我现在觉得这样的田野工作不够。像家访工作，老师也开心，学生也开心，我们自己也开心。

罗彩娟：很高兴有这个难得的机会向您请教，谢谢您。

吴天泰：太客气了，希望对你们有帮助。

【来源】《百色学院学报》，2015 年第 4 期，第 83 ~ 92 页。收入本书时略有改动。

筚路蓝缕创建族群文化博物馆

——访贺州学院南岭民族走廊研究院李晓明教授*

【被访谈者简介】 李晓明，博士，广西贺州学院南岭民族走廊研究院院长、教授。

李晓明教授

---

* 访谈人：徐杰舜。

徐杰舜：晓明好！我知道你是湖南人，而且有典型的湖南人的性格。到广西贺州工作也有十年了吧？这些年来，你一头扎进南岭地区的大山之中，经历无数艰辛，筚路蓝缕，成功创建了国内第一家“族群文化博物馆”，也是广西高校中唯一一家经广西文化厅批准备案的正规国有博物馆。我上个世纪 80 年代末第一次到贺州南乡考察，就深感贺州作为南岭走廊的核心区域，族群文化极为丰富多彩，确实是人类学族群文化的一座宝库。为此，我也被深深地迷住。你是怎么去贺州工作的？又怎么会想到要建博物馆的？

李晓明：徐老师好！我是 2005 年 7 月去贺州工作的。到今年，也正好十个年头了。2002 年以前，我在湖南的怀化学院工作。2005 年 6 月，我研究生毕业，正要回到怀化学院工作。当时广西梧州师专，现在叫贺州学院，正准备升格为本科。他们的陈洪江校长，是我在广西师范大学读研究生时的硕士生导师之一。他了解到怀化师专升格为怀化学院的申报材料是我做的，而且是当年全国唯一一所全票通过的，他就打电话给我，说是无论如何也要我去梧州师专工作，帮他专门负责升本材料的编写。老师召唤我去，我怎么好推辞？这样我就去了贺州。到梧州师专工作后，我用了三个多月的时间，把他们学校的申报材料重新做过。在 2005 年全国高校设置评议委员会专家组全体会议上投票时，又是当年全国唯一一所全票通过的。2006 年 3 月，国家教育部批复，梧州师专正式升格为贺州学院。我这辈子参与了两所专科学校升本材料的编写，而且都是全国高评委全票通过，真的很幸运。

徐杰舜：学校升本成功后，你就开始做贺州的研究了吗？

李晓明：是的。学校升本成功后，我就开始去了解贺州，了解南岭地区。我首先找地方性文献资料，找前人对南岭地区的研究成果。我读的第一本关于贺州的书，就是您在 1990 年写的那本《南乡春色：一个壮族乡社会文化的变迁》。您对贺州南乡壮族的经济生活、生产方式、社会结构和民俗文化等都作了较为系统的研究和介绍。我读的第二本书是您 2001 年写的《从磨合到整合：贺州族群关系研究》。这本书详细地介绍了贺州的族群结构及特征、族群边界与民族边界、族群互动与民族互动、族群认同与民族认同、族群关系与民族团结等内容。我带上您的书，走进南乡的壮族村寨，走进贺州的客家人、本地人、尖头瑶、平头瑶、顶板瑶、梧州瑶、土瑶、鸬鹚人、宝庆人、都人、标话人等族群聚居的村寨。我当时特别关注的是民族贫困问题。因为我的硕士学位论文研究的就是桂湘黔交界地区少数民族的“贫困代际传递”问题。2004 年，我在桂湘黔交界地区调查了整整一年。我认为，造成贫困代际传递的原因是多方面的。“贫困问题”绝对不只是一个“经济上贫困”的经济问题，它同时是一个“权利贫困”的政治问题、“文化贫困”的文化问题、“伦理贫困”的伦理问题、“生存条件恶劣”的环境问题、“社会保障缺失”的社会问题，等等。我在调查中发现，南岭瑶山的“贫困代际传递”现象也很普遍。如何防止和消除南岭瑶山的“贫困代际传递”，自然就成为了我研究的关注点。

徐杰舜：这两本书是我在上个世纪末，学习人类学文化变迁和族群理论，与我的学生一起完成的民族志报告。2001 年以后，我的研究重点转移了，没想到你会接上来，真是一种缘分。你进入贺州田野以后，怎么后来又没有继续做贫困代际传递问题的研究了呢？

李晓明：发生在 2006 年的一件事，让我彻底改变了我的研究兴趣和方向。2005 年底，我到了贺州的土瑶山寨，那是袁同凯在香港中文大学读博士研究生时的田野点。袁同凯博士 2004 年出版了他的博士论文《走进竹篱教室：土瑶学校教育的民族志研究》。我也进入大桂山深处，访问了一位姓凤的土瑶老人。他当时是 88 岁。我在他们家住了一个星期。他把他所收藏的各种手抄经书、歌书、文书等共 28 册都拿出来给我看。他允许我拍照，但不卖给我。我回到学校后，立即着手整理这些手抄文献资料照片。我发现其中有 52 个字我不认识。比如，一点一横下面一个日字，一点一横下面一个大字，左边一个口、右边一竖是什么字？上面一个人、下面一个山是什么字？我查遍所有的字典，也找不到这些字。这些就是瑶学专家们所谈到过的“瑶字”吗？因为我不是搞文字研究的，以前也从来没有关注过瑶族的文字。没有办法，我必须进山去向老人请教。2006 年 2 月下旬，学校快要开学了。那时我在经济与管理学院分管学生工作，只要一开学，我的进村时间就不太好安排了。我得赶在开学之前进山拜访这位老人。那天天气比较冷，山路又有点湿滑，我翻过两座山，走了差不多 7 个小时的山路，才到达老人所住的山寨。

一进山寨，我远远地看见老人所住的房屋大门是关着的。我在担心，老人应该不会出门了吧。等我走到大门前，发现大门是锁着的。我就到隔壁的邻居家去问。“这位老大爷为什么不在家，去哪里了？”隔壁的老大妈说：“他走了。”我又问：“他走到哪里去了？”老大妈说：“他死了。”唉，原来是我没听懂。老大妈说的“走了”，是过世了。我又问：“他儿子怎么也不在家？”老大妈说：“他儿子在后面的山上砍柴。”我马上又爬到后山去找他儿子。我还没有看到他的人影，他就远远的在向我打招呼了。他儿子停下手中的活，问我找他有什么事。我说上次我在你老爸那里看到的那些书，上面有些字我不认识，想向他请教。想不到，他老人家这么快就过世了。他儿子说“那些书上的字，我们也认不了，所以，那些书全部给他带走了。”我说：“全埋藏了？”他说：“全部烧掉了。”我在村子里住了三天，找遍了全寨所有老人，没有一个人能认得那些字。真的是“死了一个人，留下一个谜”。这些老人差不多都是民国时期出生的人。残存在他们手中的这些手抄文献，是用文字记载着的一个族群的历史和文化。天天都有老人过世，天天都有珍贵手抄文献被烧掉。我们怎么办？眼睁睁地看着这些珍贵的文化遗产消失吗？于是，我下定决心，停下我原来的研究计划，全力以赴，与时间赛跑，与死神赛跑，抢救老人们保存着的这些珍贵民间手抄文献。

徐杰舜：啊！原来如此！那么，这些年来，你抢救民间文献的成效怎么样呢？

李晓明：成效非常大！到目前为止，从贺州及周边区域共收集到各种手抄经书1200多部，碑刻400多方，木质牌匾150多块，契约2000多份，歌书200多部，药书、婚书、信件、日记、诗文等书籍100多种。在这些资料的基础上，我又从国内外相关机构复印了有关南岭地区的各种历史文献资料1万多种，于2013年创建了一个“地方特色文献资料室”，正在进行数字化处理，以便建立一个“南岭走廊文献资源数据库”。

徐杰舜：你在村寨里面除了手抄文献资料，还收集了一些什么民间宝贝？

李晓明：2006年和2007年，正是新农村建设搞得热火朝天的时候。在“拆掉老村建新村”的口号下，贺州乡间不少古民居建筑被拆掉。我发现许多很精美的古民居建筑构件、门窗雕花板等，随意堆放在村头寨尾。不少广东来的民间收藏家们进入贺州以十分便宜的价钱收购这些旧构件。那些民居建筑构件和门窗雕花板，造型、制作工艺都十分精湛，具有很强的地方特色和深厚的文化内涵，无疑是贺州历史文化的重要表现形式。于是，我也开始收集，而且收集的范围也不再局限于门窗雕花木板。我是按生产用具、生活用具、服饰、工艺制品、宗教用具、碑刻、牌匾、契约文书、乐器、经书、道具、陶瓷器、钱币、明清家具等方面来分类收集的。当时我只是希望收集得比较多了，可以在我们研究基地搞一间陈列室。

徐杰舜：确实，贺州历史文化底蕴深厚，值得研究的东西很多。

李晓明：贺州位于南岭走廊的核心区域，是进行人类学研究的一个特别有价值的田野点。南岭走廊的世居族群主要属汉藏语系族群。汉语族群中分布有讲汉语西南官话、吴语、闽语、粤语、客家话、赣语、湘语等7大方言的汉族；壮侗语族族群中有壮傣语支的壮族、布依族和侗水语支的侗、水、仫佬、毛南等民族；苗瑶语族中有瑶族、苗族等民族。在南岭走廊世居的各少数民族都是典型的山地民族。他们世世代代在这里繁衍生息，创造了悠久的历史和异彩纷呈的民族文化，留下了大量珍贵的非物质文化遗产。早在1982年5月，费孝通先生在华中工学院社会学研究班座谈会上就说过："广西、湖南、广东这几个省区能不能把南岭山脉这一条走廊上的苗、瑶、畲、壮、侗、水、布依等民族，即苗瑶语族和壮侗语族这两大集团的关系都搞出来。这里各种民族有其特点，山区民族就同傣语系各族不一样，以后的发展的前景也不同。"费孝通先生之所以殷切期望和嘱托我们要加强对南岭走廊各民族的深入研究，是因为该研究有助于我们深入了解各民族各族群多元文化之间在文化接触、文化排斥、文化冲突、文化适应、文化互动与互制、文化互补与互证、文化认同与离散、文化融合与涵化、文化共生与文化和谐等方面的基本特征、基本模式和基本规律。值得我们收集和研究的东西特别多。

徐杰舜：那你怎么会想到要建"族群文化博物馆"呢？

李晓明：中国早期的人类学家们不仅重视田野调查，也十分重视收集田野点的各种民俗文物。20世纪20年代，中山大学民俗学会的顾颉刚、钟敬文、容肇祖、刘万章、杨成志等人类学家就在校内设立了"民俗物陈列室"，分14类，公开展出了一万多件。而我建设"族群文化博物馆"的创意，应归功于钟文典先生。2007年9月5日，钟文典先生应我们研究基地的邀请来到了贺州学院，随行的还有王建周、江佑霖两位先生。我是想请他们来指导我们草创的"族群文化研究基地"的建设工作。座谈会结束后，我请钟老先生到我们研究基地的办公室看看。钟老来到我的办公室，特别注意到了我办公室的一个角落里堆放着的几十件民间生产生活用具和雕花木板。钟老先生说："这种东西都是我们小时候用过的。"钟老先生问我："你把这些村民用过的器具也收回来了？"我回答说："现在村民基本上都不用这些东西了。原来用的木器、竹器等生产生活用具，现在都被塑料、铁皮替代了。再过二十年，下一代人基本上就见不到这些东西了。这几十件物品是我在做田野调查的时候，村民们见我对这些东西感兴趣，他们就送给我了。”钟文典先生突然很严肃地望着我，停了好几秒后才开口说：“好啊，简直太好了！晓明，你们继续收，收得越多越好。等收集得多了，做成一个民俗文化的专题博物馆，把这些东西分类展示出来。”我说：“好！钟老，我一定要建成一个博物馆。”钟老先生开心地笑着说：“晓明啊，这是一件功德无量的事啊！”几年努力下来，我的族群文化博物馆终于建成了。根据广西壮族自治区文化厅“桂文博备字（2015）1号”文件批准，我的博物馆正式定名为：“贺州族群文化博物馆”。贺州市机构编制委员会下发的“贺编（2015）45号”文件批准，“贺州族群文化博物馆”作为贺州学院的二级机构与“南岭民族走廊研究院”合署办公。

徐杰舜：建族群文化博物馆，真是不容易！我做了五十年的田野，见到不少民间的宝贝，也常有收集的冲动。有一年我收集了白裤瑶的服装，曾梦想建一个瑶族的服饰博物馆，但心有余而力不足，几乎没有可能。而你们以几个人的力量建成一家博物馆是很不容易的，你们经历的艰难困苦一定很多吧？

李晓明：是的。一是不被人理解。全校上下不少人认为我是一个疯子。也有人公开说我是贺州学院的“垃圾大王”。有学校领导找我谈话说：“你为什么不多写几篇文章，多出几本书？那才是科研成果，学校还给予奖励。你现在整天收集这些破烂，既浪费了大量的时间和精力，又没得成果。”我说：“不好意思。你们认为我收集的这些东西是破烂，是垃圾，而我认为都是宝贝，是民族文化的宝贝，我喜欢！况且，我没有花学校的钱。至于科研成果，我2005年还是助教，从助教到教授我只用了7年时间。这7年时间发表了40多篇文章，出版了4本著作，完成了15个厅级以上科研课题，研究工作我并没有停下啊。”连我的硕士研究生导师也说我是不务正业。不被人理解，常常搞得我很郁闷。但是，我的几个好朋友，古贤明、陈才佳、吴声军……他们却全力支持我，而且陪我一同下乡找东西，扛东西，不怕脏，不怕累，不叫苦！

二是收集实物困难。1949年以后的生产用具、生活用具还比较好找一点，因为村民已经不用了。原来的竹器木器已经被塑料铁皮替代了。难找的主要是贵重的服饰、契约文书、古钱币、古家具、牌匾、碑刻等。其实，民国以前的东西都很难找。一个有特色的“谷磨”我都找了三年才找到。好多东西村民早就不用了，都放到阁楼上去了。我们一般都要爬到村民的阁楼上去找。发现了我们所需要的东西，就做他们的思想工作，动员他们捐献给我们或以最低的价格卖给我们。我非常感谢贺州的广大村民，他们无偿地捐献了很多民俗类的器物给我们博物馆。

三是没有场地。我收集回来的东西越来越多，我的办公室都堆不下了。我想先搞一个展示厅，但学校用房紧张。2012 年 10 月，经陈洪江校长亲自协调，终于在图书馆挤出一间大教室给我们作展示馆。我们自己动手，用了一个多月的时间布展。2012 年 12 月，我们的族群文化博物馆得以正式开馆。

四是没有经费。2008 年，我主持申报的广西高校重点建设研究基地获得批准，教育厅给了 20 万元的建设经费。钱到学校，他们就给分了，只给了我两万元。2010 年，我主持申报的广西高校重点研究基地获得批准，教育厅给了 60 万元的建设经费。他们又分掉了 36 万，我们只得了 24 万元。

但是，我们的坚持，终于打动了各级领导。2010 年 10 月，我申报的中央财政支持地方高校发展专项资金获得批准，获得 200 万元建设经费，族群文化博物馆的建设才终于获得了生机。新上任的吴郭泉校长高度重视，展馆场地也扩大到了 2100 多平方米。我们立即征集了一批实物，重新开始装修和布展。为了节约经费，全馆的所有的陈列都是我们自己动手做的。这些年来，我们没有休息过一个周末。2012 年暑假期间，我们几个人打着赤膊，整整干了两个月。2012 年 12 月，广西教育厅、文化厅和贺州市领导参加了博物馆揭牌仪式，族群文化博物馆正式挂牌对外开放。

徐杰舜：真不简单！真是实干出成果！现在你的族群文化博物馆有哪些基本陈列？

李晓明：到目前为止，我们的“族群文化博物馆”有展厅面积 2200 多平方米，办公和配套用房有 300 多平方米。常规陈列分为 5 个专题展示厅，共展出各族群民俗文化实物 12000 多件，馆藏文化实物 32000 多件。经广西文化厅专家组初步评估认定，资产总值超过 1 亿元人民币。我们的展品陈列主要分为 11 个大类。

一是族群民俗文物类。现展出明清至民国时期贺州各族群民俗类文物 2000 多件，主要包括民间乐器、宗教用具、婚丧用具、服饰等。您想建的瑶族服饰博物馆，我也基本上建得差不多了，我收集和展示了 21 个瑶族支系族群的男女服饰。

二是生产生活用具类。展出有各族群日常生产生活用具550多件。包括各种犁、耙、锄头、打谷桶、水桶、油榨、风车、水车、纺织工具、木匠工具、泥瓦匠工具、陶器制造工具、竹篾匠工具、狩猎工具、捕鱼工具、度量衡器具、各种刀具和日常生活用具等。

三是矿冶钱币类。展出有贺州宋代上寺钱监遗址出土的冶炼遗存物和贺州矿产标本200多件。展出贺州出土的西汉至民国历代流通使用过的各种不同材质与形态的钱币769种，其中以王莽“货泉”、五代十国时期的铅钱和宋代贺州上寺钱监铸造的“夹锡铁钱”最为珍贵。宋代贺州上寺钱监铸造的“夹锡铁钱”破解了中国钱币史上一个争论了一百多年的谜团，说明古代能够将不同熔点的金属“铁和锡”做成合金。同时也说明，古代中央王朝为了不让岭南等边远地区的土著族群将铁钱打制成刀枪等兵器，在钱币铸造方面都用尽了心思。

四是石雕文物类。展出有明代所刻的“状元省亲图”石碑1方和雕龙石座一对；有明代朝天吼与石狮组合的石柱一对，以及石础、石槽、石罗汉、画像石、石香炉等60多件。

五是木雕工艺品类。展出有古代各类门窗、雕花板、雕花床、各种家具、神龛、神像、傩面、木刻对联、堂号、牌匾等5000多件。其中以中国科举史上最后一个“三元及第”的状元陈继昌的“三元及第”匾和“状元及第”匾尤为珍贵。大量木雕工艺品都是鎏金、镂空雕花的。不仅工艺精湛、造型美观，而且材质有海南黄花梨、紫檀木、酸枝木、铁梨木、红梨木、黄杨木、南岭黄檀等名贵木料。

六是书画作品类。展出有我国著名书画篆刻家、南方焦墨山水画坛杰出代表林汉涛先生以贺州为题材写生创作的艺术作品90件，并收藏有清代宫廷画和瑶族神像画等绘画作品100多件。

七是陶瓷类。展出有高古陶瓷器78件。其中有西汉陶仓罐、唐宋时期的多角罐和五管罐、宋代官窑和民窑瓷器、明清及民国瓷器。

八是灯具类。灯是给人类带来光明的器具。灯具的变迁反映了人类文明的发展历程。我们收集并展出有西汉至改革开放前民间使用过的各种类型的灯具68种。

九是手抄文献类。展出有10年来我所收集到的各族群契约文书、手抄经书和其他手抄文献典籍200多种，3000多册，还有各类咒符300多种。

这部分手抄文献特别珍贵，堪称贺州历史文化的精品。

十是音像资料类。我们在田野调查中，对各族群歌谣、舞蹈、仪式等进行了现场录音录像。现有音像资料 12T，光盘 350 多张，族谱 55 种，并创建了“地方特色文献资料室”。

十一是语言资料类。贺州活态存在的少数民族语言有壮语、瑶族勉语、苗语和标话。汉语方言有西南官话、客家话、闽语、粤语、湘语、平话等。汉语方言中又有多种差别较大的次方言，如：白话、本地话、客家话、桂柳话、梧州话、铺门话、鸬鹚话、宝庆话、七都话、八都话、九都话、钟山话、大宁声、开建话、六周声、街话、连滩声等20 多种。经过长期的调查和资料积累，我们已建立了贺州方言语音语料库并制作出了贺州方言地图，已启动了“方言博物馆”的建设工作。

徐杰舜：真是丰富多彩！有机会一定去看看。族群文化博物馆现在的开放接待参观情况怎么样？

李晓明：族群文化博物馆于 2012 年 12 月开馆以来，坚持每年开放 10 个月。除了春节期间和展品维护保养期间外，基本上全天候开放。因为人员配备还不够，每学期我都从在校大学生中招聘一批志愿者，对他们进行培训，让他们参与博物馆的日常管理、导览和讲解。我们博物馆也为贫困学生提供有 8 个勤工助学岗位和 5 个助研岗位，每人每月给 200 元的生活费。他们非常认真负责，干得很好。我们指导的学生写的研究论文还多次获得教育厅及广西壮族自治区级的奖励。

2012 年 12 月开馆以来，我们团队获得省部级及以上科研项目 18 项；组织各种培训班 10 多期，开展民俗文化传承活动 30 多场次，接待参访人数达 8 万多人次。参访人员中既有各级领导干部、专家学者和普通群众，也有来自港、澳、台的参访团，还有来自英国、美国、瑞士、泰国、越南、马来西亚、新加坡、韩国、日本等世界各地的外国客人。“族群文化博物馆”已成为贺州市青年干部培训基地、贺州市社科联科普教育基地、青少年爱国主义教育基地、贺州“非遗”保护研究展示基地，成为了贺州市对外文化交流的响亮名片，也是贺州学院转型发展、服务地方的一大特色和亮点。

徐杰舜：你做了一件功德无量的事！你下一步还有什么样的计划？

李晓明：族群文化博物馆在广西区内外的影响越来越大，在港、澳、台都产生了良好的反响，来参观的人越来越多，现在的场地很不够。我已向学校提出，只要有场地，我每年可以新布展一个专题展示馆。我已经向政府主管部门提出书面报告，学校愿意出土地，请求广西壮族自治区人民政府和贺州市人民政府支持，新建一座建筑面积9000平方米的族群文化博物馆。另外，学校领导同意在校园内，新建一个占地100多亩的“岭南民居建筑博览园”。收购贺州20多个族群不同风格、不同材质、已经废弃的古民居建筑50~60栋，整体迁建到校园内。我们族群文化博物馆现在已经是国家AAA级景区。“岭南民居建筑博览园”建成后，将可成为4A甚至5A级景区。

2011年，国家文物局、教育部在《关于加强高校博物馆建设与发展的通知》中明确提出，“高校博物馆是现代教育体系和博物馆事业的重要组成部分，是探索和实践新型人才培养模式、实现高等教育现代化的重要机构，是开展探究式学习、参与式教学、实践教学的适宜场所，是开展原创科研的重要基地，也是构建公共文化服务体系，建设和谐社会的一支重要力量。高水平高校博物馆是大学深厚学术和文化积淀的重要标志，是优秀大学的重要标志。”我非常感谢我们学校的现任领导班子。他们非常重视和大力支持族群文化博物馆的建设和发展。我们要把博物馆建设与学科建设结合起来，主动融入校园文化建设和地方公共文化服务体系建设，不断提高在藏品收集和保护、陈列展览、社会教育、科学研究、人才培养等方面的水平，办出特色，办出效益。

徐杰舜：作为一名人类学学者，能亲自创建一座与人类学相关的博物馆，那无疑是一个伟大的梦想和无上的荣耀。功在当代，利在千秋！你们为后人留下了一笔永久的文化财富。去年采访浙江师范大学非洲研究女学者徐薇博士时，我曾宣称为压轴之篇，长达15年的人类学访谈录收山了。但今天你创建“族群文化博物馆”的成功震撼了我，也感动了我。我要把你和你的族群文化博物馆介绍给大家！

李晓明：谢谢徐老师的鼓励。族群文化博物馆的建设是一项永久的事业，需要一代又一代的人来做接力跑。我们一定加倍努力，再把“方言博物馆”建起来，把族群文化博物馆建设得更好。

【来源】《民族论坛》，2015年第11期，第25~30页。收入本书时略有改动。

汉民族研究：历史的建构与建构的历史

——访广西民族大学徐杰舜教授*

【被访谈者简介】徐杰舜，广西民族大学二级教授、博士生导师。

徐杰舜教授（摄影：徐桂兰）

* 访谈人：刘冰清；苗族，湖南沅陵人，三峡大学民族学院教授；访谈时间：2014 年 11 月 5 日；访谈地点：广西南宁相思湖国际大酒店；录音整理：徐猛。

刘冰清：徐老师，您好！您是以汉民族研究起家和见长的，但长期以来，国内外学术界对中国的民族研究似乎就只是少数民族的研究，使汉民族这个历史久远的超大民族几乎淹没在庞大的少数民族研究的话语体系当中，甚至有人否认“汉族是一个民族”，您怎么看这个问题？为什么您要耗费几十年的光阴潜心于追问汉族？

徐杰舜：确实。汉族是民族吗？汉族从哪里来，又要到哪里去？在21世纪的国际视域中，这已经是人们越来越关心的问题，越来越感兴趣的问题。为什么？长期以来，对于汉族这样一个庞然大族，人们要么是熟视无睹，不以为它是民族，以为中国就是汉族，汉族就是中国，步入了民族与国家不分的误区；要么是不甚理解，这么多的人口，这么长的历史，内部差异又如此巨大，进而怀疑汉族是不是民族。后面的问题，我在国际上碰到的特别多，有的学者认为汉族不是一个民族，它可能是一个种族，近13亿的人口，内部差异又很大，方言林立，百里殊风，十里殊俗，却又高度认同，那么汉族是一个民族吗？

在人类学家和民族学家的研究中，汉族是最不可思议的一个民族了。中央民族大学的张海洋教授和我曾经在《中国国家地理》杂志2010年第8期中有言：“汉族是最没有特点的民族，也是特点最多样的民族。汉族是没有民族服装的民族，也是服饰文化最丰富的民族。汉族是人数最多的民族，也是我们最不了解的民族。”有人会讲穿旗袍的就是汉族，拜托！那旗袍是满族服饰的改良和发展，而非汉族传统的民族服饰。现在有些年轻的学生喜欢搞汉服，网上就有很多，穿无口、宽衣大袖的袍服，头发长长的，一些重要的祭祀纪念活动、民俗节日等都能看到汉服的部分元素。同时，汉族服饰文化又是最丰富的，汉族服装就是深衣广袖吗？你们到福建去，惠安女穿的衣服就太新鲜了，她老早就把肚皮露在外面了。惠安女买雪花膏不是用来擦脸的而是用来抹肚皮的，因为肚皮露在外面一天到晚被海风吹。你再到贵州屯堡去好了，那里的妇女穿的服装到现在都穿得像是苗族的。苏州市甪直镇一带妇女穿的传统服饰，包头、肚兜、大襟拼接衫、拼裆裤、襉裙、束腰、卷膀、绣花鞋那更是堪称一绝。汉族服饰实在是太丰富了，太多彩了。

汉族就是这样一个内部差异巨大，同时又是一个被高度认同的民族共同体。但是，“汉族人对于民族的认同感远远低于对省籍的认同感”。不也有人讲你上海人只认上海人，看不起外省人，看不起苏北人，不是也有问题吗？北京人就更是不得了，自以为是爷们。所以从认同感来说，汉族人对省籍的认同比对国家的认同还要厉害一点。汉族还是宗教信仰最为复杂的一个民族。汉族人什么都信，什么都有神，土地神、雷公雷母、风神、山神、河神，等等，天皇地祇、山神人鬼，有一套十分庞杂的神谱体系。如果晚上上厕所就有厕所神在保护你，如果结婚生孩子了，就有床神在保佑孩子。几乎村村有庙宇，处处供菩萨。极其丰富的宗教信仰内容，是汉民族灿烂文化的一个重要组成部分。所以如果说中华民族是长江，汉江是长江最大的支流，那么汉族就是汉江。

汉族就是一个民族，在这个世界民族的万花筒当中，汉族以其悠久而连绵的历史，灿烂而多彩的文化，坚忍和合的理念，众多而共为的人口屹立于世界民族之林。它无疑是世界民族的万花筒当中最耀眼、最鲜丽、最伟岸的奇葩。真的，这个世界上如果汉族动一下那就是震惊世界，就是不得了，她人太多了。

但是长期以来为什么只有中国史没有汉族史？范文澜的《中国通史简编》、郭沫若的《中国史稿》、翦伯赞的《中国史纲要》、吕振羽的《简明中国通史》、周谷城的《中国通史》、白寿彝的《中国通史纲要》、尚钺的《中国历史纲要》，等等，但是有谁写过汉族史？1956 年费孝通、林耀华两位先生在《中国民族学当前的任务》中虽然明确指出：“不但要研究少数民族，也要研究汉族。”但是，1956 年在民族学界对中国的少数民族开展了大规模的社会调查后，学者们把注意力全部转移到了少数民族身上，每一个少数民族都给它搞了一本历史，55 个少数民族 55 本书，什么简史、简志、语言志，是国家民委的浩浩工程，从 1956 年以后一直延续到 20 世纪 80 年代。中华人民共和国成立 50 年大庆的时候又重新整理出版，国家民委的修改意见就是尽量保持原貌，略微增加一点新的材料和内容。每个少数民族都有一部自己的历史，偏偏就是汉族史没有，似乎汉民族研究被排除在民族学研究范围之外。

为什么会出现这样的情形呢？习惯成自然，汉民族史被忽略和视而不见的一个重要原因，就是长期以来习惯在中国通史和汉民族史之间划等号，似乎研究中国通史就是研究汉民族史。这种看法混淆了作为政治实体的国家和作为社会实体的民族之间的区别和界限。汉族，世界上最大的民族，历史悠久，高度认同，如果没有一部自己的历史是一件多么悲哀的事情！所以，一种责无旁贷的民族责任感促使我下定决心，要为汉民族树碑立传，结束汉民族没有专史的历史。没想到这一征途，一走就是五十余年。

刘冰清：您在汉民族研究之路上走过了风风雨雨的五十年，一直潜心于汉族历史的建构，请您为我们梳理一下汉族历史建构的脉络？

徐杰舜：人类是有记忆的，有记忆就会有历史，有历史就会有历史的建构，有建构就会有认同。那么汉族的历史是怎么建构的呢？我把汉族历史的建构分成三种类型。

刘冰清：哪三种类型？

徐杰舜：第一种类型就是自在的汉族史。什么是自在？自在就是潜在之意，表示存在和客观性。虽然没有汉族史，但汉族存不存在？所以从《春秋》源起的中国史学传统的表达实际上就是汉族的自在的汉族史。《春秋》是儒家的经典，它记载了从鲁隐公元年（公元前722年）到鲁哀公十四年（公元前484年）的历史，这本书是中国现存最早的一部编年体史书，历经12代君王，一共是244年。《左传》就是以史实为主补充了《春秋》里没有记录的大事，一些记录虽然和《春秋》有出入，但是学术界都认为《左传》的史学价值大于另外两传：《公羊传》和《谷梁传》。在《左传》里面就有很多汉族是自在的记载，如："戎狄之称，冠以方位，始建于西周"（《左传》僖公五年）。不仅如此，典籍当中，戎狄还经常联用，如《左传》襄公四年记载的"戎狄无亲而贪""戎狄荐居"；《左传》昭公十五年的"戎狄之与邻"；《左传》闵公元年的"戎狄豺狼"。《左传》庄公二十八年、《左传》僖公五年都有记载当时族群的情况，这些族群是怎样从多元走向华夏一体，华夏又是怎样走向汉族的？《左传》哀公七年记载"禹会诸侯于涂山，执玉帛者万国"，那么多的族群到大禹的时候已经汇在一起了，这不是很清楚地表达了这样一种动态吗？《左传》襄公四年还记载了启以后发生了太康失国之事，即传说中的东方夷族后羿，乘机西进，"因夏民以代夏政"，征服了夏民族。那么到了武王"克商"后，即"封邦建国"（《左传》僖公二十四年），大规模分封诸侯。我在这里都只用了《左传》的材料，这些材料都反映出，那个时候在中国土地上的民族分布就像周大夫詹桓伯曾描述过如下一幅民族分布图，他说："我自夏以后稷，魏、骀（邰）、芮、岐、毕，吾西土地；及武王克商，蒲姑、商奄，吾东土也；巴、濮、楚、邓，吾南土也；肃慎、燕、亳，吾北土也。"（《左传》昭公九年）似乎是人们常说的夏、商、周诸中原民族居中，楚、越民族以及夷、蛮、戎、狄居四方的整齐划一的情况。

实际上，当时的现状并不是如此，这只是大体的一种划分，夏、商、周三族虽然居中，但其西、北与戎、狄交错，东与夷交错，南与楚交错，西南与濮蛮交错，东南与越交错。以晋为例，晋国是周初的重要封国，其国除周民族和被统治的夏民族外，还与戎、狄交错杂居；周民族姜姓集团的齐、纪、州、鄣等国与东夷、莱夷等夷人的接壤或杂居；周民族姬姓集团的应、蔡、息、蒋、随、聃等国东与淮夷，南与荆楚，西与庸、卢、彭、濮等人的接壤或杂居等史实，都反映了中原诸民族与夷、蛮、戎、狄交错的情景。这都是在文献里面所表达出来的汉族的一种自在的状态。所以这些材料以及后来的四书五经、诸子百家以及二十五史都自在的记载了汉族历史。这个是客观存在的，它就是一种自在的汉族史。

刘冰清：这个自在的汉族史的确如此。那第二种类型是什么呢？

徐杰舜：第二种类型就是自为的汉族史。所谓自为就是展开和显露的意思，过去不认识汉族，现在认识到了，所以就把汉民族历史呈现出来了，西方民族概念传入就是新史学的崛起，型塑了自为的汉族史。20 世纪 20～40 年代是汉民族研究的初始时期，主要标志就是王桐龄的《中国民族史》的破土而出。王先生的《中国民族史》明言是中国民族史不是汉民族史，那怎么就成了汉民族史的开山之作了呢？本来王先生研究的大纲是将中国民族史分为上下两篇，上篇称它为内延史，以汉族为主干，详细论述了汉族的内聚，对内融合的事迹，王先生指出各个民族是怎样融合成一个汉族的。这样一个建构在它的内延史里面写得很清楚，实际是上篇内延史写的就是汉民族是怎么形成的，但不知道什么原因下篇始终没有出版。我为了这件事二十年前就到处去查，就是找不到，没有下篇，马戎教授最近在研究中华民族历史过程中也去查，也找不到。说不清楚当时什么原因，下篇就忽然没有消息了。

但是王桐龄先生的《中国民族史》上篇内延史是实实在在汉族历史的开山之作，是他第一次把汉族历史建构起来了。20 世纪 20～40 年代，中国民族史和中华民族历史的研究诸家蜂起。1934 年，世界书局出版了吕思勉的《中国民族演进史》；1939 年，商务印书馆出版了林惠祥先生的《中国民族史》；1947 年，上海永祥印书馆出版了林炎的《中国民族的由来》，世界书局出版了施瑛的《中国民族史讲话》；1948 年，光华书店出版了吕振羽的《中国民族简史》以及其他相关的著作，虽然这些著作都涉及汉族的起源、形成、结构和发展等问题，但都没有王桐龄先生的《中国民族史》对汉族历史研究的系统、全面、专门，因此我觉得王先生的《中国民族史》是汉民族历史研究的第一座里程碑，20 世纪 20 ~ 40 年代可以说是汉民族史研究的王桐龄时期。

刘冰清：汉民族史研究的王桐龄时期，这个说法有意思。

徐杰舜：20 世纪 50 ~ 60 年代，是汉民族研究的初步开拓时期，其标志是范文澜的汉民族为"特殊民族论"和吴主惠的《汉民族的研究》，这在汉民族史的研究当中是非常重要的一个时期。

首先讲范文澜先生的研究和汉民族史研究有什么关系？这要从斯大林的民族理论和苏联学者叶菲莫夫访华的研究讲起。20 世纪 50 年代初期，苏联专家是遍布中国，遍布中国各部门，连我们的人文社科部门都有苏联专家来，苏联专家很不得了的。但这个叶菲莫夫不懂中国的情况，他写的文章《论中国民族的形成》，说资本主义前中国没有民族只有部族，因为他按照苏联的那一套方法，多少人口以下资本主义没有发展起来的都是部族，没有民族。叶菲莫夫的这个观点对中国包括汉族在内的所有民族都是致命的一击。这样一来，中国人有一点难办了，我们民族都不是，中华民族怎么团结起来？还搞什么民族识别？中国那么多民族，搞民族区域自治那不是变成部族区域自治了？在中国的传统里没有讲部族的问题，那怎么办呢？范文澜先生非常的英明、智慧，写了《自秦汉以来中国成为统一国家的原因》一文。他巧妙地以斯大林关于民族"四个特征"的定义为依据，按照斯大林的四个特征来分析汉民族的文化和历史，提出了中国汉族是特殊历史条件下形成的特殊民族，这一特殊民族具备了四个特征。即"书同文"（共同语言），"长城以内的广大地域"（共同地域），"车同轨"（共同经济生活），"行同伦"（表现在共同文化上的共同心理素质）。汉族形成于秦汉时期，中国近代资产阶级不够强大，未能起到民族纽带的作用，因此谈不上形成了"资产阶级民族"，汉民族的形成是在古代。

范文澜先生正是运用他的大智大慧，认为汉民族是一个特殊的民族，所以叶菲莫夫也无话可说了。但是搞怪的是中国的学者们几乎都反对范文澜先生的文章，杨则俊、张正明、宫显、曾文经、魏明经等都说这个文章不对，叶菲莫夫的对，只有作为中学教师的章冠英认为范文澜先生讲得对。1957 年三联书店出版了这场大讨论的论文结集《汉民族形成问题讨论集》。范文澜先生为了坚持真理，为了捍卫汉民族民族身份的认同，表现出了大无畏的精神和不怕孤立的勇气。历史证明，范先生是正确的。他的汉民族是“特殊民族论”的论述对中国汉民族史的研究奠定了一个很重要的理论基础。

在20世纪50年代大陆学者为保卫汉民族民族身份认同而战，进入20世纪60年代就戛然而止之时，中国台湾地区的学者开始不动声色地运用西方民族学的理论对汉族展开了较规范的民族学研究，吴主惠的《汉民族的研究》应运而生。

吴主惠出身于台湾云林，早年毕业于日本的早稻田大学，后来任教于这个学校以及东洋大学，是当时“民族学权威、文学博士”，而且他的民族观念极强，求学于日本四十年，宣扬中华民族的固有文化。由于受到日本民族学的影响，他对汉民族的大爱、满腔热情，用日文写了这本书《汉民族的研究》，后来由蔡茂丰先生的翻译，1968年才在台湾的商务印书馆出版。20世纪80年代才传到大陆，我那个时候有幸能看到这本书，是我的一个朋友不惜花巨资帮我复印了一本，让我看到了这本书的全貌。《汉民族的研究》一书以汉民族的概念、起源、本质、构成、基础、个性及海外活动为文章的基本架构，较为全面地论述了汉民族的发展历史。

20世纪50～60年代，由范文澜的汉民族“特殊民族论”和吴主惠的《汉民族的研究》，建构了汉民族史研究的“范文澜—吴主惠”时期。这就是我认为的自为的汉族史。

刘冰清：您的这个论述很重要，一方面说明台湾学者的捷足先登，另一方面又说明在20世纪50年代范文澜这些有眼光、有思想的历史学家已认识到建构汉民族史的重要了。汉民族史研究的“范文澜—吴主惠”时期的确是建构自为汉族史的一个关键时期。那第三种类型是什么呢？

徐杰舜：第三种类型是自觉的汉族史。自觉的汉族史，我把它定位为人类学视野的历史人类学表达。文化认同是对文化地位和作用的深刻认识和反思，对文化发展规律的正确把握，对发展历史文化责任的主动担当。我是中南民族学院1965年毕业的，我的老师岑家梧先生是中国当时非常有名的人类学家，但是很可惜的是新中国成立以后，人类学被当成彻头彻尾的资产阶级学说被彻底铲除了，没有了。所有的人类学、社会学、心理学被全部灭掉了，所有的社会学、人类学、心理学老师在北京的都被集中到原中央民族学院，所以费孝通这些老前辈都到中央民族学院去了。我呢，就在20世纪80年代有幸很快地对人类学有了认识，从历史学进入到了人类学，所以文化的自觉使我更加感到对汉民族的研究一定要有个自觉的担当，这么大的民族连自己的历史都没有了，就好像我问你，你父亲是谁，你知道，但问你祖父是谁啊，你不知道了，再问你曾祖父是谁，那更不知道了，哎呀，如果这些都不知道，多么可惜，多么可悲！

自觉的汉族史就是对汉民族历史的自我觉醒、自我反省、自我创建，但是我觉得历史的自觉是一个很艰巨的过程，一个民族只有在认识自己的历史、理解并理清本民族的起源、形成、发展、特征和文化本质的基础上才有可能在多元的世界里确立自己的位置，然后经过自主的适应，和其他民族一起如费孝通先生所说的“各美其美，美人之美，美美与共，天下大同”。如果我们连自己的历史都不知道，那很可笑。曾经有一位中国传媒大学的女研究生，说她是水族的，可她根本不知道水族的历史，于是在做论文时回到家乡贵州黔南荔波县调查，她问家乡的那些人，那些人很好玩，就到百度里去搜索水族的历史，然后将百度搜索到的东西讲给她听，说水族是从江西来的，搞得她一头雾水。我就告诉她，水族是南方民族当中最古老的民族之一，因为分子人类学的研究说明水族是最古老的壮侗语族侗水语支的一个核心，它的基因是最古老的，据说有2.5万年到3万年的历史。她一听，感到很自豪。所以我们汉族如果连自己的历史都搞不清楚，你的位置在哪里？我们的华人，当然华人在海外绝大部分都是汉族，也有小部分是少数民族，那自身历史不清楚就很麻烦啦，没有根的民族是没有前途、没有希望的。所以，我觉得自觉的汉族史就是人类学视野的历史人类学的表达。

那么怎么呈现呢？我很荣幸地担起了这个担子，我写的《汉民族发展史》1992年出版了。这本书前后经历了12年，写了6年，出版、审查就等了6年，这是要多么大的耐心啊。我当时写完这本书，由中国社科院民族研究所的所长牙含章高度评价、推荐给四川民族出版社，可是一审就审了6年。我曾想我这本书要是能出版，将来我死的时候就在墓碑上写上“汉民族发展史作者之墓”足矣。6年的等待，1992年终于出版了，这本书的出版很快引起了新闻界和学术界的广泛关注。陈连开——中央民族大学很著名的教授——说：“《汉民族发展史》可谓捷足先登。”1995年8月，新华社、人民日报海外版、香港《大公报》以“中国第一部汉民族史问世”的醒目标题在头版报道了这个消息，在这个新闻稿里，说《汉民族发展史》“是一部全方位审视汉民族的史书”，它的出版发行“结束了世界上最大民族没有民族史的状况”。这是一个自觉，因为我的《汉民族发展史》创造性地提出了汉民族起源多元说，并将多元的起源又分为主源和支源两大类。主源我认为主要分为两个，一个就是炎黄族群集团，一个是东夷族群集团。我详细论证了主源和支源。何为主源？就是说这个族群集团所有出现的人群最后无一例外地成为它的民族组成部分，没有成为少数民族。所以，现在我们动不动讲中华民族是炎黄子孙，那不行的，少数民族的同胞会有意见。炎黄子孙只是中华民族的一部分。那我还分析了支源，百越、苗蛮、戎狄，这些先秦的各个族群它不是全部都成为汉族，还有一部分分别先后分化、融合而形成少数民族。百越就是现在很多南方民族的祖先，壮族、侗族都跟百越有关系。海南岛有两个少数民族，一个黎族，还有一个苗族。支源不是全部变成了汉族，我把这个分得很清楚。

刘冰清：在《汉民族发展史》一书里，您还提出了汉民族形成的三部曲。

徐杰舜：是的。汉民族是怎么形成的，我把它建构起来了。先秦，夏、商、周、楚、越诸民族相继崛起是汉民族形成的第一部曲；春秋战国，夏、商、周、楚、越等族及部分蛮、夷、戎、狄融合成华夏民族是汉民族形成的第二部曲；秦汉时华夏民族在“大一统”中，发展、转化为汉民族是汉民族形成的第三部曲。特别值得一提的是，秦始皇把华夏民族统一起来了，所以秦始皇不得了，他的功劳太大了，他把文字统一了。民族语言文字，是一个民族本质的标志和表现，是一个民族最有活力的纽带，汉字在汉民族的心理上形成了一种强烈的认同感，从而对汉民族的心理产生了强烈的内聚作用。

汉民族内部的差异太大了，方言林立、复杂，如果不是秦始皇统一文字，而按照方言的情况去划分的话，可以说不知道有多少民族。恰恰这个汉民族不管语言怎样不能交流，但是文字却是通用的，无论讲什么方言的人，只要将其方言写成汉字，除个别的土语俗话以外，在交流上就没有什么障碍。因此，可以说没有汉字，就没有汉族。汉字的统一性，维系了汉族整个民族的生存，汉字就是汉族灵魂和根的象征。

我的《汉民族发展史》分析了汉民族的起源，论述了汉民族形成的三部曲和汉民族发展的三部曲，建构得有板有眼，建构得比较规范。那历史是不是如此规范呢？那很难说。但这本书却被审查了6年时间，为什么？那是担心我建构历史建构出麻烦啊。人家要是不认怎么办呢？但是经过二十年的检验，到了2012年得到两个认同。第一个认同是学术认同。2012年冯天瑜教授主编的中国专门史文库，就把我这本书收进去了，由武汉大学出版社全文重印，在学术界中沉淀了下来。大家知道，曾经出过一套《中国文化史丛书》全套50本，由上海书店根据商务印书馆1937年版，1984年重印出版，人家收录那个年代的历史，这就是历史的学术沉淀。我感到很高兴，我二十年的心血没有白费，十二年磨一剑，终于得到学术界的承认，非常的高兴。

第二个认同是政府的承认。有一天，我偶然地进了中央政府门户网站，我点击了汉族的词条，打开一看，傻眼了，怎么全都是抄我的？当时我很兴奋，这是对我所建构的世界上人口最多、历史最悠久的汉族历史最权威的肯定。然而又有些遗憾，因为网页上没有说明资料来源。我很郁闷，我马上拨通了中央政府网的电话，询问汉族词条怎么没有注明资料来源？接电话是一个女士回答说："这条是国家民委提供的！"我想再去追问国家民委可能也是白费，还是算了，别浪费自己的时间。但是，我在后来的著作当中，把中央政府门户网站的"汉族"一词中关于汉族历史的解读，全文下载抄录在我的后记中加以说明，政府网站的汉族词条是我的基本观点。几十年的辛勤耕耘，我能获得学术认同和政府认同，还是很欣慰的。

刘冰清：您对汉民族历史建构的经历体现了一个学者的担当，得到了学术界的广泛认同，那么，以您几十年的治学经验，可不可以从理论上谈一谈应如何进行汉民族史的学术建构？

徐杰舜：汉族历史自在、自为、自觉的建构，够了吗？不够。我一直在思考汉族的历史研究要怎么深入，所以，这些年我对于如何建构汉族史也有了一些理性思考，具体来说就是规律论、过程论、结构论和整体论四论。

第一是规律论。规律论就是按照民族发展规律来建构汉族史。我们中国的历史传统，史学传统，都是按朝代来建构它的历史，所以中国历史的传统模式就是朝代史，帝王将相的王朝更替史，以前，什么社会史、妇女史都是按朝代来建构的，民族史更加如此。我认为不能把民族史按照朝代史割裂成一块一块的，应该是按照民族发展的规律写清楚民族的起源、形成、发展这样的一个过程，不能用朝代的框架把历史碎片化。因此，我在建构汉民族史的时候就强调要运用民族形成和发展规律的理论。1988年我在昆明中国民族史的第二届学术年会上，提交了一篇《按民族发展的规律来编写中国民族史》的论文，但会上有人反对，说历代王朝是历史的坐标，怎么能够废掉？不过很庆幸的是，我这个观点后来却被不少有权威的老教授采用，他们在编写中国民族史时就打破了朝代的框架，按照民族发展的规律来写了。

刘冰清：按照民族发展的规律来建构民族的历史，对民族史的书写确实是一个突破。

徐杰舜：第二是过程论。过程论就是在建构汉民族的历史时，要清楚地把汉民族怎样从“多元”走向“一体”的过程展示出来。汉民族不是从天上掉下来的，汉民族的形成也不是在某一个时期一蹴而就的，而是一个漫长的发展过程。五帝时代，在中国历史上曾经出现过大大小小的族群，有名字的就有 352 个，没有名字的就不知道有多少了。352 个后来经过了历史的互动、磨合、整合、融合，到春秋就形成了一个华夏，还有其他蛮夷民族。接着，华夏族不断与戎、狄、夷、蛮混血，民族实体壮大。秦统一六国之后，华夏族因朝代得名，被称为“秦人”。汉朝建立后，国势统一、繁荣、强盛，国运长久，历经四百余年，所有的汉朝国人都称为“汉人”，汉朝的使者称为“汉使”，汉朝的兵称为“汉兵”。到了五胡十六国的时候，北方的少数民族称这些汉人仍为“汉人”，甚至骂他们为“汉狗”“汉儿”。到唐朝就称为“唐人”，不称为“汉人”，说明到了唐朝势力是非常强大的。到了元朝，把人分为四个等级：蒙古人、色目人、汉人、南人，没有把“汉人”称为“唐人”，后来又把“南人”并到“汉人”，这个“汉”就慢慢成了汉民族的族称了。

所以这个从多元走向一体的过程非常清晰地展现了多元。五帝时代三百多个族群，到了春秋战国就是一个华夏，当然还有戎狄、百越等，而华夏已经是个大名称了。两汉是“汉人”，经过“唐人”的交错，最后就是“汉”，到明清也都是“汉”，至民国才在概念上成为汉族。我认为汉民族实际上就体现了费孝通先生提出的“多元一体”的结构，这种从“多元”走向“一体”的过程，形成的过程是两千多年，发展的过程到今天为止也是两千多年。大致可以分为这么几个阶段：第一阶段先秦、夏商周时代，那是民族多元互动到华夏一体，两千年；第二阶段是民族互化到以汉化为主流，这个历史也有两千年，各民族的互化，你化我，我化你。比如，广西很多壮族都讲，他们是从山东白马来的，你是壮族你怎么跑到山东呢？

山东又没有白马。最后我们搞清楚了，不是山东白马，而是河南滑县，那里有个白马村。壮族讲他们是从山东白马来的，广西的平话汉人，也讲他们是从山东白马过来的。广西的壮族还说自己是韩信的后代，怎么变成了韩信的后代呢？为什么要把历史拉得那么长？壮族真的形成也是宋代以后。为什么会这样呢？因为那个时候，封建社会就是汉尊土卑，我跟汉族的关系越密切就越尊，我的老祖宗是汉族的大官那是最光荣的。所以，跟汉族有关系那就是最光荣了，难怪老祖宗都要往那里迁，那么反过来看，也说明有汉族人迁过来变成了少数民族。大量的北方人到南方来，变成了壮族，变成了瑶族，或变成了水族，等等。像广西的仫佬族、毛南族，大量的汉族成分在里面，云南的白族也是大量的汉族成分在里面。所以，互化，从汉代到清朝，可以讲这两千年汉化是一个主流，包括到新中国成立前期，满族也基本被汉化了。满族改姓我们最清楚了，什么爱新觉罗改姓金，我有一个亲戚，我给他查了，是镶黄旗的，但现在他姓杨。你想一想，北魏孝文帝改名字不也是这样的吗？他下诏将鲜卑族的姓氏改成汉姓，如吐伏卢氏改为卢氏，莫那娄氏改为莫氏。唐太宗李世民本来就不是汉人，他们是鲜卑血统。第三个阶段就是现在，这个阶段就是中华民族从多元走向一体的认同。所以我们站在更高的角度来看，汉民族形成的这个过程，它是一个很好的从多元走向一体的案例。

刘冰清：这个过程论对今天认识中华民族从多元走向一体的理论非常有启发。

徐杰舜：第三是结构论。结构论就是一体多元在线状态的汉族史。我们汉民族虽然内部差异巨大但同时又是高度认同的民族共同体。2008 年我被美国斯坦福大学邀请去参加“汉民族研究反思国际学术研讨会”，作为中国学者做主题讲演，在那个会上，我就告诉他们，汉族是一个民族。虽然它历史悠久，虽然它人口众多，文化差异那么大，但它高度认同，它是一个有雪球性质的民族共同体，既具有雪球的结构特征，又具有滚雪球的过程特征，还具有雪球的凝聚特征。汉族的结构很复杂，它的文化也如此，单就语言就不得了，南方和北方语言差异太大了。说实话，北京话不是真正汉族这个标准的古典汉语，它是鲜卑、契丹这些少数民族学了汉话不标准的普通话。真正的宋音可能在福建的客家、广府人语言里，也可能在我工作过的浙江，很难说的，因为都是移民的过程中把北方的语言向南方带的，现在北方的汉人实际上是北方少数民族，南方的汉族才是北方的汉民族不断往南迁沉淀下来的，而南方的汉族又和南方的少数民族不同。广西的平话人和壮族就有所不同，我在平话人中调查，平话人中也有这种“不落夫家”的风情，有人还觉得不好意思说，不落夫家就是女方结婚三天就回家了，以后逢年过节才到男方的家里过一个夜，她回到娘家照样有她的自由，她可以和任何人来往。不生孩子她就有永远的自由，她要到生了孩子才回到夫家。所以平话人将他的父母不叫父亲、母亲，叫亚父、亚母，大哥、大姐。前不久，浙江义乌也发现了一个村子，不叫父亲、母亲，叫哥哥、姐姐。他问我什么原因，我说很可能是不落夫家的遗风遗俗在这里的反映。因为这个头生的孩子，很有可能不是丈夫亲生的，所以父亲母亲不能叫。

像这种状态，中国的各族群之间不是很多吗？因此，我在写《汉民族发展史》以后写了一本《雪球：汉民族的人类学分析》，其中就对汉民族的族群结构作了分析，再现了汉民族的一体多元。尽管我们汉民族大家高度认同，你说那个客家人他不说自己是客家族，他说自己是汉族；你说那个水上疍民，他也不讲自己是疍族，而说是汉族；哪怕是在甘肃永昌县“古罗马人”，他们属于印欧人种，即白种人，其体质特征与汉民族有多么不同，但他们填写有关表格时，在民族一栏上，都工整地写着：汉族。河南开封市的“犹太人”、福建泉州市锡兰王子的后裔、广东鹤山市鲜卑族的后裔等，在填写有关表格时，在民族一栏上，也都工工整整地写着：汉族。这类事例，不胜枚举，都证明了汉族内部尽管差异巨大，但却高度认同，真正达到了“和而不同”的境界。这样，由许许多多不同类型的族群组成的汉民族，就构建了汉民族“一体多元”的结构模式。在这里，各个族群单位是“多元”、汉民族是“一体”。这个“一体多元”的图景，在《雪球：汉民族的人类学分析》得以再现。现在，美国、法国都有《雪球：汉民族的人类学分析》，这就是对汉民族历史的一种建构。

刘冰清：这个“一体多元”的在线状态很形象。

徐杰舜：第四是整体论。整体论就是中华民族认同事业中的汉民族史。我过去仅仅就是从汉族角度来讨论汉族史的，后来我在研究中华民族团结的时候把这两条轨迹交叉，发现原来我们汉民族历史只是一个案例，它是中国从多元民族走向一体的典范，汉民族是中国各民族从多元走向一体、凝聚成为中华民族的一个重要的阶段性的成果，而且这个活动还在进行当中。那么，从汉民族这个案例中，我们可以窥见中华民族的未来将如何在发展中实现“多元一体”。因此，从整体论去建构汉族史，有利于我们正确理解汉族何以能形成滚“雪球”之势，何以能成为中华民族形成和发展史的一个样本。

总的一句话，建构汉民族史就要掌握它的规律论、过程论、结构论和整体论，就把它放在一个更大的范围里面，站在一个更高的角度上看汉族，从一个世界的高度，一个全球的高度，从整个国家，从整个中华民族去看它，汉民族史不正好是从多元走向一体非常重要的案例和样本吗？

刘冰清：您从事汉民族研近五十年，著作等身，有人称您是“为汉民族树碑立传的人”，已经为汉民族研究作出了巨大贡献，特别是《雪球：汉民族的人类学分析》一书得到了国内外学界广泛的肯定和认同，被誉为汉族的“百科全书”。您现在已年过古稀，却正在做一项更伟大的工程，这就是为汉民族书写一部大气磅礴的十卷本通史。您是怎么想起要做《汉民族通史》这样一个大项目的？

徐杰舜：说起汉民族通史项目，还真是天上掉下来一个馅饼。我不敢有梦想，做了四十年汉民族历史的研究，我认为自己七十多岁了，可能没有精力做更大项目了。现在申请项目也很难，我已经做完了两个国家课题，也没想再去申请什么大项目了。但机会总是给有准备的人的，我准备四十年了，本以为写一本《汉民族发展史》就够了，没想到一本《雪球：汉民族的人类学分析》又在满世界滚，还有《汉族风俗文化史》五卷本、《汉族民间风俗丛书》，我一直在做汉族，汉族越做越多，越做越深，但从来没想要把汉民族研究的东西整合起来。成功是要攀登的，攀登很辛苦，2015 年就是我从事教学与研究五十年了，爬到这个高度就可能有机会了。众人拾柴火焰高，这些年不是我一个人在做，有学生方阵、师生方阵、校外方阵，我的学术朋友很多。

还有就是站在巨人的肩上成就理想，我的巨人主要有两个，一个是我的大学老师岑家悟老师，他虽然没有和我讲人类学，但他的理论方法、研究方法把历史和现实结合起来，给我非常深的印象。后来费孝通先生被邓小平请出来研究社会学，社会学一下子成了热门，社会学一下子成了显学啦。很快，费先生发现光搞社会学不行，很多问题没办法解决，不解决人的问题不行，所以到 1994 年、1995 年，他向国家教委打报告，要求举办社会文化人类学高级讲习班，因为没有人才啊，大家都不做这个人类学呀，所以一办办了七年，第一届虽然我不是学员，但是我也列席了，我是学报主编，我就拿学报去分发给参加会议代表，费孝通先生作闭幕式讲话我就洗耳恭听了，受了很大教育。第二届我就被叫去坐在费老的旁边，因为费孝通先生写《中华民族多元一体格局》那本书的时候曾经把我的书要去参考，所以在他的文章里参考文献第三本就是我的书《汉民族历史和文化新探》。我们用绍兴话讲得很投机，他跟我说："徐老师，要加强人类学对汉民族的研究。"还给我题了词。费先生教我要用人类学的方法研究汉民族，我从费先生的书里思想中吸收了很多东西，所以我才能够对汉民族的认识越来越深，才能够做完了汉民族发展史以后，又做了一个《雪球：汉民族的人类学分析》。

只有会当凌绝顶才能一览众山小，你只有走到这个高度上去，你才能看得清楚。我经过三四十年的积累，觉得做人文社会学不是那么简单的，真的不是你在年轻时完全能感觉得到的。以我自己的体会包括别人的体会来讲，可能三十岁四十岁是积累的时期，五十岁是开始出成果的时期，六十岁以上才真正成为有思想的人，费先生七十岁以后才总结了很多精彩的东西。举个例子，我们现在城市化就把农民赶进城里，赶到楼上去。费老在世的话，一定会说你们不要这么着急地把农民赶到城里去，费老提的是小城镇大问题，城镇化才对啊。我们这些人也到国外走过，哪个国家把农民都往城市里面赶啊。人家就是就地城镇化，人家农村跟城市一样美丽、方便、幸福。我们现在的农村搞成什么样子了。那个华西村就不说它了，能有几个华西村，南街村也不说它了，能有几个南街村！大多的农村现在是空巢化、空洞化、荒芜化。我有一个朋友家里有 30 亩地，他说没人种。田都不种，买米吃，空巢化，年轻人都出去了，老的在家，小的在家！空洞化，老的死完了没人了。房子盖在那里有什么用呀，很可怕，很可悲。所以费先生了不起，我们以后的发展不听费先生的，可能要出大问题。

很有幸，2012 年我在银川的图书博览会上，偶然认识了云南人民出版社的社长刘大伟先生，他对我做汉族史非常感兴趣。这就是天上掉下一个馅饼，他叫我做汉族史研究，给我的计划指标是十卷五百万字！这是我做梦都没想到的。我受到他的鼓励和支持，和出版社签了合同，他让我做的汉族史是要献给全球华人的，他说这是他有生做出版社最伟大的事情。这么大一个项目，给我很大的鼓励，如果不是我前面有积累，我不敢接受这个任务，我接受了就要开始做这个事情了。

刘冰清：要展现世界上人口最多的汉民族波澜壮阔的历史确非易事，您是怎样架构《汉民族通史》体系的？

徐杰舜：任何有意义的学术研究都隐含了一定的体系，需要将其结构化。那么，《汉民族通史》的结构是什么呢？我确定了汉民族源流史、汉民族族群史、汉民族海外移民史、汉民族风俗史、汉民族文化史，这就是《汉民族通史》的结构。

刘冰清：真是很佩服徐老师对汉民族研究的孜孜以求，并形成了自己独特的学术思路和方法，那您认为正在做的《汉民族通史》最主要的意义和价值在哪里？

徐杰舜：汉民族是世界的，哪里有太阳，哪里就有汉民族，哪里有海水，哪里就有汉民族，所以有西方学者称之为“全球的汉族”。可能有一个比喻不一定很恰当，英国曾经是殖民帝国，号称“日不落帝国”，汉民族也可以成为“日不落民族”。你看现在哪个国家没有汉民族？

那么，《汉民族通史》研究最主要的意义和价值是什么呢？我简单说一下。第一，汉民族的形成，从公元前21世纪夏王朝建立到公元3世纪初东汉的灭亡，前后经历了两千三百余年的历史，汉民族的历史形成这么长，那么可以看到中华民族这个更高认同层次民族共同体的形成，也绝对不是一蹴而就的；第二，汉民族结构相当复杂，构成汉民族的族群很多，文化认同不一，那么可以看到构成中华民族的族群更多，结构比汉民族更复杂；第三，汉民族是一个“和而不同”的整体，尽管东北的汉族和广东的汉族有很多的文化差异，但是他们有高度的认同，达到了“和而不同”的境界，所以从汉民族高度认同的“一体”整体性，可以看到中华民族也一定是一个“和而不同”的整体；第四，汉民族之所以能从多元走向一体，一个最重要的原因就是文化认同强化了汉民族的凝聚力。文化太重要了，它使汉民族像“雪球”凝聚般从多元走向一体，那么中华民族创造的丰富多彩的中华文化，也是中华民族的凝聚力之所在，必然也会使中华民族这个“雪球”越滚越大越结实，屹立于世界民族之林。所以，我认为通过汉民族研究，是可以透视中华民族是如何从多元走向一体的，而在全球化的今天，中国任何一个民族都不可能单独面对世界、面对全球化，只有中华民族，才能真正面对世界、面对全球化。这就是汉民族研究最重要、最有价值的意义之所在。

刘冰清：十分期盼徐老师的十卷本《汉民族通史》能够早日面世，也非常感谢徐老师接受采访。

徐杰舜：不客气。《汉民族通史》将由云南人民出版社出版，与全球华人分享！这也是我目前最大的心愿。

【来源】《广西民族大学学报（哲学社会科学版）》，2015 年第 6 期。收入本书时略有改动。

从多元走向一体的民族历史记忆

——广西民族大学教授徐杰舜谈即将出版的《汉民族史记》*

徐杰舜教授

* 访谈人：黄春宇（文汇报记者）；录音整理：乌日嘎。

从一个原生民族的形成，到经过族群、文化和风俗的内涵发展，又几经凤凰涅槃，不断重生，直到海外移民，融入世界。《汉民族史记》从第1卷到第9卷，向世人展示了汉民族发展的路线图和历史文化图像，也呈现了中华民族从多元走向一体的历史记忆和未来走向。

没有一部汉民族历史是一件悲哀的事

文汇报：您在汉民族研究领域耕植了50多年，当初是如何萌生这个念头，并且一直执着于此？

徐杰舜：这个说来话长。我考大学时填报的志愿是武汉大学哲学系，那会儿就想成为一个哲学家，解释宇宙万物和人生，但最后收到了中央民族学院分院（今中南民族大学）历史系的录取通知书。1961年，进入大学后，我发现身边有很多来自不同民族的同学，比如壮族、瑶族、侗族、苗族、回族等，生活习惯与文化观念上的差异让我对从事民族研究产生了一点冲动。就在这时，我碰到了岑家梧教授，他是上世纪中国著名的民族学家，在课堂上为我们讲授原始社会史。从中国原始社会的氏族、胞族、部落到部落联盟的发展，从群婚、对偶婚到一夫一妻的演变，从农业与畜牧业大分工、农业与手业大分工到农业与商业大分工的过程，岑教授的精彩讲述以及人类社会的沧桑变迁让我既陶醉又兴奋。当时影响我的还有《人民日报》上发表的《关于民族的起源和形成问题》一文，作者是中国社科院民族研究所的牙含章先生，他在文章里介绍了恩格斯提出的"从部落发展成了国家和民族"的观点。于是，我找来恩格斯的原著潜心阅读，并在入学的第二年和师兄彭英明完成了论文《试论从部落到民族发展的历史过程》，里面就提到了汉族"是在部落的基础上形成的"。

毕业后，我被分配到浙江省武义县的一所中学教书，当地学生说的方言与我熟悉的武汉话完全不同，嫁娶、过节的观念和习俗也有别于以往的认知。原来不同地域的汉族之间有如此大的文化差异，沉睡心底的学术热情就这样被重新唤醒。"文革"期间，我一边参加农业劳动，一边搜集武义的风俗资料，后来在武义县文化馆的支持下，写成了《武义风俗志》。在搜集资料与写作的过程中，我不断地思考一些问题，比如汉族如何起源、如何形成、如何发展？汉族有什么样的特征？汉族文化的代表是什么？众说纷纭却没有确凿无疑的答案，我意识到问题的症结所在是中国乃至世界上还没有一部汉民族专史。正是从那时起，为汉民族树碑立传成为我的学术志向，所以才有了后来的《汉民族发展史》，以及即将完成的《汉民族史记》。

文汇报：中国史的著作很多，各个少数民族历史的书也不少，学术界长期以来唯独冷落了汉民族历史研究。

徐杰舜：范文澜的《中国通史简编》、郭沫若的《中国史稿》、翦伯赞的《中国史纲要》、吕振羽的《简明中国通史》、周谷成的《中国通史》、白寿彝的《中国通史纲要》、尚钺的《中国历史纲要》等等，关于中国史的书可以罗列一大堆。至于少数民族史，1956 年，民族学界对中国的少数民族开展了大规模的社会调查，学术界的注意力随之全部转移到了少数民族身上，55 个少数民族都有他们的历史书，从简史、简志到语言志，你方唱罢我登台，一时热闹不已。但实际上，费孝通、林耀华两位前辈在《中国民族学当前的任务》中明确指出："不但要研究少数民族，也要研究汉族。"在我看来，汉族长期被排除在民族学研究范围之外、汉民族史得不到应有重视的原因是人们错误地在中国通史和汉民族史之间画上等号，似乎研究中国通史就是在研究汉民族史。作为世界上最大的民族，汉族历史悠久，又有高度认同，如果没有一部自己的历史是一件非常悲哀的事情。

文汇报：在您之前，汉民族历史的研究经历过哪些阶段，有何进展？

徐杰舜：上世纪 20 至 40 年代属于汉民族研究的初始时期，开山之作就是历史学家王桐龄的《中国民族史》。在王先生的研究大纲中，中国民族史分为上下两篇，上篇以汉族为主干，详细论述了汉族的内聚，对内融合的事迹，实际上写的就是汉民族是怎么形成的。尽管他强调中国民族史不是汉民族史，但正是《中国民族史》的上篇将汉民族的历史第一次建构起来。与同时期的一些著述相比，如吕思勉的《中国民族演进史》、林惠祥的《中国民族史》、林炎的《中国民族的由来》、施瑛的《中国民族史讲话》、吕振羽的《中国民族简史》等，王先生的《中国民族史》对于汉民族的研究更加系统和全面，在我看来，是当之无愧的第一座里程碑。

到了五六十年代，汉民族历史的研究进入了一个非常重要的时期，以范文澜的汉民族"特殊民族论"，以及吴主惠的《汉民族的研究》为标志。上世纪 50 年代初期，苏联学者叶菲莫夫访华，在他的《论中国民族的形成》中指出，中国在资本主义出现前只有部族，而没有民族。这种不切合实际的说法反而在国内很有市场，范文澜先生勇敢地站出来，写了一篇《自秦汉以来中国成为统一国家的原因》作为回应。他以斯大林关于民族

“四个特征”的定义为依据来分析汉民族的文化和历史，提出中国汉族是特殊历史条件下形成的特殊民族，这一特殊民族具备了四个特征：即“书同文”（共同语言）、“长城以内的广大地域”（共同地域）、“车同轨”（共同经济生活）、“行同伦”（表现在共同文化上的共同心理素质）。汉族形成于秦汉时期，中国近代资产阶级不够强大，未能起到民族纽带的作用，因此谈不上形成了“资产阶级民族”。历史证明，范先生是正确的，其“特殊民族论”的观点为中国汉民族史的研究奠定了一个理论基础。台湾学者吴主惠的《汉民族的研究》则运用西方民族学的理论对汉民族进行研究，此书是用日文写成，后来由蔡茂丰先生翻译，1968 年在台湾出版，十多年后才传到大陆。我托人复印了一本，读完很受启发。这本书以汉民族的概念、起源、本质、构成、基础、个性及海外活动为基本架构，较为全面地论述了汉民族的发展历史。

汉民族是个有雪球性质的民族共同体

文汇报：时间往后推，1992 年，您的《汉民族发展史》出版了。当时媒体的评价很高：“中国第一部汉民族史”“一部全方位审视汉民族的史书”“结束了世界上最大民族没有民族史的状况”。

徐杰舜：这本书前后经历了 12 年，写了 6 年，出版、审查又等了 6 年。我在书中提出了汉民族起源多元说，而多元的起源又分为主源和支源。主源主要有两个，一是炎黄族群集团，一是东夷族群集团。何为主源？就是说这个族群集团所有出现的人群最后无一例外地成为它的民族组成部分，没有成为少数民族。现在讲中华民族是炎黄子孙，那是不准确的，因为炎黄子孙只是中华民族的一部分。我还分析了支源，包括百越、苗蛮、戎狄，这些先秦时期的族群并没有全部成为汉族，另有一部分先后分化、融合，形成了少数民族，比如越就是现在很多南方民族的祖先，壮族、侗族都跟百越有关系。

文汇报：厘清了起源，那么汉民族又是如何形成的？

徐杰舜：我在《汉民族发展史》中提出了汉民族形成的“三部曲”。首先是先秦时期夏、商、周、楚、越诸民族相继崛起；然后是春秋战国时期，夏、商、周、楚、越等族及部分蛮、夷、戎、狄融合成华夏民族；最后是秦汉时期华夏民族在“大一统”中，发展、转化为汉民族。秦始皇时期，文字得到了统一，而民族语言文字是一个民族本质的标志和表现，是一个民族最有活力的纽带。汉字在汉民族的心理上形成了一种强烈的认同感，从而对汉民族的心理产生了强烈的内聚作用。

文汇报：汉民族的形成是一个漫长的过程。您能否具体说说，汉民族是如何从多元走向一体的?

徐杰舜：五帝时代，大大小小的族群，有名字的352个，没有名字的就不知道有多少了。352个经过历史的互动、磨合、整合、融合，到春秋就形成了一个华夏，还有其他蛮夷民族。华夏族不断与戎、狄、夷、蛮混血，民族实体壮大。秦统一六国之后，华夏族因朝代得名，被称为“秦人”。汉朝建立后，汉朝国人都称为“汉人”。到了五胡十六国时期，北方的少数民族称这些汉人仍为“汉人”。唐朝改称“唐人”，而非“汉人”；元朝把人分为四个等级，分别是蒙古人、色目人、汉人、南人，后来又把“南人”并入“汉人”，这个“汉”就慢慢成为汉民族的族称了。我认为汉民族实际上就体现了费孝通先生提出的“多元一体”的结构，从多元走向一体，形成的过程是两千多年，发展的过程到今天为止也是两千多年。

文汇报：关于汉民族的研究，您提出了“雪球理论”。

徐杰舜：2008年，我受到斯坦福大学邀请，去美国参加“汉民族研究反思国际学术研讨会”。主办方安排我做主旨演讲，另外两个演讲嘉宾是哈佛大学教授欧立德（Mark C. Elliott）和长期研究中国民族问题的美国学者杜磊（DruGradney）。我在演讲中表达了一个观点，即汉民族是一个有雪球性质的民族共同体，既具有雪球的结构特征，又具有滚雪球的过程特征，还具有雪球的凝聚特征。“雪球”的说法源于我之前主编的《雪球——汉民族的人类学分析》（下称《雪球》）。一开始的书名就叫《汉民族的人类学分析》，出版社的编辑建议我从人类学的角度对书名作进一步概括，最好是效仿本尼迪克特的《菊与刀》，提炼出一个形象的比喻。经过思考，我决定采用“雪球”一词。这个想法不仅得到了出版社的肯定，也赢得了诸多学者的认可。

《雪球》一书用人类学的族群理论，第一次对庞大而复杂的汉民族结构进行了解剖。不同于《汉民族发展史》站在远处，粗线条地勾勒了汉民族的轮廓面貌，《雪球》是从微观入手，大胆又谨慎地对将汉民族的族群进行了初步的划分。书中归纳了近40个汉族族群的形成及人文特征，比如华南有广府人、客家人，闽南福佬人、平话人、桂柳人，华东有南京人、苏州人、上海人、杭州人、宁波人、温州人、徽州人，华中有湖北人、湖南人、江西人，华北有北京人、河北人、河南人、山东人、山西人。《雪球》出版后，《文汇报》也做过报道，从人类学本土化的学术背景、本土化的内容、人类学本土化如何“化”，到《雪球》的人类学本土化的尝试、学术的转型等。

文汇报：从微观入手，肯定离不开田野调查，有哪些有趣的发现？

徐杰舜：在做关于平话人的田野调查时，我经常与菜市上的平话人妇女交谈，了解她们的风俗习惯。我发现，无论是桂南平话人，还是桂北平话人，尽管保持了原来的汉族文化传统，但也不可避免地打上了土著化的烙印，比如桂北平话人不仅有类似少数民族的服饰，而且受到侗族的影响，喜欢吃鱼生、酸肉。还有的平话人坚持不落夫家的传统，新娘结婚三天就回家了，以后逢年过节才到男方的家里过一个夜。回到娘家后，新娘依然过着原来的日子，直到生了孩子才回到夫家。他们的称谓也很奇怪，称父母为“亚叔”“亚婶”或“亚哥”“亚嫂”，称兄弟为“亚弟”“亚舅”，称姐妹为“亚姐”“亚妹”，连夫妻之间相称也要加一个“亚”字。

文汇报：前面谈到，很多人用中华民族史替代汉民族史，那么您是如何处理两者关系的？

徐杰舜：我过去仅仅是从汉族角度来讨论汉族史，后来我在研究中华民族的时候把这两条轨迹交叉，发现原来汉民族历史只是一个案例，它是中国从多元民族走向一体的典范，汉民族是中国各民族从多元走向一体、凝聚成为中华民族的一个重要的阶段性的成果。从汉民族的这个案例中，我们也可以窥见中华民族的未来将如何在发展中实现“多元一体”。

按照民族发展的规律来研究汉民族史

文汇报：有了《汉民族发展史》《雪球》两本汉民族研究的代表作品，为何又想到去做《汉民族史记》？

徐杰舜：我本以为写一本《汉民族发展史》就够了，后来得到费孝通先生的激励，他告诉我，“要加强人类学对汉民族的研究”，于是就有了在满世界“滚”的《雪球》。这么多年，我一直在做汉民族研究，越做越多，越做越深，一直觉得应该把这些东西整合起来。对于我的这个选题，中国民族学会会长、中央民族大学杨圣敏教授的评语是：“《汉民族史记》选题意义重大，具有国际学术水平，是一套有分量、有水平、有创新的汉民族通史。”

文汇报：为何将“通史”改为“史记”?

徐杰舜：中国的历史传统就是史记体，比如司马迁。史记的结构是板块式，本纪、世家、列传、表、书，这样的行文、表述非常方便。近代以来，随着西方学术思想和方法的传入，中国的学界也逐渐接受了通史的概念。这样做的优点很明显，从古至今，一个朝代接着一个朝代，分别梳理每个朝代的经济政治文化，在史学理论的框架内形成了一种范式。上世纪80年代，我开始研究中国民族史时意识到，这种模式并不适用于自己的研究，因为中国民族史不是被朝代捆绑的，每个民族的发展都有各自的规律。如果以朝代为界，就会人为地把一个民族的起源、形成、发展的历史割裂开来。所以我提出要打破历代王朝框架，按照民族发展的规律来研究民族史。当时我还很年轻，在云南大学参加中国民族史学会的学术会议，老一辈的学者对于我的观点嗤之以鼻，批评得很厉害。有人就说了，“历代王朝的框架怎么可以打破呢?简直就是瞎胡闹，因为这是一个历史坐标。”我没有动摇，反而更加坚定。若干年后，当时批评我的老先生主编了一本关于中国民族史的书，我的想法在他的书里得以实现。朝代更替是有边界的，而民族发展是没有边界的。写《汉民族史记》时，我不是按照朝代秩序来叙述汉民族，而是依据汉民族的发展规律、文化表现形式来整理和撰写汉民族的历史。这样做，既是历史书写的回归、对接史学传统，又能更好地、更自由地把汉民族的历史说清楚。

文汇报：请您介绍下《汉民族史记》的结构和内容?

徐杰舜：我分了五个板块。一是发展史（整体、区域)，汉民族就像滚雪球一样，展现了一幅动态的历史画卷。二是族群史，汉民族是从多元走向一体的典型，不断地融合、吸纳，族群极其丰富多彩。如果不把族群史说清楚，只有整体，没有细节，汉民族史的书写就是失败的。汉民族的丰富多彩，恰恰体现在多元的族群文化。三是文化史，过去动不动就讲中国文化，但这里有一个很大的问题，汉民族文化并非中国文化唯一的代表，中国文化理应包含中国各民族的文化。汉民族文化有自己的特性，我在书里重新建构了汉民族的文化史。四是风俗史，犹如万花筒，世界上没有任何一个民族可以与汉民族相提并论，这与汉民族的族群多元而复杂有很大的关系。五是海外移民史，过去只研究华人华侨，其中99%以上都是汉民族，汉民族移民史是世界移民史的重要部分。说汉民族是安土重迁，原来的解释是他们不太愿意动，“静止的乡土”，但实际上并非如此，他们希望找一个适合生存、比较稳定的地方定居下来。

文汇报：在五个板块中，最难写的是哪一部分？

徐杰舜：说实话，族群史、文化史都很难写。族群史没有先例，以前的文化史也没有站在汉民族的角度去思考。文化史我原来的打算是按照区域文化来写，齐鲁文化、苏杭文化、岭南文化、云贵文化，等等，但如此一来，就会与族群史重复，因此必须把汉民族文化作为一个整体进行梳理。先秦构成了汉民族文化的底色，到了秦汉，汉民族文化初步定型，但不是一成不变，有多样的表达和融合；魏晋南北朝时期，汉民族文化更加丰富多彩，接着是唐宋元明清，各有各的特征。及至近现代，汉民族文化又是一个开拓创新的过程，这个过程迄今为止还没有结束。

文汇报：您如何看待撰写和出版《汉民族史记》的意义？

徐杰舜：通过《汉民族史记》一书，可以更好地认识汉民族的过去和现在，并与中华民族的历史构建进行互相观照。从公元前21世纪夏王朝建立到公元3世纪初东汉的灭亡，汉民族的形成，前后经历了2300余年的历史，由此可以看出，中华民族这个更高认同层次民族共同体的形成，也绝不是一蹴而就的。汉民族是一个“和而不同”的整体，尽管东北的汉族和华南的汉族有很多的文化差异，但他们之间也有着高度的认同，可谓是“和而不同”。汉民族高度认同的“一体”整体性，恰恰说明中华民族也是一个“和而不同”的整体。汉民族从多元走向一体，一个最重要的原因就是文化认同强化了汉民族的凝聚力，中华民族创造的中华文化，也是中华民族的凝聚力之所在。

从一个原生民族的形成，到经过族群、文化和风俗的内涵发展，后又几经凤凰涅槃，不断重生，直到海外移民，融入世界。《汉民族史记》从第1卷到第9卷，向世人展示了汉民族发展的路线图和历史文化图像，也呈现了中华民族从多元走向一体的历史记忆和未来走向。

【来源】文汇报·文汇学人2016年10月30日第4~5版